Des ingénieurs pour un monde nouveau

Histoire des enseignements électrotechniques (Europe, Amériques)

XIXe-XXe siècle

P.I.E. Peter Lang

Bruxelles · Bern · Berlin · Frankfurt am Main · New York · Oxford · Wien

Marcela Efmertová et André Grelon (dir.),
avec la collaboration de Jan Mikeš

Des ingénieurs pour un monde nouveau

Histoire des enseignements électrotechniques (Europe, Amériques)

XIXᵉ-XXᵉ siècle

Histoire de l'énergie
n° 7

 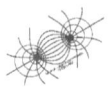  

Cette publication et le colloque dont elle est issue ont bénéficié du soutien du Comité d'histoire de l'électricité et de l'énergie (Fondation EDF, Paris), du Laboratoire d'histoire de l'électricité de la Faculté d'électricité (Université polytechnique de Prague), du Centre français de recherche en sciences sociales (CEFRES, Prague), du Musée technique national de Prague, et de l'Association pour l'histoire économique et sociale de la République tchèque.

Les auteurs remercient tout particulièrement le travail de révision du manuscrit effectué par Christophe Bouneau de l'Université Bordeaux Montaigne et Yves Bouvier de l'Université Paris-Sorbonne.

Illustration de couverture : fabrication de moteurs dans l'usine de František Křižík (fin du 19ᵉ siècle), Prague-Karlín.

Cette publication a fait l'objet d'une évaluation par les pairs.
Toute représentation ou reproduction intégrale ou partielle faite par quelque procédé que ce soit, sans le consentement de l'éditeur ou de ses ayants droit, est illicite. Tous droits réservés.

© P.I.E. PETER LANG s.a.
Éditions scientifiques internationales
Bruxelles, 2016
1 avenue Maurice, B-1050 Bruxelles, Belgique
www.peterlang.com ; info@peterlang.com

Imprimé en Allemagne

ISSN 2033-7469
ISBN 978-2-87574-246-9
ePDF 978-3-0352-6557-6
ePub 978-2-8076-0001-0
Mobi 978-2-8076-0002-7
D/2016/5678/53

Information bibliographique publiée par « Die Deutsche Bibliothek »
« Die Deutsche Bibliothek » répertorie cette publication dans la « Deutsche National-bibliografie » ; les données bibliographiques détaillées sont disponibles sur le site <http://dnb.ddb.de>.

Table des matières

Avant-propos 11
Alain Beltran

Présentation générale 17
André Grelon

Foreword 43
Alain Beltran

General presentation 49
André Grelon

PREMIÈRE PARTIE. DES FORMATIONS TECHNIQUES AU CŒUR
DE L'EUROPE – L'ESPACE TCHÈQUE ET SLOVAQUE

La pensée et l'éducation techniques dans la société tchèque 77
Zdeněk Beneš

Prague, lieu de coopération entre l'université et
l'école technique au XIXe et début du XIXe siècles 89
Ivan Jakubec

L'évolution de la formation et la montée en puissance
des électrotechniciens tchèques de 1884 à 1950 103
Marcela Efmertová

L'enseignement électrotechnique dans les écoles secondaires
industrielles des pays tchèques des années 1880 à 1938 127
Jan Mikeš

La loi sur l'électricité – un pas vers la création
d'un réseau connecté 145
Jan Štemberk

L'électrotechnicien tchèque Ludvík Očenášek et les activités
de son entreprise dans la première moitié du XXe siècle 161
Lukáš Nachtmann

La formation dans le domaine de l'électrotechnique
en Slovaquie des origines à 1990 169
    Ľudovít Hallon et Miroslav Sabol

Les programmes nucléaires civils de la France et de la
République Socialiste Tchécoslovaque, entre rayonnement
technique et volonté d'indépendance (1950-1970) 195
    Grégoire Vilanova

Les archives de l'Université polytechnique tchèque
de Prague et les documents concernant l'histoire
de l'enseignement de l'électrotechnique 207
    Magdalena Tayerlová

Deuxième partie. La naissance des formations électrotechniciennes au XIXE siècle

L'essor de l'enseignement électrotechnique en Russie :
genèse, filières et aboutissements (1832-1917) 221
    Irina Gouzévitch

L'électrotechnique et l'enseignement supérieur
en Grande-Bretagne (1850-1914) 247
    Robert Fox

La connexion progressive: les hautes écoles d'ingénieurs
de Zurich et de Lausanne et les besoins de l'industrie
nationale 257
    Serge Paquier

La formation électrotechnique dans l'Italie post-unitaire
et les débuts de la professionnalisation des « ingénieurs
industriels » (1861-1915) 273
    Ferruccio Ricciardi

Origines de l'enseignement électrotechnique en Belgique 285
    Ludovic Laloux

Les institutions d'enseignement et de recherche
en électrotechnique en Allemagne (1882-1914) 295
    Peter Hertner

La création de l'Institut d'électrotechnique de l'École
d'ingénieurs de Porto Alegre et la formation des premiers
ingénieurs électromécaniciens dans le sud du Brésil (1908) 307
    Flavio M. Heinz

Troisième Partie. Les formations électrotechniciennes : perspectives sur la longue durée

L'enseignement et la formation en électricité et électrotechnique en Espagne (1850-1950) 321
Joan Carles Alayo i Manubens

Les formations techniques supérieures en électrotechnique en France (1880-1939) 341
André Grelon

La contribution de l'École nationale supérieure d'Électricité et de Mécanique de Nancy (E.N.S.E.M.) à la formation des ingénieurs électriciens nord-africains (1900-1960) 357
Yamina Bettahar

Formation, carrière et montée en puissance des ingénieurs électriciens au Portugal (de la fin du XIXe siècle aux années 1930) 381
Ana Cardoso de Matos

La formation des ingénieurs électrotechniciens bulgares et roumains de la fin du XIXe siècle à la Seconde Guerre mondiale 407
Alexandre Kostov

L'électrification de la Grèce (1882-1950) : la constitution de réseaux, les ingénieurs, le capital et l'État 425
Michalis Assimakopoulos et Apostolos Boutos

Identités problématiques : la formation de l'ingénieur américain, des origines à la Guerre froide 443
Sonja D. Schmid

Des savoir-faire industriels aux sciences de l'ingénieur : l'électrotechnique au *Massachusetts Institute of Technology* 457
Christophe Lécuyer

Quatrième Partie. Pédagogies

Quelques inventions entre science et technique : le télégraphe, le galvanomètre, l'électroaimant et le moteur électrique 475
Christine Blondel

Le Musée E.D.F. Électropolis et le patrimoine électrique du groupe E.D.F. 483
Claude Welty

Index des noms de personnes 487

Index des noms de sociétés, organismes, institutions et entreprises 507

Index des noms de revues périodiques 541

Avant-propos

Alain BELTRAN

Président du Comité d'histoire de l'électricité et de l'énergie
Directeur de recherche au C.N.R.S., Sirice, Paris
beltran@univ-paris1.fr

C'est avec beaucoup de plaisir que le Comité d'histoire de l'électricité et de l'énergie a soutenu l'initiative de Marcela Efmertová épaulée par quelques collègues de renom dont au premier rang André Grelon. La conférence qui s'est tenue à Prague nous a impressionnés par la qualité, la diversité des exposés auxquels il faut ajouter le sans-faute de l'accueil dans cette ville qui pour tous les Européens est synonyme de charme, d'histoire et d'art. Avant de lire les passionnants exposés des nombreux spécialistes d'électrotechnique, d'enseignement et d'échanges internationaux, nous aimerions situer et préciser l'action du Comité d'histoire de l'électricité et de l'énergie.

C'est d'abord une action qui s'inscrit dans la durée puisque le Comité est l'héritier de l'Association pour l'histoire de l'électricité en France (A.H.E.F.), née au début des années 1980. La date même en fait l'une des plus anciennes structures associatives consacrée à l'histoire de l'industrie. Cette période fut marquée en effet par une forte demande des entreprises désireuses de connaître leur histoire, leur patrimoine, leur identité en un mot. La notion de « corporate culture » était alors fortement valorisée, or cette dernière notion s'appuie en partie sur l'histoire vécue et relatée par les membres du personnel. Les universitaires étaient à même de répondre à cette attente dans la mesure où on leur donnait quelques moyens, qu'on respectait leurs méthodes, leur rythme et *a fortiori* leur indépendance. Une entreprise comme Électricité de France (E.D.F.) qui était un *quasi-monopole* (à l'époque) pour la production, le transport et la distribution d'énergie électrique se trouvait être l'héritière des très nombreuses sociétés qui furent nationalisées en 1946 mais aussi de tous les précurseurs qui depuis le XVIIIe siècle se sont émerveillés de la puissance et des immenses possibilités de l'électricité. Il se trouvait donc intéressant et même utile de connaître l'évolution profonde qui avait créé l'image de l'électricité dans les années 1980 car cette dernière est la conséquence des façons de regarder et d'utiliser le potentiel électrique depuis plusieurs générations. La modernité, la toute-puissance de l'énergie électrique ne dataient pas d'hier : comprendre les mécanismes humains demande de se plonger dans un passé plus ou moins lointain. Le but assigné à l'Association puis au Comité était donc de comprendre le phénomène électrique dans toutes ses dimensions : scientifique et technique, sociale, économique, juridique, politique, territoriale, culturelle. En effet, l'énergie électrique fut une innovation, totale, globale. Elle transforme (et elle n'a pas fini de transformer) la société française et tous les pays industrialisés sans oublier les pays qui progressivement l'adoptent. Il y a un avant et un après l'électrification. Hier « l'électrique » c'était le tramway, la lumière, la galvanoplastie et la communication. Aujourd'hui l'électricité c'est sans doute encore la voiture de demain, les énergies renouvelables, la supraconductivité, l'automatisation de la maison, un chauffage rationnel, etc. Étant à la fois une énergie primaire et secondaire, elle peut trouver sa source dans des combustibles fossiles mais aussi dans la large gamme des énergies dites « nouvelles ». En bref, polymorphe et sans cesse en mouvement, elle requiert un regard aigu qui doit plonger dans le passé proche ou lointain.

C'est de la rencontre d'un directeur d'Électricité de France (E.D.F.) (Maurice Magnien, directeur des études et recherches) et d'un universitaire passionné d'histoire de l'innovation (François Caron) qu'est née l'Association au début des années 1980. Rapidement, elle s'est étoffée avec l'appui de grands témoins et de chercheurs jeunes et moins jeunes. L'Association a souhaité innover, par exemple en formant des ingénieurs à la méthode historique et à la conservation des archives. Ce prosélytisme n'a peut-être pas donné tous les résultats escomptés mais il a rapproché durant des années des mondes qui se connaissaient peu. Les uns ont écrit avec les autres ou sur les autres. Tant il est vrai que deux mondes qui ne se rejoignent que dans la globalité, l'électricité et l'histoire, se devaient de collaborer sans dénaturer les apports spécifiques de chacun. L'innovation est aussi venue des sujets traités ou à traiter. Une histoire culturelle de l'énergie électrique, l'approche des systèmes et des réseaux, les études comparées entre régions et aussi entre nations, etc. sont quelques-unes des options qui se sont révélées fort riches. Malgré tout, dans la mesure où les historiens sont toujours très demandeurs des origines des phénomènes, beaucoup de travaux dans cette première période ont porté sur la science électrique au XVIIIe siècle, sur les premières conquêtes du XIXe siècle, sur les développements de la première moitié du XXe siècle. La période la plus proche n'a pas eu le même succès sans doute parce que l'Association manquait d'historiens du très contemporain, que les ingénieurs étaient moins à l'aise vis-à-vis de questions récentes et qu'il existait de nombreuses publications sur l'après-1946, tant de la part de journalistes, politistes, économistes, sociologues et même d'historiens (mais dans une part très restreinte). Et on peut rappeler que l'Association a réalisé des travaux fondateurs en lançant un *Bulletin d'histoire de l'électricité* qui a dépassé les trente numéros et qui a permis à de nombreux jeunes historiens de s'exprimer dans ses colonnes. Une impressionnante collection de colloques internationaux est aussi à mettre à son actif avec une périodicité de deux ou trois années. Au fur et à mesure des avancées scientifiques, un réseau de chercheurs en histoire de l'électricité non seulement au niveau français mais bien au-delà des frontières s'est développé. Les années 1990 et suivantes ont vu s'élargir le spectre des recherches même si, par exemple, l'histoire des techniques est depuis Marc Bloch toujours en quête de sa légitimité. Au-delà des historiens de l'électricité, d'autres sciences humaines sont venues s'agréger aux travaux des chercheurs, sans doute de façon trop marginale mais dans une démarche pluridisciplinaire qui restait exemplaire.

Puis, après plusieurs années de travail, il fut décidé de se lancer dans une grande œuvre, une histoire de l'électricité en France en trois volumes de 800 pages chacun (dans le dernier volume, les témoins étaient plus nombreux que les historiens et le sujet portait davantage sur la seule entreprise E.D.F.). Travail de fin ou travail d'étape ? Un peu les deux en quelque sorte car d'une part les connaissances accumulées permettaient de se lancer dans une grande synthèse et d'autre part ce tableau général découvrait les terres inconnues à explorer dans l'avenir. Presque au même moment, nos collègues italiens faisaient de même, preuve que la science électrique avançait du même pas. Cette histoire de l'électricité écrite à de nombreuses mains tâchait de prendre le sujet dans toute sa complexité mais on remarquait bien que les événements les plus récents n'avaient pas encore reçu le même traitement. Outre ce travail essentiel, on doit aussi à l'Association un recensement des sources pour l'histoire de l'électricité, sous forme de CD-ROM. Ce guide, même un peu vieilli reste un outil particulièrement efficace pour les jeunes chercheurs. Un fonds ancien d'ouvrages permet de suivre les nombreux écrits sur la science électrique depuis les origines. On peut encore citer deux volumes spécialement édités qui recensent les archives des anciennes sociétés nationalisées en 1946 pour devenir Électricité de France (E.D.F.) et Gaz de France (G.D.F.). Enfin, ces années de travail ont permis de constituer une petite bibliothèque de recherches inédites où se croisent de nombreux mémoires de maîtrise, des Diplôme d'études approfondies (D.E.A.) et des thèses sur les sujets les plus variés. On ne saurait oublier le rôle des différents secrétaires scientifiques qui ont soutenu tous ces travaux et construit une réputation qui a un tant soit peu dépassé les frontières.

Pourtant, malgré ce bilan très positif, il y a quelques années, l'entreprise Électricité de France a souhaité que son soutien matériel et moral à l'Association soit plus visible car l'entreprise était le seul soutien de l'Association sans que cela se sache et donc sans en voir les retombées. Dès lors, un Comité d'histoire de la Fondation E.D.F. a succédé à l'Association. La continuité a joué dans la plupart des actions mais toutefois l'accent a davantage été mis sur les questions les plus contemporaines qui en effet peuvent intéresser plus directement l'entreprise. Celle-ci peut ainsi situer les similitudes et les ruptures qui l'intéressent et comprendre aussi les attentes ou les résistances de la société. Pour le personnel, soumis à des fusions et des scissions, l'Histoire donne des clés pour se connaître, affirmer son identité et se différencier des autres (ou quelquefois pour trouver les éléments communs qui permettent les rapprochements). Pour le grand public enfin, en essayant de montrer les réalités loin des clichés et des stéréotypes, l'approche historique permet de dépasser l'émotion fugitive du moment. Il est vrai que bien des sujets historiques sont encore à approfondir comme le nucléaire, les nouveaux usages électriques comme l'automobile ou la vie sans électricité de près de deux milliards d'habitants de la planète. L'indépendance des décisions et des sujets de recherche a été garantie par un comité scientifique uniquement formé d'universitaires et d'archivistes. Ainsi a été préservé l'équilibre entre la nécessaire lisibilité pour l'entreprise et l'indispensable indépendance des historiens (accompagnés d'économistes et de sociologues). La nouvelle revue du Comité a pris le nom d'*Annales historiques de l'électricité*, ce qui est un évident clin d'œil.

On comprendra donc que – dans ce mouvement qui s'inscrit déjà sur plus de vingt ans – le Comité d'histoire de l'électricité de la Fondation E.D.F. ait souhaité appuyer l'initiative de la conférence tenue à Prague sur les ingénieurs et les écoles d'électrotechnique. D'abord parce que la République tchèque (et auparavant la Tchécoslovaquie) a joué un rôle moteur dans la diffusion des nouvelles techniques électriques, à cheval entre les influences allemande, française ou britannique. D'autre part, parce que la formation des élites techniques reste un sujet fondamental pour la compréhension du phénomène de diffusion de l'innovation électrique. Ce qui permet aux différents spécialistes réunis ici, dans une perspective largement internationale et pas seulement européenne, d'aborder tout à la fois les premiers pas de la science électrique et certains de ses développements les plus récents comme le nucléaire. Si la connaissance du passé se fonde sur des archives bien inventoriées, certains textes mettent l'accent sur des évolutions plus originales. Dans la vaste chaîne de la connaissance et de la recherche, la valorisation finale passe par une réflexion sur l'objet scientifique qui, lui-même, quand il est mis en valeur dans un espace approprié, quand il est contextualisé et expliqué, peut prendre alors tout son sens en devenant accessible au plus grand nombre. Archivistes, historiens, muséographes travaillent dans un but commun et les textes qui suivent illustrent cette démarche globale. Avec pour base une coopération franco-tchèque, l'initiative de la conférence de Prague entrait parfaitement dans les préoccupations du Comité : comparaisons internationales et sujets renouvelés. En lisant les pages remarquables des nombreux spécialistes rassemblés ici, on se rendra compte encore une fois que l'histoire de l'électricité est vaste, riche et qu'elle procure des sujets de réflexion pour aujourd'hui comme pour demain.

Présentation générale

André GRELON

Directeur d'études, École des hautes études en sciences sociales
Centre Maurice Halbwachs, Paris
andre.grelon@ens.fr, andre.grelon@ehess.fr

Cet ouvrage rend compte des travaux du colloque international (« Le monde progressivement connecté – Les électrotechniciens au sein de la société européenne au cours des XIXe et XXe siècles ») organisé les 10, 11 et 12 mai 2010 à l'Université polytechnique de Prague, avec l'appui de la Fondation E.D.F., à l'occasion du 60e anniversaire de la Faculté d'électricité de cette université, sur l'histoire internationale de la formation en électricité et en électrotechnique et sur le rôle des électrotechniciens aux XIXe et XXe siècles. S'il rassemble la plupart des contributions exposées à cette occasion, chacun des auteurs présents a été invité à reprendre et retravailler son texte afin d'en faire un chapitre d'un ouvrage collectif coordonné.

Le XIXe siècle se caractérise par le passage progressif de l'électricité en tant qu'objet d'étude en laboratoire, comme une branche émergente de la physique, discipline elle-même en plein développement, en un domaine de recherche et d'enseignement autonome à partir des années 1880. Ces travaux théoriques et ces expérimentations ont parallèlement commencé à donner lieu à des applications notamment avec le développement du télégraphe dans les années 1840, de la galvanoplastie dans les années 1860, puis avec les débuts de l'éclairage électrique.

On a coutume de dater symboliquement la « naissance » de l'électricité industrielle de la première Exposition internationale d'électricité, tenue à Paris en 1881, en même temps qu'un congrès scientifique également international, qui avait pour tâche première de définir un système international d'unités électriques. Comme tout événement tenu pour initial sur le plan historique, c'est à la fois vrai et faux. Gramme avait déjà présenté sa machine à Paris, à l'Académie des sciences au début des années 1870, et on avait déjà établi au cours de cette décennie le principe de sa réversibilité (génératrice/moteur électrique). À cette époque, il existait déjà en France une centaine de sociétés industrielles d'électricité, même s'il s'agissait essentiellement d'entreprises de taille moyenne, et du reste, c'est un consortium d'industriels qui avait financé l'Exposition. Et les compagnies étrangères furent nombreuses à présenter leurs productions. En même temps, c'était la première manifestation publique d'une très grande ampleur et c'était la société civile qui prenait conscience de l'importance, pourtant encore largement potentielle, de cette nouvelle énergie : l'éclairage électrique fascinait, tout comme le tramway de la maison Siemens qui ne fonctionnait que sur quelques centaines de mètres. Enfin, l'historien est amené à constater que c'est à partir des années 1880 que s'accélère un processus d'innovation, d'applications et de diffusion dans de nombreux domaines, en même temps que les travaux théoriques se poursuivent pour comprendre plus intimement la nature du phénomène et faciliter ainsi la mise en œuvre de nouvelles techniques industrielles.

C'est dans ce même moment qu'émerge une figure nouvelle qui sera vite perçue comme protagoniste de l'essor de l'électricité et de son avènement en énergie majeure du XXe siècle et ce, jusqu'à nos jours : l'ingénieur électricien. Les ingénieurs industriels existaient depuis longtemps, ils étaient apparus dans la seconde partie du XVIIIe siècle avec la révolution industrielle anglaise, puis ils s'étaient répandus sur le continent européen durant le premier tiers du siècle suivant, avec le développement de la grande industrie. Il était demandé à ces experts d'agir dans tous les départements techniques de l'entreprise, de disposer d'une qualification générale sur les différents problèmes industriels. L'électricien représentait un nouveau type d'expert : le spécialiste. La première catégorie d'ingénieur va perdurer, ses compétences demeurent précieuses. Mais désormais à ses côtés interviendra, dans un domaine technique particulier jusqu'alors inconnu, un acteur disposant d'un savoir spécifique.

Autre donnée historique qui correspond à un changement d'époque et dont ce livre rend largement compte : des formations exclusivement dédiées à cette nouvelle spécialité vont se multiplier non seulement sur l'ensemble du continent européen mais aussi sur d'autres aires culturelles comme l'Amérique du Nord ou le Brésil. Au cours du XIXe siècle, même si des institutions préparant des futurs ingénieurs à leur métier avaient été ouvertes dans les différents pays, nombre de ces experts techniques s'étaient formés sur le tas, à l'instar de ce qui se faisait couramment sur le sol britannique. Il ne peut plus en être de même avec l'électricité. Les ouvrages théorico-pratiques en vente dans le commerce, les cours du soir donnés par des sociétés savantes ou dans les universités peuvent combler partiellement les attentes d'un public assoiffé de savoir. Cependant la nécessité d'une formation complète à la fois théorique et pratique pour former des professionnels se fait rapidement jour. Ce sont des filières nouvelles qui s'organisent d'abord au sein des départements de physique ou de mécanique. Mais cette discipline nouvelle en évolution rapide va s'autonomiser dans le cadre universitaire. Dans d'autres pays comme la Belgique ou la France, ce sont des établissements spécialisés qui sont créés. C'est cette dynamique historique que l'ouvrage se donne pour tâche d'exposer, depuis les origines jusqu'au milieu du XXe siècle.

Le livre a été organisé en quatre parties. Le colloque international initial s'étant tenu à Prague, on a pu rassembler dans une première section une série remarquable de contributions qui éclairent le long processus d'électrification des pays de Bohême, de Moravie et de Slovaquie, d'abord dans le cadre de l'Empire austro-hongrois, puis entre les deux guerres sous la République tchécoslovaque, et enfin dans la période socialiste sous domination soviétique. Un tel ensemble permet de comprendre sur plus d'un siècle, et de façon détaillée, l'évolution scientifique et technique en relation avec la croissance industrielle, mais aussi son ancrage dans les réalités politiques et sociales. Dans la deuxième partie, on a regroupé un certain nombre de contributions venant d'autres aires géographiques qui traitent essentiellement des débuts des formations électrotechniques dans un XIXe siècle que l'on prolonge jusqu'à la veille de la Grande Guerre. Les textes qui se succèdent suivent globalement un ordre chronologique fondé sur l'époque ou l'année considérée pour le début de l'étude. La troisième partie rassemble des chapitres qui proposent des analyses sur une période historique beaucoup plus longue, partant de l'origine des structures d'enseignement puis décrivant leur évolution jusqu'au milieu du XXe siècle. Disposant de deux textes traitant de la France et de deux examinant les États-Unis, on a choisi de les mettre à la suite l'un de l'autre. Enfin, deux autres contributions ne s'inscrivent pas directement dans cette perspective historique, mais elles proposent des réflexions d'ordre pédagogique stimulantes. C'est par elles que se conclura l'ouvrage dans une partie finale.

L'électrification dans les pays tchèques et slovaque

Pour ouvrir cette section, Zdeněk Beneš évoque la longue tradition savante tchèque, intéressée aux sciences et aux techniques dès l'époque médiévale. Il rappelle la longue liste des inventeurs et personnalités intéressés à la technique, depuis Agricola jusqu'à Willenberg, « professeur ingénieur », qui, au début du XVIIIe siècle, institutionnalise l'enseignement technique dans les États tchèques. Une autre conception de la technique mise en évidence est la prise en compte de celle-ci comme phénomène culturel et mode de programme politique. Dans cette acception, l'intérêt pour le progrès technique se confond avec la mise en œuvre et le renforcement de l'idée nationale, sans doute un des fondements du dynamisme tchèque dans ces domaines. Un des aboutissements est la séparation institutionnelle dans la seconde moitié du XIXe siècle du système éducatif, du primaire au supérieur, en deux entités, l'une en langue tchèque, l'autre en langue allemande. En 1918, la République tchécoslovaque établit ses bases sur le progrès scientifique et le développement technique qui impactent la vie économique et sociale, comme le montrent, outre la mise en œuvre d'un vaste programme d'équipement électrique, l'exemple fameux de l'entreprise de chaussures Baťa. Beneš rapporte aussi que sous le régime marxiste, il s'agissait alors de construire un État fondé sur la révolution scientifique et technique. Une telle conception globalisante faisait bon marché des aspirations culturelles, économiques et sociales, progressivement étouffées, du peuple tchécoslovaque. On sait ce qu'il en est advenu.

Ivan Jakubec, quant à lui, met en évidence la place de Prague en tant que ville universitaire. Université ancienne, fondée au milieu du XIVe siècle, l'Université Charles se transforme à l'époque moderne, en s'ouvrant à de nouvelles disciplines comme la physique et les mathématiques, alors que des cours techniques pratiques sont proposés. La formation technique autonome ouverte par Willenberg au début du XVIIIe siècle est intégrée comme institut technique à l'université en 1787, avant une séparation définitive en 1815 des deux institutions. Le nouveau directeur de l'école polytechnique est František Josef Gerstner, mathématicien, astronome, qui prend en charge le cours de mécanique et d'hydraulique, et à qui l'on doit la construction de la première machine à vapeur dans le pays, utilisée pour les travaux pratiques de ses élèves. À cette époque, même si l'allemand est imposé comme l'unique langue officielle, et notamment dans l'éducation, par décision impériale, on doit à Joseph II une réorganisation libérale de l'université avec liberté de parole, dans une Prague unifiée par le monarque. Le souverain s'intéresse à la science, recevant Volta lors du passage de celui-ci à Prague en 1784. Mais c'est surtout la réforme du ministre Thun en 1849-1850 qui, reprenant les principes universitaires humboldtiens, transforme l'université en lui donnant la liberté académique avec élection de ses représentants. La philosophie qui servait de propédeutique au droit et à la médecine devient faculté de plein exercice en étant divisée en sections de mathématiques, sciences naturelles, histoire, littérature, philologie et orientalisme. Et désormais, on peut inviter des professeurs étrangers. Ivan Jakubec en dresse une liste et souligne que cette possibilité de circulation des enseignants favorise l'essor scientifique. C'est dans le cadre de cette faculté des Lettres, que les enseignants peuvent être habilités en physique ou en mathématiques. L'auteur met aussi en évidence les liaisons qui s'instaurent entre l'université de Prague et les écoles techniques de Prague et de Brünne. La division en établissements supérieurs de langue allemande ou de langue tchèque séparait toutefois les communautés savantes, même si des contacts persistaient au niveau individuel.

Ces deux textes de cadrage introduisent les études plus directement consacrées à l'émergence et au développement des formations en électrotechnique. Marcela Efmertová montre la mise en place de l'électrotechnique dans les cursus des universités de langue tchèque et allemande à Prague et dans les écoles techniques supérieures de Prague. Formellement, l'électrotechnique est d'abord inscrite dans les départements de mécanique, ce qui est de fait un des modes d'organisation classique à l'époque avec celui de l'insertion de l'électrotechnique comme une des branches de la physique, comme on le verra dans les chapitres rapportant la naissance de cet enseignement dans d'autres pays. Et comme partout, l'ampleur des innovations, le rôle de plus en plus important de l'énergie électrique dans l'industrie et l'économie du pays mènent progressivement à l'autonomie de l'électrotechnique en tant que discipline, avec ses propres départements et instituts et des cours de plus en plus diversifiés. Le rôle de Vladimír List, éminent électrotechnicien, est notamment mis en exergue en promoteur infatigable de cet enseignement : on le retrouvera comme un des initiateurs d'une législation organisant l'électrification du pays.

Si les hautes écoles techniques ont pour vocation de former des ingénieurs, le développement des industries électriques appelle aussi à l'emploi de techniciens qualifiés. Ce sera le rôle des écoles secondaires industrielles de langue tchèque et allemande que décrit avec précision Jan Mikeš. Il en dresse un tableau complet, exposant comment à partir d'une réforme de l'organisation des lycées dans l'Empire, selon le rapport de deux universitaires, Franz Exner de Prague et Hermann Bonitz de Berlin, des écoles industrielles pour former des techniciens, des écoles spécialisées pour préparer à la maîtrise et des écoles de formation continue (en cours du soir, ou en école du dimanche) avaient été implantées à partir des années 1850, non seulement à Prague, mais dans toutes les régions industrielles des pays tchèques. À partir des années 1880, des cours d'électrotechnique sont introduits, puis des sections spécialisées sont activées. Des écoles techniques entièrement dédiées à l'électricité ont également été ouvertes tant en langue tchèque qu'en langue allemande. Pour illustrer ce type de formation, Jan Mikeš prend l'exemple d'un établissement de formation électrotechnique municipal à Teplice (Městské Elektrotechnikum depuis 1895) qui offrait différents niveaux d'études et qui était considéré comme une institution modèle.

Selon nos auteurs, les pays tchèques disposaient donc d'une main d'œuvre compétente, tant en ce qui concernait les ingénieurs qu'au niveau des techniciens, contremaîtres ou monteurs. Mais pour que l'électricité puisse s'étendre à travers le pays, la nécessité d'une législation *ad hoc* s'était fait rapidement jour. Jan Štemberk montre que cette préoccupation était déjà ancrée dans les esprits dès la fin du XIXe siècle, sous le régime austro-hongrois, pour l'encadrement de l'exploitation et de la distribution de l'énergie électrique, mais aussi parce, potentiellement dangereuse, l'électricité implique que les métiers concernés soient réglementés. Au-delà, les autorités politiques de l'Empire avaient rapidement pris conscience de l'urgence d'une législation générale. Les installations municipales, les centrales industrielles, parfois couplées au réseau d'éclairage de la cité voisine ne répondaient qu'à des besoins locaux. Les capitaux privés qui s'investissaient dans de telles opérations se limitaient à des installations rapidement rentables. Mais ces initiatives dispersées étaient incapables de répondre à la question de l'électrification nationale. Cependant, aucun des différents projets de loi présentés avant 1914 au niveau du gouvernement impérial n'aboutira : à chaque fois, des oppositions diverses se manifestaient. Il faudra attendre les débuts de la République tchécoslovaque pour que soit conçue, votée et mise en œuvre une grande loi sur l'électricité permettant la généralisation de cette énergie sur toute la république. Le rôle moteur de Vladimír List dans ce vaste projet doit être encore une fois souligné.

Une contribution de Lukáš Nachtmann exposant le cas de l'électrotechnicien novateur Ludvík Očenášek, actif entre les deux guerres, met l'accent sur l'intérêt qu'il y aurait à étudier l'impact original de telles personnalités. Le personnage est caractéristique de ces industriels qui savent saisir l'opportunité de nouvelles technologies pour développer leur entreprise. Formé à l'école technique, dont on a vu plus haut que ce type d'établissements préparait des techniciens qualifiés, il y développe ses facultés d'inventivité. À 26 ans, il fonde son entreprise qui propose des pièces pour des installations électriques (interrupteurs, armoires de connexion) dont certaines sont de sa conception et qu'il a fait breveter. Mais ses intérêts dépassent le seul cadre de l'électrotechnique. Il crée des prototypes dans différentes branches : un moteur rotatif, un canot hydrodynamique, etc. et plus tard, entre les deux guerres, il réalisera même des essais de fusée ! Victime de la crise économique, sa société doit fermer dans les années 1930, mais l'homme continue à œuvrer et à proposer des innovations techniques, jusque dans les domaines de la défense…

Le texte de Ľudovít Hallon et Miroslav Sabol apporte un éclairage bienvenu sur la Slovaquie, partie du royaume de Hongrie au sein de l'Empire des Habsbourg, intégrée à la République tchécoslovaque après 1918, devenue brièvement indépendante sous la période nazie avant de revenir dans la Tchécoslovaquie en 1945, puis de se constituer en république indépendante en 1993. Le chapitre met en évidence les contraintes spécifiques à la partie slovaque quant à l'indispensable unification des paramètres techniques pour la généralisation de l'électrification voulue par le gouvernement tchécoslovaque, alors qu'existaient de nombreuses centrales locales avec différents niveaux de tension et de fréquence. Il soulève les difficultés de développement de l'enseignement technique supérieur dans le pays entre les deux guerres, les étudiants slovaques étant alors fermement incités à suivre leur formation dans les six écoles supérieures techniques tchèques, et il rapporte les revendications nombreuses qui s'en sont suivies. Après la Seconde Guerre mondiale, une loi de 1950 a favorisé le développement de l'École supérieure technique slovaque (Státní vysoká škola technická Bratislava, 1938).

Le chapitre fourni par Grégoire Vilanova nous conduit des années 1950 aux années 1970 pour une comparaison inédite et stimulante pour la réflexion, entre les programmes nucléaires civils français et tchécoslovaques. Alors que les contextes politiques sont fondamentalement différents, Vilanova montre que chaque pays veut se doter d'un procédé original d'enrichissement de l'uranium pour résoudre les problèmes de production d'énergie et rester autonome dans ce secteur hautement stratégique. Ces programmes nationaux connaîtront l'un et l'autre des difficultés à la fois techniques, mais aussi politiques, qui conduiront finalement la France à utiliser des technologies américaines alors que les Tchèques devront accueillir des réacteurs soviétiques.

Enfin cet ensemble se clôt sur un texte qui est au fond une invitation à poursuivre le travail entrepris et exposé dans les travaux précédents puisque Magdalena Tayerlová présente les archives conservées à l'université technique praguoise relatives à l'enseignement de l'électrotechnique. Elle souligne combien il a fallu d'efforts pendant des années pour les rassembler et les mettre à disposition des chercheurs qui disposent aujourd'hui d'un outil performant. Sans doute existe-t-il également des archives concernant les institutions de langue allemande qui disposaient, elles aussi de professeurs réputés, comme le physicien Ernst Mach, dont le nom a été honoré par la communauté savante internationale pour servir d'unité de mesure des vitesses supersoniques.

Un mouvement international : l'émergence des formations électrotechniques

Cette partie débute avec un exposé sur le cas russe dont Irina Gouzévitch met en évidence l'importance dans le développement de l'électricité et des applications électrotechniques, bien avant l'autonomisation de la discipline électrique par séparation d'avec la physique générale et l'essor d'une branche industrielle avec ses sites, ses outils et machines spécifiques et ses spécialistes. C'est une histoire peu connue qu'elle explore, en montrant à la fois la précocité, l'originalité et la fécondité des recherches des savants russes dans ce domaine, en même temps que l'insertion de ces travaux dans la dynamique scientifique européenne. Ainsi, comme partout en Europe, l'étude de l'électricité et de ses applications s'inscrit dans le cadre de l'enseignement de la physique dans les universités impériales dès la première moitié du XIXe siècle. Dans ces lieux, on traite de questions académiques sans relations directes avec des applications. Tout autres sont les écoles pratiques militaires qui forment des techniciens pour manier les détonateurs de mines et utiliser les télégraphes électrotechniques. Troisième filière exposée, celle des écoles d'ingénieurs qui n'ont en général que peu d'enseignement incluant l'étude de l'électricité, à l'exception notable de l'École des voies de communication où très tôt (1850) est mis en place un enseignement de la télégraphie qui s'élargit à d'autres questions électrotechniques. On pourrait ici comparer cette institution à son homologue française, l'École nationale des ponts et chaussées où l'enseignement de la télégraphie fait, à la même époque, l'objet de conférences régulières dont le volume et l'extension à d'autres questions électrotechniques ne cessent d'augmenter au fil du XIXe siècle. Irina Gouzévitch indique alors les apports substantiels de trois savants aux profils contrastés : un aristocrate fortuné et éclairé, Schilling, un ingénieur militaire, Schilder, et un savant académique, Jacobi, dont les inventions sont remarquables de précocité. Si les travaux de recherche russes sont innovants, il reste que la pratique permanente du secret militaire interdit la diffusion des découvertes de ces chercheurs. Quant à l'enseignement de l'électricité et de ses applications, il commence à se propager à partir des années 1880 et en 1900 est créé le grade d'ingénieur électricien. La Russie se situe bien dans le mouvement général en Europe qui voit une généralisation de l'enseignement de l'électricité au tournant du XXe siècle.

À propos du cas britannique, Robert Fox soulève une série de questions qui ne peuvent qu'interpeller les chercheurs travaillant dans le domaine. Très tôt au XIXe siècle, l'électricité, science de laboratoire, fascine les physiciens qui équipent leurs laboratoires de matériels mis à la disposition des étudiants, comme dans le cas de la chaire de physique à Manchester. Jusqu'aux années 1880, les chaires universitaires forment surtout des enseignants de lycée, mais aussi des ingénieurs télégraphistes. Toutefois, l'émergence de l'électricité industrielle ouvre de nouveaux débouchés : les étudiants cherchent alors à acquérir des techniques immédiatement applicables au monde des entreprises et les diplômes leur importent peu. Robert Fox pointe une seconde évolution à partir des années 1890 avec une nouvelle électrotechnique fondée sur le courant alternatif et l'usage des hautes tensions. Un autre type de formation devient nécessaire, car les travaux menés dans les laboratoires de physique ne permettent plus de répondre de façon adéquate aux exigences de la nouvelle technologie. L'auteur indique alors que les programmes d'électricité appliquée se greffent sur les chaires de génie mécanique qui existent dans pratiquement tous les

Présentation générale

établissements d'enseignement supérieur et qui équipent leurs laboratoires d'installations en courant alternatif de haute tension. L'offre de formation est réelle et adaptée. Pour autant, les employeurs britanniques, poursuivant une tradition bien ancrée, ne considèrent pas comme prioritaire l'éducation académique : ils persistent à préférer la formation sur le tas. Les sociétés d'ingénieurs elles-mêmes, dont, paradoxalement, l'Institution of Electrical Engineers (I.E.E.), sont très réticentes à reconnaître la valeur de l'enseignement universitaire. Aussi, plutôt que de chercher l'obtention d'un diplôme attestant une formation complète, tant théorique que pratique, en électricité, les jeunes gens suivent-ils des cours du soir à temps partiel offrant des enseignements techniques pointus, immédiatement applicables en entreprise. De ce point de vue, le monde britannique apparaît singulier, à l'écart de l'évolution continentale qui va voir se multiplier les filières de formation délivrant des diplômes d'ingénieurs électriciens ou électrotechniciens, ce que décrivent les autres auteurs de l'ouvrage. Mais sans doute le propos de Robert Fox vaut-il d'être examiné aussi pour les autres pays. On sait que tous les étudiants inscrits n'allaient pas jusqu'au diplôme : cela les empêchait-il d'être recrutés dans les compagnies d'électricité ? Peu de travaux ont jusqu'à présent porté sur les ingénieurs « autodidactes » dont le terme recouvre de multiples figures de professionnels. Il y a là un vaste mais difficile champ d'investigation historique.

Dans son exposé sur la formation des ingénieurs en Suisse, Serge Paquier met en évidence deux caractéristiques de la Confédération helvétique. Tout d'abord, la préoccupation constante dans un petit pays enclavé, entouré de grandes puissances influentes, mais au cœur du réseau de communication européen, de préserver son indépendance tant énergétique qu'industrielle et pour cela de se doter d'infrastructures et de moyens techniques adaptés, ainsi que d'hommes professionnellement armés pour répondre à cette inquiétude. Dans un premier temps, les ingénieurs seront formés à l'étranger en France et surtout en Allemagne, mais ils risquent de revenir avec les idéologies des voisins. Alors il sera créé en Suisse deux hautes écoles, l'une à Zurich (E.T.H.Z.), l'autre à Lausanne (E.P.F.L.) pour disposer d'experts conscients de l'intérêt du pays et qui seront à même de développer un système technique autonome fondé sur l'hydraulique. Et c'est le deuxième signe distinctif noté par Serge Paquier : la recherche constante d'une convergence entre sciences et techniques qui s'appuie sur la rencontre entre les entreprises et les hautes écoles. Nombre des professeurs nommés dans l'une comme l'autre institution disposent d'une expérience en entreprise et sont à même d'y retourner, soit à titre d'ingénieur-conseil, soit pour prendre des directions opérationnelles. Les compagnies elles-mêmes n'hésitent pas à fournir les ateliers des écoles en grosses machines industrielles. Ces connexions sont particulièrement notables à partir du décollage de l'hydroélectricité dans les années 1890, et, nous dit l'auteur, elles permettent à une industrie nationale d'émerger et de rayonner bien au-delà des frontières helvétiques.

C'est avec l'unification italienne (1861) que des transformations profondes sont entreprises dans le système de formation de ce pays ; Ferruccio Ricciardi indique qu'en s'inspirant de ce qui se fait en Allemagne, on ouvre des filières techniques : écoles et instituts techniques sont fondés ainsi que des écoles d'arts et métiers destinées à préparer des techniciens et chefs d'atelier voués au milieu de la hiérarchie professionnelle. Les deux principales institutions de formation d'ingénieurs sont les polytechniques de Turin et Milan, formellement écoles techniques d'application rattachées aux facultés de mathématiques et physiques des deux universités. Ailleurs, dans les autres universités, il s'agit de cursus particuliers destinés à former des ingénieurs civils qui reçoivent essentiellement des cours théoriques et n'ont que peu de rapport avec le monde des entreprises. Le problème est précisément de doter le pays d'ingénieurs industriels et de contribuer ainsi à la création de nouvelles élites pour ce nouvel État, mais aussi de se donner les moyens d'un renouveau économique. À Turin, il s'ouvre une école supérieure d'ingénieurs en électrotechnique sous la direction de Galileo Ferraris, physicien renommé qui avait participé au premier Congrès d'électricité de Paris en 1881, école qui acquiert rapidement une grande réputation : aux cours théoriques et aux exercices pratiques s'ajoute la mise en œuvre d'un projet visant à implanter des installations électrotechniques. Une partie des anciens élèves deviendront à leur tour des enseignants d'électromécanique, tandis que les autres bâtiront, à l'instar de Camillo Olivetti, l'industrie électrique italienne. À Milan, grâce au don généreux d'un mécène, Carlo Erba, Giuseppe Colombo qui avait également participé au Congrès de Paris, ouvre un institut électrotechnique en 1886 au sein du Politecnico. Parmi les professeurs, on compte un ancien assistant d'Éric Gérard, le fondateur de l'Institut Montefiore de Liège. Malgré la dépression qui touche l'Europe en fin de siècle, les deux établissements auront diplômé au total un millier d'ingénieurs avant 1914. L'expansion de ces deux foyers de formation technique de très haut niveau se poursuivra entre les deux guerres. Mais, tout comme dans l'exemple suisse, on voit que les seules considérations économiques ne suffisent pas à expliquer la naissance et le développement d'institutions techniques supérieures, il faut également prendre en compte les questions politiques qui, dans le cas de l'Italie, visent à constituer les bases sociales d'une nouvelle nation.

Présentant l'origine et les débuts de l'Institut électrotechnique de Liège, Ludovic Laloux met en évidence le rôle d'un type de personnage à peine rencontré jusqu'alors dans l'ouvrage, alors qu'il tient une place non négligeable dans le développement de l'enseignement technique supérieur : le mécène. Il est vrai que le portrait s'impose, concernant Georges

Montefiore-Levi, tant cet industriel inventif (il doit sa fortune à sa conception de fils de cuivre phosphoreux utilisés pour le téléphone), ingénieur des Arts et Manufactures de Liège, par ailleurs généreux philanthrope, n'a cessé d'investir à titre gracieux pour implanter à Liège un institut totalement dédié à l'électrotechnique et pour favoriser ensuite de façon constante son développement en le finançant largement. Revenu enthousiaste de l'Exposition de Paris et du Congrès des électriciens (on mesure une fois encore combien cet événement a eu une fonction initiatrice dans ce domaine), il confie la réalisation de son projet à Éric Gérard, ingénieur des Mines de Liège, formé à l'électrotechnique à l'École supérieure de télégraphie de Paris et l'un des deux commissaires belges à l'Exposition de 1881. La qualité du savant et du pédagogue, son sens de l'organisation font de l'Institut ouvert en 1883 qui porte le nom de son bienfaiteur, un établissement rapidement réputé internationalement. Établissant le bilan à la date de 1933, Ludovic Laloux compte que la moitié des ingénieurs qui en étaient sortis étaient étrangers, venant d'une quarantaine d'États du monde entier, y compris d'Allemagne ou de Suisse... à l'exception de l'Angleterre – ce qui conforte l'analyse de Robert Fox quant au relatif désintérêt de ce pays pour les diplômes. Nombre de missions viennent de l'étranger pour étudier le système de formation et s'en inspirer. Ce sera notamment le cas de la France.

La contribution de Peter Hertner confirme que le passage d'une période où la production des entreprises d'électricité était vouée aux techniques des courants faibles avant 1870 au développement du secteur des courants forts dans les deux décennies suivantes (90 % des activités de Siemens & Halske au milieu des années 1890 et près de 100 % pour Allgemeine Elektricitäts-Gesellschaft (A.E.G.) a entraîné une demande bien plus forte de techniciens qualifiés dans ce domaine. Les nouvelles hautes écoles techniques (*technische Hochschulen*) créées à partir de 1879 par transformation des anciens instituts techniques étaient les lieux où l'enseignement et la recherche en électrotechnique devaient s'épanouir. Mais, sauf à Darmstadt où fut ouverte en 1882 la première chaire d'électrotechnique puis un institut dédié l'année suivante, la nouvelle discipline n'est apparue longtemps que comme une matière complémentaire à la physique et à la mécanique, sciences aux positions solidement établies. S'appuyant sur les travaux fondateurs de Wolfgang König[1], Peter Hertner constate que c'est seulement au tournant du siècle que les électrotechniciens, formés dans leur discipline, ayant acquis une forte expérience industrielle, ont occupé des postes permanents dans les hautes écoles techniques (*technische*

---

[1] König Wolfgang, *Technikwissenschaftent. Die Entstehung des Elektrotechnik aus Industrie und Wissenschaft zwischen 1880 und 1914*, 1995, Chur.

Hochschulen) et que l'électrotechnique s'est généralisée comme discipline indépendante. En même temps, des écoles techniques intermédiaires étaient ouvertes pour préparer les cadres moyens en électricité qui, avant 1914, constituaient des effectifs équivalents aux diplômés des hautes écoles techniques (*technische Hochschulen*). Au bilan, entre 1880 et 1914, environ 5 000 électrotechniciens avaient été formés en Allemagne, dont la moitié était composée d'étrangers, ce qui est un signe tangible du rayonnement de l'enseignement technique supérieur de ce pays. Cependant, sur ce nombre total, 1 500 n'avaient pas obtenu le diplôme ou n'avaient pas jugé nécessaire de l'acquérir : étaient-ils pour cela exclus des recrutements dans la branche électrique ou trouvaient-ils tout autant un emploi qualifié dans un secteur en croissance constante ?

Cette section se clôt avec la présentation du cas de l'institut électrotechnique de Porto Alegre, capitale de l'État du Rio Grande do Sul, au sud-est du Brésil, établissement fondé en 1908. Ce à quoi s'attache en premier lieu Flavio Heinz, c'est à l'étude du contexte de cette création. Contexte politique, d'abord, avec la fin, tardive en regard des autres pays du sous-continent, de la monarchie et l'établissement d'une république dont les idéaux sont tout autres. Heinz met en exergue le rôle des militaires, imprégnés des idées positivistes auxquelles ils ont été initiés par des professeurs férus d'Auguste Comte, au cours de leur formation militaire et de leurs études d'ingénieurs. L'enjeu, pour eux, c'est la modernisation du pays. Mais la modernisation ne se limite pas à un changement de mode de gouvernement, car le nouveau système politique finit par être assimilé et utilisé par les partis traditionnels conservateur et libéral. La modernisation, c'est aussi le pari de l'industrialisation face au modèle économique coutumier basé sur la production agricole de type latifundiaire aux rendements médiocres avec un niveau technologique faible et l'exploitation d'une main d'œuvre précaire. Le contexte économique est donc aussi d'une extrême importance. Enfin l'opposition est également culturelle : il s'agit de mettre en place un enseignement utile, à plusieurs niveaux, donc s'offrant aux diverses couches sociales, basé sur le rapport à la pratique, contrairement à l'orientation universitaire classique, réservée à une rare élite, trop littéraire et juridique et « bavarde » aux yeux des réformateurs.

Dans l'État du Rio Grande do Sul, le positivisme est quasiment une « religion d'État ». On va donc y voir appliqués les principes du processus de modernisation, en particulier la mise en place d'un ensemble d'établissements d'enseignement technique, dont le noyau dur est l'école d'ingénieurs fondée en 1896 par des ingénieurs militaires. Pour y accéder, les jeunes gens peuvent s'inscrire à l'école préparatoire. S'y ajoute bientôt un institut technique destiné à former les ouvriers professionnels et les techniciens en formation initiale aussi bien qu'en cours du soir dans les différents domaines : bâtiment, constructions mécaniques, menuiserie, charpenterie, dessin technique, etc. Le gouvernement suit avec attention le développement de ce système d'enseignement, n'hésitant pas à attribuer officiellement une partie des impôts et taxes perçus à ce domaine considéré comme prioritaire. Si l'accent est mis sur les capacités industrielles, on ne néglige pas pour autant le vaste secteur agricole qu'il s'agit tout autant de moderniser. D'où la création dans les années 1910 d'un complexe de formation à plusieurs niveaux et de recherche agronomique et vétérinaire qui irriguera le secteur rural.

La fondation d'un institut électrotechnique au sein de cet ensemble intervient logiquement : l'électricité n'est-elle pas le symbole même de la modernité ? Mais qui peut enseigner cette discipline nouvelle ? Les rares individus compétents sont des experts étrangers déjà employés dans de grandes compagnies où ils mènent de confortables carrières. De façon pragmatique, les autorités se tournent vers l'Europe, les États-Unis et le Canada où des « ambassades » itinérantes sont envoyées afin de recruter des enseignants spécialisés et de se fournir en matériels appropriés. On les sélectionne notamment en Allemagne dont on connaît la réputation des hautes écoles et la puissance des firmes électrotechniques, peut-être aussi parce que nombre des élèves intéressés par les formations techniques sont issus de familles immigrées venus de cette partie de l'Europe. L'institut va former des électrotechniciens et des électromécaniciens en trois ans puis bientôt quatre ans d'études supérieures. À côté de cette filière d'ingénieurs s'impose rapidement la création d'une formation de monteurs ouverte à des adolescents.

Un des indices que livre Heinz sur le besoin manifesté par les entreprises de compétences dans ce domaine est la sollicitation auprès des enseignants dont une partie finit par ne plus délivrer que quelques heures de cours pour s'assurer un emploi plus rémunérateur dans les compagnies privées. Mais on note également l'abandon avant la fin des études d'une proportion non négligeable des élèves monteurs qui peuvent être aisément recrutés. À cette époque donc et de même que dans d'autres pays, si la nécessité d'une formation spécifique est bien reconnue, le diplôme n'apparaît donc pas comme le viatique pour entrer dans le marché du travail.

Le développement de l'enseignement supérieur en électrotechnique

Comme les autres pays d'Europe, au XVIIIe siècle, l'Espagne s'intéresse aux vertus thérapeutiques supposées de l'électricité et les cabinets de physique des collèges de chirurgie sont dotés d'instruments permettant des expérimentations. On doit aussi à un savant médecin, Francesc Salvà e Campillo, un traité précoce sur l'électricité appliquée à la télégraphie

(1795), bien qu'il ait fallu attendre plus d'un demi-siècle pour qu'un réseau télégraphique national soit réalisé, piloté par le corps des ingénieurs du Télégraphe. Carles Alayo signale, à la même époque (1851), les premiers essais d'éclairage électrique dans le cadre de travaux expérimentaux de physique dans les universités de Saint-Jacques de Compostelle et de Barcelone. Mais, comme dans les autres pays, le phénomène électrique est étudié à titre scientifique, dans les cabinets de recherche des professeurs. Alayo indique une première mention des applications de l'électricité à la lumière dans les années 1850, dans le cours du professeur de physique industrielle à l'École d'ingénieurs de Madrid, Eduardo Rodríguez, ancien élève de l'École centrale de Paris. Toutefois cet établissement est rapidement fermé par le ministère de tutelle et à partir de 1867 jusqu'à la fin du siècle, la seule école d'ingénieurs industriels dont disposera l'Espagne sera celle de Barcelone. Il est vrai que la ville bénéficiait d'une ancienne et forte tradition dans le domaine des enseignements techniques et que la Catalogne était la région de loin la plus industrialisée du pays. C'est donc dans cet établissement que seront formés les premiers ingénieurs électriciens. Dès la fin des années 1870, on y pratique les premières expérimentations sur les machines Gramme et dix ans plus tard, l'enseignement de l'électricité industrielle correspond aux standards internationaux. Pourtant, alors que les compagnies d'électricité souhaitaient utiliser des spécialistes reconnus pour pouvoir se passer des techniciens étrangers, le ministère s'opposa à toute démarche visant à créer un diplôme officiel d'ingénieur électricien. Selon la haute administration madrilène en effet, l'ingénieur industriel ne pouvait être qu'un généraliste, alors qu'elle ouvrait des écoles de techniciens (dénommés experts industriels) dans les différentes branches de l'industrie. Les différentes tentatives menées pour contourner cette législation rigide qui bloquait toute évolution étaient refusées. Ainsi la création d'une école de directeurs d'industries électriques par les autorités régionales de Catalogne, qui visait en fait à doter le pays de cohortes d'ingénieurs industriels, ne fut qu'une expérience fugace (1917-1924). Il faudra attendre le milieu du XXe siècle (1948) pour voir l'ouverture officielle d'une spécialité d'ingénieur électricien, ce qui fait sans doute de l'Espagne un cas unique dans l'histoire de l'enseignement de l'électricité. Carles Alayo cite cependant le cas de l'Institut catholique des arts industriels de Madrid (I.C.A.I.), fondé en s'inspirant fortement du célèbre Institut Montefiore, qui ouvrit en 1908 une formation d'ingénieur électromécanicien. Son plan d'études fut rejeté par l'administration, ce qui n'empêcha pas cette institution privée de persévérer et de fournir des experts en électricité très appréciés du monde industriel. Son diplôme fut finalement reconnu par l'État en 1950.

Alors que la France avait été l'initiatrice de la première exposition internationale sur l'électricité et qu'elle avait convoqué le premier congrès scientifique international sur ce domaine scientifico-industriel, sous l'égide du ministère des Postes, donc de la puissance publique (même si le financement de ces manifestations avait été assuré par un groupe de chefs d'entreprise), l'État ne paraît guère s'intéresser au développement de formations techniques spécialisées. L'unique école publique focalisée sur l'électricité est l'École supérieure de télégraphie, dédiée à la formation complémentaire des seuls ingénieurs de l'administration et de quelques étrangers, ces derniers en vertu d'accords gouvernementaux, et encore l'essentiel des enseignements concerne les seuls courants faibles. Ouverte trois ans avant l'Exposition et à peine installée, elle ferme déjà ses portes. Au total, elle n'aura vécu que 10 ans. Le ministère du Commerce et de l'Industrie qui aurait logiquement autorité sur l'enseignement technique, a comme pratique, depuis des décennies, de limiter son action à encourager la création d'établissements privés et accorder des subventions. On voit qu'on est loin du contrôle tatillon de la bureaucratie espagnole. Le premier établissement à préparer des ingénieurs spécialisés en électricité sera donc municipal. La Ville de Paris, à l'écoute des industriels de la cité, ouvre une école de physique et de chimie industrielles en 1882. On a déjà noté plus haut qu'à l'époque, dans tous les pays, au sein de la discipline de « physique industrielle », l'enseignement de l'électricité est devenu hégémonique. Si cette école est importante, car elle marque l'origine d'un nouveau type d'établissement d'enseignement technique supérieur focalisé sur un domaine ou deux, il ne faut pas en exagérer l'ampleur. Petite structure, vouée en principe à fournir les experts techniques aux seules entreprises parisiennes, elle ne produit qu'une vingtaine de chimistes et une dizaine d'électriciens par an. Le second établissement dédié à l'enseignement supérieur de l'électricité émerge 13 ans après l'exposition de Paris, en 1894, comme modeste annexe d'un laboratoire d'essais dépendant d'une société savante, la Société internationale des électriciens (S.I.E. laquelle se transforme ensuite en Société française des électriciens – S.F.E.) qui manifeste hautement son indépendance vis-à-vis des pouvoirs publics. Financé sur fonds privés, il devient une école autonome à la fin de 1896 sous le nom d'École supérieure d'électricité (Supélec). L'enseignement qui y est donné n'est pas une formation initiale, mais un complément hautement spécialisé pour des scientifiques universitaires et ingénieurs. Les élèves reçoivent 300 heures de cours et près de 500 heures de travaux pratiques dans l'année, auxquelles s'ajoutent des visites d'usines et des « excursions électriques » qui se concluent par la rédaction de rapports. Bientôt un concours, réputé d'une grande difficulté, permet de sélectionner les candidats. Les prérequis ne cesseront d'évoluer en exigence. On voit bien qu'il s'agit pour les promoteurs de cette formule de doter le pays de cadres de haut vol destinés à diriger les usines, mais aussi les entreprises d'électricité. De tels profils ne couvrent qu'une partie de la demande des firmes en personnel compétent. Pour tenter de réussir au concours de l'École supérieure d'électricité (Supélec), des établissements privés sont fondés à Paris au début du XXe siècle. Ils préparent des élèves à cette épreuve, mais rapidement, ils bâtissent surtout un programme d'enseignement sur trois ans, assurant une formation de fond en électricité. Au bout de quelques années, le diplôme que les directions attribuent est celui d'ingénieur. Comme l'emploi de ce terme est libre en France, la dénomination ne peut être contestée. De fait, les diplômés de ces écoles trouvent des emplois industriels sans accéder pour autant au sommet de la hiérarchie. Enfin, la France se caractérise par la fondation d'instituts universitaires de sciences appliquées dans le cadre des universités régionales créées par une loi de 1896. À l'origine, ce type de structure n'avait pas été prévu, mais la législation autorisait les universités à offrir des diplômes qui leur soient propres avec des formations *ad hoc*. C'est ce qui s'est passé avec les 4 instituts d'électrotechnique créés en province. Même si le cadre organisationnel était public, encore une fois l'initiative n'était pas due à l'État, mais aux enseignants locaux des facultés des sciences. Ainsi dans un pays qui donne l'image d'un État centralisateur, l'émergence et le développement des formations électrotechniques sont venus des forces vives de la société. Finalement une loi a instauré en 1934 une protection des diplômes d'ingénieurs délivrés par les établissements reconnus par une commission habilitée. Il vaut de noter qu'un des articles permet aux autodidactes ayant une fonction d'ingénieur de pouvoir accéder au titre de « diplômé par l'État », à l'issue de la présentation d'un dossier et d'un examen devant un jury. Ils devaient donc être suffisamment nombreux pour que le législateur s'en préoccupât...

La question des élèves ingénieurs étrangers est évoquée dans nombre de contributions de ce livre. Il existe très tôt au XIXe siècle une véritable circulation intra-européenne. Ces flux dont les axes varieront au fil des périodes, des événements historiques et des accords entre gouvernements sont une constante qui ne se dément pas jusqu'à nos jours. Avant la Seconde Guerre mondiale, quelques États comme l'Allemagne, la Belgique ou la France, mais aussi la Tchécoslovaquie de l'entre-deux-guerres accueillent en nombre des étudiants d'autres pays, comme on le verra plus bas avec le cas du Portugal et les travaux sur les pays des Balkans. Yamina Bettahar offre un éclairage particulier sur la question en se focalisant sur le cas de l'Institut électrotechnique de Nancy (I.E.N.), devenu après 1945 l'École nationale supérieure d'électricité et de mécanique (E.N.S.E.M.). Elle examine, en fait, les relations qui se sont établies depuis sa fondation, entre l'établissement d'enseignement et les trois pays d'Afrique du Nord, ne signalant que comme un rappel la politique d'accueil des institutions universitaires nancéiennes envers les étudiants européens laquelle a déjà fait l'objet de plusieurs travaux que l'auteure mentionne. L'électrification des trois départements français d'Algérie et des deux protectorats de Tunisie et du Maroc étant engagée progressivement par l'État français et des sociétés privées, il est logique que l'on retrouve dans ces contrées des anciens élèves de l'institut nancéien. Leur nombre est assez conséquent pour qu'ils puissent constituer un groupe particulier d'Afrique du Nord au sein de l'Association des anciens élèves. Ce sont des métropolitains qui ont franchi la Méditerranée et non des jeunes gens issus des populations européennes installées en Afrique du Nord. Ce n'est qu'après la Seconde Guerre mondiale que l'institut accueillera des étudiants originaires de ces régions, dits « coloniaux », tous européens. Après les indépendances, à partir des années 1960, des étudiants maghrébins viendront étudier en France l'électrotechnique, sans doute moins à Nancy que dans les villes du sud et à Paris. Toutefois, Yamina Bettahar signale un courant permanent d'étudiants marocains, ce qui correspond à une politique du royaume chérifien qui n'hésite pas à faire former ses élites industrielles dans l'ancienne puissance coloniale.

Ana Cardoso de Matos expose que l'intérêt des ingénieurs et universitaires portugais pour l'électricité et ses applications se manifeste notamment par leurs visites attentives des expositions universelles sur lesquelles ils publient des rapports et prononcent des conférences à leur retour au pays. Mais c'est évidemment l'Exposition de 1881 consacrée spécifiquement à l'électricité et le congrès qui y était associé qui mobilisent l'État, lequel envoie d'éminentes personnalités pour représenter le Portugal et participer aux débats. Les Portugais seront encore plus nombreux au congrès suivant de 1900. Au sein de l'Association des ingénieurs civils s'ouvre en 1898 une section focalisée sur les machines et l'électricité : on considère en effet qu'avec les chemins de fer, le fluide électrique est un des principaux facteurs du développement technique. Parallèlement, des revues dédiées commencent à être publiées de même que des ouvrages spécialisés à destination des techniciens et des ouvriers. Ainsi, il se développe un milieu favorable à l'usage industriel et civil de l'électricité, ce qui conduit à des premières réalisations comme l'éclairage du quartier du Chiado à Lisbonne en 1879, à l'instar de ce qui se fait dans d'autres pays d'Europe. Ici aussi, le gaz est progressivement remplacé par l'électricité. Les usines se dotent de centrales et délivrent une partie du courant produit pour l'éclairage public des villes où elles sont implantées – ce qui n'est pas propre au Portugal, de mêmes dispositifs sont signalés par exemple par Hallon et Sabol à propos de la Slovaquie. Des sociétés de fabrication de machines, d'installations électriques et de distribution sont fondées avec des capitaux portugais ou étrangers et les lignes de tramways sont ouvertes à Lisbonne dès 1901.

Dans ce vaste mouvement, la question de la formation des techniciens se pose. Il s'agit d'aller au-delà du seul enseignement technique de la télégraphie, dont le réseau avait été mis en place en 1857. Il faut attendre une réforme de l'enseignement technique en 1886 pour que les instituts industriels de Lisbonne et de Porto commencent à introduire la discipline électrotechnique. En 1897, l'Académie polytechnique de Porto ouvre un cours en électrotechnique fondé sur le célèbre ouvrage d'Éric Gérard reprenant les leçons qu'il avait professées à l'Institut Montefiore dont il était le directeur. L'année d'après, une formation de niveau moyen est établie à l'Institut industriel de Lisbonne pour préparer des ouvriers professionnels et des techniciens aux applications industrielles de l'électricité. Mais, selon Ana Cardoso de Matos, il faudra attendre les créations de l'Institut supérieur technique de Lisbonne en 1911 et de la faculté technique de Porto en 1912 pour former des ingénieurs dotés des compétences indispensables à l'installation et l'exploitation de centrales électriques. C'est la raison pour laquelle, avant cette date, nombre d'ingénieurs se forment à l'étranger, en particulier à Liège. L'organisation de l'Institut supérieur de Lisbonne fut du reste confiée à Alfredo Bensaúde, ingénieur parti étudier en Allemagne ; les professeurs qu'il recrutait, étaient en général formés à l'étranger et disposaient d'une expérience professionnelle avérée. Malgré l'échec d'une tentative de création d'une association professionnelle d'électriciens, les ingénieurs de cette spécialité prennent de plus en plus d'importance, à partir des années 1920, parallèlement à la montée en puissance de l'industrie électrique. Le premier congrès des ingénieurs civils portugais en 1931 met en évidence leur place éminente au sein de cette profession.

Alexandre Kostov présente la situation de deux États balkaniques, la Roumanie et la Bulgarie dont il est tenu pour acquis qu'ils font partie de la liste des pays dits « retardataires ». Tout le propos de l'auteur est de montrer précisément en quoi ils diffèrent l'un de l'autre et qu'il n'est pas de bonne analyse de les amalgamer. Kostov rappelle d'abord que la Roumanie comme la Bulgarie étaient sous la coupe de l'Empire ottoman et qu'elles n'ont acquis leur indépendance – et donc les moyens d'un développement économique et scientifique autonome – que tardivement dans le XIXe siècle. Encore la Bulgarie a-t-elle été libérée plus de vingt ans après la Roumanie et ce n'est alors qu'un État de faible superficie, sans grands moyens, qui voit le jour en 1878. Les conflits politiques internes et les guerres balkaniques quasi continuelles qui s'ensuivront jusqu'en 1918 obéreront son développement. La Roumanie, disposant déjà d'une industrie lourde, s'appuie sur le capital étranger économique ainsi que sur des experts techniques pour assurer son essor, notamment pour l'implantation de centrales électriques et des premières applications de l'électricité (éclairage, tramways) alors que Kostov ne date la première usine d'électricité à Sofia, capitale de la

Présentation générale

Bulgarie, qu'en 1900. Durant la même décennie sont ouvertes deux écoles techniques moyennes d'électricité. Les deux États envoient se former leurs ingénieurs en Europe occidentale, notamment en France, dans les instituts techniques des facultés, mais aussi à l'École supérieure d'électricité (Supélec) dont la réputation est très vite devenue internationale. Est-ce à l'exemple de ce dernier pays qu'en Roumanie, le professeur Hurmuzescu qui avait soutenu son doctorat es sciences à la Sorbonne, ouvre en début de siècle, à l'Université de Yassy d'abord, puis à celle de Bucarest ensuite, deux écoles d'applications pratiques de l'électricité qui deviendront des instituts techniques des facultés des sciences quelques années après, antérieurement à la Première Guerre mondiale ? Le parallèle est d'autant plus tentant que l'on retrouve le même type d'organisation pédagogique avec un cursus en trois ans. En revanche, A. Kostov souligne l'échec de la tentative d'une création d'école supérieure technique en Bulgarie à la même époque. C'est une situation qui se poursuivra durant tout l'entre-deux-guerres : les ingénieurs bulgares continueront à se former à l'étranger, en Allemagne, en France et en Tchécoslovaquie laquelle dispose d'un appareil universitaire nombreux et réputé.

S'appuyant sur un corps de professeurs dont la première génération avait été formée à l'étranger, la Roumanie développe son enseignement électrotechnique entre les deux guerres avec ses deux écoles polytechniques de Bucarest et Timisoara qui ouvrent l'une et l'autre une section spécialisée dans cette discipline. À la suite d'une réforme de l'enseignement supérieur à la fin des années 1930, la délivrance des diplômes d'ingénieurs est attribuée désormais à ces seuls établissements : c'est la fin des instituts techniques des universités qui sont pour l'un, absorbé par une école (Bucarest), et pour l'autre, transformé en école polytechnique (Yassy). À ce moment, la Roumanie se situe, sur le plan institutionnel tout au moins, de plain-pied avec les autres pays d'Europe quant à la formation de ses experts en électrotechnique.

Autre texte analysant un pays des Balkans, celui de Michalis Assimakopoulos et d'Apostolos Boutos sur l'électrification de la Grèce. À la différence du précédent chapitre, les auteurs ne se centrent pas sur la question de la naissance et de la croissance de l'enseignement supérieur technique, mais sur le processus même de l'électrification du pays. Malgré tout, ils livrent des informations ponctuelles importantes sur la formation des ingénieurs et l'implantation de l'électricité comme discipline académique. Si le premier cours inscrivant l'électricité dans son domaine était un cours de physique inclus dans la chaire de philosophie de l'université d'Athènes en 1880, le premier professeur titulaire d'une chaire d'électricité à l'Université polytechnique d'Athènes est nommé en 1910 et le département de génie électrique est ouvert en 1917. Mais l'électrification a commencé avant, dans les années 1890. Comme dans les autres jeunes États de la région, la Grèce s'appuie sur les capitaux étrangers pour mettre en place des réseaux locaux et régionaux d'électricité. La première génération d'experts techniques grecs a été formée à l'étranger dans les centres européens les plus distingués (Munich, Berlin, Zurich, Paris, Toulouse, Liège, etc.), mais, comme l'indiquent nos auteurs, jusque dans les années 1910, 50 % d'entre eux travaillent hors de Grèce, faute d'emplois locaux. Toutefois, ce sont ces minces cohortes d'ingénieurs qui vont porter une mystique du développement économique et social fondé sur l'électricité, ce sont eux qui mèneront des études approfondies afin de faire de l'électricité une industrie nationale, utilisant les ressources du pays, hydrauliques et minières afin de ne plus avoir à importer du charbon et du fuel pour alimenter les centrales thermiques. Le processus de réincorporation nationale de la production et de la distribution d'électricité sera cependant une longue histoire puisqu'il faudra attendre le début du second XXe siècle pour y parvenir. Si l'on retrouve quelques traits analogues à la Roumanie et la Bulgarie présentées par Alexandre Kostov, on mesure, en reprenant l'étude d'Assimakopoulos et Boutos, à quel point la situation de chacun de ces pays est spécifique et qu'un regroupement géographique sous l'étiquette « pays balkaniques » est peut-être un classement commode mais qui n'offre en rien un schéma descriptif pertinent commun tant pour l'organisation d'un enseignement technique supérieur spécialisé que pour le processus d'électrification dans sa dimension industrielle.

Les deux derniers chapitres de cette section nous conduisent outre-Atlantique. Sonja Schmid brosse une vaste fresque de l'histoire des ingénieurs aux États-Unis. Dans le premier XIXe siècle, malgré la création de quelques établissements comme le Rensselaer Polytechnic Institute (R.P.I.) qui s'inspire de l'École centrale de Paris, les ingénieurs sont très généralement formés sur le tas. Cette constatation n'est pas propre à ce pays : même si les Britanniques ont organisé cette modalité avec le système du patronage au sein des firmes, dans l'ensemble de l'Europe la plupart des ingénieurs civils en fonction ne sont pas passés par une formation technique formalisée avant le milieu du siècle. L'auteure donne la date de 1862 comme l'année d'un tournant majeur : le début de la grande migration vers l'ouest qui marque le développement des chemins de fers transcontinentaux et du télégraphe – ce qui nécessite l'apport de techniciens qualifiés ; et la même année, le vote d'une loi fédérale favorisant la création d'universités pour former des jeunes gens en agriculture et arts mécaniques, ce qui amène rapidement à une croissance très importante du groupe professionnel des ingénieurs et leur division progressive en fonction de leur spécialité. De plus en plus recrutés dans les entreprises, les ingénieurs indépendants de la première période deviennent minoritaires. Mais quelle position prendre au sein des firmes ? Sonja Schmid montre qu'il existe alors deux tendances en débat : l'une tend à faire des ingénieurs des managers, l'autre considère qu'ils ont des tâches spécifiques technologiques. L'analyse de l'auteure met également en évidence l'importance des deux guerres mondiales, puis de la période de la « Guerre froide », et la compétition spatiale et militaire avec l'Union soviétique, dans la transformation de la problématique des ingénieurs. L'État, par le biais de son ministère de la Défense, oriente désormais la formation et il finance largement les formations universitaires qui peuvent équiper leurs laboratoires en fonction des programmes ouverts par les agences gouvernementales. Le nombre des ingénieurs croît de manière exceptionnelle. Mais on est dorénavant bien loin de l'ingénieur praticien des premiers temps qui démontait les machines. L'ingénieur américain est aujourd'hui façonné par les technosciences. La *big science* est toujours basée sur des fondements de défense, qu'il s'agisse de concurrence économique ou de « guerre contre le terrorisme », même si nombre de ses applications ont des fins civiles. Sonja Schmid apporte ainsi un éclairage pertinent sur un aspect essentiel de la professionnalité de l'ingénieur non abordé dans les autres contributions.

Le texte de Christophe Lécuyer consacré à l'évolution de la formation électrotechnique au Massachusetts Institute of Technology (M.I.T.) vient illustrer et compléter le chapitre précédent. Le Massachusetts Institute of Technology présente en effet un intérêt particulier en ce sens que depuis qu'il a créé le premier diplôme en électrotechnique aux États-Unis, il a toujours été en pointe dans ce domaine, incitant les autres établissements à suivre finalement le chemin qu'il avait tracé. Christophe Lécuyer met en évidence trois phases de développement. Dans un premier temps, il s'agissait de former des praticiens immédiatement utiles pour les entreprises, car dès leur recrutement, ils étaient confrontés aux ingénieurs maisons formés sur le tas. Leurs enseignants étaient du reste, pour la plupart, des ingénieurs électriciens. Le texte mentionne, lui aussi, ces « specials », ces étudiants qui suivent les cours mais ne cherchent pas de diplômes, phénomène sans doute général à l'époque. À partir du début du XXe siècle, l'Institut se réoriente. Le débat signalé par Sonja Schmid entre les ingénieurs se retrouve dans les propositions contradictoires de plans d'étude : faut-il concevoir l'ingénierie comme une forme de management ou comme une science appliquée ? Grâce à l'appui financier conséquent de mécènes industriels, c'est la conception managériale qui, finalement, l'emporte : il s'agira bien de former les futurs cadres des entreprises. La formation se veut plus théorique, en physique et en mathématique. Elle s'ouvre aussi aux sciences sociales. Il s'agit enfin de familiariser les meilleurs étudiants à la recherche et à cette fin, un laboratoire de recherche en électrotechnique est ouvert en 1913. Mais en définitive, après la Seconde Guerre mondiale, c'est la conception de l'ingénierie comme science appliquée qui redevient hégémonique. Déjà une nouvelle option en électronique qui nécessitait une formation pointue en physique, avait été créée entre les deux guerres. Un laboratoire de recherche est ouvert dans cette discipline et le M.I.T. se transforme progressivement en université de recherche, position qui lui donnera un rôle leader pendant le second conflit mondial. On prend alors conscience des carences de l'enseignement qui ne prépare pas les étudiants aux nouvelles technologies. La nouvelle réforme de la formation dans les années 1950 bouleverse le cursus : les anciennes options sont supprimées, un cursus unique fondé sur la physique et les mathématiques est mis en place et des axes de recherche inédits, largement financés par l'armée, sont ouverts : ce sont les nouvelles « sciences de l'ingénieur ». Progressivement, l'ensemble des universités adoptera un tel schéma.

Rendre compte de l'histoire des usages de l'électricité dans le monde moderne

La courte partie sur laquelle s'achève ce livre n'est pas la moins intéressante. Le premier des deux textes offerts à la réflexion par Christine Blondel soulève la question des controverses sur la paternité de telle invention ou sur l'origine d'un concept initiateur ouvrant vers de nouvelles technologies, phénomène auquel tous les historiens des sciences et des techniques sont confrontés depuis des lustres. Il n'est pas impertinent que ce chapitre qui porte sur les supposées contributions fondatrices d'Ampère à la conception du télégraphe électrique, du galvanomètre, de l'électro-aimant et du moteur électrique vienne en conclusion de l'ouvrage. Tout d'abord parce qu'il s'agit de questions d'électricité qui concernent le propos même de ce volume et d'outils qui ont fondé les technologies électriques et que les ingénieurs évoqués tout au long de ces pages ont contribué à implanter et à développer. Ce que montre Christine Blondel, c'est qu'il y a loin de l'intuition, fut-elle géniale, d'un savant, à propos d'un phénomène de laboratoire, sans aucune prétention d'application, à la réalisation d'objets techniques fonctionnels, fabriqués industriellement. Ensuite parce qu'elle attire également l'attention sur la tentation constante de fixer des dates précises à des créations, qu'il s'agisse de paradigmes scientifiques, d'innovations technologiques ou de fondations institutionnelles. C'est évidemment plus confortable pour l'élaboration d'une historiographie, bien commode pour organiser des commémorations et sans doute la vie sociale a besoin de s'appuyer sur des chronologies précises et de décider d'un avant et d'un après. Mais au-delà des dates symboliques, telle 1881 dans cet ouvrage, ce que la lecture des chapitres révèle, c'est la complexité des processus à l'œuvre : l'ouverture d'un nouveau département d'enseignement, par exemple, n'est que la concrétisation d'une longue maturation collective fondée sur des arguments scientifiques, techniques, mais aussi économiques, financiers et sociétaux conduisant à cette institutionnalisation.

Enfin, à l'issue d'un ouvrage traitant d'un des pans de l'histoire de l'électricité, il était bon que Claude Welty rappelle l'importance de la préservation du très riche patrimoine industriel dans ce secteur. Le monde industriel n'est pas spontanément porté à la conservation : il applique volontiers le principe de la destruction créatrice. Il faut bien abattre tel bâtiment pour construire un nouvel atelier permettant l'implantation de machines plus performantes et que faire alors des carcasses des anciennes mécaniques ? Conserver coûte cher, car il ne s'agit pas seulement de stocker dans des conditions évitant la dégradation, mais aussi d'exposer, expliquer, valoriser pour que cette sauvegarde prenne sens. Il faut donc rendre hommage aux collectivités et aux industriels, et nommément à la Fondation E.D.F., d'avoir ouvert des lieux consacrés à la connaissance du passé et de l'évolution des procédés, des techniques et des usages – dont bien des éléments ont été conçus et réalisés par des ingénieurs – d'une énergie sans laquelle le monde d'aujourd'hui ne saurait fonctionner.

L'intérêt d'un ouvrage de recherche historique réside évidemment dans l'exposé des travaux réalisés par les auteurs qui apportent à la connaissance d'un domaine et viennent compléter son historiographie. Mais c'est également par les nouveaux problèmes qu'il soulève que son apport peut être souligné. Le présent livre s'inscrit précisément dans cette perspective. Pour conclure cette introduction générale, on signalera ici brièvement quelques pistes qui apparaissent à l'issue de la lecture du volume.

Une des indications qui ressort de plusieurs des contributions concerne la question de la nature, de l'ampleur et de la sanction de la formation donnée en électricité et plus spécialement en électrotechnique. Si l'on peut affirmer sans difficultés qu'un mouvement international s'organise rapidement pour élaborer et mettre en œuvre des programmes spécifiques et des départements ou des établissements spécialisés dont les cursus sont sanctionnés par un diplôme – en général un diplôme d'ingénieur dans les formations de haut niveau – il n'en reste pas moins que nombre d'étudiants ne parviennent pas à ce diplôme ou ne cherchent pas à l'obtenir. Si le cas anglais, parfaitement exposé par Robert Fox, est bien connu, il s'en faut de beaucoup que le phénomène soit spécifique à ce pays. Les entreprises dont on pourrait penser qu'elles prendraient largement en compte la certification attestant de la qualité et des compétences d'un technicien porteur d'un tel parchemin n'hésitent pas alors à débaucher des étudiants en cours de formation ou à recruter des non diplômés. De récents travaux d'historiens ont mis en évidence que des ingénieurs ayant des réalisations reconnues et se désignant comme anciens élèves de tel ou tel établissement n'étaient pas inscrits dans la liste des diplômés. Mécanisme social bien connu des sociologues des professions, ce n'est que progressivement que les diplômés d'une spécialité disciplinaire peuvent faire valoir leurs droits sur les praticiens formés sur le tas et avoir la prétention de détenir le monopole de l'intervention dans le domaine qu'ils couvrent. Une telle revendication aboutit parfois à une institutionnalisation, comme l'Ordre des ingénieurs au Portugal ou au Québec ou la Chambre technique en Grèce. Cela ne signifie pas pour autant que des experts non patentés ne puissent exercer comme artisans indépendants, comme salariés, voire comme chefs d'entreprise et s'auto-désigner ingénieurs. Plusieurs des textes de ce livre mentionnent explicitement l'existence d'une telle population que l'on n'ose qualifier « d'autodidacte » tant le terme recouvre de multiples réalités. Il y a là un vaste champ d'investigation ouvert aux chercheurs en sciences sociales sur les plans historique, sociologique et économique, d'autant que le phénomène ne concerne pas seulement le passé, même si l'approche en est singulièrement plus compliquée que celle d'ingénieurs ou techniciens diplômés pour lesquels on dispose en principe d'archives d'institutions de formation et/ou de statistiques professionnelles ou universitaires.

Dans l'ensemble des chapitres de l'ouvrage, seul celui dû à Sonja Schmid soulève ouvertement le problème de l'identité commune des ingénieurs américains, problème qui émergerait dès la fin du XIXe siècle avec la multiplication des spécialités (génie civil, mécanique, électricité, etc.), le recrutement de plus en plus massif des ingénieurs par les entreprises et leur différenciation tant fonctionnelle que hiérarchique au sein des firmes, ainsi que l'organisation de la profession en des associations distinctes défendant des idéaux-types de l'ingénieur ne se recouvrant pas ou seulement partiellement. Un tel constat ne se limite pas à une période historique. Dans toutes les branches technologiques, ce processus complexe de spéciation n'a pas cessé : pour ne citer qu'eux, les métiers autour de l'électricité, qu'il s'agisse de courants « forts » ou « faibles », se sont multipliés avec leurs exigences particulières, leurs codes d'accès et leurs signes de reconnaissance spécifiques, constituant en quelque sorte des micro-communautés. Ce n'était pas l'objet du livre que d'aborder cette question, même si – à propos de la France, par exemple – les rangs des établissements de formation sont parfois évoqués, ce qui suppose ensuite des carrières d'ingénieurs loin d'être identiques. Mais un prolongement de ces recherches pourrait être d'aborder centralement la problématique de l'extension des différenciations, de la dissipation continue d'un langage commun et de l'hétérogénéisation constante des activités des ingénieurs dans des secteurs économiques de plus en plus larges, ce qui pose, au fond, la question de l'unicité de la profession.

Enfin, on signalera à l'attention des lecteurs le débat qui traverse en sous-main l'ensemble du volume. Dans le chapitre qu'il signe, Robert Fox rappelle l'analyse qu'Anna Guagnini et lui-même ont proposée à propos de l'histoire de la formation des ingénieurs électriciens. Ces deux chercheurs établissent une distinction entre une période des débuts, des années 1870 et 1880, et l'essor des formations à partir des années 1890. À l'origine, disent-ils, les mécanismes sont identiques dans tous les pays quel que soit leur degré d'industrialisation et ils sont mis en œuvre à peu près au même moment. C'est ensuite, à partir des années 1890 que les systèmes de formation se différencient en raison de la situation économique du pays. Nos auteurs déterminent alors ce qu'ils appellent les pays de la voie rapide (*fast lane*) et ceux de la voie lente (*slow lane*). Une réflexion à partir d'un tel schéma est stimulante car on peut confronter cette hypothèse aux cas des 16 pays qui sont présentés dans le livre. Il n'est pas exclu qu'à la lecture des descriptions détaillées fournies pour les différents États concernés, Anna Guagnini et Robert Fox, sur la base de leur proposition initiale, seraient amenés à élaborer une problématique plus complexe. Ce qui est certain, c'est qu'en effet, dans tous les pays, l'intérêt pour les applications se manifeste à peu près à la même période, d'abord, parce que comme l'ont montré plusieurs études, il existe une forte circulation internationale des revues scientifiques et les universitaires de tous pays veulent étudier ce nouveau fluide énergétique dans leurs cabinets, ensuite parce que les expositions universelles sont des lieux où les scientifiques, les ingénieurs et même les ouvriers professionnels sont envoyés pour s'informer, se documenter et transmettre à leur retour les renseignements pertinents ; ainsi, l'impact de l'exposition d'électricité de 1881 est mentionnée dans plusieurs des chapitres. C'est du reste seulement à partir de cette date que se créeront des filières spécialisées, qu'elles soient autonomes ou dans le cadre de départements de physique ou de mécanique, mais pas partout en effet. Il convient à ce titre de différencier la mise en œuvre des différentes applications de l'usage de l'électricité : éclairage public et privé, voies ferrées électrifiées, moteurs électriques dans l'industrie, etc. qui se répandent avant la fin du siècle dans les différents pays et la mise en place d'un système de formation technique spécialisé en électrotechnique. Le cas du Portugal est exemplaire à cet égard. Ana Cardoso de Matos montre que le développement de l'électricité se fait sans l'organisation d'une filière de formation performante (il faudra attendre les années 1910) mais avec des compagnies nationales et étrangères disposant d'ingénieurs portugais formés à l'étranger et d'ingénieurs issus d'autres pays. Par ailleurs, si la situation économique est un facteur important, il n'est pas le seul qu'il faille considérer. Le cas de la Bulgarie, pays parvenu tardivement à l'indépendance, tel qu'il est analysé par Alexandre Kostov, met en évidence la dimension du fait politique. De même, il aura fallu attendre la création de la République tchécoslovaque pour que les conditions politiques soient réunies permettant le vote d'une loi générale sur l'électrification, comme le montrent les textes de Jan Štemberk et de Marcela Efmertová. C'est sans doute aussi ce qui se passe dans l'État du Rio Grande do Sul au Brésil, décrit par Flavio Heinz : il aura fallu attendre des conditions politiques favorables pour qu'un vaste programme d'élaboration et de développement d'un système complet d'enseignement technique puisse être voté, financé et appliqué. Il y a eu alors un effet de rattrapage. Enfin, il n'est pas certain que la possession par un État d'un ensemble, soit-il complet et performant, d'enseignement de l'électricité, corresponde pour autant à une position dominante de l'industrie du secteur : la France avait mis en œuvre à partir des années 1890 la création d'établissements spécialisés, privés et universitaires, formant des ingénieurs de tous niveaux et des techniciens, correspondant, semble-t-il, aux besoins affichés du pays à partir du début du XXe siècle. Pour autant, d'après les travaux des historiens économistes, son industrie électrique n'était pas alors considérée comme la plus performante du continent…

Les quelques éléments exposés ci-dessus avaient seulement pour objet de montrer que les textes rassemblés dans ce livre peuvent permettre de nourrir des réflexions, appuyer des argumentaires et offrir des perspectives de nouvelles études. Nul doute que sur la base de ces travaux, les lecteurs sauront élaborer des hypothèses inédites, ouvrir d'autres chantiers, parvenir à de nouveaux résultats. C'est la vie même de la recherche et c'est le souhait le plus vif des directeurs et des auteurs de cet ouvrage !

Foreword

Alain BELTRAN

Chairman of the Committee for the History of Electricity & Energy
Director of Research at the C.N.R.S., Sirice, Paris
beltran@univ-paris1.fr

It is with the greatest of pleasure that the Committee for the History of Electricity and Energy has supported the initiative of Marcela Efmertová, backed by a number of high-ranking colleagues, most prominently by André Grelon. This conference, which was organized in Prague, impressed us by both the quality and the variety of its presentations, together with the impeccable hospitality provided by a city which, for all Europeans, is a byword for charisma, history and art. Before presenting the exciting papers given by numerous specialists in the fields of electrotechnology, education and international trade, and in the interests of clarification, we would like to describe the background to the operations of the Committee.

These are operations of a long-standing nature, given that the Committee is the successor to the Association for the History of Electricity in France (A.H.E.F.), established in the early 1980s. This date alone makes it one of the oldest associative structures dedicated to industrial history. This period was characterized by a strong demand amongst companies for information on their history and heritage – in a word, on their identity. Although the concept of "corporate culture" assumed a high degree of prominence at the time, this concept is partially based upon history as experienced and related by members of personnel. University academics were able to meet these expectations, provided that that they were given the necessary resources, and subject to a readiness to respect their methods, their pace of work, and most importantly their independence. A company such as Électricité de France (E.D.F.) which (at the time) enjoyed a virtual monopoly for the production, transmission and distribution of electrical energy, was the successor, not only to the numerous companies which were nationalized in 1946, but to all the pioneers who, from the 18th century onwards, had been entranced by the power and the immense potential of electricity. It was therefore interesting, and indeed useful to investigate the deep-rooted process of evolution which created the image of electricity in the 1980s, as this image was born of the various ways in which the potential of electricity had been considered and exploited by a number of previous generations. The contemporaneity and the all-powerful nature of electrical energy are no recent matters: understanding the human mechanisms involved requires a deeper exploration of the more or less remote past. The appointed task of the Association, and thereafter of the Committee, was therefore to understand the phenomenon of electricity in all its aspects: scientific and technical, social, economic, legal, political, territorial and cultural. Electricity represented a total and comprehensive innovation. It has transformed (and continues to transform) French society, and the society of all industrialized countries, not forgetting those countries where its use is progressively being adopted. There is a "before" and "after" electrification. In the past, "electricity" brought us tram systems, lighting, electroplating and communications. Today, electricity is expected to bring us the car of the future, renewable energies, superconductivity, home automation, rational heating, etc. As both a primary and a secondary energy source, electricity can be obtained from fossil fuels, but also from an extensive range of "new" energy sources. In short, with its multiple forms and its constant state of evolution, the consideration of electricity requires the close scrutiny of both the recent and the distant past.

The Association was established in the early 1980s as a result of a meeting between a director of Électricité de France (E.D.F.) (Maurice Magnien, director of analyses and research) and a university academic with a passionate interest in the history of innovation (François Caron). The organization expanded rapidly, with the support of testimony from leading figures, and both young and more experienced researchers. The goal of the Association was innovation, for example by the training of engineers in historical methods and the conservation of archives. This evangelical approach may not have produced all the desired results but, over a period of years, it brought together two spheres which had little mutual knowledge. Parties from one field wrote with, or about, the other. Whilst it is true that these two worlds, electricity and history, were only connected in overall terms, they had a duty to collaborate without distorting the specific contributions delivered by each. Innovation has also emerged from the subjects treated, or to be treated. A cultural history of electricity, system and network policy, comparative analyses of regions and nations, etc. – these are just a few of the options which have proved to be highly productive. However, given the keen appetite of historians for the identification of the origin of phenomena, much work during this initial period focused on electrical science in the 18th century, the first breakthroughs of the 19th century, and the developments achieved in the first half of the 20th century. Less success has been achieved for the most recent period, probably as a result of the absence within the Association of highly contemporary historians, and the greater reluctance of engineers to tackle more recent issues, together with the existence of numerous publications on the post-1946 period, produced by journalists, political commentators, economists, sociologists and even historians (albeit to a very limited extent). It should also be mentioned that the Association undertook pioneering work with the launch of an electrical history gazette, the *Bulletin d'histoire de l'électricité*, which ran to over thirty issues, providing the opportunity for many young historians to express their opinions in its pages. The Association's achievements also include an impressive series of international colloquia, organized at two- or three-year intervals. As scientific advances have progressed, a network of electricity history researchers has developed, not only in France but internationally. The 1990s and the years which followed were marked by an expansion in the scope of research, although engineering history, for example, since the time of Marc Bloch is still in pursuit of legitimate status. Apart from electricity historians, other social sciences have become involved in the work of researchers, admittedly in too marginal a manner, but with a multi-disciplinary approach which has nevertheless been exemplary.

Then, after a number of years of work, it was decided to embark upon a major project – a history of electricity in France in three volumes of 800 pages each (in the final volume, witnesses outnumbered the historians, and the focus was restricted to the E.D.F. corporation alone). Was this a finished work or an interim work? In some senses both, as the accumulation of knowledge was conducive to the drafting of a major summary, while this general overview also revealed unexplored territory which is worthy of future consideration. At virtually the same time, our colleagues in Italy were doing the same thing – evidence that electrical science has advanced at the same pace. Although this multi-author history of electricity endeavoured to address the subject in all its complexity, it was perceptible that the most recent events had yet to receive equal treatment. In addition to this essential work, the Association is also responsible for the production of a compendium of electricity history sources, in the form of a CD-ROM. This guide, although somewhat outdated now, remains a particularly effective tool for young researchers. A historical resource of published works allows the extensive literature on electrical science to be traced from its earliest days. Mention can also be made here of two specially-published volumes which contain the collected archives of the previous companies which were nationalized in 1946 to become Électricité de France (E.D.F.) and Gaz de France (G.D.F.). Finally, these years of work have allowed the constitution of a small library of unpublished research, combining a substantial number of Masters' theses, D.E.A.s (postgraduate diplomas or "diplômes d'études approfondies") and PhD dissertations on a wide variety of subjects. The role of various scientific secretaries involved should not be overlooked – they have supported all these operations and developed a reputation which, to some degree, has crossed frontiers.

However, notwithstanding these highly positive results, the company Électricité de France arrived at the view, some years ago, that its material and moral support for the Association should be more visible given that, although the exclusive supporter of the Association, this fact was not known, and any resulting repercussions were therefore lost. It was then that the Committee of the E.D.F. Foundation succeeded the Association. Although continuity has been pursued in the majority of initiatives, the emphasis is now placed upon the latest issues which, in practice, may be of more direct interest to the company. Accordingly, the latter can identify the similarities and differences which are of corporate interest, and thereby reach an understanding of social expectations or objections. For personnel, who undergo mergers and demergers, history provides key elements for self-recognition, the confirmation of identity and differentiation from others (or, in some cases, for the identification of common elements which can provide the basis for closer associations). Finally, for the general public, by attempting to highlight a reality which is far removed from clichés and stereotypes, the historical approach can transcend the fleeting emotion of the moment. There are many historical subjects which have yet to be studied in greater detail, including nuclear power, new applications for electricity such as electric vehicles, or the life without electricity experienced by nearly two billion inhabitants on the planet. The independence of decisions and research topics is ensured by a scientific committee comprised exclusively of university academics and archivists. In this way, it has been possible to maintain the balance between the requisite accessibility for the company and the essential independence of historians (supported by economists and sociologists). The new review of the Committee goes by the name of *Annales historiques de l'électricité* (or "Historical annals of electricity").

It is therefore understandable that – in keeping with this policy which has already been pursued for over twenty years – the Committee for the History of Electricity and Energy of the E.D.F. Foundation should wish to lend its support to the initiative for the Prague conference, involving engineers and electrotechnical training colleges. Firstly, on the grounds that the Czech Republic (and previously Czechoslovakia) has been a driving force in the spread of new electrical technologies, with the support of influences from Germany, France or the UK. Secondly, the training of technical elites remains a subject of fundamental importance for the understanding of the dissemination of electrical innovation. This has permitted the various specialists gathered here, with a substantially international rather than an exclusively European perspective, to simultaneously address both the first steps in electrical science and a number of its more recent developments, including nuclear power. While knowledge of the past is based upon clearly inventoried archives, certain texts place an emphasis upon more original developments. In the vast chain of knowledge and research, final validation involves the consideration of scientific purpose which, it itself, if highlighted in an appropriate space, placed in context and explained, can assume its full meaning by becoming accessible to the widest possible public. Archivists, historians and museographers are all working towards a common goal, and the texts which follow illustrate this global approach. Based upon Franco-Czech cooperation, the initiative behind the Prague conference is perfectly in tune with the concerns of the Committee: international comparisons and subject areas readdressed. A perusal of the remarkable papers produced by a wide variety of specialists which are collected here will once again confirm that the history of electricity is a vast and rich field, and generates topics to be considered both today and in the future.

General presentation

André GRELON

Director of Studies, School of Advanced Studies in Social Sciences
Maurice Halbwachs Centre, Paris
andre.grelon@ens.fr, andre.grelon@ehess.fr

This work reports on proceedings at the international colloquium (A progressively connected world – Electrical engineers in European society during the 19th and 20th centuries) held on 10th, 11th and 12th May 2010 at the Polytechnic University of Prague, with the support of the E.D.F. Foundation, to mark the 60th anniversary of the Electricity Faculty at this university, and concerning the international history of training in electricity and electrotechnology and the role of electrical engineers in the 19th and 20th centuries. Although the present work collects the majority of papers presented on this occasion, each of the authors present has been asked to review and rework their text, in order to make it a chapter of a collected and coordinated work.

The 19th century was marked by the progressive transformation of electricity from an object of laboratory studies, as an emerging branch of physics, itself a flourishing discipline, into an independent field of research and education from the 1880s onwards. At the same time, these theoretical works and experiments began to give rise to practical applications, specifically the development of telegraphy in the 1840s, electroplating in the 1860s, and early developments in electric lighting.

It has been customary to date the symbolic "birth" of industrial electricity from the first International Electrical Exhibition, held in Paris in 1881, which coincided with an international scientific congress, the primary objective of which was the definition of an international system of electrical units. In common with any event considered as a historical "first", this conception is simultaneously true and false. Gramme had already presented his electric machine in Paris, at the Academy of Sciences in the early 1870s, and the principle of its reversibility (for operation as an electric generator/motor) had already been established during this decade. At this time, there were already about a hundred industrial electricity companies in France, although these were essentially medium-sized undertakings and, moreover, the above-mentioned Exhibition was financed by a consortium of industrial operators. Many foreign companies presented their products on this occasion. At the same time, this was the first large-scale public event of its kind, and marked the emergence of public awareness of the importance, albeit substantially potential as yet, of this new form of energy: electric lighting was a source of fascination, as was the Siemens electric tram, which ran over just a few hundred metres. Ultimately, historians have observed that a process of innovation, the development of applications and their dissemination in numerous fields gathered pace from the 1880s onwards, while theoretical work progressed in tandem for the achievement of a more intimate understanding of the nature of the phenomenon of electricity, thereby facilitating the deployment of new industrial techniques.

The same period marks the emergence of a new figure, which would rapidly be perceived as the protagonist in the flourishing development of electricity and its achievement of the status of a major energy source in the 20th century, and right up to the present day: the electrical engineer. Industrial engineers had long been in existence – they had emerged during the second half of the 18th century in association with the English industrial revolution, before spreading through the continent of Europe during the first third of the following century, in conjunction with the development of major industry. These experts were required to intervene in all technical departments of the company concerned, and to be in possession of general qualifications in various industrial fields. The electrical engineer represented a new type of expert: the specialist. While the first category of engineer would endure – and their expertise continues to be highly-valued – they would now be supported, in a particular and hitherto unknown technical field, by an operator with specific knowledge.

Another historical fact marks a change of era, and is extensively reported in the present work: the expansion of exclusive and dedicated training in this new and specialized discipline, not only throughout the continent of Europe, but also in other cultural territories such as North America or Brazil. During the 19th century, while institutions had been established in various countries for the preparatory training of new engineers in their future profession, many of these technical experts were trained on the job, in accordance with customary British practice. The same method could not be applied to electricity. Commercially available theoretical and practical works, and evening classes organized by scientific societies or universities went some way towards satisfying public thirst for knowledge. It soon became clear, however, that comprehensive training for professionals, both theoretical and practical, was needed. These were new disciplines which, in the first instance, were organized within physics or mechanical engineering departments. However, this rapidly-developing new discipline went on to achieve independent status in a university context. In other countries, such as Belgium or France, specialized establishments were founded. The present work endeavours to engage with this dynamic historic impetus, in order to present developments from the earliest days through to the mid-20th century.

This work is structured in four parts. From the initial international colloquium held in Prague, the first section collects a remarkable series of contributions which shed light on the lengthy process of electrification undertaken by countries in the Bohemian, Moravian and Slovak region, firstly in the context of the Austro-Hungarian Empire, thereafter under the regime of the Czechoslovak Republic between the two World Wars, and finally during the period of socialist rule under Soviet domination. This type of collection provides a detailed understanding, spanning more than a century, of scientific and technical evolution which has been associated with industrial growth, but is also rooted in political and social reality. The second part collects a number of contributions from other geographical regions, essentially describing the origins of electrotechnical training in the 19th century, extending up to the period immediately prior to the Great War. The successive texts generally follow a chronological order, based upon the era or the year considered for the start of the analysis concerned. The third part includes chapters which present analyses covering a far longer historical period, dating from the origins of educational structures, and describing their development up to the mid-20th century. Given the availability of two texts describing France and two originating from the USA, it has been decided to present these texts in succession. Finally, we have two further contributions which do not directly embrace this historical perspective, but which contain stimulating observations of an educational nature. These contributions make up the final section, which concludes the present work.

Electrification in the Czech and Slovak nations

At the start of this section, Zdeněk Beneš describes the long-standing tradition of Czech scholarship, with an interest in science and engineering dating back to the medieval era. He mentions the lengthy list of inventors and key personalities with an interest in technology, from Agricola through to Willenberg, the "engineering professor" who, early in the 18th century, institutionalized technical education in the Czech states. A further conception of technology described involves the consideration of the latter as a cultural phenomenon and a form of political programme. In this sense, interest in technical progress melds with the deployment and reinforcement of the concept of national identity, which undoubtedly constitutes a founding element of Czech dynamism in these fields. One outcome was the institutional separation of the educational system in the second half of the 19th century, from primary through to further education, into two entities, one in the Czech language and the other in the German language. In 1918, the Czechoslovak Republic built its foundations upon scientific progress and technical development, which impacted upon both the economy and society, as evinced, not only by a vast programme for the installation of electrical facilities, but also by the well-known example of the Bat'a shoe company. Beneš also describes how, under the Marxist regime, the objective was to construct a State based upon scientific and technical revolution. A generalizing policy of this type gave short shrift to the cultural, economic and cultural aspirations of the Czechoslovak people, which were progressively suppressed. The outcome is well-known.

Ivan Jakubec, on the other hand, describes the status of Prague as a university city. An ancient institution, founded in the mid-14th century, the Charles University adapted to the modern era by accommodating new disciplines such as physics and mathematics, whilst also providing practical technical training. The independent technical training facility opened by Willenberg early in the 18th century was integrated into the university as a technical institute in 1787, prior to the permanent separation of the two institutions in 1815. The new director of the polytechnic school was František Josef Gerstner, a mathematician and astronomer, who took charge of training in mechanical engineering and hydraulics, and who was responsible for the construction of the first steam-driven machine in the country, which was used in the practical work of his students. At that time, although German was imposed as the only official language, and specifically in education, under the terms of an imperial edict, Joseph II was responsible for the liberal reorganization of the university involving the conferral of freedom of speech, in a Prague which was unified by the monarch. The sovereign, who was interested in science, met with Volta during the latter's visit to Prague in 1784. Above all, however, it was the reforms of Minister Thun in 1849-1850 which, based upon the Humboldtian university model, transformed the university by the conferral of academic freedom, with a facility for the election of its own representatives. Philosophy, which had previously served as an introduction to law and medicine, became a fully-fledged faculty, and was divided into sections for mathematics, natural sciences, history, literature, philology and oriental studies. And it was now possible to appoint teachers from abroad. Ivan Jakubec sets out a list, and emphasizes how this facility for the free movement of teachers was conducive to the flourishing development of science. It was in the context of this Faculty of Letters that teachers were able to become qualified in physics or mathematics. The author also identifies the links which were established between the University of Prague and technical schools in Prague and Brünne. However, the division of higher education establishments in German-language or Czech-language institutions continued to separate scholarly communities, although contacts persisted at individual level.

These two framework texts introduce analyses which are more directly devoted to the emergence and development of electrotechnical training. Marcela Efmertová describes the introduction of electrotechnology into German-language and Czech-language university courses in Prague, and in technical institutions of higher education in the city. In formal terms, electrotechnology was initially introduced into mechanical engineering departments – in practice, this was one of the conventional forms of organization at the time, as was the inclusion of electrotechnology as a branch of physics, as will be seen in the chapters describing the origins of this educational discipline in other countries. As everywhere, the scope of innovations, and the increasingly important role of electricity in industry and the national economy, resulted in the progressive independence of electrotechnology as an academic discipline, with its own departments and institutes, and an increasingly diverse range of courses. The role of Vladimír List, an eminent electrical engineer, is specifically highlighted as an indefatigable promoter of this educational development: he went on to be one of the initiators of legislation for the organization of national electrification.

While the function of technical higher education institutions was the training of engineers, the development of electrical industries also involved the employment of qualified technicians. This was to be the role of Czech-language and German-language industrial secondary schools, which are described in detail by Jan Mikeš. He paints a comprehensive picture, describing how, further to the organizational reform of secondary schools in the Empire, in accordance with a report by two university academics, Franz Exner in Prague and Hermann Bonitz in Berlin, industrial schools for the training of technicians, specialized schools for the preparation of masters' degrees and ongoing training schools (for the provision of evening classes or Sunday classes) were established from the 1850s onwards, not only in Prague, but in all industrial regions of the Czech states. From the 1880s onwards, electrotechnical courses were introduced, and specialized sections were launched. Technical schools entirely dedicated to electricity were also opened, operating in both the Czech language and the German language. To illustrate this type of training, Jan Mikeš uses the example of a municipal electrotechnical training establishment in Teplice (the Městské Elektrotechnikum, established in 1895), which catered for different levels of study and was considered as a model institution.

According to our authors, the Czech states therefore had a skilled labour force at their disposal, in terms of engineers, but also including technicians, supervisors or fitters. However, if electricity were to extend throughout the country, it rapidly became clear that *ad hoc* legislation would be necessary. Jan Štemberk shows that this concern had already taken root in late 19th-century thinking, under the Austro-Hungarian regime, for the management of the utilization and distribution of electrical energy, but also on the grounds that, as a potentially hazardous medium, electricity dictated the regulation of the trades concerned. That apart, the political authorities of the Empire had rapidly become aware of the urgent need for general legislation. Municipal installations and industrial power plants, in some cases connected to the lighting system of the adjoining settlement, could only meet local requirements. Private investment was limited to schemes which would generate a rapid return. These isolated initiatives, however, were incapable of resolving the issue of national electrification. However, none of the various draft laws tabled at Imperial government level prior to 1914 came to fruition: opposition from various sources arose on every occasion. It was not until the early days of the Czechoslovak Republic that a major law on electricity was conceived, adopted and implemented, permitting the general distribution of this form of energy throughout the Republic. Once again, the role of Vladimír List as a driving force behind this vast project should be emphasized.

A contribution by Lukáš Nachtmann, describing the history of innovative electrical engineer Ludvík Očenášek, who was active between the two World Wars, emphasizes the potential benefits of analyzing the original impact of such personalities. This figure is typical of those industrial operators who grasped the opportunity provided by new technologies as a means of expanding their business. Trained at the technical school, the type of establishment which, as described above, trained qualified technicians, it was here that he developed his inventive skills. At the age of 26, he founded his company, producing components for electrical installations (switches, junction boxes), some of which were of his own design, and were patented by him accordingly. However, his interests extended beyond the scope of electrotechnology. He created prototypes in various sectors: a rotary motor, a hydrodynamic raft, etc. – and subsequently, in the inter-war period, he even conducted experiments in rocket science. A victim of the economic crisis, his company closed in the 1930s, but the man himself continued to work and to develop technical innovations, including developments in the field of defence, etc.

The text by Ľudovít Hallon and Miroslav Sabol sheds welcome light upon Slovakia, part of the Kingdom of Hungary within the Hapsburg Empire, incorporated into the Czechoslovak Republic after 1918, briefly independent under the Nazi regime before returning to Czechoslovakia in 1945, then constituted as an independent republic in 1993. This chapter describes the specific constraints affecting Slovak territory in respect of the essential standardization of technical parameters required for the comprehensive electrification sought by the Czechoslovak government whereas, at that time, there were numerous local power plants operating at different voltage and frequency levels. It tackles problems in the development of technical higher education in the country in the inter-war period, during which Slovak students were strongly encouraged to pursue their training in the six Czech technical higher education institutions, and reports on the numerous protests which resulted. After the Second World War, a law of 1950 promoted the development of the Slovak technical higher education institution (Státní vysoká škola technická Bratislava, 1938).

The chapter supplied by Grégoire Vilanova takes us from the 1950s through to the 1970s, providing an unprecedented and stimulating comparison, for our consideration, between the French and Czechoslovakian civil nuclear programmes. Whereas their political contexts are fundamentally different, Vilanova shows that each country was in pursuit of an original process for the enrichment of uranium, as a means of resolving problems in energy production and remaining independent in this highly strategic sector. Both these national programmes experienced problems, not only technical but also political, which ultimately led France to use US technologies, while the Czechs installed Soviet reactors.

This series of contributions concludes with a text which, at heart, is an invitation to pursue the work undertaken and described in the above-mentioned works, given that is constitutes a presentation by Magdalena Tayerlová of the archives stored at the Technical University of Prague on the history of electrotechnical education. She emphasizes the efforts involved, over a period of years, in the constitution of these archives and the provision of access thereto for researchers, who how have a high-performance facility at their disposal. No doubt there are also archives on German-language institutions, which also employed the services of renowned teachers, such as physicist Ernst Mach, whose name has been enshrined by the international academic community to serve as a unit of measurement for supersonic speeds.

An international movement: the emergence of electrotechnical training

This section begins with a presentation of the case of Russia, in which Irina Gouzévitch highlights important elements in the development of electricity and electrotechnical applications, well in advance of the separation of electricity from general physics to assume the status of an independent discipline, and before the flourishing development of an industrial sector with its own specific sites, facilities and machines, and its own specialists. She explores a little-known history, simultaneously highlighting the precocity, the originality and the fertility of research undertaken by Russian scholars, whilst placing these works in the context of dynamic scientific development in Europe. Accordingly, as elsewhere in Europe, the study of electricity and its applications fell within the scope of physics teaching in Imperial universities from the second half of the 19th century onwards. In these institutions, academic questions were considered with no direct relationship to applications. In complete contrast, practical military academies trained technicians to handle mine detonators and to operate electric telegraph systems. The third stream considered includes schools of engineering, whose curriculum generally included little study of electricity, with the notable exception of the School of Communications where, at a very early stage (1850) training in telegraphy was introduced, which then expanded to include other electrotechnical issues. This institution can be compared with its French counterpart, the School of Bridges & Highways ("École des ponts et chaussées") where, at the same time, instruction in telegraphy was the subject of regular lectures, the volume and the extension of which to include other electrotechnical subjects continued to progress throughout the 19th century. Irina Gouzévitch goes on to highlight the substantial contributions made by three experts with contrasting backgrounds: a wealthy and enlightened aristocrat, Schilling, a military engineer, Schilder, and an academic scholar, Jacobi, whose inventions showed a remarkable degree of forward-thinking. Although this Russian research work was innovative, the standing policy of military confidentiality prevented the widespread publication of the discoveries of the researchers concerned. The teaching of electricity and its applications began to expand from the 1880s onwards and, in 1900, the grade of electrical engineer was established. Russia falls in line with the general pace of development in Europe, where training in electricity became widespread at the turn of the 20th century.

With regard to the UK, Robert Fox raises a series of questions which are bound to involve researchers working in this field. Very early in the 19th century, electricity, as a laboratory science, was a source of fascination for physicists, who equipped their laboratories with facilities which were then made available to students, as in the case of the chair of physics in Manchester. Up to the 1880s, university chairs were mainly devoted to the training of secondary school teachers, but also of telegraphy engineers. However, the emergence of industrial electricity provided new outlets: students were keen to acquire techniques which would be immediately applicable in the corporate world, and qualifications were of little import to them. Robert Fox identifies a second evolution from the 1890s onwards, involving a new electrotechnology based upon alternating current and the application of high voltages. A different type of training was required, as the work undertaken in science laboratories could no longer adequately satisfy the dictates of the new technology. The author observes how applied electricity programmes were grafted onto chairs of mechanical engineering, which existed in virtually all higher education establishments, who then equipped their laboratories with high-voltage alternating current installations. Training facilities were both genuine and appropriately-adapted. However, UK employers, in accordance with a well-established tradition, did not consider academic education as a priority: they persisted in their preference for on-the-job training. Engineering societies themselves, including, paradoxically, the Institution of Electrical Engineers (I.E.E.), were highly reluctant to acknowledge the value of university education. Accordingly, rather than pursuing a degree qualification for the certification of comprehensive training in electricity, both theoretical and practical, young people preferred to pursue part-time evening classes, providing training in leading-edge techniques which were immediately applicable in a corporate environment. From this viewpoint, the UK environment appears to be peculiar, and at odds with developments on the continent, which was characterized by the proliferation of training options resulting in the award of degrees in electrical engineering or electrotechnology, as described by other authors in the present work. However, the argument advanced by Robert Fox is undoubtedly worthy of consideration for other countries. It is known that not all registered students progressed to degree level: did this prevent their recruitment by electricity companies? Little work has been completed to date on "self-taught" engineers, a term which encompasses many different professional profiles. This is a huge but problematic field of historical investigation.

In his treatise on the training of engineers in Switzerland, Serge Paquier observes two characteristics of the Helvetic Confederation. Firstly, the constant preoccupation of a small and land-locked country, surrounded by major and influential powers but nevertheless at the heart of European communications, with the preservation of its independence in energy supplies and industrial operations, and the consequent acquisition of appropriate infrastructures and technical facilities, together with personnel who were professionally trained to meet these concerns. Initially, engineers were trained abroad, in France and particularly in Germany, but at the risk of bringing the ideologies of these neighbouring countries back home. As a result, two higher education institutions were established in Switzerland, one in Zurich (E.T.H.Z.) and the other in Lausanne (E.P.F.L.), in order to provide experts who were aware of national interests and would be capable of developing an independent technical system based upon water power. And this is the second distinctive characteristic observed by Serge

Paquier: the constant pursuit of convergence between science and engineering, based upon the interaction of corporations and higher education institutions. Many of the teachers appointed to both of the above-mentioned institutions had corporate experience, and would be able to return to that environment, either as consultant engineers, or as operational managers. Companies themselves were entirely willing to conduct workshops on heavy industrial machinery for higher education institutions. These connections became particularly prominent once hydroelectric power had taken off during the 1890s and, according to the author, they allowed a national industry to emerge and flourish well beyond the national frontiers of Switzerland.

Italian unification (in 1861) marked the onset of fundamental changes in the national training system; Ferruccio Ricciardi describes the development of technical career paths, inspired by the German model: technical schools and institutions were established, together with schools of applied industrial arts and crafts, which were intended to prepare engineers and workshop managers for a professional career. The two main institutions for the training of engineers were the polytechnic schools of Turin and Milan – in formal terms, these were schools of applied engineering associated with mathematics and physics faculties of the two universities concerned. Elsewhere, in other universities, specific courses were provided for the training of civil engineers, who essentially received theoretical training which bore little relation to the corporate world. The specific issue was the national provision of industrial engineers, thereby contributing to the creation of new professional elites in the newly-unified country, but also providing the resources for economic renewal. In Turin, a higher education institution for electrotechnical engineers was opened under the direction of Galileo Ferraris, a renowned physician who had taken part in the first Electrical Congress in Paris in 1881; this school rapidly acquired a strong reputation: theoretical training and practical exercises were supplemented by the deployment of a project for the construction of electrotechnical installations. A number of the alumni went on to become teachers of electromechanical engineering in their turn, while others, following the example of Camillo Olivetti, went on to construct the Italian electricity industry. In Milan, thanks to a generous endowment from his patron Carlo Erba, Giuseppe Colombo, who had also taken part in the Paris Congress, was able to open an electrotechnical institute in 1886, within the Politecnico. The teachers included a former assistant of Éric Gérard, founder of the Montefiore Institute in Liège. Notwithstanding the depression which affected Europe at the end of the century, a total of one thousand engineers had graduated from these two establishments by 1914. The expansion of these two exceptionally high-grade centres of technical training continued between the wars. As in the case of Switzerland, however, economic factors alone do not account for the birth and development of technical higher education institutions – account must also be taken of political considerations which, in the case of Italy, were intended to constitute the social basis for the foundation of a new nation.

Describing the origins and the early days of the Electrotechnical Institute in Liège, Ludovic Laloux highlights the role of a type of figure barely encountered in this work thus far, but who nevertheless assumes a not insignificant role in the development of technical higher education: the patron. In the case of Georges Montefiore-Levi, such a portrait is a matter of necessity, such was the extent to which this inventive industrialist (who made his fortune from the design of phosphorous-copper wires used in telephony), an engineer in applied arts & manufacturing from Liège and a generous philanthropist, unstintingly donated to the establishment in Liège of an institute which was entirely dedicated to electrotechnology, and went on to promote its constant development by the substantial provision of funding. Fired with enthusiasm by the Paris Exhibition and the Congress of Electrical Engineers (in further evidence of the initiating influence of this event in the field), he assigned the execution of his project to Éric Gérard, a mining engineer from Liège, trained in electrotechnology at the higher education institution of telegraphy in Paris, and one of the two Belgian delegates at the 1881 Exhibition. The expertise of this scholar and educationalist, and his organizational skills, ensured that the Institute bearing the name of his benefactor, opened in 1883, rapidly became an establishment of international repute. Reviewing the Institute's performance in 1933, Ludovic Laloux established that half of its graduate engineers had come from abroad, originating from some forty countries throughout the world, including Germany and Switzerland, but excluding the UK – this confirms the analysis of Robert Fox regarding the relative lack of interest in qualifications in this country. Many foreign delegations came to study the training system and derive inspiration from it. This applied particularly to France.

The contribution by Peter Hertner confirms that the transition from a period, prior to 1870, where the production facilities of electricity companies were dedicated to low-current technologies, to a period marked by the expansion of the high-current sector during the two decades which followed (90% of the operations of Siemens & Halske by the mid-1890s, and virtually 100% of the operations of the Allgemeine Elektricitäts-Gesellschaft (A.E.G.) generated a substantially higher demand for qualified engineers in this field. The new technical higher education institutions (*technische Hochschulen*), created from 1879 onwards by the transformation of the former technical institutes, were establishments where electrotechnical education and research went on to flourish. However, with the exception of Darmstadt, where the first chair of electrotechnology was endowed in 1882, followed by a dedicated institute in the following year, the new discipline was long perceived as a complementary subject to physics and mechanics, sciences with solidly established positions. Drawing upon the pioneering work of Wolfgang König[1], Peter Hertner observes that it was not until the turn of the century that electrical engineers, trained in their own discipline and in possession of substantial industrial experience, occupied permanent posts in the technical higher education institutions (*technische Hochschulen*), and electrotechnology achieved general status as an independent discipline. At the same time, intermediate technical schools were opened for the training of middle managers in the electricity industry who, prior to 1914, enjoyed equivalent status to the graduates of technical higher education institutions (*technische Hochschulen*). In total, between 1880 and 1914, some 5,000 electrical engineers were trained in Germany, half of whom came from abroad – a tangible sign of the flourishing status of technical higher education in this country. Of this total, however, 1,500 did not graduate, or did not deem it necessary to graduate: does this mean that they were excluded from recruitment in the electricity sector, or were they nevertheless able to find qualified employment in a constantly-expanding industry?

This section concludes with a presentation of the electrotechnical institute of Porto Alegre, state capital of Rio Grande do Sul in southeastern Brazil, an establishment founded in 1908. The primary concern of Flavio Heinz is the analysis of the background to this establishment. He firstly considers the political context, marked by the end of the monarchy (somewhat later than in other South American countries), and the establishment of a republic with entirely different ideals. Heinz highlights the role of military figures, imbued with the positivist philosophies inculcated by instructors who were dedicated disciples of Auguste Comte, in the course of their military training and their engineering studies. For them, the key issue was the modernization of the country. However, modernization was not limited to a change in the form of government, as the new political system was ultimately assimilated and exploited by the traditional parties, both conservative and liberal. Modernization was also a matter of industrial speculation, given the existence of a traditional economic model based upon agricultural production of a latifundary type, with poor yields, low levels of mechanization and the employment of a precarious workforce. Accordingly, the economic context is also extremely important. Finally, there was also conflict of a cultural nature: the intent was to provide useful education, delivered at various levels and, accordingly, accessible to

---

[1] König Wolfgang, *Development of Technical Science. The Emergence of Electrotechnology from Industry and Science between 1880 and 1914,* 1995, Chur.

different social strata, based upon a practical approach, conversely to the traditional university education reserved for an exclusive elite which, in the opinion of reformers, was excessively literary, legalistic and "wordy".

In the state of Rio Grande do Sul, positivism was virtually a "national religion". This territory therefore saw the application of the principles of the modernization process, specifically the establishment of a series of technical education institutes, the hard core of which was constituted by the engineering school founded in 1896 by military engineers. In order to be admitted to this facility, young people were able to enrol in a preparatory school. This was followed shortly thereafter by a technical institute for the initial training of professional manual workers and engineers, together with the provision of evening classes in various fields: building construction, mechanical construction, joinery, carpentry, technical drawing, etc. The government paid close attention to the development of this education system, and had no hesitation in officially earmarking a proportion of income from duties and taxes for this sector, which was classified as a priority. Although there was an emphasis on industrial capacity, the vast agricultural sector, which was also undergoing modernization, was not overlooked. Hence the establishment, during the 1910s of a multi-level agronomic and veterinary research and training complex, which went on to sustain the rural sector.

The foundation of an electrotechnical institute, as part of this series of initiatives, was a logical step: electricity was, after all, the very embodiment of modernity? But who was to teach this new discipline? The rare qualified individuals were foreign experts who were already employed by major companies, where they were enjoying comfortable careers. Pragmatically, the authorities turned to Europe, the USA and Canada, where itinerant "ambassadors" were dispatched to recruit specialized teachers and acquire appropriate resources. There was a particular focus on recruitment from Germany, where the reputation of technical schools and the power of electrotechnical companies were well-known, perhaps because many of the students interested in technical training were members of immigrant families originating from this part of Europe. The institute trained electrical engineers and electrical technicians in three-year, and subsequently four-year higher education courses. In tandem with this engineering stream, it soon became necessary to establish a training scheme for fitters, which was open to young people.

One feature observed by Heinz with regard to corporate demand for skills in this field concerns the demands made of teachers, some of whom ultimately taught no more than a few hours, in order to maintain more lucrative employment elsewhere with private companies. It was also observed, however, that a not insignificant proportion of trainee fitters abandoned their studies before completion, and was easily able to find employment. At that time, in common with other countries, although the necessity for specific training was clearly recognized, qualification was not perceived as a necessary attribute for entry to the labour market.

The development of higher education in electrotechnology

In common with other European countries in the 18th century, Spain was intrigued by the notional therapeutic properties of electricity, and the physics departments of surgical colleges were equipped with facilities for the conduct of experiments. It was therefore a leading physician, Francesc Salvà e Campillo, who published an early treatise on the application of electricity to telegraphy (1795), although it was a further half-century or more before a national telegraphy network was completed, under the direction of the trade body of telegraphy engineers. Dating from the same period (1851), Carles Alayo describes early experiments in the use of electric light, which were conducted in the experimental physics departments of the Universities of Santiago de Compostella and Barcelona. However, as in other countries, the phenomenon of electricity was studied for scientific purposes, in the research laboratories of professors. Alayo describes an early reference to electricity applications for lighting during the 1850s, in the teaching of Eduardo Rodriguez, lecturer in industrial physics at the School of Engineering in Madrid and a former student at the Central School of Paris. However, this establishment was closed shortly thereafter by the supervising ministry and, from 1867 up to the end of the century, the only industrial school of engineering in Spain was the facility in Barcelona. It is true that the city enjoyed a long-standing and strong tradition in the field of technical education, and Catalonia was by far the most highly-industrialized region of the country. The first electrical engineers were therefore trained in this establishment. From the end of the 1870s, onwards, the first experiments were conducted on Gramme machines and, ten years later, training in industrial electricity was compliant with international standards. However, although electricity companies wished to have recognized specialists at their disposal, as a means of dispensing with foreign engineers, the ministry opposed any initiative for the establishment of an official electrical engineering qualification. According to senior government authorities in Madrid, industrial engineers could only be generalists, even though schools for engineers (referred to as "industrial experts") were being opened in various industrial sectors. Successive attempts to circumvent this rigid legislation, which baulked any progress, were blocked. Accordingly, the establishment of an electricity industry management school by the regional authorities of Catalonia, which was intended to provide the country with a cohort of industrial engineers, was only a fleeting experiment (1917-1924). It was not until the mid-20th century (1948) that electrical engineering was officially established as a specialism – this undoubtedly makes Spain unique in the history of electricity education. However, Carles Alayo cites the case of the Catholic institute of applied industrial arts in Madrid (I.C.A.I.), the foundation of which was strongly influenced by the famous Montefiore Institute, and which introduced training in electro-mechanical engineering in 1908. The rejection of its curriculum by the public authorities did not prevent this private institution from persevering in its provision of electricity experts who were highly appreciated in industry. Its graduate qualification was finally recognized by the government in 1950.

Although France had initiated the first international electricity exhibition and had organized the first international scientific conference on this field of industrial science, under the aegis of the Post Office Ministry and, accordingly, with public authority backing (although these events had been financed by a consortium of company directors), central government showed little interest in the development of specialized technical training. The only publicly-funded school with a focus on electricity was the higher educational institution of telegraphy, dedicated to the complementary training of public service engineers and a limited number of foreign students – the latter being admitted under the terms of government agreements – and where the majority of training involved low-current technology only. Opened three years before the Exhibition, no sooner had it been established than it was closed. In total, it survived for just 10 years. For decades, the Ministry of Trade & Industry, which would logically assume authority for technical education, had restricted its initiatives to the encouragement of the creation of establishments and the conferral of subsidies. This is far removed from the intricate control exercised by Spanish bureaucracy. The first establishment to train specialized electrical engineers was therefore municipal. The City of Paris, with the encouragement of local industrialists, opened a school of industrial physics and chemistry in 1882. As we have already seen, in all countries at that time, training in electricity had assumed hegemonic status within the discipline of "industrial physics". Although this school is important, as it marks the origins of a new type of technical higher education establishment focusing on just one or two fields, the scope of this facility should not be exaggerated. This small structure, essentially intended to supply technical experts to Parisian companies only, produced just twenty or so chemists and a dozen electrical engineers each year. The second dedicated higher education establishment for electricity emerged 13 years after the Paris exhibition, in 1894, as a modest annex to a test laboratory operated by a learned society, the international society of electrical engineers ("Société internationale des électriciens" or S.I.E., subsequently the French society of electrical engineers – the "Société française des électriciens" or S.F.E.)

which prominently advertised its independence from the public authorities. Financed by private funds, it became an independent school at the end of 1896, assuming the name of the "École supérieure d'électricité" (electrical institute of higher education, or Supélec). The education provided here was not initial training, but highly specialized further education for university scientists and engineers. Students attended 300 hours of classes and completed nearly 500 hours of practical work in a year, in addition to visits to plants and "electrical excursions", leading to the drafting of reports. Within a short time, candidates were being selected by competitive examination, which was reputed to be extremely challenging. The preliminary qualifications required became increasingly stringent. For the sponsors of this scheme, the intention was clearly to provide the country with high-flying executives who would be capable of managing plants, but also electricity companies. Such executives only account for a proportion of corporate demand for skilled personnel. In order to provide preparation for the entry examination to the electrical institute of higher education (Supélec), private establishments were founded in Paris early in the 20th century. They prepared students for this examination, but were very soon developing a three-year programme of study, providing detailed electricity training. Within a few years, the qualification awarded by establishments was that of engineer. As the use of this term is unrestricted in France, this title could not be contested. Accordingly, graduates from these schools found industrial employment, without necessarily reaching the very highest levels of management. Finally, France was characterized by the foundation of university institutes of applied sciences, operating within the scope of regional universities created by a law 1896. Although this type of structure had not originally been envisaged, legislation permitted universities to offer their own degree qualifications, based upon *ad hoc* training. This is what happened in the case of the four electrotechnical institutes established in the provinces. Notwithstanding its public sector organizational framework, this initiative was again attributable, not to central government, but to local teaching staff in science faculties. Consequently, in a country which embodies the image of centralizing authority, the emergence and development of electrotechnical training sprang from dynamic social forces. Ultimately, a law of 1934 introduced the ratification of engineering degrees awarded by establishments which were recognized by a qualified commission. It is worth noting that one of the articles of this law allowed self-taught individuals exercising the functions of an engineer to use the title "state-certified graduate", further to the presentation of a portfolio and an examination before a jury. Such individuals must therefore have been sufficiently numerous to attract the attention of the legislative authorities.

The issue of foreign engineering students is raised in a number of contributions in the present work. From the early 19th onwards, there was a genuine intra-European circulation of students. These movements, the directions of which varied from period to period, and in response to historical events and inter-governmental agreements, have been a constant factor, which persists to the present day. Before the Second World War, a number of countries, including Germany, Belgium and France, but also the inter-war Czechoslovakia, welcomed substantial numbers of students from other countries, as described hereinafter with reference to Portugal and the contributions on the Balkan states. Yamina Bettahar sheds particular light on this issue, focusing on the case of the electrotechnical institute of Nancy (the "Institut électrotechnique de Nancy" or I.E.N.) which, after 1945, became the national higher education institution for electricity and mechanical engineering (the "École nationale supérieure d'électricité et de mécanique" or E.N.S.E.M.). She examines the relations which were established, from the time of its foundation, between this educational establishment and three North African countries, with only a passing reference to the policy of university institutions in Nancy for the enrolment of European students, which has already been described in a number of other works which the author mentions. The electrification of the three French departments of Algeria and the two protectorates of Tunisia and Morocco was progressively undertaken by the French government and private companies, and it was logical that alumni of the Nancy institute should be found in these countries. They were sufficiently large in number to permit the constitution of a specific North African group within the alumni association. These were mainlanders who had crossed the Mediterranean, rather than young people originating from the European populations who were established in North Africa. It was only after the Second World War that the institute enrolled native students from these regions, described as "colonials", and all Europeans. After independence, from the 1960s onwards, North African students came to study electrical engineering in France, although more so in the southern French cities and Paris, rather than in Nancy. However, Yamina Bettahar refers to a continuing stream of Moroccan students, in accordance with a policy pursued by that Kingdom, which had no hesitation in having its industrial elites trained by the former colonial power.

Ana Cardoso de Matos describes how the interest of Portuguese engineers and university academics in electricity and its applications was specifically manifested by their diligent attendance at global exhibitions, which were then the subject of published reports and lectures upon their return home. However, it was undoubtedly the Exhibition of 1881, specifically devoted to electricity, and the associated congress which motivated the national government to dispatch eminent Portuguese representatives to take part in these discussions. The Portuguese were present in even larger numbers at the subsequent congress of 1900. Within the association of civil engineers, a section dedicated to machines and electricity was opened in 1898: together with the railways, electricity was considered as one of the key factors in technical development. At the same time, the first dedicated periodicals were launched, together with specialized works for the attention of engineers and manual workers. Accordingly, a climate was created which was conducive to the industrial and public use of electricity, leading to early projects such as the electric lighting scheme in the Chiado district of Lisbon in 1879, following the model applied in other European countries. Gas was progressively replaced by electricity for this application. Factories were equipped with power plants, and a proportion of the electricity generated was used for the public lighting of the towns in which they were sited – this was not peculiar to Portugal, as similar arrangements are described, for example, by Hallon and Sabol with reference to Slovakia. Plant manufacturing companies, electricity generation and distribution installations were established with Portuguese or foreign investment, and tram systems were opened in Lisbon from 1901 onwards.

In this vast movement, the question arose of the training of engineers. More was need than technical training in telegraphy alone, for which a network had been established in 1857. It was not until the reform of technical education in 1886 that industrial institutes in Lisbon and Porto began to introduce the discipline of electrotechnology. In 1897, the Polytechnic Academy of Porto introduced an electrical engineering course based upon the celebrated work of Éric Gérard, and incorporating his teachings at the Montefiore Institute, where he was director. The following year, intermediate-level training was established at the Industrial Institute of Lisbon, in order to prepare professional manual workers and technicians for industrial applications of electricity. However, according to Ana Cardoso de Matos, it was not until the establishment of the Higher Institute of Engineering in Lisbon in 1911, and the engineering faculty of Porto in 1912, that engineers were trained with the essential skills for the installation and operation of electric power plants. For this reason, prior to this date, many engineers trained abroad, particularly in Liège. Moreover, the organization of the Higher Institute in Lisbon was assumed by Alfredo Bensaúde, an engineer who had completed his studies in Germany; the teachers whom he recruited had generally been trained abroad, and had proven professional experience. Notwithstanding the failed attempt to establish a professional association of electrical engineers, specialized engineers in this field assumed increasing importance from the 1920s onwards, in parallel with the growing influence of the electricity industry. The first Portuguese congress of civil engineers in 1931 highlighted their pre-eminent position within the profession.

Alexandre Kostov describes the situation in two Balkan states, Romania and Bulgaria, which are generally assumed to rank among the list of "backward" nations. The entire thrust of this author's argument is specifically intended to demonstrate the extent to which these countries differ from each other, and that they should not be analyzed in combination. Firstly, Kostov reminds us that both Romania and Bulgaria formed part of the Ottoman Empire, and did not gain independence – and consequently the resources for independent economic and scientific development – until late in the 19th century. Bulgaria, in fact, achieved independence over twenty years later than Romania, and this small country with limited resources saw the light of day in 1878. Its development was baulked by internal political conflicts and the virtually continuous Balkan wars which ensued up to 1918. Romania, which already had heavy industry, achieved development through foreign economic investment and the services of technical experts, specifically for the installation of electric power plants and the introduction of early applications for electricity (lighting, tram systems), whereas Kostov dates the first electric power plant in Sofia, the capital of Bulgaria, as late as 1900. During the same decade, two intermediate technical schools of electricity were opened. Both countries sent their engineers to be trained in Western Europe, specifically in France, not only in the technical institutes of university faculties, but also at the electrical institute of higher education (the "École supérieure d'électricité" or (Supélec) which had rapidly achieved international renown. Early in the next century, French influence may well have been responsible for the establishment in Romania by Professor Hurmuzescu, who had completed his doctorate in sciences at the Sorbonne, firstly at the University of Yassy and thereafter at the University of Bucharest, of two schools of applied electricity, which went on some years later to become technical institutes in their respective science faculties, in the years before the Great War. The parallels are all the more striking, given the similarity of the organizational structure of training, based upon a three-year course. Conversely, A. Kostov emphasizes the failed attempt to establish a higher institute of engineering in Bulgaria during the same period. This situation persisted throughout the inter-war period: Bulgarian engineers continued to train abroad, in Germany, France and Czechoslovakia, who had extensive and renowned university facilities for this purpose.

Using a body of teachers, the first generation of whom had been trained abroad, Romania developed its electrotechnical training facilities in the inter-war period, with the respective opening of a section specializing in this discipline in its two polytechnic schools in Bucharest and Timisoara. Further to the reform of higher education in the late 1930s, these establishments assumed sole responsibility for the award of engineering degrees: this marked the end of the university technical institutes, one of which was absorbed by a school (Bucharest), while the other was converted into a polytechnic school (Yassy). At this time, at least in institutional terms,

Romania was on an equal footing with other European countries, in terms of the training of its electrotechnical experts.

The text by Michalis Assimakopoulos and Apostolos Boutos analyses another Balkan country, describing the electrification of Greece. In contrast with the previous chapter, the authors do not focus on the origins and growth of technical higher education, but on the process of national electrification itself. However, they do deliver specific elements of important information on the training of engineers and the establishment of electricity as an academic discipline. While the first course to include electricity in its scope of study was a physics course endowed under the chair of philosophy of the University of Athens in 1880, the first titular professor of a chair of electricity in the Polytechnic University of Athens was appointed in 1910, and the department of electrical engineering opened in 1917. However, electrification began earlier than this, during the 1890s. In common with other recently-established nations in the region, Greece relied upon foreign investment for the construction of local and regional electricity systems. The first generation of Greek technical experts were trained abroad, in the most prestigious European centres of learning (Munich, Berlin, Zurich, Paris, Toulouse, Liège, etc.) but up to the 1910s, as the authors point out, 50% of them were working outside Greece, as a result of a lack of local jobs. It was, however, these slender cohorts of engineers who were to lend an element of mystique to economic and social development based upon electricity, and it was they who conducted detailed studies in order to turn electricity into a national industry, using the resources of the country, both hydroelectric and mineral, in order to obviate the further need for imports of coal and oil to power thermal power plants. However, the national re-integration of electricity production and distribution was to be a prolonged process, which was not achieved until later in the 20th century. Notwithstanding a number of similarities to Romania and Bulgaria, as described by Alexandre Kostov, the analysis conducted by Assimakopoulos and Boutos allows us to gauge the extent to which the situation of each of these countries is specific, and that their geographical grouping as "Balkan states", whilst a convenient classification, in no way constitutes a common descriptive framework which is relevant to either specialized technical higher education, or to the industrial dimension of the electrification process.

The final two chapters in this section take us across the Atlantic. Sonja Schmid paints a vast portrait of the history of engineers in the USA. In the early 19th century, notwithstanding the foundation of a number of establishments such as the Rensselaer Polytechnic Institute (R.P.I.), inspired by the Central School of Paris, engineers were generally trained on the job. This observation is not specific to this country: although, in the UK, this training was organized in the form of the sponsorship system within companies, in Europe as a whole, the majority of civil engineers in service did not undergo any formal technical training until the middle of the century. The author cites the year 1862 as a major turning point: this year saw the start of the great migration to the west, marked by the development of transcontinental railways and telegraphy – developments which required the input of qualified engineers; in the same year, a federal law was adopted which encouraged the establishment of universities for the training of young people in agriculture and applied mechanical arts, thereby resulting in the major expansion of engineers as a professional group and their progressive division into different specialities. Increasingly recruited by companies, the first wave of independent engineers fell into the minority. But what status did they assume within companies? Sonja Schmid shows how, at that time, two trends were advocated: according to the first, engineers tended to become managers, while the other considered that they had specific technological tasks. The author's analysis also highlights the importance of the two World Wars, followed by the "Cold War" period, the space race and the arms race with the Soviet Union, in the transformation of the status of engineers. The government, through the agency of the Ministry of Defence, now assumed a directing role in training policy, and undertook the substantial funding of university training, such that university laboratories were equipped in accordance with programmes initiated by government agencies. The number of engineers underwent exceptional growth. But we were now far removed from the early days of the practising engineer who dismantled machines. The American engineer was now shaped by technical sciences. *Big science* is still built upon the foundations of defence, whether for the purposes of economic competition or in the "war against terror", although many of its applications can be used for civil purposes. Sonja Schmid therefore sheds relevant light on a key aspect of the professional status of engineers, which is not tacked in the other contributions.

The text by Christophe Lécuyer, devoted to the development of electrotechnical training at the Massachusetts Institute of Technology (M.I.T.) both illustrates and supplements the previous chapter. The Massachusetts Institute of Technology is of particular interest in that, as the first establishment to award an electrical engineering degree in the USA, it has always been a leader in the field, encouraging other establishments, in the long run, to follow the path which it has forged. Christophe Lécuyer describes three phases of development. Initially, the intention was to train practitioners who would be of immediate use to companies given that, immediately upon their recruitment, they would be required to deal with in-house engineers who had been trained on the job. Their teachers were also, for the most part, electrical engineers. The text also makes reference to these "specials" – students who undertook training but did not seek to obtain qualifications, which was undoubtedly a widespread practice at the time. Early in the 20th century, the Institute changed its policy. The debate between engineers described by Sonja Schmid was reflected in contradictory proposals for curriculums: was engineering to be conceived as a form of management, or as an applied science? Thanks to the substantial financial support of industrial patrons, it was the managerial concept which ultimately prevailed: the intention was now to train future corporate executives. Training assumed a more theoretical element, in both physics and mathematics. It also included social sciences. Finally, it was intended that the best students should be familiarized with research and, to this end, an electrotechnical research laboratory was opened in 1913. Ultimately, however, after the Second World War, the concept of engineering as an applied science resumed its dominant position. A new electronics option, which required advanced training in physics, had already been established between the wars. A research laboratory for this discipline was opened, and the M.I.T. progressively became a research university, a status which went on to ensure that it played a leading role during the Second World War. Subsequently, awareness was raised of the shortcomings in education, which failed to prepare students for new technologies. New educational reforms in the 1950s revolutionized the curriculum: previous options were discontinued, a single curriculum based upon physics and mathematics was established, and unprecedented options for research, substantially funded by the Army, were made available: these were the new "engineering sciences". Progressively, all universities adopted an approach of this type.

Reporting on the history of electricity applications in the modern world

The short section which concludes this work is by no means the least interesting. The first of the two texts presented for consideration, the work of Christine Blondel, tackles the question of controversies regarding the original ownership of a given invention or the origins of an innovative concept which gives rise to new technologies, an issue which has faced all science and technology historians from the earliest days. It is not unfitting that this chapter, which concerns the putative pioneering contributions of Ampère to the design of the electric telegraph, the galvanometer, the electromagnet and the electric motor, should conclude the present work. Firstly because these are electricity-related issues which concern the very substance of this book, and are the tools which have formed the basis of electrical technologies, the establishment and development of which has been fostered by the engineers described throughout these pages. Christine Blondel demonstrates the gulf which exists between intuitive academic

General presentation

observation in the laboratory, however inspired, with no thought of practical application, and the production of functional technical objects, manufactured on an industrial scale. She also draws attention to the constant temptation to define precise dates of origin, whether for scientific paradigms, technological innovations or institutional foundations. This is evidently more convenient for historiographic purposes and conducive to the organization of commemorative events, and undoubtedly reflects a social need for the availability of precise chronologies and the definition of a "before" and "after". But over and above symbolic dates, such as 1881 in the case of the present work, a perusal of its chapters reveals the complexity of the processes at work: the opening of a new educational department, for example, is simply the practical embodiment of a lengthy process of collective development, based upon scientific and technical arguments, but also upon economic, financial and social considerations, resulting in the institutionalization concerned.

Finally, at the conclusion of a work describing one facet of electricity history, it is fitting that Claude Welty should reiterate the importance of the preservation of the rich industrial heritage of this sector. The industrial world is not spontaneously inclined towards conservation: it deliberately applies the principle of "creative destruction". When a building is demolished to make way for the construction of a new workshop which will accommodate more advanced machines, what becomes of the disused hulks of the old machinery? Conservation is expensive given that, in addition to the provision of storage conditions which will prevent deterioration, there is also the matter of exhibiting, elucidating and curating the items concerned, if their salvage is to make any sense. Tribute should therefore be paid to the public bodies and industrial operators, specifically the E.D.F. Foundation, who have opened facilities which are dedicated to preserving knowledge of the past, and the development of processes, techniques and practices – many elements of which were conceived and implemented by engineers – associated with an energy source without which the modern world would be unable to function.

The benefit of a publication dedicated to historical research evidently lies in the presentation of work undertaken by its authors, who contribute to the expansion of knowledge in this field and add to its historiography. However, its contribution in terms of new issues raised should also be emphasized. The present work chimes exactly with this perspective. To conclude this general introduction, we will briefly consider a number of guiding themes which emerge from this volume.

One point which emerges from a number of contributions concerns the question of the nature, the extent and the endorsement of training in electricity, and more specifically in electrotechnology. Whilst there is no difficulty in identifying a rapidly-established international trend for the development and deployment of specific programmes, together with specialized departments or establishments whose courses of study were recognized by a degree qualification – generally an engineering degree, in the case of higher education – it is nevertheless true that many students did not obtain this degree, or seek to obtain it. While the case of the UK, expertly described by Robert Fox, is well-known, this phenomenon was by no means limited to this country alone. Companies who might have been expected to take substantial account of certification issued in witness of the quality and skills of an engineer in possession of such a degree had no hesitation in poaching students who were still in the course of training, or in recruiting non-graduates. Recent historical work has revealed that engineers with renowned projects to their name, and claiming to be alumni of one establishment or another, were not included in the list of graduates. By a social mechanism which is familiar to occupational sociologists, it is only progressively that the entitlements of graduates in a specialized discipline can prevail over those of practitioners who have been trained on the job, and that graduates can pursue a monopoly of operations in their chosen field. In some instances, this pursuit resulted in institutionalization, as in the case of the Order of Engineers in Portugal or Quebec, or the Chamber of Engineering in Greece. This does not necessarily mean that unqualified experts cannot operate as self-employed artisans, as employees or even as company managers and independent design engineers. A number of texts in this work specifically refer to the existence of such a population group, who can scarcely be dubbed as "self-taught", such is the variety of actual circumstances encompassed by this term. This represents a vast field of potential investigation for researchers in the field of social sciences, in historical, sociological and economic terms, particularly as this phenomenon is not restricted to the past, although addressing it is manifestly more complex than in the case of graduate engineers or technicians for whom, in principle, archives from training institutions and/or professional or university statistics are available.

Of all the chapters in this work, only that by Sonja Schmid explicitly addresses the question of the common identity of American engineers, an issue which emerged in the late 19th century as fields of specialization multiplied (civil, mechanical, electrical engineering, etc.), companies recruited increasingly large numbers of engineers, who were than subject to both functional and hierarchical differentiation within corporations, and the profession was structured in separate associations which enshrined standard categories of engineers between which there was only partial overlapping, if any. Such an observation is not limited to a given historical period. In all sectors of technology, this complex process of speciation has been unrelenting: electricity-related trades alone, whether "high-current" or "low-current", have proliferated, each with their own particular requirements, rules of access and specific signs of recognition, constituting "micro-communities" of a sort. It was not the purpose of this book to address this question, even though – in France for example – reference is sometimes made to categories of training establishments, such reference presupposing that the subsequent careers of engineers will be far from identical. However, an extension of this research might address the central issue of the spread of differentiation, the ongoing dissipation of a common language and the constant diversification of engineering activities in an increasingly wide variety of economic sectors, which raises the fundamental question of the unity of the profession.

Finally, we would draw the attention of readers to the argument which underpins the entire work. In the chapter which bears his name, Robert Fox reiterates the analysis undertaken by Anna Guagnini and himself of the history of the training of electrical engineers. These two researchers draw a distinction between the early period, in the 1870s and 1880s, and the flourishing of training from the 1890s onwards. At the outset, they argue, the same mechanisms were at work in all countries, regardless of their level of industrialization, and were deployed at roughly the same time. It was only later, from the 1890s onwards, that training systems were differentiated in accordance with the economic situation of the country concerned. At this point, our authors distinguish countries in what they call the *fast lane* from those in the *slow lane*. An analysis based upon this construct is stimulating, as this hypothesis can be applied to the 16 countries described in the present book. It is not impossible that, further to a perusal of the detailed descriptions supplied for the various countries concerned, Anna Guagnini and Robert Fox, on the basis of their initial proposition, might have cause to develop a more complex theory. What is certainly true is that, in all countries, the interest in applications emerged at around the same time, firstly because, as a number of analyses have shown, scientific reviews were in extensive international circulation and university academics from all countries had a yen to study this new energy form in their own laboratories, and secondly because global exhibitions were forums where scientists, engineers and even professional manual workers were dispatched to learn, record and report back relevant information upon their return; for example, the impact of the electricity exhibition of 1881 is described in a number of chapters. Moreover, it is only from this date onwards that dedicated training schemes developed, whether independently or within physics or mechanical engineering departments, but not universally. A distinction should be drawn at this point between the deployment of different practical applications for electricity: public and private lighting, electric railways, industrial electric motors, etc., which spread in various countries before the turn of the century, and the introduction of a specialized technical training system for electrotechnology. Portugal is exemplary in this respect. Ana Cardoso de Matos shows how electricity developed without the organization of a high-performance training structure (this was not established until the 1910s), but with national and foreign companies using the services of Portuguese engineers trained abroad, and engineers from other countries. That apart, while the economic situation is a key factor, it is not the only issue to be considered. The case of Bulgaria, a country where independence came late, as analyzed by Alexandre Kostov, demonstrates the importance of political action. Likewise, it was only the establishment of the Czechoslovak Republic that brought about the right combination of political conditions for the adoption of a general law on electrification, as described in the texts by Jan Štemberk and Marcela Efmertová. Undoubtedly, the same process occurred in the state of Rio Grande do Sul in Brazil, as described by Flavio Heinz: it was not until favourable political conditions were in place that a vast programme for the conception and development of a comprehensive technical training system could be adopted, financed and implemented. A process of catch-up then took place. Finally, it is not certain that the possession by a given country of such an electricity training structure, however comprehensive and effective, necessarily corresponds to a dominant position in the industrial sector concerned: from the 1890s, France had embarked upon the creation of specialized establishments, both private institutions and universities, for the training of all grades of engineers and technicians, in response to the perceived needs of the country from the early 20th century onwards. However, according to the work of economic historians, France's electricity industry was not, at that time, considered to be the most efficient in the continent...

The few elements set out above are purely intended to suggest how the texts collected in this book might fuel debate, support arguments and open up the possibility of new analyses. No doubt, on the basis of these works, readers will postulate unprecedented theories, embark upon new projects and achieve new results. This is the very lifeblood of research, and is the keenest wish of the editors and authors of this work.

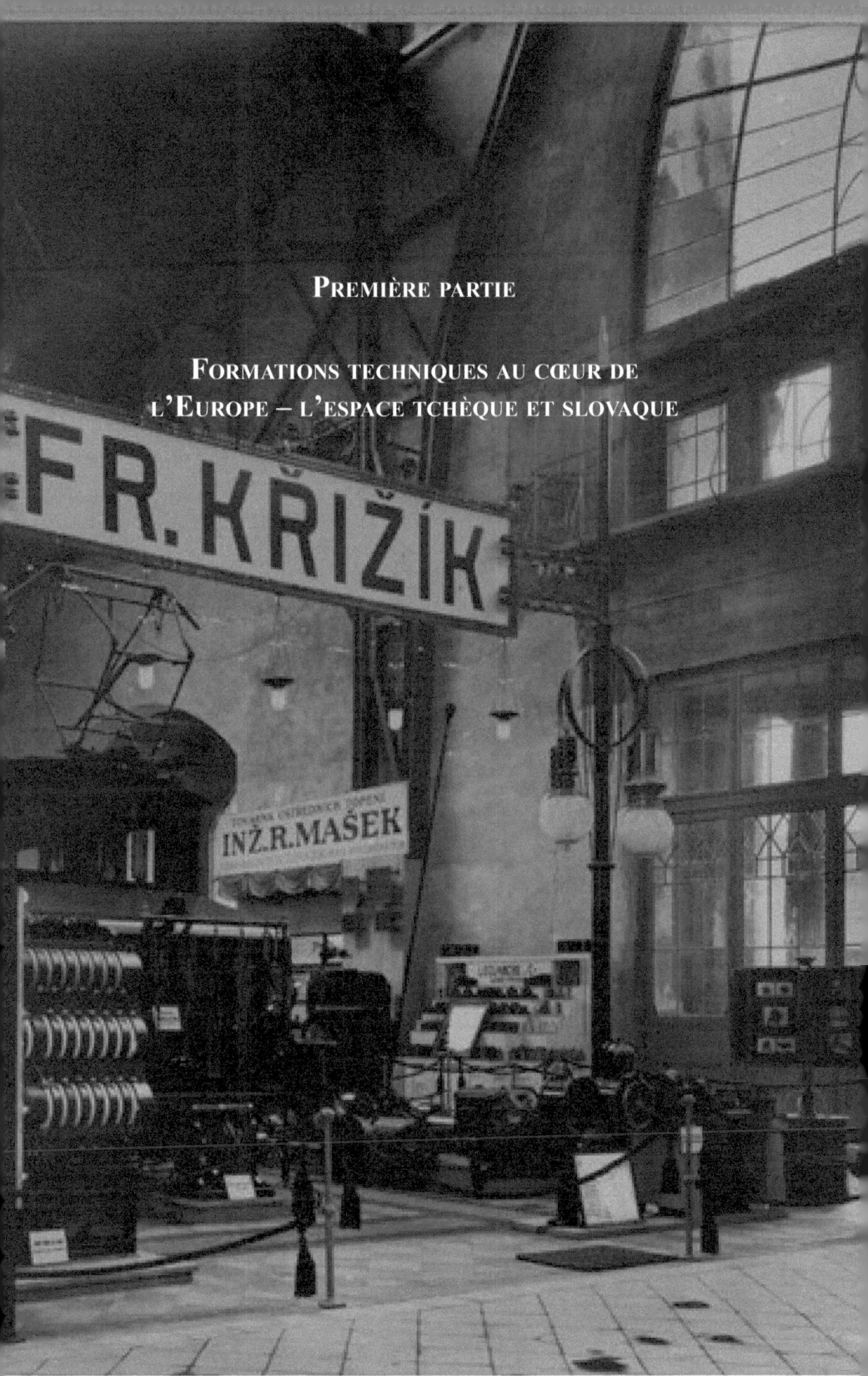

Première partie

Formations techniques au cœur de l'Europe – l'espace tchèque et slovaque

La pensée et l'éducation techniques dans la société tchèque

Zdeněk BENEŠ

Professeur d'histoire tchèque
Faculté des Lettres, Université Charles, Prague
zdenek.benes@ff.cuni.cz

Résumé

L'éducation technique jouit d'une longue tradition institutionnelle dans les pays tchèques ; elle commence en 1707 par la fondation de l'actuelle Université polytechnique tchèque. Sa préhistoire commence au XVIe siècle avec le célèbre livre de G. Agricola De re metallica (1556) ou Sarepta de Mathesius (1571). C'est la raison pour laquelle l'historiographie tchèque concernant cette problématique est relativement riche. Qu'il s'agisse d'une littérature plus ou moins vaste, les clés d'interprétation sont plus importantes. La première encyclopédie tchèque – Dictionnaire encyclopédique de Rieger – saisit la technique comme, nous dirions de nos jours, un phénomène socioculturel. Elle indique ainsi une des principales lignes d'interprétation de la technique et de l'éducation technique chez nous. Il ne s'agit pas de la technique dans l'évolution et l'état des systèmes énergétiques ou mécaniques, dont les conceptions de construction sont soumises à leur évolution immanente (bien qu'il existe également une littérature dirigée dans ce sens), mais de la technique à titre de produit et de facteur de la vie sociale, culturelle et politique.

Mots clés

Formation technique, éducation technique, pensée scientifique, encyclopédie, points de départ philosophiques, culture technique, Pays tchèques, Tchécoslovaquie

« Les fils et les rails sont le système nerveux de la technique », écrit en 1916 l'ingénieur Jindřich Fleischner (1879-1922)¹ dans son livre *La Culture technique* qui reste jusqu'à nos jours digne de notre attention. Bien que chimiste de formation², Fleischner se range parmi les fondateurs de la sociologie tchèque. Parallèlement à ses réflexions philosophiques et sociologiques, il se consacrait aussi aux traductions de belles-lettres, il traduisit en tchèque par exemple Anatole France, André Gide, Maurice Maeterlinck ou Johann Wolfgang von Goethe. Après 1918, il fut haut fonctionnaire au ministère des Travaux publics et c'est là qu'il se mit à mettre ses idées théoriques en pratique, dans la vie politique et sociale de la jeune République Tchécoslovaque. Son livre qui, d'après ses propres paroles, n'est qu'un recueil d'articles publiés auparavant, porte le sous-titre *Réflexions socio-philosophiques et politico-culturelles sur l'histoire du travail technique*. Il s'efforce de saisir « l'importance du travail technique pour le développement de l'humanité et de sa culture, ainsi que de tracer les chemins qui mènent à l'accroissement et à l'appréciation de ce travail »³. Or, si nous souhaitons suivre, dans ce texte, le caractère principal de la fonction de la pensée technique et son développement au sein de la société tchèque, le livre mentionné peut nous servir comme une sorte de guide car il révèle les traits les plus importants de la pensée technique dans la société tchèque.

On peut considérer la pensée technique en deux sens – un plus étroit et l'autre plus large. Le premier se concentre sur les solutions techniques elles-mêmes, leurs constructions, leur fonction et leur rationalité. Cette conception de la technique représente la conception pragmatique, matériellement civilisatrice ; la technique fabrique « la seconde nature » et l'homme devient « maître de la nature ». Elle comprend donc la technique comme une « invention ». Elle puise ses racines dès la période des cultures archéologiques de la préhistoire. Aux temps modernes qui nous intéressent dans cet article, on peut renvoyer à de telles œuvres comme le fameux *De re metallica* par Georgius Agricola, qui est lié non seulement à l'exploitation de l'argent à Jáchymov et à la frappe de monnaie (écus), mais aussi au passage de la contemplation de « curiosités » vers une observation systématique empirique de la réalité de la nature, comme l'a montré Paolo Rossi en 1971 dans son livre *I filosofi e le macchine (1400-1700)*⁴.

---

[1] Fleischner, J., *Technická kultura : Sociálně-filosofické a kulturně-politické úvahy o dějinách technické práce*, Praha, František Borový, 1916, p. 6-7.

[2] Voir aussi Fleischner, J., *Chrám práce : Socialistická čítanka*, Praha, A. Svěcený, 1919.

[3] Fleischner, J., *Technická kultura : Sociálně-filosofické a kulturně-politické úvahy o dějinách technické práce*, Praha, František Borový, 1916, p. 5.

[4] Rossi, P., *I filosofi e le macchine (1400-1700)*, Milano, Il Salvalibro s.n.c., 1971.

Dans ce contexte, il faut aussi mentionner le rôle important des activités et recherches minières et métallurgiques en Bohême. Ou encore l'œuvre technico-économique remarquable *Libellus de piscinis et piscium, qui in eis aluntur natura*[5], écrite par l'évêque d'Olomouc Jan Dubravius, qui fonde la tradition de la pisciculture tchèque laquelle, précisément au XVIe siècle, représentait l'activité économique la plus rentable dans les pays tchèques[6]. On doit aussi rappeler l'œuvre de Jan Marek Marci de Kronland[7] qui s'occupe entre autres de la composition du spectre lumineux et qui est considéré comme (co)inventeur de la loi sur le reflet et la réfraction de la lumière. Et comment pourrait-on oublier les ingénieurs militaires qui se consacraient non seulement aux fortifications mais aussi, suivant l'exemple français, aux constructions des ponts et des chaussées ou des ouvrage hydrauliques ? En 1717, Christian Joseph Willenberg[8] fut nommé, par les états tchèques, professeur ingénieur. Son agrégation était indépendante de l'université, elle revenait aux états tchèques, elle représentait toutefois les débuts de l'enseignement technique institutionnalisé dans les pays tchèques. Le processus s'acheva avec la naissance des universités techniques indépendantes – la Polytechnique de Prague (1806), plus tard Université polytechnique tchèque de Prague (1920)[9] et l'Université polytechnique impériale de Brünne (1849), plus tard tchèque, à partir de 1899 – l'Université polytechnique de František Josef Ier de Brünne (aujourd'hui l'Université polytechnique de Brünne)[10].

La deuxième conception de la technique est plus complexe car elle reflète l'ancrage socioculturel des solutions techniques (et remarquons non seulement techniques, mais aussi généralement scientifiques). La technique représente une culture et un instrument politique, parce qu'il s'agit d'une valeur. Cette constatation presque banale cache toutefois une intuition. La première encyclopédie tchèque – l'*Encyclopédie* de Rieger

---

[5] Dubravius, J., *Libellus de piscinis et piscium, qui in eis aluntur natura, Vratislav (Wróclaw) 1547* (ad Antonium Fuggerum), Praha, Nakladatelství Československé akademie věd, 1953. L'information de Dubravius voir Skutil, J., *Jan Dubravius : Biskup, státník, ekonom a literát*, Kroměříž, 1992 (Édition *Qui est qui*, vol. 13).

[6] Folta, J. (ed.), *Science and Technology in Rudolfinian Time*, Prague, National Technical Museum, 1997.

[7] Svobodný, P. (ed.), *Joannes Marcus Marci : A Seventeenth-Century Bohemian Polymath*, Prague, Karolinum, 1998.

[8] Petřík, J., « Christian Josef Willenberg », in *Technický obzor*, 1931, vol. 39, n° 9, p. 137-140.

[9] Jílek, F., Lomič, V., *Dějiny Českého vysokého učení technického v Praze*, Praha, 1973, vol. 1, Tome 1 ; Tayerlová, M. et al., *Česká technika/Czech Technical University*, Praha, České vysoké učení technické v Praze, 2004.

[10] Franěk, O., *Dějiny České vysoké školy technické v Brně*, Tome 1, jusqu'au 1945, Brünne, Vysoké učení technické, 1969.

(1872) mentionne que la technique est une « activité artistique et industrielle, l'habileté et la capacité extérieure, donc un ensemble de règles qui doivent être suivies lors de la réalisation de la partie extérieure, donc matérielle, des arts plastiques ; le technicien est alors une personne avertie dans le domaine de l'industrie et des règles sur l'art extérieur, expérimentée notamment dans la construction et l'exploitation d'ateliers artisanaux, et surtout spécialisée et professionnellement active en mécanique et dans le métier d'ingénieur »[11]. Et J. Fleischner pense que « le destin humain [n'est pas] seulement un problème scientifique, une épreuve méthodique et économique, d'organisation, qui néglige le pouvoir créatif de l'âme humaine ». Il s'oppose ainsi au « baconisme sans égards », à l'empirisme radical et au pragmatisme. Il est vrai que pour Fleischner, le caractère de l'homme est par nature égoïste, *homo homini lupus*, mais cet état originaire est par la suite surmonté par l'humanisme qui ne se réalise pleinement que par l'intermédiaire de la « technique et de l'organisation scientifique »[12].

Toutes ces réflexions nous amènent directement au seuil des idées sur la technique et la pensée technique qui dominèrent au cours du XXe siècle tchèque. Pour les comprendre, il faut revenir un siècle en arrière et suivre, dans le milieu tchèque, les racines de la première des trois étapes de la pensée technique. Appelons-la étape nationale.

Le mouvement national tchèque se rendit vite compte de la nécessité de développer l'économie en liaison avec l'idée nationale, ce qui aboutit finalement au nationalisme économique. L'année 1833 voit la naissance de la Société pour la stimulation de l'industrie dans les pays tchèques qui avait notamment pour but de vulgariser l'industrie et la technique. La Société, à l'origine aristocratique, s'ouvre au début des années 1840 à la bourgeoisie. Deux ans après la fondation de la Société apparaît dans les environs de Prague la première école dominicale pour artisans, suivie bientôt par d'autres. Dans les années 1840, on lutte pour la création d'une école professionnelle en langue tchèque. Karel Havlíček Borovský, influent journaliste et homme politique tchèque, considérait une telle école comme un instrument de la maturité nationale : alors qu'à l'université l'allemand est de rigueur, dans les écoles professionnelles il ne représente qu'un obstacle. Havlíček[13] argumente ainsi en 1846 : imaginez un voyageur demandant son chemin auquel on répond dans une langue qu'il ne connaît pas. La technique et l'industrie créent une voie directe, tout droit vers le progrès.

---

[11] *Riegrův slovník naučný*, Praha, I.L. Kober, 1872, vol. IX, p. 312-313.

[12] Fleischner, J., *Technická kultura : Sociálně-filosofické a kulturně-politické úvahy o dějinách technické práce*, Praha, František Borový, 1916, p. 8-10.

[13] Voir *Pražské noviny* (Journal de Prague), 1er janvier et 4 janvier 1846, n° 1 ; n° 2, p. 1-2 ; p. 5-6.

Finalement, les efforts des représentants du mouvement national tchèque (« la renaissance nationale »)[14] aboutirent. La deuxième partie du XIXe siècle témoigne d'une croissance économique importante de la société tchèque ; on assiste alors à la formation des élites nationales tchèques dans les domaines de l'industrie et des finances[15]. Le développement de l'éducation accentue la formation de la nouvelle structure de la société tchèque moderne ; à cette époque, deux systèmes d'éducation séparés et complexes se constituent, à partir des écoles primaires jusqu'aux universités, l'un en langue tchèque et l'autre en allemand. Il n'est pas sans importance que la séparation nationale des universités ait commencé par la séparation, en 1869, de la polytechnique pragoise en une école tchèque et une autre allemande[16], et qu'elle fut achevée, en 1899, par la séparation de la polytechnique de Brünne.

C'est dans cette période que la technique et l'industrie tchèques atteignirent des positions mondialement reconnus. Rappelons František Křižík, Karel Zenger ou encore Vladimír List. Ce dernier mérite un intérêt particulier[17]. Fondateur des normes électrotechniques tchécoslovaques, reprises même par l'Allemagne de Hitler après l'occupation de la République tchécoslovaque, il fut aussi l'animateur des procédés de normalisation. Membre du groupe d'experts tchécoslovaques aux négociations de la paix à Versailles, il devint professeur à la Polytechnique de Brünne et initia l'électrification des pays tchèques et, plus tard, de la Tchécoslovaquie. Dès 1919, il présenta la première version de son projet devant l'assemblée du pays. Bien qu'il s'agissait d'un problème technique, List invita deux autres spécialistes à élaborer avec lui la proposition de loi : l'un était Karel Engliš, économiste et, par la suite, ministre des Finances et président de la Banque nationale tchécoslovaque, et l'autre le professeur

---

[14] Voir Hroch, M., *V národním zájmu*, Praha, Lidové noviny (Journal populaire), 1999 et d'autres travaux de cet auteur.

[15] Voir les livres de la société tchèque sur la période 1848-1918 : Urban, O., *Česká společnost 1848-1918*, Praha, 1982 ; Liška, V. *et al.*, *Ekonomická tvář národního obrození*, Praha, České vysoké učení technické v Praze, 2006 ; Kořalka, J., *Češi v habsburské říši a v Evropě 1815-1914*, Praha, Argo, 1996 ; Efmertová, M., Savický, N., *České země v letech 1848-1918*, vol. 1 (1848-1881), Praha, LIBRI, 2009.

[16] Voir les livres de l'évolution de l'enseignement dans les pays tchèques Králíková, M., Nečesaný, J., Spěváček, V., *Nástin vývoje všeobecného vzdělání v českých zemích*, Praha, Státní pedagogické nakladatelství, 1977 ; Kuzmin, M.N., *Vývoj školství a vzdělání v Československu*, Praha, 1981.

[17] Voir le CV de Vladimír List dans Mansfeld, B. *et al.*, *Průvodce světem techniky*, Praha, Prometheus, 1937, p. 149 ; Mikeš, J., Efmertová, M., *Elektřina na dlani. Kapitoly z historie elektrotechniky v českých zemích*, Praha, MILPO, 2008, p. 50-54 ; Stříteský, H., Mikeš, J., Efmertová, M. (eds.), *Vladimír List*, Praha, Národní technické muzeum, 2012.

František Weyr, spécialiste juridique éminent. À ce moment, la proposition ne fut pas encore acceptée. Elle ne fut adoptée qu'en 1922 avec la loi sur l'électrification de la Tchécoslovaquie. Ce n'était pas seulement la question de l'installation du courant électrique – vers la fin de la première République tchécoslovaque déjà 75 % du territoire était électrifié, mais il s'agissait aussi de l'aspect environnemental et durable, pour employer le vocabulaire d'aujourd'hui. Par exemple, conformément à cette loi, les conduites électriques aériennes ne devaient pas altérer l'aspect naturel et historique du territoire concerné.

À cette époque, il n'était plus question seulement de fils et de rails ; la conception de la technique et de l'éducation technique était bien plus profonde que seulement économique. Les intérêts politiques et sociaux entrent alors en jeu. Le milieu tchèque ne pouvait être exempt des tendances du moment dans cette sphère des activités humaines. Même ici, les idées du technocratisme poussèrent leurs racines[18]. On revendiquait un gouvernement composé de spécialistes ; et finalement, faisant suite aux pensées du deuxième président de la république E. Beneš, même la politique devait obéir à l'approche scientifique[19]. Il n'était pas seulement question de pure technologie du pouvoir et de l'administration – dans les réflexions technocratiques tchèques, un rôle important était joué par l'éthique et l'aspect social de la « spécialisation ». Si le XIXe siècle avait été le siècle de la technique, le XXe devait être le siècle de l'organisation, et même de l'organisation économique, car l'économie devait être une économie dirigée. Cette thèse vient de l'auteur d'une conception spécifique du technocratisme dans le milieu tchèque, l'ingénieur Václav Verunáč, qui lui donna le nom de laborétisme[20]. La thèse était basée sur l'idée de l'organisation scientifique du travail dans tous ses aspects, à partir de la pure production, en passant par l'organisation économique, administrative, psychotechnique et jusqu'à la dimension culturelle. Des institutions furent créées spécialement pour réaliser et soutenir ce plan : l'Académie de travail de Masaryk, l'Institut psychotechnique mais aussi l'Institut pour l'eugénique nationale. On ne s'étonne pas que les théories élaborées afin de gérer scientifiquement la société et qui s'opposaient au libéralisme (au moment de la crise économique mondiale, de telles propositions ne surprennent d'ailleurs pas) amenèrent certains de leurs partisans jusqu'à

---

[18] Voir Kostlán, A., *Technokracie v českých zemích (1900-1950)*, Praha, Archiv Akademie věd České republiky, 1999.

[19] Beneš, E., *Demokracie dnes a zítra*, Praha, Nakladatelství Čin, 1948, p. 248-250.

[20] Verunáč, V., *Laboretismus : Hnutí technicko-mravního pokroku hospodářského : Zásady a směrnice*, Praha, 1928 ; Verunáč, V. (ed.), *Laboretismus : Soubor přednášek a statí*, Praha, Práce intelektu, 1934 ; Mansfeld, B. et al., *Průvodce světem techniky*, Praha, Prometheus, 1937, p. 89-90.

accepter les idées d'une gestion non-démocratique de la société, et ceci aux deux extrémismes de l'époque : le fascisme (et le nazisme) aussi bien que le socialisme communiste. Or, ces idées sont à l'origine de certains fruits extraordinaires culturels et industriels. Alors que la conception agraire[21] vieillissait rapidement, bientôt surgit un système révélateur de production qui entrait en liaison étroite avec la vie sociale et culturelle ; il fut appliqué par Baťa dans la ville de Zlín dans son immense fabrique de chaussures et il apporta des valeurs durables dans le milieu tchèque. Les changements touchèrent non seulement le système de production, mais aussi l'architecture de l'endroit, la culture du logement, l'urbanisation de la ville à l'origine provinciale, mais alors grandissant rapidement, et le développement de la publicité ou la création de films. Et si nous parlons d'architecture[22] : c'est le fonctionnalisme tchèque en architecture lequel, probablement, représente la démonstration de ces idées la plus prononcée dans le monde, car il influença tout l'urbanisme tchèque et ses échos ne disparurent que plus tard.

La scène politique tchécoslovaque de l'époque se rendait bien compte de l'importance de la technique et de sa dimension sociale. Pour conclure ce passage, donnons la parole au président Beneš. À l'occasion du doctorat *honoris causa* en sciences techniques (1937)[23] qui lui fut décerné à l'Université polytechnique de Brünne (qui porte d'ailleurs son nom), Beneš prononça entre autres les mots suivants : « Ensemble avec les politiciens, juristes, philosophes, médecins et agents culturels, le technicien doit coopérer à la création d'une société socialement nouvelle avec une solidarité nationale et sociale, où toutes les grandes acquisitions de la technique moderne serviront la nouvelle communauté générale, la nouvelle éthique sociale, la nouvelle société nationale et d'État, effectivement et justement administrée. » Et le technicien doit participer aussi à l'effort supranational pour un tel changement de la société.

Bien sûr, il s'agissait d'un discours politique prononcé au moment d'une menace grandissante pour l'État. Il exprimait toutefois des idées propres à l'auteur. Dans son discours, Beneš évoquait le danger de la nouvelle guerre et des nouveaux moyens techniques destructifs qui pouvaient et sans doute allaient l'accompagner.

---

[21] Explication des problèmes agricoles, voir : *Ruralismus, jeho kořeny a dědictví. Osobnosti – díla – ideje. Z Českého ráje a Podkrkonoší* – supplementum 10, Semily, 2005.

[22] Sur le fonctionnalisme tchèque en architecture, voir Kratochvíl, P. *et al.*, *Velké dějiny zemí Koruny české – Architektura*, Praha, Litomyšl, Paseka, Artefactum, 2009, p. 635-658.

[23] Beneš, E., « O smyslu a významu moderní techniky », in Mansfeld, B. *et al.*, *Průvodce světem techniky*, Praha, Prometheus, 1937, p. 11-16.

Après la Seconde Guerre mondiale et après 1948, le rôle dévolu aux techniciens va encore s'accroître. Le marxisme attribuait à la technique comme « seconde nature » un rôle décisif dans l'appropriation générale du monde. Il n'était plus question de l'industrialisation ni de l'idée d'organiser la société. Les deux étaient incorporées dans une phase évolutionnaire plus élevée des événements sociaux. C'est la révolution scientifique et technique qui devient le concept principal. Elle est caractérisée par la science comme force dirigeante de production – et la technique est son application. Dans le livre *La Civilisation au carrefour* (1966)[24], qui contenait un rapport sur les transformations de la société moderne et sur les possibilités d'évolution de la société socialiste et qui fut écrit en réaction à l'effondrement du troisième plan quinquennal en 1962, les auteurs caractérisaient ainsi le changement radical : grâce à l'automation, l'homme « se place à côté du processus de production, tandis qu'auparavant, il était son agent direct. La force simple de l'homme ne peut rivaliser avec le rendement des composants techniques de la production : la capacité physique moyenne de l'homme atteint à peine 20 W, la rapidité de la réaction des sens est de 0,1 seconde, la mémoire mécanique est limitée et peu fiable. Ce n'est qu'au niveau de son potentiel créatif et de son ouverture envers la culture que l'homme dépasse de loin ses propres créations les plus grandioses. Or, l'usage traditionnel de l'homme comme simple force de travail sans qualification freine forcément les forces productives dans un domaine après l'autre, c'est un gaspillage des capacités humaines. [...] Plus l'homme cesse de faire ce que, à sa place, ses propres œuvres peuvent faire, plus s'ouvrent pour lui des espaces qui jusqu'alors lui étaient inaccessibles, sans la base de ses propres œuvres »[25].

On peut voir dans cet extrait la conception optimiste de l'évolution et de l'histoire elle-même, ce qui, d'ailleurs, était typique de toute l'époque. C'est probablement la cosmonautique qui peut le plus caractériser cet optimisme social ainsi que scientifique et technique. Néanmoins, les années à venir devaient montrer, non seulement en Tchécoslovaquie après la défaite du Printemps de Prague et la normalisation qui s'ensuivit, mais dans le cadre global des crises pétrolières des années 1970 et des idées du Club de Rome, que cet optimisme n'était pas de mise. Ses « Bornes de croissance » (1972) symbolisaient clairement les changements sociaux de l'époque et, comme on peut le constater, gardent de l'importance encore aujourd'hui.

---

[24] Richta, R. *et al.*, *Civilizace na rozcestí. Společenské a lidské souvislosti vědeckotechnické revoluce*, Praha, Svoboda, 1966. Le texte a été préparé pour la réforme après la crise du 3ᵉ plan économique (1964) par les communistes (Ústřední výbor Komunistické strany Československa – Ú.V. K.S.Č.) et a été repris pour « Le printemps de Prague » (1968).

[25] *Ibid.*, p. 19-20.

Pendant les années 1960, le culte de l'optimisme était général. Il s'appuyait toutefois sur des mythes hérités de l'optimisme du progrès technique du XIXe siècle. Le théoricien tchèque de la science Ladislav Tondl décrivit, il y a un certain temps, quatre « cultes » de cette conception de la réalité, en fait dans le sens du capitalisme avancé : culte du changement (chaque changement est positif, donc il y a progrès), culte de la grandeur (croissance), culte de la consommation et culte du pouvoir et de l'autorité, lequel permet de maîtriser la société dans son ensemble. Il n'est donc pas étonnant que, déjà à cette époque, des voix plus sceptiques se fissent entendre, même dans le milieu tchèque. Elles ne doutaient pas de la technique et du progrès technique en tant que tel mais elles signalaient les aspects sociaux, politiques ou généralement éthiques[26].

Faisons rappel de deux de ces voix. Chacune repose sur une des extrémités des réflexions possibles. La première appartient à la partie « inférieure » de la pensée tchèque : en 1969, Dominik Pecka publia son petit livre *L'Homme et la technique*[27]. L'auteur, prêtre catholique, traite la technique, entre autres, à travers la théologie. La création technique est incorporée dans l'acte divin de la Création – par l'intermédiaire de la technique, l'homme coopère avec Dieu (saint Paul) ou, en d'autres mots, il s'agit du travail sur le vignoble de Dieu dans ces endroits où Dieu laisse à l'homme de l'autonomie. Ainsi grandit la responsabilité humaine par rapport à ses propres actes : il est vrai que la technique libère, réduit le péril des catastrophes naturelles, d'un autre côté elle augmente le risque de catastrophes culturelles. Le moine du Moyen-âge était dans l'erreur car il ne considérait pas le monde ; le technicien moderne ne se considère pas lui-même comme être complexe, donc surtout moral, comme le dit Pecka. Ce ne sont pas là des idées nouvelles ou révolutionnaires, elles sont néanmoins placées au carrefour de la civilisation ; l'homme lui aussi doit être présent à ce même croisement et comme un individu original.

La deuxième voix est celle de Josef Šafařík[28], ingénieur de construction qui, sa vie entière, s'occupa de philosophie. Le succès inattendu de son premier livre *Sept lettres pour Melin* (1947) lui ouvrit le chemin, bientôt pourtant refermé, vers des réflexions sur des problèmes autres que seulement techniques. Dans l'un de ses meilleurs essais écrit dans les années 1960 et intitulé *Marionnette de Dieu ou de qui ?*, il raisonnait sur

---

[26] Sur la question de la philosophie des techniques, voir : Tondl, L. *Půl století poté*, Praha, Karolinum, 2006 ; Tondl, L., *Člověk ve světě techniky*, Nové problémy filozofie techniky, Liberec, Bor, 2009.

[27] Pecka, D., *Člověk a technika*, Praha, Vyšehrad, 1969.

[28] Sur les textes philosophiques, voir Šafařík, J., *Hrady skutečné i povětrné*, Praha, Dauphin, 2008 ; Šafařík, J., *Sedm listů Melinovi : z dopisů příteli přírodovědci*, Praha, 1947.

l'orientation de l'individu dans le monde actuel. Le gourou idéologique de la remarquable « génération tchèque 1936 » (Miloš Forman, Josef Topol, Václav Havel en faisaient aussi partie) se pose des questions très provocantes : il emploie le paradoxe de l'acteur (Diderot) pour formuler le problème, disant que la vraie impression vécue de l'homme disqualifie sur la scène du monde actuel celui qui y joue le rôle principal : savant, technicien, spécialiste, professionnel, etc. La profession domine la vie, l'être : « La technique sans être : en culture, elle fabrique le kitsch, dans la nature elle fabrique la machine. » Complétons cette thèse préoccupante par une idée venant d'un autre de ses essais *Sur le rubato ou la confession que la nature n'est pas l'usine* : elle ne produit pas ses œuvres sur une bande de production roulante comme chez Ford. Elle ne crée pas des copies identiques, mais toujours des originaux : au lieu d'être précise à un micromillimètre près, voilà un rubato constant. Le terme provient de la musique et signifie des anomalies vitales par rapport à la norme, une originalité permanente, une unicité irremplaçable. Voilà pourquoi la nature ne connaît pas le mouvement circulaire, celui-ci faisant partie de la pensée abstraite et de l'invention de la civilisation des machines. Dans la vie concrète, vécue aussi par les techniciens et d'autres professionnels, il existe encore quelque chose d'autre, plus substantiel, toujours potentiellement créatif : le rythme. Et la dernière allégorie fait la différence entre la poétique et la poésie.

Conclusion

Un vrai et grand technicien était d'habitude aussi penseur, philosophe réfléchissant sur les conséquences de son invention. Le héros de notre époque n'est donc ni le capitaine Nemo de Verne, génie technique, ni Pechorin de Lermontov, être romantiquement épris et navré. Le héros, c'est le technicien (et le savant) comme acteur humain. Au tournant des années 1917 et 1918, l'écrivain Karel Čapek[29] prit connaissance de *La Culture technique* de Fleischner. Dans son compte rendu du livre, Čapek prévoit : « Les paroles les plus importantes de *La Culture technique* sont, selon moi, les suivantes : au XXe siècle, la technique va décider de l'être ou du non-être des nations, elle deviendra le phénomène visant la formation de l'État ; le progrès des inventions techniques sera la base des coups d'État – le technicien comme guide des maladies sociales modernes doit en ressentir la pleine responsabilité. La technique moderne donne la vie à d'effroyables forces matérielles ; ces forces peuvent générer un immense

---

[29] Čapek, K., « Opomenutý referát, Národní listy (Feuilles nationales), 20 décembre 1917 et 5 janvier 1918 », in *Des oeuvres XVII, Sur l'art et la culture*, Praha, 1984, vol. 1, p. 461-464.

pouvoir capitaliste ou militaire, lequel serait capable de mettre en danger toute la liberté du monde. Ce danger ne peut être écarté par la seule éducation sociale des ingénieurs et la question ne doit pas en revenir aux seuls techniciens ; la question qui se pose est de savoir s'il est encore possible, grâce à l'humanisme, d'apprivoiser non pas le monde à l'aide de la technique, mais la technique elle-même. » Dans la dernière année de la Grande Guerre, voilà des mots expérimentés et prévoyants.

Ce texte fragmentaire n'avait pas pour but de présenter un aperçu synthétique de la pensée et l'éducation techniques tchèques de l'époque moderne. Il voulait juste attirer l'attention sur une ligne d'interprétation que l'auteur considère comme fondamentale, aussi bien que 'future', ayant un sens pour l'avenir : la technique est un phénomène socio-culturel et non pas le moyen pour l'homme de dominer la nature. Le savoir est un pouvoir (F. Bacon), mais par rapport à la nature, ce n'est toujours qu'un fragment ; c'est pourquoi l'homme ne peut pas la combattre. Pourquoi donc, d'une façon ou d'une autre, des techniciens, artistes et hommes politiques d'une petite nation agitée par les extrêmes de l'époque moderne, s'en rendaient-ils compte ?

Prague, lieu de coopération entre l'université et l'école technique au XIXe et début du XIXe siècle

Ivan JAKUBEC

Professeur d'histoire économique
Faculté des Lettres, Université Charles, Prague
ivan.jakubec@ff.cuni.cz

Résumé

L'Université et l'Université polytechnique de Prague ont fait partie des plus importantes institutions pédagogiques et scientifiques dans le cadre de la Monarchie, et ce même après leur division en universités et écoles polytechniques tchèques et allemandes. Dans la logique historique, la Faculté des Lettres représentait la faculté « la plus technique » de l'université. Dans la seconde moitié du XIXe siècle, cette faculté connut une accélération de la différenciation entre les disciplines et de l'émancipation des sciences techniques et naturelles, y compris des sciences humaines. De nombreux futurs techniciens et professeurs étudièrent à la Faculté des Lettres (divisée ou non-divisée) (le physicien J. Sumec, le technicien N. Tesla) et toute une série de membres du corps professoral enseigna à l'école polytechnique tchèque à Prague ou à Brünne (le physicien B. Novák). Dans certains cas, un membre du corps professoral de l'école polytechnique tchèque passa à la faculté (par ex. le mathématicien analytique W. Matzka, le mathématicien H. J. Durége, le mathématicien F. J. Studnička, le physicien F. Koláček, le chimiste B. Raýman). D'éminents physiciens (E. Mach) travaillèrent à la Faculté des Lettres (divisée ou non-divisée) ou y obtinrent leur habilitation (K. Domalíp, F. Záviška).

Mots clés

Prague, Université Charles, Université polytechnique tchèque de Prague, Université polytechnique de Brünne, émancipation des sciences techniques et naturelles à la charnière des XIXe et XXe siècles

Au fil des siècles, les universités et leurs facultés ont connu des changements du point de vue de l'évolution de la science et de la technique, de la conception globale du diplômé et de son profil. Lors de la fondation de l'Université Charles en 1348, les universités produisaient des hommes érudits pour l'Eglise, le roi et l'État, ainsi que pour le droit et la médecine. À l'époque de l'humanisme, l'université était notamment un institut de formation pour les enseignants, les notaires et les hommes de lettres. À partir du XVIIIe siècle, les sciences naturelles se sont développées, de même que les autres sciences se sont différenciées. Au XIXe siècle, l'importance de l'enseignement et de la recherche a augmenté. En tant qu'institution d'État, l'université formait la couche professionnelle des intellectuels. La sphère culturelle n'échappa pas non plus au mouvement politique nationaliste. En 1882, l'université fut divisée en deux, une université avec le tchèque pour langue d'enseignement et l'autre avec l'allemand. Cette situation dura jusqu'en 1945. Les écoles supérieures tchèques avaient été fermées en 1939. Bien que la fonction de l'université ait changé au fil des siècles, sa mission demeura la découverte de l'inconnu et la recherche de la vérité selon les modalités de l'époque.

L'histoire de l'Université Charles représente l'histoire de la cristallisation, de la différenciation et de l'émancipation des sciences techniques, naturelles et humaines ainsi que des autres sciences cultivées à l'université. Le développement des sciences techniques à l'université était lié au rationalisme du point de vue de l'esprit et au caméralisme (mercantilisme) du point de vue économique. La tradition des conférences libres (facultatives) est apparue au milieu du XVIIIe siècle, en même temps que les cours techniques pratiques. La base en était formée par les mathématiques et la physique. En 1787, on assista à l'union logique de l'enseignement professionnel polytechnique de Prague (créé en 1707/1717) et de l'université, et ce grâce au professeur František Antonín Linhart Herget (1741-1800), professeur de l'enseignement professionnel polytechnique de Prague, qui obtint une nouvelle chaire de mathématiques pratiques. Il fonda ladite école d'ingénieurs comme institut de faculté technique. Son successeur fut le professeur František Josef Gerstner (1756-1832) qui se consacra à l'application des mathématiques à la pratique de la technique. C'est grâce à lui que fut fondée l'école polytechnique pragoise, prédécesseur de l'actuelle Université polytechnique tchèque de Prague. Après plus d'un quart de siècle, en 1815, l'école polytechnique et l'université furent définitivement séparées. Cependant, les contacts demeuraient par l'intermédiaire de l'enseignement des secteurs techniques à la Faculté des Lettres.

À partir de Joseph II, l'université est perçue comme un établissement d'État avec des pouvoirs autonomes pour la formation de fonctionnaires qualifiés (et disciplinés). L'université redevenait le centre des idées et de la science. « La relation de l'État vis-à-vis de la pratique scientifique des professeurs d'université changea de manière essentielle. Un travail scientifique était à la base de l'habilitation des maîtres de conférences et on le prenait en considération lors des propositions de nomination aux chaires de professeurs libérées ou nouvellement constituées... L'évaluation des activités scientifiques des candidats jouait un rôle important et souvent décisif. Certains candidats proposés travaillaient auparavant à l'étranger ce qui ne représentait aucun obstacle, par contre cela pouvait être pris comme recommandation. »[1] Les professeurs universitaires pouvaient librement proclamer leurs opinions scientifiques, définir les thèmes de leurs conférences. Ils ne pouvaient pas être limogés, déplacés contre leur volonté ou mis à la retraite prématurément[2].

Le XIXe siècle apporta toute une série de changements. Ceux-ci ne concernaient pas seulement le contenu des cours et les connaissances des diplômés de l'université, mais également la position de l'université, L'université et l'école polytechnique de Prague devinrent progressivement des institutions d'État, avec tous les côtés positifs et négatifs découlant d'une telle relation. L'importance des diplômés universitaires augmenta non seulement pour la pratique technique publique et privée, mais également à titre de demande générale pour la mise en application dans la vie sociale et politique ; bref, le diplôme de l'université devint un attribut de la société civile et notamment de la société de nationalité tchèque.

À partir de 1849-1850 (Réforme de Thun), la faculté des lettres perdit son caractère propédeutique (équivalent, de nos jours, au premier cycle) pour la préparation aux études dans les trois autres facultés et elle devint une faculté de la même valeur, visant la culture de la science, l'obtention du grade de docteur, et la formation des enseignants d'écoles secondaires. Les différents départements de la faculté des lettres comprenaient les sciences philosophiques, les sciences mathématiques, les sciences naturelles, l'histoire et les sciences historiques auxiliaires, la littérature et la philologie. Aux facultés étaient notamment affiliés les instituts de sciences naturelles – l'observatoire astronomique du Klementinum, le jardin botanique de Smíchov (faisant partie aujourd'hui de Prague), le cabinet de physique, le cabinet de minéralogie et le cabinet de numismatique.

Après la réforme de Thun, les chaires d'astronomie théorique et pratique et de hautes mathématiques virent le jour. La chaire de physique fut rattachée au département des mathématiques. Le département des sciences naturelles ouvrit de nouvelles chaires de zoologie, de minéralogie et de

---

[1] Havránek, J. (red.), *Dějiny Univerzity Karlovy III*, 1802-1918, Praha, Univerzita Karlova, 1997, p. 103.

[2] *Ibid.*

chimie générale et pharmaceutique. Après cette réforme, les sciences humaines furent soutenues au détriment des sciences exactes et naturelles.

À la différence de la première moitié du XIXᵉ siècle, les professeurs venaient de l'étranger. « Il s'agissait souvent de spécialistes jeunes et pleins d'ambitions qui apportèrent à l'université non seulement une nouvelle approche de la pratique scientifique, mais aussi l'aplomb de spécialistes reconnus qui pouvaient à tout moment retourner en Allemagne. »[3] L'innovation méthodique de toute une série de matières fut réussie, mais au prix de la sous-estimation de l'histoire et de la culture des pays tchèques auprès des étudiants.

L'université de Prague et l'école polytechnique de Prague ont fait partie des plus importantes institutions pédagogiques et scientifiques dans le cadre de la monarchie, et ce même après leur division en universités tchèque et allemande et écoles polytechniques tchèque et allemande, c'est à dire en institutions avec le tchèque ou bien l'allemand pour langue d'enseignement. Dans la logique historique, la faculté des lettres représentait la faculté « la plus technique » de l'université. Dans la seconde moitié du XIXᵉ siècle, cette faculté connut une accélération de la différenciation et de l'émancipation des sciences techniques et naturelles, ainsi que des sciences humaines.

« Au XIXᵉ siècle, les professeurs universitaires étaient considérés comme des autorités scientifiques et les personnages les plus estimés de la société civile, et ce notamment en Europe centrale. Le prestige des connaissances scientifiques était très apprécié dans la société et les professeurs en étaient les représentants. Dans la nation tchèque à qui manquait une partie notable des élites traditionnelles, le poids de l'élite intellectuelle, représentée par le corps professoral, était important. »[4] Au début des années 1880, les jeunes professeurs d'une trentaine d'années étaient très nombreux. Après la division de l'université en université tchèque et allemande (dans les années 1882-1890), il fallut compléter les secteurs manquants, l'absence de tradition apparaissait au niveau des sciences exactes et naturelles car la majorité des instituts demeura avec ses professeurs à l'université allemande. Après 1882, l'université tchèque dut créer la majorité des secteurs, y compris les instituts, et construire de nouveaux bâtiments. Le positivisme représentait alors la base théorique et méthodologique des sciences spéciales.

« Lors du développement extensif du travail de formation de la faculté, son niveau scientifique était très important. »[5] La faculté des lettres était

---

[3] *Ibid.*, p. 104.
[4] *Ibid.*, p. 188.
[5] *Ibid.*, p. 261.

alors « le centre le plus actif de la recherche et de l'organisation du travail scientifique », de même que sa « popularisation dans les secteurs des sciences humaines et naturelles »[6]. En 1908, le corps professoral proposa au gouvernement autrichien de diviser l'institution en faculté de philologie-histoire d'un côté et faculté de mathématiques-sciences naturelles de l'autre, mais cette proposition fut refusée par le ministère[7]. La faculté des sciences naturelles tchèque fut fondée en 1920, suite à sa séparation de la faculté des lettres.

Consacrons-nous à présent à l'état de l'université tchèque quant aux sciences exactes et aux sciences naturelles. Des cours en mathématiques faisant partie de la physique allemande étaient parfois mentionnés dans les listes des conférences, à titre de cours spéciaux. Ils étaient présentés par le professeur de mathématiques Wilhelm Matzka[8]. Celui-ci arriva à la faculté des lettres en 1850 après avoir donné des cours auparavant à l'école polytechnique pragoise non-divisée. Outre la physique allemande, « il présentait entre autre la mécanique analytique, se consacrait plus en détail à la géométrie et exceptionnellement au calcul des probabilités. Cette matière n'était pas présente auparavant à la faculté »[9]. Un changement important eut lieu à la fin des années 1860 : le mathématicien Heinrich Durége (1868-1869) et le physicien Ernst Mach (1867-1868) arrivèrent à la faculté. Durége avait auparavant travaillé tout d'abord à Zurich et jusqu'en 1854 à l'école technique de Prague. Il présentait la théorie des fonctions elliptiques et des fonctions complexes variables et la théorie des courbes algébriques.

Le cercle des élèves et des partisans d'Ernst Mach (1838-1916) fut très important pour la physique et pour la philosophie. E. Mach, habilité à Vienne et professeur à Graz, travailla à Prague pendant 28 ans. Pendant cette période, il forma un nombre remarquable de 17 experts spécialisés, qui devinrent ses disciples. Progressivement, il se détourna de la pratique expérimentale pour s'orienter vers la réflexion philosophique. E. Mach fut sans aucun doute le plus grand physicien de l'université. Il fonda l'Institut de physique réelle, spécialisée dans l'acoustique et l'optique. Ses étudiants travaillèrent ensuite en Allemagne et dans d'autres pays. À Prague, son travail fut poursuivi par ses élèves August Seydler (qui devint professeur d'astronomie théorique et fonda un nouvel institut astronomique), Čeněk

---

[6] *Ibid.*
[7] *Ibid.*
[8] Petráň, J., *Nástin dějin Filozofické fakulty Univerzity Karlovy v Praze : do roku 1948*, Praha, Univerzita Karlova, 1984, p. 151.
[9] *Ibid.*, p. 164.

Strouhal, František Koláček et d'autres encore[10]. Outre son intérêt pour l'université de Prague, il s'intéressa à l'école polytechnique de Prague où malgré ses efforts en vue d'obtenir un poste de professeur de physique, il échoua en 1866[11].

L'Institut de physique de l'université tchèque fut dirigé entre 1882-1883 et 1919-1920 par le professeur de physique expérimentale Čeněk Strouhal (1850-1923), élève des professeurs Mach et Karl Hornstein. Il fut habilité en 1878 à l'université de Würzburg (auprès du professeur F. Kohlrausch). Il s'intéressait notamment à l'acoustique et à l'optique. Il introduisit la pratique physique obligatoire en visant les questions d'acoustique et d'optique. Il donna des conférences jusqu'en 1919. Pendant la Première Guerre mondiale, il remplaça le directeur de l'Institut astronomique (1914-1915)[12].

La chaire de physique mathématique était occupée en 1891 par František Koláček (1851-1913) lequel, auparavant, avait été professeur à l'école technique allemande de Brünne. Au Klementinum de Prague, il s'efforça de créer un laboratoire de physique moderne. Il n'obtint pas le soutien nécessaire et il partit pour l'école technique tchèque de Brünne en 1900, accompagné de son assistant František Záviška. Au bout de deux ans, il retourna à la faculté des lettres dans la chaire de physique théorique. Son nom représente l'élite de la physique tchèque avant la guerre, notamment dans le secteur de l'optique. « Il fut le premier à élaborer la théorie électromagnétique de la dispersion de la lumière, la théorie de l'induction, il découvrit l'équation pour le mouvement des corps dans le champ magnétique qui convient au principe de la relativité, bien que comme Strouhal, il n'approuvât pas la théorie de la relativité. »[13] De 1907-1908 à 1912-1913, il dirigea l'Institut de physique théorique[14].

En 1903, František Záviška (1879-1945) revint de Brünne à la faculté des lettres. En 1906, il obtint son habilitation en physique théorique et, à partir de 1914, il enseigna comme professeur extraordinaire. Son intérêt technique était concentré sur l'influence des rayons X sur la condensation

---

[10] Havránek, J. (red.), *Dějiny Univerzity Karlovy III*, 1802-1918, Praha, Univerzita Karlova, 1997, p. 166.

[11] Jílek, F., Lomič, V., *Dějiny Českého vysokého učení technického v Praze*, Praha, 1973, vol. 1, Tome 1, p. 528.

[12] Petráň, J., *Nástin dějin Filozofické fakulty Univerzity Karlovy v Praze : do roku 1948*, Praha, Univerzita Karlova, 1984, p. 232 ; Havránek, J. (red.), *Dějiny Univerzity Karlovy III*, 1802-1918, Praha, Univerzita Karlova, 1997, p. 287.

[13] Petráň, J., *Nástin dějin Filozofické fakulty Univerzity Karlovy v Praze : do roku 1948*, Praha, Univerzita Karlova, 1984, p. 232.

[14] *Ibid.*, p. 268.

des vapeurs d'eau, sur l'hydrodynamique et les ondes électromagnétiques[15]. Après son habilitation, il passa une année à Cambridge. Dans l'année académique 1904-1905, il travailla comme professeur suppléant à l'école polytechnique[16]. Záviška remplaça ensuite Koláček à la direction de l'Institut de physique théorique de 1913-1914 à 1919-1920[17]. Vladimír Novák (1869-1934), titulaire de l'habilitation en physique expérimentale, rejoignit en 1897 l'école technique tchèque de Brünne[18].

En 1903, Bohumil Kučera (1874-1921), élève de Koláček et de Strouhal, obtint l'habilitation en physique expérimentale à la faculté des lettres. À partir de 1908, il travailla d'abord comme professeur extraordinaire, et devint professeur ordinaire en 1912. Kučera étudiait la tension en surface du mercure polarisé à l'aide d'une électrode à goutte et inspira ainsi son élève Jaroslav Heyrovský dans sa découverte de la polarographie (1924)[19].

Le professeur de technique Eduard Weyr (1852-1903)[20] suppléa des cours de géométrie à la faculté des lettres. Nous pouvons nous faire une idée de ses conférences à travers certains souvenirs et mémoires, par exemple les mémoires de son neveu František Weyr (1879-1951), devenu plus tard professeur de l'Université Charles et président du Bureau d'État des statistiques de Prague. Eduard Weyr refusa d'occuper la chaire de mathématiques à l'université. « J'ai entendu dire que mon oncle donnait comme raison de son refus le fait qu'il lui serait difficile de se passer des salles de conférences combles auxquelles il était habitué à l'école polytechnique. Plus tard, Eduard Weyr aurait souhaité passer malgré tout à l'université, mais le changement ne put se réaliser. Au lieu de sa nomination, il s'engagea à donner trois heures de conférences par semaine à l'université moyennant un honoraire spécial. Cela lui demandait un effort physique car il donnait dix heures de conférence par semaine à l'école technique. Peu avant sa mort, il fut de nouveau proposé par la faculté et le ministère lui communiqua qu'il allait être nommé à partir du 1er octobre

---

[15] Havránek, J. (red.), *Dějiny Univerzity Karlovy III*, 1802-1918, Praha, Univerzita Karlova, 1997, p. 288.

[16] Jílek, F., Lomič, V., *Dějiny Českého vysokého učení technického v Praze*, Praha, 1973, vol. 1, Tome 1, p. 306.

[17] Petráň, J., *Nástin dějin Filozofické fakulty Univerzity Karlovy v Praze : do roku 1948*, Praha, Univerzita Karlova, 1984, p. 268.

[18] Havránek, J. (red.), *Dějiny Univerzity Karlovy III*, 1802-1918, Praha, Univerzita Karlova, 1997, p. 288.

[19] Ibid. ; Petráň, J., *Nástin dějin Filozofické fakulty Univerzity Karlovy v Praze : do roku 1948*, Praha, Univerzita Karlova, 1984, p. 232.

[20] Havránek, J. (red.), *Dějiny Univerzity Karlovy III*, 1802-1918, Praha, Univerzita Karlova, 1997, p. 290.

1903 ; il mourut avant cette date. »[21] Un jour, son neveu participa à un cours de Weyr. Cependant, les études de mathématiques n'étaient pas simples, comme en témoigne la citation suivante : « L'oncle, accompagné de son assistant, entra à la chaire et commença à écrire au tableau avec une telle vitesse que l'assistant n'avait même pas le temps d'effacer. Il n'avait avec lui aucun document ni papier. Lorsqu'il parlait, il n'arrêtait pas de toussoter. Il posait de temps en temps une question à l'auditoire mais je ne me rappelle pas qu'il ait jamais reçu une réponse. Pour les auditeurs qui comprenaient moins vite (ceux qui avaient des difficultés à écrire), cette cadence était vraiment mortelle. »[22]

À la charnière des XIXe et XXe siècles, on embaucha de nouveaux renforts de l'école technique tchèque de Brünne : Karel Petr (1868-1950) et Jan Sobotka (1862-1931). En 1903, Petr obtint son habilitation et il fut nommé professeur extraordinaire, puis ordinaire en 1908. Petr devint le mathématicien le plus important. En 1904, Sobotka arriva au titre de professeur ordinaire. En 1898, on assista à l'habilitation du maître de conférences privé Antonín Sucharda (1854-1907) dans le domaine de la géométrie moderne, qui tenait compte des méthodes de la géométrie descriptive. Il rejoignit ensuite l'école technique tchèque de Brünne[23].

Les contacts dans le domaine de la chimie témoignent de l'étroite coopération entre l'université tchèque et l'école polytechnique. Les étudiants et collègues rassemblés autour du maître de conférences puis professeur Bohuslav Raýman (1852-1910) ont représenté un nouveau cercle pédagogique et scientifique important. B. Raýman étudia tout d'abord à l'école polytechnique de Prague puis chez le professeur August Kekulé à Bonn et les professeurs Adolphe Würtz et Charles Friedel à Paris. En 1882, il fut proposé par le corps professoral de l'école polytechnique tchèque au poste de maître de conférences de chimie organique[24]. En juin 1884, il fut proposé comme professeur extraordinaire de l'école polytechnique, et ce suite à ses activités pédagogiques et scientifiques. Peu après la division de l'université en 1890, Raýman et d'autres maîtres de conférences reçurent la proposition de devenir professeurs extraordinaires. « Cette mesure était alors considérée comme une obligation patriotique et il est indiscutable que, vu les secteurs auxquels ils se consacraient, l'université tchèque

---

[21] Weyr, F., *Paměti, Za Rakouska (1879-1918)*, Brünne, Atlantis, 1999, p. 36.
[22] *Ibid.*, p. 37-38.
[23] Havránek, J. (red.), *Dějiny Univerzity Karlovy III*, 1802-1918, Praha, Univerzita Karlova, 1997, p. 290-291.
[24] Jílek, F., Lomič, V., *Dějiny Českého vysokého učení technického v Praze*, Praha, 1973, vol. 1, Tome 1, p. 94.

pouvait leur assurer de meilleures conditions pour leurs activités. »[25] Sept années plus tard, il devint professeur ordinaire et, dans l'année académique 1902-1903, il fut nommé doyen de la faculté des lettres. Raýman considérait l'étude des microbes d'une façon moderne, comme une introduction à la connaissance des organismes supérieurs. Peu avant sa mort, il dirigea le département de l'Institut de chimie de l'université. Raýman est à juste titre considéré comme le fondateur de la chimie organique et comme un des pionniers dans les domaines de la biochimie et de la chimie physique. Il accorda un soin particulier aux activités d'organisation scientifique, car il devint secrétaire de l'Académie tchèque pour la science et l'art et son secrétaire général à partir de 1899. Son nom est lié à d'excellents grands manuels et à la rédaction de toute une série de revues scientifiques, par ex. les *Pages physiques*, la *Revue de l'Association des chimistes tchèques*, la *Revue tchèque* ou le *Bulletin International*[26]. Le grand écrivain tchèque Jan Neruda appréciait ses capacités : « C'est un esprit frais, véridique, clair et moderne, avec toutes les bonnes qualités du scientifique moderne... Un séjour d'étude de plusieurs années à l'étranger [...] nous a donné un homme aux qualités peu courantes et d'une largeur d'esprit mondiale. »[27]

Le maître de conférences de chimie organique et son collègue à l'école polytechnique, Milan Nevole (1846-1907), collaborèrent étroitement avec B. Raýman. Ils publièrent ensemble des manuels de qualité. Nevole est considéré comme le plus important chimiste organique tchèque. Il travailla à l'école polytechnique jusqu'en 1905-1906. L'union entre le monde universitaire et technique est attestée, par exemple en chimie, par Bohumil Kužma (1873-1944), habilité à la faculté des lettres en 1905. En 1911, il devint professeur extraordinaire à la faculté, mais il rejoignit aussitôt l'école polytechnique de Brünne. Le maître de conférences (1905) de chimie physique, Jiří Baborovský (1875-1946)[28], partit également avec Kužma.

L'université tchèque et sa faculté des lettres représentaient souvent pour les futurs techniciens l'unique institution (outre l'université allemande de Prague) des pays tchèques où il était possible d'obtenir une habilitation dans toute une série de domaines en sciences naturelles. En 1878, K. Domalíp réussit son habilitation dans le domaine de la physique expérimentale.

---

[25] *Ibid.*, p. 129.
[26] Bílek, K., « Bohuslav Raýman – muž z krve a ohně setkaný (1852-1910) », in *Akademický bulletin*, Praha, Akademie věd České republiky, 2010, n° 9, p. 33.
[27] *Ibid.*
[28] Havránek, J. (red.), *Dějiny Univerzity Karlovy III*, 1802-1918, Praha, Univerzita Karlova, 1997, p. 235.

La qualité de l'enseignement et la popularité des matières (y compris les matières obligatoires) à l'université tchèque est certaine. Entre les années académiques 1891-1892 et 1900-1901, le nombre d'étudiants chez ces professeurs augmenta sensiblement. Chez le professeur de mathématiques František Studnička, leur nombre passa de 22 à 164, chez le professeur de physique Čeněk Strouhal de 20 à 111, chez le mathématicien et professeur de l'école polytechnique Eduard Weyr de 16 à 69 et chez le chimiste et professeur extraordinaire Bohuslav Raýman, leur nombre augmenta de 5 à 54.

L'université tchèque et allemande, de même que l'école polytechnique tchèque et allemande de Prague formaient, à quelques exceptions près, des communautés scientifiques nationales renfermées et isolées[29] ou « des ensembles mutuellement isolés »[30]. Cette limite était dépassée au niveau individuel[31] quant aux expériences ou aux activités propres de recherche, de même que les études et la pratique dans d'autres universités autrichiennes ou à l'étranger ou « au bénéfice de la solution des problèmes actuels »[32]. En revanche, la coopération entre les radiologues est un rare exemple de dialogue entre savants tchèques et allemands organisé, continu et fécond. Cet isolement fut maintenu en grande partie après 1918[33].

Conclusion

Bien que toutes les matières à l'université tchèque et à l'école polytechnique tchèque de Prague n'aient pas représenté le sommet de la science européenne, l'université et l'école polytechnique se complétaient dans certains cas au niveau des objectifs, des appareils et des professions. L'existence de l'université et de l'école polytechnique et, après la division de l'université tchèque et de l'école polytechnique tchèque, de même

---

[29] « Les contacts officiels et la coopération entre les communautés scientifiques tchèque et allemande dans les pays tchèques jusqu'en 1945 étaient généralement très limités ». Voir Těšínská, E., « Kontakty českých a německých rentgenologů a radiologů v českých zemích do r. 1945 », in *Dějiny věd a techniky*, Praha, 1997, vol. 30, n° 2, p. 88.

[30] Podaný, V., « K problematice německé vědecké komunity v Československu v letech 1918-1938 », in *Dějiny věd a techniky*, Praha, 1996, vol. 29, n° 4, p. 226.

[31] Comparer les fonds personnels des *Archives du Musée technique national de Prague*. Merci au PhDr. Jan Hozák pour ses informations.

[32] Těšínská, E., « Kontakty českých a německých rentgenologů a radiologů v českých zemích do r. 1945 », in *Dějiny věd a techniky*, Praha, 1997, vol. 30, n° 2, p. 88.

[33] « L'union des deux universités de Prague était nulle de ce point de vue, elles demeuraient fermées et le passage d'une université à l'autre n'existait pas, probablement aussi pour de simples raisons linguistiques. » Podaný, V., « K problematice německé vědecké komunity v Československu v letech 1918-1938 », in *Dějiny věd a techniky*, Praha, 1996, vol. 29, n° 4, p. 220. Cette problématique attend d'être traitée selon des sources d'archives.

que l'université allemande et l'école polytechnique allemande, portait ses fruits. Il était possible de représenter mutuellement le corps professoral entre l'université tchèque et l'école technique tchèque de Prague. À Brünne, la seconde école technique tchèque (fondée en 1899), on recherchait une mise en valeur indépendante. Pour différentes raisons, les enseignants retournaient à Prague. À l'école technique, notons l'excellence des mathématiques et de l'astronomie et, à l'université, celles de l'optique et de la biologie. L'influence mutuelle pouvait s'étendre à l'école polytechnique de Brünne. Nous obtenons ainsi le triangle Prague (université tchèque et école technique tchèque) et l'école polytechnique tchèque de Brünne. Sur cet axe se déroulaient des déplacements intenses d'enseignants et de chercheurs ou leur migration. Cette migration est décrite dans le schéma suivant. Il est certain que les voies mentionnées n'avaient pas la même importance. Les liens les plus importants concernaient l'université tchèque et l'école technique tchèque et les tendances de Prague en direction de Brünne.

À la fin du XIXe siècle, les contacts de ces établissements qui, dans certains cas, avaient atteint un niveau européen, s'intensifièrent avec les universités et les écoles supérieures autrichiennes et européennes. Généralement, leurs représentants étaient des scientifiques et des pédagogues qui disposaient de contacts étroits à l'étranger ou qui travaillaient, obtenaient leur habilitation ou le titre de professeur à l'étranger ou dans une autre université autrichienne.

Toute une série de futurs techniciens et professeurs étudièrent à la Faculté des Lettres divisée ou non-divisée (le physicien J. Sumec, le technicien N. Tesla), de même que certains membres du corps professoral de la faculté travaillèrent à l'école polytechnique tchèque de Prague ou de Brünne (le physicien B. Novák). Parfois, un membre du corps professoral de l'école polytechnique tchèque passait à la faculté (par exemple le mathématicien analytique W. Matzka, le mathématicien H. Durége, le mathématicien F. J. Studnička, le physicien F. Koláček, le chimiste B. Raýman). D'importants physiciens (E. Mach) travaillèrent à la faculté (divisée ou non-divisée) ou y obtinrent leur habilitation (K. Domalíp, F. Záviška)[34].

Pour finir, consultons les mémoires publiées du professeur Vladimír List, éminent électrotechnicien tchèque et tchécoslovaque de la première moitié du XXe siècle (1877-1971). Après avoir étudié au lycée académique

---

[34] Cette contribution fait partie de la conception de l'intention de recherche du Ministère d'éducation n° 0021620827, « Les pays tchèques au centre de l'Europe dans le passé et de nos jours », dont le représentant est la Faculté des Lettres de l'Université Charles de Prague.

de Prague, V. List hésitait entre l'accès à l'université ou à l'école polytechnique. Dans ses mémoires, List parle de son dilemme, il pèse les avantages des études dans une de ces écoles supérieures : « Début septembre [1894], je suis revenu à Prague pour arriver rapidement au Karolinum et acheter la liste des conférences en droit. J'y suis entré avec enthousiasme et la tête pleine de grandes idées mais lorsque j'ai dû grimper les escaliers de chêne en colimaçon, traverser un couloir sale et arriver vers un fonctionnaire grognant pour obtenir enfin la liste désirée, j'ai été très déçu par les cours de la première année – que du latin, aucune conférence en sociologie. Je ressentis une forte déception. […] Je me suis alors décidé pour l'école technique. Mes parents furent surpris par cette décision et n'ouvrirent pas la bouche pendant quelques jours, car ils savaient que juste avant l'inscription, je devais passer un examen en géométrie descriptive. »[35]

En fait, les cours à l'école technique ne correspondaient pas aux impressions de List : « Je suis entré à l'école technique avec les meilleures intentions et un grand enthousiasme mais cela fut accablant. Comme lycéen, j'avais de la peine à le suivre et dessiner ce que le professeur dessinait sur le tableau, mais ça allait. C'était encore pire en mathématiques avec le cours du professeur Lerch (alors suppléant) qui marchait avec des béquilles. Les étudiants du fond faisaient du bruit, Matyáš Lerch était fâché et hargneux et chaque cours était un combat entre Lerch près du tableau et les étudiants des bancs du fond. C'était gênant et dégoûtant. »[36]

La physique enseignée à l'école polytechnique ne satisfaisait pas List non plus : « J'ai connu la troisième déception en physique, enseignée par le professeur Zenger. J'avais fait beaucoup de progrès en physique et ce que Zenger disait ne représentait rien de nouveau, les expériences ne valaient rien et elles ne pouvaient être comparées aux expériences du professeur Strouhal à l'université, que je commençai à fréquenter sans inscription. Le pire de la physique de Zenger était qu'il ne calculait rien et qu'il racontait des anecdotes banales. L'unique oasis était les conférences facultatives du professeur Eduard Weyr sur la géométrie positionnelle. Une poignée d'étudiants y participait et les conférences étaient l'apothéose de l'élégance, de l'ingéniosité et d'excellentes conclusions. […] Je ne m'occupais pas de la physique mais je fréquentais, la première année, les conférences de Domalíp sur l'électrotechnique, suivies par quelques étudiants […]. Durant la première année, j'ai suivi chez le professeur Domalíp la seconde physique, une introduction à ses principales conférences sur l'électronique. C'était bien chez Domalíp car il s'agissait d'une matière de la seconde année, avec peu d'auditeurs. Domalíp parlait avec ordre,

---

[35] List, V., *Paměti*, Ostrava, 1992, p. 33-34.
[36] *Ibid.*, p. 34.

concrètement et précisément[37]. [...] L'État autrichien ne savait que faire de la physique. La faculté des lettres formait seulement des professeurs du secondaire et la physique, selon le modèle allemand, était divisée en physique expérimentale et théorique et le théoricien ne pouvait réaliser des expériences. À l'école polytechnique, Domalíp avait l'électricité et le magnétisme et Zenger s'occupait du reste. Les conférences de Domalíp concernaient à juste titre l'électrotechnique, c'est-à-dire la pratique. La physique de Zenger était une histoire irresponsable sur la théorie enfantine électromagnétique et elle n'apportait rien à la technique. [...] Aujourd'hui, je regrette de ne pas avoir profité de l'occasion pour fréquenter plusieurs conférences de physique à l'université allemande de Prague où le professeur était l'excellent physicien Mach, un des créateurs de la noétique moderne. »[38]

---

[37] *Ibid.*, p. 34-35.
[38] *Ibid.*, p. 39-40.

L'évolution de la formation et la montée en puissance des électrotechniciens tchèques de 1884 à 1950

Marcela EFMERTOVÁ

*Professeur d'histoire des techniques, Faculté d'électricité,
Laboratoire d'histoire de l'électricité
Université polytechnique de Prague
efmertov@fel.cvut.cz*

Résumé

La Faculté d'électricité de l'Université polytechnique tchèque de Prague (U.P.T.P.) fête ses soixante ans. C'est une courte durée par rapport à l'histoire des écoles supérieures en Bohême et en Moravie. Pour l'homme, il s'agit d'une vie humaine relativement brève. Quelle est l'ancienneté des études supérieures d'électrotechnique ? Du point de vue des disciplines universitaires traditionnelles, ce secteur est incroyablement jeune. Par contre, pour les étudiants actuels des matières techniques, ces débuts datent d'un passé ancien. Comment apprécier ce temps ? Nous verrons rapidement l'évolution de l'électrotechnique dans les pays tchèques, en tant que matière dans les études supérieures, ainsi que son contexte historique.

Mots clés

Pays tchèques, Tchécoslovaquie, formation des (électro)techniciens, valeur des diplômés des secteurs électrotechniques, institutionnalisation de la formation électrotechnique, 1884-1950

La Faculté d'électricité de l'Université polytechnique tchèque de Prague fête ses soixante ans. Pour un homme, il s'agit d'une vie humaine relativement courte. Et c'est un jeune âge au regard de l'histoire des écoles supérieures en Bohême et en Moravie Du point de vue des disciplines universitaires traditionnelles, ce secteur est neuf. Par contre, pour les étudiants actuels des matières techniques, ces débuts relèvent d'un passé ancien. Comment apprécier ce temps ? Quelle est l'ancienneté des études supérieures d'électrotechnique ? Voyons donc rapidement l'évolution de l'électrotechnique dans les pays tchèques au niveau de l'enseignement supérieur et son contexte historique.

Vers 1850, l'idée d'une préparation professionnelle des électrotechniciens dans le cadre d'une discipline universitaire spécialisée aurait été absurde. Les équipements électriques utilisables n'existaient pratiquement pas et personne ne pouvait prévoir le futur rôle du courant électrique dans l'évolution de la civilisation technique. Dans les années 1882-1902, les premières notions juridiques concernant la production et la distribution de l'énergie électrique sont apparues dans la législation des pays européens : au Royaume-Uni, en Italie, en France et en Suisse, mais cela ne concernait pas les pays tchèques. En 1908, le gouvernement de l'Empire austro-hongrois a présenté son premier projet de loi sur la mise en place des lignes télégraphiques et téléphoniques et des lignes électriques pour l'éclairage et la traction. Cependant, jusqu'à la disparition de la dynastie des Habsbourg, cette norme juridique n'a pu être adoptée. Le courant électrique gagnait en importance dans l'industrie, les transports et l'éclairage public, mais seuls les habitants des grandes villes jouissaient de ces avantages pour leur consommation personnelle.

La grande majorité des habitants de Bohême, de Moravie et de Silésie ne devint consommatrice du courant électrique provenant de réseaux de distribution publics que dans la période 1919-1939, à la suite de la Loi sur 'électricité, adoptée le 22 juillet 1919 par l'assemblée nationale de la République tchécoslovaque et entrée en vigueur le 1er septembre 1919. Le développement dynamique de l'infrastructure de l'État industriel moderne exigeait cependant une électrification rapide et efficace de la grande majorité du territoire de l'actuelle République tchèque. Des années 1920 à 1935, la Tchécoslovaquie a investi dans l'électrification environ un demi-milliard de couronnes, somme astronomique à l'époque. En 1938, autour de 80 % des communes des pays tchèques disposaient de l'électricité, soit environ 90 % de la population du pays. Le développement massif de la production et de l'exploitation de l'énergie électrique en Tchécoslovaquie allait de pair avec le développement de l'État moderne.

Étant donné l'importance croissante du courant électrique dans les pays européens, les électrotechniciens – une des professions clés dans le processus d'industrialisation – devinrent progressivement membres des élites fonctionnelles de la société industrielle moderne. Cela correspondait à l'institutionnalisation progressive de leur formation professionnelle. Vers

L'évolution de la formation et la montée en puissance des électrotechniciens

1900, alors que des départements spécialisés et des instituts universitaires d'électrotechnique existaient déjà dans toute une série de pays européens, le secteur se développa dans les pays tchèques. L'enseignement universitaire de l'électrotechnique à Prague avait connu des débuts modestes durant l'année scolaire 1884-1885, grâce à une conférence facultative à raison de trois heures par semaine et d'une heure de travaux pratiques. Pendant l'année scolaire 1891-1892, le département d'électrotechnique fut créé à l'École polytechnique tchèque de Prague. En septembre 1906, l'Institut d'électrotechnique théorique et expérimentale, bien équipé, commença ses activités au sein de cette école. Durant l'année scolaire 1910-1911, la section d'électrotechnique, matière d'étude indépendante du génie mécanique, apparut d'une importance essentielle pour le développement ultérieur du secteur. En 1911, le génie électrotechnique devint une filière d'études universitaires autonome dans les pays tchèques.

Une nouvelle mesure d'émancipation importante en matière de formation universitaire des électrotechniciens est liée à la nouvelle législation, après 1918. Ladite Petite loi scolaire de 1920 a donné naissance à l'Université polytechnique tchèque de Prague avec six écoles supérieures indépendantes. L'une d'entre elles était l'École supérieure d'ingénieurs de génie mécanique et électrotechnique, divisée en deux sections – mécanique et électrotechnique. À compter de 1919, les femmes ont pu également suivre des cours d'électrotechnique. Dans les années 1919-1938, quelque mille étudiants s'inscrivaient tous les ans en génie électrotechnique. Entre les deux guerres, l'enseignement de l'électrotechnique à l'U.P.T.P. a conservé un haut standard européen, soutenu par sa participation à une vaste coopération internationale.

La restauration d'après-guerre des écoles supérieures tchèques en 1945 se déroula dans de nouvelles conditions qualitatives. Dans les années 1939-1945, la majorité des disciplines techniques connut un développement important et les besoins en spécialistes techniques augmentèrent. L'électrotechnique était une discipline technique qui se développait rapidement. L'importance de ses applications pendant la Seconde Guerre mondiale dépassa les attentes des experts. À la charnière des années 1940 et 1950, l'émancipation de l'électrotechnique en Tchécoslovaquie, à titre de matière d'études universitaires, culmina avec une vague de création de facultés d'électrotechnique indépendantes, liée également à l'arrivée d'une nouvelle génération d'enseignants universitaires qui posèrent les bases de l'actuel système de formation en génie électrotechnique.

En réalité, nous ne célébrons pas seulement les soixante ans de l'existence autonome de la Faculté d'électricité de l'U.P.T.P., mais, indépendamment de ses différentes désignations, plus de 100 ans d'enseignement institutionnalisé de l'électrotechnique dans le cadre de cette école supérieure.

La Faculté d'électricité de l'U.P.T.P. est aujourd'hui un centre universitaire tchèque prestigieux. Ses diplômés mettent en valeur leurs connaissances non seulement en République tchèque, mais également à l'étranger. Dynamique sexagénaire, elle propose un enseignement d'un haut niveau technique dans un secteur qui se développe rapidement. Les expériences montrent le rôle important des postes de travail traditionnels renommés dans l'évolution de la science et de la technique. S'appuyant sur un passé célèbre et un enseignement au niveau des exigences actuelles, la Faculté d'électrotechnique de l'U.P.T.P. peut envisager son avenir avec confiance.

La voie vers un enseignement indépendant de l'électrotechnique à Prague et à Brünne

Depuis ses débuts au milieu des années 1880, l'enseignement électrotechnique faisait partie de la formation à la Haute école technique tchèque et allemande de Prague, aujourd'hui l'Université polytechnique tchèque de Prague (U.P.T.P.), une des plus anciennes en Europe[1]. L'électrotechnique n'était pas enseignée seulement dans cet établissement. Dans les pays tchèques, on pouvait l'étudier dans six écoles supérieures : à l'Université tchèque de Prague (F. A. Petřina) ou allemande (E. Mach), dans le cadre des études de physique ou dans les nouveaux départements électrotechniques à la Haute école technique tchèque pragoise (K. V. Zenger, K. Domalíp) ou allemande (A. Waltenhofen, F. Niethammer, I. Puluj) et à la Haute école technique tchèque de Brünne (J. Sumec, V. List) ou allemande (K. Zickler, O. Srnka). Ce système d'études parallèles dans les écoles supérieures techniques tchèques et allemandes a été ensuite repris par la Tchécoslovaquie, en raison d'une importante minorité allemande.

À la Haute école technique tchèque de Prague, Karel Václav Emanuel Zenger (1830-1908)[2] fut le premier parmi ceux qui, selon la publication de Štěpán Doubrava *Nauka o elektřině* (La Science de l'électricité), commencèrent à donner des cours sur l'électricité dans le cadre de la physique pour le secteur de la mécanique. À partir de l'année scolaire 1884-1885, la Haute école technique tchèque de Prague offrit une conférence facultative

---

[1] Voir Efmertová, M., *Elektrotechnika v českých zemích a v Československu do poloviny 20. století. Studie k vývoji elektrotechnických oborů*, Praha, LIBRI, 1999, surtout p. 101-103 ; p. 117-138.

[2] Levora, J., Šlechtová, A., *Členové České akademie věd a umění 1890-1952*, Praha, 1989, p. 468 ; Lomič, V., Lomičová-Jirásková, M., *Vznik, vývoj a současnost Českého vysokého učení technického v Praze : Publikace k 275. výročí školy*, Praha, 1982, p. 32-33.

de trois heures intitulée l'Électrotechnique[3] avec des exercices d'une heure. La conférence parlait notamment des phénomènes électriques et magnétiques. Elle était donnée par le professeur Karel Domalíp (1846-1909)[4], enseignant du second degré et maître de conférences universitaire, diplômé de mathématiques et de physique de l'Université de Prague et ancien assistant d'Adalbert Waltenfofen (1828-1914) à la Haute école technique allemande de Prague. En 1874, K. Domalíp obtint son habilitation en physique théorique à la Haute école technique allemande de Prague dans cet établissement et, en 1877, pour l'électrotechnique à la Haute école technique tchèque de Prague. Dans ses cours, Domalíp reprenait les travaux sur l'électricité du professeur de physique František Adam Petřina (1799-1855) de l'Université de Prague. Au bout de sept ans de conférences facultatives, l'année scolaire 1891-1892 fut marquée par la création, à la Haute école technique tchèque de Prague, du département d'électrotechnique[5]. Le département était composé du professeur K. Domalíp, de son assistant Karel Novák (1867-1941) et d'un aide technique.

L'extension de l'enseignement électrotechnique permit la création du département de construction mécanique, en relation avec l'électrotechnique[6] dans l'année scolaire 1898-1899. Ainsi apparut le département de construction électrotechnique. Il était dirigé par Karel Novák[7], ex-assistant de Domalíp puis ingénieur en chef de l'Entreprise électrique de la ville de Prague et, depuis 1907, professeur de construction électrotechnique à la Haute école technique tchèque.

Du point de vue organisationnel, l'enseignement de l'électrotechnique faisait partie du génie mécanique[8] et ce même lorsqu'il y avait deux départements indépendants. K. Domalíp donnait une conférence obligatoire de trois heures pour la deuxième année, intitulée Électrotechnique I, qui comprenait la théorie des machines électriques et des réseaux électriques et les mesures électriques. La troisième année comprenait une conférence facultative de deux heures, Électrotechnique II, consacrée aux projets des machines électriques rotatives et des transformateurs. K. Novák donnait

---

[3] Mansfeld, B. et al., Průvodce světem techniky, Praha, Prometheus, 1937, p. 227.
[4] Kučera, B., « Karel Domalíp », in Almanach české akademie věd a umění, 1909, vol. 19-20, p. 171-177.
[5] Lomič, V., « K rozdělení pražské polytechniky », in Acta polytechnica, 1969, vol. VI, n° I, p. 15-52.
[6] Ibid.
[7] Archives de l'Université polytechnique tchèque à Prague (A.U.P.T.P.), Fonds des dossiers personnels des professeurs et maîtres de conférences de l'U.P.T.P. de Prague (L. Novák) ; « Prof. Dr.h.c Ing. K. Novák sedmdesátníkem », in Národní listy (Feuilles nationales) 31.8.1937 et Národní politika (Politique nationale) 29.8.1937.
[8] A.U.P.T.P. à Prague, Fonds de l'Institut polytechnique – enseignement.

un cours de construction électrotechnique en quatrième année. Plus tard, ce cours fut remplacé par des matières indépendantes : Construction des machines électriques, Réseaux électriques et installation, Industrie électrique et équipements électriques. L'année scolaire 1909-1910, on introduisit un nouveau cours de deux heures consacré aux Voies électrifiées. Ludvík Šimek (1875-1945) obtint son habilitation dans ce domaine. L'année scolaire 1910-1911 vit l'extension de l'enseignement électrotechnique avec de nouvelles matières : Moteurs commutatifs et convertisseurs rotatifs, enseignés par Václav Pošík (1874-1952), et Traction ferroviaire, et télégraphie et téléphonie, présentés par Jaroslav Klika (1874-1953). En 1910/1911, à partir d'une formation commune les deux premières années, le génie mécanique fut divisé en deux branches, mécanique et électrotechnique, pour les années ultérieures.

En relation avec l'extension des matières à enseigner, Karel Václav Emanuel Zenger et Karel Domalíp réussirent à créer un institut de physique et d'électrotechnique indépendant (Institut d'électrotechnique théorique et expérimentale)[9] dans la cour du nouveau bâtiment de la Haute école technique tchèque de Prague, construit dans les années 1870-1874 par l'architecte Ignác Ullmann (1822-1897) sur la Place Charles de Prague. Avant la construction du nouvel institut, les laboratoires pour la physique et l'électrotechnique se trouvaient dans l'aile Na Zderaze. L'institut commença ses activités en septembre 1906. La conception de l'institut s'appuyait sur les connaissances de Ludvík Šimek, assistant de Domalíp, acquises lors de ses voyages à l'étranger dans des instituts similaires des écoles supérieures de Berlin, Zurich, Karlsruhe et Darmstadt.

Dans les étages du bâtiment se trouvaient les laboratoires pour la mesure des grandeurs fondamentales, des résistances des inductions, des mesures de compensation du fer et, pour la pratique des premières études électrotechniques, le laboratoire pour la haute tension, le laboratoire pour les mesures spéciales, le laboratoire de photométrie, le centre d'étalonnage, l'atelier de mécanique, la chambre chimique et photographique, la salle des machines, quatre cabinets et une grande salle de conférence (dite Zenger) commune aux cours de physique et d'électrotechnique. Au soussol se trouvaient les salles pour les essais des câbles, la salle des accumulateurs et la salle des transformateurs. Selon les recommandations de Šimek et de List, on devait créer une salle d'essais, mais les moyens financiers manquèrent. L'institut était branché sur le réseau électrique municipal. La tâche principale de l'institut était l'enseignement et les travaux de laboratoire avec les étudiants et leur apprentissage des phénomènes théoriques

---

[9] A.U.P.T.P. à Prague, Fonds des dossiers personnels des professeurs et maîtres de conférences de l'U.P.T.P. de Prague 1933-1946 (L. Šimek).

fondamentaux de l'électrotechnique, et des essais des machines et des appareils utilisés dans l'électrotechnique. Les enseignants réalisaient également des travaux scientifiques et pratiques dans le secteur électrotechnique, sur demande de sociétés et de fabricants.

Ludvík Šimek, assistant de Domalíp, lui succéda fin 1909. Šimek réussit à élargir l'enseignement de l'électrotechnique dans son cours Électrotechnique théorique et expérimentale. Il approfondit les parties consacrées aux courants alternatifs, il introduisit une conférence sur la théorie des systèmes à plusieurs phases et le moteur asynchrone et il recommanda le nouveau cours Bases de la technique de haute fréquence et de télégraphie sans fil, introduit à partie de l'année scolaire 1914-1915. En outre, L. Šimek enseignait les Voies électrifiées et la Science de la mesure électrique[8] avec des exerces de laboratoire. À partir de l'année scolaire 1914-1915 fut fondée la conférence recommandée de trois heures Technologies électriques, sous la direction de Zdeněk Vejdělek (1882-1931).

L'Université polytechnique tchèque de Prague, l'Université polytechnique de Brünne, les universités tchèques et allemandes et leurs instituts et facultés électrotechniques durant la Première République tchécoslovaque

Après la création de la République tchécoslovaque, l'enseignement dans les écoles supérieures était régi par ladite Petite loi de l'enseignement scolaire[10]. Cette loi a permis la fondation de l'Université polytechnique tchèque de Prague avec six écoles supérieures indépendantes[11]. L'une d'entre elles était l'École supérieure d'ingénieurs du génie mécanique et électrotechnique qui comprenait deux départements : génie mécanique et génie électrotechnique. À partir de 1919, les diplômés des écoles industrielles et les femmes furent admis dans les secteurs de la mécanique et de l'électrotechnique. Les cours avaient lieu du lundi au vendredi, avec de 34 à 43 cours et travaux pratiques obligatoires. Le samedi était consacré à des excursions facultatives.

---

[10] Loi 135/1920 et ordonnance de la République tchécoslovaque (R.Č.S.).

[11] Lomič, V., *Vznik, vývoj a současnost Českého vysokého učení technického v Praze*, Praha, České vysoké učení technické.1982, p. 78 ; p. 86-87 ; Beneš, A., Stránský, J., « Vývoj studia elektrotechniky na Českém vysokém učení technickém v Praze », in *Elektrotechnický obzor*, 1937, n° 46, p. 173-179 ; Novák, K., « Rozvoj elektrotechniky », in *Sedmdesát let technické práce*, Praha, Spolek inženýrů a architektů (S.I.A.), 1935, p. 128-131.

À partir de l'année scolaire 1921-1922, plusieurs instituts électrotechniques[12] fonctionnèrent au sein du département électrotechnique :
Institut des machines électriques (Karel Novák)
Institut d'électrotechnique théorique et expérimentale (Ludvík Šimek[13] qui participa également à la création de la salle d'essais des machines électriques)
Institut des réseaux électriques et des centrales électriques (Emil Navrátil)
Institut des tractions et voies électriques (Zdeněk Vejdělek, 1882-1931)[14].

Les instituts assuraient les cours dans leur spécialité électrotechnique et donnaient des conférences obligatoires, recommandées et des cours pratiques. Outre ces cours, il était possible de fréquenter d'autres cours, par exemple Technologies électriques et technologies mécaniques de Jaromír Jirák (1888-1955)[15] à partir de l'année scolaire 1924-1925, ou Construction des machines pour les électrotechniciens à partir de 1927, avec la participation d'enseignants de deux nouveaux instituts : Václav Krouza (1880-1956)[16] de l'Institut des machines pour le département d'électrotechnique et Leopold Šrámek (1882-1943)[17] de l'Institut d'électrotechnique générale.

Parmi les autres cours et séminaires facultatifs des années 1920 et 1930, mentionnons les cours de Šimek sur l'électrotechnique haute fréquence, avec l'Introduction à la pratique haute fréquence et les Articles choisis de la théorie des courants alternatifs. Le cours Articles choisis du secteur des machines électriques était dirigé par Bohuslav Závada (1883-1927)[18] et

---

[12] A.U.P.T.P. de Prague, Catalogues de l'École supérieure de génie mécanique et électrotechnique à l'U.P.T.P. de Prague (période 1920/1921-1939).

[13] A.U.P.T.P. de Prague, Fonds des dossiers personnels des professeurs et maîtres de conférences de l'U.P.T.P. de Prague 1933-1946 (L. Šimek). Programmes d'étude 1926/1927, p. 99.

[14] A.U.P.T.P. de Prague, Fonds des dossiers personnels des professeurs et maîtres de conférences de l'U.P.T.P. de Prague 1931 (Z. Vejdělek). Liste des personnes à l'U.P.T.P. 1933, p. 12.

[15] A.U.P.T.P. de Prague, Fonds des dossiers personnels des professeurs et maîtres de conférences de l'U.P.T.P. de Prague 1929-1953 (J. Jirák). Liste des personnes à l'U.P.T.P. 1933, p. 27.

[16] *Album des représentants de tous les secteurs de la vie publique en République tchécoslovaque.* Prague 1927 (V. Krouza).

[17] A.U.P.T.P. de Prague, Fonds des dossiers personnels des professeurs et maîtres de conférences de l'U.P.T.P. de Prague 1945 (L. Šrámek). Liste des personnes de l'U.P.T.P. 1933, p. 25.

[18] A.U.P.T.P. de Prague, Studijní programy Českého vysokého učení technického v Praze 1926/1927, p. 113 (B. Závada).

Jaroslav Kučera (1892-1971)[19]. Au début des années 1930 apparut l'Institut de production et de distribution de l'énergie électrique avec Josef Řezníček (1893-1953)[20] et le nouvel Institut d'électrotechnique haute fréquence avec Josef Stránský (1900-1983)[21]. Le département de mathématiques, physique et mécanique technique joua un rôle important dans le domaine électrotechnique. Il était dirigé par Karel Brunhofer (1879-1981), à l'origine constructeur de pompes de la société Breitfeld et Daněk (dont les machines furent utilisées par exemple pour l'aqueduc de Káraný et le Service des eaux de Prague-Podolí), plus tard professeur de l'U.P.T.P. dans le domaine de l'ajustage, de la mécanique technique, du dessin mécanique et des machines. Le département d'analyse physique des matériaux (mesures de la souplesse et de la rigidité) où travaillèrent Karel Spála (1875-1953) et Robert Nejepsa (1906-1985), était très important pour les étudiants en électrotechnique.

À compter de l'année scolaire 1923-1924, les études dans les deux départements furent conçues pour neuf semestres[22]. Elles étaient divisées en études fondamentales, jusqu'au premier examen d'État, et études spécialisées, du septième au neuvième semestre. Au début, le contenu des plans d'étude des deux départements ne différait pas beaucoup. De plus, dans la troisième et la quatrième année, les cours de mécanique dominaient dans le génie électrotechnique. Les ingénieurs électrotechniciens étaient formés plutôt comme constructeurs d'équipements à courant fort, ce qui correspondait à l'orientation de l'époque de l'industrie électrotechnique et de l'électrification de la Tchécoslovaque.

Dans la seconde moitié des années 1920 fut introduit en troisième et quatrième année le cours Électrotechnique des courants faibles par Adolf Šubrt (1882-1951)[23] à l'Institut d'électrotechnique des courants faibles. À partir de l'année scolaire 1937-1938, il était possible de choisir un cours de troisième cycle d'un semestre pour les techniciens radio[24] et dans les

---

[19] A.U.P.T.P. de Prague, Studijní programy Českého vysokého učení technického v Praze 1947/1948, p. 88 (J. Kučera). *Elektrotechnický obzor*, 1972, n° 61, p. 57-59.

[20] Malý, K., « Akademik profesor Dr. Josef Řezníček », in *Acta polytechnica*, 1969, vol. VI, n° I, p. 203-218.

[21] A.U.P.T.P. de Prague, Fonds du rectorat, cartes personnelles (J. Stránský). Programmes d'étude F3 1969/1970, p. 30 ; Efmertová. M., *Osobnosti české elektrotechniky*, České vysoké učení technické v Praze, Praha, 1998, p. 93-98.

[22] A.U.P.T.P. de Prague, Studijní programy Českého vysokého učení technického v Praze 1923/1924, introduction.

[23] A.U.P.T.P. de Prague, Fonds des dossiers personnels des professeurs et maîtres de conférences de l'U.P.T.P. de Prague 1919-1951 (A. Šubrt).

[24] A.U.P.T.P. de Prague, Studijní programy Českého vysokého učení technického v Praze 1937/1938.

études spécialisées, choisir entre les courants forts et les courants faibles. Dans l'année scolaire 1948-1949, l'U.P.T.P. de Prague divisa les études d'électrotechnique, à partir de la troisième année, en courant fort et courant faible[25] chose que le réformateur des études d'électrotechnique, Vladimír List, avait instituée à la Haute école technique tchèque de Brünne dès le milieu des années 1920.

Dans l'année scolaire 1932-1933, une nouvelle conception des plans d'étude[26] vit le jour à l'U.P.T.P. de Prague. Selon ces plans, le nouveau génie électrotechnique de huit semestres était séparé, à partir de la première année d'étude, du génie mécanique et toutes les matières électrotechniques enseignées jusqu'alors connurent une extension et de nouveaux cours vinrent s'y ajouter. Les étudiants passaient le premier et le second examen d'État et plus de quarante examens[27]. Ils devaient fréquenter 320 heures de cours et de cours pratiques, soit une moyenne de 40 heures par semaine sur huit semestres[28]. Bien que les études aient été difficiles sur le plan physique et psychologique, environ mille étudiants par an se présentèrent dans les années 1919-1938. Le grade de doctorat, décerné depuis 1901, ne fut accordé qu'à moins de 1 % des diplômés du secteur[29].

La science de l'électricité commença à être enseignée dans l'année scolaire 1901-1902 à la Haute école technique tchèque František Josef Ier de Brünne, et ce dans des cours de quatre heures par semaine de physique théorique du professeur universitaire František Koláček (1881-1942)[30] dont l'assistant était František Záviška (1879-1945). Plus tard, ils partirent pour l'Université de Prague et l'enseignement qu'ils fondèrent, Physique générale et technique, fut repris par Vladimír Novák (1869-1944), avec l'assistance de Bedřich Macků (1879-1929). En 1902, le professeur Josef Sumec (1867-1934)[31] créa le département d'électrotechnique générale et spéciale. Fin 1908 arriva à Brünne Vladimír List (1877-1971)[32],

---

[25] A.U.P.T.P. de Prague, Studijní programy Českého vysokého učení technického v Praze 1948/1949.

[26] A.U.P.T.P. de Prague, Catalogues de l'École supérieure de génie mécanique et électrotechnique de l'U.P.T.P. de Prague 1932/1933.

[27] *Ibid.*

[28] *Ibid.*

[29] *Ibid.*

[30] *Památník C. k. české vysoké školy technické Františka Josefa 1. v Brně*, Brünne, 1911, p. 90-100.

[31] Musée technique de Brünne, Fonds d'héritage (J. Sumec). Bárta, V., « Profesor J. Sumec, český elektrotechnický badatel », in *Elektrotechnický obzor*, 1957, n° 46, p. 442-445.

[32] List, V., *Paměti*, Ostrava, 1992, p. 104-117. Voir aussi Héritage de V. List dans les Archives du Musée technique national de Prague, provisoirement traité par

ex-constructeur en chef des Usines pragoises Křižík, qui créa le département de construction électronique.

Le développement de la Haute école technique tchèque de Brünne fut rapide. Deux autres structures y furent instituées : l'enseignement d'électronique courant faible et l'enseignement d'électrochimie technique[33]. Après la Première Guerre mondiale, selon le statut de 1920, elle devint Université polytechnique tchèque de Brünne (U.P.T.B.)[34]. Les études d'électrotechnique faisaient partie du génie mécanique. Cependant, les cours étaient différents de ceux de l'Université polytechnique tchèque de Prague. L'accent était mis sur les travaux pratiques en laboratoire, les calculs et les projets, de même que les excursions de vacances en Tchécoslovaquie, Pologne, France, Suisse, Autriche et Grande-Bretagne. Quatre ensembles étaient consacrés à l'électrotechnique[35] :

Institut d'électrotechnique générale et spéciale (J. Sumec)

Institut d'électrotechnique constructive (V. List)

Institut d'électrotechnique faible courant (Karel Budlovský, Václav Bubeník, 1867-1939)

Institut d'électrochimie (Jan Šebor, 1875-1944).

Les différents instituts avaient leurs cours et travaux pratiques obligatoires et facultatifs[36] : Électronique générale, Mesures et oscillations électriques, Courants alternatifs et oscillations et Réseaux électriques et éclairage étaient dirigés par J. Sumec, en coopération avec Milan Krondl (1895-1966) et A. Bláha. Ladislav Cigánek enseignait la Construction des machines électriques. K. Budlovský et V. Bubeník s'occupaient de l'Électronique courant faible, l'Encyclopédie de l'électrochimie avait été confiée à J. Šebor, V. List se consacrait aux Machines et appareils électriques, aux Équipements électriques, aux Voies électrifiées et à la Gestion des entreprises d'électricité. Les secteurs électrotechniques profitaient des expériences techniques de l'éminent mathématicien Matyáš Lerch (1860-1922) qui travailla à Brünne dans les années 1906-1920 et offrit à l'U.P.T.B. les résultats de sa coopération avec le mathématicien français Charles Hermite (1822-1901) dans le domaine de l'analyse des mathématiques.

M. Efmertová en 1995, inv. n° 694, notamment cartons 1-4 ; 6-7 ; 11.

[33] *Památník C. k. české vysoké školy technické Františka Josefa 1. v Brně*, Brünne, 1911, p. 100.

[34] En vertu de la Loi 135/1920 et du décret de la République tchécoslovaque (R.Č.S.).

[35] *Památník C. k. české vysoké školy technické Františka Josefa 1. v Brně*, Brünne, 1911, p. 100.

[36] *Ibid.*, p. 100.

Sur proposition de List, l'U.P.T.B. introduisit dans l'année scolaire 1925-1926 la conception moderne de l'enseignement de l'électrotechnique[37], c'est-à-dire les matières théoriques, pratiques et auxiliaires, et après le premier examen d'État. Ceci permettait aux étudiants de choisir une autre spécialité dans trois domaines : courant fort, courant faible et exploitation ou projection-économie[38]. Outre ses autres activités en matière de construction électronique, d'électrification, de normalisation électrotechnique, de transport électrique, de division décimale des sciences et de représentation des organisations électrotechniques tchécoslovaques, Vladimír List était considéré comme un réformateur tchécoslovaque important de l'enseignement de l'électrotechnique entre les deux guerres mondiales mais aussi comme un membre éminent de l'Union électrotechnique tchécoslovaque qui était connue et reconnue dans le monde occidental (notamment aux États-Unis, en France, en Angleterre, en Allemagne, etc.)[39].

Vladimír List a consacré toute sa vie aux activités pédagogiques pour l'U.P.T.B. où il devint professeur en 1908. Il s'occupa également de l'équipement de l'Institut d'électrotechnique constructive[40] qu'il dirigea, se concentrant sur la construction des machines électriques, des appareils, des voies électrifiées et des équipements électriques. Pour les auditeurs de ses conférences, il écrivit et traduisit les manuels de base suivants : Machines continues, Alternateurs, Transformateurs, Moteurs asynchrones, Régulateurs, Équipements électriques et Tableaux des voies électrifiées. Il complétait les conférences par des excursions dans les environs de Brünne et il prépara des guides techniques.

Bien qu'un nouveau bâtiment ait été construit pour l'U.P.T.B., List n'était pas satisfait de la répartition et de la quantité de salles obtenues pour son institut. Il disposait de deux cabinets pour lui et pour les assistants, d'une salle de dessin graphique et de deux laboratoires de 300 m². Il fit transformer les laboratoires pour ses besoins. Dans une salle de 200 m²,

---

[37] List, V., *Paměti*, Ostrava, 1992, p. 68-72 ; List, V., « Úvod do studia elektrotechniky », in *Elektrotechnický obzor*, 1931, n° 20, p. 680-684.

[38] Héritage de V. List dans les Archives du Musée technique national de Prague, provisoirement traité par M. Efmertová en 1995, inv. n° 694, notamment cartons 1, 2, 3, 4, 6, 7, 11.

[39] *Ibid.* et l'étude d'Efmertová, M., « Vladimír List et l'enseignement électrotechnique supérieur tchèque », in Badel, L. (dir.), *La naissance de l'ingénieur-électricien : Origines et développement des formations nationales électrotechniques : Actes du 3e colloque international d'histoire de l'électricité*, Paris, Association pour l'histoire de l'électricité en France (A.H.E.F.), Presses Universitaires de France, 1997, p. 403-418.

[40] A.M.T.N. de Prague, héritage de V. List, inv. n° 6940, provisoirement carton 6 – équipement de l'Institut d'électrotechnique constructive de Brünne.

il créa dix box pour les machines et appareils destinés à des tâches électrotechniques. Dans les box, des petits groupes d'étudiants pouvaient travailler indépendamment de 6 heures à 18 heures. Pour les tâches pratiques (par exemple définir et connecter l'impédance de protection sur une ligne, réunir parallèlement des générateurs à trois phases et charger un moteur à trois phases, étudier le démarrage, le parcours et le freinage d'un grand gyroscope, etc.)[41], il fallait trouver une solution de connexion des appareils et des machines et contrôler la solution en effectuant des mesures. Cela forçait les étudiants à envisager plusieurs variantes de solution et à appliquer des procédés systématiques. Le type d'enseignement de List, avant et après la Première Guerre mondiale, était peu traditionnel. Les étudiants suivirent d'abord les conférences de Josef Sumec sur les mesures, ils étudièrent le manuel Mesures électriques traduit du français et de l'allemand (Mesures électriques, Maschinenelemente) et les Tableaux de machines continues de List, de même que ses Règles et normes de l'électrotechnique et la Mécanique des conduites aériennes, pour ensuite accéder aux travaux pratiques.

Le système de travaux pratiques de List était avantageux non seulement pour les étudiants, mais également pour le personnel. Le personnel auxiliaire pouvait réaliser des activités autres que les contrôles dans les laboratoires. Le mécanicien ne devait pas sans cesse déplacer les machines et il pouvait apporter son aide à la construction de nouveaux appareils. Les assistants ne réalisaient pas les contrôles, ils travaillaient plutôt comme des conseillers et ils pouvaient se consacrer à leurs travaux techniques dans les laboratoires. Les étudiants travaillaient de manière indépendante dans les laboratoires, ils devenaient habiles et sûrs dans la manipulation des appareils, ils réalisaient des expériences et ils considéraient les mesures comme une préparation pratique directe. V. List propageait le travail en équipe, notion très moderne de l'enseignement qu'il avait vécu lors d'un stage en Belgique à l'Institut électrotechnique Montefiore de Liège. Outre la spécialisation, V. List insistait sur la formation générale, notamment la gestion technique, les normes électrotechniques, les brevets, la documentation, les statistiques, mais également l'histoire, la géographie économique et les langues, les questions juridiques et économiques liées à l'électrotechnique[42]. C'est la raison pour laquelle il introduisit en 1927 des conférences sur le droit de l'électricité et, en 1934, sur la gestion des entreprises électriques.

---

[41] List, V., *Paměti*, Ostrava, 1992, p. 107-110 ; p. 162-165 ; List, V., « Jak studovat na technice », in *Elektrotechnický obzor*, 1928, n° 19, supplément ; List, V., « Úvod do studia elektrotechniky », in *Elektrotechnický obzor*, 1931, n° 20, p. 680-684.

[42] List, V., *Paměti*, Ostrava, 1992, p. 115-116.

Des ingénieurs pour un monde nouveau

En relation avec le développement de l'électrotechnique pratique, V. List proposa en 1932 la construction du pavillon électrotechnique de l'U.P.T.B. qui disposerait d'une salle d'essai de haute tension pour 1 000 kV et une voie ferrée étroite pour les essais de la traction électrique. Suite à la crise économique, le pavillon ne put être réalisé. V. List resta à l'U.P.T.B. jusqu'au 1er mars 1948, date à laquelle le comité d'action du parti communiste lui interdit l'accès à l'école et, au 1er octobre 1948, il dut prendre sa retraite[43].

Par contre, V. List a reçu des honneurs pour ses travaux pédagogiques avant la Seconde Guerre mondiale. Il a été élu doyen à trois reprises (1911, 1920 et 1939)[44] et recteur (1917-1919)[45], il a reçu un doctorat *honoris causa* de l'U.P.T.B. (1947)[46] et une reconnaissance de l'État pour le rayonnement de l'électrotechnique tchèque à l'étranger. À l'occasion de ses soixante ans, sa fondation[47] a été créée à l'Union électrotechnique tchécoslovaque avec un capital social de 717 400 couronnes tchèques, qui servait aux étudiants pour obtenir des bourses pour leurs voyages d'étude à l'étranger. Il est étonnant de voir les efforts que V. List a consacrés, en dehors de ses activités pédagogiques courantes, aux questions techniques et à leur mise en pratique. Il est difficile de choisir parmi ses plus importants travaux techniques, mais on doit mentionner son projet d'électrification systématique de la Tchécoslovaquie, le projet de construction du métro de Prague présenté en 1926 et réalisé vers la fin des années 1960 et également ses efforts pour la reconnaissance internationale de l'électronique tchécoslovaque.

Grâce à ses connaissances techniques, à son esprit d'innovation, à ses capacités de diriger et de décider démocratiquement, à ses facultés d'organisation et de conception, à son excellente connaissance des langues et à sa popularité sociale, V. List était une personnalité sollicitée pour les postes de direction dans les nouvelles organisations électrotechniques internationales[48]. Il suffit de voir la chronologie d'entrée dans ces organisations qui démontre non seulement sa participation à l'évolution de l'électrotechnique mondiale, mais aussi ses efforts pour l'introduction de l'électronique tchèque dans un cadre mondial. En 1921, il fut élu

---

[43] *Ibid.*, p. 116.
[44] A.M.T.N. de Prague, héritage de V. List, inv. n° 694, carton provisoire 38, 39 – période du décanat.
[45] *Ibid.* – inauguration du recteur.
[46] *Ibid.*, carton provisoire 11 – docteur *honoris causa* en sciences techniques.
[47] *Ibid.* – Fondation de List.
[48] *Ibid.*, cartons provisoires 10, 22, 25, 26, 30, 37, 43, 48 – activité dans les organisations électrotechniques internationales, correspondances.

vice-président de la Conférence internationale des grands réseaux électriques (C.I.G.R.E.). Deux ans plus tard, sur initiative de List, l'Union électrotechnique tchécoslovaque devint membre du C.I.G.R.E. En 1925, List entrait à l'Union internationale des centrales électriques où il fut également élu vice-président. En octobre 1928, une conférence eut lieu à Prague qui fonda la Fédération internationale des sociétés nationales de normalisation (I.S.A.). En 1931, List en devint son président. Il y resta jusqu'en 1934 et il reçut en hommage la statue Le Débarder pour ses activités dans l'unification des pièces électrotechniques, sur les normes qualitatives et sur les conditions de travail. La même année, on l'invita à devenir membre de la Société Française des Électriciens (S.F.E.). Mentionnons enfin sa longue série de participations aux travaux électrotechniques internationaux, son adhésion aux académies techniques étrangères de Suède et de Belgique[49] et le nombre impressionnant de ses publications techniques (plus de 600 titres)[50].

Les écoles techniques allemandes dans l'environnement tchèque

En raison de l'importante minorité allemande dans les pays tchèques et en République tchécoslovaque, les écoles de tous types utilisaient les langues tchèque et allemande. Des enseignants et praticiens réputés enseignaient dans les écoles supérieures techniques allemandes à Prague et à Brünne.

À la Haute école technique allemande de Prague[51], le professeur A. Waltenhofen (1828-1914)[52] posa les bases de la section électrotechnique en 1881, suivi ensuite de Friedrich Niethammer (1874-45)[53], muté à Prague en provenance de Brünne sur ordre du ministère viennois de l'Enseignement en 1916, qui commença à enseigner en 1918/1919 la construction des machines, des lignes et des appareils, les équipements électriques et les voies. En 1920, d'autres professeurs furent nommés[54] : Ernst Siegel (1886-?) qui fut appelé à Prague par son assistant de longues années à

---

[49] *Ibid.*, carton provisoire 3, 10 – adhérence aux conseils scientifiques d'écoles supérieures étrangères, distinctions à l'étranger.

[50] *Ibid.*, cartons provisoires 7, 9, 18 – bibliographie.

[51] Czepek, R., « Die elektrotechnische Abteilung der Deutschen Technischen Hochschulen in Brünn », in *Slavnostní list k 20. sjezdu ESČ v Praze*, Praha, 1938, p. 94 ; Niethammer, F., « Die elektrotechnische Abteilung der Deutschen Technischen Hochschule zu Prag », in *Slavnostní list k 20. sjezdu Elektrotechnického svazu Československého v Praze*, Praha, 1938, p. 93.

[52] *Die k. k. deutsche technische Hochschule in Prag 1806-1906*, Prag, 1906, p. 363.

[53] *Ibid.*, p. 113-114.

[54] *Ibid.*, p. 113-115 ; p. 148 ; A.U.P.T.P. de Prague, Programmes d'étude Die k. k. deutsche technische Hochschule in Prag 1918/1919, p. 32 ; p. 380 ; Archives nationales (A.N.).

Brünne, F. Niethammer. Siegel enseignait les bases de l'électrotechnique, les mesures électriques, l'éclairage, le chauffage et la télégraphie. Carl Breitfeld (1868-?), après ses études à Zurich, enseignait les calculs des lignes à distance et l'introduction aux mathématiques des courants alternatifs. On peut citer également Ivan Puluj (1845-1918), Karl Leitenberger (1879-?), Heinrich Kafka (1886-?), Eric Grünwald (1903-?) et Rudolf Raab. De vastes et coûteux laboratoires furent créés dans cet établissement situé rue Husova.

Le professeur Karl Zickler enseignait l'électrotechnique à la Haute école technique allemande de Brünne depuis 1891. En 1902 y fut fondée la première section d'électrotechnique de l'Autriche-Hongrie, avec deux instituts et des laboratoires[55]. L'Institut électrotechnique I était théorique. Il était dirigé par K. Zickler. L'Institut électrotechnique II, sous la direction de F. Niethammer, était pratique (mesures électriques, éclairage, chauffage, etc.). Ces instituts avaient un décanat pour la chimie électrique, pour la construction des machines électriques, des équipements électriques, des voies et pour la téléphonie et la signalisation. En 1921 fut créé l'Institut électrotechnique III pour la technique des courants faibles, il était dirigé par Oskar Srnka. Parmi d'autres éminents enseignants, mentionnons August Jaumann et Rudolf Czepek.

Les départements indépendants d'électrotechnique ne furent pas créés aux Universités tchèque et allemande de Prague, mais la science de l'électricité avait sa place dans les cours de physique[56]. À l'université tchèque, elle était tenue notamment par František Adam Petřina[57]. F. A. Petřina avait étudié lui-même à l'Université de Prague et il y devint assistant suppléant du professeur Karel Wersin (1803-1880)[58]. Lorsque K. Wersin quitta Prague pour le Lycée de Linz. A, F. A. Petřina devint suppléant de physique à l'Université. Après un court travail à Linz, F. A. Petřina fut nommé professeur de physique en 1844. Petřina était un excellent démonstrateur, il présentait aux étudiants les appareils électriques qu'il avait fabriqués (télégraphes, téléphones, téléscripteur, appareils de mesure, etc.) au sujet desquels il écrivait dans les revues spécialisées.

Fond du ministère de la Culture et de l'enseignement, conseil, carton 246 P-R (I. Puluj).

[55] Franěk, O., *Dějiny České vysoké školy technické v Brně*, Tome 1 et 2, Brünne, Vysoké učení technické, 1969 et 1975.
[56] Horák, Z., « Počátky fyzikálních přednášek na univerzitě a na technice po vzniku samostatného státu », in *Věda v Československu 1918-1952*, Praha, 1979, p. 57-66.
[57] Gutwirth, V., « František Adam Petřina », in *Svět techniky*, 1955, vol. VI, p. 688-692.
[58] Tayerlová, M. et al., *Česká technika/Czech Technical University*, Praha, České vysoké učení technické v Praze, 2004, p. 73 et suivantes.

D'autres enseignants ont poursuivi dans la lignée de Petřina les cours de physique liés à la science de l'électricité : le mathématicien František Josef Studnička (1836-1903)[59], rédacteur de la Revue pour les mathématiques et la physique, le physicien František Koláček (1851-1913)[60] qui a élaboré la théorie électromagnétique de la dispersion de la lumière, le physicien expérimental Vincenc (Čeněk) Strouhal (1850-1922)[61], fondateur du moderne physique, le physicien Bohumil Kučera (1874-1921)[62] étudiant à l'aide d'électrodes à gouttes la tension en surface du mercure polarisé, le physicien Václav Posejpal (1874-1935)[63] qui s'occupait de la réfraction des gaz et de la fluorescence, et le physicien expérimental, co-inventeur du magnétron, August Žáček (1886-1961)[64] ainsi que de nombreux autres.

L'Université allemande de Prague permettait également à des physiciens distingués de mener des activités pédagogiques et scientifiques, parfois à court terme. Le doyen de l'enseignement de la physique était Ernst Mach (1838-1916)[65]. En 1867, E. Mach s'était inscrit au concours de la Haute école technique de Prague pour le poste de professeur de physique. Dans sa demande, il déclarait être né en Moravie, connaître la langue tchèque et que son élève était C. Bondy, membre d'une influente famille d'entrepreneurs. Mach ne fut pas reçu à l'école polytechnique. Cet échec ne le déçut pas car en avril 1867, il obtint un poste de professeur à l'Université de Prague où il enseignait en allemand, y travaillant pendant vingt-sept ans et formant de nombreux excellents physiciens. Les résultats des études de Mach et de son travail pédagogique portèrent leurs fruits notamment en 1883, date à laquelle il publia en allemand un ouvrage à tendance philosophique, l'*Analyse des sensations*. Selon lui, seules les sensations sont réelles, que la science traite par des méthodes mathématiques.

---

[59] Němcová, M., *František Josef Studnička 1836-1903*, Praha, Prometheus, 1998.
[60] Záviška, F., « Prof. dr. František Koláček », in *Časopis pro pěstování matematiky a fyziky*, 1912, n° 41, p. 273-303 ; Novák, F., « Prof. dr. František Koláček na české technice v Brně », in *Časopis pro pěstování matematiky a fyziky*, 1912, n° 41, p. 432 ; Kučera, F., « František Koláček », in *Almanach české akademie*, 1914, n° 24, p. 181.
[61] Nový, L. (ed.), *Historie exaktních věd v českých zemích*, Praha, Československá akademie věd, 1961.
[62] *Almanach české akademie věd a umění*, Praha, 1922 (Kučera Bohumil) ; Štoll, I., *Praha – jeviště vědy*, Praha, 2005 ; Štoll, I. *Dějiny fyziky*, Praha, Prometheus, 2009.
[63] Dolejšek, V., « Sedmdesát let Prof. dr. V. Posejpala », in *Časopis pro pěstování matematiky a fyziky*, 1935, n° 64, p. D5-D7.
[64] Efmertová. M., *Osobnosti české elektrotechniky*, České vysoké učení technické v Praze, Praha, 1998, p. 155-160.
[65] Seidlerová, I., « Arnošt Mach jako fyzik », in *Zprávy Komise pro dějiny přírodních, lékařských a technických věd*, 1960, n° 4, p. 23 ; Haubelt, J., « K Machově žádosti o profesuru na pražské polytechnice », in *Dějiny věd a techniky*, 1972, n° 4, p. 52-55.

La même année, il publia également en allemand la *Mécanique expliquée dans la critique historique de son évolution*[53], où en dehors des analyses des notions fondamentales de physique, il présentait les conclusions de sa philosophie positiviste.

À l'Université allemande travaillaient d'autres enseignants remarquables[66] : le professeur de physique mathématique Ferdinand Lippich (1839-1913), chef de la section pour la science de l'association allemande Gesellschaft zur Förderung deutscher Wissenschaft Kunst und Literatur in Böhmen, le professeur de physique expérimentale Anton Lampa, le physicien Ivan Puluj qui donnait des conférences vers la fin du XIXe siècle à la Haute école technique allemande de Prague, en tant que professeur d'un cours d'électrotechnique de deux heures avec trois heures de travaux pratiques. À l'été 1911, sur recommandation de E. Mach, Albert Einstein (1880-1952) visita Prague où il devint professeur de physique théorique pendant une courte période[67]. A. Einstein était satisfait de l'équipement de physique de l'université allemande, mais il était moins satisfait de ses étudiants. Leur nombre variait entre dix et quinze et il correspondait à la faible quantité d'étudiants de l'université allemande. Le savant avait de meilleures expériences de ses interventions devant le public pragois dans l'association allemande de sciences naturelles Lotos où il présentait le principe de la relativité. A. Enstein visita également la communauté juive de Prague qui parlait allemand et se retrouvait au Café du Louvre (de nos jours à Národní třída). Il écrivit à Prague onze articles spécialisés mais au bout d'un an, le 25 juillet 1912, il quitta l'Université allemande de Prague.

L'enseignement technique était assuré pendant la Seconde Guerre mondiale par les écoles techniques allemandes et l'École supérieure technique slovaque qui fut fondée en 1938 à Bratislava[68]. Elle avait six secteurs et onze sections. L'un des six secteurs était le secteur de la mécanique, avec une section électrotechnique. Les plans d'étude étaient similaires aux plans d'étude tchèques de l'Université polytechnique de Prague de la Première République tchécoslovaque.

---

[66] Lomič, V., Horská, P., *Dějiny Českého vysokého učení technického v Praze*, Praha, 1978, vol. 1, Tome 2, p. 87 ; p. 260.

[67] Illy, J., « Albert Einstein a Praha », in *Dějiny věd a techniky*, 1979, n° 12, p. 66-67 ; Havránek, J. *et al.*, « V Praze o Einsteinovi a o Einsteinovi v Praze », in *Vesmír*, 1979, n° 58, p. 178-183.

[68] À l'origine, l'École supérieure technique d'État du Dr. Milan Rastislav Štefánik de Košice fut créée conformément à la Loi 170 du 25 juin 1937. Suite à la situation politique tendue et à la lettre du Dictat de Munich, la première année scolaire commença le 5 décembre 1938 dans les locaux alternatifs de Martin. En mars 1939, l'école fut annulée et conformément à la Loi slovaque n° 188 du 25 juin 1939, de nouveau fondée sous l'État slovaque comme École supérieure technique slovaque de Bratislava.

Les écoles supérieures techniques jouèrent un rôle important dans la formation des intellectuels techniques modernes dans les pays tchèques puis en Tchécoslovaquie, mais les écoles électroniques de niveau moyen, pour la plupart affiliées aux écoles secondaires de la mécanique, eurent le grand mérite de former des électrotechniciens[69]. L'école la plus ancienne de ce type était l'école électrotechnique de deux ans, fondée en 1901 à Prague. Les écoles secondaires industrielles avec sections électrotechniques utilisaient les deux langues d'enseignement – le tchèque et l'allemand.

Les Sections d'électrotechnique furent créées dans les écoles secondaires tchèques à Prague, Kladno, Brünne et Vítkovice. Prague abritait depuis 1901 une haute école mécanique industrielle à Prague-Smíchov avec une section électrotechnique de base de quatre ans, trois classes d'école de contremaîtres, des cours spéciaux pour les apprentis avec spécialisation en électrotechnique courant fort et un cours pour les employés des chemins de fer d'État. À Prague était également ouverte l'école électrotechnique spécialisée privée de quatre ans (J. Horký et V. Macháček). Kladno avait une école électrotechnique de contremaîtres avec deux classes et des cours spéciaux dans trois classes pour la mécanique minière. Brünne avait depuis 1906 une école technique d'État de quatre ans avec section électrotechnique, une école électrotechnique de contremaîtres d'un an et un cours spécial d'électrotechnique pour les contremaîtres et les auxiliaires. Les cours spéciaux d'électrotechnique pour les contremaîtres et les auxiliaires étaient également accessibles à Vítkovice et une école technique de deux ans, orientée vers le courant faible, existait à Kutná Hora.

Les écoles secondaires allemandes avec orientation sur l'électrotechnique furent fondées à Brünne (école supérieure industrielle de quatre ans avec section électronique et cours spéciaux à partir de 1917), Liberec (cours pour les électrotechniciens), Chomutov (cours pour les électrotechniciens), Plzeň (cours spécial pour les électrotechniciens et le service des exploitations électrotechniques), Děčín (cours spécial pour les électrotechniciens), Ústí nad Labem (cours spécial pour les électrotechniciens), České Budějovice (école technique d'État pour les plombiers avec cours du soir d'électrotechnique) et Lanškroun (école technique d'État de tissage avec cours spécial pour les électrotechniciens). Le développement prometteur des écoles techniques secondaires et supérieures, tchèques et allemandes, fut interrompu par les évènements de l'automne 1938 et notamment par la signature des Accords de Munich, l'occupation nazie à partir du 15 mars 1939 et la fermeture des écoles supérieures tchèques le 17 novembre 1939.

À l'issue de la Seconde Guerre mondiale, en juin 1945, les écoles et universités techniques allemandes furent dissoutes par décrets du président

---

[69] *Elektrotechnischer Cechoslowakischer Almanach* (E.Č.A.) I., 1922, p. 44.

de la République tchécoslovaque n° 122/1945 (Université allemande de Prague) et n° 123 (Université technique allemande de Brünne et de Prague). Les cours reprirent dans les écoles et universités techniques tchèques. Il fallait reconstruire les laboratoires, assurer les salles de conférences et maîtriser un nombre considérable d'étudiants. C'est la raison pour laquelle le corps pédagogique fut élargi, avec l'arrivée d'une nouvelle génération de professeurs[70].

À l'Université polytechnique tchèque de Prague, il s'agissait de Zdeněk Trnka (1912-1968) qui donnait des cours de bases de physique de l'électrotechnique, d'électronique théorique et expérimentale et de mesures électriques. Josef Bartoloměj Slavík (1900-1964) enseignait la physique technique, Jan Bašta (1899-1989) s'occupait de la théorie des machines électriques, Jaroslav Kučera (1892-1971) enseignait la construction des machines électriques, Antonín Kouba (1888-1964) avait un cours sur les tractions électriques et Antonín Beneš (1899-1989) enseignait les technologies électriques. Il s'agissait également de Josef Stránský – technique électrique haute fréquence, František Rieger (1904-1987) – électronique courant faible et plus tard Ladislav Haňka (1911), un spécialiste de la théorie du champ électromagnétique, cofondateur (1948) et directeur (1953-1960) de l'Institut de recherche de l'électrotechnique courant fort de Běchovice et chef du département du champ électromagnétique à la Faculté d'électricité de l'U.P.T.P. (1969-1976).

La nouvelle génération de professeurs se forma de manière similaire à l'U.P.T.B. Vers la fin des années 1940 et dans les années 1950, le réseau d'écoles de génie électrique fut étendu[66]. Par exemple, dans l'année scolaire 1949-1950, l'École supérieure de mécanique et d'électrotechnique fut créée à Plzeň. À la même époque, sur projet de J. Řezníček, la Faculté d'électricité de l'U.P.T.P. indépendante fut fondée à Prague, l'enseignement d'électricité était dans l'École supérieure des mines vit le jour en 1951 à Ostrava, l'École supérieure des transports et des communications fut créée en 1952 à Žilina et l'École supérieure technique à Košice Dans les années 1953, 1960, 1976, 1980, 1990 et 1998, des réformes scolaires modifièrent l'enseignement universitaire de la technique.

Conclusion

La réussite du processus d'industrialisation dans les pays tchèques, notamment à partir de la charnière des XIXe et XXe siècles jusqu'au début de la Première Guerre mondiale, eut des conséquences sur l'évolution professionnelle de la population active. Les années 1920 et 1930 enregistrèrent

---

[70] A.U.P.T.P. de Prague. Programmes d'étude 1945-1968. Loi de l'enseignement tchécoslovaque des hautes écoles n° 58 du 18 mai 1950.

un nombre croissant d'employés techniques et de fonctionnaires. Cette tendance témoignait des nouvelles formes de gestion de l'industrie, de la complexification de la distribution, de la rationalisation de la production, etc. qui exigeait l'augmentation du nombre de cadres techniques avec une formation secondaire et universitaire. La société industrielle moderne exigeait le développement des sciences techniques et la divulgation des informations techniques. Les acquisitions techniques influençaient de plus en plus la vie quotidienne de l'homme.

Les techniciens formaient une couche instruite de la population. Il s'agissait de diplômés d'écoles supérieures techniques ou d'universités avec spécialisation technique de troisième cycle. Dans la majorité des cas, ils se spécialisaient dans un secteur technique. Ils entretenaient la communication professionnelle dans le pays et à l'étranger, et ce par le biais de séjours d'étude, de stages, de participation aux conférences et en dans leurs expériences professionnelles. Ils disposaient de bibliothèques renfermant de nombreux périodiques et monographies techniques, nationaux et étrangers et ils publiaient leurs travaux. Ils devenaient membres d'associations professionnelles ou spécialisées et propageaient leurs connaissances sous forme de cours ou de gestion de la production dans leurs entreprises, etc.

Cette catégorie se divisait en cadres techniques supérieurs et inférieurs. Les techniciens s'inscrivaient dans la vie économique à titre d'entrepreneurs ou de membres des conseils d'administration des usines et des banques et en participant à l'élaboration de la politique économique de l'État. Ils déployaient des activités sociales et politiques en présentant souvent au public leur spécialité au travers de conférences publiques, ils mettaient en pratique leurs projets, etc. Ils avaient également des activités culturelles (selon leurs intérêts ou les activités professionnelles ou dans les fondations) ou politiques (adhésion aux partis politiques, députés, activités dans les administrations territoriales ou administratives de l'État, honneurs publics, etc.). Ils édifiaient ainsi leur nouvelle position sociale ou développaient leur position sociale par rapport à leurs origines familiales. Face aux traditions, ils étaient le symbole du progrès et la société reconnaissait leurs mérites. Par exemple, ils recevaient le droit de promotion, le titre de docteur en sciences techniques (Dr.tech.), après l'examen d'État du troisième cycle et d'ingénieur après les examens d'État de fin d'études et la défense du diplôme d'ingénieur (Ing.). Plus tard apparut la catégorie des ingénieurs civils et officiels (techniciens) dans différents secteurs[71]. Dans les années 1919-1937, mille étudiants en moyenne s'inscrivaient à l'École

---

[71] Efmertová, M., *Elektrotechnika v českých zemích a v Československu do poloviny 20. století. Studie k vývoji elektrotechnických oborů*, Praha, LIBRI, 1999, p. 77-138.

supérieure de génie mécanique et électrotechnique de l'U.P.T.P environ 0,5 % des étudiants atteignirent le titre de docteur en sciences techniques[72]. La croissance des titres de doctorat obtenus depuis 1935, notamment pour les secteurs de la mécanique et de l'électrotechnique, signale une participation plus importante des électrotechniciens et mécaniciens tchèques aux activités internationales de recherche et d'industrie, qui permettait de faire ses preuves dans les travaux scientifiques.

Le mot ingénieur désignait à l'origine une profession. Il n'était pas utilisé comme un grade public ou académique et il n'était donc pas utilisé comme un titre[73].Deux circonstances permirent de l'introduire pour les diplômés des écoles supérieures techniques qui réussissaient au minimum deux examens d'État. Les techniciens se sépareraient des entrepreneurs qui ne devaient pas obligatoirement être diplômés d'une école supérieure technique et ils auraient les mêmes titres que les diplômés des universités. Le titre d'ingénieur (Ing.) était différent de celui du doctorat. Il avait une autre valeur et il commença à être accordé publiquement à partir du 14 mars 1917[74], date à laquelle il fut approuvé par décret impérial. Ceux qui atteignaient le doctorat technique après d'autres études et activités de recherche, pouvaient utiliser le titre d'ingénieur parallèlement avec le grade de docteur.

Outre les titres de docteur en sciences techniques ou d'ingénieur, existait le titre de technicien civil, introduit en 1805 dans le nord de l'Italie par Napoléon[75]. Le Code de commerce et d'industrie de la monarchie des Habsbourg de 1859 régissait les types d'entreprise industrielle, mais il excluait les professions indépendantes, dont les activités des ingénieurs. En 1860, un ministre d'État publia le décret sur l'organisation des services du bâtiment de l'État qui devint un modèle pour l'institution des ingénieurs civils, fondée par le ministère d'État le 11 décembre 1860 pour trois classes d'ingénieurs civils – secteurs du bâtiment, architecture et géodésie[76]. L'évolution ultérieure du regard sur le technicien civil était liée à l'extension des spécialisations (y compris électrotechnique), enseignées dans les écoles techniques dans les pays tchèques, qui furent modifiées dans les années 1863, 1867, 1875, 1878, 1890, 1891, 1892, 1898, 1904, 1906, 1912 et 1913[77].

---

[72] Beneš, A. et al., « Dějiny strojnictví a elektrotechniky na Českém vysokém učení technickém v Praze 1918-1945, Partie II », in Acta polytechnica, 1987, vol. 8, p. 39.

[73] Havránek, J. et al., Profesionalizace akademických povolání v českých zemích v 19. a první polovině 20. století, Praha, 1996, p. 13 ; p. 36-60.

[74] Décret impérial n° 130/1917 du Code impérial sur le titre d'ingénieur.

[75] Mansfeld, B. et al., Průvodce světem techniky, Praha, Prometheus, 1937, p. 264.

[76] Ibid., p. 264.

[77] Ibid.

Conformément à la Loi 185/1920, les chambres unies de génie réorganisées contrôlaient les institutions des techniciens civils. Les chambres apparurent dans le Royaume de Bohême en 1895, leurs activités furent modifiées en 1913 et elles se mirent ensuite au service de la République tchécoslovaque. Outre les artisans, les entrepreneurs et les chefs d'usine, un enseignant universitaire pouvait devenir technicien public chargé des expertises, des essais de laboratoire pour les grandes entreprises ou les praticiens, et des innovations et des tâches en matière de recherche. Dans les années 1918-1938, le décret sur le retrait du travail d'ingénieur des règlements artisanaux et commerciaux était toujours en vigueur, mais cela ne signifiait pas que l'ingénieur ne pouvait obtenir une licence de commerce et d'artisanat pour des activités artisanales, une concession ou une profession libre[78].

Outre les associations territoriales et spécialisées et les institutions scientifiques existantes, les techniciens-ingénieurs tchèques commencèrent à créer les services publics, au bénéfice de l'État, par exemple le service public technique. Grâce à ce service, ils pouvaient faire leurs preuves également dans l'environnement international. Par exemple, durant les années 1920, les techniciens participèrent activement aux préparatifs de la fondation de la Fédération mondiale d'ingénieurs qui ne fut finalement pas créée à cause de la crise économique, mais les débats préparatoires aidèrent les ingénieurs tchécoslovaques à engager des contacts importants à l'étranger. Le Service technique tchécoslovaque[79], composé d'ingénieurs civils agréés, était constitué des services du bâtiment, des techniques agricoles, géodésique, mécanique, électrotechnique, agronomique, forestier, chimique et de protection technique. Ces services dépendaient des autorités territoriales et ils étaient responsables de la délivrance des décisions, par exemple sur les concessions, les métiers, les constructions techniques, etc. dans leurs spécialisations. Outre ces institutions civiles, les ingénieurs travaillaient dans les services techniques militaires et dans certains secteurs spécialisés, contrôlés par l'État, par exemple les chemins de fer, les postes et télégraphes, les mines et les usines métallurgiques, etc.

L'idée de fonder la Fédération mondiale d'ingénieurs[80] était apparue pendant l'été 1921 lors d'une visite d'une délégation d'ingénieurs américains en Grande-Bretagne et en France. La visite avait démontré que le développement du travail technique exigeait un concours supérieur des techniciens qui avaient créé leurs associations territoriales et spécialisées dans le courant

---

[78] *Ibid.*, p. 266.
[79] *Ibid.*, p 267-268.
[80] Špaček, S., « Světová inženýrská federace », in Mansfeld, B. *et al.*, *Průvodce světem techniky*, Praha, Prometheus, 1937, p. 44-52.

du XIXᵉ siècle, parce que ces organisations n'avaient pas de possibilités de coopération et de coordination internationales. Lors d'une réunion de novembre 1921, on déclara pour la première fois que les activités techniques avaient un aspect moral et éthique que l'on ne pouvait contourner et que la coordination internationale des activités techniques était indispensable. D'ici la création de l'organisation internationale du génie, il fut convenu que des attachés techniques allaient travailler dans les ambassades des différents pays. Pour la République tchécoslovaque, la représentation aux États-Unis était importante. Elle était assurée par Stanislav Špaček.

Grâce à ce moyen, la Tchécoslovaquie recevait des données sur la gestion scientifique du travail, sur les méthodes psychotechniques pour définir le QI des demandeurs d'emploi, pour le choix des travailleurs, pour l'assistance au choix des professions techniques, pour les analyses du travail, sur les projets techniques internationaux, sur les possibilités d'échanges des techniciens, sur les stages spécialisés et les séjours d'étude, etc.[81] Par leurs activités, les ingénieurs ont démontré qu'ils soutenaient le progrès technique et qu'ils représentaient le nouveau monde des idées. De plus, dans l'environnement tchèque, la technique a toujours joué un rôle important et à la suite de l'industrialisation réussie et de son influence sur la société tchèque, elle avait un caractère national. En Tchécoslovaquie, les techniciens sont devenus en groupe important, de 25 000 à 30 000 spécialistes au milieu des années 1930, qui s'imposait dans l'administration de l'État où le rapport non-techniciens-techniciens était d'environ 25 % : 75 %[82].

Les intérêts des techniciens devaient être protégés. Dans la monarchie austro-hongroise, on fonda en 1894 l'Association parlementaire pour la protection des intérêts des techniciens. À l'époque de la Première République tchécoslovaque, la Chambre des ingénieurs fut fondée en 1926 et, vers la fin des années 1930, on envisagea la transformation du Sénat en organe qui devrait contrôler les questions économiques et techniques. Les techniciens étudiaient l'amélioration de leur formation en l'étendant aux éléments juridiques et d'économie nationale, chose que V. List réalisait déjà dans ses cours d'électrotechnique. L'État prit conscience de ce besoin, il réalisa certaines réformes de l'enseignement universitaire et fonda des institutions, notamment l'Académie du travail Masaryk (1920) et le Conseil national tchécoslovaque de la recherche (1924) qui facilitaient les contacts internationaux pour les techniciens tchécoslovaques.

---

[81] Smrček, O., « Vědecká organizace práce a její aplikace ve strojírenství do konce 2. světové války », in *Hospodářské dějiny*, Praha, 1985, n° 13 ; Mansfeld, B. *et al.*, *Průvodce světem techniky*, Praha, Prometheus, 1937, p. 302-303.
[82] Havránek, J. *et al.*, *Profesionalizace akademických povolání v českých zemích v 19. a první polovině 20. století*, Praha, 1996, p. 114-120.

L'enseignement électrotechnique dans les écoles secondaires industrielles des pays tchèques des années 1880 à 1938

Jan MIKEŠ

Assistant, Faculté d'électricité
Université polytechnique de Prague
mikes.jan@fel.cvut.cz

Résumé

Dans le large éventail des disciplines techniques enseignées dans les écoles secondaires et supérieures des pays tchèques durant la seconde moitié du XIXe siècle, ce texte se concentre sur l'analyse historique de l'enseignement de la science de l'électricité et de l'électrotechnique, ainsi que de leurs manuels, dans les pays tchèques.

L'enseignement de l'électrotechnique comme discipline technique indépendante a rejoint le système d'éducation secondaire et supérieure dans le dernier tiers du XIXe siècle. Son indépendance a cependant été précédée au minimum par 80 ans d'enseignement de phénomènes électrotechniques partiels, dans le cadre de l'enseignement de la physique. Il est possible de suivre les contours de l'évolution de l'électrotechnique en étudiant les manuels de physique, leurs programmes et les réformes scolaires, la presse de l'époque, les encyclopédies, les dictionnaires et les revues spécialisées. Pour mesurer le degré de savoir des connaissances mondiales dans les disciplines de l'électronique en développement dans les pays tchèques, il est très important de voir la création de l'environnement dans lequel l'éducation et la formation des étudiants se sont déroulées à partir du XVIIe siècle.

Lorsque nous cherchons dans les manuels de cette période l'enseignement de l'électricité (et l'enseignement du magnétisme), nous constatons leur quantité limitée. Du point de vue de l'époque, il s'agissait de nouvelles disciplines car jusqu'à la fin du XVIIIe siècle, l'électricité était décrite seulement sous forme de phénomènes électrostatiques. Après la découverte de la pile de Volta en 1791, on commença à édifier la théorie de l'électrodynamique des *courants constants, mais les manuels ne l'acceptèrent qu'au bout de nombreuses années. Vers le milieu du XIXe siècle, la connaissance de l'enseignement de l'électricité culmine, soutenue par l'idée du champ électromagnétique de Faraday, mais nombre de ses parties n'ont pas été comprises ni utilisées dans les manuels. Une condition importante pour la méthode d'insertion de l'électronique dans la structure de l'enseignement était l'existence des grandeurs physiques, déjà à cette époque. Jusqu'au début du XIXe siècle, la terminologie tchèque n'existait pas dans ce secteur, mais à la fin du XVIIIe siècle, le tchèque (éventuellement l'allemand) commence à apparaître dans les manuels, remplaçant avant tout le latin.*

Mots clés

Pays tchèques, écoles secondaires, enseignement électrotechnique, Městské Elektrotechnikum, Teplice (Schönau), frontières tchèques et allemandes

Les écoles ont fait des expériences intéressantes, réalisées également à l'université du Klementinum de Prague, sous la direction de Josef Stepling. Elles étaient analogues aux expériences décrites dans les études étrangères sur l'électricité. Dans l'historiographie contemporaine, leur traitement, ne serait-ce que partiel, n'existe pas. La vaste correspondance entre les scientifiques tchèques et l'étranger peut servir de sources primaires pour découvrir le transfert des connaissances vers les pays tchèques.

L'objectif de ce texte est de présenter les différents aspects de l'évolution de l'éducation électrotechnique conformément à la littérature technique accessible, dans les phases suivantes :

1. la période de préparation de l'étude de l'enseignement de l'électricité où l'enseignement de l'électricité est séparé de l'enseignement de la physique (sources primaires d'enseignement des manuels de physique de l'époque, catalogues de collection et d'acquisition des cabinets de physique, sources secondaires d'enseignement résumant les connaissances techniques de la période concernée),

2. la période d'étude suivante avec la constitution de l'enseignement de l'électrotechnique à titre de discipline indépendante dans le cadre de la formation mécanique (éventuellement minière).

3. dans la dernière phase, l'enseignement de l'électrotechnique devient indépendant – discipline scientifique de pleine valeur avec son propre caractère institutionnel.

En ce qui concerne la création de l'enseignement électrotechnique, on constate que la science de l'électricité a été accueillie dans les pays tchèques depuis la fin du XVIIIe siècle d'abord avec l'électrostatique puis avec l'électrodynamique des courants constants. L'œuvre de Faraday sur l'électromagnétisme en a été le point culminant jusqu'à la moitié du XIXᵉ siècle. Ces notions se retrouvaient dans les manuels de physique. À la fin des années 1880, les travaux spécialisés des professeurs de l'enseignement supérieur sont apparus : par exemple, les conférences écrites de K. V. Zenger, K Domalíp, K. Novák, L. Šimek, F. Petřina, F. Koláček, Č. Strouhal, V. Novák et d'autres. Ils enseignaient à l'école polytechnique tchèque ou allemande de Prague ou à l'université tchèque ou allemande de Prague. Une situation similaire est enregistrée à Brünne. Enfin, pendant la première moitié du XXᵉ siècle, des écoles secondaires techniques sont instituées dans différentes villes des pays tchèques puis de Tchécoslovaquie.

L'enseignement de l'électrotechnique – une discipline technique indépendante

L'enseignement de l'électrotechnique en tant que discipline technique indépendante s'est inséré dans le système d'enseignement secondaire et supérieur dans le dernier tiers du XIXᵉ siècle. Son indépendance a cependant été précédée au minimum par quatre-vingt ans d'enseignement de phénomènes électrotechniques partiels, dans le cadre de l'enseignement de la physique. Il est possible de suivre les contours de cette évolution en étudiant les manuels de physique et leurs programmes, les réformes scolaires, la presse de l'époque, les encyclopédies, les dictionnaires et les revues spécialisées. Pour mesurer la diffusion des connaissances mondiales des disciplines de l'électricité dans les pays tchèques, il importe de considérer la création de l'environnement dans lequel l'éducation et la formation des étudiants se sont déroulées à partir du XVIIᵉ siècle.

Il convient de souligner que le legs technique des secteurs électrotechniques commença à se constituer grâce aux vastes activités de recherche de naturalistes éminents, liées à l'Université de Prague (Stepling, Scrinci, Tesánek, Pohl, Klinkoš, Boháč) qui suivaient de façon constante l'évolution scientifique à l'étranger (Nollet, Freke, Martin, Watson et autres) et qui étaient en contact avec les centres scolaires ou de recherche dans les pays tchèques, créés à l'origine auprès des institutions scolaires religieuses (par exemple la grande œuvre inspirante de Václav Prokop Diviš – chercheur en sciences de la Nature qui se consacra aux expériences en électricité à la moitié du XVIIIᵉ siècle).

Ces spécialistes qui avaient fréquenté pour la plupart des écoles religieuses (Jésuites, Prémontrés, Piaristes, etc.) et l'université de Prague – premiers expérimentateurs en science sur l'électricité – ont apporté de nombreuses connaissances fondamentales, vérifiées par un grand nombre d'expériences, qui ont été progressivement formulées dans les premières publications de l'époque telles les *Lettres sur l'électricité de Nollet* (1745-1775), *Recherches sur les causes particulières des phénomènes électriques* (1749) et *Leçons de physique expérimentale* ainsi que les publications locales de la moitié du XVIIIe siècle, par exemple *Magia naturalis* de Diviš ; les travaux de Boháč : *Dissertatio inaugularis philosophico medica, de utilitate electrisationis in arte medica, seu in curandis orbis* ; les travaux de Pohl : *Tentamen physico-experimentale in principiis peripateticis fundatum, super phaenomenis electricitatis Studio, et Industria*, etc. Ces travaux furent rapidement divulgués en Europe et ont sensiblement orienté les enseignants et les expérimentateurs vers les nouveaux secteurs qui correspondaient à l'industrialisation en cours (mécanique, électrotechnique, chimie, métallurgie, etc.). Ainsi, les disciplines scientifiques techniques indépendantes furent créées progressivement et devinrent la base de la formation dans les écoles techniques spécialisées (secondaires et supérieures).

L'évolution des établissements d'enseignement secondaire technique ou industriel dans les pays tchèques a puisé dans les expériences des écoles privées et religieuses qui comprenaient des éléments industriels et techniques et qui ont montré les voies de l'organisation de la formation pratique. Cet essor de l'enseignement secondaire industriel à la moitié du XIXe siècle s'est élaboré à partir de la réforme Exner-Bonitz de trois institutions scolaires fondamentales qui se développèrent et influèrent sur la pratique. Il s'agissait des écoles industrielles (supérieures ou inférieures), des écoles spécialisées (de contremaîtres) et des écoles de formation continue (de commerce et d'artisanat, d'apprentissage, du dimanche ou avec cours spéciaux). Ces établissements ont su rapidement répondre aux besoins de l'industrialisation en cours pour les cadres moyens (entrepreneurs et fabricants indépendants, artisans, contremaîtres, chefs d'atelier, fonctionnaires techniques d'État inférieurs, contrôleurs, monteurs, etc.).

Ces écoles avaient un très bon système d'admission des candidats, unifié pour tous les types d'écoles et les différentes régions. Généralement, on demandait des candidats âgés de 14-17 ans. Ils devaient présenter leur acte de baptême ou leur acte de naissance, la dernière attestation scolaire de l'école élémentaire ou d'une école équivalente ou un certificat des instituts et écoles de type industriel ou artisanal que le candidat avait fréquentés lors de sa pratique industrielle ou artisanale, une attestation d'une pratique minimale de trois ans, y compris la période des études, un certificat d'aptitude professionnelle, une attestation d'intégrité établie par sa commune et une carte d'identité. Dans ces écoles, on payait les frais de scolarité, les accessoires des ateliers, les étudiants devaient être assurés contre les conséquences possibles des activités dans les ateliers et les laboratoires. Parfois, des associations de soutien étaient créées au bénéfice des étudiants, afin de soutenir les dépenses scolaires. Ces écoles voulaient former un groupe corporatif de techniciens bien préparés, au bénéfice de l'industrialisation et de la technicisation des pays tchèques.

Sur l'initiative de la Société d'encouragement pour l'industrie dans le Royaume tchèque, créée à Prague en 1833 sur le modèle d'organisations françaises similaires, on initia la création de l'école industrielle pragoise et cela se refléta ultérieurement dans la structuration et l'évolution de l'école ; mais également dans l'imitation de cette école au moment de la création des différentes écoles industrielles, spécialisées et de formation continue dans les régions des pays tchèques, et dans l'amélioration de la qualité des écoles spécialisées non seulement à Prague, ainsi que dans les régions industrielles importantes des pays tchèques (Brünne, Ústí nad Labem, Liberec, Plzeň, etc.).

L'analyse de l'école industrielle de Prague, créée en 1857 par la Société à titre de prototype d'établissement d'enseignement secondaire technique au sein des pays tchèques, met en évidence l'évolution de l'organisation interne de cet établissement, souvent cité dans la littérature spécialisée, en mettant l'accent sur la forme d'enseignement secondaire modèle dans les secteurs techniques. En ce sens, ce qui se mettait en place dans les pays tchèques correspondait avec ce qui se faisait ailleurs dans le monde, comme le démontrent les caractéristiques de la création et de l'évolution des différentes écoles spécialisées et industrielles dans les pays européens développés (notamment en France, Allemagne, Suisse, Belgique, etc.).

L'évolution des écoles secondaires industrielles dans les pays tchèques a été remarquable. La création de telles structures et la mise en œuvre de leur fonctionnement ont constitué un acte indispensable au développement des études électrotechniques universitaires[1]. Les écoles secondaires ont suivi leur propre évolution et le développement le plus marquant des disciplines électrotechniques est survenu à compter des années 1880, marquées par la nécessité de mettre en pratique l'usage de l'électricité.

L'intérêt pour l'enseignement spécialisé de la science de l'électricité et de l'électrotechnique pratique est devenu manifeste à compter du premier congrès électrotechnique international de Paris en 1881, suite à l'extension des applications de l'électricité pour l'éclairage et la signalisation, les voies ferrées électrifiées, l'électrification de l'industrie, et ce non seulement à l'étranger mais également à Prague et dans les autres centres industriels des pays tchèques puis de la Tchécoslovaquie.

Des sections d'électrotechnique (et ultérieurement les écoles électrotechniques industrielles indépendantes) sont créées dans les écoles secondaires industrielles à Prague (Smíchov), Kladno, Brünne et Moravská Ostrava-Vítkovice. L'école secondaire industrielle de Smíchov est fondée en 1901.

---

[1] Voir l'article de M. Efmertová sur l'organisation universitaire des études électrotechniques dans les pays tchèques et en Tchécoslovaquie jusqu'en 1945.

Outre l'école industrielle, l'arrondissement de Prague 2 accueillait l'école électrotechnique J. Horký et V. Macháček de quatre ans. Kladno disposait d'une école électrotechnique de contremaîtres avec deux classes et un cours spécialisé d'électrotechnique de trois classes pour la mécanique des mines. À partir de 1886, Brünne a eu aussi une école technique d'État de quatre ans avec une section électrotechnique, une école électrotechnique de contremaîtres avec une classe et un cours spécial pour les contremaîtres et les auxiliaires. Des cours spéciaux d'électrotechnique destinés aux contremaîtres et aux écoles industrielles électrotechniques ont été également ouverts à Plzeň, České Budějovice, Vítkovice et Kutná Hora.

Des écoles secondaires électrotechniques en langue allemande ont été créées à Teplice (Městské Elektrotechnikum depuis 1895), Brünne (école industrielle de quatre ans avec section d'électrotechnique et cours spéciaux à compter de 1917) et Liberec (cours pour électrotechniciens). En 1924 est créée l'école électrotechnique auprès de l'école industrielle d'État allemande à Chomutov (cours pour électrotechniciens), ainsi qu'à Plzeň (cours spécial pour électrotechniciens et service dans les exploitations électrotechniques), Děčín-Podmokly (cours spécial pour électrotechniciens), Ústí nad Labem (cours spécial pour électrotechniciens), České Budějovice (école technique d'État pour plombiers avec cours du soir d'électrotechnique) et Lanškroun (école technique d'État de tissage avec cours spécial pour électrotechniciens).

Pour illustrer ce processus, nous avons choisi d'examiner, parmi les écoles industrielles électrotechniques, l'école technique de Teplice, située dans la zone limitrophe tchéco-allemande, dont l'évolution est bien caractéristique de ce type d'établissement, de par le contexte social, l'équipement de ses ateliers et laboratoires, son cursus typique de l'enseignement secondaire électrotechnique et sa mise en pratique par ses anciens élèves.

L'école industrielle électrotechnique de Teplice Šanov

La ville de Teplice (Schönau) faisait partie de l'environnement mixte tchéco-allemand. Vers la fin du XIXe siècle, l'industrie a commencé à se développer à côté du thermalisme. La force motrice de son évolution fut l'arrivée de l'électrotechnique[2] dont les débuts modestes se transformèrent en profil prometteur. L'usine de distribution d'électricité de Teplice fut créée dans les années 1899-1900. Sa construction coûta 950 000 couronnes. Sa puissance initiale de 258 000 kW dépassa en 1912 un million de kW. À la même époque furent réalisés les essais de la voie ferrée électrique municipale. Cette situation exigeait un nombre croissant de spécialistes bien formés en électrotechnique.

---

[2] Bulla, H., « Unsere elektrotechnikum », in *Sudetendeutschen Zeitung*, 27 octobre 2006.

L'ingénieur Wilhelm Biscan (1858 Vienne-13 mai 1927)[3] créa le 10 mars 1895 à Chomutov une école secondaire – Městské Elektrotechnikum[4] où il commença à enseigner devant dix étudiants. Trente étudiants s'inscrivirent pour l'année scolaire 1896-1897. Il s'agissait de la première école de ce genre dans l'empire austro-hongrois[5]. Selon Wilhelm Biscan, l'objectif de l'enseignement de l'Électrotechnique municipale était orienté vers la mise en application de la théorie dans la pratique électrotechnique : la théorie spécialisée était liée aux exercices pratiques réalisés sur des machines et appareils électriques et à la technique de mesure. Outre le dessin technique, on formait à la construction, aux mesures, au calibrage et à la fabrication d'appareils électriques. Les étudiants construisaient et branchaient des machines. À cet effet, l'institut développait une coopération étroite avec des entreprises prospères qui modernisaient et élargissaient les collections d'étude scolaires en fournissant des machines électriques, des appareils et instruments de mesure. Les cours étaient pratiques et ils étaient liés directement à la pratique électrotechnique. À la différence d'autres écoles industrielles, les étudiants ne devaient pas fréquenter les entreprises à titre volontaire durant leurs études. À la fin des études, cette formation leur permettait d'entrer directement dans la production comme employés à part entière.

En 1896, la ville de Teplice se chargea des frais de construction et d'équipement de l'école et Wilhelm Biscan en devint le directeur. La ville trouva pour l'école un site adéquat, en utilisant la villa « Belle Vista » de Teplice, au 5-7 de la rue Královská výšina. L'élargissement et l'adaptation de ce bâtiment en Électrotechnique municipale ne fut pas une affaire simple et bon marché. Outre les laboratoires, les salles d'étude, les ateliers et les cabinets, un centre de radiologie fut aménagé à l'institut que

---

[3] Natif de Vienne, Wilhelm Biscan étudia à l'école supérieure technique et à l'Université de Graz. Une fois diplômé, il devint suppléant pendant trois ans à l'école secondaire et au lycée de jeunes filles de Graz. Il s'intéressa à l'électrotechnique et se concentra sur les études de physique dans ce domaine. En 1885, il devint enseignant à la Maschinen Gewerbliche Fachschule de Vienne et de Chomutov (Komotau). Dans ces instituts, il voulait se centrer sur l'enseignement de l'électrotechnique mais la direction des écoles ne comprenait pas l'importance de la discipline, elle ne pouvait pas modifier les plans d'études et Biscan ne put présenter ce cours aux étudiants. Il voulait séparer l'enseignement de l'électrotechnique de celui de la physique et créer une discipline d'enseignement indépendante dans le cadre de l'enseignement de la mécanique. Il décida alors de présenter au ministère du Culte et de l'Enseignement une proposition de création d'un institut privé indépendant pour l'enseignement de l'électrotechnique. Il dut attendre cinq ans une réponse positive du ministère qui lui permit enfin de réaliser son plan.

[4] *Städtisches Elektrotechnikum Teplitz* : Älteste Fachlehranstalt : Gegründet 1895 von Direktor Wilhelm Biscan, Teplitz-Schönau, Johann Schors, 1920, p. 10.

[5] *Ibid.*, Juin 1922, p. 2.

Des ingénieurs pour un monde nouveau

Biscan prêtait aux médecins locaux. Les entreprises électriques municipales de Teplice avec lesquelles Biscan travaillait permirent un contact étroit des étudiants avec la pratique en électrotechnique. Les étudiants en dernière année préparèrent un projet pour les voies électriques municipales[6]. Quant à Biscan, il se consacra à une question neuve et importante pour l'époque : les accidents liés au courant électrique dans les entreprises d'électricité de la ville.

L'Électrotechnique municipale était composée de trois classes où les électriciens et les électrotechniciens s'entraînaient à différentes spécialisations[7]. On y donnait également un cours pour les exploitants de salles de cinéma. À partir de 1903, on se pencha sur la télégraphie sans fil[8] et on aménagea à l'école un poste de T.S.F. prêté par l'entreprise A.E.G. de Berlin[9]. Ce poste était à la disposition des étudiants durant la matinée pendant les cours de théorie. L'après-midi, il était possible de l'essayer. On diffusait entre Teplice et Ústí nad Labem. Le poste exposé fut visité par le grand public, ainsi que par des personnalités, comme la noblesse locale ou le général Potiorek.

Dans les années 1905-1906, l'enseignement de l'école fut élargi à l'électrotechnique des courants forts. Un manuel fut écrit directement par le directeur Biscan[10]. L'Électrotechnique municipale participa en 1912 à une exposition à Vienne en présentant les travaux de ses étudiants[11]. On y projeta aussi un film sur l'enseignement de Biscan sur les champs alternatifs et triphasés[12]. Biscan fut également membre du jury de l'exposition.

Biscan accordait son attention à l'enseignement de l'électricité statique et dynamique, de l'électrification, de la loi d'Ohm, des générateurs, des modes de construction, de la description des machines à courant continu, de la description de la régulation et de la mise en marche des machines à courant continu, des machines à courant alternatif et de leur mise en application. Pour ses cours, il préparait de bons manuels qui ont fait l'objet d'une

---

[6] *Ibid.*, p. 3.
[7] Un club de tennis existe de nos jours à l'emplacement de l'école.
[8] *20 Jahre Elektrotechnikum 1895-1915, Ein Gedenkblatt als Beilage zum Programm der Anstelt*, Teplitz, 1915, p. 3-4 ; *Aussiger Tagblatt*, 22 juin 1903, p. 4 ; *Bohemia*, 21 juin 1903.
[9] Okurka, T., « Wireless Telegraphy at the German Universal Exhibition in Ústí nad Labem in 1903 », in *Acta Polytechnica*, 2008, vol. 48, n° 3, p. 40-43.
[10] *Darstellung des Wechsel – und Drehfeldes*, Teplitz, 1912.
[11] *Städtisches Elektrotechnikum*, Teplitz-Schönau, C. Weigend, Juin 1922, p. 5.
[12] *Ibid.*, p. 5.

récente réédition par une maison d'édition anglaise[13]. En 1910, Biscan ajouta à son enseignement un cours de cinq mois pour les électriciens spécialisés qui devenaient ensuite contremaîtres ou chefs-électriciens.

Avant la Première Guerre mondiale, l'Électrotechnique municipale de Teplice jouissait d'une excellente renommée. Mais les années de guerre furent compliquées pour l'établissement. Plus de la moitié des étudiants et cinq professeurs durent partir à la guerre[14]. Les cours continuèrent malgré tout. L'Électrotechnique s'efforça aussi d'assurer la sécurité matérielle des invalides de guerre. Elle leur permit d'étudier l'électrotechnique et de trouver ainsi une nouvelle voie dans leur vie. La majorité d'entre eux se consacra aux travaux et au commerce électrique et peu après la guerre, ils créèrent en Tchécoslovaquie indépendante leurs propres activités qui furent couronnées de succès. Certains diplômés occupèrent des postes de direction de centrales de distribution électrique et de centrales électriques. De nombreux monteurs devinrent chefs monteurs et contremaîtres.

Dans les années 1922-1931, d'importants enseignants et praticiens[15] travaillèrent à l'Électrotechnique municipale.

Structure des laboratoires, des ateliers et de l'enseignement à l'Électrotechnique municipale[16]

L'équipement en machines de l'institut se composait d'un moteur à gaz horizontal connecté sur une machine électrodynamique. Outre l'énergie électrique pour l'éclairage des locaux de l'école, il assurait la charge par accumulateurs et fabriquait du courant pour les travaux pratiques. Il y avait également un échangeur rotatif de 15 ch. (11,2 kW). On y trouvait un moteur de 440 V connecté sur un échangeur de 10 ch. (7,5 kW), une dynamo à courant continu de 110 V, des générateurs électriques spéciaux et des machines à courant alternatif plusieurs phases. L'école disposait d'un panneau de commande de 4,5 m de largeur en marbre gris clair avec revêtement en bois moderne qui comprenait cinq plaques de distribution complètes indépendantes, et ce pour les exercices avec les machines à courant continu et accumulateurs, les exercices avec les machines à courant continu sans accumulateurs, la commande des courants alternatifs à phase unique et deux plaques parallèles pour la commande des machines

---

[13] *Die Starkstromtechnik V1 : Gesetze und Erzeugung der elektr. Energie* (1906) ; *Der Wechselstrom und die Wechselstrommaschinen* (1903) ; *Die elektrischen Messinstrumente* (1897) ; *Die Dynamomaschine* (1905).
[14] *Städtisches Elektrotechnikum*, Teplitz-Schönau, C. Weigend, Juin 1922, p. 5.
[15] Voir la liste des enseignants dans la note n° 23.
[16] Voir *Städtisches Elektrotechnikum*, Teplitz-Schönau, C. Weigend, Juin 1922, p. 10-12.

triphasées. Les panneaux de commande et les appareils branchés avaient été fabriqués par les étudiants de l'institut.

Les ateliers de l'institut comprenaient deux salles de travail réunies d'une surface totale de 230 m². Les salles abritaient cinquante tables de travail avec étaux, un grand tour et deux petits tours à traction électrique, seize tours à traction manuelle et à moteur et d'autres tables de travail pour rabotage, fraisage, coupage, perçage, etc. Les ateliers étaient éclairés à l'aide d'ampoules à forte intensité. Ces ateliers disposaient d'une forge avec fourneau, une grande et petite enclume et tout l'équipement afférent, d'une salle pour la galvanisation plastique avec des cuves, des appareils de mesure et des équipements de décapage.

Le laboratoire disposait d'un bâtiment indépendant avec jardin à proximité de l'Électrotechnique municipale. Ce qui était un avantage car il était isolé de l'école, avec possibilité de transport de matériel et de machines par camions, et ses travaux ne perturbaient pas les cours, le bruit étant dû aux essais des courants forts. Le laboratoire se composait d'une salle principale, d'une salle auxiliaire pour les mesures spéciales et d'une salle photométrique. Les travaux scolaires y étaient organisés de manière à ce que les étudiants passent par différents types de mesures électriques, magnétiques et photométriques. Le laboratoire disposait d'une machine à courant continu avec alimentation variable jusqu'à 110 V, 220 V et 440 V, de machines à phases uniques et plusieurs phases pour les essais, des dispositifs spéciaux pour les mesures sur lampes à arc, compteurs, machines électriques et accumulateurs. L'éclairage était assuré par des ampoules à courant continu. La salle photométrique disposait d'un grand banc photométrique, d'un panneau de commande pour le réglage de l'intensité et elle était peinte en noir afin d'éviter des reflets indésirables.

Outre l'équipement mentionné, le bâtiment principal de l'institut abritait un laboratoire chimique, un atelier photographique et une chambre noire. Les salles de conférences étaient éclairées à l'aide d'ampoules. Certaines salles de conférences disposaient d'un pupitre de commande pour brancher les petites machines – des appareils de mesure et de commande pour tension continue de 110 et 220 V, et pour les machines biphasées et triphasées. Sur le mur d'une salle de conférences se trouvait un galvanomètre pour la mesure de la tension. La salle de conférences comprenait une galerie où il était possible de projeter des images lumineuses, équipée d'un appareil cinématographique.

Pour les cours, l'école disposait de 1 285 machines et appareils électriques[17]. Les collections comprenaient un grand inducteur pour les

---

[17] Aspect de l'école et de son équipement. Voir www.elektra-teplitz.de [en ligne 26. 3. 2010]. Voir également *Städtisches Elektrotechnikum*, Teplitz-Schönau, C. Weigend, Juin 1922, p. 10-12.

expériences à haute tension, le matériel d'installation et le matériel des entreprises industrielles coopérantes. La bibliothèque technique mettait à la disposition des étudiants 698 volumes[18].

L'Électrotechnique municipale comprenait deux sections :
1. Monteurschule (école des monteurs)
   - Monteurkurs (cours pour les monteurs)
   - Obermonteurkurs (cours pour les chefs monteurs)
2. Elektrotechnikerschule (école électrotechnique) – Ire, IIe, IIIe années

Le contenu de la formation de ces deux sections est décrit ci-dessous.

1. Monteurschule

Monteurkurs

Le cours pour les monteurs devait former les jeunes employés qui s'intéressaient aux travaux d'atelier liés au fer (activités d'ajustage) et aux expériences de montage dans le cadre de l'électrotechnique. En 1922, cette section était fréquentée par quelque mille étudiants[19].

Le Monteurkurs accueillait des jeunes qui voulaient travailler comme ajusteurs et mécaniciens mais manquaient d'expériences en matière d'atelier. Pendant leurs études, ils devaient passer par une pratique en matière de montage dans des usines et des centres de production. L'enseignement de base était de cinq ans et se déroulait pendant toute la semaine. Les cours du Monteurkurs étaient les suivants : cours théorique de 8 heures à 12 heures, cours pratiques de 14 heures à 17 heures. Il y avait deux sessions de cours par année qui débutaient l'une le 16 février, l'autre le 16 septembre[20].

Les matières enseignées étaient les suivantes[21] :

Elektrizitätslehre (Science de l'électricité) – deux heures par semaine – termes de base de l'électrotechnique, loi d'Ohm et son utilisation, production et effets du courant électrique, technique des courants alternatifs.

Elektrotechnik (Électrotechnique) – trois heures par semaine – production du courant électrique par des machines électriques, construction et utilisation des machines dynamoélectriques, moteurs électriques à courant continu, accumulateurs, corps lumineux, machines pour courant alternatif

---

[18] *Ibid.*, p. 10-12.
[19] *Ibid.*, p. 13.
[20] *Ibid.*, p. 14.
[21] *Ibid.*, p. 14-15.

et transformateurs, appareils de mesure électrotechniques, transmission de l'énergie électrique.

Installationslehre (Science des distributeurs, installations électriques) – trois heures par semaine, matériels et instruments, systèmes d'installation, calculs et utilisation des conducteurs, panneaux de commande et montages.

Schwachstromtechnik (Électrotechnique courant faible) – deux heures par semaine – télégraphie, téléphonie, technique de signalisation.

Physik (physique) – une heure par semaine – connaissances de base de la physique pour l'utilisation en électrotechnique.

Arithmetik und Geometrie (Arithmétique et géométrie) – trois heures par semaine – répétition des calculs de base, élévation à la puissance deux et trois, extraction d'une racine, calculs algébriques, comparaisons simples, mathématiques analytiques, calcul du contenu des corps plans et spatiaux et de leurs volumes et poids.

Motorenlehre (Science des moteurs) – deux heures par semaine – machines pour la production du courant électrique dans les centrales électriques, machines à vapeur et turbines, moteurs hydrauliques (roues hydrauliques et turbines hydrauliques), turbines à gaz, moteur à gas-oil, équipement des centrales éoliennes.

Maschinenelemente (Pièces mécaniques) – deux heures par semaine – discipline concernant les vis, rivets, arbres et essieux, tourillons, manivelles, roulements, raccords, courroies, tambours à câble.

Installationszeichnen (Projection) – trois heures par semaines – dessins de plans de bâtiments et d'installations, plans et schémas d'installation.

Rundschrift (Calligraphie) – cours dispensés dans le cadre du dessin général.

Praktikum (Pratique) – travaux à l'atelier, travaux de mesure, dessins, activités de montage, photométrie, exercices de mesure sur les machines, réglage des lampes à arc, calibrage des appareils de mesure, etc.

Obermonteurkurs

Seuls les diplômés du cours de montage de l'Électrotechnique municipale pouvaient étudier dans cette section afin d'élargir leur formation pour le futur travail des chefs monteurs, réviseurs de montage, chefs de montage, chefs de petites et moyennes centrales électriques et comme petits commerçants en matériel d'installation électrique. Ce cours durait cinq mois. Il commençait tous les ans le 16 février et le 16 septembre. Les deux cours de montage se terminaient au même moment.

Le plan d'étude avait une structure identique à celle du Monteurkurs – cours de théorie de 8 heures à 12 heures et de pratique de 14 heures à 17 heures. La structure des matières et les dotations étaient similaires au Monteurkurs, seul le contenu était différent[22] :

Mathematik (Mathématiques) – répétition et extension des connaissances du Monteurkurs, lois goniométriques simples et leur utilisation pour le calcul des courants alternatifs, calculs économiques.

Zentralanlagen (Équipement des centrales électriques) – fondation, construction et exploitation des centrales électriques et leur équipement.

Wechselstromtechnik (Technique des courants alternatifs) – production et répartition des courants alternatifs et méthode de mesure.

Motorenlehre (Science des moteurs) – discipline relative aux chaudières, machines à vapeur à pistons, turbines à vapeur, moteurs thermiques diesel.

Buchhaltung (Comptabilité) – comptabilité simple et correspondance pour les artisans et les plombiers.

Praktikum (Pratique) – dessins (fabrication et réalisation des plans d'installation, dessins des panneaux de distribution et de commande), travaux de laboratoire (mesures techniques sur les lampes, machines et appareils thermiques et dynamiques) – La Pratique accueillait seulement les anciens élèves du Monteurkurs ayant réalisé une pratique prolongée et avec d'excellents résultats au Monteurkurs.

2. Elektrotechnikerschule

L'école était une section technique supérieure qui visait à offrir aux jeunes une formation électrotechnique correspondante afin qu'ils puissent devenir électrotechniciens, chefs de montage, constructeurs, installateurs de lignes électriques et chefs de centrales électriques. L'école durait trois ans et elle pouvait être élargie à une formation électrotechnique individuelle spéciale.

Il était possible d'accéder à la première année après trois à quatre ans d'école fondamentale avec de très bons résultats. Le directeur de l'Électrotechnique municipale décidait de proposer ou non les examens d'admission. Le type d'admission était similaire pour les étudiants des écoles secondaires de trois ans ou des lycées de quatre ans. Après la quatrième année d'étude et après réussite aux examens de mécanique et de science des machines, les anciens élèves des écoles secondaires pouvaient poursuivre en deuxième année de l'Électrotechnique municipale.

La troisième et dernière année de l'Électrotechnique municipale accueillait également des étudiants des centres d'apprentissage techniques.

---

[22] *Städtisches Elektrotechnikum*, Teplitz-Schönau, C. Weigend, Juin 1922, p. 16.

Des ingénieurs pour un monde nouveau

Les anciens élèves des trois années recevaient une attestation finale et un certificat d'aptitude professionnelle de mécanicien industriel. Les cours commençaient le 1er septembre et se terminaient le 1er juin. Les anciens élèves de l'Électrotechnique municipale recevaient un certificat d'aptitude professionnelle et une attestation finale de l'école.

Plan d'étude des cours spécialisés de cinq mois :

Ces cours mettaient l'accent sur l'approfondissement pratique des connaissances – calculs des machines à courant continu et alternatif, des transformateurs et des réseaux. Les plans comprenaient : répétition des mathématiques (une heure par semaine), mathématiques supérieures (trois heures par semaine) – calcul différentiel et intégral, mesures, mesures alternatives (deux heures par semaine), constructions et calculs de machines à courant alternatif, de moteurs et de transformateurs (quatre heures par semaine), théorie et construction de compteurs (une heure par semaine), estimation des coûts (quatre-six heures par semaine), électrochimie (une heure par semaine), exercices pratiques de mécanique et de construction de machines (deux heures par semaine), comptabilité et correspondance commerciale (une heure par semaine).

Les cours étaient dispensés avec des manuels rédigés par les enseignants de l'école. Le directeur Biscan était le plus fécond. Ses manuels et ses préparations ont posé les bases du matériel d'étude moderne de l'enseignement secondaire électrotechnique[23].

---

[23] 1. **Les enseignants de l'École industrielle électrotechnique municipale de Teplice Šanov :**
Ing. Wilhelm Biscan (depuis 1895, fondateur, directeur de l'institut),
Ing. Egon Albrecht (depuis 1901, enseignant à l'institut),
Ing. Augustin Hanke (depuis 1919, ingénieur mécanicien),
Ing. Hugo Prikril (depuis 1919, ingénieur électrotechnicien),
Prof. Ing. Theodor Slawik (depuis 1914, ingénieur électrotechnicien),
Prof. Ing. Leo Smetaczek (depuis 1909, ingénieur mécanicien),
Ing. Julius Steiner (depuis 1898. Malade à partir de 1921, il ne se consacra plus à l'enseignement),
Karl Haberer (depuis 1897, contremaître des ateliers),
Johann Wagner (depuis 1899, contremaître des ateliers),
Zelenka (enseignant de matières spécialisées et aide-enseignant d'allemand),
Hertl (comptable, aide-enseignant à la comptabilité),
Ing. Stefan Sommer (décédé en 1922),
Ing. Otokar Kroupa (en 1922, il part pour l'école industrielle d'État de Chomutov),
Ing. J. Mader (enseignant de matières spécialisées),
Ing. H. Přikryl (enseignant de matières spécialisées),
Ing. K. Wahl (enseignant de matières spécialisées),

Conclusion – les conditions d'étude à l'Électrotechnique municipale

Les frais de scolarité étaient généralement fixés à cent couronnes par mois avec paiement par mandats postaux que les étudiants recevaient au moment de l'inscription. Outre les frais de scolarité généraux pour Monteurkurs, Obermonteurkurs et Höheren kurs, les études de trois ans de l'Elektrotechnikerschule coûtaient cinquante couronnes par mois. Les nouveaux étudiants du cours de cinq mois payaient une taxe d'entrée de cinq couronnes – dix couronnes pour l'Elektrotechnikerschule. Ces moyens étaient regroupés dans les fonds des fondations pour le soutien aux étudiants.

K. Haberer (chef d'atelier),
J. Wagner (enseignant de matières spécialisées). Selon *Städtisches Elektrotechnikum*, Teplitz-Schönau, C. Weigend, Juin 1922, p. 5.

2. Ouvrages de Wilhelm Biscan :

1. Biscan, W., *Kleines der Elektrizität*, Vienne, Publication A. Hartleben, 1884.
2. Biscan, W., *Lexikon der Elektrizität und des Magnetismus*, Graz, Publication Leykam, 1887.
3. Biscan, W., *Formeln und tabeln*, Leipzig, Publication Oskar Leiner, 1915.
4. Biscan, W., *Farben, Zeichen und Schriften zum Gebrauche in der Elektrotechnik*, Leipzig, Publication J. M. Gebhardt, 1891.
5. Biscan, W., *Elektrotechnische Vorlagen*, Leipzig, Publication J. M. Gerbhardt, 1911.
6. Biscan, W., *Die Bogenlampe*, Leipzig, Publication Oskar von Leiner, 1906.
7. Biscan, W., *Die elektrischen Messinstrumente*, Leipzig, Publication Oskar von Leiner, 1912.
8. Biscan, W., *Was ist Elektrizität*, Leipzig, Publication von Hachmeister & Thal, Hartleben, 1884.
9. Biscan, W., *Die Wechselstrommaschine*, Leipzig, Publication Oskar Leiner, 1910.
10. Biscan, W., *Über Funkentelegraphie*, Lieu inconnu, à compte d'auteur.
11. Biscan, W., *Die Starkstromtechnik*, Leipzig, Publication Karl Scholtze, 1906, Tome 1.
12. Biscan, W., *Die Starkstromtechnik*, Leipzig, Publication Karl Scholtze, 1907, Tome 2.
13. Biscan, W., *Blitzschutz-Einrichtungen*, Leipzig, Publication Oskar von Leiner, 1907.
14. Biscan, W., *Elektrische Lichteffekte*, Leipzig, Publication Karl Scholtze, 1911.
15. Biscan, W., *Elektrische Anlagen und Feurwehr*, Bohême, Publication Feurwehr-Landesverband für Böhmen, 1915.
16. Biscan, W., *Die Elektrizität im Hochbau*, Lieu inconnu, collection personnelle.
17. Biscan, W., *Fachliche Artikel in verschiedenen Fachzeitschriften und Tagesblättern*, Voir *Städtisches Elektrotechnikum*, Teplitz-Schönau, C. Weigend, Juin 1922, p. 35.

Pendant les études à l'Électrotechnique municipale, tous les étudiants étaient assurés contre les accidents. L'institut souscrivait également une assurance de cinq et dix couronnes pour les excursions et les visites exceptionnelles d'autres lieux de travail. Le matériel et l'outillage étaient assurés par l'Électrotechnique municipale à titre gratuit, à l'exception de l'outillage manuel que chaque étudiant achetait ou fabriquait, le gardant pour ses futurs besoins.

L'école organisait des excursions régulières et ses contacts aidaient les étudiants à trouver un emploi. À la fin de chaque année scolaire, des examens de fin d'études étaient réalisés et les étudiants recevaient une attestation. Les examens en continu se déroulaient tous les mois pendant l'année scolaire. L'Électrotechnique municipale s'occupait de la formation morale et sociale des étudiants. L'institut était ouvert au grand public pour des consultations en matière d'électrotechnique, aux sociétés pour la coopération et à la ville et à l'État pour la représentation des résultats de l'éducation des étudiants. La fréquentation de l'Électrotechnique municipale était conséquemment suivie. L'absence d'un étudiant aux cours ou aux ateliers devait être justifiée par écrit. Si ce n'était pas le cas dans un délai de huit jours sans justification, l'étudiant était définitivement exclu.

L'accès des étudiants à l'Électrotechnique municipale était également soumis à des règles strictes. Les locaux des cours étaient accessibles aux étudiants dix minutes avant le début du cours. Ils commençaient le matin à 8 heures 15 minutes et l'après-midi à 14 heures. De 12 heures à 14 heures, les étudiants avaient une pause pour le repas. Le cours pouvait être abandonné seulement après l'accord de l'enseignant. Pendant les pauses, les étudiants restaient dans une salle de l'école destinée au repos où ils pouvaient prendre un goûter. Vu la valeur des instruments situés dans le bâtiment et les postes de travail, les étudiants ne pouvaient pas circuler de manière indépendante dans les autres locaux de l'école.

La participation des étudiants aux partis et associations politiques ou aux manifestations était strictement interdite. Les conflits n'étaient pas réglés par l'école mais par la police sur appel. La participation à d'autres activités d'associations n'était pas recommandée aux étudiants de première et de seconde année. La fréquentation des cafés, des salles de danse et autres était autorisée uniquement par le directeur de l'école. Les activités bénévoles et d'intérêt et les associations estudiantines étaient soumises à l'autorisation du directeur.

Cet article visait à montrer l'évolution de l'enseignement spécialisé industriel dans les pays tchèques et en Tchécoslovaquie, en se fondant sur l'exemple de l'École électrotechnique de Teplice – Électrotechnique municipale. À la charnière des XIXe et XXe siècles, les pays tchèques ont ouvert les voies pour l'institutionnalisation de l'enseignement électrotechnique à ses différents degrés.

Dans les centres industriels des pays tchèques, outre la formation indispensable en mécanique avec les sciences pratiques, les années 1880 ont été témoins des germes des futures écoles spécialisées (industrielles) électrotechniques, nées du besoin des régions de mettre en application les connaissances électrotechniques dans la pratique quotidienne (éclairage des foyers, des ateliers, des usines, de l'environnement municipal, utilisation de l'électricité dans les espaces publics et dans la production, construction des télégraphes et des dispositifs de signalisation pour les voies ferrées, développement de la téléphonie dans le pays, utilisation de l'électricité pour les travaux ménagers et à des fins médicales, etc.), dispositif intensifié ensuite par le succès de l'électrification généralisée du pays lors de la Première République tchécoslovaque (1918-1938).

La loi sur l'électricité – un pas vers la création d'un réseau connecté

Jan ŠTEMBERK

Maître de conférences, Haute école commerciale, Prague
jan.stemberk@vso-praha.eu

Résumé

Le sujet de cet article est le suivi et l'appréciation des conditions juridiques du développement du secteur électrotechnique en Tchécoslovaquie dans la première moitié du XXe siècle. L'attention principale est portée sur les préparatifs, à l'adoption et à la mise en application de la loi sur l'électricité 438/1919 du 22 juillet 1919. L'adoption de la loi a été soutenue par toute une série de personnalités de l'électrotechnique et leurs exigences se sont reflétées dans la définition de la norme (professeur Vladimír List). La loi sur l'électricité a créé une situation juridique standard pour le développement systématique de l'électrification en Tchécoslovaquie, elle a posé les règles pour la mise en place du système d'électricité et fixé les conditions dans le cadre desquelles l'électrification recevrait le soutien financier de l'État. La mise en œuvre de l'électrification et la création d'un réseau de distribution compact ont correspondu à une des exigences de l'époque et rapproché la Tchécoslovaquie des États d'Europe occidentale.

Mots clés

Électrification, Loi sur l'électricité 438/1919, législation électrotechnique, centrales électriques d'utilité publique

Le secteur électrotechnique est en grande partie influencé par la législation et l'environnement juridique global. Le suivi de son développement exige de ne pas oublier le contexte juridique pouvant le soutenir ou le limiter. Avec la croissance de la mise en application de l'énergie électrique, ses possibilités d'utilisation ont augmenté. Cela a entraîné la demande de fixation des limites juridiques qui devaient encadrer la distribution et l'exploitation de l'énergie électrique, tout en assurant la sécurité de son utilisation. Dès les années 1880, La législation de la Cisleithanie (autrichienne) s'était intéressée à ce domaine.

Jusqu'à la fin de la Première Guerre mondiale, la législation considérait la production et la distribution de l'électricité comme une entreprise courante, sans nécessité de loi spéciale. Cette approche apparaît dans la publication du décret 41/1883 du ministre du Commerce et de l'Intérieur, en date du 25 mars 1883. La production et la distribution lucratives de l'énergie électrique dépendaient du Code des métiers de 1859. Toutefois, en raison de la dangerosité de l'exploitation, elles devinrent des métiers soumis à licence. Dans le secteur électrotechnique, le décret différenciait deux licences : électrotechnique pour les entreprises produisant les appareils électriques, et électriques pour la production de l'électricité. Il y avait trois types de licences : la grande licence, la licence moyenne pour l'aménagement d'équipements basse tension jusqu'à 300 V en alternatif et 600 V en continu, et la petite licence pour les réparations des lignes basse tension et les branchements[1]. Dans la moitié hongroise de l'État, l'entreprise d'électrotechnique fut soumise à l'article légal No.17 de 1884.

Le décret ministériel ne fixait ni condition ni standard précis. La puissance, le type de courant, la tension ou la fréquence de l'électricité produite et distribuée n'étaient pas déterminés. Tout dépendait de la décision de l'entrepreneur et des dispositions de la licence.

Jusqu'en 1914, de nombreuses centrales locales de différents types ont été mises en activité : centrales d'entreprise produisant l'électricité pour une entreprise concrète et vendant les surplus aux environs, centrales municipale et centrales coopérative. Avant la Première Guerre mondiale, les deux derniers types étaient les plus courants – ils formèrent ultérieurement la base du réseau électrique. Les petites centrales locales permettaient l'électrification d'une ville ou d'une zone industrielle et ne convenaient pas à la campagne. L'unique possibilité était la création de grandes centrales électriques, capables d'amener l'électricité en zone rurale.

Les préparatifs de la loi sur l'électricité

Les efforts d'élaboration d'une loi sur l'électricité apparaissent déjà vers la fin du XIXe siècle. Le public spécialisé savait que l'électrification ne pouvait être laissée à la seule et incontrôlable initiative privée. La fixation de règles et de conditions précises pour l'électrification systématique

---

[1] Efmertová, M., *Elektrotechnika v českých zemích a v Československu do poloviny 20. století. Studie k vývoji elektrotechnických oborů*, Praha, LIBRI, 1999, p. 77.

s'imposait. Le principal problème juridique était lié à l'aménagement des lignes électriques. La législation d'alors stipulait que la centrale électrique devait définir les conditions pour la pose du poteau électrique directement avec le propriétaire du bien immobilier sur lequel il devait être installé. La limitation forcée du droit de propriété n'existait pas comme au niveau des routes et des chemins de fer. L'accord devait être obtenu non seulement avec le propriétaire du bien immobilier sur lequel le poteau devait être installé, mais également avec le propriétaire du terrain au-dessus duquel les lignes devaient passer. Les négociations étaient souvent compliquées et les propriétaires privés posaient des conditions exagérées. Les accords étaient plus facilement atteints avec les unités territoriales autonomes, les lignes électriques longeant souvent les voies et les routes. La nécessité d'obtenir un accord avait des conséquences positives car les entreprises d'électricité étaient soumises à certaines limitations et devaient accepter différentes conditions des districts et communes, qui étaient souvent bénéfiques pour les différents clients (par ex. des prix inférieurs)[2].

Le conseiller ministériel du ministère des Chemins de fer, le Dr. Arnold Krasny, lança une tentative intéressante en soulignant l'urgence de l'adoption d'une loi spéciale sur l'électricité dès le début du XXe siècle. Krasny donnait des conférences à Vienne et à Prague sur la nécessité d'une régulation juridique. Le projet de loi de Krasny fut présenté au titre de projet gouvernemental au Conseil impérial en 1908. Il comprenait d'importants éléments monopolistes et il était inacceptable pour la majorité des organes autonomes. Jusqu'à la disparition de la monarchie, trois projets de loi sur l'électricité furent présentés : peu avant le début de la Première Guerre mondiale en 1913, puis en 1914, et le dernier juste avant la désintégration de la monarchie en 1918[3]. Ces trois projets avaient pour point commun le regroupement de la basse tension (lignes de téléphone et de télégraphe) et de la haute tension (lignes électriques). Les textes visaient essentiellement la préparation des voies pour les lignes électriques qui devaient permettre d'utiliser les terrains à cet effet, même contre la volonté du propriétaire. Il faut noter le soutien du grand capital car il était donné la possibilité de créer des monopoles locaux difficilement contrôlables. Il existait un embryon futur de monopole de l'État lorsqu'on décida, comme pour les compagnies ferroviaires, du droit de l'État au rachat de l'entreprise électrique au bout de 25 ans à partir de la délivrance de la licence et du droit de réception à titre gratuit à l'échéance des licences délivrées pour 90 ans (60 ans pour les sociétés privées). L'idée de création d'un monopole de l'État rassembla

---

[2] List, V., *Elektrisace po válce*, Praha, Topič, 1917, p. 116-118.

[3] Hrdina, J., « Československé právo elektrárenské », in *Sbírka spisů právnických a národohospodářských*, Brno, 1921, Tome 9, p. 12.

cependant le plus grand nombre d'opposants[4]. La campagne menée au Conseil impérial contre le dernier plan d'électrification qui devait favoriser les sociétés à forts capitaux, notamment de l'Empire allemand, éclaira les députés tchèques sur la problématique de l'électrification, ce dont ils devaient se souvenir pour utiliser ces expériences au sein du nouvel État tchécoslovaque[5]. Le professeur Vladimír List de l'Université technique tchèque de Brünne s'opposa également à l'électrification systématique de la Cisleithanie. List avait l'expérience de la préparation de l'électrification en Moravie et il était reconnu comme spécialiste dans ce domaine. C'est la raison pour laquelle on le retira de l'armée en novembre 1915 afin qu'il continue à se consacrer à l'électrification, et ce sur suggestion d'Otakar Trnka, ministre des Travaux publics de Cisleithanie, natif de Pardubice et docteur *honoris causa* de l'Université technique tchèque de Brünne. Celui-ci appela List pour disposer d'un spécialiste dans les négociations avec les Allemands qui faisaient pression sur la monarchie autrichienne, afin qu'elle publie rapidement la Loi sur l'électricité qui ouvrirait un espace aux entreprises de l'Empire allemand. Avec l'aide de List, le dernier projet de loi sur l'électricité en Cisleithanie fut balayé de la table[6].

Avant la Première Guerre mondiale, l'initiative régionale se substitua à l'activité insuffisante des autorités centrales de la Cisleithanie. Ainsi, grâce au professeur Vladimír List, on voit la Moravie apparaître dans le processus d'électrification. List s'était joint au député agraire morave Jan Rozkošný qu'il avait réussi à convaincre en faveur de l'électrification systématique avec un rôle dominant des organes territoriaux moraves. En coopération avec Rozkošný, List organisa plusieurs conférences pour persuader le monde rural des avantages de l'électricité. En 1913, List et les professeurs de l'Université technique tchèque de Brünne, l'économiste Karel Engliš et le juriste František Weyr, préparèrent un projet de loi territoriale sur l'électrification de la Moravie. Ce projet présenté à l'assemblée territoriale morave le 3 février 1914 présentait un premier plan d'électrification systématique pour l'ensemble du pays. Le plan se fondait sur l'idée moderne de coopération des capitaux publics et privés où la part principale à l'électrification reviendrait aux entreprises d'électricité mixtes avec pourcentage majoritaire pour l'unité territoriale : le plan envisageait 60 % de participation des capitaux publics (30 % pour le pays, 10 % pour les districts routiers et 20 % pour les communes), la partie restante du capital social de l'entreprise d'électricité pouvant être souscrite par les

---

[4] *Ibid.*, p. 14.
[5] List, V., « Dvacet let soustavné elektrisace Moravy a Slezska », in *Elektrotechnický obzor*, 1934, vol. 23, n° 27, p. 418.
[6] List, V., *Paměti*, Ostrava, 1992, p. 122.

investisseurs privés. Sur accord de la représentation politique tchèque, le projet de loi fut retiré de la réunion de l'assemblée morave. Le Parti populaire allemand et les propriétaires fonciers allemands y opposaient une forte résistance. Le texte qui partait de la création d'une entreprise électrique devait être amendé et présenté à nouveau en automne 1914. Ce nouveau projet devait reposer sur plusieurs entreprises d'électricité qui disposeraient d'une circonscription territoriale délimitée qu'elles devraient progressivement électrifier. Mais, à cause de la guerre, le projet ne fut pas présenté. On doit signaler cependant la création d'une commission d'électricité, conduite par Ladislav Pluhař, qui travailla à partir de 1914 à l'Assemblée territoriale morave[7].

La situation en Bohême était moins avancée. Avant la Première Guerre mondiale, l'entrepreneur en électrotechnique František Křižík militait en faveur de l'adoption d'une loi sur l'électricité, en présentant cette idée en 1905 au président de l'assemblée territoriale en Bohême, Jiří z Lobkovic. Cinq années plus tard, il représenta son projet, sans plus de succès[8]. Les discussions portaient notamment sur l'aménagement simplifié des lignes électriques. Au sein de la Commission administrative[9] se trouvait le département de mécanique et d'électrotechnique, dirigé par l'ingénieur Karel Vaňouček dont le soutien aux activités d'électricité des différents districts autonomes représentait une activité importante. À partir de 1916, les premières entreprises d'électricité avec participation de capitaux publics (par ex. l'Union d'électricité des districts du bassin moyen de l'Elbe de Kolín) commencèrent à fonctionner. Elles jouèrent ultérieurement un rôle significatif dans l'électrification de la Tchécoslovaquie.

Rappelons ici une donnée des débuts de l'électrification dans les pays tchèques, à savoir la dimension nationale. Elle apparaît notamment dans la concurrence des capitaux, comme dans d'autres secteurs économiques. De ce point de vue, les petites centrales électriques locales (« petites boutiques ») étaient plus avantageuses pour les capitaux tchèques que la construction coûteuse de grandes centrales électriques. « L'unique centrale électrique tchèque de plus de 5 000 kW se trouve à Prague. C'est une réalité terrible due à la politique locale insensée, à un manque de sens de l'organisation et à l'amateurisme de tous ceux qui chez nous projettent des petites boutiques. »[10] Le député morave, le comte François Deym, fit

---

[7] List, V., *Elektrisace po válce*, Praha, Topič, 1917, p. 116-118.
[8] Efmertová, M., *Elektrotechnika v českých zemích a v Československu do poloviny 20. století. Studie k vývoji elektrotechnických oborů*, Praha, LIBRI, 1999, p. 78.
[9] Selon les brevets de Sainte-Anne de juillet 1913, elle remplaça en Bohême l'unité territoriale autonome suspendue.
[10] List, V., *Elektrisace po válce*, Praha, Topič, 1917, p. 77.

une déclaration intéressante : « Les Allemands ne se laissent pas rattraper l'avance qu'ils ont en matière d'électrification. »[11]

L'adoption de la loi tchécoslovaque sur l'électricité

La question de l'électrification liée à l'aménagement d'un réseau électrique unifié fut un des premiers problèmes que la nouvelle République tchécoslovaque dut s'atteler à résoudre. Un comité technique qui devait se consacrer aux questions de l'électrification fut créé début 1919 au ministère des Travaux publics. En fait, l'adoption d'une législation devint indispensable. Le président T. G. Masaryk souligna son importance dans une lettre envoyée au ministre des Travaux publics : « ... l'électrification de tout notre territoire doit être réalisée de manière réfléchie. »[12] L'intérêt pour l'électricité augmentait et les conflits entre les différentes centrales électriques, entre les propriétaires de terrains et les centrales électriques, etc. se multipliaient. Le Comité technique dont le professeur List était membre se réunit pour la première fois le 24 avril 1919 sous la présidence de František Staněk, alors ministre des Travaux publics. À la réunion, List expliqua ses plans d'électrification systématique, il souligna les avantages économiques de la grande exploitation de l'électricité et le rôle des entreprises d'électricité[13]. La préparation du plan partait des anciens modèles législatifs de Cisleithanie, de la législation d'Europe occidentale et des projets de lois sur l'électricité pour la Moravie et la Bohême, préparés avant la Première Guerre mondiale. Aux préparatifs de la loi participèrent les producteurs d'électricité, les organes autonomes et le public spécialisé. Le gouvernement présenta la Loi sur l'électricité à l'assemblée nationale le 21 juin 1919. Le plan fut présenté à l'étude du Comité technique de l'assemblée nationale qui devait fournir un rapport dans un délai de 14 jours.

Les principes sur lesquels le plan de la loi fut fondé peuvent être résumés en trois points :

1. Le concours de l'État et des autorités publiques qui s'intéressent à la production et à la distribution de l'énergie, lié au soutien des entreprises d'électricité créées par les corporations publiques ou les entreprises coopératives.

---

[11] List, V., *Paměti*, Ostrava, 1992, p. 119.
[12] Stenoprotokol ze zasedání Národního shromáždění československého ze dne 22. července 1919, accessible sur URL : <http://www.psp.cz/eknih/1918ns/ps/stenprot/066schuz/s066003.htm> [en ligne 5. 5. 2010].
[13] *Vladimír List : k šedesátinám učitele, technika, národohospodáře a svého budovatele*, Praha, Elektrotechnický svaz československý (E.S.Č.) a Československá normalizační společnost (Č.N.S.), 1937, p. 77.

2. Les efforts en vue de l'exploitation parfaite des ressources naturelles d'énergie, notamment les forces de l'eau, et les efforts en vue d'économiser le charbon pour les futures générations.

3. L'union des nouvelles entreprises aux entreprises existantes sans que ces dernières connaissent des pannes d'administration et d'exploitation.

Le rapport explicatif déclarait textuellement : « L'État doit faire des efforts pour que l'électrification soit réalisée de manière systématique, c'est la seule façon d'éliminer l'exploitation de petits moteurs thermiques coûteux où le combustible est souvent gaspillé. [...] L'électrification systématique, c'est-à-dire la concentration rationnelle de la production d'énergie, la création d'un réseau de distribution unique dans tout l'État tchécoslovaque et l'utilisation rationnelle de la force de l'eau permettent d'économiser une grande quantité de combustibles. »[14]

Le Comité technique de l'assemblée nationale donna un avis positif au projet de loi dont le rapporteur était le député Josef Rotnág, le 16 juillet 1919. Le Comité précisa seulement une partie du plan, les conditions de transformation des centrales électriques en entreprises d'utilité publique et la conversion forcée des entreprises liée aux compagnies d'électricité des sociétés étrangères qui en refuseraient bénévolement la transformation[15]. Dans un monde électrotechnique au développement rapide, V. List refusa les dispositions légales détaillées qui pourraient ultérieurement empêcher l'évolution du secteur[16]. Antonín Hampl, alors ministre social-démocrate des Travaux publics, intervint pour soutenir l'adoption de la loi à la séance de l'assemblée nationale tenue le 22 juillet 1919. Le projet de loi fut adopté le 22 juillet 1919 sans débats[17]. La loi sur le soutien de l'État au lancement de l'électrification systématique de la République tchécoslovaque (Loi sur l'électricité) fut proclamée sous le numéro 438/1919 le 4 août 1919. Elle prit effet quatre semaines après sa proclamation. Bien conçue et élaborée, cette loi devint la base de l'édification du réseau électrique réunissant les différentes villes et villages en utilisant des paramètres techniques

---

[14] Důvodová zpráva k vládnímu návrhu zákona o státní podpoře při zahájení soustavné elektrisace, Národní shromáždění československé 1918-1920, tisk 1217, accessible sur URL : <http://www.psp.cz/eknih/1918ns/ps/tisky/t1217_02.htm> [en ligne 5. 5. 2010].

[15] Vancl, K., « Počátky elektrizačního práva a jeho vývoj v Československu », in *Dějiny věd a techniky*, 1973, vol. 6, No.2, p. 95.

[16] *Vladimír List : k šedesátinám učitele, technika, národohospodáře a svého budovatele*, Praha, Elektrotechnický svaz československý (E.S.Č.) a Československá normalizační společnost (Č.N.S.), 1937, p. 77.

[17] Stenoprotokol ze zasedání Národního shromáždění československého ze dne 22. července 1919 accessible sur URL : <http://www.psp.cz/eknih/1918ns/ps/stenprot/066schuz/s066003.htm> [en ligne 5. 5. 2010].

identiques. Cette petite œuvre de 33 paragraphes représentait pourtant une loi à grande échelle.

La structure et l'amendement de la loi sur l'électricité

La loi peut être divisée en trois parties : la première se consacrait à la participation de l'État à l'électrification systématique, la seconde régissait les droits et obligations des centrales électriques d'utilité publique et la troisième partie comprenait les dispositions générales.

Le rôle fondamental de l'électrification systématique devait être joué par les centrales électriques d'utilité publique. Conformément au § 2 de la loi, une centrale pouvait être déclarée d'utilité publique lorsqu'elle était exploitée par une société commerciale où une coopérative avec 60 % de capitaux publics (État ou unité autonome). 35 % pouvaient être souscrits par des investisseurs privés et 5 % devaient être réservés pour les employés. C'est le ministère des Travaux publics qui décidait de l'utilité publique de la centrale électrique. L'entreprise d'utilité publique devait mettre en œuvre l'électrification systématique sur un district délimité, assurer à l'administration publique les avantages des fournitures d'électricité, connecter au réseau électrique sur demande chaque consommateur dans son district, aménager le réseau de distribution de l'électricité « tout en protégeant les beautés des monuments naturels et historiques », construire selon les besoins de nouvelles centrales électriques et coopérer avec les centrales électriques voisines. L'entreprise d'utilité publique obtenait des avantages importants : pour l'aménagement du réseau de distribution, elle pouvait jouir à titre gratuit des terrains en propriété de l'État, des unités autonomes et des propriétaires privés[18]. En cas de besoin et dans l'étendue indispensable, elle pouvait exproprier les terrains moyennant une compensation. Le décret gouvernemental 612/1920 du 22 juillet 1920 précisa le procédé de proclamation d'utilité publique des entreprises d'électricité.

La déclaration d'utilité publique remplaça la licence pour la production et la distribution de l'énergie électrique fixée par le décret gouvernemental 41/1883. Cependant, un manque d'unité se fit jour au moment de la répartition des centrales en centrales d'utilité publique, qui étaient sous la compétence du ministère des Travaux publics, et celles qui dépendaient du ministère de l'Industrie, du Commerce et des Métiers : en effet, la loi sur l'électricité ne devait pas empêcher les autres formes d'électrification et en particulier l'initiative privée. Les centrales électriques sans droit d'utilité publique ne jouissaient d'aucun avantage, mais la réussite de leurs activités

---

[18] L'entreprise électrique d'utilité publique a reçu le droit de jouissance du terrain sans caractère de servitude. Son exercice ne devait pas empêcher la jouissance du terrain par son propriétaire.

était possible. Cette conclusion peut être justifiée par le fait que dans la première moitié des années 1930, la majorité de l'électricité était produite dans les centrales électriques d'usines (61,5 % en 1933)[19].

La part importante des capitaux publics dans les entreprises d'électricité d'utilité publique s'avéra bientôt être un frein au développement de l'électrification systématique, car ni l'État ni les unités territoriales autonomes ne disposaient de moyens suffisants pour les investissements indispensables à l'électrification. On décida donc la réduction provisoire du montant de la part des corporations de droit public. La Loi 258/1921 du 1er juillet concéda une part supérieure aux capitaux privés, un minimum de 25 % du capital social devant correspondre aux responsables publics. Il s'agissait d'une affaire provisoire. Dans un délai de 20 ans, la part publique devrait de nouveau correspondre aux visées de 1919. Conformément à cette loi, deux entreprises d'utilité publique furent créées – les Usines coopératives de Dražice nad Jizerou et la Centrale de Russie Sub-carphatique, société anonyme à Oujgorod. À part ces deux cas, aucune entreprise d'utilité publique avec majorité de capitaux privés ne put être construite, notamment parce que le délai de 20 ans semblait court aux capitaux privés pour la valorisation des investissements. Au début des années 1930, on débattit de la prolongation du délai à 30 ans[20].

L'influence de l'État et des corporations publiques sur la direction des entreprises d'électricité d'utilité publique entraîna cependant certains effets négatifs. La loi ne dépolitisait pas la direction de ces entreprises. Elle contribua au contraire à leur politisation en les mettant entre les mains des unités autonomes. Le professeur List en fit le reproche à la loi mais il déclara avec justesse que si la décision avait été prise de mettre en application la dépolitisation en Bohême, le texte n'aurait probablement pas été adopté. Pour certains partis politiques, l'électrification devint un moyen de présentation et de combat électoral[21].

La loi sur l'électricité avait promu la participation financière directe de l'État qui devait construire notamment de nouvelles centrales hydrauliques et investir des capitaux dans les entreprises d'électricité. Dans les années 1919-1928, l'État s'engagea à investir dans l'électrification systématique 75 millions de couronnes pour la construction de nouvelles centrales électriques et le rachat des centrales existantes. 8 millions de couronnes furent réservées pour 1919 et ces sommes devaient être imputées directement

---

[19] List, V., « Elektrisace v Československu », in *Sedmdesát let technické práce*, Praha, Spolek československých inženýrů, 1935, p. 135.

[20] Senátní tisk n° 779, III. volební období, 6. zasedání, accessible sur URL : <http://www.senat.cz/zajimavosti/tisky/3vo/tisky/T0779_00.htm> [en ligne 5. 5. 2010].

[21] List, V., *Paměti*, Ostrava, 1992, p. 129.

au budget de l'État pour les années suivantes. Des réductions fiscales et de taxes et autres avantages devaient être accordés. Selon leurs résultats économiques, les entreprises d'utilité publique étaient exonérées d'impôts, complètement ou en partie. Les sociétés anonymes d'utilité publique obtinrent le droit de souscription d'obligations industrielles, limitées plus tard suite à la pression des banques.

Au début, l'État refusa d'accorder des dotations directes. Cette démarche fut réétudiée dans la moitié des années 1920. Début 1924, le ministère de l'Agriculture décida d'accorder lui-même des aides pour l'électrification rurale. Cette somme était de 15 millions de couronnes sur trois ans, mais les moyens insuffisants du ministère de l'Agriculture permirent seulement d'en payer moins des deux tiers. Cette mesure s'avéra juste car elle accélérait l'électrification et amenait l'électricité sur les lieux éloignés. La solution globale de soutien à l'électrification rurale fut l'adoption de la Loi 139/1926 relative au soutien financier à l'électrification rurale. La loi stipulait une somme annuelle de 10 millions de couronnes pour les années 1927-1931, soit un total de 50 millions de couronnes, afin que les soutiens financiers permettent la mise en œuvre de l'électrification dans les communes rurales où suite au nombre réduit d'habitants, à l'éparpillement des sites et à leurs distances, l'aménagement des lignes et des branchements était coûteux. La consommation dans ces localités était relativement faible et l'introduction de l'électricité aurait été peu économique et irréalisable pour les entreprises d'électricité[22]. La loi permettait d'obtenir un soutien pour la construction des lignes pouvant atteindre 50 %, et jusqu'à 75 % dans les régions montagneuses[23]. Comme l'intérêt des campagnes pour l'électrification allait croissant, la possibilité d'attribution des dotations fut prolongée à plusieurs reprises et les sommes annuelles augmentèrent (comparer les lois 46/1929 et 72/1932). Étant donné l'appétit des communes pour les subventions, les soutiens étaient promis quelques années à l'avance. Les communes allemandes s'intéressaient aux avantages de l'électrification systématique par les entreprises d'utilité publique, dans la mesure où les constructions étaient réalisées par des ouvriers allemands[24]. Les coûts d'électrification d'une commune de taille moyenne correspondaient à environ 100 000 couronnes[25].

---

[22] Senátní tisk n° 620, II. volební období, 6. zasedání, accessible sur URL : <http://www.senat.cz/zajimavosti/tisky/2vo/tisky/T0620_00.htm> [en ligne 5. 5. 2010].

[23] Vancl, K., « Elektrisace soustavná », in *Slovník veřejného práva československého*, Brno, 1929, Tome 1, p. 531.

[24] List, V., *Paměti*, Ostrava, 1992, p. 126.

[25] Státní okresní archiv (S.O.k.A.) Prague-Est, fonds Okresní zastupitelstvo Brandýs n. L., carton 159 ; carton 160, inv. n° 161 ; n° 162, Électrification des communes.

Dans le même esprit apparaît la Loi 44/1929 relative au fonds d'électrification, adoptée sur initiative directe de V. List[26]. La consommation d'électricité augmenta rapidement et la connexion mutuelle des centrales électriques voisines s'avéra plus avantageuse que l'augmentation permanente des capacités pour réserves et heures de pointe. Le fonds d'électrification devait soutenir principalement l'aménagement du réseau connecté très haute tension dans toute la Tchécoslovaquie. Un crédit à long terme et bon marché permettait aux entreprises d'utilité publique d'aménager des lignes connectées coûteuses qui devaient régler la consommation variable et les éventuelles coupures. L'idée du fonds d'électrification partait du système de moyens séparés et fonctionnels. Le ministère des Finances n'accueillit pas la création du fonds qui renvoyait à l'existence de fonds similaires (par ex. le Fonds routier conformément à la Loi 116/1927)[27].

La loi permettait la distribution de l'électricité au-delà des frontières de l'État. Cette distribution était soumise à l'accord du ministère des Travaux publics. Au niveau international, cette question était traitée par la Convention internationale sur le transport en transit de l'électricité, conclue le 9 décembre 1923. Le contrat prit effet le 28 février 1927 (45/1927).

L'article 31 de la loi sur l'électricité prévoyait la création d'un organe consultatif spécial pour la solution des graves problèmes de l'électrification systématique. Sur décret gouvernemental n° 26/1920 fut créé le Conseil d'électricité d'État qui dépendait du ministère des Travaux publics, et qui était présidé par le ministre. L'adhésion au Conseil représentait une fonction honorifique. Les membres, 45 au maximum, étaient nommés par le ministre des Travaux public pour 3 ans. Le Conseil jouait un rôle consultatif, il présentait des expertises et des avis, il s'exprimait sur la normalisation technique. Le Conseil se composait de représentants des unités autonomes, de l'agriculture, de l'industrie et de l'artisanat, de la science, des associations et corporations professionnelles, des acheteurs d'électricité et des employés des entreprises d'électricité d'utilité publique. Le Conseil devait se réunir au minimum une fois par an avec en son sein un comité d'électricité permanent. Vladimír List siégeait également au Conseil d'électricité.

Le ministère des Travaux publics était compétent en matière d'électrification systématique et il pouvait déterminer d'autres conditions techniques. Elles furent publiées par le décret ministériel 45.015/XVIII

---

[26] *Vladimír List : k šedesátinám učitele, technika, národohospodáře a svého budovatele*, Praha, E.S.Č. a Č.N.S., 1937, p. 75.

[27] Sur l'activité du fonds routier, comparer : Štemberk, J., *Automobilista v zajetí reality. Vývoj pravidel silničního provozu v českých zemích v první polovině 20. století*, Praha, Karolinum, 2008, p. 31-33.

du 13 août 1920 qui définissait les conditions de base pour la mise en œuvre de l'électrification systématique. Ce décret fut appliqué dans toute la République pour l'électrification par les centrales d'utilité publique, à titre de système standard de courant à trois phases et fréquence de 50 Hz, tension normale pour le réseau basse tension local de 380/220 V, pour le réseau extérieur (haute tension) de 22 kV, et pour les lignes à distance (très haute tension) de 100 kV. Les générateurs électriques devaient fournir un courant de tension 6 kV. Les centrales électriques thermiques devaient être construites afin que la production d'énergie électrique fusionne dans les grandes centrales électriques à proximité des mines, avec possibilité d'exploiter un combustible résiduaire. Le potentiel des cours d'eau devait être exploité au maximum pour l'aménagement des centrales électriques et pour l'électrification systématique. La construction des centrales d'entreprises devait prendre en considération les besoins de l'électrification systématique[28]. La mise en place de ces tensions était l'idée de V. List qui défendait ces valeurs et les présenta à la réunion de Bratislava en 1920. Les valeurs de haute et de très haute tension furent acceptées malgré le manque d'expériences des lignes. La définition des normes techniques fut très importante pour l'électrification ultérieure, car elle permettait la connexion des lignes électriques et contribuait à la normalisation de la fabrication d'appareils électriques, la transformation fréquente de la tension n'étant plus nécessaire. Au début de l'électrification, la définition de la norme technique permit des économies de coûts qui auraient dû être investis dans l'unification. Cependant, la pleine application de ces valeurs concerne la seconde moitié du XXe siècle.

La mise en application de la loi sur l'électricité et le déroulement de l'électrification

L'objectif principal de la législation de l'électrification était la création de conditions adéquates pour l'édification du réseau électrique et l'introduction de l'énergie électrique sur toute la surface de l'État, afin que les avantages de l'électricité soient accessibles au plus grand nombre possible d'intéressés. Dans les années 1920-1924, 15 entreprises électriques d'utilité publique furent crées en Bohême, 4 en Moravie et Silésie, 5 en Slovaquie et 1 en Russie subcarpathique[29].

La production et la consommation d'électricité firent plus que doubler durant les années 1920, avec une baisse de l'ouest par rapport à l'est. De

---

[28] Kneidl, F., « Vývoj elektrisace v Čechách a na Moravě », in *Z vývoje české technické tvorby*, Praha, 1940, p. 183.

[29] Efmertová, M., *Elektrotechnika v českých zemích a v Československu do poloviny 20. století. Studie k vývoji elektrotechnických oborů*, Praha, LIBRI, 1999, p. 165-167.

1918 à 1938, la consommation moyenne d'électricité par habitant augmenta de 70 à 265 kWh. À la fin des années 1930, la consommation d'électricité par habitant dans les pays tchèques était comparable à celle de la consommation en France. Vers la fin de l'entre-deux-guerres (1938), les centrales électriques d'utilité publique couvraient environ 62 % de la consommation d'électricité. Plus d'un tiers de l'électricité était produit par les centrales électriques sans droit d'utilité publique, le plus souvent par les centrales d'entreprise[30].

Ces statistiques rendent compte de l'activité systématique des centrales électriques et de l'intérêt croissant du public. Mais on ne peut séparer l'analyse de la législation et celle de sa mise en application. Dans la pratique, les problèmes les plus conséquents étaient les prix élevés de l'électricité et les coupures fréquentes, etc. Une étude documentant le processus d'électrification systématique, réalisée dans la région du bassin de l'Elbe de l'agglomération de Brandýs, plus précisément dans les deux grandes villes de Brandýs nad Labem et de Čelákovice, donne un éclairage utile sur les contingences de la mise en œuvre de ce vaste programme.

Les deux villes ont suivi des modalités différentes. Brandýs nad Labem avait choisi d'édifier une petite centrale communale alors que Čelákovice disposait au début d'une centrale d'entreprise. Elles misèrent sur le courant continu et sur une petite centrale électrique locale. Dans sa séance du 18 janvier 1895, le Conseil municipal de Brandýs étudia le projet de l'entrepreneur local et fondateur de l'usine František Melichar-Umrath, relatif à la création d'une centrale électrique qui fournirait le courant pour l'éclairage de la place et des rues par des lampes à arc et 40 ampoules[31]. Le plan fut adopté par décision du Conseil municipal le 18 janvier 1895 et on autorisa la somme de 1 000 florins pour l'installation et de 1 050 florins pour la maintenance de l'éclairage municipal. Les débats sur la fonctionnalité de la centrale électrique se prolongèrent jusqu'en 1899, date à laquelle le Conseil municipal de Brandýs décida la création d'une centrale municipale près de l'Elbe. Elle servait non seulement à l'éclairage public, qui représentait 150 ampoules, mais fournissait le courant aux différents intéressés qui pendant la construction s'enregistrèrent pour 2 000 bougies et 15 moteurs[32]. Il est certain que la demande portait notamment pour l'éclairage et que la traction électrique des machines agricoles restait en

---

[30] *Ibid.*, p. 81-82.
[31] S.O.k.A. Prague-Est, fonds Městský úřad Brandýs n. L, Kniha protokolů ze zasedání obecního zastupitelstva. Zápis ze zasedání obecního zastupitelstva v Brandýse n. L. 30.2.1889.
[32] Prášek, J.V., *Brandýs nad Labem, město, panství i okres*, Brandýs n. Labem, 1910, Tome 2, p. 48.

retard, ce qui était également courant dans les autres régions. 1909 fut une nouvelle étape de modernisation avec la création de la société municipale Centrale électrique et service des eaux de Brandýs nad Labem. La centrale avait une puissance de 152 kW et elle produisait du courant continu 2 x 120 V. La puissance annuelle atteignait. 193 216 kW/h. Elle disposait de deux moteurs de puissance 150 ch. et 100 ch.[33]. Cette centrale municipale fut fermée en 1923. En 1921, une centrale hydraulique avec turbine à puissance de 315 ch. avait été installée au moulin Šorel de Brandýs nad Labem. La commune de Brandýs avait conclu un contrat exclusif de prélèvement avec la société Šorel et elle continua de cette façon à disposer d'électricité[34]. L'électricité ainsi obtenue était moins chère que celle des moteurs à combustion interne.

La ville de Čelákovice se servit tout d'abord de la centrale de l'entreprise locale et le réseau de distribution d'électricité fut progressivement aménagé sur les terrains municipaux à partir de 1910. La commune achetait le courant continu 1 x 240 V à la société Rudolf Stabenow (de nos jours Usine métallurgique de Čelákovice) qui fabriquait des batteries. L'électricité était utilisée pour l'éclairage public et elle était vendue avec bénéfice aux différents intéressés. Un contrat de fourniture d'électricité sur dix ans fut conclu avec la société R. Stabenow. Cette fourniture était cependant accompagnée de coupures fréquentes et l'usine Stabenow ne pouvait répondre à la demande croissante d'électricité. Aussi en 1918, le Conseil municipal prit-il la décision d'obtenir du courant d'une autre source plus puissante et le contrat ne fut pas renouvelé en 1920[35].

La centrale coopérative de Dražice nad Jizerou participa activement à l'électrification systématique de la région du Bassin central de l'Elbe et de Jizera. En 1910, après la fourniture de Jizera, on construisit une centrale électrique à côté du moulin, destinée aux communes voisines. La centrale de Dražice fut une des rares à choisir la production de courant alternatif et ce choix s'avéra heureux. Les communes environnantes se méfiaient de l'électricité et seulement 180 lampes s'allumèrent une année plus tard. Afin d'obtenir plus de clients, les lignes électriques furent installées à titre gratuit jusqu'aux maisons. En 1912, le réseau commença à augmenter. La centrale pouvait à présent demander pour la mise en place de l'électricité un prêt de 4 000 couronnes par kilomètre de ligne avec intérêt de 6 %. Stará

---

[33] *Československý Kompas, Doprava, průmysl a obchod 1922*, Praha, 1922, Tome 1, p. 355.

[34] S.O.k.A. Prague-Est, fonds Okresní zastupitelstvo Brandýs n. L., carton 159, inv. n° 161, Smlouva o prodeji elektrické energie z Šorelovy elektrárny v Brandýse n. L./ Staré Boleslavi s. r. o. 18.10.1920.

[35] S.O.k.A. Prague-Est, fonds Okresní úřad Brandýs n. L., carton 652, inv. n° 811, protokol z 6.11.1920.

Boleslav fut branchée avant la Première Guerre mondiale. L'extension prit fin au moment de la guerre. En 1920, Toušeň et Čelákovice furent branchées sur une centrale coopérative d'une autre région. Cela exigea d'importants investissements pour la ligne électrique qui fut complètement transformée en courant alternatif à trois phases[36]. La production d'électricité était assurée par deux turbines hydrauliques de 600 ch. Après l'extension du réseau, les turbines hydrauliques ne suffisaient plus et en 1918, il fallut installer deux moteurs à gas-oil d'une puissance de 600 ch. Mais comme les livraisons de gas-oil étaient irrégulières, après la fondation de la Tchécoslovaquie, on décida en 1920 de construire une turbine à vapeur de 3 000 ch, pour un investissement de 9 millions de couronnes. En 1925, la centrale avait 18 000 clients et un prélèvement total de 4 millions de kWh. Étant donné que la centrale fonctionnait selon le principe d'une coopérative, chaque commune qui voulait introduire l'électricité devait adhérer à la coopérative au nom de ses habitants[37]. Une mesure importante pour le développement de la centrale de Dražice dans la seconde moitié des années 1920 fut sa proclamation comme entreprise d'utilité publique, bien que la part des capitaux publics n'atteignait pas les valeurs exigées par la loi sur l'électricité de 1919.

La centrale électrique de Dražice faisait partie des petites entreprises. Le nombre croissant de clients se reflétait dans la qualité de l'électricité fournie. En 1926, la société Melichar de Brandýs n. L. demanda la fourniture d'électricité à l'Union d'électricité des districts de l'Elbe centrale de Kolín. L'entreprise de mécanique se plaignait des variations de tension du courant fourni par Dražice, qui n'atteignait souvent sur la conduite primaire que 4 500 V au lieu des 6 300 V ± 5 % déclarés officiellement. L'exploitation des machines en était fréquemment perturbée. Malgré la résistance de la centrale de Dražice qui n'était pas à l'époque une entreprise d'utilité publique et ne disposait pas des droits connexes, la demande fut réglée positivement. Le courant électrique de la nouvelle ligne arriva à Brandýs nad Labem en provenance des centrales électriques de Poděbrady et de Nymburk[38].

---

[36] *Ibid.*
[37] Zeman-Všetatský, V., « Odkud máme elektrický proud ? », in *Naše Polabí*, 1925-1926, n° 3, p. 12 ; p. 26 ; Compas dit que la puissance de la turbine à vapeur était seulement de 2 500 ch. *Československý Kompas, Doprava, průmysl a obchod 1922*, Praha, 1922, p. 362.
[38] S.O.k.A. Prague-Est, fonds Okresní zastupitelstvo Brandýs n. L., carton 159, inv. n° 161, Vyjádření zemské správy politické v Praze (Vyjádření zemské správy politické v Praze z 30.10.1926, n° 385.156 ai 1926 Elektrárenskému svazu středolabských okresů s. r. o. v Kolíně) z 30.10.1926, n° 385.156 ai 1926.

Conclusion

L'électrification systématique créée par la Loi 438/1919 a permis la construction d'un réseau électrique systématique connecté sur tout le territoire tchécoslovaque. L'électrification s'est déroulée avec l'aide importante des moyens financiers publics (État et unités autonomes). La législation a créé les conditions pour alimenter en électricité des régions peu intéressantes pour les centrales électriques privées et qui ne pouvaient pas profiter des avantages de l'électricité. La loi a permis la coopération des capitaux publics et privés, l'électrification systématique a été réalisée rapidement grâce aux capitaux locaux, sans avoir recours aux investissements étrangers. Autre avantage : la possibilité de fixer les normes techniques qui seraient obligatoires pour l'électrification systématique. Un sondage a montré comment les différentes centrales électriques différaient, avant la Première Guerre mondiale, de par le courant, la tension, etc. La fixation des conditions techniques entraîna des économies et la simplification de l'œuvre globale d'électrification.

Pour finir, citons un paragraphe des mémoires de Vladimir List, qui documente bien le processus d'électrification en Tchécoslovaquie : « Je considère comme la plus grande reconnaissance de notre travail un événement de 1935, lorsqu'une délégation des centrales électriques françaises visita la centrale de chauffe de Brünne et d'autres sites. Le soir, quatre voitures les emmenèrent en direction de Prague. Je les rejoignis en train le jour suivant. Ils m'accueillirent tous avec enthousiasme, en constatant que tous les villages moraves étaient très bien éclairés la nuit, puis ils déclarèrent : "Nous n'avons pas cela chez nous, en France". Nos électrotechniciens ont réussi à le faire dans la Moravie arriérée en 17 ans ! »[39]

---

[39] List, V., *Paměti*, Ostrava, 1992, p. 128.

L'électrotechnicien tchèque Ludvík Očenášek et les activités de son entreprise dans la première moitié du XXᵉ siècle

Lukáš NACHTMANN

Archives Auto Škoda Mladá Boleslav
République tchèque
lukas.nachtmann@skoda-auto.cz

Résumé

L'article présente l'éminent électrotechnicien et innovateur tchèque Ludvík Očenášek qui fut actif dans la première moitié du XXᵉ siècle. L'entreprise d'Očenášek participa à la fabrication et au développement de moyens de télécommunication, d'interrupteurs et de fusibles et à la recherche en matière de fusées et de canot à réaction. Son développement aurait été impossible sans une formation en mécanique et électrotechnique, reposant sur la base d'études secondaires et universitaires du fondateur de l'entreprise et de son fils, et sur la coopération avec l'étranger et notamment la France.

Mots clés

Ludvík Očenášek, Pays tchèques, Tchécoslovaquie, électrotechnique, première moitié du XXᵉ siècle

« Je ne fume pas, je ne bois pas, je ne joue pas, je suis électrotechnicien et je veux voler vers la lune... »[1]

Ludvík Očenášek (né en 1872, à Břasy, district de Rokycany, Bohême occidentale – décédé en 1949 à Plzeň – Nord, Bohême occidentale)[2]

---

[1] Archives du Musée technique national de Prague (A.M.T.N), Fonds Ludvík Očenášek – lettres.
[2] Nachtmann, L., *Ludvík Očenášek*, Thèse de diplôme de la Faculté des lettres de l'Université Charles Prague 1998 ; Voir aussi Kvítek, M., *Průkopníci vědy a techniky v českých zemích*, Praha, Fragment, 1994.

fut un technicien et inventeur tchèque actif dans la première moitié du XXᵉ siècle, surtout dans son premier tiers.

Étant donné l'ampleur de ses activités – de la construction du matériel de transport, d'une part (du matériel de transport simple jusqu'aux avions et fusées et canots hydrodynamiques), aux secteurs mécaniques électrotechniciens, d'autre part (de l'écoute de la ligne téléphonique secrète entre les commandants militaires de Berlin et de Vienne[3] au projet d'armes durant la Première Guerre mondiale et les années 1930) –, il est à peu près certain que ses produits (interrupteurs, fusibles) et les découvertes susmentionnées étaient connus dans d'autres pays d'Europe, notamment en France.

C'est probablement par l'intermédiaire de Tomáš Garrigue Masaryk (qui devint plus tard président de la Tchécoslovaquie de 1918 à 1935), d'Edvard Beneš (longtemps ministre tchécoslovaque des Affaires étrangères et président de 1935 à 1938 et de 1945 à 1948) et de l'organisation de la résistance tchèque appelée Maffia (qui, avec le Comité national tchécoslovaque, contribua beaucoup à la création de la Tchécoslovaquie en 1918)[4] qu'un colis contenant les schémas d'une torpille aérienne (1914-1918)[5] est arrivé sur le front français de la Première Guerre mondiale[6]. Le différend concernant le moteur rotatif (vers 1910) est également en relation avec la France. Les lettres et offres sur les autres activités

---

[3] Nachtmann, L., *Ludvík Očenášek*, Thèse de diplôme de la Faculté des lettres de l'Université Charles Prague 1998 ; Comp. Hron, M., *Ke vzniku Československa napomohly české Maffii odposlechy tajné linky*. Voir http://mobil.idnes.cz/ke-vzniku-ceskoslovenska-napomohly-ceske-maffii-odposlechy-tajne-linky-1op-/mob_tech.aspx?c=A081027_214236_mob_tech_hro [en ligne 20 10 2012] ; Voir aussi Králík, Jan, *Od telegrafu k internetu*, Praha, 2001.

[4] Paulová, M., *Dějiny Maffie : odboj Čechů a Jihoslovanů za světové války 1914-1918, ve znaku persekuce*, Praha, Tome 1, 1937 ; Paulová, M., *Dějiny Maffie : odboj Čechů a Jihoslovanů za světové války 1914-1918. Maffie a politika česko-jihoslovanská*, Praha, Tome 2, 1937 ; Dejmek, J., *Edvard Beneš : politická biografie českého demokrata. Část první, Revolucionář a diplomat (1884-1935)*, Praha, 2006.

[5] Nachtmann, L., *Ludvík Očenášek*, Thèse de diplôme de la Faculté des Lettres de l'Université Charles Praha, 1998.

[6] Paulová, M., *Dějiny Maffie : odboj Čechů a Jihoslovanů za světové války 1914-1918, ve znaku persekuce*, Praha, Tome 1, 1937 ; Paulová, M., *Dějiny Maffie : odboj Čechů a Jihoslovanů za světové války 1914-1918. Maffie a politika česko-jihoslovanská*, Praha, Tome 2, 1937 ; Dejmek, J., *Edvard Beneš : politická biografie českého demokrata. Část první, Revolucionář a diplomat (1884-1935)*, Praha, 2006.

d'Očenášek sont arrivées de France en Tchécoslovaquie – demande de plans des fusées et du canot hydrodynamique (dans les années 1930)[7].
Dans ce texte, je caractérise succinctement les différentes étapes de la vie et du travail de Ludvík Očenášek. Il sera nécessaire de mener ultérieurement des études des documents d'archives et de la littérature spécialisée secondaire et moderne, notamment en France, par rapport aux secteurs électrotechniques et à la construction de sa torpille aérienne. L'article qui suit est basé sur une analyse de la presse quotidienne et spécialisée de l'époque, notamment *Lidové noviny* (Journal populaire)[8], *Národní listy* (Feuilles nationales), *Národ* (Nation) (1897-1939), *Český strojník* (Graisseur tchèque) (1900-1945), *Elektrotechnický obzor* (Horizon électrotechnique) (1910-1945) ainsi que la littérature de l'époque et la littérature contemporaine (mentionnée dans la liste à la fin de l'article). J'ai étudié également les journaux intimes et les publications de Ludvík Očenášek[9] et sa correspondance personnelle et commerciale, dans laquelle il mentionne par exemple les plans de la torpille aérienne[10], écrivant que « ... ces plans ont été ensuite envoyés en France par courrier spécial. Selon le Dr. Scheiner, tous les plans ont été confiés au professeur Masaryk qui les a remis au gouvernement français à titre de don honorifique »[11]. Je pense que la caractéristique de la personnalité de L. Očenášek et l'analyse de son travail exigent une étude approfondie des archives, notamment

---

[7] Očenášek, L., *Na pomoc dohodě : tajná činnost několika českých vlastenců za války*, Praha, 1919.

[8] Informations de *Lidové noviny (Journal populaire)* du 1er août 1915, dans la rubrique *Nouvelles des ennemis* (sur l'utilisation des torpilles aériennes en France).

[9] Očenášek, L., *Na pomoc dohodě : tajná činnost několika českých vlastenců za války*, Praha, 1919 ; Očenášek, L., *Před desíti lety : rozšířený spisek Na pomoc Dohodě*, Praha, Pragotisk, 1928.

[10] Ladite torpille aérienne devait aider l'artillerie de l'Entente à surmonter le manque de canons et à résister à la supériorité allemande dans ce type d'arme. Sa fabrication était plus rapide et moins chère car elle ne nécessitait pas de technologies compliquées pour la coulée et le perçage du canon. La torpille était en principe un canon à l'envers. Il s'agissait d'un cylindre et le projectile était un piston. La torpille aérienne tirait et le « cylindre » et le « piston » restaient sur place. Očenášek utilisait lui-même cette technologie, ajoutant qu'il s'était inspiré des expériences du moteur rotatif qui jusqu'alors mettait en mouvement le cylindre fixé.

[11] Očenášek, L., *Na pomoc dohodě : tajná činnost několika českých vlastenců za války*, Praha, 1919, p. 16.

étrangères[12], et qu'il faut évaluer de nombreux documents de la littérature technique et historique[13].

La personnalité de Ludvík Očenášek[14]

Ludvík Očenášek était né dans la famille d'un administrateur d'une mine d'ardoise pour vitriol de Berk près de Dolní Bělá (Région de Rokycany). Après la mort de son père en 1888, la famille déménagea à Prague. Ludvík Očenášek étudia à l'école secondaire technique de Prague alors qu'il travaillait dans la société électrotechnique Houdek et Hervert. En 1897, il épousa Pavlína Tašnerová, dont il avait fait la connaissance au

---

[12] Dans l'environnement tchèque, il faut de nouveau analyser en profondeur les fonds des Archives du Musée technique national de Prague, du ministère des Affaires étrangères de Prague, des Archives régionales d'État de Prague et de Pelhřimov et des Archives cinématographiques nationales. Concernant la partie française, il faut analyser les Archives des Affaires étrangères (Archives diplomatiques La Courneuve : documents politiques et commerciaux sur les liens entre l'entreprise de L. Očenášek et les spécialistes français), Centre d'accueil et de recherche des Archives nationales – C.A.R.A.N. (informations sur la technique des fusées et les équipements d'écoute), Archives d'Électricité de France (E.D.F.) de Blois (solutions techniques des équipements d'écoute), France Télécom. Archives et Patrimoine Historique (téléphones et modules d'écoute), Service des Archives militaires (Service historique de la Défense) du Château de Vincennes (technique de fusées, torpille aérienne, liens avec la *Maffia*, etc.).

[13] ***Publications originale relatives à Ludvík Očenášek en tchèque (sélection) :***
Očenášek, L., *Před desíti lety : rozšířený spisek Na pomoc Dohodě*, Praha, 1928.
Očenášek, L., *Na pomoc dohodě : tajná činnost několika českých vlastenců za války*, Praha, 1919.
Nachtmann, L., « Ludvík Očenášek (1872-1949), český technik a vynálezce », in *Dějiny věd a techniky*, 1998, vol. 31, n° 3, p. 145.
Budil, I., « 60. výročí československých raket a Ludvík Očenášek », in *Letectví a kosmonautika*, 1990, n° 12, p. 27.
Gutwirth, V., « Očenáškovy rakety », in *Svět techniky*, 1958, n° 9, p. 308.
Rypl, V., *Z dějin naší vzduchoplavby*, Praha, 1927.
Mission militaire française auprès de la République tchécoslovaque 1919-1939 : Édition documentaires. Première édition. Prague : Institut historique militaire de Prague, 2005 ; 10th National Aeronautics Space Administration (N.A.S.A.) Goddard Conference on Mass Storage Systems and Technologies : University of Maryland Conference Center, College Park, April 15-18, 2002 in cooperation with the 19th Institute of Electrical and Electronics Engineers (I.E.E.E.) Symposium on Mass Storage Systems, Greenbelt : N.A.S.A., Goddard Space Flight Center, 2002, voir http://www.nmspacemuseum.org/halloffame/detail.php?id=41 [en ligne 20.10.2012].

[14] http://locenasek.webnode.cz/ [en ligne 20.10.2012] – le web mentionné a été créé le 18 mai 2009 en l'honneur de L. Očenášek. Du 4 au 10 octobre 2009 a eu lieu à la Faculté d'électricité de l'Université polytechnique tchèque de Prague le Congrès international des participants aux vols spatiaux (A.S.E. Prague 2009 organisé par l'Association of Space Explorers) où František Žaloudek (États-Unis) présenta un article sur L. Očenášek sous la présidence d'Andy Turnage (États-Unis).

moment de son service militaire à Písek. Ils eurent trois enfants – Miloslav (plus tard ingénieur dans l'usine de son père), Milada (fonctionnaire du ministère de la Santé de la République tchécoslovaque) et Ludvík (décédé étant enfant). En 1898, il créa un atelier de mécanique. Dès sa fondation, l'entreprise de Ludvík Očenášek s'était spécialisée dans « tous les articles pour l'installation des courants faibles et forts, notamment son propre interrupteur à levier breveté, les armoires de connexion domestiques et les lampes à arc »[15]. En 1906, il transforma l'atelier en Usine électrotechnique et usine de constructions mécaniques de Prague, dénommée en 1912 Usine électrotechnique de Prague, S. A.[16]. Dans les années 1930, au moment de la crise économique, L. Očenášek céda l'entreprise à son fils ainé sous l'appellation de Ing. Miloslav Očenášek, usine électrotechnique[17].

Sa formation

Ludvík Očenášek fit des études à l'École polytechnique de Prague. Le principe de celle-ci avait été établi par le chevalier František Josef Gerstner (1756-1832), fondateur de l'École polytechnique de Prague (1806), qui souhaitait doter les élèves d'une préparation fondamentale dans les disciplines techniques avant l'entrée à l'école supérieure. C'est le successeur de Gerstner, Jan Henniger (1777-1850) d'Eberk qui appliqua ces réformes en créant l'ecole technique pragoise à la fin des années 1830[18] avec le soutien de la Société d'encouragement pour l'industrie dans le Royaume tchèque, fondée en 1833 sur le modèle d'une société française similaire, la Société d'encouragement pour l'industrie nationale, pour le développement de l'industrialisation dans les pays tchèques. Dans les années 1870, la base de l'enseignement de l'école fut élargie et celle-ci fut dotée d'un plan d'études solide assuré par un corps d'enseignants stable et bien rémunéré. Les enseignants de l'école technique étaient souvent des professeurs de l'école polytechnique pragoise (plus tard tchèque), ce qui offrait à l'école le développement et la qualité d'enseignement exigés.

Ludvík Očenášek entra à l'école technique de Prague lorsqu'en 1888 commença la construction du nouveau bâtiment de l'actuelle École

---

[15] Exposition jubilé de la Chambre de commerce et de l'artisanat de Prague en 1908, Catalogue de groupe central n° 3 pour la classe d'exposition X. : MÉCANIQUE, p. 57.
[16] Archives régionales d'État de Prague (S.O.k.A.), *Spisy*, différentes entreprises, sociales, associations, Prague, dossier A-I-12, carton 872.
[17] A.M.T.N. – Fonds Ludvík Očenášek.
[18] Mayer, V. (ed.), *Sto let české průmyslové školy : první státní československá průmyslová škola v Praze (1837-1937)*, Praha, První státní československá průmyslová škola, 1937, p. 16 et suivantes.

technique d'État de la rue Betlémská à Prague 1[19]. Selon le plan d'études, l'école technique était orientée vers l'enseignement de la mécanique et de l'architecture. Elle était financée par l'État et la Municipalité de Prague, la Chambre de commerce et d'artisanat et la Société pour l'encouragement de l'industrie en Bohême. Le président du secteur mécanique dans les années 1880 était František Scheda[20].

L'enseignement était composé des disciplines suivantes : les deux langues du pays (tchèque et allemand), la géographie, l'histoire, l'éducation civique (par exemple les connaissances sur les différents types d'assurances, les droits de douane, les impôts – établissement des impôts, etc.), les activités artisanales et commerciales (tenue des écrits, calculs commerciaux, calculs, fixation des prix, comptabilité, bases du droit et des sciences sociales), l'algèbre, la physique, l'histoire naturelle, la géodésie, le dessin, la chimie, les dessins mécaniques, le modelage, le traitement du bois et des métaux, les technologies et les propres disciplines de mécanique et d'électrotechnique. Les étudiants se formaient à la pratique par des travaux obligatoires dans les ateliers (fusion, profils, coulage, forgeage, soudage, trempe et traction, travail sur machine, aperçu des moteurs, bobinage et isolateurs, etc.). Les professeurs des matières pratiques exposaient les différents secteurs de leurs disciplines. Ils préparaient les élèves de façon méthodique, didactique et pratique. Ils formulaient la terminologie tchèque et écrivaient des manuels compréhensibles pour leurs étudiants.

C'est de là qu'est probablement née l'inventivité de Ludvík Očenášek et son intérêt pour l'innovation technique. La structure de l'enseignement et son esprit réalisateur lui ont apporté des connaissances suffisantes pour fonder sa propre entreprise en 1898, la développer et mettre en pratique ses connaissances et son talent technique.

Activités spécialisées

Ludvík Očenášek se consacra au développement des moteurs et il construisit ainsi, à l'époque austro-hongroise, un des premiers grands avions. En 1915, par l'intermédiaire de T. G. Masaryk, il remit à l'espionnage français ses plans de torpille à réaction, laquelle fut utilisée au bout de dix semaines dans les combats des fronts français, italien et russe. En 1928, il se rendit célèbre par ses essais de fusées. Le 2 mars 1930, il lança huit fusées à une hauteur de 2000 m. Ses fusées effectuèrent des vols de plusieurs kilomètres au-dessus des anciennes carrières situées à proximité

---

[19] *150 let Střední průmyslové školy strojnické*, Praha, 1987.
[20] Mayer, V. (ed.), *Sto let české průmyslové školy : první státní československá průmyslová škola v Praze (1837-1937)*, Praha, První státní československá průmyslová škola, 1937, p. 16 et suivantes.

de la rivière Sázava dans la région de Benešov en Bohême centrale. Des informations sur la technique des fusées d'Očenášek ont été présentées à partir de 1978 dans la Salle d'honneur spatiale internationale du Musée de l'histoire de l'espace au Nouveau Mexique (International Space Hall of Fame at the New Mexico Museum of Space History, États-Unis).

Očenášek construisit également un canot à réaction avec lequel il réalisa des expériences sur la rivière Berounka. Ses derniers travaux furent toute une série d'essais avec un système de parachute dont la documentation n'a pas été conservée. À la fin de sa vie, il fut persécuté par le régime communiste avec lequel il refusait de coopérer.

Il participa à la résistance pendant les deux guerres mondiales. Durant la Première, il fit de l'espionnage, il effectua des expériences de communication avec des équipements électrotechniques et il réalisa plusieurs écoutes directement sur la ligne téléphonique de l'ennemi. Au printemps 1918, il découvrit une ligne téléphonique gouvernementale secrète entre Vienne et Berlin. Pendant le restant de la guerre, il effectua des écoutes et remis les informations obtenues à l'organisation de résistance Maffie qui luttait pour la création d'un État tchécoslovaque indépendant. Il vécut la Seconde Guerre mondiale dans l'anonymat car il était connu pour ses essais de fusées et il refusait de participer au programme d'armement du troisième Reich. Vers la fin de la Seconde Guerre mondiale, âgé alors de 73 ans, il participa à la libération de Prague, et il fut gravement blessé.

Ludvík Očenášek était un technicien très inventif, habile et un vrai praticien qui désirait réaliser ses idées. Il se consacra notamment à l'électrotechnique (lampes à arc brevetées, parafoudres, téléphones, systèmes d'écoute téléphonique, sonorisation de grandes surfaces – par exemple les stades – perfectionnement des cristaux pour les récepteurs radio, etc.), à la technique mécanique à réaction (construction du moteur rotatif aérien avec turbofusées, construction du canot à réaction à faible tirant d'eau et du canot hydrodynamique, construction d'automates) et à la mécanique fine (construction de balances et appareils pharmaceutiques). Il s'intéressa également à la construction du matériel de transport (construction d'une roue de 1,8 m de diamètre avec espace intérieur pour le coureur, y compris le guidon et les pédales dont le mouvement était assuré par une chaîne vers une petite roue – tout cela mettait en mouvement le monocycle).

Il serait intéressant de comparer les solutions techniques connues : le moteur rotatif français Gnome[21] pour les avions (considéré comme le meilleur et le plus utilisé jusqu'à environ 1919) et les solutions non conventionnelles similaires d'Očenášek.

---

[21] Beneš, P., *Naše první křídla*, Praha, 1955, p. 66.

L'évolution des activités de l'entreprise d'Očenášek a des relations territoriales, politiques, techniques et culturelles dans le cadre des pays tchèques (tout d'abord comme partie cisleithane de la Monarchie austro-hongroise puis de la Tchécoslovaquie indépendante) et de l'Europe, avec accent sur la coopération étroite entre la Tchécoslovaquie et la France de l'entre-deux-guerres, ancrée dans le « Traité de Versailles ».

Conclusion

Ludvík Očenášek a su profiter des excellentes connaissances acquises à l'école dont les disciplines étaient bien structurées.L'école technique lui donna les savoirs techniques et d'atelier indispensables, l'habileté et les capacités de travail, développées par sa créativité innée, et il apprit à diriger une entreprise et à l'assurer juridiquement et économiquement. Il comptait sur la succession de ses activités par son fils aîné Miloslav qui, diplômé de l'école supérieure technique, aurait pu les amplifier si la Seconde Guerre mondiale n'avait pas éclaté.

L'entreprise d'Očenášek qui fut fondée à la fin du XIXe siècle et fonctionna jusqu'à la fin des années 1930, avec de nombreuses innovations techniques et prototypes, était ouverte à la coopération avec les autres pays européens développés. Očenášek connaissait évidemment les célèbres noms de Goddard, Oberth ou Valier. Sous l'influence de leurs succès, il réalisa des expériences fructueuses. De ce point de vue, nous pouvons constater que les pays tchèques et la Tchécoslovaquie ont toujours disposé de bonnes conditions pour le développement industriel – richesses minérales suffisantes, bonne production agricole, réseau de communication en développement (ferroviaire, routier et fluvial, télégraphe et téléphone, communications), population avec un bon niveau de formation et de pratique artisanale et industrielle, fermes positions commerciales en Europe centrale et contacts pour le transfert des connaissances techniques modernes.

La formation dans le domaine de l'électrotechnique en Slovaquie des origines à 1990

Ľudovít HALLON et Miroslav SABOL

*Historiens, Institut d'histoire,
Académie des sciences slovaque, Bratislava
Ludovit.Hallon@savba.sk
Miroslav.Sabol@savba.sk*

Résumé

Les débuts de la formation dans le domaine de l'électrotechnique en Slovaquie sont liés à l'évolution de l'Académie minière fondée dès 1762 dans la ville de Banská Štiavnica. Dans les années 1904 et 1905, cette école a été transformée en École supérieure minière et de l'économie du bois. En cette même année, une chaire indépendante de physique et d'électrotechnique a été créée. Après la création de la République tchécoslovaque en 1918, l'activité des écoles supérieures techniques en Slovaquie a été interrompue pour des raisons politiques et nationales. Ce n'est qu'en 1937 que l'École supérieure technique de Košice (ville de la Slovaquie de l'est) a pu rouvrir. Après la prise de cette ville par la Hongrie, l'école supérieure technique a été déplacée à Bratislava où elle a poursuivi son activité sous le nom d'École supérieure technique slovaque jusqu'en 1939. En 1941, une section autonome de génie électrotechnique y a été créée. Au cours des années 1940 et 1950, l'École supérieure technique a été soumise à une réforme qui a abouti à l'ouverture de la Faculté électrotechnique en 1951. Au cours des années 1960, des facultés électrotechniques ont été créées dans les écoles supérieures de Košice et de Žilina. Les trois facultés ont formé jusqu'à présent des dizaines de milliers d'ingénieurs en électrotechnique et elles poursuivent leurs activités avec succès.

Mots clés

Slovaquie, formation, électrotechnique, écoles supérieures, facultés, chaires

Dès le Moyen Âge, la Slovaquie a été un centre important de production minière et métallurgique au sein du Royaume de Hongrie devenu au XVIe siècle la monarchie des Habsbourg. À la fin du XIXe et au début du XXe siècle, l'électrotechnique s'est développée en Slovaquie. Dans l'industrie minière et métallurgique surtout, ce développement exigeait une formation tant du niveau secondaire que supérieur. Le commencement de l'électrification du pays avec l'essor de la production d'électricité comme branche industrielle indépendante constituait un facteur très motivant. Toutefois, la fin de la monarchie des Habsbourg et la création de la République tchécoslovaque en 1918 ont causé l'interruption de l'évolution des écoles supérieures techniques en Slovaquie. Ce n'est qu'à la fin des années 1930 et pendant l'existence de l'État Slovaque dans les années 1939-1945 que les écoles supérieures techniques, et spécialement les écoles supérieures électrotechniques, ont connu un nouvel épanouissement. À l'issue de la Seconde Guerre mondiale avec la reconstitution de la Tchécoslovaquie en 1945, pendant le début du régime communiste en 1951, une faculté électrotechnique autonome a été créée à Bratislava. Dans les décennies suivantes, deux facultés électrotechniques ont été ouvertes dans les villes de Žilina et de Košice dans les écoles supérieures de ces villes. Cette évolution couronnée de succès s'est poursuivie après la chute du régime communiste et la création de la République Slovaque indépendante en 1993.

Le développement de l'industrie électrique en Slovaquie, condition de base de la formation en électrotechnique jusqu'en 1918

Dans la civilisation actuelle, chaque individu est confronté quotidiennement à l'utilisation de l'énergie électrique. Nos sociétés ont leur fonctionnement fondé sur l'électricité et l'importance clef de l'énergétique pour le développement scientifique et technique au début du XXe siècle est incontestable. Au même titre que l'usage de la machine à vapeur avait donné son élan à la révolution industrielle, la découverte de l'énergie électrique a eu pour conséquences son utilisation dans toutes les branches de la production industrielle, dans l'agriculture, dans l'industrie du bâtiment, dans le transport, dans les différents secteurs de services et dans la vie sociale et personnelle des individus.

Les premiers cas d'exploitation de l'énergie électrique sur le territoire de la Slovaquie datent des années 1880. Avec l'essor de l'industrie est apparu un problème de sources d'énergie plus puissantes. De par son rendement limité, la machine à vapeur n'arrivait plus à répondre aux demandes grandissantes de l'industrie. Progressivement, les machines à vapeur ont été remplacées par les turbines hydrauliques et à vapeur mais aussi par les moteurs à explosion (allumages par bougies et moteurs diesel). Avec ces moteurs, on pouvait déjà entraîner les dynamos et les générateurs des premières centrales électriques. À cette époque, la première branche industrielle du territoire était l'industrie minière et métallurgique. Si les mines de cuivre et de métaux précieux connaissaient une baisse significative de production, l'extraction et le traitement du minerai de fer étaient en plein essor. Des centrales électriques ont été installées pour répondre aux besoins croissants en énergie des centres de traitement des métaux en Slovaquie de l'est et en Slovaquie centrale. Parallèlement à ces centrales appartenant aux entreprises ont été créées de petites centrales électriques dont le rôle était de fournir du courant électrique aux villes et aux communes pour l'éclairage des habitations et assurer la marche des premiers appareils électriques[1].

Le processus d'électrification du territoire slovaque pendant cette période a évolué au regard de la loi hongroise de 1884, dont l'article 17 portait sur les licences ouvrant le droit à l'introduction et l'exploitation de l'électricité. Cette loi permettait la fondation d'entreprises de production, de transmission et de vente de l'énergie électrique. Mais les dispositions législatives concernant les paramètres des installations construites manquaient encore. À l'époque, il existait un libéralisme absolu dans ce domaine : on construisait des centrales et on installait les réseaux du courant monophasé et du courant alternatif avec différents niveaux de tentions et avec des fréquences de 42 à 52 Hz, ce qui compliquait ensuite l'harmonisation des réseaux électriques existants. La fréquence de 42 Hz était la plus répandue, due surtout aux installations de la société Ganz et Cie de Budapest qui a exercé son activité en Slovaquie jusqu'en 1918. La variabilité des paramètres utilisés tenait aussi au fait que l'électrification n'avait qu'un caractère local. Les fondateurs des entreprises d'électrification planifiaient la consommation de l'énergie électrique à ce seul niveau, tout en fournissant éventuellement l'énergie électrique dans les villages à proximité. Au bout du compte, la dispersion du processus d'électrification augmentait les frais de construction des centrales électriques et des réseaux, générait des pertes importantes dans la transmission de l'énergie électrique, freinant la modernisation technique en général et réduisant enfin les possibilités de concentration du capital pour le développement futur. Les entrepreneurs ne disposant pas du droit d'implanter leurs réseaux sur les terrains privés, les lignes électriques étaient construites le long des routes ce qui en augmentait démesurément la longueur. L'électrification a donc été effectuée par de petites centrales électriques appartenant à de

---

[1] Hallon, Ľ., « Elektrifikácia Slovenska 1884-1945 », in *Vlastivedný časopis*, 1989, n° 3, p. 117-121.

petites entreprises ou à des communes autonomes, par des entrepreneurs producteurs d'électricité ou par des cartels locaux[2].

Le décret du ministre du commerce de Hongrie de l'année 1898 qui précisait la teneur de la loi mentionnée ci-dessus quant aux licences permettant d'exercer une activité dans le domaine de l'électricité, a été une mesure très importante pour l'exploitation sécurisée des centrales électriques. La loi de 1907, article 3, portant sur le soutien et l'octroi des avantages financiers et même, dans les cas exceptionnels, le droit d'expropriation des terrains pour les usines d'électricité, a ensuite favorisé le développement de l'industrie et de l'électrification. Aujourd'hui, la construction de ces stations d'éclairage s'inscrit dans « la préhistoire » de l'industrie électrique, car leur seule fonction se limitait à l'éclairage de certains bâtiments et de certains locaux, sans autres types d'applications[3].

À Bratislava, les ampoules électriques ont été allumées pour la première fois le 2 février 1884, dans le moulin à vapeur de la rue Krížna appartenant à un entrepreneur important à l'époque, Gottfried Johan Ludwig. Le journal *Pressburger Zeitung* a publié un reportage sur l'éclairage du moulin de monsieur Ludwig un article intitulé *La lumière électrique à Presbourg*, dans lequel on pouvait lire :

« Notre grand entrepreneur, monsieur Johann Ludwig, a pour la première fois ces jours-ci éclairé son moulin à vapeur à la lumière électrique. L'entreprise austro-hongroise "Egger et Kremenetzky", la première se spécialisant dans l'éclairage électrique, a installé des ampoules de 15 W dans tout le moulin et dans l'appartement de son propriétaire. La machine dynamo électrique est connectée sur la grande machine à vapeur du moulin et fournit l'électricité nécessaire à 85 ampoules. Ces ampoules sont placées à tous les étages du moulin et la machine à vapeur produit de l'électricité sans bruit. Il est impressionnant de voir comment les ampoules éclairent les locaux de production avec leur lumière chaude et agréable. En même temps, nous avons le sentiment que nous nous trouvons dans une entreprise de première classe, ce qui est un très grand honneur pour la ville et pour son propriétaire. »[4]

Dès la fin des années 1880, le nombre de « centrales énergétiques » a très vite augmenté en Slovaquie. Il s'agissait de centrales fournissant de

---

[2] Janšák, Š., « Elektrifikácia Slovenska », in *Slovenský denník*, 7. január 1920, n° 5, p. 3.

[3] Straub, A., *Statistik der Elektrizitätswerke in Ungarn für 1911*, Budapest, Verlag der Zeitschrift Elektrotechnik, 1911, p. 10-12.

[4] Podnikový archív Východoslovenských elektrárni Košice (PA VSE KE), Fonds Dokumentácia pred rokom 1929, Péterffy, Z., *Jelentés a nagyméltóságú Földmivelés, Ipar és Kereskedelmi Magy. Kir. Minisztériumhoz Pozsony szabad királyi város közgazdasági vizonyairól az 1884 évben*.

l'énergie électrique d'un seul type de source pour plusieurs consommateurs aux buts différents. Sans qu'on puisse, aujourd'hui encore, déterminer quelle a été la première en service, on sait que ce genre de centrales est apparu à Krompachy, à Žakarovce, à Smolnik, à Jelšava, etc. Les premières entreprises fournissant de l'énergie électrique aux petits consommateurs ont été créées à Gelnica en 1892, puis dans les villes de Kežmarok et de Spišská Nová Ves. À partir de la fin du XIXe siècle, beaucoup d'autres centrales électriques ont été mises en exploitation sur le reste du territoire de la Slovaquie et en 1918, toutes les villes slovaques disposaient de centrales électriques municipales[5].

Du point de vue technique, en Slovaquie on peut reconnaître une priorité aux centrales hydro-électriques qui ont fonctionné avec des turbines hydrauliques de différents types. Certaines d'entre elles étaient entraînées et/ou propulsées par une roue à eau. De même, aux débuts de l'électrification, la machine à vapeur a joué un rôle très important. À partir des années 1890, les moteurs diesel et les moteurs à gaz ont été de plus en plus employés. Après 1900, c'est la turbine à vapeur qui a connu une importance croissante. Dans le domaine de l'hydro-énergétique, jusqu'en 1918, sur le plan technique et du point de vue du rendement, les installations les plus performantes étaient la centrale à trois degrés de chutes à côté de la ville de Kremnica, le système de centrales hydro-électriques dans la région de Pohronie et de Podbrezová, de Piesok, Lopej et Dubová. Les centrales thermiques les plus importantes étaient celles des villes de Ružomberok, de Trnava et de Handlová. Sont également à signaler les centrales entraînées par des moteurs diesel à Hlohovec, à Bratislava et à Senec[6]. On peut mentionner aussi des centrales dont la fonction était très spécifique : par exemple, à côté de la ville de Poprad fonctionnait une centrale hydro-électrique et thermique qui a commencé à fournir de l'énergie pour le premier funiculaire électrique dans les Hauts Tatras, en 1904. Plusieurs des centrales indiquées ci-dessus sont aujourd'hui sauvegardées : la centrale hydraulique souterraine de Kremnica et la centrale hydraulique de Ľubochňa ont été classées monuments historiques.

Dans les pays européens développés, la dernière phase d'électrification a été entreprise dès avant la Première Guerre mondiale. Dans les conditions slovaques, on voit s'amorcer une transition vers une régionalisation de

---

[5] PA VSE KE, Dokumentácia pred rokom 1929, Kronika mesta Košice ; Sládek, V., *Elektrárenstvo na Slovensku 1920-1993*, Bratislava, Alfa press, 1996, p. 10-11.
[6] Miškay, V., « Z histórie vodných elektrární na Slovensku », in *Z dejín vied a techniky na Slovensku IX*, Bratislava, Veda, 1979, p. 443 ; Tekeľ, L., « Šesťdesiat rokov prevádzky kaskády vodných diel na strednom Slovensku », in *Vodní hospodářství*, 1985, n° 9, p. 225 ; Ursíny, M., « Tepelná elektráreň v Handlovej a jej význam pre Slovensko », in *Stredné Slovensko*, Zvolen, 1934, p. 27.

l'électrification dans les années 1920. Parmi les premières centrales électriques ayant largement dépassé le caractère local avant 1918 figuraient celles de Hlohovec, de Bratislava et de Košice qui ont apporté l'électricité aux communes alentour. La société électrique de la ville de Prešov a été la première à connecter les villages voisins : en 1916, elle a électrifié les villages de Šarišské Lúky, Ľubotice, Solivar et Šváby[7]. Le manque de pétrole lampant au cours de la Première Guerre mondiale a accéléré l'électrification en général et augmenté l'intérêt pour l'électricité.

Jusqu'à la création de la première République Tchécoslovaque, 385 lieux de production d'électricité, dont à peu près 80 pouvaient être baptisés « centrales électriques », fournissaient, au total, de l'énergie électrique à 14 % de la population slovaque. À la fin du XIXe siècle, l'industrie minière et métallurgique était concentrée en Slovaquie de l'est, c'est la raison pour laquelle cette région était au cœur du processus d'électrification. Les territoires de Slovaquie de l'ouest et du centre ont été électrifiés successivement dans les premières années du XXe siècle en raison du développement de l'industrie mécanique, des industries textile et chimique déjà présentes dans ces régions[8].

La formation en électrotechnique sous le régime hongrois jusqu'en 1918

Le plus ancien travail scientifique sur l'électrotechnique en Slovaquie connu et sauvegardé à ce jour est le *Poème didactique sur la force électrique* du physicien et pédagogue slovaque Ján Purgina. Rédigé en hexamètres, ce texte décrivait en trois parties les connaissances sur l'électricité de frottement, sur sa substance et sa création, sur l'attraction et sur la force répulsive des corps et sur les effets conducteurs... Cet ouvrage didactique et scientifique de 52 pages a été publié en 1746[9].

La création et le développement des études supérieures dans le domaine de l'électrotechnique sur le territoire de la Slovaquie contemporaine ont été liés à l'activité de l'Académie minière dans la ville de Banská Štiavnica, le centre de l'industrie minière et métallurgique. Cette Académie, fondée par l'impératrice Marie Thérèse, a commencé son activité à partir de 1762. Cet

---

[7] PA VSE KE – Fonds *Dokumentácia pred rokom 1929* – Solivar, Šváby, Ľubotice Šarišské Luky, 1917.

[8] Sabol, M., *Elektrifikácia v hospodárskom a spoločenskom živote Slovenska 1938-1948*, Bratislava, Prodama, 2010, p. 38.

[9] Síkorová, E., « Didaktická báseň o elektrickej sile od Jána Purginu », in *Z dejín vied a techniky stredoslovenského regiónu*, Banská Bystrica, Ústav vedy a výskumu Univerzity Mateja Bela, 2009, p. 34.

établissement peut être considéré comme une des plus anciennes écoles supérieures techniques du monde. La première chaire créée en son sein a été la chaire de chimie et de métallurgie. À partir de 1769, le professeur Anton Ruprecht y a ouvert des séminaires sur la théorie de l'électricité et de l'électricité atmosphérique. Ces séminaires étaient surtout consacrés aux explications théoriques des paratonnerres et à leur construction. Dans la période suivante, des enseignements sur les phénomènes électriques sont apparus également dans les programmes scolaires de différentes spécialisations nouvelles et des chaires qui étaient alors créées[10]. Au début du XIXe siècle, le professeur de chimie métallurgique Michael Patzier a inclus la problématique des phénomènes électriques dans le programme de ses cours. Dans son manuel *Introduction à la chimie métallurgique* de 1805, il a consacré un chapitre à *L'air électrique*[11].

À l'Académie minière, l'enseignement théorique était lié à la pratique. Dans la deuxième moitié du XIXe siècle, l'exploitation pratique de l'énergie électrique dans l'industrie minière et métallurgique était incluse comme une matière dans les programmes scolaires et dans les manuels d'enseignement. Un exemple important de la liaison de la théorie avec la pratique a été l'activité scientifique des professeurs de la chaire de chimie et de métallurgie, Štefan Schenk et Štefan Farbaky. En 1885, ils ont breveté un nouveau type d'accumulateur électrique en plomb, d'un poids de 260 kg, avec une capacité de 1 120 Ah. Ces deux professeurs ont introduit l'éclairage électrique dans les bâtiments de l'Académie et ils ont travaillé à l'éclairage de l'opéra et du théâtre de Vienne. En 1885, le professeur Schenk a élargi ses conférences à l'électrochimie tout en menant des recherches scientifiques dans ce domaine[12]. Dans les années 1885-1887, István Woditska, un spécialiste de l'électrométallurgie, a enseigné à la

---

[10] Hiller, I., « Dejiny banskoštiavnickej akadémie od roku 1860 do roku 1918 », in *Zborník lesníckeho, drevárskeho a poľovníckeho múzea*, Zvolen, 1979, p. 145-150 ; Makovíny, I., « Kzačiatkom vysokoškolskej výučby strojníctva a elektrotechniky na území Slovenska », in *Z dejín vied a techniky stredoslovenského regiónu*, Banská Bystrica, Ústav vedy a výskumu Univerzity Mateja Bela, 2009, p. 42.

[11] Patzier, M., *Anleitung zur metalurgischen Chemie*, Sémelcbánya, Gedrückt mit königlichen universität Schiften, 1805, p. 106-216.

[12] Zsámboki, L., *A selmeci bányászati és erdészeti akadémia oktatóinak rövid élektraja és szakizodalmi munkéssága 1735-1918*, Miskolc, Alehézipor müszaki egyetem, 1983, p. 369 ; Makovíny, I., « K začiatkom vysokoškolskej výučby strojníctva a elektrotechniky na území Slovenska », in *Z dejín vied a techniky stredoslovenského regiónu*, Banská Bystrica, Ústav vedy a výskumu Univerzity Mateja Bela, 2009, p. 42 ; Makovíny, I., « Začiatky vysokoškolskej výučby elektrotechniky a prvé skriptá z elektrotechniky na Slovensku », in *Zborník prednášok k dejinám elektrotechniky na Slovensku*, Zvolen, Technická univerzita, 2007, p. 45.

chaire de chimie générale et élémentaire. Après son départ de l'Académie minière, il a pris la direction de la mine de Baya Mare en Roumanie. Il était connu pour sa publication *L'électrotechnique et l'application de l'électricité dans l'industrie minière et métallurgique* parue en 1891 en langue hongroise. La publication faisait la synthèse des connaissances élémentaires atteintes dans le domaine de l'électrotechnique à l'époque et quant à ses applications pratiques[13].

La chaire de mathématique et de mécanique a joué un rôle très important pour l'introduction de l'électrotechnique dans les matières enseignées et dans les programmes scolaires en général. De 1872 à 1904, cette chaire a été tenue par le physicien et mathématicien Otto Schwartz, qui, dans le cadre des conférences de physique appliquée, a introduit successivement certains sujets d'électrotechnique. Au cours de l'année scolaire 1904-1905, l'Académie minière a été réorganisée en étant transformée en École supérieure des mines et de l'économie du bois. Dans cette école, 20 chaires ont été créées dont la chaire de physique et d'électrotechnique. Otto Schwartz avait contribué de façon importante à la création de cette dernière. Il utilisait les connaissances et l'expérience acquises lors de ses longs séjours dans les Écoles polytechniques de Zurich (Eidgenössische Technische Hochschule de Zurich (E.T.H.Z.)) et de Vienne. Le professeur Gejza Boleman, titulaire de cette chaire jusqu'en 1919, est devenu un collègue très proche d'O. Schwartz. Sur la base de ses conférences, en 1907, leur étudiant, Eugène Guman, a rédigé *Introduction à l'électrotechnique*, premier polycopié spécialisé sur l'électrotechnique sur tout le territoire de la Hongrie dont la Slovaquie faisait encore partie à l'époque. En 1917, le professeur Boleman a publié pour les besoins de la chaire le manuel *L'électrotechnique*[14].

Au début du XXe siècle, l'enseignement secondaire technique a été mis en place en Slovaquie. En 1903, l'École professionnelle secondaire de mécanique et du bâtiment a été créée à Bratislava et certains sujets d'électrotechnique faisaient partie du programme scolaire.

---

[13] Woditska, I., *Elektrotehnika különös tekintettel az elektromosságnak bánya és kohóiparban valalkalmazására*, Nagybanyán, Nyomatt Molnár Mihály, 1891.

[14] Guman, J., *Bevezetés az elektrotechnikába*, Selmecbánya, 1907 ; Makovíny, I., « Začiatky vysokoškolskej výučby elektrotechniky a prvé skripta z elektrotechniky na Slovensku », in *Zborník prednášok k dejinám elektrotechniky na Slovensku*, Zvolen, Technická univerzita, 2007, p. 48-56 ; Makovíny, I., « K začiatkom vysokoškolskej výučby strojníctva a elektrotechniky na území Slovenska », in *Z dejín vied a techniky stredoslovenského regiónu*, Banská Bystrica, Ústav vedy a výskumu Univerzity Mateja Bela, 2009, p. 44-45.

Le développement de l'industrie électrique en Slovaquie, condition de base de la formation en électrotechnique après 1918

Un tournant historique dans le processus d'électrification a été la création de la Tchécoslovaquie en 1918, après la Première Guerre mondiale. Dans le cadre du « Ministère ayant les pleins pouvoirs pour l'administration de la Slovaquie » a été ouvert un département, sous la tutelle du ministère des Travaux publics, dirigé par un conseiller d'État, l'ingénieur Štefan Jančák. À ce niveau, une section d'électrification gérée par l'ingénieur Karol Ambróz a été montée. Cette section coordonnait et organisait le développement futur de l'électrification de la Slovaquie. Une des premières mesures du jeune État dans le domaine de la législation a été la publication de la loi n° 438 du 22 juillet 1919 portant sur l'électrification, intitulée : « Le soutien de l'État au lancement général de l'électrification »[15]. Grâce aux investissements, le processus d'électrification a démarré et s'est poursuivi jusqu'en 1939 à un rythme accéléré, afin d'offrir les meilleures conditions au développement de l'industrie moderne, sur un plan national, ce qui a signifié que la plus grande partie du territoire de la Slovaquie actuelle a été couverte par le réseau de haute tension. Ce réseau a été installé progressivement en même temps qu'étaient construites des centrales hydro-électriques sur les chutes de la rivière Váh. À partir de 1929, cinq compagnies générales d'électricité étaient en activité sur le territoire (la centrale de Slovaquie de l'ouest, la centrale de Slovaquie centrale, les centrales unies de Slovaquie du nord, les centrales de Slovaquie du sud, et les centrales de Slovaquie de l'est). La zone territoriale d'intervention de ces compagnies a été précisément définie et certains pouvoirs ressortant de la loi sur l'électrification n° 438 de 1919 leur ont été attribués. Outre ces sociétés d'utilité générale, il existait encore beaucoup de centrales dont l'activité n'était que locale. La variabilité des paramètres techniques utilisés était la cause du caractère local de l'électrification et empêchait l'électrification systématique de grandes superficies. Le soutien financier de l'État constituait un avantage réel pour les sociétés d'électricité d'utilité générale : sur la base de la loi n° 438/1919, dont la validité a été prolongée jusqu'au mois de décembre 1931, l'État participait au fonds social de ces sociétés, octroyait des subventions et donnait des garanties aux crédits.

Les propriétaires des centrales électriques locales étaient dans l'incertitude économique et juridique par rapport à leurs concurrents, allant jusqu'au constat d'une mauvaise volonté des institutions financières pour

---

[15] Sabol, M., *Elektrifikácia v hospodárskom a spoločenskom živote Slovenska 1938-1948*, Bratislava, Prodama, 2010, p. 38.

leur accorder des crédits, faute d'une perspective claire quant à leur avenir. Aussi en venaient-ils à vendre leurs implantations à une des sociétés d'utilité générale soutenues par l'État sur le territoire duquel ils se trouvaient. Les petites compagnies électriques qui produisaient de l'énergie pour un seul client, appartenaient le plus souvent à des entreprises industrielles, à des sociétés par action ou à des établissements communaux. On peut nommer par exemple la société Bat'a à Bošany, la société Scholz à Matejovce, la société Blasberg à Hnúšt'a, la société Wein à Huncovce, la société Carpathia à Prievidza et la sucrerie de Trebišov en Slovaquie de l'est, etc. C'est ainsi que les cinq sociétés d'électricité soutenues par l'État du point de vue juridique et financier ont électrifié les villes et les communes sur la zone géographique qui leur avait été accordée. Dans la dernière année de l'existence de la Tchécoslovaquie avant la Seconde Guerre mondiale, plusieurs centrales ont été mises en construction sur le territoire de la Slovaquie, mais elles n'ont été achevées que dans la période ultérieure. Cette réorganisation de la distribution de l'électricité a permis une croissance rapide de l'électrification dont témoignent les indicateurs de volume des années 1939-1942[16].

Mais les événements politiques des années 1938-1939 allaient interrompre cette marche en avant. L'essor de l'industrie électrique et des autres branches industrielles dans la période de la deuxième moitié des années 1930 a été cassé par les changements institutionnels et politiques dans l'espace de l'Europe centrale. L'arbitrage de Vienne du 2 novembre 1938 a eu un impact néfaste sur les sociétés régionales d'électrification. L'amputation du territoire du sud d'une surface totale de 10 000 km² à la base de l'arbitrage viennois a porté un coup fatal au développement énergétique du point de vue politique et social car cet arbitrage a touché directement quatre des cinq sociétés d'électricité sur le territoire de la Slovaquie[17]. Cette situation difficile a atteint son point culminant en mars 1939 par la désintégration de la Tchécoslovaquie avec la création de la République Slovaque de guerre et du protectorat de Bohême-Moravie. Les sociétés d'électricité ont été privées beaucoup de villes et de communes déjà électrifiées qui dépendaient de leurs réseaux, subissant ainsi de grandes pertes, non seulement matérielles mais, avec le départ des employés tchèques, également professionnelles. Financièrement faibles et sous dimensionnées, elles ont alors cherché à construire une entreprise centrale. Le résultat de ces efforts a été la création du Bureau central des sociétés d'électricité d'utilité générale (Ú.K.V.E.S.). Les raisons finales

---

[16] Hallon, Ľ., « Elektrifikácia Slovenska 1884-1945 », in *Vlastivedný časopis*, 1989, n° 3, p. 117-121.
[17] Sládek, V., *50 rokov Západoslovenských energetických závodov*, Bratislava, Západoslovenské elektrárně, 1972, p. 54-55.

de l'existence de cet organe malgré les intentions initiales de poursuivre la mise en œuvre de procédés communs techniques et financiers dans le domaine de l'électrification ont été des raisons politiques. L'énergétique est devenue la seule branche industrielle gérée par le capital slovaque au cours de la durée de la République Slovaque, pendant la Seconde Guerre mondiale, dans les années 1939-1945. Elle aurait dû devenir « une vitrine » de l'industrie slovaque. Le gouvernement de l'époque du président Tiso avec son ministre du transport Julius Stano faisait tout son possible pour y parvenir. Mais malheureusement, l'éparpillement du processus d'électrification s'est au contraire poursuivi parce que, plutôt que de faire appel à de vrais spécialistes, le pouvoir a procédé à des nominations politiques de dirigeants. Et ceux-ci, à cause de leurs décisions incompétentes, ont plutôt affaibli que renforcé ce ressort industriel. Grâce à des compromis successifs, ils sont finalement parvenus à monter la première société d'électricité unifiée dans l'espace européen. La création de la Société d'Electricité de la Slovaquie (S.E.) en 1942 a représenté pour l'époque un grand succès dans l'histoire de l'industrie électrique. Par la suite, les infrastructures ont été développées dans le domaine de l'énergétique. Le fondement technique mis en place dans la période précédente n'était pas cohérent, mais malgré tout, la nouvelle société a été capable d'en tirer le maximum possible bien que la perte de sources énergétiques et de réseaux construits sur des terrains confisqués à l'époque ait constitué sa préoccupation la plus grave[18].

Le processus d'électrification s'est accéléré, renouant avec les cadences rapides de la deuxième moitié des années 1930. La production d'énergie électrique sur tout le territoire de la Slovaquie a augmenté de 71 % dans la période 1938-1943. L'État investissait du capital dans la recherche de centrales hydrauliques potentielles comme source alternative au thermique. Au cours de la Seconde Guerre mondiale, après la création de l'État Slovaque, la plupart des sociétés importantes étaient sous influence du capital allemand. Les Allemands investissaient dans le renouvellement des installations de production dans les usines industrielles les plus importantes comme par exemple la raffinerie Apollo Bratislava, les mines de Handlová et les mines de la région de Spiš, etc. Le maintien de la production dans ces sociétés avait des conséquences positives pour la production d'énergie électrique générée par des centrales appartenant à ces compagnies. L'énergie était mise à la disposition de la Société d'Electricité slovaque qui la distribuait aux consommateurs. Malheureusement l'inclusion de ces sites industriels dans l'industrie de guerre allemande a eu des conséquences fatales pour eux. Les raids aériens de l'aviation anglo-américaine,

---

[18] Sabol, M., *Elektrifikácia v hospodárskom a spoločenskom živote Slovenska 1938-1948*, Bratislava, Prodama, 2010, p. 137-138.

l'insurrection nationale slovaque, le transport des installations de production en Allemagne, les combats des armées terrestres et le passage du front dans les années 1944 et 1945 ont détruit en grande partie les installations mécaniques des sociétés d'électricité. L'électrification de la Slovaquie s'en est trouvée ralentie voire paralysée. Malgré un usage intensif dans certaines branches industrielles, l'exploitation de l'énergie électrique n'était encore que peu répandue, particulièrement dans l'agriculture.

À la fin de la guerre, « les sociétés d'électricité et les installations fournissant les services à la production » ont été nationalisées et étatisées par décret du président de la République tchécoslovaque. Juste après la guerre, l'industrie électrique était confrontée à plusieurs graves problèmes : les difficultés économiques, l'incapacité de paiement, la réforme monétaire, les dommages au réseau des chemins de fer, la destruction des capacités de production, les questions de restitution des installations déportées pendant la guerre, la perte de spécialistes... Les changements de conditions politiques et économiques ont permis un renouveau de l'industrie électrique. Au cours des années 1946-1948, un plan biennal a été mis en œuvre en Slovaquie. Il prévoyait l'augmentation de la production de l'électricité et l'électrification de 150 communes par an, ce qui a été réalisé avec succès. Les sociétés d'électricité slovaques ont été rassemblées sous une régie centrale. Après les événements de février 1948, le développement de l'industrie électrique a subi l'influence des changements économiques et sociaux de l'État. Le processus d'électrification s'est achevé, sur le territoire de la Tchécoslovaquie, avec la mise sous réseau de la dernière commune en 1960[19].

La stagnation et le renouveau de l'enseignement supérieur en électrotechnique dans les années 1918-1945

Après la création de la République tchécoslovaque en 1918, des écoles supérieures nationales ont été instituées en Slovaquie. En 1919, l'Université Comenius a été créée à Bratislava avec trois facultés de sciences humaines. Mais le développement de la formation dans les domaines techniques a été paradoxalement arrêté pendant une longue période. Au mois de mars 1919, l'ensemble des enseignants de l'École supérieure minière et forestière de Banská Štiavnica, composé en grande partie de personnalités provenant des milieux hongrois et allemand, a refusé de jurer fidélité à la nouvelle République tchécoslovaque. Pour ces raisons politiques nationales, l'École supérieure minière et forestière a été transférée en Hongrie[20].

---

[19] Ibid.
[20] Janíček, F., Vlnka, J., « Vývoj elektrotechnického vzdelávania po zániku banskej akadémie », in Z dejín vied a techniky stredoslovenského regiónu, Banská Bystrica, Ústav vedy a výskumu Univerzity Mateja Bela, 2009, p. 77-85.

La stagnation de l'enseignement supérieur technique en Slovaquie a perduré jusqu'à la fin des années 1930. Une des raisons de cette stagnation était l'insuffisance des financements, la priorité étant accordé au développement des écoles techniques sur la partie tchèque du territoire ; mais on manquait aussi de spécialistes qualifiés, ce qui entraînait l'affaiblissement de l'industrialisation en général en Slovaquie. Selon les conceptions gouvernementales, la formation des cadres techniques pour la Slovaquie devrait être assurée par les écoles supérieures des pays tchèques, pour lesquelles le gouvernement offrait des bourses avantageuses. Entre les deux guerres, la jeunesse slovaque a été formée essentiellement dans les six écoles supérieures techniques tchèques. Il s'agissait des établissements situés à Prague, Brünne et à Příbram, dont quatre étaient des écoles tchèques et deux des écoles allemandes. Chaque année, en moyenne 500 à 600 étudiants slovaques y poursuivaient leurs études. Dans les premières années de la création de la Tchécoslovaquie, les Slovaques ne représentaient qu'un quart de ce chiffre, le restant étant composé d'Allemands slovaques, de Hongrois et de Juifs. Mais dès la fin des années 1920, les Slovaques prévalaient déjà. Ils manifestaient un plus grand intérêt pour les études de niveau ingénieur en mécanique et en électrotechnique. Annuellement, de 50 à 65 étudiants de Slovaquie suivaient des études dans ces domaines. Les autres partaient se former à l'étranger, surtout en Allemagne, en Autriche et en Hongrie. Pendant l'entre-deux-guerres, sur le territoire propre de la Slovaquie, il n'était possible d'étudier l'électrotechnique qu'au niveau de l'enseignement secondaire, dans des écoles professionnelles. À la fin des années 1930, il y avait en Slovaquie 19 écoles professionnelles secondaires industrielles dont la plupart avaient été créées avant 1918. L'électrotechnique était incluse dans les programmes scolaires de trois écoles professionnelles du niveau le plus élevé – à savoir l'École professionnelle secondaire de mécanique de Košice, l'École professionnelle secondaire de mécanique et du bâtiment de Bratislava et l'École professionnelle de mécanique et d'électrotechnique fondée en 1935 à Banská Bystrica[21].

Le fait que, dans les premières années de l'existence de la Tchécoslovaquie, en Slovaquie avec 3,5 millions d'habitants, il n'existait aucune école supérieure technique a fait l'objet de critiques acérées. Les étudiants slovaques des écoles supérieures tchèques ont été les premiers à protester. Les étudiants les plus actifs étaient ceux de l'École supérieure technique de Brünne. Ils étaient regroupés dans l'association slovaque

---

[21] Tibenský, J., Pöss, O., *Priekopníci vedy a techniky na Slovensku 3*, Bratislava, 1999, p. 326-327 ; Formánek, B., *50 rokov Slovenskej vysokej školy technickej*, Bratislava, Alfa, 1987, p. 27-28.

Kriváň. En octobre 1919, ils ont envoyé au gouvernement une résolution demandant la création d'écoles supérieures techniques en Slovaquie. Ils étaient conduits par le professeur de mécanique du bâtiment à l'École supérieure technique de Brünne, Miloš Ursíny, un des premiers professeurs slovaques d'enseignement technique. Dans les années 1919-1920, il a présenté des propositions pour la création d'une école supérieure technique complète en Slovaquie avec toutes les sections clefs. Il a continué à lutter jusqu'à sa mort en 1933[22]. Dans ce combat pour la création de l'enseignement supérieur technique en Slovaquie, un public de plus en plus large, comprenant les représentants politiques, s'est impliqué. Les organisations telles l'organisation des étudiants, les associations professionnelles de l'intelligentsia technique slovaque, la filiale de l'Association des ingénieurs et des architectes dans les pays tchèques, le Club des ingénieurs slovaques et des architectes et la filiale de l'Union électrotechnique tchécoslovaque (E.S.Č.)ont été au premier plan. La proposition du ministère de l'Éducation nationale centrale et de l'organisation de l'éducation populaire dans les années 1920 concernait la création d'un enseignement supérieur technique en Slovaquie avec deux sections, celles du bâtiment et de la géodésie. Cette initiative s'expliquait parce que le ministère a été géré pendant la période entre les deux guerres par plusieurs Slovaques. Parmi eux se trouvait Milan Hodža qui est devenu plus tard président de la République. Mais l'évolution de la situation politique à l'époque n'a pas permis la présentation de cette proposition au parlement[23].

Une nouvelle vague de luttes pour la création de l'enseignement supérieur technique en Slovaquie est survenue dans les années 1930. Au cours de ces années, on a essayé de dépasser les impacts négatifs de la crise en Slovaquie, et un processus d'émancipation ayant pour but une évolution vers une politique indépendante économique a commencé. On peut remarquer également une relance de l'industrie en Slovaquie pendant cette période. Jusqu'au milieu des années 1930, un front national à plusieurs niveaux pour la création de l'enseignement a été formé. À la mort du professeur Miloš Ursíny, son rôle a été repris par un autre enseignant de l'École supérieure technique de Brünne, le professeur de mathématiques Juraj Hronec. Au début, il s'appuyait surtout sur les organisations d'étudiants qui ont organisé en novembre 1931 le Jour de la technique slovaque, accompagné par des démonstrations importantes. Il s'est adressé successivement aux personnalités de la vie politique et sociale. Au mois de juin

---

[22] Suláček, J., *Zápas o slovenskú techniku v rokoch 1918-1938*, Košice, Štátna vedecká knižnica, 1996, p. 33-52.

[23] *Ibid.*, p. 61-87 ; Sikorová, T., « Zápas o obnovenie Baníckej akadémie a zriadenie Vysokej školy technickej na Slovensku », in Vozár, J., *230 rokov Baníckej akadémie v Banskej Štiavnici*, Košice, 1992, p. 130-149.

1936, à son initiative, un Comité d'action pour la création d'écoles supérieures techniques en Slovaquie a été créé. Ce comité associait des représentants de l'intelligentsia technique, des étudiants, des représentants des mouvements politiques et des corporations économiques et sociales. Dans la période suivante, le Comité d'action a constitué le moteur principal de l'action visant à l'établissement d'un enseignement supérieur technique en Slovaquie. Il organisait des manifestations, des campagnes de signatures et il rédigeait des mémorandums au gouvernement. Plus tard, ce comité est devenu l'organe conseiller de l'État donc son influence a augmenté. Les membres de ce comité ont élaboré une proposition de structure de l'enseignement supérieur technique qui prenait en compte l'essor des technologies chimiques, le développement de l'agriculture, de la sylviculture et de l'industrie du bâtiment. Manquaient cependant l'électrotechnique et la mécanique. Le ministère de l'Education nationale, quant à lui, continuait à défendre sa conception de l'année 1928 qui proposait uniquement deux départements[24].

En 1937, la proposition de création de l'enseignement supérieur technique a enfin été déposée au parlement. Les députés ont proposé un plan en trois étapes. Dans la première, on prévoyait la création de trois départements – bâtiment et géodésie. L'électrotechnique n'apparaissait que dans la troisième étape. Le 25 juin 1937, le parlement a adopté la loi n° 170 du Recueil des lois selon laquelle l'École supérieure technique Milan Rastislav Štefánik était créée à Košice, en Slovaquie de l'est. Le choix des candidats pour dix postes de professeurs a été examiné par une commission spécifique, sous la direction du professeur Juraj Hronec. La commission a choisi également quelques professeurs tchèques en technique et en sciences naturelles en raison du manque de spécialistes slovaques. Parmi les premiers professeurs slovaques figuraient le professeur Juraj Hronec (mathématiques), le docteur en sciences de la nature Dimitrij Andrusov (géologie), l'ingénieur et docteur Karel Křivanec (bâtiment de transport), l'ingénieur docteur Anton Bugan (mécanique), le professeur ingénieur Štefan Bella, auparavant professeur à l'École supérieure technique de Zagreb (architecture hydraulique). Au mois d'août 1938, le professeur Juraj Hronec a été élu le premier recteur de l'École supérieure technique slovaque. L'enseignement aurait dû commencer dans l'année scolaire 1938-1939. Les événements internationaux et les événements politiques internes ont rendu impossible le fonctionnement et l'existence de cette école à Košice, ville qui a été séparée à l'époque de la Tchécoslovaquie et annexée par la Hongrie. Il a donc fallu évacuer

---

[24] Suláček, J., *Zápas o slovenskú techniku v rokoch 1918-1938*, Košice, Štátna vedecká knižnica, 1996, p. 95-136.

l'École supérieure technique provisoirement dans la ville de Prešov et plus tard encore en Slovaquie du nord à Martin. C'est en ce lieu qu'enfin, le 5 décembre 1938, les conférences en architecture et en géodésie ont commencé pour 63 étudiants. Prenant en considération les changements institutionnels et la déclaration d'autonomie de la Slovaquie, plusieurs professeurs thèques sont alors partis[25].

Après la création de l'État indépendant slovaque au mois de mars en 1939 sous contrôle de l'Allemagne nazie, les conditions de développement de l'enseignement supérieur technique ont complètement changé. Le manque de spécialistes techniques causé par le départ immédiat de techniciens tchèques et plus tard des techniciens juifs a créé un besoin urgent d'achever la mise en œuvre de l'enseignement supérieur technique. La Chambre slovaque (la Diète) a adopté le 25 juillet 1939 la loi n° 188 du Recueil des lois selon laquelle L'École supérieure technique slovaque ayant son siège à Bratislava était créée. Cette école a renoué avec la tradition de l'école supérieure technique de Košice. À la place de trois sections, la loi constituait une école supérieure complète avec six spécialisations et douze sections. La cinquième section rassemblait la mécanique et l'électrotechnique au niveau ingénieur[26]. Durant les années 1939-1945, l'École supérieure technique slovaque a réussi à augmenter le nombre de ses étudiants de 68 à 2119 et le nombre d'enseignants de 10 à 108. L'année scolaire 1942-1943, une section autonome d'électrotechnique a été ouverte avec 76 étudiants. En 1946, leur nombre était passé à 362. Les conférences ont été données aussi par les pédagogues des autres chaires. L'école substituait aux enseignants manquants des spécialistes expérimentés disposant d'une longue pratique[27].

Les cadres spécialisés des entreprises énergétiques d'État ont donc été invités comme enseignants externes à la section électrotechnique. Par exemple, Jan Szomolányi, ingénieur en électrotechnique, a donné des cours sur les réseaux électriques et les bases de l'électrotechnique, Ferdinand Šujanský a enseigné les turbines à vapeur, Ladislav Šuran la technologie de l'eau, Gejza Polónyi l'équipement des centrales électriques et des salles de distributions, Nikolaj Michajev les compresseurs et les installations frigorifiques. Parmi les derniers spécialistes figurait Ladislav

---

[25] Suláček, J., « Začiatky Vysokej školy technickej dr. M. R. Štefánika v Košiciach », in *Košické historické zošity, 3, Zborník Štátneho oblastného archívu Košice*, 1993, n° 3, p. 1-16 ; « Otázka slovenskej techniky », in *Technický obzor slovenský*, 1938, vol. 2, n° 4-5, p. 104-107.

[26] Neuschl, Š., *Tridsaťpäť rokov Elektrotechnickej fakulty Slovenskej vysokej školy technickej (S.V.Š.T.)*, Bratislava, Alfa, 1976, p. 23.

[27] PA VSE KE – Fonds Vedenie a správa 1929-1945, Správy technicko-komerčného odboru, 1945 ; Správa osobnej komisie 29.10.1943.

La formation dans le domaine de l'électrotechnique en Slovaquie

Krčméry, adjoint au directeur général de la Société d'Électricité de la Slovaquie. En 1943, il a été le premier à obtenir le grade de maître de conférences dans le domaine de l'industrie électrique en Slovaquie. Il enseignait l'Organisation des centrales électriques[28]. Dans le cadre de la section électrotechnique, plusieurs instituts ont été créés. Plus tard ces instituts ont été transformés en chaires. En 1942, le professeur Ľudovít Kneppo a créé l'Institut d'électrotechnique théorique et expérimental et plus tard, la même année, l'Institut électrotechnique des courants faibles a été ouvert. En 1943/1944, sous la gestion de l'ingénieur J. Szomolányi, l'Institut d'électrotechnique de haute fréquence et l'Institut des réseaux électriques et des centrales électriques ont commencé leurs activités. Par la suite, l'Institut de construction des machines électriques et l'Institut des tractions électriques et des chemins de fer électriques ont été créés[29].

Dans les années 1930 et 1940 les ingénieurs slovaques ont commencé à se rassembler, instituant des associations professionnelles. Au début, ils déployaient cette activité dans le cadre des organisations tchécoslovaques comme par exemple l'Association des ingénieurs et des architectes dans les pays tchèques (S.I.A.) ou l'Union électrotechnique tchécoslovaque (E.S.Č.) qui avait une filiale slovaque très importante à Bratislava. À la fin des années 1930, les adhérents slovaques étaient si nombreux qu'ils pouvaient déjà créer leurs propres organisations sur le territoire slovaque. Après la désintégration de la Tchécoslovaquie pendant la Seconde Guerre mondiale, l'Association des ingénieurs slovaques a été créée en 1942, avec 37 membres fondateurs, 421 membres ordinaires et 7 membres extraordinaires. Le président en était Janko Procházka, un ingénieur électricien, et le professeur Anton Bugan et deux ingénieurs électriciens, Viktor Pecho-Pečner et Pavol Čermák, les vice-présidents[30]. Au mois de septembre en 1939, le premier congrès du Club des ingénieurs slovaques (C.I.S. – K.I.S.) s'est tenu à Banská Bystrica. Le bulletin administratif du club est devenu le journal l'*Horizon technique slovaque* avec un supplément électrotechnique. L'organisation centrale rassemblant les cadres techniques slovaques actifs dans le domaine de l'énergétique et de l'électrotechnique est devenue l'Union électrotechnique slovaque J. Szomolányi. a été élu président et L. Krčméry, F. Sobotka et M. Arendáš sont devenus ses vice-présidents[31].

---

[28] *Päť rokov slovenského školstva, 1939-1943*, Bratislava, Štátne nakladateľstvo, 1944, p. 87.
[29] Neuschl, Š., *Tridsaťpäť rokov Elektrotechnickej fakulty S.V.Š.T.*, Bratislava, Alfa, 1976, p. 26-31.
[30] PA VSE KE – Fonds Vedenie a správa 1929-1945, Správa osobnej komisie 20.12.1942.
[31] *Technický obzor slovenský*, 1943, vol. 2, p. 16 ; PA VSE KE – Fonds Vedenie a správa 1929-1945, Spolkové správy, XI. Valné zhromaždenie Spolku slovenských inžinierov.

La formation supérieure en électrotechnique après 1945

La reconstitution de la Tchécoslovaquie en 1945 et la prise du pouvoir par le parti communiste en 1948 ont apporté des changements importants dans l'enseignement supérieur technique. Au cours de la période 1945-1948, les spécialisations qui n'étaient pas liées directement à la technique ont été supprimées. Il s'agissait notamment de la Section forestière et agricole. Celle-ci a été transférée à Košice où plus tard, l'École supérieure forestière et agricole a été créée. De cet établissement ensuite sont nés deux écoles : l'École supérieure de l'agriculture à Nitra en Slovaquie de l'ouest et l'École supérieure de l'économie du bois à Zvolen. Dès le mois de février 1948, le nouveau régime communiste a adopté quelques actes législatifs de principe concernant l'enseignement supérieur. Il s'agissait notamment du décret du ministère de l'Education et de l'Education populaire du 13 juillet 1948 et de la loi sur les écoles supérieures n° 58 du Recueil des lois adopté le 18 mai 1950. L'objectif des mesures adoptées était la transformation de l'enseignement supérieur dans le sens du programme idéologique et économique du parti communiste. Mais l'intention de cette transformation était également l'augmentation du niveau professionnel des écoles supérieures, la sévérité des conditions d'études et la mise en liaison de l'activité des écoles avec les besoins de la pratique de production[32].

La loi de 1950 sur les écoles supérieures a été d'une grande importance pour l'École supérieure technique slovaque qui, grâce à cette loi, a été complètement réorganisée. Les départements principaux et certaines sections ont été transformés en facultés et certains instituts sont devenus des chaires. Grâce à cette réorganisation, l'École supérieure technique a pu enfin agir comme une institution supérieure indépendante au même titre qu'une université, alors qu'antérieurement, elle figurait officiellement comme une des facultés de l'université. La transformation organisationnelle a été accompagnée par le renforcement de plusieurs spécialisations enseignées. En 1951, la section de mécanique et d'électrotechnique a été séparée en deux facultés autonomes, celle de mécanique et celle d'électrotechnique. En 1952, dans la ville de Košice a été créée une École supérieure technique avec une faculté de mécanique dont a fait partie à partir de 1953 la chaire d'électrotechnique. La nouvelle faculté électrotechnique de l'École supérieure technique slovaque a transformé les anciens instituts en plusieurs chaires : la chaire d'énergétique, la chaire d'électrotechnique théorique et expérimentale et la chaire des machines et des appareils électriques avec comme directeurs, respectivement les professeurs Jan Vávra, Ľudovít Kneppo et Ladislav Cigánek. La chaire de mathématiques et plus

---

[32] Formánek, B., *50 rokov Slovenskej vysokej školy technickej*, Bratislava, Alfa, 1987, p. 51-56.

tard la chaire de physique sont devenues des parties de la faculté électrotechnique alors qu'à l'origine, elles étaient au service de l'ensemble de l'École supérieure technique. C'est ainsi que la faculté électrotechnique a pu enfin rassembler les plus grandes personnalités de l'enseignement supérieur technique et des sciences techniques en Slovaquie. Outre les trois professeurs indiqués ci-dessus, on peut mentionner également le professeur de mathématiques Štefan Schwarz, le professeur de physique Dionýz Ilkovič, collaborateur très proche du professeur tchèque Jaroslav Heyrovský, titulaire du prix Nobel en physique (1959), ainsi que le professeur Július Krempaský, le professeur Oldřich Benda, tous deux physiciens, et d'autres encore. Ces personnalités sont toutes devenues ensuite des membres de l'Académie slovaque des sciences, créant dans cette institution des instituts techniques et de sciences naturelles[33].

La faculté électrotechnique a encore ouvert d'autres chaires dont le programme d'enseignement était en rapport avec la dynamique des sciences techniques et des technologies et le développement de l'industrie électrotechnique et de l'industrie électrique en Slovaquie. Ainsi, en 1951 et 1952, la chaire de technologies électriques orientée vers la technique par câble et la technique électrique sous vide, la chaire de télécommunications et la chaire d'électrotechnique des courants faibles et de haute fréquence ont été créées, étant respectivement dirigées par les professeurs Anton Rozsypal, Aleš Bláha, Ján Chmúrny. Au milieu des années 1960, cette dernière chaire a été rebaptisée chaire de radio-électronique, ce qui correspondait à l'évolution technique de l'époque. En 1959, une chaire d'automatisation et de régularisation a été ouverte autour des questions de cybernétique technique, animée notamment par le professeur Miroslav Šalamon. Au début des années 1960, grâce à l'initiative du professeur Ján Cirák, a été créée une chaire de physique et de technique nucléaires. Au cours de cette même période, d'autres chaires ont été instituées telles la chaire de mécanique et la chaire de machines mathématiques. Prenant en considération l'évolution très rapide des sciences techniques et des technologies appliquées, en 1973 et 1974, sur la base de ces deux chaires ont été instituées une chaire d'ordinateurs et une chaire de microélectronique[34].

L'essor de la cybernétique, de l'électronique, de l'automatisation, de la robotisation et des autres branches de l'évolution technique des années 1950 à 1970 a eu pour conséquence un changement de structure du génie électrotechnique et la création de nouvelles spécialisations. C'est pourquoi, en Tchécoslovaquie, à la fin des années 1970, les programmes scolaires en électrotechnique ont été modifiés et adaptés : de nouveaux

---

[33] Ibid., p. 58 ; p. 138-142.
[34] Ibid., p. 143-153.

plans d'études et de nouveaux programmes scolaires avec une dizaine de nouvelles disciplines ont été mis en place. Ces nouveaux plans d'études concernaient aussi la faculté d'électrotechnique de l'École supérieure technique slovaque (S.V.Š.T.). Sauf les spécialisations classiques comme l'électrotechnique de courant fort, l'énergétique, les techniques de télécommunications, la radiotechnique, on trouvait dans ces nouveaux plans d'études la microélectronique, la cybernétique technique, les ordinateurs électroniques, les systèmes automatisés de gestion dans le domaine de l'électrotechnique et l'élaboration et/ou l'organisation de projets dans ce domaine. Aux termes de la nouvelle loi sur les écoles supérieures n° 39 du Recueil des lois entrée en vigueur en 1980, la faculté a commencé à ouvrir de nouvelles disciplines comme l'énergie nucléaire, l'optoélectronique, l'électronique médicale, les matières solides et la biocybernétique[35].

Le processus de constitution des chaires de l'École supérieure technique slovaque (S.V.Š.T.) et le développement de leurs spécialisations professionnelles reflétaient dans une large mesure l'évolution générale du domaine dans les années 1960 et 1970. Les créations des chaires de radio-électronique, d'ordinateurs et de microélectronique en sont les preuves. Il fallait changer progressivement les contenus des programmes d'enseignement en fonction des résultats des recherches scientifiques et de la mise en œuvre de nouveaux savoirs. Dès la fin des années 1970, ce processus s'est accéléré en raison des besoins du pays. Il est vrai que, durant cette période, la Tchécoslovaquie et les autres pays du bloc soviétique se trouvaient de plus en plus en retard au regard de l'évolution des pays développés. Les chaires les plus anciennes ont procédé à des transformations. Une chaire des systèmes automatisés de gestion des processus technologiques et une chaire de mesures ayant déjà dans son programme d'études la technique des microprocesseurs ont été créées. Au milieu des années 1980, environ 3 300 étudiants étudiaient chaque année à la faculté d'électrotechnique de l'École supérieure technique slovaque. En 1986, le corps professoral était composé de 20 professeurs et de 76 maîtres de conférences. Au cours de cette période, la faculté a formé et diplômé à peu près 10 000 ingénieurs[36].

Les événements politiques et économiques de l'année 1989 ont eu un fort impact dans l'enseignement supérieur. Les écoles supérieures se sont ouvertes immédiatement au monde entier et ont établi un contact direct avec les centres internationaux d'études universitaires techniques, suivant avec intérêt les évolutions techniques et scientifiques les plus récentes. En 1991, l'École supérieure technique slovaque est devenue l'Université technique slovaque. En 1994, la faculté d'électrotechnique, réagissant à de

---

[35] *Ibid.*, p. 138-139.
[36] *Ibid.*, p. 138-139 ; p. 153-157.

nouveaux besoins, a élargi les matières enseignées, en devenant la faculté d'électrotechnique et d'informatique.

L'évolution de l'École supérieure technique de Košice

Dès le début des années 1950, l'évolution de l'École supérieure technique de Košice a été marquée par le succès. Fondée par le décret gouvernemental n° 30 du 8 juillet 1952, elle devait aider à l'accélération de l'industrialisation de la région de l'est de la Slovaquie. Le professeur tchèque de l'Université polytechnique de Prague, František Kámen, un spécialiste des centrales thermiques et de la chaudronnerie, a contribué de façon importante au dynamisme de ce nouvel établissement. De 1953 à 1955, il en est devenu le premier recteur. En 1953, on a ouvert à la faculté de la mécanique de l'École une chaire autonome d'électrotechnique. Dans ces mêmes années, une chaire de centrales à vapeur et d'économie thermique et une chaire de moteurs thermiques et hydrauliques ont été créées. Le professeur Ferdinand Šujanský, un spécialiste renommé, y a enseigné[37].

Dans les années 1960, à la faculté de mécanique, les études d'électrotechnique ont été amplifiées et d'autres chaires autonomes comme la chaire de machines énergétiques et la chaire de systèmes automatisés ont été créées. Parallèlement, la chaire d'électrotechnique dirigée par le professeur František Poliak développait continuellement ses activités. À son initiative, une section d'électrotechnique a été créée à la faculté de mécanique en 1967. Le professeur Poliak a été nommé chef de cette nouvelle section, prenant aussi la fonction de vice-doyen. La section a ouvert officiellement ses portes en 1968 et 166 étudiants s'y sont inscrits. Les autres activités du professeur F. Poliak et du maître de conférences Viktor Špány et des autres spécialistes de la chaire d'électrotechnique ont conduit à la création de la faculté autonome d'électrotechnique le 2 octobre 1969, qui devenait ainsi la quatrième faculté de l'École supérieure technique de Košice. Le professeur F. Poliak en a été le premier doyen. Dès la première année, 240 étudiants y étudiaient déjà[38].

Les trois chaires de l'ancienne faculté de mécanique, d'électrotechnique, de systèmes automatisés et de physique ont été déplacées à la faculté d'électrotechnique. Plus tard, deux chaires nouvelles ont été créées. Ensuite, d'autres transformations ont été apportées. La chaire des propulsions électriques figurait parmi les chaires les plus anciennes de cette faculté. Au début, elle était dirigée par le fondateur de la faculté, le professeur F. Poliak. Après 1989, cette chaire a pris une nouvelle dimension

---

[37] Sinay, J. et al., *Pamätnica k 50. výročiu Technickej univerzity v Košiciach*, Košice, Technická univerzita, 2002, p. 34-35 ; p. 81.
[38] *Ibid.*, p. 36-37 ; p. 177-178.

en s'appelant chaire des propulsions électriques et de mécatronique. Grâce à la coopération avec le laboratoire industriel, elle a pu créer une chaire d'électrotechnique et les chaires de mécatronique et de génie industriel. « Le père » suivant de la faculté d'électrotechnique a été le maître de conférences V. Špány. Il a dirigé la chaire d'électronique. Dans les années 1970, cette chaire a changé deux fois de nom. Au début, elle s'appelait chaire des systèmes et des circuits électroniques ; plus tard, elle a été rebaptisée chaire de radio-électronique. Le maître de conférences Dušan Levický en est devenu le titulaire dans la moitié des années 1980. Le professeur Ján Chmúrny y enseignait aussi. Dans les années 1990, elle a été transformée en chaire d'électronique et des télécommunications multi médias. Les chaires comme celle d'énergétique, de mathématiques et spécialement celle de physique ont eu, elles aussi, une très longue histoire. La dernière a longtemps été dirigée par le professeur Matej Rákoš qui exerçait parallèlement la fonction de doyen de la faculté. Les chaires actuelles comme par exemple la chaire d'électronique théorique et des mesures électriques, la chaire des technologies électroniques, la chaire des ordinateurs et de l'informatique et la chaire de cybernétique et d'intelligence artificielle ont connu également une longue évolution. En 1991, l'École supérieure technique de Košice est devenue l'Université technique de Košice. En 1994, la faculté d'électrotechnique a élargi sa dénomination pour s'appeler désormais faculté d'électrotechnique et d'informatique. Actuellement elle a neuf chaires et à peu près 2 400 étudiants par an[39].

L'enseignement supérieur dans la ville de Žilina

Au nord-est de la Slovaquie, la ville de Žilina est devenue le troisième centre d'enseignement supérieur et de recherche en électrotechnique. En 1960, une École supérieure des transports a été ouverte dans cette ville. En 1990, cette école est devenue l'Université de Žilina avec une faculté autonome d'électrotechnique qui constituait auparavant une des branches de la faculté de mécanique et d'électrotechnique.

À l'origine une École supérieure des chemins de fer avait été créée à Prague en 1953, rebaptisée École supérieure des transports en 1959. Parmi les facultés de cette école figurait une faculté d'électrotechnique incorporée en 1959 dans la faculté de mécanique et d'électrotechnique. Le déplacement de l'École supérieure de transport de Prague à Žilina avait plusieurs raisons nationales, politiques, économiques et techniques. La ville de Žilina représentait un nœud de transport ferroviaire très important dans l'ancienne Tchécoslovaquie, ce qui offrait des possibilités d'étude des problèmes techniques de transport directement au siège de l'école.

---

[39] *Ibid.*, p. 36-37 ; p. 91-92 ; p. 208.

Donc par son implantation à Žilina, les étudiants venant des trois parties principales du territoire slovaque, avaient à leur disposition une école de caractère polytechnique. La jeunesse de la Slovaquie centrale avait donc la possibilité d'étudier les différentes spécialisations techniques dans sa région[40].

L'École supérieure des transports a déménagé à Žilina avec toutes ses facultés et chaires, son équipement technique et son corps professoral. Ce qui manquait, c'étaient des locaux convenables, mais la ville les a progressivement construits. La faculté de mécanique et d'électrotechnique comptait quatre chaires d'électrotechnique. La plupart des enseignants et de spécialistes étaient de nationalité tchèque. Au cours des années suivantes, des Slovaques ont été nommés. Il s'agissait d'une école unique dont l'importance couvrait le territoire de toute la Tchécoslovaquie. La part des pédagogues et des étudiants tchèques était toujours très élevée. La faculté a installé à Žilina une chaire de physique technique sous la direction du professeur Ferdinand Gottemann, puis une chaire d'électrotechnique théorique sous la direction du professeur Jan Bílek, une chaire de traction électrique et d'énergétique sous la direction du professeur František Jansa et encore une chaire des communications dont le directeur était le professeur Oldřich Poupě et plus tard le professeur Vladimír Jankovský. La spécialisation professionnelle et la structure des programmes scolaires de ces chaires correspondaient ce qui se faisait dans les autres facultés d'électrotechnique[41].

Dès la moitié des années 1960, l'École supérieure des transports et sa faculté de mécanique et d'électrotechnique ont été amenées à prendre en compte les évolutions les plus récentes du développement technique international. Durant ces années, l'orientation de l'école a été amplifiée surtout dans le domaine des télécommunications. La recherche scientifique et l'enseignement des connaissances nouvelles dans ce domaine ont été menés justement au sein de la faculté de mécanique et d'électrotechnique. En 1967, la chaire des blocs et des transmissions a été transformée en chaire des télécommunications. Par la suite, le nom officiel de l'école a changé : elle s'est appelée l'École supérieure des transports et des transmissions. Au cours des années suivantes, encore plusieurs spécialisations nouvelles comme l'informatique, la cybernétique technique et la microélectronique ont été introduites dans les programmes scolaires. De nouvelles chaires qui correspondaient aux nouvelles spécialisations ont été créées et les anciennes ont été transformées et adaptées aux objectifs de la recherche

---

[40] Puškár, A., Herman, P., *Vysoká škola dopravy a spojov v Žiline*, Žilina, Vysoká škola dopravy a spojov, 1988, p. 5-12.
[41] *Ibid.*, p. 175-188 ; p. 221-245.

et de l'enseignement. En 1972, la chaire de cybernétique technique a été créée et en 1980 la fusion des chaires des technologies électriques et de la chaire de production mécanique a permis de créer la chaire de gestion des processus technologiques. Le premier directeur en a été le professeur Miroslav Kafka, devenu plus tard doyen de la faculté. À la fin des années 1980, la faculté avec ses quatre spécialisations en électrotechnique avait formé approximativement 1 200 étudiants par an. De ses débuts à 1988, l'ensemble de la faculté a formé au total 12 000 ingénieurs, dont 5 000 dans le domaine de l'électrotechnique[42]. Dans les années 1990, une chaire de gestion et d'informatique a été créée[43]. Aujourd'hui, la faculté d'électrotechnique de l'Université technique de Žilina est composée de 6 chaires. Depuis ses débuts, environ 7 000 étudiants ont poursuivi leurs études dans cette école et sont devenus ingénieurs et jusqu'en l'année 2009, 11 grades de « docteur en sciences de la Nature » et 201 grades de « CSc. » « candidat ès sciences » (grade équivalent à celui de docteur de troisième cycle) et de grades de PhD. avaient été attribués.

Conclusion

La formation en électrotechnique sur le territoire de la Slovaquie a une longue histoire et des racines profondes. La formation dans ce domaine fut liée à l'évolution de l'Académie minière dans la ville de Banská Štiavnica, qui ouvrit ses portes en 1762. L'étude des phénomènes électriques est devenue partie prenante des programmes de formation et des manuels scolaires de plusieurs sections de cette école, une des plus anciennes de ce type dans le monde. Un grand tournant de son histoire fut sa réorganisation dans l'année scolaire 1904-1905, en étant transformée en École supérieure minière et forestière. À cette époque, elle comptait déjà 20 chaires. Une de ces chaires était la chaire de physique et d'électrotechnique fondée par le professeur O. Schwartz, dont la direction fut prise ensuite par son collaborateur très proche, le professeur G. Boleman, lequel, en 1917, publia un manuel, *L'électrotechnique*. Dès la fin du XIXe siècle, le début de l'électrification et le développement de l'industrie électrique, désormais une nouvelle branche indépendante de l'industrie, furent des facteurs très importants qui influencèrent l'évolution de la formation en électrotechnique tant au niveau universitaire que dans les autres niveaux. Après la création de la Tchécoslovaquie en 1918, l'École supérieure minière et forestière a été transférée en Hongrie et la Slovaquie s'est retrouvée sans école supérieure technique. C'est pourquoi dans la période entre les deux

---

[42] *Ibid.*, p. 5-12 ; p. 175-176 ; p. 221-245.
[43] Dzimko, M. *et al.*, *Žilinská univerzita 1953-2003*, Žilina, E.D.I.S. – Vydavateľstvo Žilinskej univerzity, 2003.

guerres, la jeunesse slovaque allait se former dans les écoles supérieures techniques du territoire tchèque. Au cours de cette période, à peu près 500 ou 600 étudiants slovaques par an y étudiaient. Sur ce nombre, au moins 50 à 65 personnes s'orientaient vers l'électrotechnique. Ce ne fut qu'en 1937 qu'on réussit à faire voter la loi sur la création de l'école supérieure technique en Slovaquie. Cette école fut enfin créée au cours des années 1938 et 1939 dans la ville de Košice, déplacée à Martin et ensuite à Bratislava sous le nom commun d'École supérieure technique slovaque. Elle comptait six disciplines et 12 spécialités, soit 12 facultés. À partir de l'année 1940, une discipline de mécanique et d'électrotechnique fut ouverte au niveau ingénieur et en 1941, on fondait le département d'électrotechnique. Les conférences étaient faites par des spécialistes et des experts praticiens renommés. L'ingénieur Ladislav Krčméry devint en 1943 le premier maître de conférences dans ce domaine. En 1951, après une réorganisation importante de l'École supérieure technique, une faculté autonome d'électrotechnique a été créée. Jusqu'à la fin des années 1980, quinze chaires ont été créées dans cet établissement qui a formé environ 10 000 ingénieurs, encadrés par 288 enseignants dont une vingtaine de professeurs et 76 maîtres de conférences. En 1991, l'école a changé de nom et est devenue l'Université technique slovaque. Par la suite en 1994, la faculté d'électrotechnique a été rebaptisée faculté d'électrotechnique et d'informatique.

Après 1945, l'École supérieure technique de Košice a été le deuxième centre de formation dans les domaines techniques. Aujourd'hui, elle est devenue l'Université technique de Košice. Une chaire d'électrotechnique a été ouverte à la faculté de mécanique en 1952. En 1969, cette chaire a été transformée en faculté d'électrotechnique autonome avec cinq chaires. Dans la période suivante, elle a encore une fois changé de nom et elle est devenue la faculté d'électrotechnique et d'informatique avec neuf chaires.

L'École supérieure des transports et des transmissions de la ville de Žilina (à l'origine, École nationale des transports) est aujourd'hui le troisième centre de formation en électrotechnique de Slovaquie. Elle a été créée en 1960 par le transfert de l'École supérieure des transports pragoise au sein de laquelle existait déjà une faculté de mécanique et d'électrotechnique. En 1990, on y a ouvert une faculté d'électrotechnique autonome.

Les programmes nucléaires civils de la France et de la République Socialiste Tchécoslovaque, entre rayonnement technique et volonté d'indépendance (1950-1970)

Grégoire VILANOVA

Université Paris1 Panthéon-Sorbonne, France
vilanova.gregoire@gmail.com,
Gregoir.Vilanova@malix.univ-paris1.fr

Résumé

Dans l'immédiat après-guerre, la France, tout comme la Tchécoslovaquie, tentent de remettre sur pied leur économie, mais font face à des besoins énergétiques croissants. Les deux pays possédant de l'uranium dans leur sous-sol, l'option de l'énergie nucléaire est alors envisagée.

Toutefois, en l'absence de la technologie d'enrichissement de l'uranium (dont seuls disposent les États-Unis et l'Union Soviétique), les scientifiques français et Tchécoslovaque doivent concevoir des réacteurs spécifiques pouvant utiliser de l'uranium naturel. La France porte son choix sur les réacteurs modérés au graphite tandis que la Tchécoslovaquie opte pour un réacteur modéré à l'eau lourde. Mais des décisions politiques, des considérations techniques et des accidents viendront mettre fin à ces filières spécifiques. Ainsi, en 1969, la France renonce à ses réacteurs graphite/gaz et accepte de construire des réacteurs au combustible enrichi sous licence américaine. Quant à la Tchécoslovaquie, elle abandonne son réacteur à eau lourde à la fin des années 1970 et importe des réacteurs de puissance à caloporteur et modérateur eau (V.V.E.R.) de conception soviétique.

Mots clés

France, Tchécoslovaquie, énergie, réacteur nucléaire, filière nucléaire

Après la Seconde Guerre mondiale, la France et la Tchécoslovaquie tentent de mettre au point un système de planification économique afin de retrouver, et à terme dépasser, leur capacité industrielle d'avant-guerre. Les deux pays font face à des besoins énergétiques croissants que la production de charbon et les importations en hydrocarbures ne peuvent combler. Face à cette crise énergétique, les dirigeants des deux pays commencent à s'intéresser au développement d'un programme nucléaire civil.

La France, mais surtout la Tchécoslovaquie disposent dans leur sous-sol de suffisamment d'uranium pour entreprendre la construction de réacteurs nucléaires. La question du type de réacteur, de la « filière » se pose immédiatement : quel type de combustible utiliser, comment modérer la réaction et comment refroidir la pile.

À cette époque, les scientifiques français ne possèdent pas encore la technologie d'enrichissement de l'uranium qui a été développée aux États-Unis et en Union Soviétique. Ils doivent donc mettre au point une filière qui ne nécessiterait pas d'enrichir le combustible. La Tchécoslovaquie entend, elle aussi, développer un réacteur d'une conception originale qui lui permettrait d'accepter l'aide économique et technique des Soviétiques, tout en gardant le plus possible la maîtrise du cycle nucléaire.

La période comprise entre 1950 et 1970 est intéressante en ce sens qu'elle correspond au moment où les travailleurs du nucléaire se forment à ces techniques radicalement nouvelles : c'est le moment où se « fait » la technique. Au cours de cette période, dans les deux pays, les autorités nucléaires pensaient pouvoir mettre en place un programme nucléaire qui devait les mener à l'indépendance énergétique, sans recourir à l'enrichissement de l'uranium. Après 1970, la France a finalement opté pour des réacteurs sous licence américaine, fonctionnant avec du combustible enrichi. La Tchécoslovaquie, quant à elle, a abandonné son ambitieux programme fondé sur l'utilisation de l'eau lourde et a accepté d'accueillir sur son territoire des centrales nucléaires de conception soviétique, utilisant elles aussi de l'uranium enrichi.

La comparaison entre les programmes nucléaires des deux pays me semble pertinente, car si la France et la Tchécoslovaquie appartiennent à l'époque à deux systèmes socio-politiques antagonistes et si les objectifs définis au départ ne sont pas les mêmes (la France voulait se doter de l'arme nucléaire, contrairement à la Tchécoslovaquie), les deux pays ont répondu au *challenge* posé par la question de l'enrichissement en choisissant une voie originale, en dépit des pressions exercées par les deux superpuissances.

Après avoir décrit les raisons qui, à la suite de la guerre, ont motivé le lancement d'un programme nucléaire, on regardera plus précisément les processus de décision qui ont mené au choix d'une filière de réacteur spécifique dans les deux pays. On verra enfin pourquoi les types de réacteurs nucléaires choisis par les scientifiques français et tchécoslovaques ont été abandonnés au profit de filières portées par les Américains et les Soviétiques.

Le lancement du programme nucléaire français

La Seconde Guerre mondiale a mis à mal les forces économiques et industrielles françaises. Dès la Libération, le gouvernement provisoire réfléchit à la remise en état de l'appareil productif français. Le plan Monnet définit les secteurs industriels privilégiés qui devront être mis en avant afin de répondre à la situation de pénurie et de retard économique que connaît le pays. Ces secteurs sont l'agriculture, les cimenteries pour la reconstruction des logements, le réseau ferroviaire, la sidérurgie et bien sûr, l'énergie qui doit être le support de la reconstruction.

Pour ce qui est de la production de l'énergie, la France mise principalement sur le thermique et sur l'hydroélectrique. La couverture énergétique est à l'époque assurée à 80 % par le charbon, mais les mines de houille ont été épuisées par la guerre et l'insuffisance de la production charbonnière grève lourdement l'économie française, le pays devant se résoudre à augmenter les importations.

Pour échapper à cette crise du charbon de la fin des années 1940, la France entreprend de moderniser son secteur charbonnier tout en abandonnant les fosses les plus déficitaires. Parallèlement, les planificateurs commencent à s'intéresser à des sources énergétiques alternatives comme les hydrocarbures et l'énergie nucléaire.

À la fin de la guerre, les scientifiques, dont Frédéric Joliot, Lew Kowarski et Bertrand Goldschmidt, avaient convaincu le général de Gaulle de la nécessité de reprendre les recherches sur l'énergie nucléaire là où elles en étaient restées au moment de l'invasion allemande. En octobre 1945, ce dernier avait fait pression sur l'Assemblée nationale pour qu'elle valide la création d'un organisme de recherche, le Commissariat à l'énergie atomique (C.E.A.). Le C.E.A., par ses statuts, se voyait donner la mainmise sur tout ce qui touchait à l'atome, que ce soit dans le cadre de la recherche scientifique, l'industrie, mais aussi les questions liant le nucléaire et la défense nationale.

Comme les Américains, en vertu de la loi McMahon, refusaient de partager avec leurs alliés leur savoir faire nucléaire, les scientifiques français durent redécouvrir eux-mêmes les différentes étapes menant à la réalisation d'un réacteur nucléaire. Alors qu'ils voulaient constituer une pile atomique expérimentale, les scientifiques du C.E.A. firent face à un premier problème. Ils ne disposaient pas de la technologie d'enrichissement de l'uranium qu'avaient développée les Américains à l'usine d'Oak

Ridge, dans le cadre du projet Manhattan. En outre, il s'avérait que ce procédé d'enrichissement était bien trop coûteux par rapport aux maigres ressources dont disposait à l'époque le C.E.A. Aussi fut-t-il envisagé, en 1946, de construire une pile modérée à l'eau lourde, c'est-à-dire une pile dont le combustible, l'uranium naturel, n'avait pas besoin d'être enrichi. Le choix de l'eau lourde en tant que modérateur peut aussi s'expliquer par le fait que plusieurs membres de l'équipe de Frédéric Joliot s'étaient familiarisés avec ce *design* en travaillant pendant la guerre, en Ontario, à la mise au point de la première pile atomique canadienne.

L'équipe de Joliot a dû faire face à de nombreux problèmes pour construire la première pile expérimentale. Il a fallu se procurer de l'uranium, alors qu'il n'existait aucune infrastructure minière spécifique dans le pays, et de l'eau lourde en quantité, un composé dont la France ne maîtrisait pas les procédés de fabrication industrielle. Le problème de l'uranium s'est rapidement réglé. Au moment où s'organisait la prospection sur le territoire national, les scientifiques ont découvert fortuitement un wagon contenant neuf tonnes d'uranate de soude oublié dans le port du Havre pendant la débâcle[1]. Frédéric Joliot a aussi réussi à mettre la main sur huit tonnes d'oxyde d'uranium qui avaient été cachées au Maroc au début de la guerre. En ce qui concerne l'eau lourde, la France renoue avec l'usine norvégienne Norsk Hydro et obtient de l'État norvégien que les cinq premières tonnes d'eau lourde produites après la guerre reviennent à l'équipe de Joliot.

Les éléments matériels nécessaires étant réunis, l'assemblage commence en 1947 et la pile, baptisée Z.O.E. (Z pour « zéro puissance », O pour « oxyde » et E pour « eau lourde ») « diverge » le 15 décembre 1948 au fort de Châtillon, à Fontenay-aux-Roses.

Avec la découverte d'importants gisements d'uranium autour du Massif Central et la mise en place d'une industrie de l'exploitation de ce métal, les quantités d'uranium produites en France même permettent la construction d'une nouvelle pile modérée à l'eau lourde, la pile P2 au sein du nouveau centre d'études nucléaires de Saclay. Ces deux piles expérimentales permettent d'étudier, entre autres, la résistance des matériaux aux conditions extrêmes et d'envisager plus sérieusement la mise au point de réacteurs industriels. Par ailleurs, elles produisent les premiers microgrammes de plutonium qui sont étudiés « à toutes fins utiles »[2] par les scientifiques et les militaires.

---

[1] Goldschmidt, B., *L'Aventure atomique : ses aspects politiques et techniques*, Paris, Fayard, 1962, p. 76.

[2] « L'expression est d'Yves Rocard, conseiller scientifique pour les programmes militaires au C.E.A. », in *La naissance de la bombe atomique française*, La Recherche, février 1983.

Les programmes nucléaires civils

La Tchécoslovaquie et le choix de l'énergie nucléaire

La Tchécoslovaquie, quant à elle, est sortie de la Seconde Guerre mondiale plutôt épargnée par les destructions matérielles qu'ont connues ses voisins. De plus, le pays n'est pas traité par les alliés comme un ennemi vaincu, à l'inverse de la Roumanie, de la Hongrie ou de la Bulgarie. De ce fait, il ne doit pas payer de réparations et n'est pas soumis à une occupation militaire.

Pour remettre le pays sur pied, le gouvernement d'Edvard Beneš lance une politique originale qui pourrait être qualifiée de « socialisme de marché démocratique ». Un plan quinquennal est mis en place en 1946/1947 afin de retrouver et dépasser le niveau de vie des Tchécoslovaques et la capacité industrielle qui existaient avant la guerre. Ce plan se voulait plus informatif que directif. Concrètement, il s'est traduit par une nationalisation totale de la grande industrie et par une nationalisation partielle de l'industrie moyenne et légère (finalement, 60 % de la force industrielle est nationalisée avant la prise du pouvoir par les communistes).

À la suite du coup de Prague, les communistes organisent la production par des plans quinquennaux donnant la priorité absolue à l'industrie lourde, au détriment des biens de consommation. Le système charbon/acier/industrie est mis en avant, suivant le modèle soviétique.

Pour remplir les objectifs qu'elle s'est fixée, la Tchécoslovaquie a besoin d'augmenter graduellement sa production énergétique. En 1945, la source principale d'énergie du pays réside dans le charbon, dont la Tchécoslovaquie dispose en vaste quantité dans son sous-sol. Le bassin minier de Haute Silésie, partagé entre la Pologne et la Tchécoslovaquie, produit en effet la quasi-totalité de l'anthracite d'Europe orientale. Pourtant, plusieurs facteurs restreignent la production de charbon de la Tchécoslovaquie socialiste, pays maintenu au cours des deux premières décennies de l'après-guerre dans un état de crise énergétique.

Tout d'abord, il n'y a pas assez de travailleurs dans les mines de charbon du pays puisque la main d'œuvre disponible est toujours plus déployée vers les secteurs de la métallurgie et de la construction mécanique. Par ailleurs, les filons de la région minière d'Ostrava sont de plus en plus profonds, ce qui a des conséquences négatives sur la production. Enfin, une partie conséquente de ce charbon tchèque est destiné à l'export vers l'ouest, car le pays est en demande de devises fortes. La Tchécoslovaquie ne peut donc compter ni sur son exploitation charbonnière, ni sur ses faibles ressources en gaz naturel et en pétrole et se voit dans l'obligation d'importer des hydrocarbures depuis l'U.R.S.S et la Hongrie.

Dans ces conditions de crise énergétique, les décideurs économiques se sont tournés vers le secteur nucléaire qui semblait, à l'époque, être une solution tout à fait envisageable pour sortir de cette situation de pénurie, d'autant plus que le sous-sol du pays semblait être riche en minerai d'uranium.

Dès 1946, des équipes de prospection se sont lancées dans un programme systématique d'exploration minière afin de déterminer les ressources potentielles du pays en uranium. Les scientifiques, assistés par des experts dépêchés par Moscou, parcourent les mines du pays (qu'elles soient encore en activité ou à l'abandon) équipés d'appareils de mesures radiométriques, afin de localiser les filons. Notons que cette aide soviétique est loin d'être désintéressée puisque les gisements tchèques et est-allemands sont, à l'époque, les seules sources d'uranium sur lesquelles l'Union Soviétique peut compter pour mener à bien son projet nucléaire militaire.

Le choix d'une filière et la question du modérateur

En 1952, à la suite du succès remporté par les réacteurs expérimentaux français, Félix Gaillard, membre du gouvernement, propose au parlement d'établir un plan quinquennal pour l'utilisation de l'énergie atomique. Au C.E.A., certains voient d'un mauvais œil le passage d'une activité de recherche et de formation des ingénieurs à une activité nettement industrielle et émettent des doutes sur la capacité de l'organisme à remplir les objectifs du plan.

Tout de suite se pose la question de la filière des futurs réacteurs. Contrairement aux États-Unis et à l'Union Soviétique, la France n'a pas accès à la technologie d'enrichissement de l'uranium, ce qui limite les options quant aux différents types de réacteurs envisageables. Le choix se porte entre des réacteurs modérés au graphite ou des réacteurs modérés à l'eau lourde puisque seuls ces deux types de réacteurs peuvent utiliser de l'uranium naturel (*i.e.* non enrichi).

En 1952, la France a déjà construit deux piles expérimentales modérées à l'eau lourde : EL1 (dite Z.O.E.) dont nous avons parlé et EL2, dont le flux de neutron plus intense que celui de Z.O.E. a servi à des études sur la tenue des matériaux soumis à de fortes radiations, étape nécessaire avant le passage à des réacteurs industriels. Les scientifiques français, on le voit, possèdent une expérience technique sur le fonctionnement des piles à eau lourde et ce matériau s'avère, après étude comparative, être un meilleur modérateur que le graphite. Dans ces conditions, des physiciens du C.E.A. ont fait pression auprès de la direction pour que la voie de l'eau lourde soit privilégiée. Pourtant, c'est la filière graphite qui a été choisie, le procédé industriel de production de l'eau lourde qui utilisait une cascade de chambres d'électrolyse étant en effet trop gourmand en énergie aux yeux de la direction du C.E.A.

Les programmes nucléaires civils

Plus officieusement, selon l'historienne américaine Gabrielle Hecht qui s'est entretenue avec des ingénieurs du C.E.A. ayant travaillé à cette époque, l'abandon de la filière eau lourde pourrait avoir eu des causes politiques[3]. Beaucoup des physiciens qui possédaient le savoir faire lié à cette filière ne cachaient pas leur attachement au Parti Communiste et, après le scandale causé par l'infiltration du programme nucléaire américain par des espions à la solde de Moscou[4], les dirigeants du C.E.A. ne désiraient pas prendre de risques en confiant des responsabilités à des sympathisants de l'U.R.S.S.

Ayant accès à l'uranium du Limousin et au graphite de l'usine du groupe Pechiney, le C.E.A. est chargé d'ériger trois réacteurs plutonigènes de puissance modeste sur le site de Marcoule, près d'Avignon. Construit à partir des plans imaginés en 1953 sur le modèle du réacteur américain de Brookhaven, le réacteur G1 de Marcoule diverge en janvier 1956. Ses deux « frères » mis en service deux et trois ans plus tard ont un *design* plus complexe et sont refroidis grâce à du gaz carbonique. À elles trois, les piles G1, G2 et G3 ont posé les jalons de la filière française « uranium naturel/ graphite/gaz », dite filière Uranium Naturel Graphite Gaz (U.N.G.G.).

Électricité de France s'intéressait à l'énergie nucléaire dès le début des années 1950. Des chercheurs d'E.D.F. avaient fait en sorte que les réacteurs de Marcoule soient couplés à de petits dispositifs visant à récupérer la chaleur produite par la réaction nucléaire pour la transformer en énergie électrique. En 1955, E.D.F. est officiellement chargée de la maîtrise d'œuvre du programme nucléaire français et, dès l'année suivante, l'entreprise lance la construction de trois réacteurs U.N.G.G. à Chinon. Le programme nucléaire civil français se poursuit activement au cours des années 1960 avec l'érection de deux autres réacteurs à Saint-Laurent dans le Loir-et-Cher (420 et 480 MW) et d'un dans la région du Bugey (540 MW). Tous ces réacteurs sont issus de la filière U.N.G.G. mise au point par le C.E.A., mais ils comportent de petites modifications techniques portant, par exemple, sur la mise en place du combustible au sein de la cuve.

Il faut noter toutefois que la filière « uranium naturel/graphite/gaz » ne fait pas l'unanimité au sein de la communauté des ingénieurs du nucléaire.

---

[3] Hecht, G., *Le rayonnement de la France : énergie nucléaire et identité nationale après la Seconde Guerre mondiale*, Paris, La Découverte, 2004.

[4] Klaus Fuchs était un physicien allemand qui travailla à la mise au point de la bombe nucléaire américaine dans le cadre du projet Manhattan en 1944 et 1945. Entre 1947 et 1949, il délivra des informations confidentielles sur l'avancée des recherches nucléaires américaines à un agent du Commissariat du peuple aux Affaires intérieures (N.K.V.D.). Découvert en 1950, il fut emprisonné et partit pour la République démocratique allemande (R.D.A.) à sa libération.

En 1964, Westinghouse et General Electric entreprennent une campagne mondiale de promotion de leurs réacteurs à eau pressurisée. Les prix de construction et d'entretien que les deux entreprises américaines annoncent semblent attractifs (quoique un peu optimistes) aux pays européens. E.D.F. voudrait diversifier les filières et accepter de construire des réacteurs sous licence américaine, ce que le C.E.A. refuse ouvertement. Pendant trois ans, de 1966 à 1969, les tenants et les opposants aux réacteurs américains à eau pressurisée s'affrontent par rapports économiques interposés dans le cadre de ce qui était appelé à l'époque « la guerre des filières ». Ceux qui soutiennent la filière U.N.G.G. répètent que cette technologie, qui repose entièrement sur un savoir-faire français, est garante de l'indépendance nationale et que l'achat d'uranium enrichi américain nécessaire au fonctionnement des centrales à eau pressurisée va lourdement grever les bénéfices escomptés par le développement du nucléaire civil. En face, l'E.D.F. leur oppose le manque de puissance et les failles de sécurité des réacteurs U.N.G.G.

C'est finalement l'accident de la centrale U.N.G.G. de Saint-Laurent-des-Eaux, le 17 octobre 1969, au cours duquel 50 kilogrammes d'uranium sont entrés en fusion, qui condamne la filière U.N.G.G. au dépend des réacteurs fonctionnant à l'uranium enrichi.

Politique nucléaire soviétique et difficultés sur le chantier de Bohunice

Au début des années 1950, au sein du bloc de l'Est, les Soviétiques disposent seuls du savoir-faire nucléaire et n'entendent pas partager leurs connaissances avec leurs alliés. Les physiciens atomistes soviétiques sont soumis à la loi de 1947 sur les secrets d'État qui couvre non seulement le domaine militaire, mais aussi l'information scientifique et technologique. Il n'y a donc aucune circulation des connaissances à l'Est sur tout ce qui concerne les différentes applications industrielles de la physique nucléaire. Quelques pays comme la Tchécoslovaquie, la Pologne ou la République démocratique allemande s'intéressent de leur côté au nucléaire civil, mais sont très loin de la mise en place d'un véritable programme.

Le discours du président américain Eisenhower, connu sous le nom *atom for peace*[5] prononcé à l'assemblée générale des Nations Unies, le 8 décembre 1953, modifie profondément l'attitude des Soviétiques vis-à-vis de leurs alliés de Chine et d'Europe de l'est. Eisenhower décide en effet d'exporter la technologie nucléaire civile à tous les États qui désireraient l'acquérir. Les Soviétiques craignent à la fois de perdre les marchés liés à

---

[5] Discours disponible en intégralité sur le site : http://www.world-nuclear-university.org/about.aspx?id=8674&terms=atoms%20for%20peace [en ligne 25.10.2010].

la construction de centrales nucléaires dans les pays émergents et risquent de voir leur image ternie par leur culture du secret alors que les Américains exportent ouvertement leur technologie à leurs propres alliés. Au début de l'année 1955, l'imminence d'un accord entre les États-Unis et la Turquie infléchit brutalement la politique soviétique et le 18 janvier 1955, Moscou décide à son tour de partager son savoir-faire nucléaire. Suite à une série de décrets, les ingénieurs du bloc de l'Est ont maintenant la possibilité de se rendre dans les centres d'études nucléaires soviétiques pour observer les travaux de leurs confrères. À la fin mars 1955, des scientifiques et des dirigeants de Chine et d'Europe de l'Est sont invités à Moscou pour mettre au point les accords bilatéraux relatifs au nucléaire civil[6].

La Chine, la République démocratique allemande et la Tchécoslovaquie repartent avec des promesses d'aide importantes puisque l'Union Soviétique s'est engagée à leur livrer des réacteurs expérimentaux, des cyclotrons et surtout des spécialistes capables d'organiser la mise en place de leurs programmes nucléaires nationaux. En échange, les pays aidés doivent fournir l'U.R.S.S. en biens matériels et s'engagent à maintenir le secret le plus absolu autour de leurs installations nucléaires.

Le 23 avril 1955, l'accord entre l'U.R.S.S. et la Tchécoslovaquie est finalisé. Un centre de recherche nucléaire doit être mis en place à Rez et les physiciens tchécoslovaques attendent un réacteur expérimental ainsi qu'un cyclotron, cette dernière installation devant les familiariser à la physique des hautes énergies.

Le terme le plus important de l'accord concerne la mise en place conjointe d'un réacteur à l'uranium naturel, modéré à l'eau lourde et refroidi au gaz, d'une puissance de 150 MW à Bohunice, dans la partie slovaque du pays. Officiellement, ce réacteur pilote est censé tester la possibilité de développer cette filière de réacteur à une échelle industrielle.

Les scientifiques tchécoslovaques ont choisi cette filière, car, comme nous l'avons vu, le sous-sol du pays est riche en minerai d'uranium et l'utilisation de l'eau lourde comme modérateur permet de se passer du procédé d'enrichissement de l'uranium. Ce choix permettait à la Tchécoslovaquie de s'assurer la maîtrise du combustible puisqu'ainsi, il n'était pas nécessaire d'envoyer au préalable l'uranium en U.R.S.S. pour qu'il y soit enrichi

---

[6] Ginsburgs, G., « Soviet Atomic Energy Agreements », in *International Organization*, 1961, vol. 15, n° 1, p. 49-65 ; Wilczynski, J., « Atomic Energy for Peaceful Purposes in the Warsaw Pact Countries », in *Soviet Studies*, 1974, vol. 26, n° 4, p. 568-590 ; Davey, W.G., *Nuclear power in the soviet Bloc*, Rapport du Los Alamos National Laboratory. LA–9039 (mars 1982) ; Duffy, G., *Soviet Nuclear Energy : Domestic and international policies*, Rapport du U.S. Department of Energy, R-2362-DOE, 1979 ; Mathieson, R.S., « Nuclear Power in the Soviet Bloc », in *Annals of the Association of American Geographers*, 1980, vol. 70, n° 2, p. 271-279.

et qu'on pouvait l'utiliser en l'état. On peut noter que la Tchécoslovaquie est le seul pays du bloc de l'Est à s'être doté d'un réacteur de ce type et à avoir osé imposer, si l'on peut dire, ses conditions au « grand frère » soviétique.

Dès 1956, les ingénieurs tchécoslovaques travaillent à la conception de la cuve du réacteur. Selon les termes de l'accord signé avec l'U.R.S.S., cette part du travail leur revient, car les Soviétiques comptent sur le savoir-faire industriel des Tchécoslovaques en termes de sidérurgie. Le premier mai 1957, l'organisme chargé de gérer la centrale A1 est créée à Bohunice et les autorités se mettent à la recherche des entreprises qui vont être contactées afin de mener le chantier à son terme. Le bureau d'étude Energoprojekt de Prague, assisté de l'Institut de Conception de Leningrad (le L.O.T.E.P.), se charge des plans et on confie à Škoda la maîtrise d'ouvrage de la structure. En outre, 132 ingénieurs et physiciens soviétiques s'installent en Tchécoslovaquie dans le cadre des travaux de la centrale. Mais au bout de trois ans, des problèmes de conception entraînent d'importants retards sur le calendrier et le gros du chantier n'est toujours pas commencé. Škoda pense un temps à abandonner le projet, véritable gouffre à capitaux, mais s'y ré-implique finalement grâce aux efforts de Josef Hauer, l'ingénieur en chef de l'entreprise.

Très vite, cependant, au vu de l'ambiance délétère qui règne au sein des différentes équipes, on se rend compte que les Soviétiques ne font aucun effort pour accélérer la marche des travaux : les pièces qu'ils font venir d'U.R.S.S. ne répondent pas au cahier des charges, les commandes des ingénieurs Škoda n'arrivent jamais.

Ces atermoiements sont directement liés au revirement brutal de la politique d'aide nucléaire soviétique et c'est peut-être en Chine qu'il faut aller chercher les raisons premières des ajournements successifs des travaux du chantier de Bohunice.

La Chine, comme les pays d'Europe de l'Est, a pu, dès 1955, envoyer ses techniciens au centre nucléaire de Dubna pour y être formés et, en 1957, les autorités chinoises et soviétiques signent un accord de coopération nucléaire, prévoyant la construction d'un réacteur expérimental, l'envoi de spécialistes soviétiques et la mise au point d'une usine d'enrichissement de l'uranium. Nikita Khrouchtchev semble ignorer les mises en garde de ses conseillers pour qui le programme nucléaire chinois est avant tout à visées militaires. Le dirigeant soviétique ne recouvre sa clairvoyance qu'après la dégradation des relations sino-soviétique, au milieu de l'année 1959, mais trop tard, les scientifiques chinois s'étant clairement lancés dans la course à la bombe. Aussi des consignes parviennent-elles aux spécialistes soviétiques basés en Chine qui les enjoignent à ralentir, voire à saboter la coopération scientifique entre les deux pays. La première explosion nucléaire chinoise, en octobre 1964 a donc fait prendre conscience aux Soviétiques des dangers de la prolifération nucléaire et de la porosité de la frontière entre un programme civil et un programme militaire[7].

Les chantiers des réacteurs nucléaires qui avaient été initiés dans les démocraties populaires pâtissent clairement des conséquences de l'expérience chinoise : le réacteur de 100 MW promis à la Hongrie reste à l'état de projet et l'aide soviétique dans le cadre du réacteur de Bohunice cesse complètement, forçant les ingénieurs tchécoslovaques à finir seul les travaux de la centrale. L'apport économique et technique soviétique s'étant peu à peu tari, les travaux s'éternisent à Bohunice et la construction de la centrale nucléaire ne s'achève qu'en 1972[8].

Le réacteur modéré à l'eau lourde est connecté au réseau électrique le 25 décembre 1972 et il génère une énergie moyenne comprise entre 100 et 110 MW tout au long de la phase opérationnelle. Dès la première année de service, des défauts de constructions entraînent des problèmes de fonctionnement : fuites au niveau des échangeurs de vapeur et du réservoir d'eau lourde, huile dans le circuit primaire, etc. En 1976 et en 1977, un incident grave (fuite massive du gaz de refroidissement entraînant la mort de deux techniciens, niveau 3 sur l'échelle The International Nuclear Event Scale (I.N.E.S.) et un accident (erreur humaine entraînant une contamination des circuits de refroidissement, puis du bâtiment réacteur, niveau 4 sur l'échelle I.N.E.S.) se produisent, tout deux liés à la phase de rechargement du combustible[9]. La contamination *in situ* et les destructions matérielles provoquées par les deux accidents forcent les scientifiques tchécoslovaques à arrêter le réacteur définitivement et en 1979, le gouvernement décide de procéder au démantèlement de la centrale de Bohunice[10].

Conclusion

Consécutivement à l'échec de son programme national fondé sur la filière à eau lourde, la Tchécoslovaquie accueille à la fin des années 1970 des réacteurs de conception soviétique de type V.V.E.R. fonctionnant

---

[7] Gobarev, V.M., « Soviet policy toward China : Developing nuclear weapons 1949-1969 », in *The Journal of Slavic Military Studies*, 1999, vol. 12, n° 4, p. 1-53.

[8] Duffy, G., *Soviet Nuclear Energy : Domestic and international policies*, Rapport du U.S. Department of Energy, R-2362-DOE, 1979.

[9] Kuruc, J. *et al.*, « 30th and 29th anniversary of reactor accidents », in A-1 Nuclear Power Plant Jaslovské Bohunice – radioecological and radiobiological consequences. *Proceedings of the Third Radiobiological Conference.* Košice, May 25, 2006, University of Veterinary Medicine (U.V.M.), Košice, p. 59-87.

[10] Les travaux sont en cours et pourraient s'étaler jusqu'en 2050.

à l'uranium enrichi. Les ingénieurs tchécoslovaques abandonnent de fait l'idée de maîtriser entièrement le cycle nucléaire.

Un réacteur nucléaire, comme tout objet technique complexe, ne peut être appréhendé dans sa seule dimension technique. Le choix d'une filière de réacteur est bien sûr motivé par des considérations purement pratiques (la sélection du modérateur, on l'a vu, dépend du degré d'enrichissement du combustible disponible), mais ce choix a pu être infléchi par des événements liés au climat politique de la Guerre froide. Je pense notamment aux conséquences dans le bloc de l'Est du discours *atom for peace* ou à la décision, en France, d'évincer les sympathisants communistes des postes décisionnaires, au début des années 1950. Si la politique s'est invitée dans la technique, à l'inverse, on peut voir que deux pays inscrits dans des contextes socio-politiques antagonistes comme la France et la Tchécoslovaquie socialiste, ont choisi des solutions techniques remarquablement similaires en développant des filières de réacteurs originales qui devaient leur assurer indépendance énergétique vis-à-vis des « deux grands » et rayonnement technologique.

C'est donc sous tous ces aspects, qu'ils soient techniques, économiques ou socio-politiques qu'il faut restituer la naissance des programmes nucléaires civils en France et en Tchécoslovaquie afin d'en dégager la singularité au sein d'une histoire globale de l'électrification.

Les archives de l'Université polytechnique tchèque de Prague et les documents concernant l'histoire de l'enseignement de l'électrotechnique

Magdalena TAYERLOVÁ

Directrice des Archives de l'Université polytechnique de Prague, République tchèque
tayerlov@vc.cvut.cz

Résumé

Les Archives de l'Université polytechnique tchèque de Prague (U.P.T.P.) ont une histoire de presque cinquante ans. Le présent article a pour objectif d'informer brièvement sur leur création et leurs activités actuelles, sur leurs sources et notamment sur les documents qui participent à l'histoire de l'enseignement de l'électrotechnique

Mots clés

Les Archives, Université polytechnique tchèque de Prague, les activités, les sources, les documents, l'histoire de l'enseignement de l'électrotechnique dans les pays tchèques, Prague

Les archives ont été créées en 1962 comme poste de travail spécialisé de l'U.P.T.P. Il s'agissait au départ d'une section du Rectorat, devenue ensuite, pendant dix-huit ans, un département organisationnel indépendant de l'U.P.T.P., et depuis 1998 de nouveau rattaché au Rectorat. Le programme de travail sur les Archives de l'U.P.T.P., visant les besoins de l'école, s'inspirait également de son appartenance au réseau des Archives de la république. Étant donné le rayonnement de l'U.P.T.P., elles ont été déclarées, en 1964, comme participant des archives d'une importance spéciale, ce qui indiquait le caractère et l'ampleur des activités assurées : travaux préliminaires, choix des documents, tri des écrits et pérennité de l'entreposage. Les obligations des Archives de l'U.P.T.P. étaient régies par la première Loi sur les archives de 1974. Actuellement, les Archives de l'U.P.T.P. rassemblent des archives spécialisées et accréditées conformément à la Loi sur les archives de 2009.

Le développement des Archives de l'Université polytechnique de Prague

Les Archives de l'U.P.T.P. ont commencé leurs activités en regroupant les documents à valeur documentaire durable parmi les écrits conservés concernant les activités de l'école jusqu'à la fin de la première moitié des années 1950. Elles ont également repris les documents d'une faculté supprimée de l'U.P.T.P. et de l'Institut polytechnique (École polytechnique de Prague), déposés et organisés dans d'autres archives[1]. Le traitement de tous ces documents regroupés a permis d'accéder progressivement aux sources permettant de répondre aux demandes de l'U.P.T.P. et des chercheurs, tout en assurant un point de départ aux activités de recherche. En fait, le nouveau poste de travail devait assurer le traitement de l'histoire de l'U.P.T.P., et ce au niveau de l'organisation et des ressources humaines[2]. Ainsi furent réalisées les réflexions et les idées que le professeur de géodésie de l'U.P.T.P., l'ingénieur Josef Petřík, avait avancées dès les années 1930[3]. Cet enseignant s'intéressait à l'histoire de l'U.P.T.P. et il s'impliqua

---

[1] Le fonds de l'École supérieure de commerce a été repris par les Archives de l'U.P.T.P. auprès des Archives centrales nationales de l'époque (actuellement Archives nationales). Les écrits des Archives de l'École supérieure de commerce de l'U.P.T.P. supprimée progressivement, de 1949 à 1953, ont été remises aux Archives centrales nationales par la Faculté de génie économique de l'U.P.T.P. en octobre 1958, sur ordre de l'Administration des archives du ministère de l'Intérieur. Le fonds fut organisé dans les années 1959-1960 et il comprenait 288 livres officiels et auxiliaires et 565 cartons. Le fonds de l'Institut polytechnique (École polytechnique de Prague) comprenant des documents des années 1798-1870 fut repris des Archives du Musée technique national de Prague. Ce fonds comprend 161 livres officiels et 172 boîtes d'archives. Il fut déposé initialement dans la bibliothèque de l'institut à Husova 5. Il fut déplacé avec cette bibliothèque vers le Klementinum et déposé à la Bibliothèque de l'Université technique de Prague. En 1953, le rectorat de l'U.P.T.P. donna son accord à la proposition de la Bibliothèque technique nationale de remettre ces archives au Musée technique national. Le fonds avait été organisé par la Eva Čakrtová et il fut déposé aux Archives du Musée technique national de Prague sous le n° 418.

[2] Jílek, F., Lomič, V., *Dějiny Českého vysokého učení technického v Praze*, Praha, 1973, vol. 1, Tome 1 (jusqu'en 1863) ; Lomič, V., Horská, P., *Dějiny Českého vysokého učení technického v Praze*, Praha, 1978, vol. 1, Tome 2 (jusqu'en 1918).

[3] Archives de l'U.P.T.P. – Fonds du Sénat académique, procès-verbaux des réunions, année scolaire 1934-1935.

dans la création des archives en s'inspirant des Archives de l'Université Charles. Il voulait qu'au même titre que les archives universitaires, les archives de la technique regroupent les écrits des différentes facultés, départements et instituts de l'école « dès qu'ils auront un caractère d'archives » et conservent « les originaux ou tout au moins les copies de tous les actes et écrits de l'U.P.T.P., afin d'être rapidement disponibles pour les besoins de l'école et pour les activités de recherche ». Outre des fins administratives et scientifiques, les archives devaient se consacrer également aux activités de collection[4].

Les propositions du professeur Petřík furent soumises à l'approbation du Sénat académique de l'U.P.T.P. à la fin du mois d'octobre 1939. Après examen, le projet d'organisation des archives fut adopté[5], mais vingt jours plus tard, les locaux de l'Université polytechnique de Prague tchèques furent occupés par les forces armées et fermés jusqu'à la fin de la Seconde Guerre mondiale.

La situation dans tous les bâtiments scolaires et le besoin de traiter les conséquences des six années de fermeture, notamment les restes retrouvés de documents officiels, de documentation scientifique et autres écrits d'avant l'occupation, amena les doyens des écoles supérieures de l'U.P.T.P. en juin 1945, juste après la restauration de l'enseignement, à proposer et approuver « la création d'un poste d'archiviste (historien) pour l'U.P.T.P. »[6]. Ce spécialiste devait tout d'abord organiser les écrits retrouvés et s'occuper « des mémoires, de l'évolution et du fonctionnement de l'enseignement universitaire »[7]. Il ne fut pourtant pas nommé officiellement et la solution de cette question, qui supposait la création de locaux, fut freinée par les problèmes éternels de dislocation que l'école dut encore affronter pendant deux décennies. La création des archives fut soutenue dans les années 1953-1956 par une mesure visant les services d'écriture et d'archives au niveau national[8], en réaction au désordre constaté et aux mises au rebut sauvages et, suite aux problèmes de l'U.P.T.P., liés à la présentation de l'histoire de l'école au moment des grandes festivités du 250e anniversaire de l'U.P.T.P. en 1957.

---

[4] *Ibid.*

[5] *Ibid.*, procès-verbal de la réunion du 26 octobre 1939.

[6] Archives de l'U.P.T.P. – Fonds du Rectorat, procès-verbal de la réunion de la commission des doyens, tenue le 19 juin 1945.

[7] *Ibid.*

[8] Arrêté du ministère de l'Intérieur n° 62/1953, ordonnance n° 29/1954, Arrêté du ministère de l'Intérieur n° 153/1956.

Les fonds et collections

Aujourd'hui, les Archives de l'U.P.T.P. traitent des documents déposés dans 108 ensembles (fonds), soit environ 1 450 mètres d'archives de différents types correspondant aux années 1798-2004. Il s'agit notamment des fonds institutionnels, ensembles créés par les prédécesseurs de l'U.P.T.P. – l'Institut polytechnique royal tchèque – École polytechnique de Prague (1806-1869), l'Institut polytechnique tchèque du Royaume de Bohême – École polytechnique tchèque de Prague (1869/1875-1920) et ses parties, les facultés et organes académiques antérieurs à l'U.P.T.P. et toutes les composantes actuelles de l'U.P.T.P.

D'autres ensembles d'archives sont constitués des fonds personnels (héritages), composés de documents remis aux Archives de l'U.P.T.P. par des personnes physiques – le plus souvent enseignants ou membres de leurs familles, anciens étudiants ou personnalités liées à l'U.P.T.P. pour d'autres raisons. Les fonds personnels comprennent notamment des documents à caractère non officiel : les Archives de U.P.T.P. les ont obtenus, de même que les fonds de collection, de leur propre initiative et les rendent accessibles, conformément aux éventuelles conditions fixées par le donateur.

La majorité de ces fonds regroupent des documents à caractère biographique. Vu leurs informations détaillées, ceux-ci permettent un meilleur traitement global de la biographie de la personnalité concernée. Ils comprennent aussi des pièces relatives aux activités réalisées parallèlement aux tâches pédagogiques et scientifiques à la faculté et ils représentent donc une source d'informations sur les actions extrascolaires, découlant de l'adhésion aux sociétés et organisations scientifiques et professionnelles, y compris internationales. Ils donnent souvent une image complète des méthodes pédagogiques, des contacts avec les étudiants ou avec des personnes hors la profession, par exemple dans les correspondances conservées. Ces fonds regroupent aussi une documentation précieuse sur les décorations obtenues ainsi que des documents sur la pratique professionnelle, des manuscrits de conférences et de travaux scientifiques, d'expertises et une vaste documentation photographique. Tous ces types de documents dans les fonds personnels permettent de compléter les informations sur la vie de leurs auteurs et d'obtenir des données uniques et irremplaçables pour l'histoire du secteur d'activité de la personne considérée.

Dans les Archives de l'U.P.T.P., les différents types de documents sont rassemblés dans des collections par petits groupes thématiques de documents, complétées progressivement sur initiative des Archives et grâce aux donateurs fortuits. Actuellement, les Archives de l'U.P.T.P. enregistrent douze collections qui sont traitées systématiquement. La collection la plus ancienne et la plus utilisée se compose d'images sous forme de positifs, négatifs, microfilms, diapositives et aussi sous forme numérique. Les Archives de l'U.P.T.P. comprennent également des documents professionnels, sonores et audiovisuels. Les collections renferment des cartes et plans qui ne font pas partie des dossiers, ensuite des travaux scolaires d'étudiants, des documents sur les activités régionales des étudiants, des documents biographiques partiels concernant les enseignants, des documentations contemporaines, dont des extraits de la presse périodique et des petits imprimés produits par l'U.P.T.P., des documentations sur les médailles et les décorations remises à l'U.P.T.P. Une autre collection est composée de la documentation sur les insignes et les robes de l'U.P.T.P. et de ses facultés et les programmes d'études imprimés depuis 1851.

Les Archives de l'U.P.T.P. comprennent également plusieurs fonds de provenance externe, par exemple des écrits conservés de l'École supérieure technique allemande de Prague – Université polytechnique allemande de Prague et de sa section agricole à Děčín – Libverda, supprimée en 1945, et le fonds de l'Association technique tchèque avec des documents datant des années 1895-1953.

L'histoire de chaque secteur est sans cesse complétée par les enregistrements de pièces concernant des professeurs et maîtres de conférences de l'U.P.T.P., de l'École supérieure technique allemande – Université polytechnique allemande de Prague et des prédécesseurs communs de ces deux écoles depuis le XVIIIe siècle. Les Archives disposent aujourd'hui de 2 875 enregistrements sur les professeurs et maîtres de conférences vivants ou morts dont la mise en forme numérique est en cours de préparation.

Certains fonds d'archives déposés dans les Archives de l'U.P.T.P. (les divers administrations de l'Université et plusieurs fonds personnels et collections) regroupent également des documents concernant l'histoire de l'enseignement de l'électrotechnique.

Les fonds de l'École polytechnique tchèque de Prague (1869/1875-1920) est le plus important pour étudier les débuts des études sur l'électrotechnique et son enseignement dans cet établissement praguois. Le fonds s'ouvre sur l'année 1869, avec la création de deux sections indépendantes (après 1875, tchèque et allemande) à partir de l'Institut polytechnique du Royaume de Bohême – École polytechnique de Prague (1806-1869), une avec le tchèque comme langue d'enseignement et l'autre avec l'allemand, et se clôt en 1920, date de la réorganisation.

Toutes les négociations concernant l'introduction et l'élargissement de l'enseignement de l'électrotechnique à compter des années 1880 se trouvent dans ce fonds, ainsi que les procès-verbaux des réunions du corps professoral, conservés sur la période entière. Pour les années 1880, période de l'introduction de l'électrotechnique dans l'enseignement et de son développement au titre de nouvelle discipline indépendante, les registres du Rectorat ou du secteur de la mécanique ou de ses sièges (instituts) n'ont malheureusement pas été conservés.

Les catalogues des étudiants, tenus de façon centrale au Rectorat, avec fonction de registre à l'école technique, ont été entièrement conservés. Les procès-verbaux concernant le premier et le second examen d'État, introduits en 1878, peuvent servir à des fins de recherche. Comme la réussite au second examen d'État donnait le droit d'utiliser le titre d'ingénieur (ordonnance impériale de 1917), ces procès-verbaux représentent également un enregistrement complet sur la première génération d'ingénieurs électrotechniciens.

Les mémoires en électrotechnique, présentés et soutenus lors des examens de troisième cycle pour le doctorat en sciences techniques, délivré à partir de 1901, constituent des documents très importants sur le développement de l'enseignement électrotechnique et sur la formation scientifique post-graduée. Cette mesure permit d'étendre les études d'électrotechnique à quatre années en 1910 et l'électronique devint une des deux filières d'études du secteur de la mécanique, avec spécialisation, à partir de la troisième année. En 1912, cinq ingénieurs en électrotechnique obtinrent les premiers doctorats en sciences techniques. Les mémoires conservés, y compris les procès-verbaux du troisième cycle, offrent des informations détaillées sur le procédé officiel de traitement à partir de l'inscription jusqu'à l'examen d'État de troisième cycle, et sur le déroulement de la soutenance et des thèmes examinés, souvent liés à la recherche et traités par les instituts des écoles ou leurs professeurs.

Le fonds de l'U.P.T.P. comprend également des documents sur la remise de doctorats *honoris causa* en sciences techniques à des personnalités qui ont traité de l'électrotechnique théorique et pratique : ainsi, František Křižík et Karel Václav Zenger en 1906.

Les publications personnelles des premiers enseignants de matières électrotechniques qui font également partie de ce fonds – les professeurs Karel Domalíp (années 1885-1909) et Karel Novák (années 1911-1937) – et les programmes d'études des années 1884-1920 sont des documents très importants qui témoignent des 36 premières années de conférences indépendantes sur l'électrotechnique.

En 1920, la désignation de l'école et son organisation changent et les nouvelles écoles d'ingénieurs (aujourd'hui facultés), leurs décanats et les corps professoraux reprennent une grande partie de l'agenda du Rectorat. Les documents conservés sont déposés dans les fonds selon les désignations des différentes écoles d'ingénieurs et instituts de l'U.P.T.P. et dans le fonds du Rectorat. La période à compter de 1920 peut être divisée en trois phases correspondant aux autres changements organisationnels. La

Les archives de l'Université polytechnique tchèque de Prague

première couvre le temps de validité du statut de 1920[9] jusqu'à son annulation en 1950 par la Loi relative aux écoles d'ingénieurs[10]. Durant la seconde période, jusqu'en 1960, à la suite de cette loi et d'autres mesures, des changements organisationnels et systémiques furent introduits progressivement. La structure de l'école se stabilisa à partir de 1960-1961, lorsque l'enseignement fut organisé en quatre facultés seulement. La majorité des sections existe encore actuellement, même si certaines écoles ou facultés ultérieures disparurent ou furent supprimées entre les années 1949 et 1960 ou encore se séparèrent de l'U.P.T.P.

De même que dans les périodes précédentes, également entre les années 1920 et 1950, seule une infime partie des écrits de certaines entités de l'U.P.T.P. a été conservée. On suppose que les pertes d'écrits de la période jusqu'en 1945, provenant de l'agenda du Rectorat, du décanat et des instituts de l'École d'ingénieurs de mécanique et d'électrotechnique, siégeant dans le complexe de bâtiments de la Place Charles, sont la conséquence de l'occupation de ces bâtiments pendant la guerre. Cela ne peut expliquer ou excuser la disparition massive d'écrits sur les activités de l'école pendant les six premières années d'après-guerre, période très importante pour l'école. Cependant, l'histoire du secteur du génie électrotechnique de l'U.P.T.P. peut être étudiée et reconstruite pour toute la période, notamment en utilisant les programmes d'études imprimés, et des documents d'archives des fonds cités et notamment du fonds du Sénat académique de l'U.P.T.P.

Les fonds du Rectorat comprennent en outre des documents liés à la section du génie électrotechnique. Pour les années 1920-1950, il s'agit encore une fois de documents sur les doctorats – examens d'État du troisième cycle, registres des docteurs en sciences techniques et enregistrements de tous les candidats inscrits, de même que des fragments de dossiers des années 1945-1950. Parmi les thèses conservées avec les enregistrements de leur soutenance et les examens d'État du troisième cycle se trouvent des travaux de futurs professeurs de l'U.P.T.P., par exemple Josef Řezníček (1922), František Rieger (1931), Štěpán Matěna (1933), Antonín Svoboda (1936) Josef Stránský (1937), Antonín Veverka (1937), Zdeněk Trnka (1937), Karel Elicer (1938), František Fetter (1948), Oldřich Taraba (1949) Bohumil Kvasil (1949)[11] et d'autres professeurs.

---

[9] Arrêté du Ministère de l'Enseignement et de l'Éducation populaire du 1er septembre 1920, n° 53 250, sur le nouveau statut d'organisation de l'U.P.T.P., publié sur résolution du Conseil ministériel du 20 août 1920.
[10] Loi 58/1950 relative aux écoles d'ingénieurs, en date du 18 mai 1950.
[11] Les titres de ces travaux sont les suivants : *Examen des machines synchrones à trois phases par mesure déwattée, en tenant compte de la démagnétisation des courants de Foucault* (Řezníček), *Sur l'effet pelliculaire dans les fils de fer* (Rieger), *Influence*

De cette période ont été conservés des documents sur la remise de doctorats *honoris causa* à des personnalités parmi lesquels se trouvaient des électrotechniciens. En ce qui concerne les étrangers, c'est l'inventeur Nikola Tesla qui reçut un doctorat *honoris causa* en 1936. La même année, un doctorat *honoris causa* fut également remis au professeur Josef Sumec de l'Université polytechnique de Brünne. En 1946, il fut délivré au professeur Ludvík Šimek et, en 1947, à Adolf Šubrt.

Les données personnelles des professeurs de la section électrotechnique de l'École d'ingénieurs du génie mécanique et électrotechnique et des professeurs et maîtres de conférences de la Faculté d'électricité, ont été tenues également au Rectorat jusqu'au milieu des années 1960. Parmi ces dossiers personnels se trouvent ceux d'Adolf Šubrt (1919-1951), Václav Krouza (1920-1956), Zdeněk Holub (1929-1968), Josef Řezníček (1930-1953), Ludvík Šimek (1933-1946), Zdeněk Vejdělek (1931), František Rieger (1945-1964), Miroslav Joachim (1945-1962) Zdeněk Pírek (1946-1956), Jaroslav Kučera (1946-1963), Antonín Kouba (1947-1961), Otakar Klika (1949-1970) et des maîtres de conférences Břetislav Benda, Václav Borecký, František Čadil, František Čeřovský, Vilém Hoffmann, Jan Smazal, Vladimír Ryšánek, Zdeněk Sobotka et Stanislav Haderka.

Dans les dossiers courants conservés du Rectorat des années 1920-1950 – outre les dossiers rangés dans les dossiers personnels – aucun document concernant l'enseignement ou le développement de la section électrotechnique n'apparaît – à l'exception des préparatifs des plans d'études et d'examens pour l'année 1950-1951. Un fragment de dossiers de la période ultérieure montre que la communication entre le décanat et le Rectorat était importante et concernait le développement du secteur. L'analyse détaillée des journaux conservés pourrait donner une réponse complète concernant le déroulement de la communication entre le Rectorat et l'École d'ingénieurs du génie mécanique et électrotechnique, par exemple sur la suppression des études post-graduées de technique radio ou sur la réforme des études à l'U.P.T.P. après 1948.

---

sur la prise et le démarrage des moteurs asynchrones (Matěna), *Sur les systèmes linéaires des conducteurs* (Svoboda), *Déformation au dernier degré avec connexion normale et anti-pression* (Holub), *Contribution à la théorie mathématique de la rupture thermique des isolateurs électriques* (Veverka), *Amplificateurs haute fréquence pour larges bandes de fréquences* (Stránský), *Analyse des méthodes de captage de la courbe de tension et des courants par points* (Trnka), *Principales directives pour la fabrication des ponts audiofréquences pour la mesure des capacités et des facteurs de perte des condensateurs* (Elicer), *Nouvel équipement pour la mesure directe du couple de démarrage et des oscillations d'angle* (Fetter), *Capteur piézoélectrique de vibrations pour le mesure des vibrations d'objets légers* (Taraba), *Ondes électromagnétiques dans les guides d'ondes et les résonateurs de cavités avec diélectrique non-homogène* (Kvasil).

Pour la période 1950-1960 durant laquelle l'U.P.T.P. connut des changements d'organisation de l'école et l'introduction d'un nouveau système de direction, d'organisation de l'enseignement, la création et la disparition des organes exécutifs provisoires de l'U.P.T.P. et de toutes ses parties, des organes consultatifs des fonctionnaires académiques, le système de formation scientifique pour les doctorats en sciences techniques fut progressivement remplacé par un système de préparation de nouveaux grades académiques, et de nombreuses disciplines furent supprimées à l'U.P.T.P. Des documents conservés attestent de ces réalités. Durant l'année scolaire 1960-1961, l'organisation de l'U.P.T.P. se consolida, l'enseignement fut concentré dans quatre facultés et le système de direction de l'U.P.T.P., d'étude et de recherche scientifique se stabilisa dans les facultés. Les documents de ces années, déposés au fonds du Rectorat, ont leur analogue dans les facultés. Dans la période 1960-1989, la structure de l'électronique ne connaît pas de modifications. Les documents d'archives des facultés et du Rectorat de ces années sont progressivement organisés.

Le fonds du Sénat académique (1920-1950) est sans aucun doute le plus important pour l'histoire de l'U.P.T.P. dans cette période. Les documents conservés dans ce fonds, en général seulement des procès-verbaux des séances, sont des sources fondamentales pour l'étude de l'histoire de l'U.P.T.P., en ce qui concerne le suivi du développement de chaque domaine enseigné à l'U.P.T.P. durant cette période. Le Sénat académique et sa commission élue – permanente ou formée pour la solution de questions d'actualité – s'occupait des affaires communes de toutes les écoles d'ingénieurs de l'U.P.T.P. : organisation, discipline, affaires importantes concernant les bourses, construction, comptabilité, agenda des doctorats en sciences techniques, questions relatives aux programmes d'études, habilitations, administration des décanats, élections académiques, etc. L'annulation du statut de l'U.P.T.P. de 1920 par la Loi relative aux écoles supérieures de 1950 entraîna également l'annulation du Sénat académique.

Les fonds de l'École d'ingénieurs de génie mécanique et électrotechnique (1920-1939, 1945-1951) disposent de documents d'archives de cet établissement. Les fonds comprennent des documents de ses activités jusqu'à la division de l'école en Faculté de mécanique et Faculté d'électricité durant l'année scolaire 1950-1951.

La source principale déposée dans ces fonds est représentée par les procès-verbaux des réunions du corps professoral, des catalogues d'étudiants des deux principales disciplines (génie mécanique et génie électrotechnique), des procès-verbaux des examens d'État, des catalogues d'étudiants en études post-graduées (études de deux années) pour les diplômés de l'électrotechnique avec spécialisation en technique radio. Les publications des anciens professeurs et maîtres de conférences n'ont pas encore été remises complètement aux Archives de l'U.P.T.P.

L'enseignement de l'électrotechnique s'est poursuivi à partir de 1951 à la Faculté d'électricité indépendante et également, dans les années 1953-1959, à la Faculté d'électronique de communication (technique radio), dont le siège était à Poděbrady. À partir de l'année scolaire 1959-1960, cette faculté a fusionné avec la Faculté d'électricité.

Le fonds d'archives de la Faculté d'électricité (1951-1989) rassemble les documents de l'agenda du décanat, de la direction et des organes de la faculté d'électricité depuis sa création en 1951. L'ampleur des modifications qui, après la publication de la Loi relative aux écoles d'ingénieurs en 1950, commencèrent à être appliquées dans l'organisation et le contenu de l'enseignement, leur imposition et leur justification, font partie des procès-verbaux du Conseil de la faculté (1951-1957). Les Conseils de faculté, créés conformément à cette loi, étaient les seuls organes exécutifs des facultés avant la création de la nouvelle structure de direction et de ses organes. Le développement des différentes spécialisations se trouve dans les procès-verbaux des réunions des départements, le déroulement et les résultats des études d'ingénierie et de formation scientifique sont documentés par les dossiers et autres documents sur les études des étudiants, y compris les procès-verbaux des examens d'État et dans les dossiers des aspirants. Les publications des professeurs et des maîtres de conférences sont remises en partie, c'est le cas par exemple des professeurs Zdeněk Pírek (1946-1968), Zdeněk Holub (1929-1968), Otakar Klika (1949-1970), Rudolf Donocík (1971-1981) et des maîtres de conférences Vladimír Mahel (1946-1978), Miroslav Kotal (1954-1978), Otakar Jaroch (1952-1976), Josef Hapl (1931-1979), Rudolf Franěk et Josef Chlup.

Le développement de la faculté est documenté par les enregistrements des réunions des organes de l'école et des doyens – collège du doyen, direction et conseil scientifique de la faculté – qui ont été totalement conservés sur toute la durée de leur existence.

Le fonds de la Faculté d'électrotechnique de communication (1953-1959) comprend des documents similaires à ceux de la Faculté d'électricité à laquelle elle a été réunie à partir de l'année scolaire 1959-1960. Étant donné la courte période de son existence indépendante, une seule cohorte d'étudiants a terminé ses études dans cette faculté. Leurs dossiers et les procès-verbaux des examens d'État sont déposés dans ce fonds, de même que les dossiers des étudiants qui ont abandonné leurs études durant ces années. Les procès-verbaux des réunions du Conseil de la faculté témoignent de l'examen de toutes les affaires concernant celle-ci.

Le groupe des fonds personnels comprend actuellement plusieurs ensembles d'archives concernant les professeurs des disciplines électrotechniques – Antonín Beneš (technologies électriques), František Fetter (électrotechnique générale courant fort), le doyen de la Faculté d'électricité dans les années 1950-1952 et 1956-1960 Zdeněk Pírek (mathématiques), František Rieger (circuits et théorie de la technique de communication) et Antonín Veverka (techniques hautes tensions). Les documents à caractère documentaire et les documents d'archives ont été choisis par les Archives de l'U.P.T.P. parmi les écrits offerts par leurs auteurs ou leurs familles, ou éventuellement par le département correspondant.

Les fonds de collection sont une source d'informations qui complètent les documents officiels dans tous les domaines d'activité de l'U.P.T.P. Pour l'évolution et le développement de l'électrotechnique dans le cadre de l'U.P.T.P. et pour les biographies de leurs enseignants, les Archives de l'U.P.T.P. renferment d'autres documents complémentaires, de même que dans les collections.

Dans la collection des documents illustrés, celle des annonces de décès et celle des documents biographiques, nous trouvons des documents individuels et de petits ensembles à caractère biographique concernant les professeurs des disciplines électrotechniques et les fonctionnaires académiques de l'École d'ingénieurs de mécanique et d'électrotechnique et de la Faculté d'électricité.

D'autres documents de la collection des documents illustrés concernent la construction du bâtiment à Prague-Dejvice, ses intérieurs, les remises de diplômes aux étudiants, les insignes des facultés et les intérieurs des laboratoires et des salles de cours.

La collection chronologique des extraits de presse de 1956 à nos jours offre un aperçu complet des informations de presse publiées sur la Faculté d'électricité. La collection d'imprimés non-périodiques comprend de petits imprimés à caractère informatif concernant les conditions d'études, les études post-graduées, les ateliers de travail ou les conférences scientifiques organisées par la Faculté d'électricité.

Conclusion

Les études des chercheurs dans les Archives de l'U.P.T.P., les services demandés, assurés pour le public par les Archives de l'U.P.T.P., et les travaux de recherche des archives utilisent la bibliothèque d'archives concernant la littérature sur les écoles d'ingénieurs, notamment techniques, la littérature historique fondamentale et la littérature spécialisée sur l'histoire des sciences et de la technique, y compris les revues, les biographies des personnalités de l'U.P.T.P. et leurs prédécesseurs et les périodiques publiés à l'U.P.T.P. L'utilisation de la bibliothèque et les services accordés sont facilités par le catalogue de la bibliothèque qui est connecté au catalogue central de la Bibliothèque de l'Université technique de Prague.

Deuxième partie

La naissance des formations électrotechniciennes au XIXᵉ siècle

L'essor de l'enseignement électrotechnique en Russie : genèse, filières et aboutissements (1832-1917)

Irina GOUZÉVITCH

Docteur en histoire des techniques, chercheur au Centre Maurice Halbwachs, École des Hautes Études en Sciences Sociales, Paris
igouzevitch@ens.fr

Résumé

Ce chapitre porte sur la genèse, l'évolution et la mise en système de l'enseignement électrotechnique dans l'Empire russe. Trois questions principales y sont examinées : quand, pourquoi et comment cet enseignement est-il né, a-t-il pris racine et s'est-il implanté à l'échelle du pays ? Quatre aspects y sont privilégiés : les modalités selon lesquelles l'enseignement de l'électrotechnique s'est développé en Russie ; les filières institutionnelles qui ont permis et assuré son lancement ; les mécanismes qui ont présidé à son essor ; enfin, les acteurs principaux de ce processus éducatif en chantier. Ledit processus s'engage dans trois directions qui correspondent, grosso modo, aux différentes étapes de l'évolution de cet enseignement en Russie : l'apparition de l'enseignement électrotechnique dans le cursus universitaire, des premiers éléments au sein du cours de physique à la construction progressive d'une discipline universitaire à part entière ; l'émergence et l'évolution vers le niveau supérieur des écoles d'entrée spécialisées en diverses branches de l'électrotechnique ; l'introduction de l'électrotechnique dans le cursus des écoles d'ingénieur préexistantes. Leur étude nous permet, pour finir, de tenter une hypothèse concernant le paradoxe observé de l'implantation de l'enseignement électrotechnique en Russie : d'une part, la naissance précoce, l'essor impétueux et les percées étonnantes de la discipline, mais de l'autre, des retards manifestes et un déséquilibre évident pris dans ce domaine par certains établissements par rapport aux autres – selon les domaines de l'enseignement.

Mots clés

Enseignement électrotechnique, Empire russe, XIXe siècle, télégraphie, électricité

Dans l'histoire des techniques et de leurs enseignements, une étude du cas national est indissociable des réalités linguistiques et des traditions historiographiques locales. Pour cette même raison, dès lors qu'on la confronte aux exemples tirés des autres contextes nationaux, la comparaison se voit parfois enrayée par la confusion terminologique. Le cas de l'électrotechnique n'échappe pas à cette règle, et s'agissant d'un mot polysémique, il convient donc de préciser d'entrée dans quelle acception nous allons ici l'utiliser[1].

Le terme est en effet relativement récent : on a coutume d'associer sa naissance avec l'invention de la dynamo Gramme en 1869. Sa consécration officielle a été soulignée par le Congrès international des électriciens[2] qui siégeait à l'orée de l'Exposition internationale d'électricité tenue à Paris entre le 1er août et le 15 novembre 1881 et dont l'emploi industriel de la dynamo Gramme constituait la grande nouveauté. Dès lors, l'électrotechnique s'affirme comme un domaine d'activité technique spécifique qui traite d'un nouveau type d'énergie à vocation universelle – l'énergie électrique – dont elle prend en charge toute la chaîne technologique, de la production au transport, de la distribution à l'utilisation, de la transformation à la gestion. Elle se dote d'un groupe de disciplines afférentes qui étudient cette énergie « dans tous ses états ». Par ailleurs, alors que cette activité et ses fondements scientifiques se normalisent et que les formations respectives se mettent en place, le terme s'étend pour désigner la discipline – académique et/ou scolaire – qui étudie ou enseigne les applications techniques de l'électricité au sens large. Cette acception plus générale, qui tient au fait de l'étymologie même du mot, prend en considération l'ensemble des phénomènes techniques fondés sur l'électricité, quelles que soient la nature (continu ou alternatif) et la puissance (faible ou forte) du courant utilisé ou l'ampleur de ses applications. Pour le cas

---

[1] Cette introduction « sémantique » prend acte des débats autour de l'emploi du terme « l'électrotechnique », in les études historiques, engagés lors de la Conférence internationale à l'occasion du Soixantième anniversaire de la création de la Faculté d'électricité de l'Université polytechnique de Prague, tenue dans la capitale tchèque en mai 2010.

[2] Le congrès en question se tient du 15 septembre au 19 octobre 1881.

russe que nous nous proposons d'explorer ici, cette nuance est essentielle car elle permet, sans risque d'anachronisme, d'appliquer le terme « l'électrotechnique » à l'ensemble des phénomènes antérieurs à l'invention de la dynamo Gramme et de remonter ainsi aux sources de l'enseignement électrotechnique qui, à cause des circonstances et de la conjoncture nationale particulière, a emprunté, dans son évolution, des sentiers différents de ses contreparties occidentales.

Notre étude embrasse la période de neuf décennies, débute avec la création des premiers enseignements rudimentaires, ponctuels et isolés, et s'achève au moment où l'enseignement électrotechnique échelonné à plusieurs niveaux, de l'élémentaire au supérieur, s'établit en système ramifié à l'échelle du pays. Elle porte sur la genèse, l'évolution et l'aboutissement de ce processus dans l'Empire russe ; c'est la raison pour laquelle nous l'arrêtons en 1917, date du collapsus de cette entité politique. Quatre aspects y seront examinés : les modalités selon lesquelles l'enseignement de l'électrotechnique s'est développé en Russie ; les filières institutionnelles qui ont permis et assuré son lancement ; les mécanismes qui ont présidé à son essor ; enfin, les protagonistes de ce processus éducatif en chantier.

Celui-ci va s'engager dans trois directions qui correspondent *grosso modo* aux différentes étapes de l'évolution de cet enseignement en Russie : l'apparition de l'enseignement électrotechnique dans le cursus universitaire, des premiers éléments au sein du cours de physique à la construction progressive d'une discipline universitaire à part entière ; l'émergence et l'évolution vers le niveau supérieur des écoles d'entrée spécialisées en diverses branches de l'électrotechnique ; l'introduction de l'électrotechnique dans le cursus des écoles d'ingénieur préexistantes.

Cette analyse nous permettra, pour finir, de tenter une hypothèse concernant le paradoxe observé de l'implantation de l'enseignement électrotechnique en Russie : d'une part, la naissance précoce, l'essor impétueux et les percées étonnantes de la discipline, mais de l'autre, des retards manifestes et un déséquilibre évident pris dans ce domaine par certains établissements par rapport aux autres – selon les branches de l'enseignement[3].

---

[3] Pour les premiers résultats de cette recherche, aujourd'hui développée, complétée et affinée, voir Gouzévitch, I., Gouzévitch, D., « La mise en place de l'enseignement électrotechnique en Russie (1832-1900) », in Badel, L. (dir.), *La naissance de l'ingénieur-électricien : Origines et développement des formations nationales électrotechniques : Actes du 3ᵉ colloque international d'histoire de l'électricité*, Paris, Association pour l'histoire de l'électricité en France (A.H.E.F.), Presses Universitaires de France, 1997, p. 341-379.

L'enseignement électrotechnique à ses débuts : les filières pionnières

Les universités impériales se rangent parmi les pionnières de l'enseignement de l'électrotechnique en Russie. Les éléments de cette dernière y sont incorporés, dès le premier tiers du XIXe siècle, au sein des cursus de physique, sous la forme de divers appareils de manipulation et de démonstration utilisés dans un but didactique pour enseigner l'électricité et le magnétisme. En effet, ces deux disciplines sont les principales consommatrices de toutes sortes d'instruments de mesure formant, dans leur ensemble, une section spéciale de l'électrotechnique dite l'électrotechnique instrumentale. Ainsi les étudiants des facultés de physique, futurs chercheurs et professeurs s'initient à l'électrotechnique plus tôt que les représentants d'autres métiers. Pour s'en convaincre, il suffit de consulter les catalogues des instruments conservés dans les musées universitaires[4]. L'université de Derpt (aujourd'hui Tartu en Estonie), l'une des plus anciennes de l'Empire russe[5], compte d'ailleurs, parmi ses anciens élèves de la première moitié du XIXe siècle, de très bons physiciens de l'électricité, tels que Emil Lenz (Эмиль Ленц) et Friedrich Wilhelm Parrot, probablement influencés par l'exemple de son premier recteur, Georg Friedrich Parrot, physicien renommé qui a excellé dans le domaine de l'électrochimie[6]. Cependant, les universités russes avaient pour vocation de former les chercheurs, les enseignants et les fonctionnaires, mais pas les ingénieurs. L'application ne faisait guère partie des priorités de cet enseignement, et ce manque de perspective explique, à l'évidence, le retard que prend, malgré sa primauté, l'électrotechnique instrumentale universitaire par rapport a celle enseignée dans les établissements techniques, pour devenir une discipline à part entière.

Deux autres branches de l'électrotechnique, les détonateurs de mines et la télégraphie électromagnétique, nous offrent, à partir d'un certain moment,

---

[4] Kõiv, E., *XIX sajandi alguse füüsikariistu Tartu Ülikooli ajaloo muuseuntis*, Tartu, 1989.

[5] L'université de Tartu (Derpt, Yur'ev), fondée en 1672 et fermée en 1710, a été rouverte en 1802.

[6] Voir : Пальм, Ю., « Электрохимические исследования Г. Ф. Паррота », in *Из истории естествознания и техники Прибалтики*, Рига, Зинатне, 1971, вып. 3 ; Паррот, М., « Теория и устройство электромагнитных телеграфов », in *Журнал Главного Управления путей сообщения и публичных зданий*, 1859, т. 30, кн. 4, 5, ВСПН, с. 1-50, 79-122 ; Паррот, М., « О выгоднейшем употреблении гальванических батарей на телеграфных линиях », in *Журнал Главного Управления путей сообщения и публичных зданий*, 1861, т. 35, кн. 5, ВСПН, с. 1-20 ; Давыдова, Л., « Работы Е.Н. Ленца по электромагнетизму и теории электрических машин », in *ИЕЕС*, 1975, вып. 8, с. 48-61.

un exemple inverse. Elles évoluent rapidement, elles innovent beaucoup et elles se prêtent à l'application pratique immédiate. Former les techniciens susceptibles de les exploiter – sapeurs et télégraphistes – devient ainsi très vite une priorité, et les enseignements respectifs se développent. Vers le milieu du siècle, il existe déjà, dans ces domaines, des écoles pratiques de tous niveaux, organisées selon le principe du perfectionnement professionnel où les fonctions d'enseignement s'imbriquent avec celles de centres d'expérience, d'exploitation et de fabrication. L'évolution des écoles de ce type suit inévitablement l'une des deux filières : soit elles se débarrassent des fonctions qui ne leur sont pas propres, soit elles élargissent leurs programmes en y incluant d'autres matières, à mesure du développement de l'électrotechnique. À la différence des cursus universitaires, la physique fondamentale et les mathématiques occupent dans ces établissements une position secondaire par rapport aux applications techniques de l'électricité et n'y sont enseignées pleinement que durant les périodes plus tardives.

Entre les deux variables extrêmes que nous venons d'évoquer, d'autres formes intermédiaires d'enseignement se mettent en place également. Tel est l'exemple d'une grande école du type classique qui forme les ingénieurs dans un domaine du génie n'ayant, jusqu'à un certain moment, aucun lien direct avec l'électrotechnique (voies de communication, mines, artillerie, etc.). D'un côté, les sciences fondamentales – chimie, physique, mathématiques – y sont enseignées au même niveau qu'à l'université. De l'autre, les branches correspondantes de l'électrotechnique (sauf la télégraphie pour les voies de communication) s'y développent assez tardivement, quand les cours d'électricité et de magnétisme comprennent déjà beaucoup d'informations sur l'électrotechnique. L'enseignement de l'électrotechnique introduit dans une telle école a donc d'entrée une base théorique fondamentale (Académie de l'artillerie, Corps des cadets, Institut technologique, etc.)[7]. Dans d'autres cas – et l'École supérieure technique de Moscou (Московское Высшее Техническое Училище, М.В.Т.У.) en est un – le cours d'électrotechnique se dégage progressivement du cours de physique[8]. L'exemple de l'Académie du génie est intéressant par son originalité : c'est l'enseignement de la discipline mines sous-marines (1880)

---

[7] Гродский, Г., *Михайловские Артиллерийские Училище и Академия в XIX столетии : Исторический очерк их деятельности, как артиллерийских учебных заведений*, Ч. 1, 1820-1881, СПб., 1905, с. 48, 77, 219 и др. ; *Технологический институт им. Ленинградского совета рабочих, крестьянских и красноармейских депутатов : 100 лет*, т. 1, Л., 1928, с. 343-344.

[8] *Программы учебных курсов в Императорском Московском техническом училище*. М., 1879, с. 52, 55 ; *Московское Высшее Техническое Училище имени Н.И. Баумана (1830-1980)*, Высшая Школа, 1980, с. 32-37.

qui y a entraîné l'introduction d'un cours de physique (1882-1883) équilibré avec ceux de calcul intégral et de dynamique[9].

La naissance d'un nouveau type d'enseignement : prémices et filières

La mise en place d'un nouveau type d'enseignement ne se fait pas d'un trait. Pour qu'il puisse se construire, tout un travail de préparation est indispensable qui laboure le terrain, prépare les esprits, capte l'attention publique, branche les milieux professionnels, convainc les instances concernées aptes à s'y investir. Parmi les filières qui se prêtent efficacement à de tels usages, trois se distinguent d'entrée par leur implication à la fois précoce et engagée : les périodiques techniques, les écrits des professeurs des universités et les collections techniques au sein des écoles d'ingénieurs.

En porte-parole des performances innovantes qui se veulent à l'avantgarde de la science, les périodiques techniques s'intéressent très tôt à ce nouveau sujet, et les articles sur l'électricité y sont publiés en nombre croissant à partir des années 1830. Éditées d'habitude par les comités scientifiques auprès des établissements d'étude et desservant à la fois la recherche, la pratique et l'enseignement professionnel dans leur domaine, ces publications ont sans doute exercé une grande influence sur les élèves des écoles concernées. Ainsi, le premier article sur l'électrotechnique dans le *Journal des voies de communication* (*J.V.C.*, bilingue jusqu'à 1842 ; version russe : Журнал путей сообщения), consacré aux paratonnerres, a vu le jour en 1830-1831[10]. Son auteur, Pierre-Dominique Bazaine, était directeur de l'Institut du Corps des ingénieurs des voies de communication (Институт Корпуса инженеров путей сообщения, I.C.I.V.C.)[11]. Pendant les années qui suivent, notamment en 1838-1842, 1847-1852 et 1855, des articles sur l'électrotechnique y paraissent régulièrement, de un à trois par an, atteignant un pic vers 1859 – quatorze articles par an – et redescendant

---

[9] *Военно-инженерная академия имени В.В. Куйбышева: 150 лет*, М., Изд-во ВИА, 1969, с.148.

[10] Sur cette revue, pionnière des périodiques techniques en Russie : Gouzévitch, D., Gouzévitch, I., « Le Journal des Voies de Communication : histoire d'une revue bilingue russe-française, 1826-1842 », in Bret, P., Chatzis, K., Pérez, L. (dir.), *La presse et les périodiques techniques en Europe, 1750-1950*, Paris, L'Harmattan, 2008, p. 89-113.

[11] Bazaine, Pierre-Dominique, « Notice sur la construction des paratonnerres », in *Journal des voies de communication*, 1831, n° 20, p. 42-72. (Version russe : Базен, Петр П., « О устроении громо-отводов », in *Журнал путей сообщения*, 1830, кн. 20, с. 50-83 ; Гузевич, Д., Гузевич, И., *Базен Петр Петрович 1786-1838*, СПб, Наука, 1995.

plus tard à trois, puis à sept. Les sujets traités dans ces publications sont très variés : l'éclairage, la télégraphie[12], les appareils électromagnétiques, les batteries d'éléments galvaniques.

Les enseignants des écoles d'ingénieurs et les professeurs des universités investissent ce champ activement dès le milieu du siècle. Leurs travaux consacrés aux différents aspects de l'électrotechnique sont souvent issus des recherches qu'ils mènent en parallèle avec l'enseignement mais dont ils incluent des éléments dans leur cursus. En revanche, devant un tel intérêt des enseignants envers l'électrotechnique, les étudiants ne manquent pas, à leur tour, de s'y intéresser, même si les cours spéciaux tardent encore à se formaliser.

L'exemple d'A. Savel'ev (Александр Савельев), professeur à l'université de Kazan (Казанский университет), est particulièrement éclairant de ce point de vue. Élève d'Emile Lenz (Эмиль Ленц), celui-là même qui avait introduit la théorie de l'électricité dans le programme de physique de l'université de Saint-Pétersbourg (Санкт-Петербургский университет), Savel'ev se passionne pour les problèmes de l'électrotechnique et en fait son domaine d'excellence. Son ouvrage *О гальванической проводимости жидкостей* (Sur la conductibilité galvanique des liquides, Kazan /Казань/, 1853) qui porte sur les possibilités du redressement électrochimique d'un courant alternatif obtient le prix Démidov (Демидовская премия) de l'Académie des sciences de Saint-Pétersbourg[13].

Une dizaine d'autres articles consacrés aux problèmes de l'électrochimie sortent de sa plume durant la même période. La partie expérimentale de ces travaux a été réalisée dans le laboratoire d'étude créé par l'auteur au début des années 1850 sur la base d'un ancien cabinet de physique. En 1852-1853, Savel'ev (Александр Савельев) propose a ses étudiants une série de travaux pratiques, y compris les expériences avec l'éclairage électrique et les moteurs électromagnétiques. En 1853, il aménage l'éclairage de la cour universitaire à l'aide de l'arc électrique[14].

Enfin, des appareils électrotechniques nouveaux – lampes électriques, sources de courant, appareils télégraphiques, dispositifs de minage,

---

[12] En 1864, la partie concernant la télégraphie a été reléguée à l'administration des Postes et Télégraphes.

[13] Le prix Démidov pour les savants fut établi en 1831 par le richissime industriel de l'Oural, Pavel Démidov (Павел Демидов), qui confia sa distribution à l'Académie des sciences. Ce prix, discerné tous les ans jusqu'en 1866, le jour de l'anniversaire de l'empereur Alexandre II, fut considéré comme le prix non-gouvernemental le plus prestigieux de la Russie. En 35 ans, 55 prix complets et 220 demi-prix furent distribués.

[14] Верхунов, В., « Развитие физики в Казанском университете в XIX веке », in *История и методология естественных наук*, МГУ, 1960, вып. 1, с. 175-177.

etc. – viennent enrichir les collections des musées et des cabinets de modèles rattachés aux écoles d'ingénieur. Utilisées comme matériel didactique de l'enseignement, ces collections contribuent à leur façon à la naissance et à l'évolution des cours d'électrotechnique. Ainsi, vers 1862, une grande collection d'appareils télégraphiques a été réunie au musée de l'Institut du Corps des ingénieurs des voies de communication[15]. Ces dispositifs ont été utilisés comme appareils de démonstration en 1859, lors des cours d'électrotechnique.

On ne peut cependant prendre ces critères pour absolus. D'une part, les publications concernant certaines inventions étaient retardées ou interdites par la censure afin de garder le secret d'État[16]. D'autre part, les parutions précoces dans tel ou tel domaine de l'électrotechnique ne signifiaient guère qu'un cursus respectif allait rapidement suivre. L'exemple de l'École des arts et métiers de Moscou illustre bien ce dernier clivage.C'est en 1854 que son directeur, Alexandre Ershov (Александр Ершов), a publié l'ouvrage sur les télégraphes ; en revanche, les premières conférences sur l'électrotechnique y sont lues en 1900 seulement[17]. Cependant, les idées flottaient dans l'air, et le problème de l'enseignement nouveau n'a pas tardé à se poser.

Pionniers d'électrotechnique : domaines d'excellence

La naissance de l'enseignement électrotechnique en Russie est indissociable de l'activité scientifique, inventive et organisationnelle de trois savants : Pavel Schilling (Павел Шиллинг, 1786-1837), Karl Schilder (Карл Шильдер, 1785-1854) et Boris Jacobi (Борис Якоби, 1801-1874) qui incarnent trois archétypes d'hommes de sciences. Si le premier, homme de grande culture générale, cartographe, orientaliste, linguiste, collectionneur et diplomate, élu membre correspondant de l'Académie des sciences en 1828, a investi l'univers de la science en aristocrate fortuné, libre de s'adonner à sa guise à son penchant naturel pour la recherche et l'exploration, le deuxième, homme de service à la carrière ascendante, l'a fait en plein exercice de sa profession d'ingénieur militaire et de ses hautes responsabilités dans l'armée. Le troisième, quant à lui, est un véritable parangon du savant académique de l'époque qui combine les fonctions d'enseignement et de recherche fondamentale, inhérentes à son statut d'académicien, avec l'exigence des applications pratiques. À eux trois,

---

[15] *Иллюстрированный каталог Музея ведомства путей сообщения*, СПб, 1902, с. 110-111.

[16] Cette question sera détaillée dans les sous-chapitres suivants.

[17] Ершов, А., *Электрические телеграфы вообще и телеграф Сименса, употребляемый в Пруссии и России, в особенности*, М., 1854.

ces savants aux profils variés mais complémentaires ont donné à l'électrotechnique naissante une impulsion percutante grâce à une série d'inventions majeures dont deux en particulier, élaborées par Schilling, puis développées et mises en application par ses deux collègues, doivent être retenus en priorité : les mines à détonateur électrique (plus avant « mines galvaniques ») et le télégraphe électromagnétique.

Mais avant d'exposer l'histoire de ces deux filières de formation électrotechniques, il convient d'évoquer deux autres inventions de Jacobi qui, sans avoir eu le même impact sur l'enseignement, ont néanmoins fait époque dans l'histoire de l'électrotechnique russe : le moteur électrique et la galvanoplastie. La première date de 1834 : en novembre de cette année, Jacobi en a fait un rapport à l'Institut de France. En 1835, il a publié l'ouvrage *Sur l'application de l'électromagnétisme à la mise en mouvement des machines* (*О применении магнетизма к движению машин*) et cinq ans durant, de 1838 à 1842, les expériences ont été organisées pour tester le bateau à moteur électrique installé par l'inventeur (qui n'a eu de cesse de perfectionner le moteur et les piles au fil des ans)[18]. Quant à la seconde invention, on doit la dater de février 1837. Le fait de l'invention de la galvanoplastie est fixé dans une lettre à Becquerel. En mars 1837, Jacobi a obtenu la première copie galvanoplastique d'une planche gravée. L'invention consistait à obtenir des copies métalliques des originaux métalliques et non-métalliques moyennant l'électrolyse, soit la décomposition des matières à l'aide du courant électrique continu. Déjà en 1839, le procédé avait été mis en usage par l'Expédition des assignats. En 1844, le duc de Lichtenberg a fondé à Saint-Pétersbourg une entreprise spécialisée – l'Installations de galvanoplastie, de fonderie et de mécanique (Санкт-Петербургское гальванопластическое, литейное и механическое заведение) – qui utilisait la galvanoplastie pour fabriquer des bas-reliefs et des statues d'ornement pour la Cathédrale de Saint-Isaac (Исаакиевский собор), le Palais d'Hiver (Зимний Дворец), le théâtre Bol'shoj à Moscou, dorer les coupoles, faire des copies en cuivre des moulures pour l'impression des coupures, des cartes géographiques, des timbres-poste et des gravures artistiques. Un atelier de galvanoplastie a été actif à Kronstadt en 1866. À la différence des mines et de la télégraphie, l'invention du moteur électrique et de la galvanoplastie n'ont donné lieu à la création d'aucune institution scolaire spécialisée. Cependant, l'enseignement théorique et pratique de la galvanoplastie au sein de l'Équipe galvanique spéciale (dont nous parlerons plus avant) a débuté pas plus

---

[18] Хартанович, М., « "Электроход" профессора Якоби », in *Вестник Российской Академии наук*, т. 68, n° 7, 1998, с. 587-595.

tard qu'en mars 1840, sous la responsabilité du même Jacobi[19]. En mai 1840, le savant a également publié l'ouvrage *Гальванопластика или способ по данным образцам производить медные изделия из медных растворов с помощью гальванизма* (Galvanoplastie, ou la façon de fabriquer, selon les modèles donnés, des produits en cuivre à partir des solutions de cuivre moyennant le galvanisme). Plus tard a vu le jour le guide d'Ivan Fedorovskij (Иван Федоровский) *Записки практического курса гальванопластики* (Notes du cours pratique de galvanoplastie, Saint-Pétersbourg, 1867).

Mines galvaniques

Revenons maintenant aux filières issues des grandes inventions de Schilling et commençons par les mines galvaniques.

Les premières explosions de mines galvaniques sous-marines expérimentées par Schilling sur la Neva à Saint-Pétersbourg datent de 1812 et trois ans plus tard le savant refait ses expériences sur la Seine à Paris[20]. Vers 1832, cette invention, arrivée au stade des expériences régulières, est adoptée comme équipement de l'armée russe pour y connaître progressivement un usage étendu. Notons qu'à partir de 1841, les mines galvaniques sont également utilisées dans des buts pacifiques : pour briser la glace, nettoyer les chenaux, faire exploser les rochers lors de l'aménagement des ports, stocker les pierres, etc.[21]

C'est pourtant dans le cadre militaire que les premières formations dans ce domaine, d'abord sous forme d'apprentissage, ont été initiées. Elles ont eu pour amorce des essais réguliers menés pendant les périodes estivales de 1832-1839 sur les polygones des camps d'exercice du bataillon de sapeurs de la garde. En 1839, il est apparu clairement que le bataillon manquait de ressources pour poursuivre la formation. C'est alors que, sur l'initiative du général major Vitovtov (Павел Витовтов), on a affecté audit bataillon un établissement spécialisé, l'Équipe galvanique (Гальваническая команда), qui cumulait dans son giron plusieurs fonctions : enseignement, recherche et fabrication. Car en effet, ses ateliers, qui fournissaient dans les années 1840-1850 les mines galvaniques à pression de contact et à fusée fusante

---

[19] Павлова, О., « Новые материалы по истории гальванопластики », in *Вопросы Истории Естествознания и Техники*, вып. 13, 1962, с. 129-131 ; Бочарова, М., *Электротехнические работы Б. С. Якоби*, М.-Л., Госэнергоиздат, 1959, с. 220-223.

[20] Гамель, И., *Исторический очерк электрических телеграфов*, СПб., 1886, 52 с.; version anglaise : Hamel, Josef, *Account of the result of investigations relative to baron Schilling and his connection to Sömmering's telegraph*, London, 1860 (No visu).

[21] *Краткий исторический очерк Технического гальванического заведения*, СПб., 1869.

à l'armée et à la flotte russes, n'étaient rien d'autre qu'une des premières entreprises électrotechniques d'État en Russie. La direction scientifique de cette entreprise a été confiée à l'académicien Boris Jacobi, héritier des idées scientifiques de Schilling. Le mécanicien I. Shvejkin (Илья Швейкин), ancien collaborateur permanent de Schilling en assurait la direction technique[22].

L'efficacité des mines fabriquées dans les ateliers de Jacobi a été immédiatement mise a l'épreuve lors de la guerre de Crimée (1853-1856). Posées en barrage devant la rade de Kronstadt, l'avant-poste insulaire fortifié dans le golfe de Finlande défendant l'accès à Saint-Pétersbourg, les mines sous-marines ont paralysé, en 1854, l'action de la puissante flotte unifiée anglo-française qui, ayant perdu trois bateaux, s'est retirée sans entamer les hostilités[23]. La guerre en Baltique a ainsi été évitée. Si le commandant en chef de l'armée russe Menshikov (Александр С. Меншиков) ne s'était pas opposé à la pose des mines de ce type devant Sébastopol, le fameux siège aurait-il eu lieu ?

La fermeture de l'atelier et du laboratoire survenue en 1856 témoigne du changement de politique du gouvernement vis-à-vis de la gestion de certains secteurs complexes d'activité technico-scientifique. Si les premières institutions techniques de production et de recherche, apparues sous Nicolas Ier, ont été financées par l'État, la politique de libéralisation menée par son successeur, Alexandre II, qui a arrêté leur financement, se révèlera très défavorable au développement des entreprises de ce type. Quant à l'Équipe galvanique de Saint-Pétersbourg en tant que telle, dans les années 1840, elle a donné naissance à tout un réseau d'équipes galvaniques de formation pratique dans l'armée.

Le ministère de la Marine s'est montré beaucoup plus lent en matière d'innovation que son homologue du génie. La rivalité et le manque de confiance réciproque entre les deux administrations y jouaient probablement leur rôle. L'équipement de la flotte en mines galvaniques ne commence qu'après 1847. L'adoption des mines en tant qu'armement autonome se concrétise en 1874 par la mise en place d'un organisme unique

---

[22] Яроцкий, А., *Павел Львович Шиллинг, 1786-1837*, М., Изд. АН СССР, 1963, с. 94-97 ; Шателен, Михаил, *Русские электротехники XIX века*, М.-Л., Госэнергоиздат, 1955, с. 124.

[23] Les barrages posés devant Kronstadt sous la direction de B. Jacobi comptaient 155 mines en 1854 et 300 mines en 1855. Les lignes de défense de mines sous-marines ont également été aménagées devant d'autres forteresses portuaires : Sveaborg (Свеаборг), Revel (Ревель), Ust'-Dvinsk (Усть-Двинск), mais aussi sur les fleuves Danube et Bug et dans le détroit de Kertch (Керченский пролив). Voir : Бочарова, М., *Электротехнические работы Б. С. Якоби*, М.-Л., Госэнергоиздат, 1959, с. 173, 190-191 ; Радовский, М., *Борис Семенович Якоби*, М.-Л., Госэнергоиздат, 1949, с. 78-81.

regroupant la Classe des officiers mineurs, l'École des contremaîtres et le Détachement des mines équipé de navires[24]. Les moyens existant depuis 1847 pour apprendre aux officiers et aux techniciens de la marine à manier les mines galvaniques ne peuvent plus satisfaire quiconque.

Cependant, ces deux établissements électrotechniques perdent bientôt leur caractère spécifiquement minier. Ainsi, à partir de 1856, l'Équipe galvanique, transformée cette même année en Etablissement galvanique technique, se dote d'une section de télégraphie militaire de camp. Les auditeurs des Classes d'officiers mineurs suivent, à partir de 1877, le cours d'éclairage, etc. L'évolution de ces établissements témoigne d'une manière éloquente du rôle des ministères militaires dans le développement de l'électrotechnique et de l'enseignement dans ce domaine[25].

Notons que la tradition d'appliquer l'électricité aux mines était très chère au cœur de l'intelligentsia russe des années 1870-1880. Ainsi le lieutenant Nikolaj Suhanov (Николай Суханов), ancien étudiant des Classes d'officiers mineurs (Морской офицерский класс, M.O.K., 1880) et membre du comité exécutif de l'organisation terroriste la « Volonté du peuple » (« Народная воля », 1879), a organisé un laboratoire clandestin d'explosifs et a inventé la fusée à inertie résistant au froid, détonateur le plus performant de l'époque. Une bombe munie d'un détonateur de ce type a servi à tuer, le 1er mars 1881, l'empereur Alexandre II[26] et, avec lui, tout espoir de voir s'établir un jour en Russie une monarchie constitutionnelle. Le mécanicien Jacov Vajner (Яков Вайнер), autre membre de cette organisation terroriste, aidé par Andrej Zheljabov (Андрей Желябов), chef de la « Volonté du peuple » et chimiste de formation, a créé à l'université de Novorossijsk (Новороссийский университет), où il travaillait, la pile sèche, utilisée plus tard dans la même bombe. A la différence du premier inventeur, fusillé après l'attentat, Vajner (Вайнер) a survécu aux répressions et a passé plusieurs années à perfectionner son invention[27] qui lui a

---

[24] Ainsi, en 1874, le Détachement des mines disposait de quatre navires : la frégate cuirassée « Admiral Lazarev » (« Адмирал Лазарев »), le clipper « Izumrud » (« Изумруд »), la corvette « Bojarin » (« Боярин ») et le bateau à hélice « Opyt » (« Опыт »). Voir : *Материалы к истории Минного офицерского класса и школы* : XXV, СПб., 1899, XI, c. 23.

[25] Coopersmith, J., *The Electrification of Russia. 1880-1926*, Ithaca-London, Cornell University Press, 1992.

[26] Навагин, Ю., « Роль Минного офицерского класса в развитии морского оружия и электротехники в России », in *Из истории энергетики, электроники и связи*, вып. 9, М., 1977, c. 7-29.

[27] Cette invention a servi encore une fois en 1906, à Tiflis en Géorgie, lors de l'attentat contre le général Fedor Grjaznov (Федор Грязнов), chef d'état-major de la Circonscription militaire de Caucase.

valu une grande médaille d'or et le Grand Prix de l'Exposition internationale de l'utilisation de l'électricité à Marseille en janvier-février 1909, tant pour sa construction, que pour ses applications[28].

Télégraphe électromagnétique

La seconde invention de Pavel Schilling, le télégraphe électromagnétique, a eu en Russie un destin différent. En 1810-1812, l'inventeur a pris une part active aux travaux de Samuel von Sömmering (1755-1830) sur le perfectionnement du télégraphe électrolytique inventé par ce dernier en 1809[29]. Le télégraphe électromagnétique de Schilling apparaît dans les années 1820. Selon certaines sources, la première modification de cet appareil, le télégraphe à deux fils et à multiplicateur, a été démontrée à Karl Schilder (Карл Шильдер) et peut-être même éprouvée sur le polygone Krasnoselskij (Красносельский полигон) avant 1828. La guerre de 1828-1829 avec la Turquie et le voyage de Schilling en Chine en 1830-1832 ralentissent ses recherches. De retour à Saint-Pétersbourg en mars 1832, l'inventeur organise la première démonstration publique de l'appareil qui aura lieu en octobre a son domicile. Toutes sortes de démonstrations, essais de laboratoire et sur polygone se succèdent jusqu'en 1837. Ainsi, le 23 septembre 1835, Schilling manipule son appareil à Bonn, lors du congrès des naturalistes et des médecins allemands, à une séance, présidée par le professeur Georg Wielhelm Muncke. C'est de là que son appareil commence sa marche triomphale mais anonyme à travers l'Europe.

Lors de sa démonstration publique par Muncke à Heidelberg, le 6 mars 1836, l'appareil attire l'attention de William Fothergill Cooke, amateur des sciences britannique également présent au congrès, qui, émerveillé, commande sa copie et l'apporte en Angleterre un mois plus tard[30]. Peu expert en ingénierie, Cooke séduit le physicien Charles Wheatstone par les perspectives radieuses de cet appareil et, ensemble, ils le perfectionnent en 1837 et le mettent en application, en construisant en 1838-1839 une ligne longue de 13 miles, de Londres à West-Drayton. Le paradoxe de la situation consiste en ce que Cooke ignorait le nom du véritable inventeur.

---

[28] Голостенов, М., Райхцаум, А., « Документы о сухом элементе Я. И. Вайнера », in *Вопросы истории естествознания и техники*, 1991, n° 1, с. 26.

[29] Outre les travaux de Hamel déjà cités, voir : Чирахов, Федор, « Работы П. Л. Шиллинга и Б. С. Якоби в области электрической линии связи », in *Известия АН СССР. Серия физическая*, 1949, Tome 13, n° 4. c. 497-504 ; *Institut de France. Académie des sciences : procès-verbaux des séances de l'Académie tenues depuis la fondation de l'Institut jusqu'au mois d'août 1835*, t. 4, An 1808-1811, Hendaye (Basses-Pyrénées), 1914, p. 286.

[30] Cet épisode est relaté dans la notice biographique de Cooke publiée : http://teleramics.com/inventor/wfcooke.html [en ligne 19.8.2007].

Quoique dans l'historiographie russe, les deux Anglais soient souvent présentés comme des escrocs, la conduite de Cooke et de Wheatstone était au fond très correcte. D'abord, ils prennent en 1837 un brevet pour le perfectionnement (improvement) et non pas pour l'invention[31]. Ensuite, ayant appris plus tard par Jacobi et Hamel le nom de l'inventeur, ils reconnaissent sans contestation la primauté de Pavel Schilling.

Quant à Schilling, après les expériences du 19 mai 1837, il reçoit l'ordre de Nicolas Ier de construire une ligne télégraphique Peterhof – Oranienbaum – Kronstadt (Петергоф – Ораниенбаум – Кронштадт). Cependant, après la mort de l'inventeur, survenue le 25 juillet 1837, les travaux sont interrompus.

Durant les années 1840, quelques petites lignes de caractère strictement utilitaire, construites sous la direction de Jacobi[32] aidé par deux sous-officiers, collaborateurs proches de Schilling, relient les résidences impériales avec les états-majors, les ministères, les administrations. À partir de 1845, des lignes expérimentales sont installées le long des voies ferrées. La volonté de garder sur cette opération le secret d'État fait tout rater. La renonciation aux lignes aériennes au profit des lignes souterraines, l'impossibilité d'y accéder en tant que personne privée rendent l'affaire peu rentable, ce qui décourage le constructeur. Ayant compris l'impossibilité d'installer une ligne télégraphique souterraine solide et durable, Jacobi refuse de poursuivre les travaux. En fin de compte, la construction des télégraphes en Russie est confiée en 1852, pour des raisons économiques, à la firme « Siemens & Halske »[33], avec l'octroi des droits d'exploitation

---

[31] Brevet n° 7390. La description de l'appareil perfectionné est datée du 12 décembre 1837. Six mois avant cette date, le 12 juin 1837, Cooke et Wheatstone ont annoncé qu'ils souhaitaient en acquérir les droits, mais ont décidé de faire d'abord une série d'expériences de grande envergure dans les conditions naturelles. Ce qui a donne lieu a une grande confusion de dates dans la littérature. Voir : Городничин, Н., Шляпоберский, В., « Россия – родина первого электромагнитного и первого буквопечатающего телеграфных аппаратов », in *Вестник связи. Электросвязь*, 1948, n° 6, с. 22-23 ; « Из истории техники связи », *Вестник связи. Электросвязь*, 1946, n° 6, с. 3 обложки ; Лебедев, В., « П. Л. Шиллинг », in *Вестник связи. Электросвязь*, 1947, n° 1, с. 3 обложки.

[32] Jacobi lui-même proposa entre 1840 et 1850 pas moins de dix modèles de l'appareil télégraphique dont l'un des plus intéressants – un appareil télégraphique avec la réception à l'écoute soit « le télégraphe chuchotant » (1843) – fut inspiré par la découverte du physicien américain Ch. Page dite « la musique galvanique ». Voir : *Очерки истории техники в России : транспорт, авиация, связь, строительство, химическая технология, текстильная техника, сельское хозяйство : 1861-1917*, M., Наука, 1975, с. 164.

[33] L'amertume de Jacobi face au succès de Siemens explose dans le rapport qu'il adresse à l'Académie des sciences, le 9 octobre 1857 : « Deux appareils synchronisés ont été inventés par moi en 1845 et démontrés dans la classe de physique-mathématique

pour douze ans. Les résultats de cette concession – comme d'ailleurs de celles qui prennent le relais – malgré son efficacité immédiate, se révèlent déplorables à l'échelle nationale.Une fois le contrat de Werner Siemens arrivé a son terme et les spécialistes allemands partis, la Russie se retrouve, comme auparavant, sans personnel technique susceptible d'exploiter le réseau télégraphique mis en place[34]. La situation devient critique.

L'enseignement télégraphique en crise

Une question se pose : la Russie n'a-t-elle pas eu jusqu'alors sa propre formation télégraphique ? En réalité, elle l'a eue. D'abord, pour le réseau du télégraphe optique : en 1838-1839, le personnel inférieur pour le desservir était formé auprès du bataillon des cantonistes militaires, et, à partir de

---

lors de la séance du 7 mars 1845. Sur ma demande, nombre d'autres appareils ont été fabriqués, dont certains ont servi durant la même année 1845 lors des manœuvres au siège de Narva. A la fin des manœuvres [...] un congé à l'étranger m'a été autorisé. J'ai visité, entre autres, mes anciens amis à Berlin. J'ai montré à l'un d'eux l'esquisse de mon nouvel appareil, je lui ai expliqué son fonctionnement, en demandant de n'en parler à personne jusqu'à ce que je publie moi-même sa description. Alors que je partais, Siemens est entré, vêtu, si je ne me trompe pas, de l'uniforme d'officier d'artillerie prussien et qui, si je ne m'abuse, ne s'occupait pas encore à l'époque des télégraphes, mais travaillait sur le chronoscope pour mesurer la vitesse des obus de canon. Mon croquis était toujours sur la table. Je ne transmets que des faits, sans accuser personne de plagiat. Il est généralement connu que le télégraphe à mouvement synchronisé a fait la gloire et la richesse de Siemens. Dans les protocoles de l'Académie se trouve l'ordre suprême interdisant la publication de la description de mes appareils télégraphiques. Il serait peut-être facile de corriger aujourd'hui l'opinion [...] erronée qui a donné lieu à cette interdiction. Mais si on m'avait proposé maintenant cette publication, je n'aurais malheureusement qu'à dire : « Trop tard. » ». Cité d'après : Шателен, М., Радовский, М., « Электротехника в Академии наук за 220 лет », in Электричество, 1945, n° 6, p. 14, avec la réf. : Почтово-телеграфный журнал, 1895, n° 4 (traduction d'Irina Gouzévitch).

[34] Citons à cette occasion l'article « История телеграфа в России » (Histoire du télégraphe en Russie), publié en 1881 dans Санкт-Петербургские ведомости, l'un des principaux quotidiens de l'époque : « Pendant cette période longue de douze ans [de 1850 à 1862], pas un seul technicien russe n'a été formé en matière de télégraphie ; les étrangers, de crainte qu'une affaire si avantageuse puisse leur échapper, n'employaient, pour installer leurs lignes télégraphiques, que des manœuvres russes ; les gens quelque peu instruits n'étaient pas admis ; généralement parlant, les étrangers présentaient cette affaire comme étant trop importante et compliquée pour être accessible à l'esprit des Russes. » (Санкт-Петербургские ведомости, 1881, n° 127). Notons que la politique des concessions étrangères a perduré. Ainsi, en 1869, la Russie a concédé la construction de la ligne télégraphique transsibérienne à la firme danoise ; l'accord a été conclu par le truchement de l'impératrice Maria Fedorovna, alias Dagmar, fille du roi Christian IX Roi de Danemark et épouse de l'empereur Alexandre II. Voir à ce propos : Zakharova, L., « Le socialisme sans poste, télégraphe et machine est un mot vide de sens. Les bolcheviks en quête d'outils de communication (1917-1923) », in Revue historique, t. CCCXIII/4, n° 660, 2011, p. 853-874.

1840, à l'École des signaleurs de Varsovie. Plus tard, cette école formera aussi les opérateurs des télégraphes électromagnétiques, mais le niveau de l'enseignement y restera très bas. En 1850-1851, les cours de télégraphie sont introduits à l'Institut du Corps des ingénieurs des voies de communication, d'abord dans le cadre de la physique, pour ensuite devenir réguliers à partir de 1858. Le cours de vingt conférences, officiellement consacré à la télégraphie et enseigné par le colonel Gluhov (Владимир Глухов) l'année suivante, est déjà, en réalité, le cours général d'électrotechnique[35]. Le premier télégraphe destiné à la formation apparaît à Saint-Pétersbourg en 1851, suivi, trois ans plus tard, d'une école ouverte auprès de la station télégraphique. Lors de la réforme de l'Équipe galvanique, une section de la télégraphie militaire y est créée, en 1856-1857. Comment comprendre alors la crise des années 1862-1864 ?

L'explication paraît assez simple. L'établissement galvanique forme les télégraphistes militaires et l'Institut des ingénieurs des voies de communication, les spécialistes du transport qui doivent connaître la télégraphie. Le personnel technique existant n'est suffisant ni en nombre ni en qualité. Les quelques conférences sur la télégraphie données auprès de l'administration des Télégraphes en 1862 ne peuvent à elles seules pallier le déficit.

La crise commence à se dissiper vers 1870, avec la création de six autres écoles télégraphiques préparatoires, dont le nombre double pendant les deux décennies suivantes. La télégraphie militaire fonde vers cette même époque des équipes télégraphiques militaires qui cumulent les fonctions des écoles techniques avec celles des détachements militaires. Les résultats ne tardent pas. En 1877, lors de la bataille d'Avilar, l'armée turque au Caucase subit une défaite écrasante due aux actions concertées des troupes russes. La liaison et le commandement des troupes s'effectuaient à l'aide du télégraphe électrique directement sur le champ de bataille[36].

---

[35] *Лекции об электрических телеграфах в Институте Корпуса Путей Сообщения*, 1859, т. 29, кн. 1-3, См. (отд. IV), с. 226-228.

[36] *История войск связи*, ч. 1 : *Развитие военной связи в Русской армии*, Л., Военная академия связи, 1953, с. 40-77, 156-161. La première équipe télégraphique spéciale a été créée par les Autrichiens en 1853, mais sans trop de succès. Lors de la campagne de Crimée, les Anglais ont établi une liaison télégraphique entre Balaklava et Varna. Ils ont largement utilisé la télégraphie pour établir la communication entre le grand quartier général et les troupes lors de la guerre en Inde, en 1857-1859. La télégraphie a également joué un rôle important pendant la campagne italienne de l'armée française en 1859. Voir : Квист, А., « Об устройстве военно-телеграфной части в Пруссии », in *Инженерный журнал*, 1869, с. 295.

L'essor des années 1880

Entre-temps, l'électrotechnique sort de l'âge mineur. Elle dépasse de loin le cadre des mines et de la télégraphie en étendant son action sur des domaines nouveaux. Le bond en avant se produit dans les années 1880. La division électrotechnique créée auprès de la Société technique russe (Русское техническое общество, R.T.O.) en constitue le premier pas. La Société organise régulièrement des expositions consacrées à l'électrotechnique (quatre entre 1880 et 1892) et des conférences publiques consacrées à l'électricité et à l'électrotechnique. Les conférenciers sont recrutés parmi les physiciens les plus éminents : Nikolaj Egorov (Николай Егоров) et Ivan Borgman (Иван Боргман) à Moscou, Albert Repman (Альберт Репман) et Aleksandr Stoletov (Александр Столетов) à Saint-Pétersbourg[37]. La Société des électrotechniciens qui se crée en 1892, se propose de réunir les techniciens praticiens. Autre forme de la diffusion des connaissances électrotechniques, le livre de vulgarisation scientifique occupe, comme toujours dans ces dernières décennies du XIXe siècle, une place de choix. Citons quelques-uns de ces ouvrages, publiés notamment par l'éditeur de Saint-Pétersbourg Florentij Pavlenkov (Флорентий Павленков) : Vladimir Chikolev (Владимир Чиколев, *Электрическое освещение в применении к жизни и военному искусству* (1885, *Eclairage électrique appliqué à la vie quotidienne et à l'art militaire*), *Чудеса техники и электричества* (1885, *Miracles de la technique et de l'électricité*) ; Orest Hvolson (Орест Хвольсон), *Популярные лекции об электричестве и магнетизме* (1884, *Conférences de vulgarisation sur l'électricité et le magnétisme*). L'exemple est contagieux, et la Commission permanente gouvernementale pour l'organisation des conférences de vulgarisation, plutôt spécialisée dans les publications religieuses et patriotiques, s'aventure sur la voie du progrès scientifique et fait paraître, au début des années 1890, la brochure *Электричество и его применение (L'Électricité et ses applications)*[38].

En 1881-1882, le cours de mines sous-marines est introduit à l'Académie du génie[39]. En 1884, « Les applications de l'électricité à la télégraphie,

---

[37] Les conférences publiques faisaient également partie du programme des expositions. Ainsi, lors de la IIIe exposition, tenue en 1885 et visitée par trente mille personnes (y compris les ministres et le corps diplomatique), trente conférences publiques ont été lues par A. Popov (Александр Попов), N. Egorov (Николай Егоров), D. Lačinov (Дмитрий Лачинов). Voir : Филиппов, Н., *Научно-технические общества России (1866-1917) : Учебное пособие*, М., МГИАИ, 1976, с. 126-143, 166-167, 208-211.

[38] Лазаревич, Э., *С веком наравне. Популяризация науки в России : Книга. Газета. Журнал*. М., Книга, 1984, с. 168-169, 252.

[39] Шор, Д., Ярошевский, К., « Основные этапы развития Академии », in *Вестник ВИА РККА : Юбилейный сборник : 120 лет Военно-инженерной академии (1819-1939)*, М., Изд-во ВИА РККА, 1939, с. 51-70.

aux signaux ferroviaires et à l'éclairage », lues à l'Institut du Corps des ingénieurs des voies de communications, deviennent un cours indépendant, suivi trois ans plus tard du cours facultatif d'électrotechnique[40]. En même temps, l'électrotechnique est introduite dans le cursus de l'Académie de l'artillerie Mihajlovskaâ (Михайловская Артиллерийская академия) (où un laboratoire électrotechnique voit bientôt le jour) et à l'Institut polytechnique de Riga. De 1886 à 1892, les cours de télégraphie pratique sont introduits dans vingt-sept écoles spéciales secondaires des chemins de fer. Une classe d'éclaireurs voit le jour à l'École des mineurs (1885).

L'effort et l'activité de l'administration des Postes et Télégraphes visant à créer l'École supérieure de télégraphie deviennent un élément fondateur dans le domaine de l'enseignement électrotechnique.

Au début des années 1880, la Russie compte trois mille stations télégraphiques qui desservent un réseau dont la longueur totale atteint 30 000 km. Le téléphone entre en application dans les années 1882-1883 : des stations téléphoniques sont simultanément ouvertes à Moscou, à Kiev, à Odessa, puis à Lodz, à Varsovie et à Riga, en Lettonie[41]. L'installation des lignes interurbaines les suit de très près. Ainsi, le besoin de spécialistes hautement qualifiés dans ces domaines devient non seulement évident, mais urgent. On commence par étudier l'expérience étrangère. En 1882, lors de la conférence pour la protection des câbles sous-marins à Paris, De Rossi, fonctionnaire de l'administration générale des Postes et Télégraphes, visite

---

[40] Житков, С., Институт Инженеров путей сообщения Императора Александра I : Исторический очерк, СПб., 1899, с. 216-218, 258.

[41] Les premiers essais de téléphonie militaire à grande distance en Russie datent de 1878 : le colonel V. Jacobi (Владимир Якоби) établit alors la liaison téléphonique sur câble télégraphique entre les îles du détroit de Transund (7 km). En Finlande, il emprunte à ces fins une ligne aérienne du télégraphe militaire (près de 30 km). Les premiers essais de transmission téléphonique et télégraphique simultanée, menés par l'ingénieur militaire Grigorij Ignat'ev (Григорий Игнатьев), ont lieu lors de la même année 1878 dans le parc de télégraphie militaire n° 7. Après ces tentatives, l'ingénieur, aidé par le physicien Mihail Avenarius (Михаил Авенариус), met au point le dispositif pour séparer les courants téléphoniques et télégraphiques et liquider ainsi les brouillages. La première démonstration publique de cet appareil a lieu le 29 mars 1880 dans le cabinet de physique d'Avenarius, alors professeur à l'université de Kiev. En 1881, ledit dispositif est mis en essai sur une ligne aérienne longue de 14,5 km reliant deux camps de l'arrondissement militaire de Kiev. Cependant, l'histoire se répète ; l'invention de Ignat'ev, comme jadis celles de Jacobi, est rendue secrète. Deux ans plus tard, l'ingénieur belge François van Rijsselberge met au point un système analogue de transmission téléphonique et télégraphique simultanée et prend sans entraves, en 1882, le brevet pour cette invention non seulement en Europe occidentale, mais aussi en Russie. Notons encore qu'à partir de 1880, certaines usines russes s'équipent des petites stations téléphoniques privées.

l'École supérieure de télégraphie. Les expériences allemande et autrichienne sont également étudiées[42].

L'influence plus précoce de l'Exposition universelle de Paris en 1878 se manifeste par l'introduction cette même année du cours d'éclairage électrique dans les classes d'officiers mineurs[43]. C'est à Paris que Mihail Shatelen[44], premier professeur d'électrotechnique en Russie, dont nous reparlerons plus loin, achève sa formation.

Ayant surmonté plusieurs obstacles, l'administration des Postes et Télégraphes ouvre en 1885 des cours de télégraphie annuels, suivis en 1886 par l'ouverture de l'École technique, établissement mi-supérieur au cursus de trois ans[45].

Au cours des années 1890, le processus de mise en place de l'enseignement électrotechnique prend de l'ampleur. En 1890, on introduit à l'Institut des ingénieurs civils (Институт гражданских инженеров) une nouvelle discipline, l'éclairage électrique. Le cours d'électrotechnique devient obligatoire à l'Institut du Corps des ingénieurs des voies de communication. Trois ans plus tard, on y trouve le cours de transmission du travail à distance (moteurs électriques, courant polyphasé, etc.), ensuite les projets des

---

[42] *Ленинградский Электротехнический институт имени В. И. Ульянова (Ленина) 1886-1961*, Л., Изд-во Ленинградского Университета, 1963, р. 14 ; Головин, Г., Эпштейн, С., « Развитие междугородних телефонных связей в России », in *Вестник связи : Электросвязь*, 1948, n° 1, с. 24.

[43] Бренёв, И., « Учебно-методическая работа в Минном офицерском классе », *Из истории энергетики, электроники и связи*, вып. 9, М., 1977, с. 45-61 ; Волкова, И., « Оборудование физического кабинета Минного офицерского класса приборами по гальванизму, электричеству и магнетизму », *Там же*, с. 94-107.

[44] M. Shatelen a fait ses études à l'université de Saint-Pétersbourg (1884-1888), et les a poursuivies à Paris, en 1889-1890, au Laboratoire d'électricité (depuis 1894, École supérieure d'électricité). Durant ces deux ans, il a suivi les cours d'électrotechnique de Marcel Deprez, Adolf Hirsch, Alfred Potier et Alfred Cornu dans divers établissements parisiens, ainsi que les cours de physique et de mathématique d'Henri Poincaré, de Gabriel Lippman, et d'Ernest Borel à la Sorbonne. Afin d'élargir ses connaissances en matière d'électrotechnique pratique, Shatelen est entré comme ouvrier à l'usine de la Compagnie Edison, où il a obtenu, au bout de deux ans, le poste de monteur en chef. Il a également participé à la construction de la première grande centrale électrique de courant alternatif et de la ligne en câble à haute tension. Voir : Чеканов, А., Ржонсницкий, Б., *Михаил Шателен 1866-1957*, М., Наука, 1972, 248 с.

[45] Бабиков, М., « Высшая школа советской энергетики », in *Вестник высшей школы*, 1947, n° 11, с. 52-59 ; Разумовский, Н., « Период зарождения и организации Электротехнического института », in *Известия ЛЭТИ*, 1959, вып. 37, с. 3-13 ; Пашенцев, Д., « Первая русская школа электросвязи », in *Электричество*, 1948, n° 7, с. 11-13 ; « Деятельность Электротехнического Института », in *Почтово-телеграфный журнал*, ч. неоф., 1896, n° 9, с. 1234-1235.

chemins de fer électriques, des tramways[46], des locomotives électriques, des lignes de transmission, etc.). Ainsi les cours d'électrotechnique cessent d'être ceux des courants faibles par excellence, en embrassant petit a petit tous les problèmes essentiels des techniques des courants forts de l'époque.

De 1892 à 1897, les cours d'électrotechnique, facultatifs d'abord, obligatoires ensuite, sont introduits dans l'Institut technologique (Технологический институт), l'Institut des mines (Горный институт) et l'Institut des ingénieurs civils (Институт гражданских инженеров) de

---

[46] Le premier tramway en Russie a été réalisé par l'ingénieur Fedor Pirockij (Федор Пироцкий). Après avoir expérimenté, en 1874-1876, la transmission du courant électrique par rails, ce dernier a fini par installer en 1876, à Saint-Pétersbourg, un moteur électrique sur une voiture du chemin de fer à traction animale. Les problèmes techniques majeurs ayant été, en gros, résolus pendant les quatre années suivantes, le 22 août 1880, le tramway expérimental mu par le courant électrique transmis par les rails a fait sa première apparition dans les rues de la capitale impériale, avec quarante passagers à son bord. En 1881, Pirockij a présenté son schéma de chemin de fer électrique à l'exposition électrotechnique de Paris. Siemens l'a utilisé pour construire une ligne de tramway entre Berlin et Lichterfield. En 1882, le tramway, construit d'après ce même schéma, a été mis en marche à Vienne, lors de l'exposition électrotechnique en 1884, et à Brayton (Grande-Bretagne). Quant à la Russie, la résistance acharnée des compagnies urbaines des chemins de fer à traction animale a retardé de plusieurs années la mise en application de l'invention de Pirockij. De ce fait, le premier tramway n'a fait son apparition qu'en 1892, a Kiev. En 1894, il est introduit à Kazan, cinq ans plus tard à Moscou et seulement en 1907 à Saint-Pétersbourg. Des situations assez comiques sont rapportées : l'hiver de 1895, la firme électrique russe de Mihail Podobedov (Михаил Подобедов) a installé, pour les réinstaller pendant cinq autres saisons hivernales, quelques lignes de tramway sur la glace de la Néva. La Compagnie des chemins de fer à traction animale, furieuse, a intenté un procès contre la firme et… l'a perdu, pour la simple raison que le tramway circulait sur la glace et non pas dans les rues de la ville : il ne pouvait donc menacer les droits de la compagnie. Vers 1902, le tramway électrique a été mis en application dans treize villes russes ; quarante-sept autres villes, ayant déposé leurs demandes, attendaient leur tour. En 1899, un téléphérique monorail électrique expérimental a été construit à Gatchina (Гатчина), sous la direction de l'ingénieur Hyppolite Romanov (Ипполит Романов). Avec l'ingénieur Kachkine (Константин Кашкин), il a élaboré le projet analogue pour le trajet Saint-Pétersbourg-Moscou-Nizhnij Novgorod. Cependant, découragé par l'absence du soutien financier, Romanov n'a pas pris de brevet, ayant laissé la primauté de l'invention à l'ingénieur allemand Langen (1901), qui a construit le téléphérique monorail dans la vallée de la rivière Vupper, entre les villes de Barmen et d'Elberfield. Ce même Romanov a également construit les électrobus et les électromobiles (avec pour source d'alimentation des piles électriques), qu'il a éprouvés dans les rues de Saint-Pétersbourg en 1899. Ayant obtenu, en 1901, l'autorisation d'ouvrir dix lignes d'électromobiles, il n'a pas pu satisfaire aux exigences d'ordre financier, et l'affaire a été abandonnée. Voir : *Очерки истории техники в России : транспорт, авиация, связь, строительство, химическая технология, текстильная техника, сельское хозяйство : 1861-1917*, М., Наука, 1975, с. 111-114, 117-120 ; « Трамвай », in *Санкт-Петербург, Петроград, Ленинград : Энциклопедический справочник*, М., Б.Р.Э., 1992, с. 621.

L'essor de l'enseignement électrotechnique en Russie

Saint-Pétersbourg Pourtant cette marche triomphale vers le nouvel enseignement ne fut pas sans échecs. Ainsi, la campagne de revendications menée depuis la fin du XIXe siècle par les fabricants de Moscou afin de créer l'Institut électrotechnique d'État dans l'ancienne capitale n'a pas abouti, malgré l'appui énergique des milieux scientifiques[47].

Quelques événements survenus vers la fin de cette période témoignent du fait que le processus de mise en place du nouveau domaine touche à sa fin.

Il s'agit d'abord de l'institutionnalisation du professorat – en 1893, Mihail Shatelen est, pour la première fois en Russie, nommé professeur d'électrotechnique – ainsi que du métier lui-même. La section d'électrotechnique, organisée en 1880 auprès de la Société technique russe, lance la publication de son journal *Электричество* (Électricité). En 1894 se réunit le premier Congrès des électriciens des chemins de fer. Quelques autres sociétés d'électricité se mettent en place vers la même époque dans les deux capitales[48].

Enfin en 1895-1896 se crée une école organisée sur les bases nouvelles pour former les ouvriers-électrotechniciens. Ouverte par la Société technique russe et financée par elle, cette école est indépendante de l'État. Le corps enseignant y est recruté parmi les professeurs de l'Institut électrotechnique. Notons que la première tentative d'ouvrir une telle école entreprise par la même Société en 1878 avait échoué pour des raisons financières. Le niveau de l'enseignement dans les écoles professionnelles spécialisées de la Société technique russe est tel qu'elles finissent par attirer les regards étrangers. Ainsi, le consul français, sur la demande de son gouvernement, envoie un questionnaire de treize points pour se renseigner sur l'organisation de l'enseignement technique dans ces écoles. Le vecteur du transport des modèles de connaissances ne tend-il pas a s'inverser ?

---

[47] Иванов, А., *Высшая школа России в конце XIX - начале XX века*, М., 1991, с. 73.

[48] Malheureusement, la littérature historique abonde en confusions concernant tant les noms de ces sociétés que leurs dates de création. Ainsi, en 1892, on constate l'apparition à Saint-Pétersbourg d'une société appelée tantôt la Société des électrotechniciens (Общество электриков), tantôt la Société électrotechnique (Электротехническое общество) qui, de surcroît, éditait sa propre revue *Электротехнический вестник* (*Messager électrotechnique*). Or, il se peut aussi que nous ayons affaire à deux sociétés différentes. Selon certaines sources, la Société des électrotechniciens de Moscou existait déjà en 1899 et aurait participé à la préparation du premier Congrès électrotechnique de Russie ; selon d'autres, elle n'a émergé qu'en 1909. Cette Société publiait son bulletin. La troisième hypothèse affirme que la Société créée en 1909 à Moscou était, en fait, celle des ingénieurs électrotechniciens.

Au seuil du siècle nouveau

La courte période de 1898 à 1900 nous semble décisive pour la mise en place de l'enseignement électrotechnique russe dans son ensemble. Parmi les critères qui permettent une telle affirmation, il faut d'abord compter avec l'émergence du système ramifié d'enseignement spécialisé en électrotechnique solidement assis sur les trois niveaux, élémentaire, secondaire et supérieur. L'état du domaine est un autre argument en faveur de cette assertion : en effet, l'électrotechnique en tant que branche des techniques et discipline scolaire pénètre tous les secteurs de l'ingénierie et de l'enseignement technique institutionnalisés à cette époque. Les cours scolaires indépendants dans toutes les branches de l'électrotechnique existantes sont constitués et les manuels spécialisés dans ses diverses disciplines sont publiés en langue russe, alors que les cours fondamentaux d'électricité et de magnétisme sont enseignés dans le cadre des cours de physique des grandes écoles. Le potentiel accumulé par la branche s'avère suffisant pour assurer son développement futur : on le voit au nombre de projets fondamentaux de développement élaborés vers cette époque. Ainsi, on peut affirmer que le métier d'ingénieur électrotechnicien est institutionnalisé. Qui plus est, l'électrotechnique russe obtient la reconnaissance internationale.

Voyons maintenant ce qui s'est passè effectivement pendant ces trois ans.

L'enseignement de l'électrotechnique est introduit dans les établissements d'études supérieurs tels que l'École impériale du génie de Moscou (Императорское инженерное училище, 1898), l'Institut technologique de Kharkov (Харьковский технологический институт, vers 1898) et l'École impériale technique de Moscou (Императорское техническое училище, 1900)[49]. Une chaire d'électrotechnique est créée à l'Institut du Corps des ingénieurs des voies de communication vers 1899[50].

L'Institut technologique de Kiev (Киевский технологический институт) se dote d'un département d'électrotechnique ouvert en 1898. Une école scientifique s'y met rapidement en place autour de deux chercheurs : N. Artem'ev (Николай Артемьев) et A. Skomorohov (Александр Скоморохов). L'Institut électrotechnique reçoit le statut d'établissement supérieur (1898). Les classes d'officiers mineurs (M.O.K.) sont réorganisées : en avril 1900, Alexandr Popov (Александр Попов) y présente, pour la première fois en Russie, le cours de radiotechnique. Dans ce même

---

[49] D'après le projet, l'introduction de ce cours avait été prévue pour 1895.
[50] Ларионов, А., *История Института Инженеров путей сообщения Императора Александра I за первое столетие его существования 1810-1910*, СПб., 1910, с. 189-190, 197, 219, 253, 284.

établissement se met définitivement en place le cours général d'électrotechnique ciblé sur les techniques des courants forts (les divisions des techniques des courants faibles sont toujours enseignées et développées d'une manière indépendante)[51].

Parmi de nombreux manuels fondamentaux publiés à cette époque, il faut citer en premier lieu l'*Électricité*, le *Cours des courants alternatifs*, et les *Mesures électriques* par Shatelen, en 1899-1900), ou l'*Instruction concernant l'usage des appareils de télégraphie sans fil*, par Popov[52].

Dans toutes les grandes écoles, les cours de physique sont corrélés avec des disciplines électrotechniques. À partir de 1896, des tentatives sont faites pour introduire les bases de l'électrotechnique en tant que discipline indépendante. Les facultés de physique forment (et fournissent en nombre suffisant) les professeurs pour enseigner les cours d'électrotechnique dans les grandes écoles, les instituts électrotechniques de même que dans les universités[53].

En 1899, on approuve le rapport du ministre des Finances, Witte (Сергей Витте), concernant l'organisation de l'Institut polytechnique de Saint-Pétersbourg, qui prévoit dès le début la présence d'un département d'électrotechnique. Cet institut, ouvert en 1902, changera tout le panorama de l'enseignement électrotechnique en Russie au XXe siècle.

En 1900, le grade d'« ingénieur électricien » remplace celui de « technicien télégraphiste », accordé aux étudiants de l'Institut électrotechnique.

À la charnière de 1899 et de 1900, le Premier Congrès des électrotechniciens russes se réunit à Saint-Pétersbourg. Il élit un Comité permanent

---

[51] Les cours d'électrotechnique de certains établissements (l'Institut polytechnique, Classes d'officiers mineurs et autres) incluent, à partir de cette époque, l'électromécanique, le soudage électrique, l'électrométallurgie. D'autres disciplines techniques complexes se consolident, telles l'électrotechnique navale, ou celle des mines, des chemins de fer, etc., qui sont enseignées dans les établissements correspondants – classes d'officiers mineurs, Institut des mines, Institut du Corps des ingénieurs des voies de communication, etc.

[52] Тручнин, Н., Черкасский, А., « Научная деятельность А. С. Попов а в Минном офицерском классе », in *Из истории энергетики, электроники и связи*, Вып. 9, М., 1977, с. 30-44.

[53] Ainsi les anciens élèves des universités de Moscou et de Saint-Pétersbourg ont perfectionné et mis en route l'enseignement de l'électricité et du magnétisme avec une forte composante électrotechnique : A. Popov (Александр Попов) dans les classes d'officiers mineurs ; M. Avenarius (Михаил Авенариус), à l'Université de Kiev ; A. Savel'ev, R. Kolli (Роберт Колли) et N. Sluginov (Николай Слугинов), à l'Université de Kazan ; A. Stoletov (Александр Столетов), à l'Université de Moscou ; M. Shatelen, à l'Université de Saint-Pétersbourg, à l'Institut des mines, à l'Institut électrotechnique, aux cours supérieurs pour les femmes et, au XXe siècle, à l'Institut polytechnique de Saint-Pétersbourg ; D. Lačinov, à l'Institut des forêts, etc.

des congrès des électrotechniciens et nombre d'autres organismes. Ce congrès est aussi un événement d'ordre symbolique[54].

La Société électrique et la Société des ingénieurs électriciens sont créées en 1900 à Saint-Pétersbourg[55].

Au cours de la même année 1900, le Congrès international des électrotechniciens à Paris élit Mikail Shatelen vice-président de la section des mesures électrotechniques, membre de la Commission spéciale électrotechnique internationale et du jury de l'électrotechnique à l'Exposition universelle.

Ainsi, nous avons tout lieu d'affirmer qu'à la charnière des deux siècles, l'enseignement électrotechnique s'est mis en place en tant que système unique et ramifié à trois niveaux de la préparation des cadres techniques, pour toutes les branches de l'électrotechnique qui existaient à l'époque.

Le XXe siècle prend le relais de son développement et de son perfectionnement futur. Mais c'est déjà une autre histoire.

Conclusion – quelques considérations

Nous avons vu que l'enseignement électrotechnique russe au XIXe siècle a connu une naissance précoce et un essor impétueux. Nous avons également observé qu'il était, malgré tout, en certain décalage avec le développement de la discipline dont les percées étonnantes contrastaient avec des retards manifestes pris par certains établissements par rapport aux autres – selon les domaines de l'enseignement. Comment expliquer ce déséquilibre ?

Les réponses sont à rechercher, nous semble-t-il, dans la logique interne du développement de la discipline, qui est, d'une part, très étroitement lié au développement économique et industriel du pays mais aussi – et surtout ! – dans le rôle que l'État, bureaucratisé et centralisé à l'extrême qu'il était, a traditionnellement joué dans l'enseignement technique de l'Empire russe.

Les éléments de l'électrotechnique émergent dans le premier tiers du XIXe siècle au sein de la physique universitaire sous forme d'instruments de manipulation. La naissance des disciplines électrotechniques indépendantes (par exemple l'électrotechnique instrumentale) y prend, cependant, beaucoup de retard par rapport à l'évolution dans les autres établissements

---

[54] « Iй Всероссийский электротехнический съезд в Санкт-Петербурге », in *Электричество*, 1899, n° 23-24, с. 352.

[55] Selon d'autres données, la Société des ingénieurs électriciens n'a été créée à Saint-Pétersbourg qu'en 1909. Elle publiait les *Известия* (*Bulletin d'information*) et les Записки (*Cahiers*).

techniques, même créés plus tardivement. En revanche, l'enseignement de l'électrotechnique appliquée prend d'emblée, dans ces derniers, de l'avance au détriment des sciences fondamentales telles que la physique théorique et les mathématiques qui n'y sont introduites qu'a partir d'un certain niveau du développement de ces écoles. Les anciennes grandes écoles occupent dans ce contexte une position intermédiaire : les cours fondamentaux de physique et de mathématiques qui y sont déjà enseignés s'adaptent progressivement aux disciplines électrotechniques appliquées nouvellement introduites.

Le paradoxe de ce déséquilibre relève sans doute des objectifs que se proposent ces trois types d'enseignement. Si les universités sont censées former les chercheurs, les enseignants et les fonctionnaires, et les grandes écoles, les ingénieurs militaires ou les ingénieurs des travaux publics qui connaissaient l'électrotechnique, les écoles techniques spécialisées sont seules à former d'emblée les spécialistes dans les domaines précis de l'électrotechnique à mesure que ses diverses branches se mettent en place. Ce sont donc les stimuli économiques ainsi que la demande du marché du travail qui dictent à l'enseignement sa logique et son rythme.

Dès l'origine, les branches prioritaires de l'électrotechnique, étaient effectivement celles qui se prêtaient à l'usage militaire immédiat : l'essor rapide de l'enseignement des mineurs et, plus tard, des télégraphistes militaires et des électrotechniciens pour la Marine en est la meilleure preuve. Par rapport à ce système solidement enraciné et efficace, l'enseignement des spécialistes civils, même destinés aux services de l'État (télégraphistes en premier lieu), a mis beaucoup plus de temps et d'efforts pour se mettre en place et s'imposer. Sans parler de la formation des électriciens pour l'industrie privée, qui n'émerge que vers la fin de la période étudiée.

À la différence des autres branches de l'enseignement technique telles que le génie militaire, les voies de communication, la construction civile et navale, les mines, l'artillerie, etc, l'enseignement électrotechnique s'est développé en Russie indépendamment de l'Europe occidentale. Avec l'émergence des écoles électrotechniques à l'étranger, l'expérience européenne a été systématiquement étudiée en vue de mettre en corrélation les niveaux de l'enseignement.

L'électrotechnique et l'enseignement supérieur en Grande-Bretagne (1850-1914)[1]

Robert Fox

Professeur émérite en histoire de la science
University of Oxford, Grande-Bretagne
robert.fox@history.ox.ac.uk

Résumé

Dès ses débuts, au milieu du XIXe siècle, la formation des électrotechniciens en Grande-Bretagne plonge ses racines dans la physique et le génie mécanique. Par contre, comme dans de nombreux pays, elle acquiert une autonomie de plus en plus marquée à partir des années 1890, lorsque la technique des hautes tensions et les transmissions à longue distance se développent. En dépit de la sophistication de cette nouvelle technologie (représentée dans la station innovante de Deptford conçue par Sebastian de Ferranti), les employeurs et les institutions professionnelles d'ingénieurs continuent de valoriser l'expérience sur le terrain plutôt que la formation théorique et la qualification académique. Ces préjugés de caractère essentiellement conservateur n'ont-ils pas, à long terme, freiné la capacité innovatrice de l'industrie électrique britannique ?

Mots clés

Formation supérieure en électrotechnique au Royaume-Uni 1850-1914, électrotechniciens – nouveau secteur d'activité en Grande-Bretagne, Laboratoire électrotechnique au King's College de Londres en 1890, Département électrotechnique de Manchester à l'école technique en 1892, industrie électrotechnique britannique

---

[1] Traduction Georgina Banfield, Université d'Exeter, et Muriel Le Roux, Institut d'histoire moderne et contemporaine (I.H.M.C.) – Centre National de la recherche scientifique (C.N.R.S.) Paris.

Lorsqu'on aborde les débuts de l'histoire de la formation des ingénieurs électriciens dans les années 1870 et 1880, il est frappant d'observer que les mécanismes qui façonnèrent ce nouveau type de praticien furent mis en place quasiment en même temps, et de la même manière, dans tous les pays industrialisés ou en voie d'industrialisation. Les nations économiquement avancées n'étaient pas véritablement en avance sur celles qui l'étaient moins. Par contre, à partir des années 1890, l'évolution des catégories qu'Anna Guagnini et moi-même avons appelées les pays de la « fast lane », « la voie rapide » (notamment l'Allemagne et les États-Unis), et ceux de la « slow lane », « la voie lente » (comme l'Italie ou l'Espagne) diverge[2]. Bref, c'est autour de 1890 que se fait un grand tournant. Avant 1890, ce sont les ressemblances qui frappent ; après cette date, les systèmes de formation ont tendance à évoluer davantage en fonction de la condition économique de chaque pays.

Électricité et physiciens au milieu du XIXᵉ siècle

Ce propos constitue le point de départ de mon analyse de l'histoire de la formation des ingénieurs en Grande-Bretagne. Selon ce schéma, en étudiant les tout débuts des initiatives britanniques dans l'élaboration de cette nouvelle catégorie d'employés destinés à l'industrie électrique, nous devrions nous attendre à trouver (et de fait nous trouvons) de grandes ressemblances avec d'autres pays. En effet, le système éducatif en Grande-Bretagne répondit rapidement aux défis et aux possibilités de cette nouvelle époque née dans les années 1870, avec l'introduction des dynamos, des moteurs, et de la lampe à arc, et 1880, avec l'arrivée de la lumière incandescente. Ce sont les physiciens qui ont répondu avec le plus d'enthousiasme à la demande, et il est facile de comprendre pourquoi. La physique était apparue comme une discipline majeure dans l'enseignement supérieur à partir du milieu du XIXᵉ siècle. Depuis 1850, des laboratoires de physique construits à cet effet ou remis à neuf avaient été ouverts à Glasgow, Oxford, Cambridge, Londres et à Manchester, etc. En fait, dans pratiquement toutes les universités et « collèges universitaires » majeurs.

---

[2] Mon analyse s'appuie principalement sur des études menées en collaboration avec Anna Guagnini. Voir notamment Fox, R., Guagnini, A., « Life in the slow lane : research and electrical engineering in Britain, France and Italy, c.1900 », in Kroes P., Bakker, M. (eds.), *Technological development and science in the industrial age. New perspectives in the science-technology relationship*, Boston Studies in the Philosophy of Science, Dordrecht, Boston, London, Kluwer Academic, 1992, vol. 144, p. 133-153 ; Fox, R., Guagnini, A. (eds.), *Education, technology and industrial performance in Europe, 1850-1939*, Cambridge, Cambridge University Press et Paris, Éditions de la Maison des sciences de l'homme, 1993 ; Fox, R., Guagnini, A., *Laboratories, workshops, and sites. Concepts and practices of research in industrial Europe, 1800-1914*, Berkeley, Office for History of Science and Technology, University of California, Berkeley, 1999.

L'électrotechnique et l'enseignement supérieur en Grande-Bretagne

Au cours de cette période, la discipline s'était développée en tant que science de laboratoire alors qu'il était loin d'être évident que les compétences acquises dans ces structures coûteuses pussent servir.

À titre d'exemple, dans ma propre université, Oxford, aux alentours de 1870, la dépense d'un peu plus de £10 000 (soit environ un quart de million de francs) pour le nouveau laboratoire de physique, le Clarendon Laboratory, était justifiée principalement par le nombre d'étudiants qui envisageaient une carrière d'enseignant dans un lycée, une « Public School » au sens anglais du terme. Ailleurs, à University College et à King's College à Londres par exemple, le profil était en gros comparable, bien que dans ces collèges on ait mis l'accent également sur l'instruction d'un nombre non négligeable d'étudiants formés dans les laboratoires de physique pour ensuite mettre en pratique leurs compétences comme ingénieurs-télégraphes, carrière qui exigeait une maîtrise des techniques des mesures précises[3]. Ceci dit, au début des années 1870, les occasions d'exercer en tant que physicien étaient limitées, et le manque de débouchés conduisit les physiciens universitaires à réagir avec enthousiasme à la perspective de carrières nouvelles offertes par l'émergence d'un système technique basé sur l'électricité, initialement dans le domaine de l'éclairage public et domestique. Ce contexte d'une discipline à la recherche de débouchés explique pourquoi les programmes de physique ont si rapidement été dominés par l'électricité. Les étudiants suivaient d'autres enseignements de la physique, bien sûr : l'optique et la thermodynamique, par exemple. Mais c'était l'enseignement de l'électricité qui les intéressait le plus et qui devint le porte-drapeau de la discipline.

Le cas de Manchester illustre l'effet de cette orientation. Après sa nomination comme titulaire de la chaire de physique Langworthy à Owens College (la future University of Manchester) en 1887, Arthur Schuster lança un cours appelé « la physique technique », qui connut un grand succès. En fait, il était quasiment impossible de distinguer cet enseignement de Schuster d'un cours d'électrotechnique. Schuster assurait son cours dans des locaux nouvellement équipés, mélange à la fois de laboratoire et d'atelier. Les étudiants avaient accès à tout le matériel de base pour la génération, la transmission et l'application du courant électrique, comme l'attestent des photographies de l'époque. La plupart des étudiants qui suivirent les cours de Schuster (ou d'autres cours similaires dans nombre d'autres universités) le firent avec des objectifs précis et limités de

---

[3] Gooday, G.J.N., *The morals of measurement. Accuracy, irony, and trust in late Victorian electrical practice*, Cambridge, Cambridge University Press, 2004, p. 40-81. Voir également plusieurs chapitres dans Wise, M.N. (ed.), *The values of precision*, Princeton, Princeton University Press, 1995, notamment Schaffer, S., « Accurate measurement is an English science », p. 135-172.

formation professionnelle. Leur but n'était pas de devenir des physiciens au sens « académique » du terme mais plutôt d'apprendre des techniques immédiatement applicables, ne pouvant être transmises et assimilées que dans un laboratoire d'électricité. Une des conséquences fut que bien souvent ils s'intéressaient peu aux diplômes universitaires. Lorsqu'ils cherchaient un poste dans le secteur de l'électricité industrielle, il leur suffisait de produire une recommandation du professeur responsable du laboratoire d'électricité dont ils avaient suivi les cours et surtout les travaux pratiques.

Nouvelles alliances : l'électricité et l'ingénierie après Francfort (1891)

À l'époque des courants relativement faibles et des basses tensions, cette forme de préparation répondait assez bien aux demandes de l'industrie électrique britannique. Mais l'exposition internationale d'électricité de Francfort en 1891 marqua le passage à une nouvelle ère : celle du courant alternatif à haute tension et des techniques de transmission à longue distance associées. L'installation qui permit à l'ingénieur bavarois Oskar von Miller de transmettre l'électricité sur une distance de 175 km, de Lauffen à la salle d'exposition principale à Francfort, démontra les avantages des hautes tensions : en travaillant avec des tensions allant jusqu'à 25 000 volts, les pertes en ligne étaient radicalement réduites par rapport aux essais de transmission à basse tension et en courant continu effectués à l'exposition d'électricité de Paris dix ans plus tôt. Cette nouvelle période une fois inaugurée, les laboratoires de physique ne parvinrent plus à fournir les spécialistes dont l'industrie avait besoin. L'électricité à haute tension exigeait des compétences, dont une bonne connaissance en génie mécanique, fondamentalement différentes de celles qu'un laboratoire de physique pouvait fournir. Ce changement est illustré par les heurs et malheurs de la nouvelle centrale électrique que Sebastian de Ferranti inaugura à Deptford, à l'Est de Londres, à la fin des années 1880. C'est là, en 1887, que Ferranti commença à travailler à la mise au point d'une centrale d'une originalité stupéfiante. En produisant un courant alternatif de 10 000 volts et en ayant une puissance bien plus importante que tout ce qui avait été tenté précédemment, la centrale était un joyau technologique. Mais elle fut également victime de nombreuses pannes et d'accidents qui causèrent de graves pertes financières. En un mot, la centrale de Deptford fut un échec[4].

Il est important pour mon propos de souligner que l'entreprise de Deptford souffrit de l'insuffisance de la formation des personnels

---

[4] La situation ne s'améliora que vers la fin des années 1890, comme l'a souligné R.H. Parsons. Voir Parsons, R.H., *The early days of the power station industry*, Cambridge, Cambridge University Press, 1939, p. 21-41.

nécessaires au fonctionnement d'une installation à cette échelle. Lorsque l'on avait affaire à des tensions aussi hautes, les analyses pertinentes ne ressemblaient aucunement à celles qui auraient pu être conduites dans un laboratoire. Pour tester la performance de sa centrale, Ferranti était obligé de la mettre en marche à plein rendement et donc de faire ses tests et ses analyses sur le site même, avec tous les risques que cela supposait. L'alternative d'une simulation de laboratoire effectuée en petit et en toute sécurité était alors techniquement impensable.

Les nouvelles orientations technologiques provenant de l'utilisation des hautes tensions eurent des implications importantes sur les relations entre les performances industrielles et la formation des ingénieurs, en Grande-Bretagne comme ailleurs. On avait besoin d'un nouveau type d'ingénieur possédant non seulement des bases en théorie mais aussi une solide capacité à assumer le travail pratique sur site ou en atelier. Et cela signifiait en retour que le nouvel ingénieur électricien avait besoin d'un autre type de formation. Dans la plupart des pays, cette nouvelle formation fut initialement dispensée soit comme une option existante à l'intérieur d'un programme d'études en génie mécanique ou génie civil, soit sous la forme d'une année supplémentaire d'études pour les étudiants qui avaient déjà reçu une formation dans une de ces deux spécialités. Ce fut dans cette optique que des cours de génie électrique d'un an destinés aux ingénieurs mécaniciens qualifiés devinrent l'enseignement majeur de l'École Montefiore de Liège et de l'École supérieure d'électricité de Paris. Et il y eut bien d'autres exemples. Dans ces cours nouveaux, le lien resta fort entre la tradition du génie mécanique et l'électrotechnique. Prenons le cas d'Erasmus Kittler, détenteur de la première chaire d'Elektrotechnik, Technische Hochschule de Darmstadt à partir de 1882. Pour Kittler, le terrain d'entente entre génie mécanique et électrique était un point fort, non un handicap, et il le soutint même lorsque l'Elektrotechnik devint un champ d'étude de plus en plus indépendant[5].

L'émancipation progressive du génie électrique et son établissement en tant que discipline autonome se produisirent selon une rapidité et un degré qui, à la différence de la période des courants continus, variaient considérablement d'un pays à l'autre. En Allemagne, les installations incomparables de la Technische Hochschule de Berlin, inaugurées à partir des années 1880, symbolisaient le nouveau départ. Là, comme en Suisse (à la Eidgenössische Technische Hochschule de Zurich (E.T.H.Z.), par exemple) et en Grande-Bretagne, les rapports avec la physique étaient

---

[5] König, W., *Technikwissenschaften. Die Entstehung des Elektrotechnik aus Industrie und Wissenschaft zwischen 1880 und 1914*, Chur, Verlag Fakultas, 1995, p. 9-100 ; p. 227-296.

définitivement affaiblis, tandis que les liens avec le génie mécanique restaient forts.

Exception britannique ? Éducation, employeurs et institutions professionnelles

Ceci me ramène au cas britannique. Jusqu'à quel point, et à quels égards, l'évolution de la formation des électrotechniciens en Grande-Bretagne s'est-elle différenciée du modèle européen général ?

D'abord il faut souligner les racines profondes du génie mécanique dans l'enseignement technique en Grande-Bretagne. La mécanique avait été enseignée à Cambridge dès le XVIIIe siècle. Au siècle suivant, des chaires de génie, essentiellement de génie mécanique, furent créées précocement au sein des nouvelles institutions du XIXe siècle, à Londres, à King's College en 1840 et à University College en 1841. Et dans le courant des années 1870 et 1880 une chaire de génie devint partie intégrante de l'offre d'enseignement de presque toutes les institutions d'enseignement supérieur[6]. Ceci marquait et facilitait l'assimilation des programmes d'électricité appliquée ; ce fut une affaire simple que de greffer le génie électrique sur les fondements déjà existants dans les cours de mécanique. King's College à Londres inaugura un important laboratoire de génie électrique en 1890, et la Manchester Technical School (le futur [Institut] University of Manchester Institute of Science and Technology) suivit en 1892. Or, malgré leurs liens avec la mécanique, ces initiatives marquaient un pas en avant décisif. En effet, il est important d'insister sur la nature avant-gardiste et résolument tournée vers l'avenir des nouveaux enseignements. Les laboratoires étaient bien des installations pour la nouvelle technologie électrique, la technologie qui fut instaurée après Francfort, c'est-à-dire la technologie du courant alternatif à haute tension.

Si l'on observe les nombreux exemples d'institutions d'enseignement britanniques qui construisirent des laboratoires d'électricité à la toute fin du XIXe siècle et au début du XXe siècle, on pourrait en conclure que la Grande-Bretagne se situait au premier rang de l'enseignement et de la recherche dans le domaine de l'électrotechnique. Mais était-ce le cas ? Je ne le pense pas. L'implication du système éducatif britannique dans le développement de la technologie électrique était réelle, mais toujours assez mesurée. Les nouveaux laboratoires britanniques n'eurent jamais

---

[6] Guagnini, A., « Worlds apart : academic instruction and professional qualifications in the training of mechanical engineers in England, 1850-1914 », in Fox, R., Guagnini, A., (eds.), *Education, technology and industrial performance in Europe, 1850-1939*, Cambridge, Cambridge University Press et Paris, Éditions de la Maison des sciences de l'homme, 1993, p. 16-41.

la portée et la réputation de Berlin ou de l'Eidgenössische Technische Hochschule Zürich (E.T.H.Z.) par exemple. Une des raisons expliquant cela venait de l'attitude des employeurs, qui, d'une façon caractéristique des Britanniques, sont restés sceptiques quant à la valeur de l'éducation en milieu scolaire. Tout en reconnaissant qu'une telle formation avait son rôle à jouer, les industriels faisaient généralement un plus grand cas de la formation pratique sur le lieu de travail. Cette réticence à l'égard de la partie académique de la formation des ingénieurs se reflétait dans l'attitude de toutes les institutions professionnelles d'ingénieurs[7]. Pour ces institutions, la pratique (plutôt que la théorie) était l'aune garante de la qualité. Ce fut seulement en 1897 que la plus ancienne d'entre elles, l'Institution of Civil Engineers, accorda des dispenses restreintes aux étudiants ayant suivi un cours à l'université[8]. L'Institution of Mechanical Engineers accorda une dispense identique, mais beaucoup plus tard, tandis que la dernière à le faire fut l'Institution of Electrical Engineers, en 1931[9]. Que ladite Institution of Electrical Engineers ait été la dernière des institutions professionnelles à reconnaître la valeur de l'enseignement universitaire est révélateur. Cela montre que même la plus jeune et, à bien des égards, la plus vigoureuse des disciplines d'ingénierie était empreinte de cette réserve britannique connue envers l'éducation supérieure et l'étude théorique.

Arrivé à ce stade, j'aimerais insister à nouveau sur les points clés à mettre en évidence à propos du cas britannique. À la fin du siècle, l'enseignement de l'électricité et de ses techniques était accessible dans une vaste gamme d'institutions, à l'université ainsi que dans des écoles techniques municipales et dans des écoles privées, telles que Faraday House (assez comparable à l'École Breguet à Paris). Donc, les besoins de la discipline en Grande-Bretagne étaient bien couverts. Mais l'attitude des employeurs et celle des institutions professionnelles imposaient des contraintes. L'appartenance à l'une des institutions d'ingénieurs était la qualification qui importait le plus, et ce qui comptait par-dessus tout pour entrer dans ces institutions, c'était d'avoir effectué une période d'apprentissage et possédé une expérience acquise sur le terrain. Puisqu'un grade universitaire ou un diplôme n'offrait pas de grands avantages professionnels, les étudiants

---

[7] Marsh, J., « Du cercle privé à l'antichambre de l'Université : les associations d'ingénieurs et l'image de marque des ingénieurs britanniques du XVIIIe siècle à nos jours », in Grelon, A. (dir.), *Les ingénieurs de la crise. Titre et profession entre les deux guerres*, Paris, Éditions de l'École des hautes études en sciences sociales, 1986, p. 241-254.

[8] Buchanan, R.A., *The engineers. A history of the engineering profession in Britain, 1750-1914*, London, Kingsley, 1989, p. 161-179.

[9] Appleyard, R., *The history of the Institution of Electrical Engineers (1871-1931)*, London, Institution of Electrical Engineers, 1939, p. 267.

avaient peu de raisons de poursuivre un cycle complet de cours à plein-temps. En effet, la plupart d'entre eux préféraient suivre des cours du soir à mi-temps, recherchant ainsi une formation technique pointue et immédiatement applicable plutôt qu'un diplôme sans valeur pour leur carrière.

Cette situation quelque peu chaotique a-t-elle alors fourni les ingénieurs dont l'industrie électrique britannique avait besoin au cours de ce quart de siècle si compétitif entre 1890 et 1914, période qui consacre la nette avance de l'Allemagne et des États-Unis désormais en tête dans la compétition ?

En un sens le système éducatif a été à la hauteur de la tâche. On ne pourrait certainement pas l'accuser de manquer de flexibilité ; incontestablement, il a répondu aux demandes de l'industrie. Le problème pour la Grande-Bretagne, tel que je le vois, était que ces demandes restaient modestes en regard des demandes analogues en Allemagne, en Suisse, ou aux États-Unis. Les industriels britanniques respectaient assurément la culture scolaire, mais seulement jusqu'à un certain point. Ils ne l'appréciaient qu'en tant qu'élément parmi d'autres de la formation d'un ingénieur électricien. Aussi un ingénieur électricien débutant avait-il une motivation fort limitée pour rejoindre l'enseignement supérieur. Son premier but professionnel était d'être reçu à l'Institution of Electrical Engineers. Mais pour ce faire, comme nous l'avons vu, la pratique et l'expérience comptaient plus que la théorie ou les acquis académiques. D'où un nombre d'ingénieurs préparant des diplômes universitaires officiels nettement inférieur au chiffre correspondant en Allemagne.

Cette position inconfortable de l'enseignement technique supérieur a pu aussi produire un autre effet, dans la mesure où elle n'a jamais permis aux universités et aux écoles supérieures de devenir la « source essentielle » de la recherche et d'idées nouvelles. Si l'industrie électrique britannique en 1900 ou en 1914 restait prudente dans son attitude envers les aspects plus audacieux de la technologie – et je pense que c'était le cas – cela pourrait bien avoir été le résultat d'une certaine complicité entre le système éducatif et l'industrie. Les ingénieurs académiques d'une part et les industriels d'autre part se contentaient d'une préparation satisfaisante mais peu ambitieuse, et il sortait de cette préparation une main-d'œuvre qui, malgré sa compétence incontestable, n'était pas particulièrement innovante. Il s'agissait d'une main-d'œuvre qui fournissait une bonne prestation lorsqu'il fallait mettre en œuvre des innovations toutes prêtes, importées d'un des pays de la « voie rapide ». Mais il ne s'agissait assurément pas du type de main-d'œuvre dont on avait besoin si l'on voulait maintenir une structure d'innovation indépendante, comparable à celle de l'Allemagne ou des États-Unis.

Conclusion

Ma conclusion est alors très simple. À la veille de la Première Guerre mondiale, les attentes des employés et des employeurs britanniques de l'industrie électrique étaient modestes, orientées principalement vers l'exploitation efficace de technologies éprouvées. La sophistication scientifique et technologique était d'une priorité moindre que la sécurité économique. Et c'est là que résidait le talon d'Achille de la Grande-Bretagne à long terme. En effet, si le système britannique de formation des électrotechniciens répondait convenablement aux besoins de l'industrie électrique tels qu'ils étaient ressentis au début du XXe siècle, la faible capacité innovatrice du secteur allait certainement peser davantage sur la performance britannique dans la concurrence nettement plus acharnée de l'après-guerre. Ce fut dans ces dernières décennies que les puissantes industries électriques allemandes et américaines devancèrent de plus en plus rapidement leur homologue britannique.

La connexion progressive

Les hautes écoles d'ingénieurs de Zurich et de Lausanne et les besoins de l'industrie nationale

Serge PAQUIER

*Université Jean Monnet de Saint-Étienne,
Laboratoire Triangle, UMR 5206, France
serge.paquier@univ-st-etienne.fr*

Résumé

La Suisse tarda à créer de hautes écoles d'ingénieurs. Bien que Genève ait disposé d'un creuset constitué d'une science expérimentale associée à des expériences industrielles conduites par des scientifiques, les deux hautes d'ingénieurs furent créées à Lausanne et Zurich au milieu du XIXe siècle. Le contexte fut une marche forcée vers l'industrialisation dictée par la Grande-Bretagne. Si la Suisse tardait, elle risquait de perdre son indépendance. Il fallait dès lors mobiliser des capacités d'expertises que seules de hautes écoles d'ingénieurs pouvaient fournir. Mais la mise en place des systèmes technologiques au charbon engendra une lourde dépendance énergétique qui fut en partie résolue par la création des technologies hydroélectriques. Ce furent moins les écoles d'ingénieurs et plus les fournisseurs d'équipement, où le savoir-faire était accumulé, qui assurèrent la créativité technologique.

Mots clés

Science expérimentale, industrialisation à marche forcée, infrastructures de masse, mobilisation de l'énergie, capacités d'expertise, École polytechnique fédérale de Zurich (E.P.F.Z.), École d'ingénieurs de Lausanne

Bien que la science expérimentale genevoise fournissait une base pour établir un enseignement en sciences industrielles, elle s'exporta vers Paris à l'École centrale et ce furent finalement Lausanne et Zurich qui créèrent coup sur coup en 1853 et 1854 les deux hautes écoles d'ingénieurs dont le pays avait un urgent besoin. Il fallait répondre à la marche forcée vers l'industrialisation dictée par une Grande-Bretagne bien décidée à faire tomber toutes les barrières pour s'ouvrir les marchés du monde. De crainte de se faire contourner, voire de perdre sa liberté, le pays misa sur les sciences et les techniques pour se mettre à niveau. Si le premier programme technologique, qui consista surtout à installer le chemin de fer, ne posa pas de problème majeur dans la mesure où il s'agissait de transférer une solution déjà expérimentée dans les pays avancés, il révéla le défaut conséquent de créer une dépendance en charbon importé alors que ce petit pays entouré de puissants voisins devait prendre garde aux influences extérieures. C'est pourquoi fut d'emblée pressenti un nouveau programme technologique à créer de toute pièce. Il devait se greffer sur les immenses réserves en force motrice à bon marché contenues dans les rivières et les fleuves.

Le grand système électrique apparut dès lors comme la solution idéale. Ayant déjà accompagné les solutions hydromécaniques nationales, les hautes écoles de Lausanne et de Zurich étaient prêtes à soutenir plus largement encore l'insertion de la Suisse dans le processus d'élaboration des grands réseaux électriques qui se déroulait à l'échelle intercontinentale, plus particulièrement aux États-Unis et en Allemagne. Une symbiose qui faisait encore défaut s'édifia entre les connaissances inculquées dans les deux hautes écoles d'ingénieurs et les besoins de l'industrie nationale.

L'évident retard helvétique

La Suisse a vraiment tardé à créer de hautes écoles d'ingénieurs. La comparaison avec les nations environnantes est édifiante, plus particulièrement avec la France où l'École nationale des ponts et chaussées, l'École polytechnique et l'École centrale des arts et manufactures ont été fondées respectivement en 1747, 1794 et 1829. L'Hexagone peut encore compter sur les écoles moyennes des arts et métiers à Châlons et Angers qui forment ouvriers spécialisés et contremaîtres. Les États allemands disposent dès la première moitié du XIXe siècle d'écoles moyennes orientées vers la pratique. Puis vient le temps des hautes écoles polytechniques. Il y a l'école de Karlsruhe qui sert de modèle à l'École polytechnique fédérale de Zurich (E.P.F.Z.)[1], celle de Dresde stimulée par le terrain fertile mécanique de la « Manchester de la Saxe » à Chemnitz, l'école de Munich fréquentée par les étudiants suisses et encore celles de Hanovre, Stuttgart et Berlin. Les pays de l'Europe centrale et de l'Est sont aussi précoces avec des écoles

---

[1] Oechsli, W., *Festschrift zur Feier des Fünfzigjährigen Bestehen des Eidg. Polytechnikums*, I, Zurich, 1905, p. 75-76.

polytechniques créées à Prague en 1806, à Vienne en 1815 et à Varsovie en 1825[2].

Le bât blesse dans le cas de l'École centrale, car la science expérimentale genevoise[3] s'impliqua largement comme en témoigne le parcours du cofondateur Jean-Baptiste Dumas (1800-1884). Venu d'Alès sans fortune, il s'était rendu à Genève pour y exercer la pharmacie, un métier favorable aux expériences en chimie. Il y étudia les sciences naturelles entre 1817 et 1823[4]. Le Genevois Daniel Colladon (1802-1893)[5], intéressé par le potentiel utilitaire des sciences, participa aux séances préparatoires de l'école parisienne et y fut professeur-adjoint en physique jusqu'au milieu des années 1830. Son cours sur les machines à vapeur marqua toute une génération d'étudiants dont le futur spécialiste en locomotives Jules Petiet[6]. Le physicien genevois a longuement étudié l'électricité en commençant par réaliser divers instruments de mesure. Son dynamomètre remporta un concours organisé par une société savante de Lille, puis il travailla étroitement avec Ampère au Collège de France. Malgré toutes ses qualités, Colladon restera l'homme de la science électrique et ne croira jamais à ses applications.

La contribution genevoise s'inscrivait plus globalement dans le transfert des solutions avancées anglaises qui ont transité par Genève avant d'être réexportées en France, le tout dans le cadre d'un axe scientifique fécond qui connecta la ville lémanique au centre de gravité parisien alors que l'épuisement des mécanismes de l'économie dite de Refuge poussait

---

[2] Pour cette vague de formations : Cohen, Y., Manfrass, K., Möller, H. (eds.), *Frankreich und Deutschland. Forschung, Technologie und industrielle Entwicklung im 19. und 20. Jahrhundert*, Paris, 1990 ; Fox, R., Guagnini, A., (eds.), *Education, technology and industrial performance in Europe, 1850-1939*, Cambridge, Cambridge University Press et Paris, Éditions de la Maison des sciences de l'homme, 1993 ; Grelon, A. (dir.), *Les ingénieurs de la crise. Titre et profession entre les deux guerres*, Paris, Éditions de l'École des hautes études en sciences sociales, 1986, p. 347-364 ; Caron, F., *Les deux révolutions industrielles du XXe siècle*, Paris, 1997, p. 42-43 et Paquier, S., « Une étude des relations entre hautes écoles techniques et performances d'un secteur industriel en Suisse (1880-1914) », in Badel, L. (dir.), *La naissance de l'ingénieur-électricien : Origines et développement des formations nationales électrotechniques : Actes du 3e colloque international d'histoire de l'électricité*, Paris, Association pour l'histoire de l'électricité en France (A.H.E.F.), Presses Universitaires de France, 1997, p. 249-272, tableau p. 253-254.

[3] Voir Sigrist, R., *La République des Lettres et l'essor des sciences expérimentales : exemples genevois (1670-1820)*, Genève, 2003, p. 55. Thèse de l'université de Genève.

[4] Voir Borgeaud, Ch., *Historique des facultés*, Genève, 1914, p. 31-32.

[5] Voir son autobiographie, *Souvenirs et mémoires*, Genève, 1893.

[6] Williot, J.-P., *Jules Petiet, (1813-1871). Un grand ingénieur du XIXe siècle*, Paris, 2007.

à des solutions novatrices. L'axe s'était constitué dans le sillage de la haute banque protestante. Le mathématicien Louis Necker était le frère du directeur général des finances du royaume de France bien connu, Jacques Necker. Le centre de gravité parisien attira nombre de scientifiques genevois dont Ami Argand qui travailla avec Lavoisier avant de se tourner vers la fabrication de luminaires. Issu d'une influente famille de lettrés, Jean-Frédéric Maurice œuvra aux travaux préparatoires de la *Mécanique Céleste* publiée par Laplace entre 1799 et 1805. Que dire encore du mathématicien Charles Sturm ? Fils d'un Régent au collège de Genève comme Colladon, leur *Mémoire sur la compressibilité des fluides* remporta en 1827 le premier prix de l'Académie des sciences. À l'instar de Dumas, Sturm fut professeur en Sorbonne et à Polytechnique.

Des deux côtés de l'Atlantique, les historiens des techniques s'accordent pour souligner le rôle joué par les créations institutionnelles[7]. Pyrame de Candolle, inquiet de ne pas être assez utile à ses semblables bien qu'il enseignait la botanique aux futurs médecins à l'université de Montpellier, s'inspira du modèle genevois de la Société des arts (1776) pour créer à Paris en 1801 la Société d'encouragement pour l'industrie nationale. Le banquier parisien d'origine suisse, Benjamin Delessert, apporta son concours à l'affaire qui sera longtemps présidée par Dumas[8].

L'objectif était de lutter en amont contre la pauvreté en proposant des emplois industriels stables dans un temps où l'engagement individuel dans des causes d'intérêt général exerçait une forte pression sur les élites protestantes dotées de connaissances et de capitaux. Se mêlèrent alors l'utilitarisme de Jeremy Bentham, la crainte de l'état stationnaire en germe dans les écrits de Robert Malthus, les recettes de la *Richesse des nations* proposées par Adam Smith, tout autant d'auteurs traduits à Genève. S'ajouta la théorie de la prédestination qui poussait à voir dans les activités prospères la marque d'avoir été choisi.

Mais comme les sciences industrielles furent freinées à Genève tant par une doctrine méfiante vis-à-vis du machinisme que par la bonne tenue des secteurs traditionnels (négoce, banque, horlogerie dispersée), l'immersion dans un monde mécanique à portée de main, qui aurait pu faire office de « laboratoire hors les murs », fit défaut. Dès lors, Polytechnique et Centrale font encore recette en Suisse romande à la fin des années 1840. Sur une centaine d'élèves-ingénieurs répartis dans les pays voisins, onze sont à Paris. À Genève, un institut spécialisé les prépare aux concours d'entrée.

---

[7] Voir Mokyr, J., *The Enlightened Economy*, Yale, 2009, notamment p. 52-54 et plus globalement Caron, F., *La dynamique de l'innovation*, Paris, 2010, p. 93-158.
[8] Candaux, J.-D., Drouin, J.-M. (dir.), *Augustin-Pyramus de Candolle. Mémoires et souvenirs (1778-1841)*, Genève, 2003, p. 200-202.

Vingt-cinq suisses alémaniques sont inscrits à Karlsruhe, huit à Munich et autant à Vienne, mais on ne sait pas s'ils se déplacent jusqu'à Varsovie ou Prague[9]. On sait par contre que les écoles des États allemands sont très attractives. Elles sont fréquentées dès le milieu du XIXe siècle par des étudiants américains à la recherche d'un enseignement orienté vers la pratique[10]. Se constitue ainsi un noyau qui annonce déjà la poussée des nouveaux pays (Suisse, États-Unis, Allemagne) dans la seconde industrialisation sur la base d'une culture de convergence accélérée entre sciences et techniques.

La pression britannique et le rôle majeur des infrastructures

Pourquoi dès lors créer de hautes écoles d'ingénieurs en Suisse ? Alors que la mécanisation de l'industrie cotonnière dans le nord-est du pays ne constituait qu'un prélude à l'industrialisation, le début des années 1850 correspond à une irrésistible poussée. Devenue le « grand atelier du monde », la Grande-Bretagne cherche à faire tomber les barrières matérielles et doctrinales qui font encore obstacle à l'ouverture des marchés mondiaux. Le protectionnisme agricole est aboli en 1846 pour mieux miser sur l'industrie, alors que l'empire se convertit au libéralisme (suppression des *Navigation Acts* en 1849) pendant que les techniques industrielles (télégraphe, chemin de fer et navires à vapeur) sont projetées sur le globe[11]. Les transports plus rapides et à moindre coût des personnes, des marchandises et de l'information ont pour conséquence de briser le mur des transports préindustriels qui tenait à l'abri de la concurrence anglaise aussi bien les secteurs traditionnels que les novateurs. La vague est amplifiée par le peloton des suiveurs qui prennent le couteau par le manche : Belgique, France, États allemands et empire austro-hongrois. La Suisse risque alors de se faire éjecter de sa belle position qui la place naturellement au centre des communications de l'Europe. Si au traité de Vienne en 1815, les diplomates avaient confirmé la Suisse dans ce rôle central, la donne pouvait changer[12]. Pire, le pays risque de perdre la liberté à laquelle il tient tant. Futur prix Nobel de la Paix 1902, le Genevois Elie Ducommun, alors

---

[9] Oechsli, W., *Festschrift zur Feier des Fünfzigjährigen Bestehen des Eidg. Polytechnikums*, I, Zurich, 1905, p. 60 ; *École polytechnique de l'université de Lausanne*, Lausanne, 1953, p. 17.

[10] Braun, H.-J., « Technische Neuerungen um die Mitte des 19. Jahrhunderts. Das Beispiel der Wasserturbinen », in *Technikgeschichte*, 1979, vol. 46, n° 4, p. 285-305 ; p. 293. Merci à Serge Benoît de nous avoir transmis cette contribution.

[11] Voir Barjot, D., « L'Angleterre, atelier du monde », in Barjot, D., Mathis, Ch.-F. (dir.), *Le monde britannique (1815-1931)*, Paris, 2009, p. 104-129 ; Etemad B., *De l'utilité des empires*, Paris, 2005, p. 154-155.

[12] Walter, F., *Histoire de la Suisse*, Neuchâtel, 2010, Tome 4, p. 36.

engagé dans un vaste projet d'industrialisation, ne se trompe pas lorsqu'il écrit en 1857 que « le progrès et l'activité sont pour les peuples les seuls moyens de conquérir ou de conserver leur liberté »[13].

Au centre de cette première marche forcée vers l'industrialisation se trouvent incontestablement les infrastructures. Le penseur de l'industrie Claude-Henri de Saint-Simon estime que c'est le meilleur moyen d'accompagner l'industrialisation, car rien ne sert de s'y opposer tant les forces industrielles et commerciales sont puissantes. Quelque peu précurseur de Marx, le penseur français avance que ces forces sont en effet nées dans un cadre « féodalo-militaire » qui ne leur convenait pas, puis sont parvenues à casser ce cadre pour en créer un nouveau, centré sur la valeur travail et la paix entre les nations, qui puisse assurer au mieux leur plus parfait accomplissement. Et les infrastructures sont un lieu de convergence idéal entre, d'un côté, le talent individuel de l'ingénieur et de l'autre, l'intérêt général des nouvelles villes, régions et pays dont les espaces à aménager doivent se montrer à la hauteur des nouveaux espoirs portés sur les sciences et les techniques[14].

Dans ce contexte, les hautes écoles d'ingénieurs suisses doivent répondre à un triple besoin. Il faut élargir le cercle des experts capables d'assurer les connexions avec les centres de gravité. Ils sont encore nécessaires pour trancher dans le vif les délicates questions relatives à l'installation d'infrastructures sous forme de monopole naturel (adductions en eau, éclairage au gaz, chemin de fer, télégraphe). Il faut bien sûr fournir des diplômés qui œuvreront sur le terrain à l'installation des équipements. Les professeurs devront rendre compte de l'évolution des multiples facettes de l'industrie telles qu'elles se présentent régulièrement dans les expositions universelles. Prise au dépourvu et manquant de moyens, la jeune Confédération helvétique se limite à envoyer deux experts en 1851 au Crystal Palace à Londres. Le physicien Colladon et le chimiste Pompejus Alexander Bolley, futur professeur à l'E.P.F.Z., sont bien sûr dépassés par l'ampleur de la tâche. Ils doivent rester de longues semaines à Londres. Pour Colladon qui se profile dans le domaine de l'innovation, cela signifie une longue interruption de ses activités d'ingénieur-conseil liées à la haute banque protestante. Il faut augmenter le nombre d'experts afin d'assurer une disponibilité minimale.

L'attribution de monopoles naturels liés à l'installation des infrastructures requises par le contexte des années 1850 est lourde de conséquences.

---

[13] *Bulletin de l'Institut national genevois*, 1860, vol. 19, p. 142.
[14] Notre étude : « D'une vision industrielle saint-simonienne à sa concrétisation : entre Rhône, Limmat et Rhin de 1858 à la Seconde Guerre mondiale », in *Annales historiques de l'électricité*, octobre 2008, n° 6, p. 41-55, p. 42-44.

Si les concessions sont accordées à des compagnies dominées par des capitaux et des techniciens étrangers, ne vont-elles pas échapper à leur responsabilité en fuyant le territoire si elles sont convoquées devant les tribunaux suisses ? Pour combien de temps et à quelles conditions faut-il accorder un monopole ? Quid de l'intérêt général ? Les consommateurs et les autorités concédantes, municipalités, cantons et Confédération, seront-ils satisfaits ? Les ingénieurs suisses formés à l'extérieur présentent l'inconvénient de revenir avec les idéologies des puissants voisins. Et force est de constater qu'elles ne coïncident pas forcément avec l'intérêt général suisse. Le cas de Colladon, bercé par les principes saint-simoniens, est éloquent. Si le milieu politique est capable de gérer des personnes, il faut confier les « choses » à des entreprises. Mais n'est-ce pas ouvrir la porte à une accumulation exagérée de profits comme le montre déjà le cas du Gaz de Genève où Colladon officie comme ingénieur-conseil ?

Outre les études dans les hautes écoles d'ingénieurs, la carrière d'officier de milice sert de moulinette à fabriquer de « bons Suisses », conscients de l'intérêt général du pays. Le Genevois Théodore Turrettini (1845-1916), diplômé de l'école d'ingénieurs de Lausanne et colonel d'artillerie en est l'exemple le plus flagrant. Pionnier des réseaux hydroélectriques urbains, il balaie les critiques adressées au Gaz de Genève en municipalisant les infrastructures urbaines. Il est secondé dans les turbines hydrauliques par son ami d'enfance Gustave Naville, diplômé E.P.F.Z., colonel, et surtout représentant de l'industrie des machines au conseil de la haute école zurichoise, de 1891 à 1927. Premier pionnier suisse à s'intéresser à l'électricité, le Bâlois Emil Bürgin, diplômé E.P.F.Z. et officier dans le génie, crée un système d'allumage des mines (Bürgin-Zünder). Walter Wyssling (1862-1945), professeur E.P.F.Z. en électricité dont il sera question, est aussi colonel dans l'armée suisse. Ce sera la « Suisse des colonels » (professeurs-experts E.P.F.Z., hauts dirigeants des Chemins de fer fédéraux suisses /C.F.F./ et des Ateliers de construction Oerlikon) qui orientera les C.F.F. aux débuts des années 1920 vers le système de traction « le plus national » qui privilégie le fournisseur d'équipement d'Oerlikon pour contrer la proposition de Brown, Boveri & Cie fondée par un Anglais et un Allemand. Mais il nous faut revenir au contexte déterminant du milieu du XIXe siècle.

Du défaut majeur de la mise à niveau des infrastructures à la création d'un nouveau système

Un an après la démonstration de la puissance industrielle anglaise à l'exposition de Londres, les décisions se précipitent en Suisse. En 1852, les Chambres fédérales votent une loi qui fixe le cadre de l'installation du réseau ferroviaire, le télégraphe est adopté, les écoles d'ingénieurs de

Lausanne et de Zurich sont respectivement créées en 1853 et 1854, et après une nouvelle démonstration de puissance industrielle à l'exposition universelle de Paris en 1855, le Crédit suisse est constitué en 1856 pour mobiliser les capitaux requis par le chemin de fer et l'industrialisation accélérée. Si le télégraphe ne pose pas de problèmes particuliers, car il ne réclame ni capitaux importants, ni maîtrise d'une technique complexe, le problème se situe du côté des infrastructures grandes consommatrices de charbon : gaz d'éclairage et chemin de fer. Elles présentent l'inconvénient d'apporter une nouvelle dépendance, alors même que la Suisse cherche à limiter celles inhérentes aux transferts de ces savoir-faire nés dans les pays avancés. Pour ce faire, capitaux suisses et ingénieurs du pays sont mobilisés dans les compagnies gazières et ferroviaires. On pensait même utiliser du charbon suisse, mais les filons dispersés lors de la formation des Alpes, puis par le roulement des glaciers ne permettent pas une exploitation intensive[15]. Par ailleurs, la qualité fait défaut. Malgré les efforts de Colladon dans un laboratoire attenant au Gaz de Genève, les houilles suisses trop fétides et impures ne conviennent pas aux dévorantes usines à gaz qui engloutissent pas moins de 5 tonnes quotidiennes. Il faut donc importer massivement du charbon de Saint-Étienne et de la Sarre. Cette nouvelle dépendance s'ajoute aux pressions politiques exercées par les puissants voisins pour que la petite Suisse démocratique n'accueille plus les révolutionnaires qui ont bousculé au printemps 1848 le pouvoir établi dans les principales villes européennes[16].

La solution consiste à entrer dans un second programme technologique qui ne se limite plus à un transfert, mais à créer un nouveau système technique qui puisera dans les immenses réserves de force motrice à bon marché contenues dans les cours d'eau. Dès l'inauguration des premières lignes ferroviaires appelées à déverser le charbon importé en Suisse, le visionnaire Colladon pense déjà en 1858 que le nouveau système technique à forger dans le creuset suisse rayonnera en Europe et jusqu'aux États-Unis[17]. Cette vision ne deviendra réalité qu'après un long effort solitaire qui consistera d'abord à emprunter des techniques aux stricts espaces usiniers (le câble télédynamique à l'industrie textile et l'eau sous pression aux docks anglais) afin de les adapter aux contraintes d'un service public. Plusieurs ingénieurs s'impliquent dans ce processus. Ils sont à leur compte, comme Colladon et Guillaume Ritter, diplômé de l'École centrale, maîtres d'œuvre de grands chantiers urbains, tels Turrettini et le Zurichois Arnold

---

[15] Pelet, P.-L., « Charbon (exploitation) », in *Dictionnaire historique de la Suisse*, version électronique [en ligne 17.8.2007].
[16] Walter, F., *Histoire de la Suisse*, Neuchâtel, 2010, Tome 4, p. 39-42.
[17] Bibliothèque de Genève, Ms fr 3242, p. 118-125.

Bürki-Ziegler formé en Allemagne. Ils sont encore dirigeants d'entreprises industrielles à l'instar de Turrettini à la Société genevoise d'instruments de physique et de Naville chez Escher, Wyss & Cie. À l'exemple des Colladon et Naville, certains ont un pied dans l'expertise ou l'industrie et l'autre au sein d'une haute école. Les écoles d'ingénieurs de Lausanne et de Zurich suivent de près le mouvement.

La mise à niveau de la Suisse passe aussi par le perfectionnement de ses cités. Globalement, au XIXe siècle, les villes qui avaient été dans un premier temps déstabilisées par un entassement inédit de personnes en espace restreint, doivent être à la fois plus agréables et rationnelles[18]. Les ingénieurs et les architectes à former dans les hautes écoles suisses seront en charge d'édifier des quais le long des lacs et des cours d'eau, de jeter de nouveaux ponts, de construire des bâtiments publics (écoles, églises, casernes, hôpitaux, prisons et gares), d'aménager des places, des rues, de larges avenues et des promenades. Les taudis désignés comme étant à l'origine des maladies sociales et épidémiques devront être assainis, alors que de nouveaux quartiers bien aérés seront bâtis. Les lieux de convergences entre sciences et techniques, principalement les entreprises et les hautes écoles, sont alors mobilisés pour trouver des solutions à l'évacuation des eaux usées, à la distribution de l'eau en masse aux fontaines et aux ménages, au transport des personnes et des marchandises, à l'éclairage des rues et des immeubles ainsi qu'à la fourniture de force motrice à l'artisanat et à l'industrie, et encore au chauffage de l'industrie, des ménages et des bâtiments publics. Il ne faut dès lors pas s'étonner si le cinquantenaire de l'E.P.F.Z. consacre en 1905 un volume entier au perfectionnement de Zurich. Avec ses larges applications au transport des personnes, à l'éclairage et à la distribution de force motrice, l'électricité occupe une place de choix[19].

Le rôle de l'École polytechnique fédérale de Zurich

Quel est plus précisément le rôle joué par l'E.P.F.Z. ? Dans le domaine spécial de la force motrice hydraulique où presque tout est à créer, une coopération s'établit entre l'école et le service municipal de l'eau qui organise à la fin des années 1860 un concours destiné à créer un petit moteur hydromécanique adaptable au réseau d'eau sous pression. En complément,

---

[18] Pour la dynamique des villes au XIXe siècle, voir Osterhammel, J., *Die Verwandlung der Welt. Eine Geschichte des 19. Jahrhunderts*, Munich, 2010, p. 355-484 ; Bayly, Ch., *La naissance du monde moderne (1780-1914)*, Paris, 2007, p. 279-326 ; Walter, F., *La Suisse urbaine (1750-1950)*, Carouge-Genève, 1994, p. 183-230.

[19] Collectif, *Festschrift zur Feier des Fünfzigjährigen Bestehen des Eidg. Polytechnikums*, II, Zurich, 1905, p. 203-249.

le service municipal fournit au lauréat un local alimenté en eau sous pression. Mais pour l'électricité, il faut attendre, car la crise couve à l'E.P.F.Z. Le nombre d'étudiants recule considérablement pendant la Grande dépression. La chute s'amorce dès l'année scolaire 1877-1878 pour toucher le fond au milieu des années 1880. L'effectif se réduit à 400 élèves au lieu de 725 en 1875[20]. Le problème est profond. La convergence tant attendue entre science et technique, entre théorie et pratique, entre la main et le cerveau ne débouche pas sur les espoirs escomptés. En mécanique, les jeunes professeurs allemands engagés (Gustave Zeuner et Franz Reuleaux)[21] et leurs successeurs directs sont considérés comme trop théoriques. L'ouvrage du bicentenaire de l'E.P.F.Z. précise qu'ils sont alors forcés en ce sens, car les hautes écoles doivent se distinguer des écoles moyennes[22]. Il nous faut toutefois souligner que le Technikum de Winterthour a formé en deux ans seulement le plus fécond des électromécaniciens suisses : C.E.L. Brown (1863-1924), cofondateur de Brown, Boveri & Cie. Toujours selon le volume du bicentenaire, dans la construction de machines, il y avait, des années 1860 aux années 1890, chez les professeurs de la division mécanique-technique comme parmi les ingénieurs, deux catégories de personnes : celles qui comprenaient mais ne pouvaient rien faire et celles qui pouvaient faire mais ne comprenaient pas[23]. Toutefois, de nouvelles perspectives se font jour avec les applications toujours plus larges de la chimie et une physique stimulée par le succès croissant de l'électricité. La convergence entre sciences et techniques est un cheminement qui doit être constamment réajusté.

Si le physicien allemand R.I. Clausius, l'un des pères de la théorie mécanique de la chaleur, enseigne dès les débuts de l'école les principes de l'électricité au quatrième semestre jusqu'à son départ en 1867[24], c'est bien plus tard, sur l'impulsion donnée par le professeur allemand Heinrich-Friderich Weber (1843-1912), que l'électricité va occuper une place centrale à l'E.P.F.Z., soit au moment où ce fluide passe des premières applications limitées au télégraphe, à l'éclairage des phares et à la dorure galvanique, à un service de masse. Dans le sillage de l'exposition de Paris en 1881 dédiée à la nouvelle fée, Weber dispense dès 1882 un premier cours facultatif d'électricité au sixième semestre. Toutes les applications sont passées en revue dont les tramways, appelés à un grand avenir. Le cours

---

[20] Gugerli, D., Kupper, P., Speich, D., *Die Zukunftsmaschine*, Zurich, 2005, p. 71.
[21] Oechsli, W., *Festschrift zur Feier des Fünfzigjährigen Bestehens des Eidg. Polytechnikums*, I, Zurich, 1905, p. 180-182.
[22] Gugerli, D., Kupper, P., Speich, D., *Die Zukunftsmaschine*, Zurich, 2005, p. 82.
[23] *Ibid.*, p. 81.
[24] Bergier, J-F, Tobler, H.W. (eds.), *Eidgenössische Technische Hochschule Zürich 1955-1985 (E.T.H.Z.)*, Zurich, 1980, p. 38.

est complété dès 1886 par des heures de laboratoire ; huit sur les vingt-quatre de travaux pratiques en physique sont spécialement consacrées aux machines dynamo-électriques[25]. Weber crée en 1891 l'Institut d'électrotechnique et dispose de trois assistants. En tant qu'expert, il réalise un rapport sur les premiers pas de l'industrie électrique suisse à l'exposition nationale de Zurich en 1883, puis il suit de près les progrès des transports d'énergie électrique réalisés par C.E.L. Brown alors au service des Ateliers de construction Oerlikon. Aux côtés d'éminents collègues, il assiste en 1891 à l'exposition de Francfort-sur-le-Main au célèbre transport d'électricité sur longue distance, réalisé conjointement par la firme Oerlikon et le géant berlinois Allgemeine Elektricitäts-Gesellschaft (A.E.G.). En plus de la réputation de leur technicien, l'E.P.F.Z. participe quelque peu à cette coopération germano-suisse, puisque les firmes sont présidées par deux anciens élèves, respectivement Peter-Emil Huber et Emil Rathenau venu y achever ses études. Weber compte parmi ses élèves Albert Einstein dont le père exploite un commerce d'appareillage électrique à Munich qui fera faillite. Mais le futur prix Nobel, qui peine dans ses études, reproche à son professeur d'être trop empirique.

Le privat-dozent Albert Denzler dispense au début des années 1880 un cours sur l'éclairage à arc, mais l'effort se porte surtout du côté des machines appelées à fournir l'énergie mécanique aux génératrices d'électricité. Après avoir surtout recruté des professeurs allemands en mécanique, la haute école zurichoise puise dans le vivier industriel austro-hongrois. Aurel Stodola, originaire de Slovaquie et diplômé E.P.F.Z. (1881) est nommé en 1892 professeur en machines à vapeur. Il est suivi deux ans plus tard par un *alter ego* en machines hydrauliques, Franz Prasil, doté d'une expérience industrielle acquise dans l'empire[26]. Les professeurs d'électricité sont Suisses. Le premier nommé en 1895, Walter Wyssling, mathématicien et physicien formé à l'E.P.F.Z. où il a été assistant à la division mécanique-technique, permet d'intégrer, grâce à son parcours, une large partie de l'expérience entrepreneuriale alors disponible en électricité dans la région zurichoise (téléphone, fourniture d'équipement, société d'électricité)[27]. En 1903, Jean Lucien Farny, originaire de La Chaux-de-Fonds, est nommé professeur dans le champ spécial des génératrices d'électricité. S'ajoute en 1905 un professeur en techniques à courant fort

---

[25] Paquier, S., *Histoire de l'électricité en Suisse*, Genève, 1998, p. 570-571.
[26] Bergier, J-F, Tobler, H.W. (eds.), *Eidgenössische Technische Hochschule Zürich 1955-1985 (E.T.H.Z.)*, Zurich, 1980, p. 38 ; Oechsli, W., *Festschrift zur Feier des Fünfzigjährigen Bestehen des Eidg. Polytechnikums*, I, Zurich, 1905, p. 353.
[27] Gugerli, D., *Redströme*, Zurich, 1994, p. 168.

en la personne du Zurichois Alfred Tobler[28]. L'effort se porte également en direction de vastes nouveaux laboratoires capables de contenir des machines grandeur nature. Si c'est une nouvelle manière d'optimiser la formation des élèves-ingénieurs, c'est encore et surtout l'occasion de noter qu'au mouvement d'intégration par les entreprises de la recherche fondamentale dans le cadre des secteurs Recherche & Développement bien analysés par François Caron[29], correspond un flux inverse qui conduit les machines industrielles directement au sein des hautes écoles d'ingénieurs. Ce sont encore des ajustements essentiels à la convergence entre sciences et techniques.

Mais ce nouveau dispositif ne constitue pas le seul attrait de l'école zurichoise. Le cas de l'Allemand Charles Proteus Steinmetz (1865-1923), futur responsable R&D chez General Electric, s'avère éloquent. Formé aux sciences naturelles en Allemagne, il passe le semestre 1888 à l'E.P.F.Z. pour s'initier aux théories sur machines. La bibliothèque et plus particulièrement l'accès aux revues techniques s'avèrent essentiels. S'il on sait que l'Allemand suit sept cours en relation avec l'électricité (moins celui introductif de Weber jugé trop élémentaire), il puise l'essentiel de sa formation pratique en lisant plus de cent articles tirés du *Zentralblatt für Elektrotechnik*, principale revue allemande en la matière. Cela depuis le premier numéro sorti en 1879 jusqu'au dernier paru à la fin de son semestre zurichois. Steinmetz se concentre surtout sur les contributions relatives aux machines et aux matériaux et délaisse les articles trop théoriques qui couvrent une trop grande variété de sujets[30].

Les synergies de l'école de Lausanne

À Lausanne où les moyens sont moins importants et l'école rapidement intégrée à l'université, on peut faire remonter une synergie avec les besoins de l'industrie à la fin des années 1860, lors de la nomination de Paul Piccard (1844-1929)[31]. Ce parcours montre bien l'importance de fréquenter plusieurs lieux stratégiques de convergence entre sciences et techniques.

Originaire du canton de Vaud, Piccard a commencé son périple par un diplôme à l'E.P.F.Z., avant de rejoindre une entreprise de chauffage dirigée par des centraliens romands, une affaire créée dans les années 1840 sur

---

[28] Oechsli, W., *Festschrift zur Feier des Fünfzigjährigen Bestehen des Eidg. Polytechnikums*, I, Zurich, 1905, p. 353-354.

[29] Caron, F., *La dynamique de l'innovation*, Paris, 2010, p. 106-120.

[30] Paquier, S., *Histoire de l'électricité en Suisse*, Genève, 1998, p. 571-572.

[31] Voir notre étude : « Les exemples contrastés de l'École d'ingénieurs de Lausanne et de l'École polytechnique fédérale de Zurich (1853-1914) », in Gouzévitch, I., Grelon, A., Karvar, A. (dir.), *La formation des ingénieurs en perspective*, Rennes, 2004, p. 23-33.

La connexion progressive

l'impulsion de Colladon. L'entreprise rencontre un certain succès sur le marché suisse et à l'international. Piccard s'occupe un temps de la filiale parisienne fondée dans le sillage de l'exposition universelle à Paris en 1867. Nommé deux ans plus tard professeur en mécanique à Lausanne, il crée pour le compte d'une société d'innovations des extracteurs de sel et de sucre. Construits par la fabrique de chauffages, ils sont vendus non sans difficultés de mise au point en Suisse aux salines de Bex, en France à Metz et jusque dans l'empire austro-hongrois à Ebensee et à Pohrlitz[32]. Il quitte l'école pour accompagner son ancienne entreprise engagée au début des années 1880 dans la modernisation du réseau urbain à eau sous pression qui repose sur la création d'une ambitieuse usine de pompage sur le Rhône développant 6 000 kV. Il crée dans ce contexte novateur un moteur hydromécanique doté d'un régulateur de vitesse, une pièce mécanique qui va se révéler stratégique lors du décollage de l'hydroélectricité. Il faudra en effet compter sur des turbines capables de fournir une vitesse constante aux génératrices d'électricité. C'est essentiel pour maintenir la fréquence hertzienne sur les réseaux à haute tension.

Ce résultat s'inscrit parfaitement dans le prolongement de la science expérimentale genevoise qui avait été réorientée par le physicien Colladon vers des « laboratoires hors les murs », formés d'infrastructures urbaines par défaut de diffusion du machinisme. Nous avons vu qu'il se livre à des expériences au Gaz de Genève. Avec l'eau de masse exigée dès les années 1860 par les progrès de l'urbanisation, il n'est plus seulement question de fluides dans des conduites, mais aussi de mécanique complexe tant pour pomper des cours d'eau que pour distribuer la force motrice à l'industrie et à l'artisanat urbains. Une partie du savoir-faire accumulé au chantier du Rhône est transféré aux Amériques par le maître d'œuvre Turrettini dans le contexte de sa nomination en 1891 à la Commission internationale pour l'aménagement des chutes du Niagara. Sur la base des solutions électrotechniques adoptées au chantier pilote américain où se crée une usine de 50 000 kV, il fait édifier sur le Rhône à Genève entre 1893 et 1896 un modèle réduit à 18 000 kV. C'est toutefois la première centrale hydroélectrique au fil de l'eau à courant alternatif en Europe. Elle est le résultat de la coordination de savoirs et de savoir-faire accumulés tant en Suisse par les hautes écoles et les entreprises (turbines, électromécanique, câbles[33], génie civil) que de ceux mondiaux puisés au Niagara. Les géants berlinois Siemens et A.E.G. sont devancés. Plusieurs lieux de convergence

---

[32] Weibel, L., *Jules Weibel. Un industriel au cœur de l'Europe*, Lausanne, 2008, p. 167-178.

[33] Voir Alain Cortat, *Un cartel parfait. Réseaux, R&D et profits dans l'industrie suisse des câbles*, Neuchâtel, 2009.

entre sciences et techniques sont bel et bien connectés à l'international, soit à l'échelle où s'élaborent les techniques sophistiquées de masse.

Malgré ses moyens limités, l'école lausannoise fournit des bases en sciences et techniques suffisamment solides pour que des diplômés qui n'ont pas suivi un enseignement spécifique en électricité puissent devenir des pionniers reconnus. En plus de Turrettini, le Bâlois Rudolf Alioth crée dès 1881 une entreprise électromécanique éponyme dans sa ville natale, alors qu'Anthelme Boucher, d'ascendance hollandaise, se spécialise dans les centrales alpines à haute chute pour les industries électrochimique et électrométallurgique.

Puis vient le tour des professeurs dont la première grande figure est Adrien Palaz (1863-1930). Docteur E.P.F.Z., il obtient en 1890 une décharge de son cours de physique mathématique afin de dispenser un cours d'électricité particulièrement bienvenu dans une région qui mise rapidement sur la nouvelle énergie pour éclairer les hôtels et transporter les touristes sur les rives du lac Léman comme sur ses hauteurs[34]. Président de l'Association suisse des électriciens dès 1896, homme politique vaudois et expert reconnu par la Confédération, le professeur s'implique aussi bien dans le réseau d'électricité lausannois que dans celui des campagnes vaudoises. Puis comme Piccard, il rejoint l'industrie privée, en l'occurrence sa propre entreprise de travaux hydrauliques bien implantée sur le marché français. La stratégie de l'école consiste à engager des privat-docents pour les nommer ensuite professeurs extraordinaires. Le programme de l'année scolaire 1903-1904 indique que Palaz donne quatre cours généraux d'électricité industrielle, et Jean Landry (1845-1940), nouvellement nommé professeur extraordinaire, trois cours sur les courants alternatifs et la construction de machines. D'autres enseignent les mesures électriques, les installations électriques et l'électrochimie[35]. À l'exemple de Palaz, son successeur Landry va s'impliquer dans les réseaux d'électricité. Il est l'homme du super-réseau romand à 50 000 volts édifié dans l'entre-deux-guerres. Le professeur doit bousculer les sociétés d'électricité partenaires, surtout désireuses de placer leur surcapacité. Il parvient toutefois à faire admettre au début des années 1920 la nécessité d'une réserve pour maintenir la fréquence hertzienne. Cette première étape débouche sur la construction d'un barrage à accumulation à plus de 2 000 mètres d'altitude dans les Alpes valaisannes, et cela malgré la crise des années 1930. Dans le contexte favorable des « Trente Glorieuses », son successeur Alfred Stucky édifiera sur le même lieu, à la Dixence, le plus grand barrage alpin connu à ce jour.

---

[34] *Revue historique vaudoise*, 2006, vol. 114, Numéro spécial consacré au tourisme.
[35] Voir *École d'ingénieurs de l'Université de Lausanne*, Lausanne, 1904, p. 9-20.

Conclusion

L'analyse des hautes écoles d'ingénieurs prend tout son sens dès lors qu'on se penche sur les interrelations entretenues avec d'autres lieux de convergence entre sciences et techniques. Surtout à partir du décollage de l'hydroélectricité dans les années 1890 à Genève où un coordinateur de travaux aux commandes municipales connecta les savoirs et savoir-faire accumulés en Suisse avec ceux mondiaux déployés dans un chantier pilote américain. Il fallait bien ce type de connexions pour que la nouvelle technologie puisse s'imposer. C'est sans aucun doute la force des nouvelles puissances industrielles (États-Unis, Allemagne, Suède et Suisse) qui émergèrent à la fin du XIXe siècle, que d'avoir pu compter sur des stratèges capables de créer de tels lieux impliqués dans une nouvelle technologie, de les développer et de les connecter. Ils furent ingénieurs-conseils, techniciens ou directeurs hors pairs au sein de fournisseurs d'équipement, professeurs impliqués dans l'édification de réseaux et coordinateurs de savoirs et savoir-faire spécialisés dans le cadre d'un chantier pilote. Persuadés d'avoir en main une vaste technique en devenir répondant mieux aux besoins de leur pays, ils devaient savoir qu'en dernier recours, ils pouvaient compter sur un appui institutionnel au plus haut niveau pour que le nouveau système puisse se faire une place au milieu de ceux existants ; non seulement les infrastructures charbonnières de la première industrialisation, plus particulièrement les compagnies gazières qui prétendaient disposer d'un monopole à l'éclairage, mais encore le télégraphe ainsi que le téléphone qui venait de naître. Dans un petit pays comme la Suisse, les lieux de convergence et les connexions devaient être d'autant plus forts qu'ils permettraient à une industrie nationale d'émerger et de rayonner face aux géants américains et allemands.

La formation électrotechnique dans l'Italie post-unitaire et les débuts de la professionnalisation des « ingénieurs industriels » (1861-1915)

Ferruccio RICCIARDI

Chargé de recherche au Centre national de la recherche scientifique (C.N.R.S.), Laboratoire interdisciplinaire pour la sociologie économique (L.I.S.E.-C.N.A.M.), Paris, France
ferruccio.ricciardi@cnam.fr

Résumé

Au lendemain de l'unification italienne (1861), la valorisation des études techniques et scientifiques destinées à alimenter les ambitions de modernisation et de développement industriel du « nouvel » État trouve un terrain favorable dans le domaine électrotechnique. L'essor de l'électromécanique s'accompagne de l'évolution du système d'enseignement technique, grâce notamment au dynamisme local dont les écoles d'ingénieurs (par exemple celles de Turin et Milan) sont souvent l'expression. On assiste ainsi aux débuts de la professionnalisation du métier « d'ingénieur industriel » dans un contexte marqué par le rapprochement entre science et industrie, un marché de l'emploi segmenté et des initiatives institutionnelles diversifiées.

Mots clés

Italie, formation électrotechnique, industrie électrotechnique, ingénieur industriel, management, professionnalisation, 1881-1916

Si la plupart des membres de la délégation italienne à l'Exposition internationale de l'électricité de Paris en 1881 affichent leur scepticisme face à la « révolution technique » envisagée par la méthode Edison, force est de constater que seulement deux ans plus tard, à Milan, on assiste à l'inauguration de la première centrale européenne thermoélectrique construite selon les préceptes formulés par le grand inventeur américain[1].

Parmi les « missionnaires italiens » envoyés dans la capitale française, deux font figure d'exception : Galileo Ferraris, professeur de physique au Museo industriale de Turin, et Giuseppe Colombo, professeur de mécanique à l'Istituto tecnico superiore de Milan. Les deux scientifiques seront les promoteurs de principales institutions italiennes consacrées à la formation des ingénieurs électrotechniciens, respectivement la Scuola superiore di elettrotecnica de Turin et l'Istituzione elettrotecnica Carlo Erba de Milan. Nées au milieu des années 1880, elles seront par la suite intégrées au sein des universités polytechniques des deux villes italiennes, modelées sous l'exemple de principales traditions continentales d'enseignement technique (français et allemand)[2].

Dans un climat intellectuel marqué par la valorisation des études techniques et scientifiques destinées à alimenter les ambitions de modernisation et de développement industriel du « nouvel » État italien unifié, la formation électrotechnique devient de plus en plus attrayante alors que d'autres cursus (par exemple le génie civil) peinent à garder leur primat. L'essor de l'électromécanique va de pair avec le développement d'un des secteurs de pointe de la « seconde révolution industrielle », la production et la distribution d'énergie électrique, qui par ailleurs remplit une fonction fondamentale dans l'effort de rattrapage dudit *technology gap*. Formation technique, recherche scientifique et innovation industrielle sont en effet indissociables dans les phases de « rattrapage économique » qui caractérisent les pays en voie de développement, et elles donnent souvent lieu à des combinaisons virtuoses sur le plan du dynamisme intellectuel, de la capacité d'innovation, du montage institutionnel. Dans une perspective schumpetérienne, la croissance économique étant le résultat de processus d'innovation et d'imitation, la place de l'enseignement technique est d'autant plus importante qu'il est censé assurer à la fois l'assimilation

---

[1] De fait, les équipements avaient été directement fournis par la Edison Company après avoir stipulé un accord de partenariat avec la société italienne. L'essor d'une industrie électrique « domestique » avait été rendu possible, avant tout, grâce aux transferts de capitaux et machines étrangers, notamment d'origine allemande. Voir par exemple Hertner, P., *Il capitale tedesco in Italia. Banche miste e sviluppo economico italiano*, Bologne, il Mulino, 1984.

[2] Lacaita, C.G., « Politecnici, ingegneri e industria elettrica », in Mori, G. (dir.), *Storia dell'industria elettrica in Italia, Le origini : 1882-1914*, vol. 1, Rome-Bari, Laterza, 1992, p. 603-608.

de nouvelles technologies et la stimulation d'une capacité d'innovation autonome[3].

Or, loin de vouloir réactualiser la notion économique de « capital humain » (qui met l'accent sur l'éducation essentiellement comme investissement productif), le couple enseignement technique – innovation industrielle reste cependant une clé d'entrée pertinente pour interroger les parcours historiques des formations techniques, en l'occurrence la formation électrotechnique dans l'Italie post-unitaire, de l'unification nationale à la participation à la Première Guerre mondiale. L'essor de la nouvelle figure de l'ingénieur électrotechnicien sera présenté ici sous l'angle des modes de formation ainsi que des premières formes de professionnalisation qui l'accompagnent, en mettant l'accent sur le rôle tout à fait central qu'il joue dans la structuration de la profession d'ingénieur industriel.

L'évolution de la formation technique après l'Unité : du national au local

Jusqu'aux années 1860, la plupart des formations d'ingénieurs de la péninsule demeurent fondées sur un apprentissage théorique (mathématiques et physique). Ensuite, les plans de modernisation des infrastructures (routes, canaux, chemins de fer, etc.) lancés un peu partout et l'essor des activités manufacturières (textile) appellent à la formation d'experts techniques censés combler le manque de professionnels spécialisés dans les études appliquées à l'industrie et aux travaux publics. Une première réponse à cette situation est représentée par la promulgation de la loi Casati en 1859, au lendemain de l'annexion de la Lombardie au Royaume du Piémont. Le panorama de l'enseignement supérieur italien, notamment après l'unification politique du pays en 1861, est ainsi profondément réaménagé : en suivant le modèle allemand, des parcours parallèles aux traditionnels lycées classiques sont introduits, à savoir des filières axées sur l'aspect technique de l'enseignement. Ainsi, des écoles techniques (*scuole tecniche*) et des instituts techniques (*istituti tecnici superiori*) apparaissent, auxquels il faut également ajouter les écoles d'arts et métiers, destinées à un public de techniciens de niveau moyen, d'ouvriers et d'artisans[4].

---

[3] Voir notamment les études économiques qui considèrent les systèmes nationaux d'éducation comme un des leviers de l'innovation industrielle et du progrès technique. Nelson, R.R., Rosenberg, N., « Systems of Innovation Approaches. Their Emergence and Characteristics », in Nelson, R.R. (dir.), *National Innovation Systems. A Comparative Analysis*, Oxford, Oxford University Press, 1993, p. 3-21.

[4] Voir Lacaita, C.G., *Istruzione e sviluppo industriale in Italia, 1859-1914*, Florence, Giunti, 1973.

Les lieux principaux de formation pour les ingénieurs sont les *politecnici* de Milan et Turin, c'est-à-dire des écoles techniques d'application (*scuole tecniche d'applicazione*) rattachées aux facultés de mathématiques et physique[5] alors que les autres universités créent des cursus *ad hoc* dans le cadre de formations essentiellement de génie civil. La plupart des instituts de formation des ingénieurs se concentrent en effet sur la « création » d'ingénieurs civils « bons à tout faire » : les enseignements techniques, c'est-à-dire les cursus davantage axés sur des applications pratiques, sont peu nombreux par rapport aux enseignements théoriques ou de base qui ont souvent été repris des facultés scientifiques. Bref, le lien entre formation technique et industrie est encore très faible, et lorsqu'il existe, il ne relève pas du volontarisme des autorités centrales, à partir des ministères plus directement concernés (Éducation et Industrie). Au contraire, ce sont les institutions locales (des municipalités aux chambres de commerce), alliées aux élites économiques et scientifiques de la région ou de la ville concernée, qui s'efforcent de combler le manque d'ingénieurs industriels et, plus généralement, d'enseignement technique de haut niveau[6].

Ainsi, c'est au travail de lobbying mené par les intérêts locaux (élites économiques, scientifiques et politiques confondues) que l'on doit la localisation à Milan et Turin des premières « sections industrielles » destinées aux ingénieurs. À Milan, sous l'impulsion de la Société d'encouragement des arts et métiers (qui représentait les intérêts des industriels locaux) et d'autres acteurs locaux (le Musée d'histoire naturelle, l'Observatoire astronomique, etc.), l'Istituto tecnico superiore commence à dispenser des cours en mécanique dès les années 1860. À Turin, le Museo industriale (institué à partir de l'expérience française du Conservatoire national des arts et métiers) est soutenu par la Société des ingénieurs et des architectes, la Chambre de commerce, les administrations locales (commune et province) dans la tentative d'élargir l'offre de formation dans le domaine de la « science appliquée à l'industrie »[7].

---

[5] Bien que les écoles d'ingénieurs de Milan et Turin deviennent officiellement des *politecnici*, respectivement en 1906 et 1926, en se détachant du système universitaire, cette appellation était couramment utilisée dès la seconde moitié du XIXᵉ siècle. Avec les facultés universitaires de mathématiques et de physique, elles partagent le cursus (très théorique) des deux premières années de formation.

[6] Sur le retard des « sciences appliquées » en Italie voir Maiocchi, R., « Il ruolo delle scienze nello sviluppo industriale italiano », in Micheli, G. (dir.), *Storia d'Italia, Scienza e tecnica nella cultura e nella società dal Rinascimento a oggi, Annali*, vol. 3, Turin, Einaudi, 1980, p. 885-912.

[7] Voir Guagnini, A., « Academic qualifications and professional functions in the development of the Italian engineering schools, 1859-1914 », in Fox, R., Guagnini, A., (eds.), *Education, technology and industrial performance in Europe, 1850-1939*,

La formation électrotechnique dans l'Italie post-unitaire

Derrière cet effort de promotion de la formation technique, il y a aussi une stratégie de légitimation sociale et de rénovation des élites dirigeantes que les membres du monde des affaires, de la culture et aussi de la politique poursuivent après l'unification du pays. Cette stratégie, bien qu'inscrite dans un cadre « national » et « unitaire », prend appui sur des réseaux locaux composés aussi bien d'instances institutionnelles (municipalités, chambres de commerce, etc.) et de cercles privés, qui, eux, font notamment référence à la « bourgeoisie productive » caractérisant les deux villes industrielles (entrepreneurs, professions libérales, scientifiques)[8].

Pour n'en rester qu'au domaine de l'électromécanique, la fondation à Milan, en 1886, de l'Istituzione elettrotecnica Carlo Erba, destinée à dispenser des enseignements d'électrotechnique aux jeunes ingénieurs industriels issus de l'Istituto tecnico superiore, a été rendue possible grâce à une donation de 400 000 lires de la part de Carlo Erba, industriel milanais du secteur chimique (à l'origine, c'était un pharmacien) qui envisageait d'étendre ses intérêts aussi dans la prometteuse industrie électrique. Cette initiative, en outre, doit beaucoup à l'œuvre de Giuseppe Colombo, directeur du Politecnico de Milan mais également fondateur de la société Edison de Milan qui s'impose rapidement sur le marché de la production et de la distribution d'énergie électrique dans le nord de l'Italie[9].

Au-delà de l'aspect strictement économique, il existe une double préoccupation chez de nombreux représentants des élites italiennes ayant vécu l'expérience des guerres d'indépendance nationale : le « Risorgimento » politique doit être complété et consolidé par le « Risorgimento » économique. Il faut donc investir aussi bien dans l'industrialisation que dans l'enseignement et la culture scientifiques. Le développement de la culture technique au sens large du terme devient un élément indispensable pour asseoir le prestige, l'autonomie et la légitimité de l'État-nation[10]. La ville de Milan, avant-garde de l'industrialisation italienne, est ainsi censée devenir un « grand centre scientifique » : de façon un peu paradoxale, la rhétorique « nationale » et « unitaire » qui accompagne ce discours aux accents patriotiques est portée par des élites avant tout « locales », voire

---

Cambridge, Cambridge University Press et Paris, Éditions de la Maison des sciences de l'homme, 1993, p. 171-195.

[8] Sur le processus de professionnalisation des ingénieurs italiens jusqu'à la période fasciste voir Minesso, M., « The engineering profession 1802-1923 », in Malatesta, M. (dir.), *Society and the professions in Italy, 1860-1914*, Cambridge, Cambridge University Press, 1995, p. 175-220.

[9] Guagnini, A., « Higher education and the engineering profession in Italy : the Scuole of Milan and Turin, 1859-1914 », in *Minerva*, 1988, n° 26, p. 512-548.

[10] Voir par exemple Romani, R., *L'economia politica del Risorgimento*, Turin, Bollati Boringhieri, 1994.

« régionalistes » (c'est bien le cas de Colombo), qui font preuve d'une large autonomie dans leurs initiatives.

Les chemins « localisés » de la formation électrotechnique : Turin et Milan

L'essor parallèle de la production d'énergie électrique et de la fabrication de moteurs électriques caractérisant le développement industriel italien de la fin du XIXe siècle montre une combinaison vertueuse entre expertise technique et investissements industriels qui mérite d'être approfondie[11]. Si l'opportunité que cette convergence technique envisageait – lier de façon organique la recherche technico-scientifique à l'innovation industrielle – est saisie par les élites scientifiques et industrielles italiennes, il importe de s'interroger avant tout sur le rôle des cultures et des institutions scientifiques ayant rendu possible ce « mariage ».

Notre attention se portera donc sur l'action des deux principales institutions de formation, citées plus haut, dont les caractéristiques des cursus respectifs (celui de Turin davantage axé sur les aspects théoriques, celui de Milan plus soucieux des applications industrielles) renvoient à deux visions parallèles (et complémentaires) de la profession d'ingénieur électrotechnicien. Ces deux visions relèvent également de deux formes différentes de patronage : à Turin, le lien institutionnel avec les ministères de l'Education et de l'Industrie est recherché à plusieurs reprises, alors qu'à Milan, on préfère s'appuyer sur l'aide financière des industriels locaux. Ainsi, si l'école turinoise a tendance à former des diplômés destinés surtout à des postes dans l'administration publique et les chemins de fer, la milanaise profite largement des débouchés que l'industrie lombarde (et pas seulement électrique) offre[12].

À Turin, la Scuola superiore di elettrotecnica per ingegneri, sous la direction de Galileo Ferraris, physicien renommé, devient rapidement le lieu le plus prestigieux pour former des ingénieurs, des techniciens militaires et des directeurs d'usine opérant, à titre divers, dans le domaine de l'électricité. Les cours dispensés sont à la fois théoriques et pratiques. On passe de la théorie de l'électricité et du magnétisme à l'étude des mesures électriques, de la production de courants électriques à l'étude expérimentale des machines, de l'étude des moteurs au transport de

---

[11] Castronovo, V., *L'industria italiana dall'ottocento a oggi*, Milan, A. Mondadori, 1980, p. 74-80.

[12] Voir Guagnini, A., « The formation of Italian electrical engineers : the teaching laboratories of the Politecnici of Turin and Milan, 1887-1914 », in Cardot, F. (dir.), *1880-1980. Un siècle d'électricité dans le monde*, Paris, Presses universitaires de France, 1987, p. 283-299.

l'énergie à distance, etc. Les exercices pratiques sont complétés par l'élaboration d'un projet pour la mise en place d'installations électriques. Entre 1886 et 1897 – les années marquées par la direction « volontariste » de Ferraris – cette école arrive à diplômer 162 ingénieurs. Dans la période immédiatement suivante, jusqu'à la veille de la Première Guerre mondiale, la performance s'améliore : 411 ingénieurs sortent de l'école turinoise[13]. Parmi ceux-ci, on trouve nombre de représentants de la nouvelle discipline, expression de l'industrie électrique, l'électromécanique : beaucoup d'élèves de Ferraris vont l'enseigner, notamment dans les *politecnici* de Milan et Turin. Mais il y a aussi des futurs représentants de l'industrie électrique italienne. Il s'agit des ingénieurs de production, des directeurs d'usine, des membres des conseils d'administration de nouvelles sociétés opérant dans un secteur qui a le vent en poupe. Il suffit d'évoquer, à titre d'exemple, la figure de Camillo Olivetti, jeune élève de Ferraris qui, après un séjour d'études aux États-Unis, rentre au Piémont en 1895 où il installe une société de production d'instruments électriques, avant de se lancer, quelques années plus tard, dans la fabrication de machines à écrire[14].

Très féconde sur le plan de la formation est aussi la trajectoire de l'Istituzione elettrotecnica Carlo Erba de Milan qui, jusqu'en 1914, réussit à diplômer à peu près 400 élèves. Déjà au début des années 1880, au sein de l'Istituto tecnico superiore, le noyau du futur Politecnico de Milan, on met en place un cours consacré à des expérimentations électrotechniques concernant les machines dynamo-électriques. Ensuite, avec la création de l'école en 1886 sous l'impulsion de l'industriel Carlo Erba, on rend possible l'articulation de la section d'ingénierie industrielle en deux sous-sections : la section mécanique est accompagnée désormais par la section électrotechnique (la section chimique viendra quelques années plus tard). Les enseignements fondamentaux sont notamment ceux de machines dynamo-électriques, d'électromécanique générale et de mesures électriques. Ce dernier cours est assuré par Luigi Zunini, déjà collaborateur d'Éric Gérard à l'Institut Montefiori de Liège[15]. Parmi les élèves, on compte aussi bien de futurs enseignants-chercheurs que de nombreux « opérateurs » du monde industriel. Ces derniers occupent souvent des postes de premier plan : Giacinto Motta, longtemps P.D.G. de la société Edison de production et distribution d'électricité ; Carlo Clerici et Giuseppe Gadda, promoteurs de plusieurs sociétés électriques ; Giuseppe Giavazzi,

---

[13] Lacaita, C.G., « Politecnici, ingegneri e industria elettrica », in Mori, G. (dir.), *Storia dell'industria elettrica in Italia, Le origini : 1882-1914*, vol. 1, Rome-Bari, Laterza, 1992, p. 613.
[14] *Ibid.*, p. 298.
[15] *Ibid.*, p. 615.

fondateur d'une société de production de générateurs électriques, etc. mais la liste pourrait être bien plus longue ![16]

Au final, durant la période 1886-1914, qui s'avère cruciale pour le décollage industriel de l'Italie, à Milan sont formés environ 400 ingénieurs électrotechniciens et à Turin 570. L'écart tient au fait que les deux établissements ont une nature et un public différents. À l'école milanaise pouvaient être admis seulement les élèves ingénieurs industriels inscrits en dernière année et ceux qui étaient déjà diplômés. L'école turinoise, en revanche, pouvait accueillir les ingénieurs diplômés ainsi que les officiers de la marine, du génie et de l'artillerie, du fait du lien étroit noué avec l'administration d'État dans les années précédentes. En outre, alors qu'à Milan les élèves de la section industrielle obtenaient avec le diplôme la qualification « d'ingénieur industriel électrotechnique », à Turin la spécialisation en électromécanique était attestée par la délivrance d'un diplôme d'établissement. Bref, ce sont deux politiques d'enseignement qui renvoient non seulement à deux visions différentes de l'ingénieur électricien, mais aussi, on l'a vu, à des configurations institutionnelles singulières et indépendantes[17].

Sur le plan de la performance, si les chiffres affichés par les deux établissements apparaissent très réduits, il faut cependant souligner la capacité de ces institutions de formation à s'adapter aux nécessités du marché local, quitte à introduire, comme le fait l'école milanaise, un « nombre programmé » des admissions aux nouveaux cursus. Par ailleurs, parmi les élèves issus de cette même école entre 1887 et 1900, seulement 30 % d'entre eux environ avaient trouvé un emploi dans une entreprise directement ou indirectement liée à la production d'énergie électrique (les autres étudiants ayant opté pour d'autres secteurs comme la métallurgie, la chimie ou encore l'activité d'ingénieurs-conseils)[18]. Ceci est dû, en partie, aux conséquences néfastes de la crise économique des années 1890 qui frappe de plein fouet toute l'Europe ; en Italie, non seulement on assiste au déclin des inscriptions dans les écoles d'ingénieurs, mais les autorités gouvernementales font aussi preuve de prudence dans la promotion de nouvelles institutions (de nouveaux projets d'école, comme celui de Bologne en 1887, sont refusés)[19]. Malgré ce paysage morose, les formations en

---

[16] *Ibid.*, p. 616.
[17] *Ibid.*, notamment le tableau 1, p. 617.
[18] Guagnini, A., « The formation of Italian electrical engineers: the teaching laboratories of the Politecnici of Turin and Milan, 1887-1914 », in Cardot, F. (dir.), *1880-1980. Un siècle d'électricité dans le monde*, Paris, Presses universitaires de France, 1987, p. 295, tableau 5.
[19] Voir Guagnini, A., « Academic qualifications and professional functions in the development of the Italian engineering schools, 1859-1914 », in Fox, R., Guagnini,

électromécanique s'installent dans plusieurs régions : en 1904, au-delà des cas particuliers de Milan et Turin, elles sont désormais implantées au sein des universités de Rome, Padoue, Bologne et Naples[20].

Des premières formes d'associationnisme au début du processus de professionnalisation

L'essor des formations en électrotechnique et des applications industrielles qui y sont directement liées va de pair avec l'amorce de premières formes d'associationnisme au sein d'une communauté à la fois hétérogène du point de vue de la sociologie des acteurs et (relativement) unifiée sur le plan des pratiques, des compétences et des valeurs communes.

En 1896 est créée l'Association d'électrotechnique italienne qui rassemble à la fois techniciens, scientifiques et entrepreneurs. Présidée tout au début par Galileo Ferraris, elle est ensuite menée par Giuseppe Colombo, de fait les deux porte-parole de la communauté des ingénieurs électrotechniciens dans sa phase embryonnaire. L'association promeut un vaste ensemble d'initiatives qui témoignent de la volonté de mettre la sociabilité au service de la construction identitaire d'un groupe socioprofessionnel en voie de formation : réunions annuelles dans les principales villes italiennes, organisation de visites techniques en Italie et à l'étranger (par exemple à l'Exposition universelle de Saint-Louis en 1904), rédaction des « Actes » de l'association où l'on discute aussi bien de questions techniques et de législation concernant les applications électriques que de la standardisation des matériaux ou des échanges réguliers avec les associations étrangères...[21]

Le succès d'une telle initiative ne se fait pas attendre : après les premières trois années d'activité, l'association compte déjà 650 membres organisés dans les sections de Turin, Milan, Gênes, Bologne, Palerme, Naples, Rome (c'est la section de Milan qui compte davantage d'associés), pour atteindre en 1914 le seuil de 1 700 membres. L'association vise à la fois à impulser la culture technico-scientifique et à obtenir des résultats pratiques à partir d'un effort de coopération internationale : en 1907, elle adhère à la Commission électrotechnique internationale qui est alors engagée dans la résolution de certaines questions techniques, dont

---

A., (eds.), *Education, technology and industrial performance in Europe, 1850-1939*, Cambridge, Cambridge University Press et Paris, Éditions de la Maison des sciences de l'homme, 1993, p. 187.

[20] *Ibid.*

[21] Lacaita, C.G., « Politecnici, ingegneri e industria elettrica », in Mori, G. (dir.), *Storia dell'industria elettrica in Italia, Le origini : 1882-1914*, vol. 1, Rome-Bari, Laterza, 1992, p. 626-632.

la publication du manuel « Normes pour la construction et l'exercice des établissements électriques » en est un exemple. La publication d'une revue (*L'Elettrotecnica*) s'inscrit, elle aussi, dans cette stratégie de légitimation qui s'étend sur un espace aussi bien national qu'international[22].

Si ces initiatives vont dans le sens d'une tentative, sans doute pionnière, de professionnalisation des ingénieurs industriels opérant dans le domaine électrique, il faut pourtant souligner la persistance d'une multiplicité de figures professionnelles et de parcours. On est fort loin de l'unification de la profession. Les trajectoires professionnelles des ingénieurs issus des écoles d'électromécanique, par exemple, font état d'un marché de l'emploi très segmenté. Il existe d'abord des jeunes diplômés qui entrent dans les usines souvent après une période d'étude et d'apprentissage à l'étranger (grâce à un système de bourses qui les mènent dans les instituts les plus prestigieux : à Liège, à Zurich, à Darmstadt, etc.) pour s'occuper des applications pratiques de l'électricité. En même temps, on trouve des ingénieurs qui assument des responsabilités de gestion au sein des entreprises ou bien participent directement à la création de sociétés industrielles. On compte également plusieurs élèves des *politecnici* parmi les membres des conseils d'administration de nombreuses sociétés électriques du nord de l'Italie : 7 sur 13 dans le conseil de la Società Edison de Milan, 6 sur 13 dans la Società adriatica di elettricità, 3 sur 7 dans la Società friulana d'elettricità, 3 sur 7 dans la Società elettricità alta Italia de Turin, etc. Mais il y a aussi des universitaires qui collaborent avec des entreprises dans le domaine de la recherche, et qui mettent à disposition de l'industrie leurs connaissances : l'exemple le plus connu est celui de Giacinto Motta, professeur de technologies électriques à Milan, qui s'intéresse aux problèmes de la téléphonie et de l'industrie hydroélectrique avant de rejoindre les conseils d'administration de plusieurs sociétés électriques, notamment l'Edison de Milan[23]. Enfin, on trouve des ingénieurs spécialisés dans d'autres domaines (par exemple en génie civil) qui parviennent avec succès à se reconvertir dans l'activité de production et distribution électrique à cause de la relative richesse de débouchés et de la flexibilité que le secteur à la fois assure et demande[24].

Bref, le dynamisme d'un secteur qui, dans sa phase d'expansion, promet des carrières ascensionnelles, n'est pas en mesure d'assurer la

---

[22] *Ibid.*, p. 625-626.
[23] Sur la figure de Motta voir Segreto, L., *Giacinto Motta. Un ingegnere alla testa del capitalismo industriale italiano*, Rome-Bari, Laterza, 2005.
[24] Voir Lacaita, C.G., « Politecnici, ingegneri e industria elettrica », in Mori, G. (dir.), *Storia dell'industria elettrica in Italia*, vol. 1, *Le origini : 1882-1914*, Rome-Bari, Laterza, 1992, *passim*.

professionnalisation des ingénieurs industriels, c'est-à-dire l'institutionnalisation de critères d'organisation de la profession (formation scolaire, statut professionnel, activité syndicale reconnue par les conventions collectives, etc.). Le paradigme de l'ingénieur civil, fondé sur une formation de type académique et sur le modèle d'organisation des professions libérales, restera longtemps dominant, en dépit des efforts d'autonomisation de la part des ingénieurs industriels qui, eux, s'apparentent de plus en plus aux cadres dirigeants salariés[25]. Ainsi, sous le régime fasciste, la figure de l'ingénieur industriel sera progressivement assimilée au sein du projet de « nationalisation » de l'ensemble de la catégorie sur la base du diplôme et de l'action de tutelle assurée par l'Association nationale des ingénieurs italiens, qui en 1923 obtient la reconnaissance légale du titre en échange de l'adhésion au projet « modernisateur » de l'État mussolinien[26]. Ceci aura des répercussions importantes sur le processus tardif de constitution de la catégorie de cadre d'entreprise, dont la notion, tant en termes de groupe social que de catégorie statistico-cognitive, n'est guère assimilable à la réalité française[27].

Conclusion

Quels sont donc les traits saillants de la formation électrotechnique en Italie lors de ses débuts ? Peut-on dégager les contours d'un parcours de professionnalisation à partir de l'expérience des ingénieurs électrotechniciens ? D'abord, on assiste à une certaine flexibilité dans la mise en place de nouveaux cursus, soit du point de vue des références intellectuelles étrangères (les modèles français et allemands étant convoqués d'une manière éclectique) soit du point de vue des solutions institutionnelles adoptées. Dans ce sens, un élément clé est sans doute une forte capacité d'initiative au niveau local qui répond aux intérêts et aux demandes des milieux d'affaires et scientifiques locaux, dont les écoles d'ingénieurs (notamment celles de Turin et Milan) sont souvent l'expression. Cette dynamique locale va de pair avec la création d'une relation de collaboration, voire d'osmose, entre le monde académique et l'industrie, dont témoignent la réputation scientifique des laboratoires de recherche et développement de certaines industries (par exemple Pirelli) ou la fréquentation des milieux industriels (notamment dans la branche électrique) de la part

---

[25] Ferretti, R., *Statuto delle professioni, organizzazione degli interessi e sistema politico nella prima metà del '900 : il caso degli ingegneri in Italia e in Francia (1900-1945)*, Thèse de doctorat en histoire, Università degli studi di Bologna, 1998, p. 316-327.

[26] Calcagno, C.G., « Il nuovo ingegnere (1923-1961) », in Malatesta, M. (dir.), *Storia d'Italia, I professionisti, Annali 10*, Turin, Einaudi, 1996, p. 305-336.

[27] Ricciardi, F., « Généalogie et évolution de la catégorie de "cadre" en Italie », in *Sociologie du travail*, 2006, n° 48, p. 509-524.

d'enseignants-chercheurs, non seulement en qualité d'experts mais aussi comme responsables d'ateliers ou d'usine, comme conseillers d'administration ou bien comme chefs d'entreprise. Dans ce contexte, on assiste également à une amorce de professionnalisation du métier d'ingénieur électrotechnicien, et plus généralement, d'ingénieur industriel, processus qui se présente fort laborieux dans une conjoncture marquée par l'expansion économique et la création d'un marché de l'emploi de plus en plus diversifié.

Origines de l'enseignement électrotechnique en Belgique[1]

Ludovic LALOUX

Docteur en histoire contemporaine
Maître de conférences à l'Université de Bordeaux
lclaloux@gmail.com

Résumé

En Belgique, l'attention à l'égard de la formation d'électrotechniciens se manifeste surtout à partir du lancement à Liège, en 1883, d'un institut de formation spécifique par Georges Montefiore-Levi qui avait perçu le retard de son pays d'adoption en la matière. Le rayonnement de cet institut qui porte le nom de son fondateur forme, depuis ses origines, des ingénieurs du monde entier.

Mots clés

Formation, ingénieur, institut, Liège, Montefiore

Fondée en 1830 par sa séparation des Pays-Bas, la Belgique se compose de deux moitiés de territoire au développement économique inégal alors que s'ébauche la Révolution industrielle. Au nord, la Flandre demeure marquée par un monde rural dominé par l'agriculture et les ateliers textiles, tandis que la partie méridionale, la Wallonie, sans négliger les aspects agricoles, connaît une importante industrialisation favorisée par l'exploitation charbonnière. De Tournai, à l'ouest, jusqu'à Liège, à l'est, qui cultive son attachement à la principauté qu'elle fut autrefois,

---

[1] Que soient vivement remerciés André Grelon, Jean-Louis Lilien, Carmélia Opsomer, Arnaud Péters et Philippe Tomsin pour leur concours précieux pour les recherches relatives à ce texte.

s'érigent de nombreuses usines textiles, sidérurgiques et métallurgiques. Liège devient véritablement l'un des foyers belges du développement industriel avec des caractéristiques spécifiques que la présente étude invite à considérer. Cet essor local se double d'une audience accrue sur le plan universitaire et de la recherche dont il convient d'évaluer l'ampleur en la situant par rapport à d'autres initiatives belges. Cette analyse doit prendre en compte l'influence particulière et décisive du mécénat de l'industriel Georges Montefiore-Levi qui fonde à Liège un institut de formation en électrotechnique que Philippe Tomsin a eu soin d'étudier en apportant d'intéressants éclairages. Rompant avec les enseignements uniquement théoriques en vigueur en d'autres lieux, cet établissement d'enseignement se caractérise par l'accent mis sur la pratique dont il apparaît nécessaire de mesurer au mieux le caractère novateur.

Émergence progressive en Belgique de l'intérêt concernant une formation relative à l'électricité et à l'électrotechnique

En 1816, trois universités voient le jour dans l'actuelle Belgique, respectivement à Bruxelles, Gand et Liège. Au sein de cette dernière est fondée, en 1825, une École des mines dont la spécialité accompagne le développement industriel qui émerge. En 1836, à Liège également, le gouvernement procède à la fondation de l'École des arts et manufactures. En ces deux lieux, l'électrotechnique reste peu développée et pèche notamment par l'absence d'un véritable enseignement. Ces établissements délivrent à leurs étudiants une formation peu poussée en électricité, ce que souligne Philippe Tomsin :

« L'étude de l'électricité dans le cadre du cours de physique se résume à peu de choses : l'énoncé des principes mathématiques du phénomène, les notions élémentaires d'électrostatique, le fonctionnement théorique des dynamos, la théorie des appareils simples (galvanomètres, résistances, etc.). L'étude de l'électricité dans le cadre du cours de chimie n'est pas plus approfondie : principes chimiques de l'électrolyse, de la galvanoplastie, fonctionnement des piles, et c'est à peu près tout. Quelques notions de télégraphie complètent cette formation. »[2]

---

[2] Tomsin, P., « L'Institut électrotechnique Montefiore à l'Université de Liège, des origines à la Seconde Guerre mondiale », in Badel, L. (dir.), *La naissance de l'ingénieur-électricien : Origines et développement des formations nationales électrotechniques : Actes du 3e colloque international d'histoire de l'électricité*, Paris, Association pour l'histoire de l'électricité en France (A.H.E.F.), Presses Universitaires de France, 1997, p. 221-232 (citation p. 228).

L'approche de l'ensemble des aspects demeure théorique en l'absence de manipulation et de stage. Le niveau des cours d'électricité dispensés ne permet pas de former de véritables ingénieurs électriciens. Le décalage s'avère réel par rapport à l'implication de Liégeois dans ce domaine de recherche : en 1849, Joseph Jaspar met au point une lampe à arc voltaïque dotée d'un régulateur automatique ; au cours des années suivantes, l'universitaire Michel Gloesener améliore le télégraphe et recourt aux mathématiques pour l'étude théorique des phénomènes électriques ; en 1869, Zénobe Gramme élabore la dynamo qui ouvre la voie au développement industriel de l'électrolyse et de la galvanoplastie et dont la réversibilité lui permet d'être utilisée en tant que moteur, ce qui s'avère de nature favorable à l'industrialisation et aux transports électriques.

Ce bouillonnement dans la recherche et les applications concrètes qui en résultent contribuent à expliquer la décision prise à l'université d'État à Liège d'y fonder, en 1880, une chaire de « télégraphie et autres applications de l'électricité ». À partir de 1882, l'École des mines de Mons, dans le Hainaut belge, et l'université de Gand en Flandre dispensent des cours spéciaux en électrotechnique. Ces formations débouchent, en 1886, sur la création d'un diplôme d'ingénieur électricien. À leur tour, l'université libre de Bruxelles et l'université de Louvain, respectivement en 1897 et en 1900, ouvrent un cours d'électrotechnique. En cette effervescence de la fin du XIXe siècle, la situation à Liège se caractérise par l'ancienneté d'une formation, même si elle paraît assez embryonnaire, et l'arrivée d'un mécène en la personne de Georges Montefiore qui donne une impulsion décisive à l'enseignement de l'électrotechnique.

Influence décisive de Montefiore pour le lancement d'un institut spécialisé en électrotechnique à Liège

Né en 1830 à Stretham près de Londres d'une famille d'origine italienne, Georges Montefiore-Levi (1830-1906) effectue des études secondaires à Bruxelles. En 1852, il achève sa formation d'ingénieur métallurgiste de l'École des arts et manufactures de Liège. En 1869, il met au point le bronze phosphoreux. De cet alliage, il fait étirer des fils employés pour la transmission des communications téléphoniques. Cette matière se révèle de bien meilleure qualité que le cuivre utilisé jusque-là. Désormais, les fils de bronze phosphoreux produits dans les fonderies de Montefiore permettent l'équipement du premier réseau téléphonique belge. Le procédé utilisé se diffuse dans l'Europe du Nord-Ouest et concourt à l'enrichissement et à la notoriété de Montefiore. Naturalisé Belge en janvier 1882, il est élu sénateur cette année-là. De tendance libérale, il demeure à ce poste jusqu'en 1901 et meurt subitement en avril 1906, à Bruxelles, non sans avoir accordé, tel un véritable philanthrope[3], quelques libéralités financières pour venir en aide à de plus démunis comme en témoigne le dispensaire qui porte son nom.

Sur le plan du développement industriel, il apporte aussi des perfectionnements dans la fabrication et le raffinage du sucre. Il participe à l'exposition et au Congrès international des électriciens à Paris en 1881 qui attachent un grand intérêt à l'électrotechnique. Il en revient impressionné et enthousiaste : « il avait pu voir les réalisations géniales de Zénobe Gramme, d'Alexander Graham Bell, de Thomas-Alva Edison et entendre des communications de physiciens célèbres sur la définition des unités qui permettent de comparer leurs essais. C'était le point de départ des applications industrielles de l'électricité »[4]. Par rapport à d'autres pays de l'Europe du Nord-Ouest, G. Montefiore-Levi réalise le retard de la formation électrotechnique en Belgique et s'emploie, dès lors, à en favoriser l'enseignement par la fondation d'un institut. Son généreux don financier s'accompagne d'un geste du gouvernement qui met à sa disposition des locaux dans une annexe de l'université de l'État à Liège pour les salles de cours. Ce double geste permet, en octobre 1883, l'ouverture d'un établissement d'enseignement supérieur spécialisé dans la formation d'ingénieurs électriciens qui porte le nom du mécène : l'Institut électrotechnique Montefiore qui est « le premier établissement d'enseignement dédié exclusivement à l'électricité industrielle »[5]. Outre des laboratoires, des ateliers, une importante bibliothèque et un amphithéâtre, le fondateur a soin de fournir un équipement proche du matériel utilisé dans les usines.

Dès son lancement, G. Montefiore-Levi confie la conception scientifique et l'organisation de l'établissement à Éric Mary Gérard, rencontré à l'occasion du Congrès international des électriciens organisé en 1881 à

---

[3] Le 13 mai 1906, lors de la première séance de « l'Association des ingénieurs électriciens sortis de l'Institut électrotechnique Montefiore » après le décès du fondateur survenu trois semaines plus tôt, Éric Gérard rappelle quelques-unes de ses libéralités ayant permis la création de l'Asile d'Esneux pour enfants convalescents, la fondation de la Société liégeoise de garantie pour la construction des maisons ouvrières, l'installation de dix fontaines publiques à Liège, mais aussi l'octroi de subventions au Sanatorium provincial de Borgoumont, à des dispensaires des tuberculeux, à des colonies de vacances scolaires, au Vestiaire des écoles communales, à l'Hospitalité de nuit ou encore aux Sociétés des pauvres honteux. Voir « Éloge funèbre de M. Montefiore-Levi, président d'honneur de l'Association – 13 mai 1906 », in Association des ingénieurs électriciens sortis de l'Institut électrotechnique Montefiore, livret, 1906, p. 9.

[4] Stockmans, F., « Georges Montefiore, in *100e anniversaire de l'Institut d'Électricité Montefiore*, Liège, Eugène Wahle éditeur, 1983, p. 7-21 (citation p. 7).

[5] Grelon, A., « Le développement des écoles d'ingénieurs en France face au modèle allemand à la fin du XIXe siècle », in Joly, H., *Formation des élites en France et en Allemagne*, Cergy-Pontoise, Éd. C.I.R.A.C., 2005, p. 38-48 (citation p. 47).

Paris. Natif de Liège, É. Gérard (1856-1916) était devenu ingénieur des Mines à l'âge de 22 ans et s'était spécialisé dans la technique des télégraphes, notamment en suivant des cours à la jeune École supérieure de télégraphie de Paris, fondée à l'automne 1878.

Nommé à la tête du nouvel institut liégeois, É. Gérard met en œuvre, suivant les idées de Montefiore, une formation initiale étalée sur plusieurs années et une formation supérieure d'un an pour des ingénieurs déjà diplômés. Il veille à proposer un enseignement qui lie étroitement étude théorique et approche pratique. À partir de ses cours, Éric Gérard publie en 1890 un ouvrage intitulé *Leçons sur l'électricité*[6] initialement prévu pour ses étudiants mais qui rencontre un large succès hors de son établissement. Le livre connaît sept éditions et s'impose comme une référence incontournable pour de nombreux manuels ultérieurs. Cette passion pour l'électricité le conduit à donner le nom d'Ampère à sa villa[7] de Spa, construite en 1901.

Augmentation du nombre d'étudiants et développement de l'établissement vont de pair. En 1891, l'Institut Montefiore déménage pour s'installer en périphérie de Liège dans une ancienne école octroyée par l'État. Dans ces locaux plus vastes, Montefiore procède en 1903 à la mise en place d'un auditorium de 300 places. Pour l'époque, son équipement paraît d'avant-garde avec l'appareil de projection de diapositives sur plaques de verre dont il est doté.

La Première Guerre mondiale permet de mieux connaître le matériel dont dispose l'Institut Montefiore. De 1914 à 1918, les Allemands occupent l'essentiel de la Belgique, notamment la ville de Liège située dans la partie orientale du pays et où se trouve cet établissement. Tout au long du conflit et plus particulièrement à partir de 1916 d'une manière systématique, les Allemands procèdent, dans les territoires qu'ils contrôlent, au recensement de produits jugés stratégiques en temps de guerre et multiplient ensuite leur réquisition. Un arrêté du 6 mars 1916 pris par le gouvernement général en Belgique exige, dans un délai de neuf jours, d'obtenir le relevé des machines, transformateurs et appareils électriques sous peine de six mois d'emprisonnement ou 10 000 marks avec cumul possible des sanctions. Par une lettre en date du 24 mars 1916, le sous-directeur Omer De Bast donne la liste des dynamos, moteurs, alternateurs, commutatrices, transformateurs, convertisseurs et ventilateurs avec, pièce par pièce de la cave au musée en passant par les corridors, les emplacements

---

[6] Gérard, E.M., *Leçons sur l'électricité professées à l'Institut électro-technique Montefiore, annexé à l'Université de Liège*, Paris, Éd. Gauthier-Villars et fils, 1890.

[7] Actuellement dénommée « Hêtres rouges », cette villa spadoise se situe aux numéros 32-34 de l'avenue du professeur Henrijean.

respectifs[8]. Le 7 juillet 1916, un nouvel arrêté ordonne de déclarer les machines-outils servant à travailler les métaux. O. De Bast s'exécute à nouveau et mentionne aux autorités occupantes la possession de six tours, trois fraiseuses, quatre perceuses, deux étaux-limeurs, une cisaille et trois meules (deux en grès et une à l'émeri). L'arrêté du 8 août 1916 concerne le cuivre et l'étain, assorti d'une peine de cinq ans d'emprisonnement ou 20 000 marks, sanctions éventuellement cumulables, en cas de rétention d'informations. O. De Bast effectue le relevé de 3 290,8 kilos de cuivre que comprennent câbles, commutateurs suisses, chaudières, barres nues de connexion ou de raccordement. L'arrêté du 27 septembre 1916 porte sur les câbles et courroies de transmission et conduit à reconnaître la détention de 9 850 grammes de ces dernières. L'arrêté du 20 octobre 1916 vise les moteurs à explosion. Un moteur fixe à gaz de ville d'une cinquantaine de chevaux est alors déclaré. Dans les courriers qui accompagnent les listes des différents matériels, le sous-directeur prend soin de mentionner que son établissement scientifique concerne l'enseignement et ne présente ni vocation commerciale, ni but industriel. Cela n'empêche pas un colonel allemand de réquisitionner 148,1 grammes de platine le 27 décembre 1916, tandis que, le 4 mai 1917, d'autres soldats enlèvent 1 700 kilos de cuivre et d'isolants préalablement démontés par le personnel de l'établissement. Il s'agissait d'un démontage préventif effectué avec méthode dans la crainte qu'une saisie par les troupes d'occupation ne détériore les installations d'une manière excessive. En 1918, les autorités d'occupation procèdent au marquage des machines et appareils de l'Institut, ce qui inquiète la direction de l'établissement qui craint leur saisie. Aussi, adresse-t-elle une requête au baron von Falkenhaussen, gouverneur général allemand établi à Bruxelles : « En présence du danger de réquisition qui menace [...] je me permets de solliciter l'intervention de votre influence éclairée pour la sauvegarde des installations d'une école qui s'est acquis une réputation mondiale et dont les anciens élèves, appartenant aux nationalités les plus diverses, sont répandus dans tous les pays. »[9] La requête, relayée par des diplomates espagnols et néerlandais et appuyée par d'anciens étudiants devenus ingénieurs, paraît porter ses fruits puisque, nonobstant les éléments déjà mentionnés, les Allemands ne s'emparent que de quelques

---

[8] Voir le manuscrit tenu par Omer De Bast qui détaille les déclarations et les réquisitions effectuées lors du conflit : Bibliothèque générale de l'université de Liège, section des manuscrits : De Bast, O., *Démêlés avec les Allemands*, cahier, ms 4733, 33 f.

[9] Omer De Bast - traduction d'une lettre rédigée en allemand et destinée au baron von Falkenhaussen, 20 juin 1918, 2 p. La copie de ce courrier figure dans De Bast, O., *Démêlés avec les Allemands*, Bibliothèque générale de l'université de Liège, section des manuscrits, cahier, ms 4733, 33 f.

autres matériels[10] : une bobine de Ruhmkorff avec récepteur Carpentier, un ampèremètre et un voltmètre. Eu égard aux menaces de réquisition importante qui pesaient sur l'Institut, ces saisies paraissent finalement de faibles prises et cet établissement se trouve finalement moins affecté par les affres de la guerre que le reste de l'université de Liège.

Sans négliger la théorie, la formation met en valeur la pratique

L'accroissement continu du nombre d'étudiants conduit à des agrandissements successifs et à la modernisation des bâtiments de l'établissement. Au sortir de la Première Guerre mondiale, l'aménagement d'un atelier équipé de ponts roulants permet l'étude d'importantes machines industrielles. L'Institut s'étoffe ensuite d'une section de radioélectricité (1929) puis, à la fin des années 1930, d'un laboratoire d'étude des hautes tensions mais l'utilisation de ce dernier ne s'effectue qu'après la Seconde Guerre mondiale.

Au sein de l'Institut Montefiore coexistent deux formations. La plus courte vise à offrir une spécialisation d'un an aux ingénieurs de l'École des mines et de l'École des arts et manufactures : cours théoriques alternent avec des enseignements d'application de l'électricité à l'électronique, des travaux pratiques en laboratoire et la conception de projets en électrotechnique. La formation plus longue, en quatre ans, concerne les élèves ingénieurs. Ces derniers, quelle que soit leur section (mines, métallurgie, mécanique), suivent tous les deux premières années. Ensuite, ils se spécialisent durant les deux dernières années :

« Les cours d'électrotechnique portent sur les lignes électriques aériennes, souterraines et sous-marines, les générateurs d'électricité (machines électrostatiques, dynamos et piles), la télégraphie, la téléphonie, l'éclairage, les moteurs, l'électrométallurgie et la distribution (de l'usine aux compteurs). Les cours sont non seulement complétés de travaux de laboratoire et d'atelier, mais également de visites d'usines, de bureaux télégraphiques et téléphoniques. »[11]

---

[10] De leur côté mais sans que la date soit connue au cours du conflit, les Belges réquisitionnent un poste récepteur de télégraphie sans fil remis à l'administration des télégraphes et huit éléments d'accumulateurs destinés à un dispensaire de Liège.

[11] Tomsin, P., « L'Institut électrotechnique Montefiore à l'Université de Liège, des origines à la Seconde Guerre mondiale », in Badel, L. (dir.), *La naissance de l'ingénieur-électricien : Origines et développement des formations nationales électrotechniques : Actes du 3e colloque international d'histoire de l'électricité*, Paris, Association pour l'histoire de l'électricité en France (A.H.E.F.), Presses Universitaires de France, 1997, p. 230.

Les liens entre théorie et pratique doivent permettre à un ingénieur de construire des instruments de mesure, de travailler en atelier et d'être rompu à la formation d'ajusteur-mécanicien. Programmés sur plusieurs années, les cours d'anglais et d'allemand doivent permettre aux ingénieurs de se tenir informés des avancées des techniques nouvelles dans des publications spécialisées.

De la fondation de l'établissement en 1883 à la veille de la Seconde Guerre mondiale, l'Institut Montefiore forme annuellement en moyenne une cinquantaine d'ingénieurs par promotion, soit un total de 2 735 de 1883 à 1933. Dans la moitié des cas, ils proviennent de l'étranger. Parmi la quarantaine de nations représentées au cours des cinquante premières années figurent : la Russie (16 %), l'Italie (11 %), l'Espagne, la France, la Roumanie, le Portugal, l'Allemagne, l'Autriche-Hongrie, la Norvège, l'Egypte, les États-Unis, le Chili, l'Argentine, le Japon, etc. Les représentants des pays anglophones apparaissent toutefois peu nombreux. La fondation d'une Association des ingénieurs électriciens sortis de l'Institut électronique Montefiore vise à tisser des liens, de par le monde, entre les uns et les autres, y compris durant le temps de leur formation puisque les étudiants peuvent en être membres. Or, la situation ne s'avère toutefois pas toujours idyllique comme en témoigne G. Montefiore-Levi lui-même en s'adressant à Omer De Bast, président du conseil d'administration, au cours de l'été 1904. Il déplore que, sur 777 ingénieurs diplômés par l'établissement, 123 ingénieurs ne soient pas membres de l'association et regrette l'engouement insuffisant des étudiants en formation à son égard, puisque 25 % n'y appartiennent pas : « c'est avec un sentiment de regret profond que je constate la négligence ou l'indifférence d'un grand nombre d'entre eux à l'endroit de l'Association. »[12] Toutefois, dans l'un et l'autre cas, les ingénieurs et les étudiants inscrits se trouvent majoritaires. La Première Guerre mondiale marque un certain coup d'arrêt au fonctionnement de l'association. Les liens se tissent à nouveau au cours des années 1920 mais cela s'effectue patiemment car les contacts apparaissent parfois distendus. En 1929, l'association compte un total de 754 membres parmi lesquels 525 Belges et 229 étrangers[13]. Bon nombre d'entre eux appartiennent aux promotions des années 1920 mais certains ingénieurs furent étudiants avant la Première Guerre mondiale, y compris à la fin du

---

[12] Georges Montefiore-Levi – Lettre à Omer De Bast, version imprimée, 23 juillet 1904, 4 p., p. 3.

[13] Bibliothèque générale de l'Université de Liège, section des manuscrits, archives de l'Association des ingénieurs électriciens sortis de l'Institut Montefiore, registre n° 5 : Relevé nominatif des cotisations versées par les membres belges et étrangers de 1919 à 1929.

XIXe siècle. Le réseau organisé avant le conflit se reconstitue, au moins partiellement, après celui-ci.

Conclusion

Grâce à plusieurs centres de formation qui voient le jour à la fin du XIXe siècle s'esquissent en Belgique les origines de l'enseignement supérieur en électrotechnique. Cependant, l'Institut Montefiore demeure l'établissement le plus axé sur une formation spécifique de nature à former des ingénieurs réellement spécialisés en électrotechnique en raison de l'attention portée aux aspects pratiques qui, pour autant, ne néglige pas une approche théorique. Cet Institut électrotechnique Montefiore de notoriété internationale compte parmi les premiers établissements au monde, de rang universitaire, aptes à dispenser une formation de haut niveau en électrotechnique. Sa fondation s'inscrit dans le contexte du dynamisme liégeois tourné vers une industrialisation qui s'accompagne d'un profond mouvement d'urbanisation. Le début du XXe siècle coïncide avec « l'apogée du développement industriel de l'agglomération liégeoise »[14]. En effet, Liège connaît alors un essor important stimulé par l'Exposition universelle qui s'y tient en 1905.

---

[14] Renardy, Ch. (dir.), *Liège et l'Exposition universelle de 1905 – Urbanisme dans un espace de confluence et reflet d'un apogée*, Bruxelles, Éd. Renaissance du livre, 2005, p. 4 de couverture.

Les institutions d'enseignement et de recherche en électrotechnique en Allemagne (1882-1914)

Peter HERTNER

*Universität Halle-Wittenberg,
Institut für Geschichte, Halle/Saale, Allemagne
peter.hertner@geschichte.uni-halle.de*

Résumé

Il est aujourd'hui généralement accepté que la dénommée Seconde Révolution Industrielle – une phase de l'industrialisation où les processus de l'invention et de l'innovation étaient basés surtout sur l'usage systématique des résultats de la recherche fondée sur les sciences naturelles (mathématiques, physique, chimie, pour nommer seulement les plus importantes) – peut être située entre le début des années 1880 et la grande crise économique de 1929-1933. Les deux pays relativement grands par rapport aux autres où cette Seconde Révolution Industrielle s'était particulièrement implantée étaient les États-Unis et l'Allemagne, et les deux branches qui menaient ce développement étaient les industries chimiques et électrotechniques.

Mots clés

Enseignement technique allemand, recherche en électrotechnique en Allemagne (1882-1914), Seconde Révolution Industrielle, Siemens, Schuckert, A.E.G.

Dans le secteur électrique on avait assisté, depuis les années 1840, à l'essor du télégraphe électrique. D'abord la liaison par télégraphe entre l'Europe et l'Amérique du Nord, réalisée en 1866, ensuite la communication télégraphique établie entre Londres et Sidney en 1876 représentaient des pas décisifs vers la première mondialisation qui caractérisa profondément le développement de notre globe jusqu'au début de la Première Guerre mondiale[1]. Malgré quelques inventions importantes dans le secteur des courants forts comme par exemple la machine dynamo-électrique par Werner Siemens, Zénobe Gramme et d'autres dans les années 1860[2], c'était la technique des courants faibles qui dominait tout le champ de l'électricité jusqu'à la fin des années 1870. On sait que la percée définitive vers l'emploi des courants forts fut l'œuvre de Thomas Alva Edison qui donna au monde non seulement l'ampoule électrique mais aussi un ensemble technique qui la plaçait au centre d'un système d'éclairage comprenant la production, la distribution et la consommation de cette nouvelle forme d'énergie. Pearl Street à New York où Edison commença à appliquer son système d'éclairage électrique dans un environnement urbain en 1882 fut le début d'une nouvelle ère[3], prolongé les deux années suivantes par des systèmes d'éclairage établis à Londres, Milan et Berlin[4]. Au début, ces systèmes étaient tous basés sur les inventions et les brevets du grand homme de Menlo Park.

En revanche, l'Allemagne se trouva au début des années 1880 légèrement en retard sur ses concurrents américains, britanniques et français dans l'innovation du secteur électrotechnique des courants forts. Pourtant, dès le commencement de la décennie suivante, ce pays avait comblé son retard grâce à l'initiative de ses industriels les plus importants, actifs dans ce secteur : Werner (von) Siemens, anobli en 1888, à la tête de la compagnie berlinoise Siemens & Halske (S&H) depuis 1847, devenue fameuse parmi les entreprises de télégraphie en Allemagne, en Europe et même au-delà, et désormais aussi engagée dans le champ des courants forts[5] ; et Emil Rathenau qui, stimulé par sa visite à l'exposition internationale d'électricité de Paris en 1881, fonda deux ans plus tard à Berlin la Deutsche Edison-Gesellschaft après avoir acheté les brevets Edison les plus importants. Il se mit ensuite d'accord avec Siemens & Halske « ... regarding patents, licenses and manufacturing rights. Surprisingly he even managed to get

---

[1] Ahvenainen, J., « The role of telegraphs in the 19th century revolution of communications », in North, M. (ed.), *Kommunikationsrevolutionen. Die neuen Medien des 16. und 19. Jahrhunderts*, Köln/Weimar/Wien, 1995, p. 73-80.

[2] Brittain, J.E., « The international diffusion of electrical power technology, 1870-1920 », in *The Journal of Economic History*, 1974, vol. 34, p. 108-121.

[3] Hughes, T.P., *Networks of power. Electrification in Western society, 1880-1930*, Baltimore/London, 1983, p. 40-43.

[4] *Ibid.*, p. 46-78 ; Pavese, C., « La prima grande impresa elettrica : la Edison », in Mori, G. (ed.), *Storia dell'industria elettrica in Italia, 1882-1914*, Roma/Bari, 1992, p. 458-460.

[5] Siemens, G., *Geschichte des Hauses Siemens, 1847-1903*, München, Alber, 1947, p. 135-164.

Siemens to surrender the right to construct electricity generating stations in the future »[6]. Jusqu'en 1887, la Deutsche Edison-Gesellschaft de Rathenau se faisait fournir le matériel électrique – exception faite des ampoules – par Siemens & Halske tout en s'occupant de l'achat de concessions et de la construction de centrales électriques. En 1887, Rathenau réussit à se libérer de ce contrat trop contraignant pour son esprit d'initiative et son entreprise, maintenant totalement indépendante, adopta le nom de Allgemeine Elektricitäts-Gesellschaft (A.E.G.)[7]. Ce fut la fin du monopole Siemens et le début d'un oligopole partiel car entretemps, un nouveau concurrent assez important, l'entreprise de Johann Sigmund Schuckert de Nuremberg, était entrée en scène[8]. La crise de 1901-1902 qui toucha particulièrement l'industrie électrotechnique allemande, élimina plusieurs entreprises moyennes actives dans le secteur et donna le contrôle de Schuckert à Siemens. Désormais, en Allemagne, il y avait un duopole – Siemens et A.E.G. – à côté d'un groupe d'entreprises électrotechniques spécialisées qui ne produisaient pas toute la gamme des produits du secteur. Au niveau mondial, à côté des deux grandes firmes allemandes, on trouvait les deux grandes sociétés américaines, General Electric et Westinghouse, qui formaient ensemble un oligopole global[9].

En suivant l'évolution de ce secteur industriel, on notera sans doute que la production de ces biens d'investissement se réalisait à travers une combinaison de capital, un des facteurs classiques de la théorie économique, et de technologie, ce dernier facteur qui réunit le savoir-faire humain pratique et théorique en y incluant les aspects des sciences théoriques comme les mathématiques, la physique ou la chimie[10]. La liaison entre ces deux facteurs, capital et technologie, était complétée par la capacité humaine

---

[6] Weiher, S., Goetzeler, H., *The Siemens Company – its historical role in the progress of electrical engineering, 1847-1980. A contribution to the history of the electrical industry*, Berlin/München, 1984 (1re ed. en allemand 1977), p. 41.

[7] Füßl, W., *Oskar von Miller, 1855-1934. Eine Biographie*, München, 2005, p. 85-86.

[8] Siemens, G., *Geschichte des Hauses Siemens, 1847-1903*, München, Alber, 1947, p. 153-154.

[9] Hertner, P., « Financial strategies and adaptation to foreign markets : the German electro-technical industry and its multinational activities, 1890s to 1939 », in Teichová, A., Lévy-Leboyer, M., Nussbaum, H. (eds.), *Multinational enterprise in historical perspective*, Cambridge/Paris, 1986, p. 145-159.

[10] On doit à Staudenmaier, J.M., « Science and technology : Who gets a say ? », in Kroes, P., Bakker, M. (eds.), *Technological development and science in the industrial age*, Dordrecht/Boston/London, 1992, p. 205-230 – une excellente définition du rapport entre "sciences" et "technologie" : « [...] Technological cognition, its own unique form of knowledge, takes shape in a tension between generalizable knowledge (called "theory" these days and "know-how" in an earlier era » and the technical practitioner's capacity for pragmatic judgments (citation *ibid.*, p. 205).

d'accumuler – dans une économie monétaire – le capital et de le mettre ensuite, avec l'aide des marchés des capitaux et les institutions bancaires, à la disposition des investisseurs. À côté des banquiers ou des personnes qui investissaient leur propre capital à long terme ou spéculaient à brève échéance dans ce secteur, on trouve les hommes qui concevaient les inventions et réalisaient les innovations dans le champ électrotechnique, et ceux qui administraient ou vendaient les produits de cette branche nouvelle.

Grâce à de nouvelles recherches – surtout celles de Wolfgang König en ce qui concerne l'Allemagne avant 1914 – dont les résultats ont été publiés au cours des dernières années[11], nous sommes maintenant beaucoup mieux renseignés sur les milieux scientifiques et industriels d'où provenaient les enseignants de la nouvelle matière. Nous avons également plus de détails sur ceux qui apprenaient et propageaient le savoir de cette discipline complètement neuve ainsi que sur les problèmes de méthode et de contenu dans l'enseignement de l'électrotechnique. En outre, nous disposons désormais d'informations solides sur l'histoire des institutions d'enseignement et de recherche dans ce domaine. Le bref essai suivant étudiera ces thèmes en se concentrant sur l'Allemagne entre le début des années 1880 et la Première Guerre mondiale.

Comme dans les autres pays industrialisés, aux débuts de l'électricité en tant que discipline scientifique et technique, des années 1830 aux années 1870, le domaine des courants faibles était absolument prévalent. C'était le télégraphe électrique qui dominait la scène. L'entreprise-leader en Allemagne était, comme déjà mentionné, Siemens & Halske de Berlin. Vers la moitié des années 1870, à peu près 90 % de ses ventes appartenaient au secteur des courants faibles, le reste, surtout les lampes à arc et les premières dynamos, faisait partie du champ des courants forts. Vingt ans plus tard, au milieu des années 1890, cette proportion s'était complètement renversée : maintenant l'éclairage électrique, les tramways électrifiés et, pour une part qui commençait à croître lentement, les moteurs électriques pour l'artisanat et l'industrie – tous éléments du secteur des courants forts – occupaient les neuf dixièmes de la production de Siemens[12]. Dans le cas d'Allgemeine Elektricitäts-Gesellschaft (A.E.G.), on peut même supposer que ce pourcentage se rapprochait des 100 %. Dans les universités

---

[11] Surtout la très instructive étude de König, W., *Technikwissenschaften. Die Entstehung der Elektrotechnik aus Industrie und Wissenschaft zwischen 1880 und 1914*, Chur, Verlag Fakultas, 1995, *passim* ; König, W., « Elektrotechnik – Entstehung einer wissenschaftlichen Disziplin », in *Berichte zur Wissenschaftsgeschichte*, 1987, vol. 10, p. 83-93.

[12] Ainsi König, W., *Technikwissenschaften. Die Entstehung der Elektrotechnik aus Industrie und Wissenschaft zwischen 1880 und 1914*, Chur, Verlag Fakultas, 1995, p. 10.

allemandes avant les années 1880, les leçons qui couvraient les aspects de la nouvelle discipline de l'électricité étaient normalement données par les physiciens. La télégraphie était dans la majeure partie des pays du continent européen une « technique d'État », car c'étaient les États qui monopolisaient les réseaux et organisaient les enseignements dans les premiers instituts polytechniques – on va en parler plus avant – et, dans le cas de la Prusse, dans une école d'État à partir de 1859. La recherche pour le développement de la télégraphie avait besoin seulement de quelques physiciens et ingénieurs, la fabrication et l'installation étant faites normalement par des artisans spécialisés. Jusqu'au début des années 1880, presque tout ce qui avait à faire avec la fabrication électrotechnique et la formation de spécialistes dans ce secteur était vu comme faisant partie du secteur public[13]. « À partir de 1882, cela changea à une vitesse considérable. »[14]

Technische Hochschulen

Contrairement à la période antérieure, l'essor soudain du secteur des courants forts créa un besoin important de techniciens qualifiés rassemblant les qualités théoriques d'un physicien avec les talents plus pragmatiques et pratiques d'un ingénieur. Pourtant, dès le début, on fut confronté au problème que cette nouvelle élite électrotechnique devait, dans un premier temps, être formée par un corps plus traditionnel composé surtout de physiciens et d'ingénieurs mécaniciens, provenant de disciplines qui s'étaient établies pendant les décennies précédentes. Les lieux où ces deux spécialités se rencontraient étaient presque toujours les technische Hochschulen qui avaient succédé aux instituts polytechniques, fondés dans la première moitié du siècle – Vienne déjà en 1815, Karlsruhe en 1825, Dresde en 1826, Hanovre en 1831, Stuttgart en 1839, pour nommer seulement les pionniers[15]. En 1879, quasiment tous ces instituts ou écoles polytechniques avaient été transformés en technische Hochschulen – c'est-à-dire pratiquement en universités pour les disciplines techniques – auxquelles il faut ajouter celles de Berlin, Braunschweig, Darmstadt, Munich et Aix-la-Chapelle, établies à partir des années 1840[16]. Après 1900 furent encore fondées les technische Hochschulen de Danzig (1904) et de Breslau (1910), créées par la Prusse pour développer ses provinces de l'Est.

C'est dans ces technische Hochschulen que l'électrotechnique comme nouvelle discipline trouva assez vite sa place en tant que matière

---

[13] *Ibid.*, p. 118-119.
[14] *Ibid.*, p. 12-13 (citation p. 13).
[15] Wehler, H.-U., *Deutsche Gesellschaftsgeschichte*, München, 1987, Tome 2, p. 499-503.
[16] Wehler, H.-U., *Deutsche Gesellschaftsgeschichte*, München, 1995, Tome 3, p. 1224-1227.

d'enseignement et de recherche. Wolfgang König a parfaitement démontré en quelles circonstances, surtout locales mais aussi humaines en ce qui concernait les collègues, dépendait dans chaque technische Hochschule le sort de l'électricité comme matière qui s'ajoutait aux disciplines déjà plus « traditionnelles » comme la mécanique ou les constructions civiles ou celles des ponts et chaussées. Le rôle de précurseur incomba, dès 1882-1883, à une Hochschule relativement petite, celle de Darmstadt dans le Grand-duché de Hesse, qui devint, du jour au lendemain, une « citadelle de l'électrotechnique »[17]. Pourquoi ce développement à Darmstadt ? À la suite de la crise économique des années 1870 qui n'avait pas épargné l'Allemagne, le nombre d'étudiants à Darmstadt avait diminué considérablement. La diète du Grand-duché menaçait alors de fermer la Hochschule. Grâce à ce nouvel enseignement de l'électrotechnique, on put éviter cette fermeture. Ainsi, déjà fin 1882, le gouvernement grand-ducal appela un jeune physicien de trente ans, Erasmus Kittler, à occuper une nouvelle chaire d'électrotechnique à Darmstadt, la première du genre dans le monde entier[18]. L'année suivante, Kittler réussit même à créer un institut pour la nouvelle discipline. Vers 1900, cet institut était le plus grand de toute l'Allemagne avec quatre enseignants, treize autres employés et un peu plus de 600 étudiants – soit 42 % de tous les inscrits à Darmstadt en 1900-1901[19].

Malgré cette position presque incontestée en électrotechnique, Darmstadt n'était pourtant pas la règle : pratiquement dans toutes les autres technische Hochschulen, on trouvait une interférence plus ou moins importante des disciplines qui se considéraient voisines, la physique et les constructions mécaniques. Ainsi à Stuttgart, dès le début de 1883, l'électrotechnique était partie intégrante du département de construction mécanique. À Aix-la-Chapelle, l'électrotechnique servit longtemps seulement de matière complémentaire aux études de mécanique. À Berlin, centre de toute l'industrie électrotechnique allemande, il n'y avait pourtant, jusqu'à la fin du siècle, qu'une seule chaire combinée de mécanique et d'électrotechnique[20]. À Hanovre, Stuttgart en 1839, il y eut, dès le début en 1884 et pour quelques années encore, une forte concurrence entre l'« ancienne » matière de constructions mécaniques et la nouvelle.

---

[17] König, W., *Technikwissenschaften. Die Entstehung der Elektrotechnik aus Industrie und Wissenschaft zwischen 1880 und 1914*, Chur, Verlag Fakultas, 1995, p. 13-20 (citation p. 13).

[18] *Ibid.*, p. 13-20 ; aussi Viefhaus, E., *Hochschule-Staat-Gesellschaft. Zur Entstehung und Entwicklung der Technischen Hochschule Darmstadt*, Darmstadt, 1995.

[19] König, W., *Technikwissenschaften. Die Entstehung der Elektrotechnik aus Industrie und Wissenschaft zwischen 1880 und 1914*, Chur, Verlag Fakultas, 1995, p. 206.

[20] *Ibid.*, p. 21 ; p. 42.

À Karlsruhe, la physique resta la discipline dominante jusqu'à la moitié des années 1890 : le secteur électrotechnique était considéré uniquement comme une annexe à sa position bien établie[21]. À la technische Hochschule de Munich, à cause de querelles internes et d'une diète bavaroise qui ne voulait pas mettre suffisamment de moyens, l'électrotechnique joua un rôle assez secondaire jusqu'à la fin des années 1890. C'est seulement pendant les années qui suivirent que cette discipline, qui maintenant n'était plus du tout une nouvelle venue, put enfin occuper la position correspondant à l'importance de la Hochschule munichoise dans le cadre allemand[22]. À la technische Hochschule de Dresde, pour le dire avec König, « la physique et les constructions mécaniques retard[ai]ent ensemble l'institutionnalisation »[23] [de l'électrotechnique, P.H.].

Cette constatation reste certainement vraie jusqu'en 1900, au moment où les premiers électrotechniciens, entraînés et formés dans leur propre discipline, furent appelés à occuper des postes permanents d'enseignants à Dresde où un institut d'électrotechnique fut établi en 1905. Le regain d'intérêt pour la technologie de courants faibles est reflété dans le fait qu'à partir de 1911 se créa un troisième poste de professeur qui devait se dédier à cette branche, laquelle avait entretemps pris un nouveau développement, surtout à cause de l'essor de la téléphonie et de la nouvelle technique de la télégraphie sans fil[24]. Du reste, les trois enseignants d'électrotechnique à Dresde, arrivés après 1900, avaient, avant de joindre la technische Hochschule, travaillé plus ou moins longuement chez Siemens[25]. C'est une parfaite illustration du fait que partout en Allemagne désormais, une nouvelle génération, formée tant dans les aspects théoriques que par des expériences pratiques dans sa discipline, était en train d'occuper les postes disponibles pour enseigner cette matière. En général, après le tournant du siècle, l'électrotechnique devint un secteur pleinement accepté dans le monde de l'enseignement et de la recherche. Cela se concrétisait par exemple par le fait que l'État prussien équipa dès le début les deux technische Hochschulen créées à Danzig en 1904 et à Breslau en 1910, avec des instituts d'électrotechnique tout-à-fait *state of the art*. Les temps héroïques des années 1880 quand il fallait se battre pour tout et contre tous étaient donc bien révolus. Parmi les enseignants, ces nouveaux venus appelés au

---

[21] *Ibid.*, p. 42-60.
[22] *Ibid.*, p. 60-70.
[23] *Ibid.*, p. 70.
[24] *Ibid.*, p. 70-77 ; aussi Klaus, W., *Die Technische Hochschule Dresden in der ersten Phase imperialistischer Entwicklung in Deutschland (1900-1918)*, copie polycopiée, thèse de doctorat T.U. Dresden, 1968, Tome 1, p. 43-47.
[25] *Ibid.*, p. 43 ; p. 44 ; p. 47.

début du nouveau siècle dans les technische Hochschulen avaient auparavant passé du temps dans les entreprises industrielles avant d'entrer dans le monde académique : entre 1882 et 1891, ils y avaient travaillé seulement en moyenne un peu plus de six mois, tandis qu'entre 1902 et 1914 ce chiffre était monté à 7, 8 ans[26].

À côté des technische Hochschulen, on pouvait observer, en Prusse et dans les autres États allemands, à partir des années 1870, la création d'écoles techniques intermédiaires, les technische Mittelschulen. Au fur et à mesure que les technische Hochschulen atteignaient le niveau universitaire, le besoin se faisait sentir d'avoir des formations pour les cadres moyens, des ingénieurs formés d'une manière plus pratique et avec des exigences moindres en mathématiques et sciences naturelles. De tels établissements existaient déjà pour la formation d'ingénieurs en construction mécanique, et on peut estimer qu'avant 1914 dans l'industrie mécanique allemande, les trois quarts des ingénieurs provenaient des Mittelschulen et seulement un quart d'entre eux avait achevé ses études dans une technische Hochschule. Pour le secteur électrotechnique, on ne dispose pas de chiffres fiables mais Wolfgang König estime que dans cette branche les effectifs des deux provenances étaient plus ou moins égaux et peut-être y avait-il même une légère prépondérance de ceux qui avaient passé les examens des technische Hochschulen[27].

Faute de statistiques d'ensemble, König a utilisé les articles nécrologiques dans la presse électrotechnique. D'après ces informations, il parvient à la conclusion qu'après 1880, 75 à 80 % de l'élite dans cette branche avait trouvé du travail dans l'industrie privée, le reste travaillait dans des services de l'État et d'autres institutions étatiques[28]. On estime qu'entre 1900 et 1914, quand l'électrotechnique fut bien établie comme discipline scientifique et comme branche industrielle, environ 50 % des diplômés en électrotechnique des technische Hochschulen étaient occupés dans des bureaux d'études pour les installations électriques et 20 % dans les bureaux de construction de l'industrie électrotechnique. Les 30 % qui restaient étaient employés soit comme contrôleurs dans les laboratoires, soit à la surveillance des montages dans les ateliers ou à la direction des fabrications ou de certaines sections dans les entreprises ou encore comme chefs des départements de service des producteurs de matériel électrique

---

[26] König, W., *Technikwissenschaften. Die Entstehung der Elektrotechnik aus Industrie und Wissenschaft zwischen 1880 und 1914*, Chur, Verlag Fakultas, 1995, p. 285.
[27] *Ibid.*, p. 97-100 ; et plus particulièrement p. 99.
[28] *Ibid.*, p. 231 ; p. 252.

au niveau national ou international, soit enfin comme professeurs délivrant les secrets de l'électrotechnique dans les établissements de haut enseignement[29].

En ce qui concerne les institutions de recherche en dehors des technische Hochschulen et éventuellement aussi des technische Mittelschulen, il existait en Allemagne un institut à Berlin, fondé par l'Empire en 1887, la Physikalisch-technische Reichsanstalt, qui, entre autres, s'occupait aussi de mesures nécessaires ou utiles à l'électrotechnique[30]. Il serait au contraire nettement plus difficile d'établir l'existence ou la non-existence de départements de recherche chez les grands producteurs allemands de matériel électrotechnique. Nous savons que chez un des plus grands concurrents de cette branche industrielle en Allemagne, la General Electric Company américaine, il y a eu un laboratoire de recherche à partir de 1900, d'abord embryonnaire, mais déjà en 1916 avec « ... a dozen Ph.D.-level scientists, some fifty engineers, skilled assistants, and technicians; and a labor force of over 100 for glassblowing, metalworking, and other supporting tasks »[31]. D'après tout ce qui nous est connu jusqu'à maintenant, la recherche chez Siemens et chez A.E.G., les deux géants allemands, était, avant la Première Guerre mondiale et probablement aussi dans les années suivantes, fortement décentralisée[32]. Ainsi on trouvait chez Siemens & Halske, où depuis la réorganisation de 1903 cette partie du groupe Siemens était l'unique productrice du groupe pour les articles sur les courants faibles, et chez Siemens-Schuckert, également depuis 1903, responsable pour tout ce qui était courants forts, douze unités d'entreprise dont chacune s'occupait de la programmation technique et du côté expérimental, de la fabrication et de la commercialisation y inclus la comptabilité et le département du personnel. La recherche et le contrôle technique se faisaient donc – s'ils se faisaient – séparément pour chaque unité[33]. Pour A.E.G., on peut supposer que

---

[29] Voir pour ces estimations König, W., « Elektrotechnik – Entstehung einer wissenschaftlichen Disziplin », in *Berichte zur Wissenschaftsgeschichte*, 1987, vol. 10, p. 90.

[30] *Meyers Großes Konversations-Lexikon*, Leipzig, 1908, Tome 15, p. 849-850.

[31] Wise, G., « A new role for professional scientists in industry : Industrial research at General Electric, 1900-1916 », in *Technology and Culture*, 1980, vol. 21, p. 408-429 (citation p. 425).

[32] « In Berlin unterhielt Werner Siemens ein Privatlaboratorium sowie ein zentrales Firmenlaboratorium, das sich nach seinem Tod aufspaltete. Zwischen 1885 und 1895 verlagerten sich die Forschungs- und Entwicklungsarbeiten auf die einzelnen Werke » (König, W., *Technikwissenschaften. Die Entstehung der Elektrotechnik aus Industrie und Wissenschaft zwischen 1880 und 1914*, Chur, Verlag Fakultas, 1995, p. 243).

[33] Kocka, J., *Unternehmensverwaltung und Angestelltenschaft am Beispiel Siemens 1847-1914. Zum Verhältnis von Kapitalismus und Bürokratie in der deutschen Industrialisierung*, Stuttgart, 1969, p. 376-382 ; aussi Schmidt, D., *Massenhafte Produktion ? Produkte, Produktion und Beschäftigte im Stammwerk von Siemens*

les choses n'étaient pas très différentes si l'on en croit un mémoire écrit par son directeur, Michael von Dolivo-Dobrowolsky, pendant la Première Guerre mondiale. Dans ce document, ce grand inventeur et innovateur de l'électrotechnique critiquait A.E.G. pour l'éparpillement de ses unités de recherche et de développement. Par contre, il louait la concentration de la recherche dans les grandes entreprises américaines[34]. Par ailleurs, depuis ses origines, la société dirigée par Emil Rathenau avait été particulièrement active – plus que le groupe Siemens – dans l'achat, la vente et l'échange de brevets, souvent avec sa concurrente américaine, la General Electric Company[35].

Conclusion

À la fin de ce bref essai, il faut quand même revenir pour un instant vers les étudiants en électrotechnique dans l'Allemagne impériale d'avant 1914 afin de se faire une impression plus précise de ce groupe. Si l'on regarde les statistiques élaborées et évaluées par König, on peut voir que sur les 18 384 ingénieurs diplômés par les technische Hochschulen en Allemagne, 2 094, c'est-à-dire 11 %, avaient obtenu un grade en électrotechnique. D'après des calculs assez approximatifs faits par le même König, on pourrait supposer qu'en Allemagne, depuis le début des années 1880 et jusqu'en 1914, environ 5 000 électrotechniciens avaient été formés dont environ 1500 n'avaient pas pu ou ne voulaient pas obtenir un diplôme. La moitié de ces 5 000 étudiants avaient été des étrangers, dont beaucoup de Russes et de Polonais[36]. Ce pourcentage plutôt élevé témoigne, d'une part, des difficultés existantes dans l'Empire tsariste – c'est-à-dire tant la qualité de l'enseignement que l'antisémitisme et donc une politique d'admission limitée aux études pour les candidats d'origine juive – mais d'autre part aussi, de la qualité supérieure des études électrotechniques dans les technische Hochschulen allemandes de cette époque.

Vus globalement, l'histoire et le développement d'une nouvelle discipline comme l'électrotechnique dans un environnement également assez récent comme les technische Hochschulen allemandes semblent avoir été un succès. En même temps, cette rencontre qui se produit vers la fin du

---

vor 1914, Münster, 1993, p. 71-75, pour les contradictions entre les nécessités de la production et les besoin de la recherche dans le secteur de la téléphonie.

[34] Neidhöfer, G., *Michael von Dolivo-Dobrowolsky und der Drehstrom*, Berlin/Offenbach, 2004, p. 188-189.

[35] *50 Jahre A.E.G. Als Manuskript gedruckt*, reprint Berlin, 1956. Voir surtout l'achat des brevets Nernst (un nouveau type de lampe électrique) en 1898 et l'échange de brevets avec General Electric en 1903 (*Ibid.*, p. 125-127 ; p. 152-156.

[36] König, W., *Technikwissenschaften. Die Entstehung der Elektrotechnik aus Industrie und Wissenschaft zwischen 1880 und 1914*, Chur, Verlag Fakultas, 1995, p. 244-246 ; p. 185.

XIXᵉ siècle non seulement en Allemagne mais également dans une bonne partie de l'Europe et en Amérique du Nord, signifie aussi qu'il faut dans ce cas précis et dans beaucoup d'occasions futures trouver un pont entre la science et la technologie, « ... which should not be reduced to simplistic formula like technology is applied science. What one should say instead is less clear »[37]. Dans les trois décennies entre 1882 et 1914, l'histoire d'un lent rapprochement entre les deux champs, sciences et technologie, a montré combien ce processus était difficile initialement quand les êtres humains qui y étaient engagés ne croyaient pas à une solution. En définitive, la science sans technologie et la technologie sans la science n'étaient plus praticables. Ainsi, quand les deux conceptions devinrent, malgré tous les problèmes initiaux, relativement bien intégrées, cette conquête a ensuite garanti l'essor et la stabilité à long terme de l'électrotechnique comme nouvelle discipline.

---

[37] Rip, A., « Science and technology as dancing partners », in Kroes, P., Bakker, M. (eds.), *Technological development and science in the industrial age*, Dordrecht/Boston/London, 1992, p. 231-270 (citation p. 231).

La création de l'Institut d'électrotechnique de l'École d'ingénieurs de Porto Alegre et la formation des premiers ingénieurs électromécaniciens dans le sud du Brésil (1908)

Flavio M. HEINZ

Professeur visitant à l'Université Fédérale de Paraná (U.F.P.R.),
Curitiba, Brésil
fheinz@pq.cnpq.br

Résumé

L'Institut électrotechnique de l'École d'ingénieurs de Porto Alegre, Brésil, a été créé en 1908. L'École avait été fondée quelques années auparavant (1896) par des ingénieurs de formation militaire qui avaient été politiquement très actifs dans le mouvement antimonarchique et républicain et qui par ailleurs partageaient l'orientation politique et religieuse du positivisme comtien. Impliqués dans un projet intellectuel de modernisation sociale et culturelle du pays, ces ingénieurs prônaient une plus grande ouverture aux formations techniques et critiquaient la formation trop littéraire de l'enseignement de l'époque. La création de l'Institut d'électrotechnique s'inscrivait alors dans le cadre de l'expansion de l'École d'ingénieurs et comptait sur le généreux soutien financier de l'administration régionale. Les années suivantes, l'Institut allait former des ingénieurs électromécaniciens, mais aussi des monteurs électromécaniciens, dans un cours technique en parallèle, offert aux enfants des familles ouvrières.

Mots clés

Ingénierie, formation d'ingénieurs, élites techniques, École d'ingénieurs de Porto Alegre, Institut d'électrotechnique de Porto Alegre, au début du XXe siècle

Dans la dernière décennie du XIXᵉ siècle, le Brésil connaît une période de transition politique et de forte transformation économique, notamment dans les grandes villes du sud et du sud-est du pays. Politiquement, la période a été marquée par la chute de la monarchie, en 1889, avec les bouleversements sociaux qui l'ont suivi et la recomposition des groupes au pouvoir. C'est aussi une période de forte croissance des activités industrielles dans certaines villes telles que São Paulo, Rio de Janeiro et Porto Alegre. Cette dernière était la principale ville du sud du pays, port, centre commercial et capitale de l'État méridional du Rio Grande do Sul, cœur du riche hinterland immigrant de l'extrême sud du pays qui comptait plusieurs communautés immigrantes, notamment dans ses districts ruraux. Ces communautés étaient assez développées à l'époque, et parmi elles un très important groupe, originaire des courants migratoires venus des États allemands depuis le premier tiers du XIXᵉ siècle. Vers la fin de ce siècle et au début du suivant, la croissance des activités industrielles et l'expansion de l'industrie de l'électricité dans le sud du Brésil étaient incontestables. Plusieurs usines y ont été créées dans la dernière décennie du XIXᵉ siècle et la première décennie du XXᵉ siècle. Les petites centrales à charbon se répandaient un peu partout, et cela a permis l'installation, ici et là, de l'éclairage des bâtiments publics, des tramways à Porto Alegre, du branchement des consommateurs privés, des petites entreprises et des habitations dans les villes, et le développement de l'industrie frigorifique, fait majeur pour une économie régionale encore très dépendante de l'élevage bovin.

Le contexte politique et social

Politiquement, la proclamation républicaine avait mis fin, en novembre 1889, à la seule monarchie ayant survécu à la chute des empires coloniaux en Amérique. Parmi les agents les plus importants de cette conspiration, on comptait notamment les cadets et les jeunes officiers de l'Armée. Toutefois, même si des militaires avaient été aux premiers rangs du mouvement républicain, ils ne sont pas arrivés à se maintenir au pouvoir. Ils sont passés au second plan de la politique nationale dès la fin de la première moitié des années 1890 quand des groupes politiques traditionnels, notamment d'anciens militants des partis conservateur et libéral, fort liés aux élites rurales et très vite reconvertis au républicanisme des vainqueurs, ont repris le contrôle de l'État. Cependant, le rôle joué par les militaires et, surtout, l'idéologie qui les avait « soudés » dans les dernières années de la monarchie, à savoir le positivisme d'Auguste Comte, leur assurait une forte influence parmi les secteurs réformateurs ou modernisateurs de la société brésilienne. Leurs cibles principales étaient l'archaïsme du modèle social brésilien, centré sur les activités agricoles, la cupidité du monde des élites et de leur système politique, mais aussi le système très peu méritocratique du recrutement de ces élites à travers les écoles de droit.

Dans le Brésil de la fin du XIXe siècle, il vaut mieux ne pas parler d'un seul positivisme, mais de plusieurs. En effet, après être entré au Brésil par l'intermédiaire des étudiants brésiliens qui avaient séjourné à Paris et à Bruxelles, dès les années 1850, le positivisme s'est répandu davantage – mais toujours dans des milieux très restreints – à partir des années 1870, et particulièrement à Rio, à São Paulo puis à Porto Alegre. Un des plus importants points de départ du succès du positivisme au Brésil a été son acceptation dans les milieux militaires, notamment chez les étudiants de l'École militaire et de l'École polytechnique de Rio, où l'œuvre de Comte était présentée par un professeur de mathématiques, Benjamin Constant Botelho de Magalhães, qui, plus tard, en 1889, fera partie du premier cabinet républicain en tant que ministre de la Guerre. Avec la participation d'autres positivistes de Rio de Janeiro, un deuxième noyau des comtiens brésiliens s'organisera autour de Teixera Mendes et Miguel Lemos, fondateurs de l'Apostolat positiviste puis de l'Église positiviste du Brésil. Dans le sud du pays, et en particulier à Porto Alegre, le positivisme devient une sorte d'idéologie d'État et les élites locales se pressent pour y trouver, à leur propre compte, de quoi s'identifier[1].

L'École d'ingénieurs de Porto Alegre

Ainsi, ce sont bien des militaires, républicains et positivistes, qui, en 1896, ont fondé l'École d'ingénieurs de Porto Alegre. Contribution majeure des positivistes dans la thématique de l'éducation, l'École « aurait été planifiée selon le projet comtien d'université technique ». En effet, loin du profil d'autres institutions d'enseignement supérieur de cette période, l'École d'ingénieurs évitait le « bacharelismo »[2], typique de l'enseignement supérieur de l'époque, et optait pour une école pratique, insérée dans

---

[1] Sur le positivisme dans le sud du Brésil, Boeira, N., *Comte in exile : the origins of political positivism in Rio Grande do Sul, Brazil, 1860-1891*, New Haven : Yale University, 1993 ; Love, J., *Rio grande do Sul and Brazilian Regionalism, 1882-1930*, Stanford : Stanford University Presse, 1971 ; Franco, S. da C., *Júlio de Castilhos e sua época*, Porto Alegre : Ed. da Universidade, 1968 ; plus récemment, des auteurs ont repris la discussion sur l'importance du positivisme. Targa, L.R.P., *Le Rio Grande do Sul et la création de l'État « développementiste » brésilien*, thèse de doctorat, Grenoble, Université Pierre Mendès France, 2002 ; Herrlein, Jr R., *Rio Grande do Sul, 1889-1930 : um outro capitalismo no Brasil meridional ?*, thèse de doctorat, Unicamp. Campinas (SP), 2000 ; pour un aperçu général du thème, voir le texte de Pezat, P., « O positivismo na abordagem da recente historiografia gaúcha », in *Anos 90*, Porto Alegre, 2006, vol. 13, n° 23/24, p. 255-285.

[2] Mot dépréciatif pour signaler le langage ou l'attitude hermétique, inutile et pompeuse, propre aux bacharéis, c'est-à-dire les avocats.

le milieu social environnant, ayant pour modèle non pas l'École polytechnique française, « mas la technische Hochschule alemã »[3] et, secondairement, le modèle nord-américain du Land-Grant College[4].

Sans chercher outre mesure une origine précise, nous identifions ici la superposition d'écoles et systèmes de pensée qui avaient en commun la défense de la place centrale de la technique et de l'apprentissage technique dans la formation professionnelle, aussi bien que le refus de l'orientation typiquement « littéraire » et juridique de l'enseignement dans la tradition luso-brésilienne. L'aspect « pratique » et « technique » de la formation de l'école d'ingénieurs sera toujours revendiqué, soit par l'évident effort déployé dans le sens de la structuration de l'enseignement technico-professionnel, l'une des priorités de la nouvelle École, soit dans la formation des ingénieurs eux-mêmes.

L'école connaîtra, dès ses premières années, une expansion accélérée des cours techniques et préparatoires, ce qui aura un effet immédiat quant au soutien que l'institution recevra des pouvoirs publics. En 1900 est créé un cours préparatoire pour les candidats à l'école et à d'autres facultés, cours qui recevra quelques années plus tard le nom de Júlio de Castilhos, leader politique républicain et positiviste du sud du Brésil mort en 1903. L'Institut Júlio de Castilhos était dédié à l'enseignement primaire et au lycée (Gymnase), d'une durée respective de 3 et 6 années, et incluait dans son programme les arts manuels et l'instruction militaire. Son but était de « préparer les garçons pour la vie pratique en leur donnant une éducation ainsi que des facilités pour suivre la carrière qu'ils souhaitaient, avec des connaissances solides et pratiques, et non pas avec une éducation littéraire, défectueuse et incomplète, offerte en général par les gymnases […] »[5].

Alors que l'Institut Júlio de Castilhos préparait des candidats pour l'École et, éventuellement, pour d'autres carrières « d'élite » telles que la médecine ou le droit, en 1906 a été créé l'Institut technico-professionnel, consacré à la formation des garçons de familles pauvres et nommé initialement École Benjamin Constant, en hommage au leader républicain Benjamin Constant Botelho de Magalhães, professeur de maints ingénieurs diplômés de l'École militaire et de l'École polytechnique de Rio de Janeiro. Constructions mécaniques, menuiserie et charpenterie, arts graphiques et arts du bâtiment, telles étaient les sections de l'Institut, dont

---

[3] Gertz, R., *O aviador e o carroceiro : política, etnia e religião no Rio Grande do Sul dos anos 1920*, Porto Alegre, Edipucrs, 2002, p. 152.

[4] Soares, M.P., *O Positivismo no Brasil – 200 anos de Augusto Comte*, Porto Alegre, Editora A.G.E., Editora da Universidade, 1998, p. 195.

[5] *Relatório de 1911*, apud Hassen, M. de N., Ferreira, M.L.M., *Escola de Engenharia/ U.F.R.G.S. – Um século*, Porto Alegre, Tomo Editorial, 1996, p. 60.

La création de l'Institut d'électrotechnique de Porto Alegre

l'enseignement était gratuit et proposé en cours du jour et du soir[6]. En 1908 a été créé l'Institut astronomique et météorologique, qui n'était pas destiné à l'enseignement mais était voué à l'étude du climat, établissant un large réseau de stations à l'origine des actuels services de climatologie dans le sud du pays.

Les relations entre l'École d'ingénieurs et le gouvernement étaient alors très cordiales[7]. Des ressources publiques en abondance finançaient la construction des installations et la croissance de l'École, notamment l'imposant immeuble en style Renaissance allemande pour y installer l'Institut Júlio de Castilhos. Le gouvernement Carlos Barbosa a instauré, en 1908 et pour une période de 10 ans, une taxe professionnelle de 2 %, au titre d'impôts de l'État, en faveur de l'École d'ingénieurs. L'année suivante, l'Assemblée des députés élevait cette taxe à 4 %, prévoyant que de nouveaux fonds devraient être levés pour l'enseignement agronomique et vétérinaire au niveau technique et professionnel. L'impact de l'expansion de l'École, notamment dans la structuration de l'enseignement technico-professionnel, avait eu de l'effet sur les autorités, comme on peut le constater avec cette affirmation du gouverneur d'État, Borges de Medeiros, reprise dans le Rapport de l'École d'ingénieurs de Porto Alegre de l'année 1907 : « Je considère comme le fait le plus important de mes dix années de gouvernement l'aide que j'ai pu apporter à l'installation de l'Institut technico-professionnel. »[8]

Les liens entre l'École d'ingénieurs et le gouvernement se manifestaient alors à trois niveaux : dans une identité politique et intellectuelle assurée par le positivisme ; dans la perception stratégique du rôle de l'École « en

---

[6] Le décret 7 566 du 23 septembre 1909 a institué formellement l'enseignement professionnel dans le pays, à travers la mise en place d'écoles d'apprentis dans les capitales régionales. Sur l'enseignement technico-professionnel et la création de l'Institut Parobé ; voir Lima, R.R. de, *As Escolas de Arte e Ofícios do Rio Grande do Sul : 1900 a 1930*, thèse (master's degree), U.F.R.G.S., Porto Alegre, 1997 ; Stephanou, M., *Forjando novos trabalhadores : a experiência do ensino técnico-profissional no Rio Grande do Sul, 1890-1930*, thèse (master's degree), U.F.R.G.S., Porto Alegre, 1990.

[7] Sur les rapports entre l'École d'ingénieurs et le gouvernement de l'État de Rio Grande do Sul ; voir Franco, M.E.D.P., Morosini, M.C., « A Escola de Engenharia (1896-1922) e o Partido Republicano Riograndense (P.R.R.) : hegemonia Estado-universidade », in *Relatório de Pesquisa I – A U.F.R.G.S. em sua gênese e as ingerências do Estado : a Escola de Engenharia, a Faculdade de Medicina e a Faculdade de Direito (1896-1930)*, Universida de Federal do Rio Grande do Sul, Porto Alegre, 1992 ; Hassen, M. de N., Ferreira, M.L.M., *Escola de Engenharia/U.F.R.G.S. – Um século*, Porto Alegre, Tomo Editorial, 1996 ; Alves, L.A. de F., *Estado, educação e modernização agrária : o papel da Escola de Engenharia de Porto Alegre (1889-1930)*, São Leopoldo, Universidade do Vale do Rio dos Sinos, 2008.

[8] *Relatório da Escola de Engenharia de Porto Alegre referente ao anno de 1907*, p. 8.

tant qu'agent d'encouragement du développement économique et technologique dans la région » ; et, finalement, dans l'aide publique pour l'École.

L'intérêt envers l'enseignement technico-professionnel se poursuivit par la création, en 1912, de l'Institut agronomique et vétérinaire qui devait assurer deux types d'enseignement : l'un théorico-pratique, pour former des agronomes et des vétérinaires, et l'autre exclusivement pratique, pour former des « agriculteurs praticiens avec des connaissances vétérinaires ». Dans les années qui suivirent, ce réseau de cours, pour la plupart à caractère technique et professionnel, ne cessa de s'étendre : Institut de zootechnique, Institut expérimental d'agriculture, patronage éducatif agricole[9], stations expérimentales d'agriculture, Institut d'éducation domestique et rurale tissaient un vaste réseau d'enseignement et de services de développement rural, avec des antennes et des stations expérimentales dans de nombreuses villes de campagne qui seront, dans les décennies suivantes, absorbées par les pouvoirs publics. De plus, une École industrielle élémentaire et un Institut de chimie industrielle complétèrent le cadre de l'enseignement technico-professionnel constitué par l'École.

La formation technico-professionnelle assura la présence de l'École dans les espaces politiques et dans la presse, garantissant à sa façon la fonction d'« incorporer le prolétariat dans la société », une consigne positiviste imprécise mais toujours rappelée.

L'Institut d'électrotechnique

« Afin que cet Institut soit d'abord et essentiellement un établissement d'enseignement, nous consacrons à l'enseignement le meilleur de notre attention et de notre tendresse, nous apportons le soutien et la collaboration précieuse au digne corps enseignant, nous pouvons être fiers que l'enseignement de l'électricité industrielle n'existe nulle part ailleurs au Brésil et, probablement, dans toute l'Amérique du Sud. Dans cet établissement, nous n'avons pas ménagé efforts et dépenses, en accord avec l'orientation générale de l'École d'ingénieurs de Porto Alegre, pour réunir le plus moderne et efficace équipement que l'on puisse souhaiter avec les méthodes d'enseignement les plus avancées [...]. Sauvegardant la norme d'un enseignement technique moderne, dès le début, l'enseignement de l'Institut d'électrotechnique a été donné sous une forme théorique et pratique, au moyen de leçons orales, manipulations et expériences en laboratoire. Il faut souligner l'importance de cette partie, dans laquelle l'élève, sous la supervision du professeur, travaille directement non pas avec des modèles de cabinet, pour toujours chassés de l'Institut, mais avec de véritables appareils industriels,

---

[9] Il s'agissait d'institutions éducatives, étatiques ou privées qui accueillaient des jeunes garçons pauvres, souvent des orphelins.

les mêmes que ceux qu'il va rencontrer dans la pratique professionnelle, et procède [...] à de véritables essais industriels, ceux auxquels il peut le plus probablement être confronté dans sa carrière d'ingénieur. »[10]

Le réseau créé par l'École était impressionnant. La formation supérieure n'en représentait qu'une partie mineure, mais la plus prestigieuse. Après presque dix années d'activités, marquées par la présence des ingénieurs-militaires fondateurs – tous sauf un avaient été formés à l'École militaire de Rio – et par des programmes de formation d'ingénieur civil et des routes, en 1908 a été créé l'Institut d'électrotechnique, consacré à la formation d'ingénieurs électromécaniciens et de monteurs électromécaniciens.

Pour cela, il fallait chercher des professeurs et des spécialistes ailleurs. En effet, dans le groupe original des fondateurs, personne ne semblait en mesure de faire face aux exigences du nouvel institut, contrainte qui marquera toute la période de ses débuts. Si la fondation de l'École d'ingénieurs avait posé un défi avec la proposition d'un enseignement à vocation pratique, presque un manifeste politique, la création de l'Institut d'électrotechnique soulevait le problème du niveau des connaissances et des spécialisations disponibles. Le défi était alors de s'approprier rapidement des connaissances qui n'étaient offertes sur place que par un nombre très réduit de techniciens étrangers, travaillant la plupart du temps pour de grandes compagnies étrangères. Il fallait donc former des techniciens brésiliens, et pour cela il fallait rapidement faire venir d'Europe des spécialistes « pratiques » pour fournir l'enseignement. Comptant sur de larges ressources de l'État, l'Institut a envoyé presque chaque année des « ambassades » en Europe, aux États-Unis et au Canada pour y acheter des équipements et embaucher des enseignants pour ses ateliers et laboratoires[11]. L'Institut comptera 7 « sections », avec des ateliers et laboratoires rattachés, même si à peine deux sont liés directement à la formation des ingénieurs électromécaniciens : « électricité » et « machines et moteurs ». D'autres sections telles que la photo technique et la galvanoplastie utiliseront ses locaux et une partie de ses ressources (malgré la grande désapprobation de ses dirigeants).

---

[10] *Relatório da Escola de Engenharia de Porto Alegre referente ao anno de 1914*, p. 3-4.

[11] « En avril de l'année courante de 1912 sont partis pour les États-Unis l'ingénieur Vivaldo de Vivaldi-Coaracy et les techniciens électromécaniciens Julio Moreira d'Avila et Dominiano Rangel, et pour l'Allemagne, le technicien électricien Waldomiro Fettermann, avec pour but de se perfectionner dans leurs spécialités à charge de cet Institut. De l'ingénieur Vivaldo de Vivaldi-Coaraçy, l'Institut reçoit des rapports mensuels sur ses travaux et études, non seulement á propos de l'électricité, mais aussi sur l'enseignement technico-professionnel dans la République américaine », in *Relatório da Escola de Engenharia de Porto Alegre referente ao anno de 1912*, p. 6.

Pour avoir une idée des finances de l'Institut d'électrotechnique, il faut prendre en compte que ses recettes en 1911 sont montées à plus de 215 *contos de réis*, soit environ 14 500 livres sterling au taux de change de l'époque. Presque les deux tiers de ces recettes provenaient des subventions des gouvernements fédéral et régional.

Les dépenses de l'année 1911 signalent en outre le poids de la formation pratique dans l'ensemble de l'Institut d'électrotechnique : seulement un peu plus de 7 *contos* (7 260 000), soit 487 livres, sont indiquées sous le titre « enseignement théorique » ; 38 *contos* (38 177 700), soit 2 565 livres ou plus de cinq fois le total du titre antérieur, ont été attribuées à l'enseignement « professionnel ». Cela peut être un indice du poids financier que représentaient les enseignants venus des États-Unis et d'Europe pour diriger les ateliers et laboratoires de l'Institut et à qui étaient attribués aussi certains cours « théoriques » tels que mécanique élémentaire, géométrie descriptive et électrotechnique.

Les enseignants de l'Institut étaient aussi bien des professeurs[12], (mais il faut prendre en compte que le mot désigne, au Brésil, aussi bien les professeurs d'université que les maîtres d'école) et des enseignants spécialistes. Sur un total de 82 enseignants listés entre 1908 et 1922, 13 avaient été embauchés lors des « ambassades » des dirigeants et professeurs de l'Institut en Amérique du Nord et en Europe. Ceux-ci touchaient les rémunérations les plus élevées et étaient employés le plus fréquemment dans les programmes des cours.

En effet, il semble que la reconduction des responsables des différents cours était une préoccupation importante. Probablement, les occasions de travail et d'une rémunération plus intéressante pour les diplômés sur le marché de travail dans la région étaient plus attirantes que le modeste paiement pour les classes données, ce qui représentait un obstacle pour une affectation à plein-temps dans la fonction. Être professeur chargé d'un cours par semaine, à rémunération modeste ou à peine symbolique, semble avoir été le cas de plusieurs spécialistes qui suivaient des carrières parallèles et financièrement plus avantageuses, mais étaient intéressés à donner des cours surtout à cause du prestige social associé à la condition de professeur de l'Institut.

De fait, l'attraction du marché du travail semblait être un problème pour les responsables de l'Institut. Ceux-ci rapportent souvent avec frustration leur difficulté pour faire en sorte que les jeunes en formation professionnelle de monteurs électromécaniciens restent après la première année de cours, vue la forte pression des employeurs pour les embaucher dans

---

[12] Ici était probablement considéré comme professeur, l'enseignant de l'Institut qui était titulaire d'un diplôme d'ingénieur.

une région en pleine expansion industrielle et ne disposant que d'une main d'œuvre très peu qualifiée.

D'un autre côté, la nécessité d'accroître la rémunération des enseignants étrangers, en fonction d'un engagement de l'institution lors de leur embauche dans les pays d'origine, a poussé l'Institut d'électrotechnique à leur offrir un nombre plus élevé d'heures de cours en vue d'améliorer leurs salaires. Ainsi, les enseignants spécialistes étrangers à Porto Alegre étaient devenus en quelque sorte des enseignants « plus stables » que les professeurs eux-mêmes.

Les contrats signés avec ces enseignants spécialisés et aussi avec quelques professeurs en Europe, notamment en Allemagne, se sont poursuivis à peu près une quinzaine d'années après la fondation de l'Institut, comme on le constate dans le rapport de la direction de l'École de l'année 1919 :

> « Dans l'année écoulée [1918] des négociations ont été conduites en Allemagne pour le contrat de divers maîtres spécialistes pour les différentes sections de l'Institut. Jusqu'à ce que l'École d'ingénieurs ait un nombre suffisant d'élèves diplômés, avec leur nécessaire perfectionnement à l'étranger, ceci est une mesure qui s'impose et que l'on ne peut négliger. »[13]

La formation des ingénieurs électromécaniciens

Le programme d'ingénieur électromécanicien ou d'ingénieur mécanicien et d'ingénieur électricien s'étendait sur trois ans. Les étudiants avaient une moyenne de 24 heures par semaine d'études dans la première année, dont plus d'un tiers (9 heures/semaine) étaient consacrées à des travaux dans les ateliers et laboratoires[14]. Dès 1912, le programme d'études changea et une quatrième année fut ajoutée. Toutefois, la part de la formation dans les ateliers resta très importante[15]. En cette même année 1912 fut

---

[13] *Relatório da Escola de Engenharia de Porto Alegre referente ao anno de 1919*, p. 118.
[14] Dans la 1re année, les autres matières étaient le calcul infinitésimal (3h), la physique expérimentale (5h), la géométrie descriptive (3h), le dessin de machines (4h). Dans la 2e année, les étudiants avaient 30 heures par semaine de cours, dont 21 heures de matières spécifiques : mécanique élémentaire (3h), physique industrielle (3h), électrotechnique (5h), machines et moteurs (5h), chimie (3h), perspectives et ombres (3h). Dans la 3e année, les matières étaient résistance des matériaux et graphostatique (5h), électrotechnique (5h), machines et moteurs (5h), construction de machines et de ses détails (4h), finances, économie politique et administration (2h). Les étudiants devaient aussi présenter un projet de travail pratique à la fin du cursus, à partir des propositions spécifiques données par la direction de l'Institut.
[15] Les matières spécifiques en 1re année étaient la géométrie analytique, le calcul infinitésimal, la physique expérimentale, la géométrie descriptive, les plans cotés, Les perspectives et ombres. Dans la 2e année, mécanique, électricité, chimie et métallurgie,

proposée la création d'une École pratique d'électricité et mécanique, dont le programme de six ans devait garantir la formation technique des monteurs électromécaniciens. Il était prévu que les candidats à cette formation fussent des garçons âgés de 10 à 14 ans. Dans le Rapport de la direction de l'École d'ingénieurs de l'année 1912, la création de la formation des monteurs était montrée comme étant aussi importante que celle d'ingénieur électromécanicien :

> « La création de ce cours, qui a été bien reçu et qui est très recherché par le prolétariat pour l'éducation professionnelle de ses enfants, est venue combler un grand besoin d'ouvriers de cette spécialité qui se ressent dans notre milieu. Il n'est pas nécessaire de parler de sa grande utilité. Elle s'impose à nos yeux dès que nous observons la pénurie dans laquelle nous nous retrouvons en ce qui concerne les techniciens qui aient quelques notions d'électricité pour s'occuper des installations les plus simples ; ceux que nous avons sont presque tous importés de l'étranger. Nous ne pourrions donc d'aucune manière offrir un enseignement supérieur d'électricité à des ingénieurs et moins nous occuper des ouvriers nécessaires à cette branche professionnelle si importante. »[16]

Dans l'Institut d'électrotechnique, on comptera 57 diplômés entre 1911 et 1921, puis leur nombre déclinera fortement. En effet, entre 1922 et 1930, ils ne sont que 7 ingénieurs électromécaniciens à obtenir leur diplôme (dans toute l'École d'ingénieurs, il y a eu 425 diplômés entre 1898 et 1928). Cela peut indiquer une baisse des offres de travail pour les électromécaniciens après le boom des petites usines électriques de la dernière décennie du XIXe siècle et de la première décennie du XXe siècle. Toutefois, pour les étudiants de la formation professionnelle de monteur électricien, le cours restait très suivi et leur nombre ne cessait de s'accroître au fil des ans.

Conclusion

Pour terminer, quelques indications sur le rapport entre la formation électrotechnique et l'origine géographique des étudiants. Même s'il ne faut pas exagérer les liens, il est indéniable qu'en comparaison des deux autres grandes écoles supérieures de l'époque qui existaient à Porto Alegre, droit et médecine, l'École d'ingénieurs était, d'après un important historien de

---

topographie. Dans la 3e année, les matières étaient résistance des matériaux et graphostatique appliquées aux machines, électrotechnique, thermodynamique et machines, dessin de machines et de moteurs. Dans la 4e année, les matières étaient hydraulique et constructions hydrauliques appliquées à l'hydroélectricité, électrotechnique, électrotechnique et électrochimie, construction de machines et de moteurs, construction de machines et de ses détails, finances précédées d'économie politique et d'administration.

[16] *Relatório da Escola de Engenharia de Porto Alegre referente ao anno de 1912*, p. 5.

l'immigration, la « plus allemande » des universités de l'époque dans le sud du Brésil. Parmi les 57 diplômés de l'Institut entre 1911 et 1921, 15 appartenaient à des familles allemandes ou brésiliennes d'origine allemande. Le système plutôt ouvert d'admission à l'École d'ingénieurs et à l'Institut d'électrotechnique, avec des épreuves de connaissance et de rédaction, a permis une forte participation des enfants d'une classe moyenne urbaine d'origine immigrée, alors que le système d'entrée des facultés de droit et de médecine était marqué par le poids des réseaux familiaux et politiques de l'élite traditionnelle de la région, proches surtout d'une économie de base agraire et latifundiste.

Troisième partie

Les formations électrotechniciennes : perspectives sur la longue durée

L'enseignement et la formation en électricité et électrotechnique en Espagne (1850-1950)

Joan Carles ALAYO I MANUBENS

*Centre de Recherche pour l'Histoire de la Technique,
Université Polytechnique de Catalogne, Barcelone, Espagne
jc.alayo@enginyers.net*

Résumé

L'« ingénieur industriel » a été décrit comme une personne appliquant ses connaissances scientifiques à l'industrie, en transformant des matières premières au moyen de la chimie, en construisant des appareils mécaniques, et plus tard en construisant des systèmes électriques. Dans quelle mesure les écoles d'ingénieurs ont-elles manifesté leur intérêt pour l'électricité, tel est le sujet de ce travail. La période choisie s'insère entre la première étape des connaissances sur l'électricité, et le moment ou les études d'ingénieur ont déjà été développées avec succès.

En ce qui concerne l'électrification, c'est dans la période entre 1874 et 1910 que l'électricité industrielle a commencé à se développer. Quand en 1881, la première société espagnole s'est constituée à Barcelone avec l'idée d'électrifier tout le pays, il a été dit que c'était la sixième entreprise électrique au monde permettant d'user de l'éclairage électrique public et privé à Barcelone, précisément la même année que les villes de Londres ou de New York. Malgré l'évolution très lente de l'industrie électrique en Espagne, l'initiative des techniciens étrangers et de leurs collègues espagnols donna à l'électrification un rôle particulier. Dans cette période, l'enseignement de l'électricité dans les écoles d'ingénieurs s'est adapté aux nouveautés, venues principalement de France.

Après 1911, avec l'introduction des intérêts américains il y a eu une réadaptation totale de l'industrie électrique avec des installations de grande taille : des barrages, des lignes de haute tension, des distributions à moyenne tension développés sur tout le territoire.

Mots clés

Électricité, enseignement, industrie, Espagne, formation des ingénieurs

En Espagne, ce sont principalement les ingénieurs industriels qui ont favorisé l'implantation de l'électricité dans le pays. C'est la raison pour laquelle cette analyse commence en 1851, année qui a été celle de la création des études de génie industriel. Dans ce texte, il s'agit de montrer quelle a été la participation de cette communauté, et quelles ont été les méthodes et les systèmes d'acquisition des connaissances nécessaires à l'apprentissage de l'électricité et de l'électrotechnique.

On peut considérer que l'enseignement industriel a débuté en Espagne avec la Junta de Comercio de Barcelone. Cette institution s'est constituée à la fin du XVIIIe siècle pour promouvoir l'enseignement des arts et des métiers industriels, et elle a ouvert progressivement des chaires d'enseignement dans les différentes disciplines en commençant par les constructions navales en 1769. En 1814 a été ouverte une chaire de physique expérimentale appliquée aux arts. L'académicien Pere de Vieta en a été le professeur pendant 30 ans. La chaire disposait d'un laboratoire de physique grâce à la collaboration de la Real Academia de Ciencias y Artes de Barcelone[1] : on y étudiait notamment le galvanisme et l'électrostatique.

En 1824 a été créé à Madrid le Real Conservatorio de Artes dont le but était de promouvoir l'enseignement industriel et de perfectionner les opérations manufacturières. Dès 1788 déjà, le Gabinete de Máquinas avait reçu comme mission de faire connaître les modèles de machines acquis par les Espagnols qui voyageaient dans le monde industriel. Mais le Real Conservatorio de Artes allait plus loin en offrant un véritable enseignement actif. Les cours ne débutèrent qu'en 1832, mais un an plus tard, d'autres chaires du même type s'ouvraient dans plusieurs villes espagnoles.

Au milieu du XIXe siècle, l'État s'est préoccupé d'organiser l'enseignement industriel : les différents établissements tels celui de la Junta de Comercio de Barcelone et du Real Conservatorio de Artes ont été intégrés dans un plan d'études général devant aboutir à former des ingénieurs industriels. L'enseignement était structuré en trois niveaux : élémentaire, intermédiaire et supérieur.

---

[1] Monés i Pujol-Busquets, J., *L'obra educativa de la Junta de Comerç (1769-1851)*, Barcelona, Cambra Oficial de Comerç, Indústria i Navegació de Barcelona, 1987, p. 120.

Pour les deux premiers niveaux, trois écoles ont été créées : à Barcelone, ville de longue et forte tradition industrielle, à Vergara dans le Pays basque, région également de tradition industrielle, mais aussi à Séville, où l'industrie était inexistante. Le Real Instituto Industrial, installé à Madrid, était le seul endroit où les trois niveaux étaient mis en place : il n'y avait donc que dans la capitale du royaume où l'on pouvait terminer des études supérieures d'ingénieur.

L'enseignement industriel en Espagne en 1851

Enseignement	Lieu	Durée	Diplôme	Prolongation
Élémentaire	Instituts de 1re classe dans différentes villes	1 an de préparation + 3 ans	Certificat d'aptitude à la profession	Avec une 4e année en option, on obtenait le diplôme de Maître industriel
Moyen	Écoles de Madrid, Barcelone, Séville et Vergara	3 ans	Professeur industriel	Avec une 4e année, on obtenait le diplôme d'Ingénieur de 2e classe
Supérieur	Real Instituto Industrial (Madrid)	2 ans	Ingénieur de 1re classe	

Les études d'ingénieur comportaient deux branches, la mécanique et la chimie, et les diplômes académiques qui étaient délivrés à la fin du deuxième niveau étaient ceux d'ingénieur mécanicien ou d'ingénieur chimiste de deuxième classe. Ce diplôme permettait d'accéder au cours supérieur qui se donnait à Madrid et qui délivrait, à l'issue des études, des diplômes académiques d'ingénieur mécanicien ou d'ingénieur chimiste de première classe[2].

Le Real Instituto Industrial héritait de ce qu'avait été le Real Conservatorio de Artes et offrait en plus des cours, un musée d'objets industriels et un atelier de machines et de modèles pour pouvoir connaître et construire des instruments, des machines, ou se perfectionner dans les connaissances dont l'enseignement du génie avait besoin. Ce centre devait être un modèle de l'enseignement industriel et sa mission était « de promouvoir la connaissance des progrès et des avancées industrielles des pays étrangers, de propager dans notre pays les inventions les plus utiles aux arts manufacturiers, de former le professorat pour les écoles ainsi que

---

[2] Lusa Monforte, G., *La creación de la Escuela Industrial Barcelonesa (1851)*, Barcelona, Escola Tècnica Superior d'Enginyeria Industrial de Barcelona, 2001, p. 40.

les directeurs des fabriques et d'ateliers et les constructeurs théoriques et pratiques d'instruments, de modèles et de machines »[3].

Mais l'industrie espagnole naissante était principalement située en Catalogne, au Pays basque et dans les Asturies. Cela, ajouté à une série de réformes introduites dans l'enseignement du génie industriel, occasionna la fermeture des écoles, au bout de quelques années d'existence, à l'exception de celle de Barcelone.

Cette ville a été donc pendant environ 30 ans, entre 1867 et 1899, le lieu d'implantation de l'unique école d'ingénieurs industriels en fonctionnement en Espagne. C'est au cours de cette période que l'électricité industrielle a commencé à se développer et ce fut à Barcelone que le premier noyau embryonnaire de l'électrification du pays se forma.

Les débuts de l'électricité en Espagne

La transmission des connaissances spécifiques sur l'électricité en Espagne est ancienne. La première publication d'un auteur espagnol sur cette matière est de 1752 : *Physica Electrica o compendio donde se explican los maravillosos phenomenos de la virtud electrica*, une œuvre du médecin Benito Navarro y Abel de Beas. À ce moment-là, l'électricité n'était pas une discipline reconnue mais ce livre citait toutes les connaissances que l'auteur avait sur l'électricité, et, surtout, son intérêt médical. « Chaque jour de nouveaux progrès ont été observés dans cette matière ardue : ils ne se limitent pas aux termes de la physique curieuse, ils s'étendent déjà avec fondement aux utilités de la santé publique. Quelques maladies qui ont résisté à l'usage de la plus adéquate médecine, ont cédé à l'électrisation des corps. » Dans cette période de la deuxième moitié du XVIIIe siècle, les principaux intéressés dans la science électrique étaient des personnes liées à la médecine puisque l'on pensait que l'électricité avait des fonctions thérapeutiques. Pour cette raison, des mémoires étaient publiés habituellement dans les académies de médecine, et dans les académies des sciences et des arts.

En Espagne et ailleurs en Europe, la figure de Francesc Salvà e Campillo (1751-1828) s'impose. L'éminent médecin s'est aussi occupé de physique avec un esprit scientifique, et comme d'autres collègues, il expérimenta l'électricité appliquée à la médecine. À l'instar de celui de Barcelone, les Collèges de chirurgie possédaient, au milieu du XVIIIe siècle, un cabinet de physique avec des instruments scientifiques, électriques entre autres,

---

[3] Décret royal de Fomento du 20 mai 1855.

pour analyser les phénomènes physiques et pour les expérimenter[4]. Dans le cas de Salvà, son intérêt pour l'origine du fluide électrique l'a amené à écrire, entre autres, en 1795, un ouvrage, *La Electricidad aplicada a la Telegrafía*, qui a été reconnu dans le monde scientifique comme le premier apport de l'électricité à un système télégraphique[5]. Cette proposition fut démontrée par Francesc Salvà lui-même, publiquement, en 1796 à Madrid.

On doit noter que l'existence de la Real Academia de Ciencias y Artes de Barcelone a eu une influence remarquable pour l'étude et la connaissance pratique de l'électricité en l'Espagne. Constituée en 1764 sous le nom de Conferencia Físico-matemática experimental, elle était l'héritière des sociétés philosophiques, qui, par exemple, avaient montré en 1762, lors d'une fête littéraire célébrée à Barcelone, une machine électrostatique pour divulguer les notions d'électricité. En 1770, elle devint la Real Academia de Ciencias y Artes ce qui influença la création d'autres académies dans les différentes villes espagnoles. Peu de temps après sa création, la structure interne des études fut divisée en deux sections : l'électricité et le magnétisme et autres phénomènes. De cette façon, toutes les connaissances scientifiques pouvaient être présentées par les conférenciers. En 1773, l'Académie confia la direction de la section d'électricité à Antoni Juglà i Font. En 1804, Francesc Salvà lui succéda à la direction de cette section et ce, jusqu'à sa mort[6].

Dans les mémoires de l'institution, on peut constater que l'étude des phénomènes électriques s'est répandue depuis la fin du XVIIIe siècle. Le premier qui fait référence à l'électricité est daté de 1785, présenté précisément par Antoni Juglà dans *Memoria sobre la utilidad de los conductores eléctricos*. Salvà lui-même a également présenté ses mémoires référencés ci-dessus.

Au XIXe siècle, l'électrochimie et l'éclairage ont été les applications les plus importantes de l'électricité et beaucoup d'expériences ont été mises en œuvre. En ce qui concerne la lumière électrique en Espagne, les premières furent réalisés – en mai 1851 à l'Université de Saint-Jacques-de-Compostelle et en novembre 1851 à l'Université de Barcelone.

---

[4] Agustí i Culell, J., *Ciència i Tècnica a Catalunya en el segle XVIII*, Barcelona, Institut d'Estudis Catalans, 1983, p. 24.

[5] Alayo Manubens, J.C., « L'electricitat a Espanya en els segles XVIII i XIX. Una anàlisi a partir de la bibliografia », in *Actes d'Història de la Ciència i de la Tècnica*, VII Trobada, Barcelona, Societat Catalana d'Història de la Ciència i de la Tècnica, 2003, p. 435.

[6] Ras i Oliva, E., « Antecedents de l'Enginyeria Elèctrica a Catalunya », in *CXXV Aniversario de la Escuela de Ingenieros Industriales de Barcelona (1851-1976)*, Barcelona, 1976, p. 126.

À partir de 1875, la lumière électrique a été installée dans plusieurs villes d'Espagne. D'abord, des essais ont été menés pour observer si la lumière électrique était meilleure que l'éclairage existant – habituellement au gaz –, et par la suite l'équipement électrique était monté de façon permanente.

Hormis les installations particulières dont le nombre augmentait en fonction des circonstances, ce n'est qu'en 1886 que les villes de Barcelone, Madrid, Valence, San Sebastián et Gérone disposèrent d'une centrale électrique, mais elles étaient les seules capitales de province de l'Espagne à en avoir. Cela a permis à une partie de la population de bénéficier de l'éclairage électrique. À Malaga, il n'y avait pas de centrale électrique mais on sait qu'il existait deux installations particulières qui fournissaient de l'électricité à leurs voisins. Ce même système fut utilisé postérieurement dans d'autres villes d'Espagne[7].

Les premières étapes de l'électrification en Espagne

1875-1880	Débuts de l'électricité industrielle en Espagne.
1881-1883	Première société d'électricité : Sociedad Española de Electricidad.
1884-1886	Premiers réseaux : Barcelone, Madrid, Gérone.
1887-1899	Construction de centrales et réseaux dans différentes villes d'Espagne.

Mais l'électrification est devenue peu à peu incontournable. En 1889, à Madrid, deux nouvelles entreprises ont vu le jour : la Compañía General Madrileña de Electricidad qui construisit une grande centrale de courant continu capable de fournir 80 000 lampes ; et The Electricity Supply Company for Spain, Ltd. qui construisit une centrale de courant alternatif capable de fournir 24 000 lampes[8]. En 1896, deux centrales électriques ont été construites à Barcelone : la centrale de la Compañía Barcelonesa de Electricidad qui, avec ses cinq dynamos à courant continu de 750 kW chacune, était la centrale la plus importante d'Espagne ; l'autre était celle de la Central Catalana de Electricidad avec cinq dynamos de courant continu, quatre de 530 kW et une de 300 kW.

---

[7] Alayo Manubens, J.C., *L'Electricitat a Catalunya*, Lleida, Pagès editors, 2008, p. 892.
[8] Garcia de la Infanta, J.Mª, *Primeros pasos de la luz eléctrica en Madrid*, Madrid, Fondo Natural, 1986, p. 70.

Progression de l'électrification des 51 capitales provinciales espagnoles

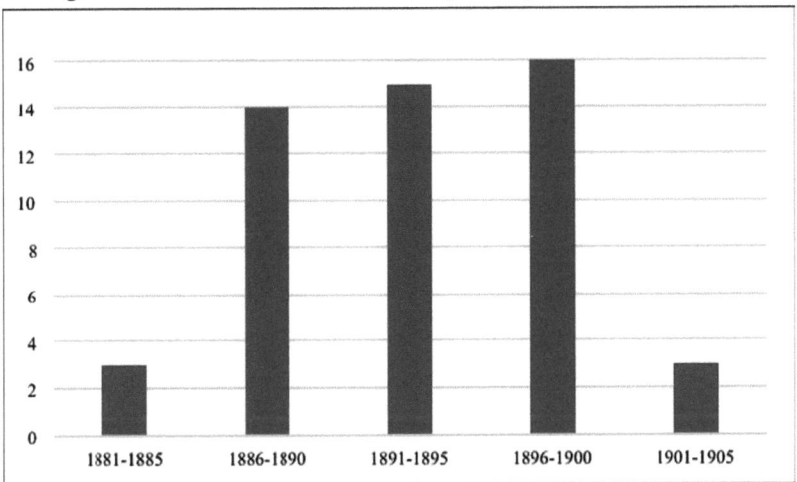

L'enseignement de l'électricité au XIXᵉ siècle

Dans la première moitié du XIXᵉ siècle, l'électricité était une discipline plus proche de la science que de l'industrie. Au moment de la création des études de génie industriel, en 1850, l'enseignement des matières industrielles dont l'industrie avait besoin était essentiellement la mécanique et la chimie. L'électricité n'y figurait pas parce que sa technologie n'était pas encore développée.

On sait que la télégraphie a été l'une des premières applications de l'électricité. En Espagne, en 1855, quand a été projeté le tracé d'un nouveau réseau télégraphique sur le territoire national, l'intérêt de l'État a été si important qu'en 1866, il y avait déjà environ 10 000 kilomètres de ligne en fonctionnement avec un total de 160 stations, y compris deux câbles sous-marins, l'un entre la péninsule et les îles Baléares, et l'autre avec la côte africaine[9]. Les télégraphistes ont été les premiers à connaître l'électricité industrielle mais leur instruction se faisait au sein du corps des Télégraphes.

À partir de 1850, dans la formation d'ingénieur industriel, il était nécessaire d'avoir étudié pendant cinq ans les diverses matières du cursus, parmi

---

[9] *Revista de Telégrafos*, 1867, p. 133.

lesquelles deux cours de Physique industrielle. Dans cette matière figurait l'électricité comme une branche de la physique[10] :

physique industrielle, 1er cours : Applications du calorique et les combustibles
physique industrielle, 2e cours : Applications de l'électricité et de la lumière

Le premier programme de ce deuxième cours de physique industrielle fut élaboré par le professeur de l'École d'ingénieurs de Madrid, Eduardo Rodríguez, qui avait été boursier entre 1834 et 1837 à l'École centrale de Paris et avait été l'élève d'Eugène Péclet, le créateur dans cette institution de la matière appelée Physique industrielle. À ce moment, les applications de l'électricité étaient encore très limitées. On commençait à utiliser les lampes à arc de Duboscq (1817-1886) et Serrin (1829-1905), et des essais étaient effectués pour l'application de l'électricité dans les phares avec la nouvelle machine électrique construite en Angleterre par Holmes (1857-1935).

Plus tard, alors que l'électricité connaissait une plus grande croissance en Espagne, le programme de la discipline fut développé à Barcelone par Francisco de Paula Rojas, qui à cette époque en était le professeur. Ce fut lui qui fit venir les deux premières dynamos Gramme arrivées en Espagne : la première était manuelle et on l'utilisait dans le laboratoire de physique et l'autre servait à éclairer le cabinet de physique. Le programme comprenait un total de 85 leçons. Outre les leçons classiques d'électricité et de magnétisme, on étudiait la machine Gramme (le type atelier et l'octogonale), la bougie Yablochkov, et le téléphone de Bell. Le programme n'est pas daté, mais il fut probablement établi entre 1878 et 1880.

L'électricité commença à se développer énormément á la suite de l'impulsion donnée par l'Exposition internationale d'électricité de 1881 à Paris. À l'École d'ingénieurs industriels de Barcelone, c'est pendant l'année scolaire 1889-1890 que, dans le programme de physique industrielle enseigné par le professeur José Mestres Gómez, la partie consacrée à l'électricité fut modifiée de façon importante. Non seulement on expliquait la machine Gramme, mais le programme comprenait aussi plusieurs machines comme les Crompton, Siemens, Brown, Edison, Hopkins, Thury, Brush, Thomson-Houston, et aussi les alternateurs, les transformateurs, les lignes et les câbles souterrains. Avec ce programme qui adaptait l'enseignement à la réalité technique, les ingénieurs industriels étaient mieux préparés pour mener à bien l'électrification du pays.

---

[10] Foronda y Gómez, M. de, *Ensayo de una bibliografía de los ingenieros industriales*, Madrid, Estades Artes Gràficas, 1948, p. XIV.

Cependant la rigidité du système éducatif officiel espagnol maintenait invariablement la structure du plan d'études d'ingénieur industriel. Les nouvelles connaissances d'électrotechnique restaient au choix des professeurs, mais elles devaient être obligatoirement rattachées à la physique industrielle. Toutefois, l'enseignement de l'électricité en tant que matière spécifique était peu à peu organisé. En 1893, compte tenu de la progression de l'industrie électrique et des nouveaux besoins en Espagne, le conseil des professeurs de l'unique école d'ingénieurs industriels existante, celle de Barcelone, demanda au gouvernement de Madrid de mettre en place un enseignement spécifique d'électrotechnique et d'élargir les spécialités d'ingénieurs, qui à ce moment-là étaient toujours la mécanique et la chimie, à une nouvelle spécialité d'électricité. Malgré tout, la demande ne fut pas acceptée par l'administration académique et, en conséquence, le plan d'études de génie industriel ne fut pas modifié.

En 1890 toutefois, l'électricité a été inscrite dans le nouveau plan d'études de l'École des mines. L'électrotechnique appliquée était une matière du troisième cours de cette institution et le premier professeur en a été José Maria de Madariaga y Casado, ancien élève de l'Institut électrotechnique Montefiore. Dans l'École d'ingénieurs des chemins, l'électricité a été spécifiquement introduite en 1896 avec la matière « Applications de l'électricité » qui comprenait trois heures hebdomadaires et couvrait toute la théorie des machines électriques, la question des lignes de transport et ses théories. En 1906, ce cours a été divisé en deux : électrotechnique I et électrotechnique II de trois heures hebdomadaires chacun. En 1899, quand une nouvelle école d'ingénieurs, a été inaugurée dans la ville de Bilbao, le programme d'études offrait en plus de la physique industrielle, deux cours spécifiques d'électrotechnique.

L'électricité s'imposait fortement partout et les entreprises de matériel électrique poussaient à l'électrification et plaçaient leurs produits sur le marché. On avait besoin de techniciens capables de dessiner les nouvelles installations et de connaître les différentes options que l'industrie offrait, mais tandis que l'administration n'en finissait pas d'établir une formation spécifique pour garantir des techniciens qualifiés en électricité, ces derniers se formaient au moyen des meilleures formules à leur portée.

À Barcelone, berceau de l'électrification de l'Espagne, l'intérêt que suscitait l'industrie électrique naissante a incité la Diputacion de Barcelone, l'une des administrations qui soutenait l'école d'ingénieurs, à créer à son compte, en 1899, une chaire spécifique d'électricité industrielle dans son École provinciale d'arts et métiers. Cette école qui fonctionnait dès 1868 comme annexe à l'École d'ingénieurs industriels, d'abord de façon expérimentale puis en 1873 de façon permanente, était économiquement soutenue depuis ses débuts par la Diputacion de Barcelone. C'étaient les professeurs de l'école d'ingénieurs qui se chargeaient de l'enseignement. Ce cours spécifique d'électricité industrielle a commencé en 1900 et le premier titulaire de cette chaire a été José Mestres Gómez, le professeur de physique industrielle à l'école d'ingénieurs. Avec la nouvelle chaire, des cours d'électricité industrielle ainsi que des travaux pratiques dans un atelier électrique ont été donnés. C'était un pari de la part de la société barcelonaise de doter ces jeunes gens de notions élémentaires sur l'électricité, les installations électriques et ses applications industrielles. Quand ces étudiants terminaient le cycle d'études, ils obtenaient le certificat d'électricien qui leur permettait de continuer leur formation à l'école d'ingénieurs grâce à un examen d'entrée et quelques cours de préparation. À cette époque, l'électrification se développait avec beaucoup de force : à Barcelone, deux grandes entreprises se disputaient le marché électrique émergent de la ville, la même chose se passait à Madrid, et sur le territoire beaucoup de localités disposaient également déjà d'un éclairage électrique.

En cette fin de siècle en Espagne, alors que l'industrie électrique commençait à monter en puissance, l'enseignement de l'électricité n'avait pas encore un espace propre dans toutes les études supérieures scientifiques même si quelques initiatives individuelles tendaient à structurer cet enseignement. Ce n'était pas le cas à l'étranger : par exemple à Liège, l'Institut électrotechnique Montefiore avait été créé en 1883 ; de même qu'à Paris, en 1894, l'École Supérieure d'Electricité avait ouvert ses portes ; en Allemagne, si en 1883, les programmes des écoles d'ingénieurs mécaniciens ou chimistes n'avaient pas de matière spécifique en électricité tout comme en Espagne, en 1891 on étudiait déjà le génie électrique dans les 14 universités allemandes, autrichiennes et suisses.

Cependant, en Espagne, l'électricité n'était pas dépourvue de techniciens et de connaisseurs en la matière. L'édition de livres en castillan dans le domaine de l'électricité et de l'électrotechnique en est un bon exemple, ce qui contribua à sa diffusion. Des auteurs français, anglais ou allemands ont été traduits. Des auteurs espagnols ont également été publiés.

L'électricité industrielle a fait aussi l'objet de publications spécialisées. Il s'agissait de :

1883-1890	La Electricidad, éditée à Barcelone
1890-1908	Gaceta Industrial y Ciencia Eléctrica, éditée à Madrid
1889-1934	La Energía Eléctrica, éditée à Madrid
1919-1934	Electricidad, éditée à Barcelone
1922-1998	Anales de Mecánica y Electricidad, éditées à Madrid
1937-2010	Metalurgia y Electricidad, éditée à Madrid

L'électrotechnique dans l'enseignement technique

En 1901, le Ministère espagnol de l'Instruction Publique a instauré une importante réforme dans l'enseignement technique. Elle s'est traduite par la création des écoles élémentaires et supérieures d'industries. Les premières étaient une continuation des écoles d'arts et métiers, pour ce qui concerne l'enseignement industriel. Les secondes étaient une nouvelle création pour occuper l'espace existant dans le milieu industriel espagnol, entre les ingénieurs et les ouvriers professionnels.

Dans cette réforme, les spécialités techniques étaient plus présentes et l'électricité était une des spécialités de ces nouvelles formations d'experts. Avec ces études on pouvait « [...] obtenir le certificat de mécanicien, d'électricien, de métallurgiste, d'essayeur, ou de chimiste, le diplôme donne le droit d'exercer les professions respectives et de s'inscrire dans les Écoles d'ingénieurs industriels de Madrid, de Barcelone et de Bilbao, le certificat d'électricien permettra d'obtenir aussi l'entrée au Corps de Télégraphes [...] »[11].

Avec cette réforme, l'enseignement industriel comprenait trois niveaux d'étude : ingénieur industriel, expert industriel et praticien industriel. Ainsi, les ingénieurs industriels recevraient une formation plus générale, sans aucune exception[12], alors que les experts industriels seraient spécialisés.

À ce moment, la formation des ingénieurs industriels n'était plus seulement donnée à Barcelone. Depuis 1899, la ville de Bilbao possédait une école d'ingénieurs et en 1901 une autre école d'ingénieurs fut créée à Madrid. Le premier programme d'études de l'École de Bilbao était différent de celui de Barcelone et de Madrid. Bien que la durée des études fût de quatre ans dans les trois écoles, l'école de Bilbao avait adopté une systématique plus actualisée. En ce qui concerne l'électricité, elle offrait deux matières d'électrotechnique, une en troisième année et l'autre en quatrième. Par contre, les programmes de Barcelone et de Madrid continuaient à enseigner les spécialités en mécanique et en chimie sans avoir l'électrotechnique comme matière spécifique.

L'enseignement industriel en Espagne avant 1901

Enseignement Arts et Métiers	Enseignement Industriel
élémentaire	supérieur
Technicien mécanicien-électricien	Ingénieur industriel
spécialisés en électricité	non spécialisés

---

[11] Décret royal du 17 août 1901.
[12] En 1904 on a créé le titre d'Ingénieur des industries textiles.

En ce qui concerne l'enseignement supérieur d'industries, les études d'expert industriel se déroulaient sur trois ans : les deux premières années étaient communes à toutes les spécialités et la troisième était une année de spécialisation dans les diverses branches industrielles, parmi lesquelles l'électricité. Les écoles industrielles d'experts (électriciens entre autres spécialités) ont été implantées dans les villes de Madrid, Alcoy, Béjar, Gijón, Cartagena, Las Palmas de Gran Canaria, Terrassa, Vigo et Vilanova y la Geltrú. Dans les écoles d'arts et métiers, on enseignait l'enseignement élémentaire d'industrie aux praticiens industriels et dans les écoles industrielles, l'enseignement supérieur d'industrie aux experts industriels.

L'électricité dans l'enseignement industriel entre 1901 et 1924

Écoles d'industries		Écoles d'ingénieurs
élémentaire	Supérieure	supérieure
Praticien industriel électricien	Expert industriel électricien	Ingénieur industriel
spécialisés en électricité		non spécialisés

En 1902, l'enseignement de génie industriel a été modifié. Le nouveau programme général supprimait l'ancien plan d'études de l'école de Bilbao et on a unifié les programmes des trois écoles : Barcelone, Madrid et Bilbao. À partir de ce moment, les études ont duré cinq ans et les deux spécialités, la mécanique et la chimie, ont disparu. On renforçait ainsi le caractère généraliste de la formation, bien qu'avec cette modification les deux matières spécifiques d'électricité aient été maintenues : la physique industrielle-électricité en deuxième année, et la technologie électrique en troisième année. Cette modification a été de courte durée. En 1907, l'enseignement industriel a été modifié à nouveau. L'enseignement d'expert industriel (électricien et autres spécialités) est passé de trois à six ans et celui d'ingénieur industriel de cinq à six ans. Les matières d'électricité n'étaient pas substantiellement modifiées, par contre, d'autres l'ont été.

Tous ces changements n'ont pas altéré l'existence de la spécialité électrique au sein de l'enseignement d'expert industriel. Dans ce cas, la formation reçue était principalement tournée vers l'électrotechnique et tout particulièrement en vue du travail dans des ateliers d'électricité.

À cette époque, les experts électriciens recevaient une formation dont le rapport entre enseignement théorique et pratique était celui dont avait besoin le pays pour parvenir à son électrification totale. On pourrait dire que les écoles d'experts industriels qui délivraient la formation en électricité étaient celles qui se rapprochaient le plus d'une école d'électriciens.

L'enseignement et la formation en électricité et électrotechnique

Par contre, comme nous l'avons déjà indiqué, les ingénieurs supérieurs ont été caractérisés par une formation générale plus complète, avec deux matières d'électrotechnique ou de technologie électrique : malgré les demandes réitérées des conseils d'établissements des écoles pour introduire une spécialité d'électricité dans la formation, l'enseignement plus spécialisé de l'électrotechnique dans ces études d'ingénieur était toujours ajourné. En outre, les spécialités existantes, mécanique et chimie, étaient supprimées, et tous les ingénieurs étaient désignés sous le seul titre « d'ingénieurs industriels ». Au contraire, par exemple à l'Université de Grenoble, on avait considéré l'électricité comme une discipline importante et en 1900, un Institut électrotechnique de Grenoble dédié à cet enseignement avait été inauguré.

Les modifications postérieures du plan d'études de 1902, qui ont été effectuées en 1907 et en 1913 n'ont pas transformé substantiellement la structure d'enseignement de l'électricité dans la formation d'ingénieur industriel. Mais dans cet intervalle de temps et en voyant le déroulement des plans d'étude des écoles d'ingénieurs industriels, la Faculté des sciences de l'Université de Barcelone a formulé le projet de créer une école annexe d'électricité, comme l'avaient fait d'autres universités européennes. Cependant, la proposition a été refusée par le ministère de l'Instruction publique, et rien ne s'est fait[13].

Plusieurs années après, en 1924, un décret royal a établi un « Statut de l'enseignement industriel ». À cette époque, cet enseignement avait été affecté au Ministère du travail, du commerce et de l'industrie, et dans ce statut, l'enseignement était divisé en quatre niveaux :

Enseignement ouvrier dans les écoles élémentaires ;

Enseignement professionnel dans les écoles d'experts industriels ;

Enseignement des écoles d'ingénieurs industriels.

Étaient créés en outre des instituts d'investigation industrielle. Le Statut maintenait les six ans de formation pour devenir expert industriel, et précisait que pour obtenir le diplôme, il fallait avoir passé un examen et avoir travaillé douze mois dans une fabrique de la spécialité. Le Statut avait aussi pour objet : « [...] la formation d'ingénieurs pour les industries manufacturières, mécaniques, chimiques ou électriques. Ces ingénieurs recevront le diplôme officiel d'ingénieur industriel, dont les études seront considérées comme supérieure [...] Le diplôme d'ingénieur industriel sera unique, mais il comprendra le groupe ou les groupes de cours

---

[13] Roca, Antoni y Sanchez Ron J.M., *Esteban Terradas (1883-1950). Ciencia y Técnica en la España Contemporánea*, Barcelona, Ediciones del Serbal, 1990, p. 29.

de spécialisation faits, dont chacun conférera le droit à la dénomination d'ingénieur mécanicien, ingénieur des manufactures et textiles, ingénieur électricien ou ingénieur chimiste, tous seront considérés comme spécialités du titre générique d'ingénieur industriel. »[14]

Trois ans plus tard, en 1927, dans une période où non seulement l'électricité était répandue sur tout le territoire national, mais était devenue une forme d'énergie indispensable, on a de nouveau modifié les études d'ingénieurs industriels, et rétabli les anciennes spécialités de mécanique et de chimie, tout en instaurant la spécialité électrique. Le plan d'études était établi pour six ans, dont cinq étaient communs à tous les élèves, avec deux matières en électrotechnique, et la sixième année servait à acquérir la spécialité. Dans le cas de la spécialité électrique, outre la fréquentation de laboratoires d'enseignement pour effectuer tous les essais, on devait suivre les cours suivants :

Perfectionnement de l'étude de la distribution d'énergie électrique ;
Construction de machines, d'appareils et de matériel électrique ;
Télégraphie, téléphonie et communications électriques en général ;
Électrochimie et électrométallurgie ;
Perfectionnement de l'étude de la traction électrique.

Ce plan d'études était conçu pour former des techniciens capables de faire face aux défis que présentait encore l'électrification du pays.

L'électricité dans l'enseignement industriel entre 1924 et 1931

Écoles d'industries		École d'ingénieurs
élémentaire	Supérieure	supérieure
Praticien industriel électricien	Expert industriel électricien	Ingénieur industriel
spécialisés en électricité		

Au même moment, dans l'École d'ingénieurs des chemins, canaux et ports de Madrid, ces matières ont été mises en application avec des laboratoires d'essais réputés pour leur équipement et système de fonctionnement. Les cours d'électrotechnique de 1re et 2e années comportaient des travaux pratiques dans le laboratoire d'électrotechnique, qui à ce moment-là (1925) était le plus complet de l'école, et était coordonné avec les laboratoires

---

[14] Décret-Loi royal du 21 octobre 1924.

d'hydraulique et d'énergie thermique pour pouvoir effectuer les combinaisons pertinentes, par l'usage du courant continu ou alternatif[15].

En 1931, un autre plan a cherché à uniformiser de nouveau les spécialités d'ingénieurs industriels, l'électricité étant maintenue au même niveau que dans les plans de 1907 et 1913. En quatre ans d'implantation du plan antérieur, tout n'avait pas encore eu le temps d'aboutir mais tout semblait indiquer que les autorités estimaient que la spécialisation d'électricité n'avait pas sa place dans l'enseignement supérieur d'ingénieur. Si l'on prend en compte l'ensemble des plans d'études établis tout au long de cette période, c'est ce qui ressort de la considération envers l'enseignement de l'électricité :

L'électricité dans l'enseignement industriel entre 1931 et 1948

Écoles d'industries		École d'ingénieurs
élémentaire	Supérieure	supérieure
Praticien industriel électricien	Technicien industriel électricien	Ingénieur industriel
spécialisés en électricité		non spécialisés

Par ailleurs, tout au long du XIXe siècle, l'étude des courants faibles a connu de multiples fluctuations jusqu'à ce qu'en 1913, l'École générale de télégraphie ait été créée à Madrid. En 1920, un décret royal en modifiait l'enseignement en la transformant en École supérieure de télégraphie et en instituant le diplôme d'Ingénieur des télécommunications. À mesure que le champ des télécommunications se développait, ces ingénieurs se sont focalisés sur cette discipline en abandonnant les autres applications industrielles de l'électricité. En 1930, cette école s'appellera l'École officielle de télécommunication, nom qu'elle conservera jusqu'en 1957 où elle deviendra l'École technique supérieure d'ingénieurs de télécommunication.

En 1942, les écoles d'experts industriels ont été réorganisées en Espagne. La dénomination de technicien industriel qui s'était imposée à la fin des années 1920 a recommencé à être remplacée de nouveau par celle d'expert industriel. Les quatre spécialités étaient maintenues : électricité, mécanique, chimie et textile. Les études comprenaient deux cours préparatoires et trois de spécialité. En 1948, un nouveau plan a été approuvé qui organisait des examens d'entrée, deux cours communs et trois cours de spécialité et enfin un examen final sous forme de présentation d'un projet industriel.

---

[15] *Revista de Obras Públicas*, juin 1925.

En ce qui concerne les études d'ingénieurs industriels, on constate que la spécialité électrique n'a pas été implantée de façon permanente jusqu'au plan d'études de 1948. Celui-ci dont la structure était similaire au précédent, avec un examen d'entrée et six ans d'études, a cependant introduit une réforme importante en mettant en place un degré supérieur de spécialisation, établi à partir des quatrième et cinquième années avec des matières spécifiques enseignées de façon intensive dans quatre secteurs, parmi lesquelles la spécialité électrique.

L'électricité dans l'enseignement industriel à partir de 1948

Écoles d'industries	École d'experts	École d'ingénieurs
élémentaire	Moyenne	supérieure
Praticien industriel électricien	Expert industriel électricien	Ingénieur industriel électricien
spécialisés en électricité		

Dès lors, l'enseignement de l'électricité en Espagne continuera de se développer.

Les écoles spécialisées d'électricité en Espagne

La constitution d'un enseignement technique d'électricité avec une organisation disposant de laboratoires d'enseignement et de recherche était un concept qui existait déjà depuis longtemps dans des universités européennes comme celles de Zurich, Grenoble ou Liège avec l'Institut électrotechnique Montefiore. Cela répondait à la nécessité de donner une plus grande garantie dans le déroulement des applications électriques, de contribuer avec l'industrie électrique à améliorer la qualité technique des manufactures et à augmenter l'enseignement de la technologie électrique. Cet aspect que nous avons déjà évoqué n'était pas assez développé dans les études industrielles supérieures en Espagne. Cependant on continuait à mettre en évidence la nécessité d'établir la spécialité en électricité dans les études d'ingénieur industriel, comme celle qu'avaient déjà les experts électriciens, depuis leur création.

El Instituto Católico de Artes e Industrias de Madrid

En adoptant presque directement la méthode d'enseignement de l'Institut électrotechnique Montefiore et en l'adaptant à la réalité espagnole, est née à Madrid une institution liée très directement à l'électrotechnique, l'Institut catholique d'arts et industries (I.C.A.I.), fondé sous les auspices des Jésuites, qui a commencé à fonctionner en 1908. Il offrait de deux niveaux d'études orientés principalement vers les travaux pratiques. D'une part, des cours gratuits pour les ouvriers qui en quatre ans apprenaient les métiers d'ajustage, de forge, de fonte, de charpenterie, de modélisation et d'électricité en qualité de monteurs, semblables à ceux des écoles d'arts et métiers. D'autre part, à partir de 1911 s'ajoutait un plan d'études de quatre ans qui répondait à une spécialisation d'ingénieur technique mécanicien-électricien. L'institution étant une école privée, son plan d'étude n'a pas été accepté par l'administration, alors que dans l'univers industriel, il était reconnu en raison de la formation des élèves qui disposaient d'un laboratoire et effectuaient également des travaux pratiques en atelier[16]. Ce plan d'études comportait en effet 47 heures hebdomadaires de classe dont 24 en laboratoire et ateliers, les autres heures étant réservées aux cours théoriques avec en 4e année une spécialité en électrotechnique. José Agustín Pérez del Pulgar a été l'un des professeurs les plus reconnus de l'I.C.A.I., établissement dont la formation délivrée différait de l'enseignement donné aux experts industriels par l'important niveau de la pratique en atelier.

Attentive à l'évolution des besoins de l'industrie, l'I.C.A.I. a élargi ses plans de formation pour aboutir finalement à des études d'ingénieur électromécanicien dont le diplôme n'a été officiellement reconnu en Espagne qu'en 1950.

L'Institut d'Electricitat Aplicada de Barcelona

À Barcelone, le Conseil provincial agissait avec une certaine indépendance vis-à-vis des modifications ministérielles et en 1913, il a été créé l'École élémentaire de travail qui se substituait à l'École d'arts et métiers, annexe à l'École d'ingénieurs industriels de Barcelone. Cette nouvelle école continuait à offrir, entre autres, la spécialisation d'électricien. Cette transformation avait aussi pour objet de répondre aux nécessités d'une plus grande technicité dans l'industrie catalane.

En 1917, grâce à une conjoncture politique et économique favorable, a été fondé à Barcelone l'Institut d'électricité appliquée au sein duquel était ouverte une école de formation spécialisée en électricité industrielle, l'École de directeurs d'industries électriques. C'était une réponse aux exigences de l'industrie électrique catalane qui réclamait une plus grande spécialisation des études industrielles dans l'enseignement technique, et notamment pour l'enseignement de l'électricité.

Cette école était organisée selon un plan d'études en quatre ans. Dès la première année, les étudiants entraient déjà dans le monde électrique avec une orientation très pratique : ils recevaient un premier cours de base en physique, chimie, arithmétique, avec l'anglais pour langue étrangère, mais ils travaillaient aussi dans les ateliers de montage très basse tension. Cet

---

[16] Varios autores, *100 años de ingeniería I.C.A.I., 1908-2008*, Madrid, I.C.A.I., 2008.

aspect était maintenu durant tout le cycle de formation : les trois années suivantes étaient complètement consacrées à la formation en électricité, avec des ajouts en mécanique, statistique, construction de machines et l'allemand comme langue étrangère. Pour suivre tout ce cursus de formation, les élèves devaient passer préalablement un examen de base avec la pleine connaissance de la langue française. Cette formation différait à la fois de l'enseignement des experts industriels par le niveau plus élevé des études, et de l'enseignement des ingénieurs industriels par sa spécialisation.

Le professorat était excellent, à commencer par son directeur, Esteban Terradas, et des enseignants comme Francisco Planell et d'autres ingénieurs, directeurs d'entreprises électriques de Catalogne, qui apportaient leurs connaissances de façon directe aux élèves.

Pour prendre un exemple, considérons la deuxième année de cours :

Matériel de constructions et d'installation. Matériel de machines. Résistance de matériels et calcul des dimensions des organes de machines et des éléments de construction.

Générateurs et moteurs : fonctionnement, installation et essai. Mesures de puissances, résistances, capacités, d'isolements, etc. Vérification de compteurs.

Industries électrochimiques et électrométallurgiques.

Travaux au tour et à fraise. Ajustage. Installations complètes de basse tension. Bobinage.

Langue anglaise.

Voyons maintenant les matières de quatrième année, totalement dédiées à l'électrotechnique :

Construction de générateurs et moteurs de courant alternatif. Construction de transformateurs.

Distribution d'énergie (partie électrique), les lignes et centrales, les appareils de sûreté et de contrôle.

Distribution d'énergie (partie mécanique). Utilisation des ressources naturelles. Réserves.

Traction et transport en général. Installation de machines électriques.

Les diverses applications de la technologie électrique. Chauffage. Télégraphie sans fil, etc.

L'école de directeurs d'industries électriques fonctionna pendant sept ans mais les événements politiques des années 1920 provoquèrent sa fermeture. À la place de cette formation spécialisée, on a constitué en 1924 l'École d'experts industriels de Barcelone par un regroupement avec d'autres formations en mécanique, chimie, textile et teinturerie, situées dans le même lieu. Ainsi s'achevait une brève mais intense activité enseignante, qui, bien qu'elle ait connu une suite dans cette nouvelle école d'experts, se fera sous un régime totalement distinct. Si elle avait continué, l'École de directeurs d'industries électriques serait sans doute devenue un important établissement dans le panorama électrique espagnol. Esteban Terradas, qui la conçut et en fut le directeur pendant les sept ans de son fonctionnement, disait de son école :

« [...] en général, les sociétés étrangères apportaient [à l'Espagne] les techniciens de leurs pays respectifs d'origine. À l'examen, les connaissances de ces "experts importés" semblaient très déficientes, mais en revanche, ils savaient admirablement bien manier la partie mécanique et matérielle de leur travail : l'outillage. Dans l'école que j'ai fondée, un enseignement pratique était accordé aux élèves, permettant de remplacer en peu de temps presque tout le personnel étranger [...]. Mais on ne doit pas croire qu'il s'agissait seulement d'une école pratique [...] l'enseignement supérieur et théorique nécessaire était inclus [...]. »

Les laboratoires d'essais de machines et de matériels électriques, de métrologie électrique et de vérification des appareils de mesure constituaient le noyau de l'institut. Ils contribuaient à rendre service à l'administration et à l'industrie en les conseillant sur les systèmes électriques et électroniques. De la même façon, ils servaient à faire travailler les élèves et à mettre en œuvre leur apprentissage de l'électrotechnique.

Il convient de considérer que l'Exposition internationale d'électricité de Paris de 1881 a ouvert les portes à l'électrification. La science électrique devenait désormais industrielle et l'électrotechnique commençait à être une nouvelle branche de la technologie.

Deux ans après, en 1883, deux événements remarquables marquaient le déroulement de l'activité électrique. D'une part, l'Institut électrotechnique Montefiore, poussé par l'industriel Georges Montefiore-Levi était créé à Liège, et d'autre part, la Société internationale des électriciens était fondée à Paris : on sait que cette institution a eu une influence notable sur la création, en 1894, de l'École supérieure d'électricité de Paris. Les deux institutions ont favorisé l'enseignement de l'électricité industrielle et des applications électriques pour former des techniciens capables de pouvoir contribuer à l'électrification de leurs pays respectifs. Sans aucun doute, l'exemple de la Belgique et de la France s'était imposé à la société académique européenne et l'enseignement de l'électricité industrielle s'était implanté dans d'autres pays.

Conclusion

L'Espagne initiait à cette époque l'électrification de ses villes, poussée souvent par les entreprises de fabrication de matériel électrique anglaises, allemandes ou françaises, qui utilisaient leurs propres techniciens pour diriger les travaux. Dans l'Espagne de la fin du XIXe siècle, la technique électrique était apprise dans les écoles d'ingénieurs des mines, des chemins et canaux ou industriels, mais on commençait à juger nécessaire de disposer d'une spécialisation supérieure en électricité. Une nécessité qui pendant longtemps ne fut pas acceptée par les autorités politiques qui régissaient l'enseignement. Il est difficile de connaître les causes de cette attitude : peut-être était-ce à cause des intérêts du puissant corps de fonctionnaires des Télégraphes de l'État (institué en 1855), qui souhaitait garder la haute main sur la nouvelle spécialité électrique, ou également en raison de la structuration de l'enseignement depuis la fin du XIXe siècle, avec de nombreux changements dans les plans d'étude.

Malgré les demandes, tant de l'Université de Barcelone, pour ouvrir des études d'électricité, que de l'École d'ingénieurs industriels de Barcelone pour pouvoir ajouter la spécialité électrique à celles de mécanique et chimie, la réponse obtenue par les deux fut négative. Ce n'est que lorsque l'enseignement industriel fut organisé en 1901 avec la création des études industrielles – situées entre celles des Arts et Métiers et celles des ingénieurs industriels – qui délivraient un diplôme d'expert industriel, que l'on disposa d'une spécialité électrique, en même temps que l'ingénieur industriel était désigné comme capable d'entreprendre n'importe quelle activité industrielle grâce à sa formation généraliste. Cette spécialisation n'arrivait pas trop tard, c'était même une grande avancée dans ce domaine, puisqu'il restait encore beaucoup à faire dans l'électrification de l'Espagne et dans le développement des applications électrotechniques. En même temps, les techniques télégraphiques étaient peu à peu déplacées de l'électrotechnique vers les communications, l'autre branche des applications de l'électricité qui commençait à être valorisée.

Des initiatives ont existé dont la plus remarquable a été l'École de directeurs d'entreprises électriques de Barcelone, créée en 1917 et qui malgré seulement sept années de fonctionnement a été perçue comme une référence dans le panorama de l'enseignement de la technologie électrique. Son modèle sera adopté par la suite par les écoles d'experts électriciens et plus tard par les ingénieurs industriels spécialisés en électricité. C'est ce qui s'est le plus approché du profil des ingénieurs électriciens européens.

Les formations techniques supérieures en électrotechnique en France (1880-1939)

André GRELON

Directeur d'études, École des hautes études en sciences sociales
Centre Maurice Halbwachs, Paris
andre.grelon@ens.fr, andre.grelon@ehess.fr

Résumé

Après la première exposition internationale d'électricité à Paris, en 1881, l'organisation de l'enseignement supérieur en électrotechnique ne se met en place que très progressivement. Si un premier établissement dépendant de la Ville de Paris est créé dès 1882, il ne prépare qu'une poignée d'électriciens. Il faudra ensuite attendre 1894 pour que s'ouvre l'École supérieure d'électricité, laquelle se positionne d'emblée comme une formation complémentaire de haut niveau pour des ingénieurs et universitaires qualifiés, au sommet de la hiérarchie des établissements d'enseignement électrotechnique. Au début du XXe siècle sont fondés des instituts électrotechniques dépendant des facultés des sciences de Nancy, Lille, Grenoble et Toulouse, qui s'inscrivent dans la nouvelle dynamique universitaire du pays. Dans la même période sont créés à Paris et à Marseille des établissements d'enseignement privés en électricité qui forment des ingénieurs praticiens. La période de l'entre-deux-guerres, marquée par la crise économique, voit peu de nouvelles initiatives, à l'exception d'une fondation originale ouverte aux seules jeunes filles, l'École polytechnique féminine, et dans le domaine des courants faibles, de quelques formations dédiées. Dans cette époque, le monde des ingénieurs craint une dévalorisation de la profession, notamment à cause d'écoles privées par correspondance qui délivrent des diplômes en quelques mois. Une loi, votée en juillet 1934 assure alors la protection des titres d'ingénieurs diplômés.

Mots clés

Albin Haller, Conservatoire des arts et métiers, École Breguet, École centrale, École Charliat, École de physique et de chimie industrielles (E.P.C.I.),

École polytechnique féminine, École Sudria, École supérieure d'électricité, École Violet, facultés des sciences, instituts électrotechniques, Institut industriel du Nord, Institut Montefiore de Liège, Paul Janet, Société internationale des électriciens, Titres d'ingénieurs

En 1881, au moment de la première exposition internationale d'électricité qui se tenait à Paris, sous la tutelle du ministère français des Postes et Télégraphes, on aurait pu penser que le pays allait progressivement se doter d'un ensemble de filières de formation pour disposer de techniciens compétents, afin de convertir les usines et ateliers à la nouvelle énergie, équiper les villes de systèmes d'éclairage innovants et rallier la nation aux bienfaits de la fée électricité. L'État français avait ouvert quelques années auparavant une Ecole supérieure de télégraphie qui donnait en deux ans une formation spécialisée de haute qualité avec une ouverture vers l'ensemble des applications de l'électricité. Elle disposait en outre d'un laboratoire de recherche. Mais elle ne s'adressait qu'à une poignée d'ingénieurs distingués issus le plus souvent de l'École polytechnique et pour les seuls besoins de l'administration. Elle accueillait cependant quelques rares élèves externes dont un jeune et brillant ingénieur de l'École des mines de Liège : Éric Gérard (1856-1916).

Une telle institution ne pouvait rendre les services que pouvait attendre le monde industriel d'une école d'ingénieurs. Du reste, minée par des tensions internes au service des Postes, le ministère lui-même ayant disparu comme département autonome à l'occasion d'un remaniement ministériel, l'École supérieure de télégraphie ferma ses portes en 1888, dix ans après avoir été créée. Pourtant le succès public incontestable de l'exposition qui, symboliquement marquait l'avènement d'une nouvelle branche industrielle, l'industrie électrique, et les travaux du congrès scientifique tenu au même moment qui mettait en place les axes pour construire les indispensables unités électriques internationales conduisaient à considérer l'existence d'une nouvelle discipline scientifique, désormais séparée de la physique classique.

Un ministère qui s'intéresse peu à l'enseignement

Dans un pays où l'État jouait traditionnellement un rôle majeur dans l'organisation de la vie économique et sociale, une initiative du ministère de l'Instruction publique ou du ministère du Commerce et de l'Industrie, lequel avait la tutelle de l'enseignement technique, n'aurait choqué personne. En réalité, les conditions n'étaient pas réunies pour le développement d'un tel projet. Déjà, la situation économique n'était pas bonne, la

France entrait dans une période de récession que les historiens appelleront la longue stagnation : du reste, le financement de l'exposition d'électricité avait été entièrement pris en charge par un consortium d'industriels. Le ministère de l'Industrie n'avait pas encore élaboré un véritable corps de doctrine quant à l'enseignement technique. Jusqu'alors, il avait toujours considéré que son rôle devait se limiter à donner des subventions et à encourager les créations d'établissements privés. Ainsi, il ne donnait aucune suite aux demandes des entreprises de régions industrielles réclamant l'ouverture de nouvelles écoles d'arts et métiers qui produisaient des techniciens compétents. De même, il n'avait pas réagi au rapport alarmiste d'un spécialiste qui, considérant les travaux présentés à l'exposition universelle de Paris en 1878, démontrait la perte de compétitivité de l'industrie chimique française et exigeait la création rapide d'une école nationale de chimie. L'important établissement de formation d'ingénieurs industriels, l'École centrale des arts et manufactures dépendait de ce ministère depuis 1857, mais le statut de l'École lui permettait une autonomie complète quant à l'organisation de ses enseignements et au début des années 1880, la place de l'électricité dans le cursus était minime. D'ailleurs l'École centrale n'avait envoyé aucun représentant au congrès scientifique sur l'électricité tenu parallèlement à l'Exposition internationale. Quant aux célèbres grandes écoles, seule l'École nationale des ponts et chaussées délivrait un enseignement théorico-pratique en électricité très élaboré, mais les ingénieurs qui sortaient de cet établissement allaient remplir les rangs de leur administration. Au Conservatoire national des arts et métiers (C.N.A.M.), où œuvraient les savants les plus distingués, l'établissement accueillait chaque soir gratuitement des centaines d'auditeurs adultes tout juste sortis des ateliers d'artisans et des usines de la région parisienne pour venir suivre des cycles de conférences accompagnées parfois de démonstrations. Il n'y avait pas de cours spécifique sur l'électricité. Edmond Becquerel (1820-1891) était l'unique professeur de la chaire de « Physique appliquée aux arts » (alors qu'il y avait au même moment pas moins de quatre spécialités en enseignement de la chimie au sein de cette institution) et le domaine qu'il devait traiter était si vaste qu'il n'exposait ses vues sur l'électricité qu'une année sur trois[1] ! Les techniciens, artisans, ouvriers ou chefs d'entreprise qui voulaient se renseigner sur les applications de l'électricité pouvaient

---

[1] Le Conservatoire des arts et métiers créa finalement une chaire d'Électricité industrielle en 1890, dont la définition fut soigneusement bordée pour ne pas empiéter sur le cours de physique prononcé par Edmond Becquerel : elle devait se concentrer sur les mesures d'électricité et sur le caractère pratique des utilisations de cette énergie. Cette chaire fut confiée à Marcel Deprez (1843-1918), qui avait connu la célébrité en faisant transporter du courant électrique de la petite ville de Vizille à Grenoble sur une distance de 15 km. Ses travaux ne concernaient que le seul courant continu. Après sa mort, en 1918, le cours fut confié à Henri Chaumat (1867-1942) qui animait

néanmoins s'inscrire aux cours gratuits donnés par des sociétés savantes, l'Association polytechnique et l'Association philotechnique, animées par des ingénieurs qui donnaient ces enseignements à titre bénévole.

Les débuts d'une formation spécifique en électricité

L'enseignement supérieur universitaire français avait une organisation très particulière. Seule de tous les pays européens, la France n'avait pas d'universités d'État. Héritage de l'épisode napoléonien, les facultés de droit, de médecine, de lettres et de sciences dépendaient, depuis 1808, chacune directement du ministère de l'Instruction publique et n'étaient pas regroupées dans un même corps et sur un même lieu. Ainsi à Lille, dans le nord du pays, il y avait une faculté des sciences qui avait eu Louis Pasteur (1822-1895) comme premier doyen, mais les facultés de lettres et de droit, pour des motifs historiques, étaient basées dans la petite ville de Douai à 40 km de là. Et même quand elles étaient implantées dans une même ville, les différentes facultés n'avaient aucuns liens, ni administratifs ni scientifiques, entre elles. Un mouvement de réforme avait vu le jour, exigeant que le pays se dote d'universités régionales à l'instar de ses voisins et notamment de l'Allemagne qui était la référence obligée, surtout depuis la guerre de 1870, à l'issue désastreuse pour la France. En outre, il s'agissait pour les courants républicains de réagir aux initiatives des catholiques qui, bénéficiant d'une législation de 1875 octroyant la liberté de l'enseignement supérieur, avaient créé 5 universités régionales catholiques[2]. Mais il s'agissait là d'un processus de longue haleine, nécessitant de mobiliser de nombreuses forces sociales. De fait, ce n'est qu'en 1896, à l'issue d'une saga comportant de nombreux épisodes que la France créera 15 universités dans les différentes régions du pays. En 1881, nous n'en sommes qu'au début de ce grand mouvement, le parti républicain vient tout juste d'arriver au pouvoir et s'il manifeste un intérêt certain pour l'enseignement supérieur, sa priorité éducative se situe d'abord aux niveaux des enseignements primaires et secondaires. Les facultés des sciences qui seront plus tard au cœur de la réforme universitaire sont encore des établissements sans grands moyens, avec peu de professeurs et peu d'étudiants.

---

en même temps avec Paul Janet (1863-1937) la vie scientifique de l'École supérieure d'électricité.

[2] Lille, Angers, Paris, Lyon et Toulouse. Seule l'Université catholique de Lille, la plus précoce, comportait cinq facultés : lettres, sciences, droit, médecine et théologie (le contenu de cette dernière étant soigneusement visé par le Vatican). Le parti républicain considérait ces créations comme des provocations. Lorsqu'ils furent au pouvoir, les Républicains firent voter en 1880 une loi réservant au seul rassemblement des facultés d'État le titre d'université et rétablissant pour celles-ci le monopole de la collation des grades que la loi de 1875 avait ébréchée.

Dans ce début de la décennie 1880, l'innovation dans ce domaine vient de la Ville de Paris. Sensible aux attentes des industriels parisiens et des alentours, la municipalité ouvre un établissement d'enseignement technique réservé aux enfants de la ville. L'idée est de former de bons spécialistes dans les nouvelles technologies industrielles : la chimie, et en particulier la chimie organique, mais aussi les domaines en pointe de la physique appliquée comme l'optique et surtout l'électricité. Contrairement à une tradition française appuyée sur les réalités de la première industrialisation dans laquelle les ingénieurs devaient avoir des compétences les plus générales possibles pour être en mesure d'intervenir dans tous les compartiments des entreprises, la problématique sur laquelle se fonde la nouvelle école est celle de la focalisation de la qualification sur une discipline, avec une formation expérimentale poussée. Les élèves ont donc de longues séquences en laboratoire, au cours de leurs trois années de formation. Une 4e année de recherche est également prévue pour les volontaires. Pour son corps professoral, l'école recrute des scientifiques de haute volée ; elle accueille ainsi Pierre Curie (1859-1906) qui déclare d'entrée que son but est de former des ingénieurs électriciens. L'École de physique et de chimie industrielles de la Ville de Paris (E.P.C.I.) ouvre ses portes en 1882. Rapidement l'établissement acquiert une grande réputation à la fois par sa qualité scientifique et par l'originalité du cursus qu'il propose. Ce modèle sera repris quelques années plus tard par les instituts techniques des facultés des sciences. Toutefois, si le symbole est fort, il ne faut pas en exagérer l'impact sur les réalités industrielles. Petit établissement, l'E.P.C.I. mettait annuellement sur le marché du travail 20 chimistes et une dizaine d'électriciens. Par ailleurs, l'école recrutait des élèves sortis de la filière de l'enseignement primaire qui ne conduisait pas au baccalauréat, sésame pour intégrer l'enseignement supérieur. De ce fait, elle ne pouvait se coordonner avec la faculté des sciences. Un an plus tard, Éric Gérard ouvrait le premier établissement de formation entièrement dédié à l'électricité industrielle : l'Institut électrotechnique Montefiore de l'Université de Liège. Rapidement, la réputation de cette institution dépassa les frontières. Faute de trouver en France une formation correspondante, l'association des anciens élèves des écoles d'arts et métiers offrit des bourses aux diplômés les plus méritants pour se rendre à Liège.

Il faut sans doute voir dans l'Institut Montefiore une source majeure d'inspiration pour la constitution de l'École supérieure d'électricité qui n'émergera toutefois qu'au milieu des années 1890. Cet établissement est aussi un des avatars lointains de l'exposition internationale d'électricité. On l'a dit : cette manifestation avait été un succès considérable et presque inattendu avec un profit non prévu de 325 000 fr., somme considérable. Le groupement d'industriels organisateurs ayant déclaré avant l'exposition qu'il renonçait à tout bénéfice, il convenait de déterminer quel usage on ferait de ce pactole. Le ministère de la Poste et les industriels convinrent d'affecter l'argent à la création d'un laboratoire d'essais électriques, structure indispensable pour standardiser et tester les équipements électriques et dont la France ne disposait pas, à l'inverse d'autres pays industriels. Dès 1882, un décret était pris établissant un laboratoire central d'électricité. Un an plus tard, rien n'était fait.

La création de l'École supérieure d'électricité

Cette même année 1883 naît la Société internationale des électriciens (S.I.E.), rassemblement d'industriels français et de savants français et étrangers. Son président écrit au ministre pour lui indiquer que la Société est prête à se charger de l'étude de l'organisation du laboratoire et de concourir à son entretien et son administration. Le ministre donne son autorisation. Le rapport présenté conclut à la quasi indépendance du laboratoire par rapport à l'État, sauf à mettre des représentants du gouvernement au sein du conseil de surveillance de la future institution. En 1888, une installation provisoire est montée dans des locaux prêtés par des industriels amis. D'entrée, on y trouve quelques élèves qui concourent aux travaux d'étalonnage. Quelques années plus tard, grâce à des négociations fructueuses avec la Ville de Paris et à la suite d'une souscription auprès des membres de la Société, le laboratoire peut enfin s'installer définitivement. L'inauguration a lieu en juin 1893. Dès lors, la Société peut se consacrer à un autre de ses projets prioritaires : la formation d'ingénieurs.

À cette époque, les écoles d'ingénieurs ont ouvert des enseignements spécifiques d'électricité. Mais il s'agit de conférences théoriques éventuellement accompagnées de quelques démonstrations et de rares manipulations. Pour assurer une formation complète, on doit se tourner vers les institutions étrangères. Il faut donc fonder une école d'un type nouveau qui formera des ingénieurs praticiens. Ce sera une institution accolée au laboratoire, qui recrutera des diplômés ingénieurs ou licenciés ès sciences et les formera en un an. Ainsi, cet établissement offrira une formation complémentaire spécialisée sans entrer en concurrence avec des institutions existantes. L'école disposera de deux professeurs titulaires prononçant des cours théoriques. Des membres de la Société feront bénévolement des conférences sur des sujets spéciaux d'application industrielle. Et les élèves feront de nombreux exercices allant des mesures électriques à la conception de projets industriels en passant par la construction d'appareils électriques. L'ensemble du cursus est dense, il est complété par des visites d'usine commentées par des ingénieurs spécialisés. L'école ouvre en décembre 1894 sous le nom d'École d'application du laboratoire d'électricité. Bientôt, la S.I.E. va chercher comme directeur un jeune enseignant qui a créé avec un beau succès, en 1892, les premiers cours supérieurs d'électricité industrielle, dans le cadre de la faculté des sciences de Grenoble, région qui est un haut lieu de développement des industries électriques. Il s'appelle Paul Janet, il vient d'être nommé chargé de cours à la faculté des sciences de Paris, position d'attente pour accéder à un poste de professeur. Tout en restant enseignant à la faculté, il dirigera l'école pendant 42 ans.

Rapidement, l'école va s'autonomiser vis-à-vis du laboratoire. À la fin de 1896, Le comité d'administration de la Société des électriciens décide la séparation des budgets et rebaptise l'établissement d'enseignement : École supérieure d'électricité. C'est sous ce nom qu'elle sera désormais connue et plus encore sous son diminutif familier inventé par ses élèves : Supélec. Janet ne va cesser de renforcer l'enseignement : le niveau théorique est élevé et se situe constamment à la pointe des connaissances. Le nombre de conférences augmente. Les visites d'usine ont lieu chaque semaine et il est exigé chaque fois un rapport détaillé. À la veille de la guerre de 1914, le total des heures de cours et conférences est de 300, à quoi s'ajoutent 492 heures de travaux pratiques. Le recrutement est hautement sélectif : c'est une commission du conseil de perfectionnement qui s'en charge, notamment lorsqu'il s'agit d'accueillir des ingénieurs de l'État ou des ingénieurs étrangers envoyés par leur gouvernement. Mais l'École organise aussi un concours pour gérer le flux de demandes qui ne cesse d'augmenter. Après avoir longuement hésité, et sur la demande insistante des élèves, le conseil de perfectionnement décide en 1904 que le diplôme obtenu sera celui d'ingénieur de l'École supérieure d'électricité.

On peut dire qu'avec la création et la consolidation de l'École supérieure d'électricité se clôt une première période, celle des tâtonnements et des hésitations. À partir de 1894 s'ouvre une nouvelle ère, avec la mise en œuvre de la structure de formation des ingénieurs en électricité. En vingt ans, soit jusqu'à la veille de la guerre, l'essentiel est mis en place. Des évolutions marqueront naturellement l'entre-deux-guerres mais il ne s'agira pas de transformations drastiques. Ce n'est qu'après 1945 que des modifications substantielles seront apportées à cet ensemble.

La généralisation des enseignements supérieurs en électrotechnique

Dans les écoles d'ingénieurs, on bouleverse les plans d'enseignement pour faire une place significative à l'électricité avec de véritables travaux pratiques. C'est d'abord le cas à l'École centrale de Paris qui avait recruté Démétrius Monnier comme maître de conférences rattaché à la chaire de physique en 1885, lequel avait progressivement pris son autonomie, l'École lui confiant de plus en plus d'heures d'enseignement. En 1893, au moment où s'ouvre à l'École des mines de Paris une chaire d'électricité industrielle, le Conseil de perfectionnement de Centrale s'émeut de la faiblesse des enseignements dans cette matière. Une commission est nommée qui constate que les anciens élèves de Centrale arrivent dans les usines sont moins armés que des jeunes gens moins instruits mais plus spécialisés... Devant l'extension des applications de l'électricité, il convient de renforcer la place de la discipline, tant sur un plan théorique que pratique. Monnier est confirmé dans ses fonctions et il est titularisé comme professeur en 1894 : il s'avérera être un excellent pédagogue dont le cours publié connaîtra de nombreuses rééditions. En outre, un certain nombre d'élèves diplômés de Centrale poursuivent une année de spécialisation à Supélec, en vertu d'un accord avec cette école. À Lyon, confrontés à une demande croissante, les responsables de l'École centrale lyonnaise ouvrent un cours d'électricité générale en 2e année suivi d'un cours d'électrotechnique en 3e année. Ils créent une année facultative supplémentaire, composée de cours pointus et de travaux pratiques, très vraisemblablement en s'inspirant de l'École supérieure d'électricité et tenant compte de la pratique de l'École centrale de Paris. À Lille, à l'Institut industriel du Nord, c'est une véritable section électrotechnique qui est ouverte. Rapidement, de nombreux élèves s'y inscrivent au point que la moitié des promotions sortent avec une spécialité d'électricité, soit plus d'une quarantaine de diplômés par an, à partir du tournant du siècle. Même dans les écoles d'arts et métiers, vouées en principe à la métallurgie et à la mécanique, un cours d'électricité est ouvert, ce qui suscite l'émotion de certains parlementaires qui craignent que ces établissements ne fassent un jour concurrence à l'École centrale.

Il va toutefois apparaître un nouveau type d'établissements de formation technique supérieure au sein de structures elles-mêmes en pleine construction : les universités. Entre les premiers décrets qui commencent à organiser le rassemblement des facultés et qui dotent celles-ci de la personnalité civile et la promulgation de la loi créant les 15 universités régionales en 1896, il s'écoule plus de vingt ans. Durant cette période, les facultés se sont consolidées, les municipalités où elles sont implantées ont fait de gros efforts pour les doter de bâtiments adaptés, quand ce ne sont pas des « palais universitaires », et dans certains cas, des industriels se sont comportés en mécènes. Les facultés des sciences qui nous intéressent plus spécialement ont eu en général des comportements dynamiques et innovants. Des cours du soir sont ouverts gratuitement à la population et dans les programmes, on compte nombre de conférences très suivies sur l'électricité. C'est notamment, on l'a vu, ce qui se passe à Grenoble, région très concernée par l'hydroélectricité, baptisée La Houille Blanche, où les cours de Paul Janet font salle comble, Janet qui sera immédiatement remplacé à son départ pour Paris en 1894 par le physicien Joseph Pionchon. Mais c'est aussi le cas à Nancy, à Marseille, à Lille, etc. En 1889, autre innovation : à Nancy, le jeune chimiste Albin Haller (1849-1925) ouvre un institut technique entièrement dédié à la chimie industrielle, en annexe de la faculté des sciences, avec l'appui de tout le corps professoral, des autres facultés et du recteur. La direction parisienne des enseignements supérieurs au ministère de l'Instruction publique a apporté des subventions et soutient très ostensiblement cette opération. Albin Haller qui est en relation avec l'influent et novateur réseau des chimistes alsaciens installé dans la capitale a pu s'inspirer de ce qui faisait à l'école parisienne de physique et de chimie. Il prendra du reste, quelques années plus tard la direction de cet établissement L'institut chimique est une formation supérieure complète, en trois ans. Cet exemple d'école conçue pour procurer des techniciens au monde de l'entreprise montre que les facultés ne sont pas vouées à ne s'occuper que de sciences pures, mais qu'elles s'intéressent également aux sciences industrielles. Cet exemple nancéien sera suivi. Dans la métropole lorraine, c'est tout un ensemble d'instituts qui seront ouverts dans différentes branches industrielles ou agricoles. D'autres instituts seront ouverts ailleurs en chimie ou en mécanique. Mais surtout au début du XXe siècle vont être fondés 4 instituts électrotechniques : à Nancy (1900), Lille (1900), Grenoble (1900) et Toulouse (1907).

Au départ, la plupart des étudiants qui s'y inscrivent n'ont pas de baccalauréat scientifique qui leur permettrait de fréquenter la faculté. Cet examen, premier grade universitaire qui ouvre la voie à l'enseignement universitaire, est passé à l'issue de la formation dans la filière dite « secondaire » donnée dans les lycées, formation payante, fréquentée essentiellement par les jeunes gens de milieux aisés et qui ne touche qu'une très faible proportion de la classe d'âge concernée. Pour peupler les bancs de leurs instituts, les promoteurs se tournent donc, comme l'avait fait l'école municipale parisienne de physique-chimie, vers les élèves issus de la filière primaire, peu tournée vers les humanités, mais offrant un cursus moderne qui s'adresse aux enfants d'une population d'artisans, commerçants, industriels et de classes moyennes. Ils s'ouvrent aussi largement aux étudiants étrangers, notamment de l'est de l'Europe[3]. Ce sont les enseignants de la faculté des sciences qui donnent les cours. Ils sont complétés pour des questions spécialisées (par exemple pour la comptabilité) par des professionnels qui viennent donner des conférences. Les élèves ont aussi accès à des laboratoires d'enseignement et suivent des travaux pratiques. Les

---

[3] Pour certains candidats, les instituts prévoient un examen d'entrée. On met aussi en place pour ceux qui ont des lacunes dans telle ou telle matière, une année préparatoire. Progressivement, les pré-requis seront relevés. Entre les deux guerres, certains des instituts mettent même en place des concours d'entrée qui nécessitent d'être passé préalablement par une « classe préparatoire », à l'instar de la façon dont procèdent les grandes écoles classiques – ce qui nécessite d'avoir été d'abord reçu au baccalauréat scientifique.

locaux sont sis au sein de la faculté des sciences. Rapidement, les conseils d'université votent une décision de création d'un diplôme d'ingénieur électricien de l'Université de..., décision rapidement avalisée par un décret du ministère de l'Instruction publique.

Ces nouvelles écoles d'ingénieurs ne visent pas à concurrencer les grandes écoles sur leurs terrains traditionnels. Leurs promoteurs se fondent sur l'hypothèse que dans l'usine de demain, la division du travail sera telle qu'on aura besoin de compétences très spécialisées, y compris au niveau des ingénieurs. Cette analyse est manifestement partagée par les étudiants qui viennent de plus en plus nombreux s'inscrire dans ces établissements.

Il faut enfin noter la création à Paris, au début du nouveau siècle, de quatre écoles privées connues sous le nom de Charliat (1901), Violet (1902), Breguet (1904) et Sudria (1905)[4]. Elles disent avoir une double vocation : d'une part, elles veulent offrir un cursus complet dans le domaine de l'électrotechnique, d'autre part, elles servent de cours préparatoires au concours que l'École supérieure d'électricité a institué. Leur modèle avoué est celui des écoles d'arts et métiers de l'État qui forment des praticiens très appréciés des chefs d'entreprise[5]. Les enseignants qu'elles recrutent sont généralement des professionnels (ingénieurs dans des entreprises d'électricité) ou des enseignants d'autres établissements (C.N.A.M., A&M, etc.) qui viennent assurer quelques heures de cours. La constitution de telles équipes pédagogiques relève d'une stratégie visant à faire reconnaître le sérieux de ces établissements. Fondées par des personnalités sans structure universitaire qui les appuie, sans soutien industriel affirmé, elles ne peuvent compter que sur les droits qu'elles font payer aux élèves pour assurer leur financement. Elles connaissent cependant un vrai succès en termes d'inscription. Si leurs élèves sont loin d'être tous reçus au difficile concours de l'École supérieure d'électricité, ou aux examens d'entrée des instituts annexes des facultés, ils peuvent néanmoins accéder à un marché du travail en pleine expansion à l'issue d'une formation de deux à trois ans.

L'École supérieure d'électricité (Supélec) a su réagir face à cet afflux d'établissements de formation en électrotechnique en intensifiant constamment ses enseignements Le diplôme est obtenu sur la base de la présentation de cinq projets. Des interrogations sont programmées tout au long de l'année et les travaux pratiques sont notés. Au total, il faut avoir obtenu une moyenne générale de 14/20 pour prétendre au diplôme. L'École exige également des prérequis de plus en plus élevés. C'est dans cet esprit qu'elle

---

[4] Une école du même type est fondée à Marseille en 1908.
[5] Quand celles-ci obtiennent du ministère du Commerce dont elles dépendent, le droit de délivrer un brevet d'ingénieur en 1907, les écoles d'électricité s'estiment alors fondées à délivrer, elles aussi, un diplôme d'ingénieur.

a ouvert un concours qui permet à ceux dont les diplômes ne sont pas du niveau exigé de postuler à une place très convoitée dans la promotion annuelle d'élèves. En même temps, la jeune institution doit faire en sorte de conserver son autonomie et ne pas devenir l'école d'application de l'École centrale des arts et manufactures dont le directeur est membre de droit du conseil de perfectionnement et qui, un temps, souhaiterait un statut spécial pour les centraliens. Le placement des anciens élèves se fait sans aucune difficulté. En 1911, l'école ouvre un nouveau cursus très spécialisé de trois mois sur la télégraphie sans fil avec comme professeur le pionnier de cette nouvelle technologie : le commandant Gustave Ferrié (1868-1932).

Les difficultés de l'entre-deux-guerres

À la veille de la guerre, la formation des ingénieurs électrotechniciens est donc assurée en France par une série d'établissements publics et privés qui offrent des débouchés à leurs anciens élèves aux différents niveaux de la hiérarchie des entreprises. C'est un point positif. Toutefois ce panorama comporte des zones d'ombre. Il n'est d'abord pas certain que les entrepreneurs se soient tous mobilisés en faveur de cette œuvre d'enseignement. Dans nombre de compagnies industrielles, la réserve à l'égard des diplômes est à la base de la culture d'entreprise, on y préfère le cheminement au sein des ateliers. Par ailleurs, la multiplication des établissements de formation pose inévitablement la question du niveau demandé pour l'obtention du titre d'ingénieur. Quelles exigences doit-on en attendre ? Cette question émerge avant 1914, elle sera l'objet de vastes débats dans le monde des ingénieurs jusqu'au vote d'une loi, en 1934 protégeant les titres d'ingénieurs diplômés. Cette problématique cache aussi une querelle : les grandes écoles traditionnelles vivent mal l'arrivée des nouvelles venues et notamment la montée en puissance des instituts universitaires. Au fond, on leur reproche leur réussite. Une campagne vertueuse est lancée peu avant la guerre à la fois par un courant universitaire « fondamentaliste » et par des corps d'ingénieurs : les universités ne font plus leur métier, elles s'éloignent de la science pure, la vraie, il faut laisser la formation des ingénieurs aux authentiques spécialistes. Si le conflit fait taire ces voix, la rumeur reprendra entre les deux guerres, notamment au moment de la crise économique. Enfin, un vrai problème est à peine abordé, sauf dans des cénacles spécialisés, celui de la formation à la recherche industrielle. On sait pourtant qu'en Allemagne, les onze *technische Hochschulen* délivrent de nombreux diplômes de docteurs-ingénieurs, diplôme qui n'existe pas encore en France : il faudra attendre le milieu des années 1920 pour qu'un décret ouvre cette possibilité à certaines écoles désignées par une commission ministérielle, mais ce diplôme sera faiblement utilisé par le milieu ingeniérial et peu réclamé par le monde industriel. Dans l'ensemble, les établissements de formation n'y sont pas très sensibles, même si beaucoup ont réclamé, pour des questions d'image, le droit de délivrer un tel parchemin.

On l'a dit plus haut, sur le plan institutionnel, les choses ont été mises en place avant 1914 et il n'y a pas de grandes modifications si l'on excepte la disparition de l'institut lillois détruit au moment de la guerre et qui ne sera pas reconstitué. Mais bien évidemment, le contenu des cours a beaucoup changé et il n'y a pas d'équivalence entre la formation d'un ingénieur au tournant du XXe siècle et son héritier dans les années 1930. Des disciplines encore balbutiantes avant guerre sont désormais bien implantées et reconnues dans le champ scientifique. Ainsi, à l'École supérieure d'électricité, le modeste cours de trois mois en télégraphie sans fil (T.S.F.) est devenu une formation complète de radio-électricité avec son propre diplôme. Il existe aussi dans cette école un cursus particulier en éclairage. De leur côté, des universités ouvrent, elles aussi, des instituts spécialisés dans les courants faibles, notamment à Bordeaux avec une école de radioélectricité en 1920, à Lille avec un institut radioélectrique en 1931 et à Toulouse avec une section de radioélectricité au sein de l'Institut électrotechnique en 1934. Les cursus en électromécanique se sont développés. À Grenoble, est ouverte par scissiparité avec l'institut initial une école d'ingénieurs hydrauliciens et l'université fonde par ailleurs un institut d'électrochimie et d'électrométallurgie, indépendant de l'institut électrotechnique.

Il vaut de noter aussi une initiative originale, celle de Marie-Louise Paris, diplômée de l'École Sudria et ingénieure de l'Institut électrotechnique de Grenoble, qui se découvre une vocation enseignante. Elle fonde, sans moyens matériels, mais avec une belle ténacité et l'appui de quelques personnalités éminentes comme Gabriel Koenigs (1858-1931), professeur à la faculté des sciences, Léon Eyrolles (1861-1945), directeur de l'École spéciale de travaux publics ou Léon Guillet (1873-1946), le directeur de l'École centrale, un Institut électro-mécanique féminin en 1925[6]. Grâce à la bienveillance du directeur d'alors du Conservatoire des arts et métiers, Henri Gabelle, elle peut utiliser dans la journée un des amphithéâtres de cette institution, puisqu'ils ne sont mobilisés qu'en cours du soir par les enseignants du C.N.A.M. Les jeunes filles qui intègrent cette formation sont peu nombreuses, mais motivées et elles trouvent ensuite des emplois

---

[6] Les formations professionnelles pour jeunes filles commencent à se développer pendant la fin de la Grande Guerre, dont on ne voit pas le bout, alors que les hommes sont au front. Le ministère de l'Instruction publique et celui du Commerce autorisent les filles à accéder à des écoles d'ingénieurs. Un enseignement de hautes études commerciales pour jeunes filles est créé en octobre 1916 à Paris, une école de surintendantes d'usine (assistantes sociales orientées spécifiquement vers l'industrie) est fondée en 1917.

dans l'industrie, notamment dans l'industrie aéronautique. C'est parce que l'école a élargi le champ de ses enseignements et est passé à une formation en trois ans au lieu de deux initialement que sa fondatrice décide en 1933 de lui donner désormais le nom d'École polytechnique féminine (E.P.F.), ce qui ne va pas sans susciter des sarcasmes et des polémiques, le modeste établissement n'ayant évidemment que peu à voir avec la prestigieuse école de la Montagne Sainte-Geneviève. Mais Marie-Louise Paris tient bon. Le diplôme d'ingénieur qui est délivré finit par être reconnu formellement par l'administration et si l'E.P.F., n'ayant toujours pas de local propre, connaît des années très difficiles pendant la période de la guerre, l'école se développera après la Libération, s'installant enfin dans des bâtiments qui lui appartiennent.

Les problèmes de locaux, s'ils sont particulièrement aigus pour l'établissement de Marie-Louise Paris, ne sont pas propres à cette école. Dans toutes les institutions de formation d'ingénieurs, les mètres carrés manquent pour ouvrir de nouveaux laboratoires, pour installer des salles de travaux pratiques : les installations d'avant-guerre ne suffisent plus, mais les crédits se font rares. Supélec qui bénéficie de son prestige peut trouver une solution en 1927, elle quitte les bâtiments trop étroits dans lesquels elle étouffait et s'installe aux portes de Paris, à Malakoff pour plusieurs décennies.

Au-delà des questions matérielles, d'autres problèmes se posent à ces formations. Les instituts universitaires restent dans une position statutaire ambiguë sans réelle autonomie par rapport aux facultés des sciences. L'idée, émise par un parlementaire en 1914 et reprise dans l'immédiat après-guerre de créer des facultés de sciences appliquées dans lesquelles seraient regroupés et installés les instituts avec un statut bien défini, avait fait long feu. Les modalités de recrutement diffèrent selon les établissements, y compris au sein d'une même université et cette hétérogénéité nuit à leur image. Mais l'organisation de concours sur le modèle des grandes écoles traditionnelles tels que ceux mis en œuvre à Nancy fragilise les établissements qui appliquent cette modalité de recrutement avec une chute importante des effectifs. C'est un problème qui ne sera réglé que postérieurement à la Seconde Guerre mondiale avec la transformation des instituts en écoles nationales supérieures d'ingénieurs recrutant selon les mêmes modalités sur concours national. L'École supérieure d'électricité quant à elle, est confrontée au développement de la science électrique et de la multiplication de ses applications. Il devient peu à peu plus difficile de faire tenir en une seule année la totalité des enseignements, même en élevant toujours un peu plus le niveau des pré-requis. Paul Janet commence à mettre en place un cursus sur deux ans, ce qui transforme l'image de l'institution connue jusqu'alors comme étant une formation post-graduate.

Sa mort en 1937 l'empêche d'aller jusqu'au bout de son dessein et les années précédant la guerre constituent une sérieuse période de turbulence pour Supélec. De leur côté, les écoles privées parisiennes ont fait l'effort de renforcer leurs enseignements, d'ouvrir et d'agrandir leurs laboratoires, d'accepter l'entrée d'inspecteurs de l'enseignement technique dans le cadre d'une reconnaissance par l'État qui leur est accordée dès 1922. Du coup, des arrêtés accordent le visa ministériel aux diplômes d'ingénieurs délivrés. Cette reconnaissance officielle du sérieux et de la qualité des formations qu'elles délivrent ne fait pourtant pas évoluer le regard porté sur elles tant par les administrations que par les industries : elles restent des écoles subalternes dont les anciens élèves sont recrutés à des niveaux de salaire inférieurs à ceux d'autres établissements. La crise économique qui se manifeste en France à partir de 1930 met en évidence cette hiérarchie. Le milieu des ingénieurs craint le chômage, les emplois déqualifiés et le déclassement social. L'idée commune est qu'il y a trop d'ingénieurs. On réclame des législations fermant le marché du travail aux ingénieurs étrangers. Mais des pressions s'exercent aussi sur les établissements les moins prestigieux pour qu'ils diminuent leur recrutement, voire l'arrêtent. Ce sont évidemment les 4 écoles privées parisiennes qui sont d'abord visées et à un degré moindre les instituts universitaires de province. Toutefois dans l'immédiat avant-guerre, alors que la machine économique recommence à tourner à plein régime, les industriels commencent à se plaindre des difficultés à recruter des ingénieurs...

La période est toutefois marquée par le vote à l'unanimité de la loi protégeant les titres d'ingénieurs diplômés, en 1934. Il faut dire brièvement les fondements de cette législation. En France, le mot ingénieur était et est toujours aujourd'hui libre d'utilisation : n'importe quel individu peut décider de se déclarer ingénieur, n'importe quelle entreprise peut s'autoriser de désigner un professionnel sous ce nom (ingénieur commercial ou ingénieur de maintenance, par exemple) sans qu'il y ait un diplôme à la clé. La loi ne pouvait donc protéger le terme « ingénieur » exclusivement. En revanche, on pouvait légiférer à propos des établissements délivrant un diplôme d'ingénieur. En effet, dans ce pays, les diplômes d'ingénieurs ne sont pas des grades nationaux comme la licence ou le doctorat dont les universités ont le monopole de délivrance, ce sont des diplômes d'établissement. Il importe donc de vérifier que les écoles qui les attribuent, disposent d'un corps professoral compétent, proposent un cursus technico-scientifique de niveau supérieur et offrent des conditions matérielles correctes, en termes de salles de cours, de salles de travaux pratiques, d'ateliers de réalisation d'instruments et de machines et de laboratoires de recherche. Dans l'entre-deux-guerres, alors qu'elles étaient persuadées que les ingénieurs étaient en surnombre, les associations professionnelles dénonçaient la pratique d'établissements privés de cours par correspondance, délivrant des

« diplômes d'ingénieurs » en quelques mois, soit une concurrence déloyale pour les écoles sérieuses. C'est la raison pour laquelle la loi institue, sous l'égide du ministère chargé de l'enseignement supérieur, une commission permanente, dite Commission des titres d'ingénieurs (C.T.I.), déterminant chaque année la liste des établissements ayant l'autorisation de délivrer les diplômes d'ingénieurs : les associations et syndicats d'ingénieurs y sont représentés au même titre que les organisations patronales, l'État désignant les autres personnalités, à savoir le plus souvent des directeurs d'établissement ou des enseignants distingués. La loi prévoit même que des ingénieurs autodidactes peuvent se présenter devant un jury particulier désigné par l'État, pour y soutenir un mémoire sur les travaux qu'ils ont menés, justifiant ainsi une pratique réelle d'ingénieur ; ils obtiennent alors un titre d'Ingénieur Diplômé par l'État (D.P.E.). Avec cette législation, le mode légitime pour devenir ingénieur sera désormais l'obtention d'un diplôme. C'est aussi une forme générale de reconnaissance de la profession. Il sera effectivement fait usage de la loi notamment pour l'établissement de conventions collectives afin de permettre d'identifier les ingénieurs. Preuve de son utilité, la loi du 10 juillet 1934 sur la protection des titres d'ingénieurs diplômés est toujours en vigueur en ce début du XXIe siècle.

La contribution de l'École nationale supérieure d'électricité et de mécanique de Nancy (E.N.S.E.M.) à la formation des ingénieurs électriciens nord-africains (1900-1960)

Yamina BETTAHAR

Maître de conférences en histoire des sciences, Université de Lorraine, Chercheure au Laboratoire d'Histoire des Sciences et de Philosophie (L.H.S.P. – A.H.P. Archives Henri Poincaré, U.M.R. n° 7117 du Centre National de la Recherche Scientifique), Maison des sciences de l'homme Lorraine, Nancy, France
Yamina.Bettahar@univ-lorraine.fr

Résumé

Depuis sa création institutionnelle au début du XXe siècle, l'Institut électrotechnique de Nancy (I.E.N.), s'est distingué par une politique de recrutement des étudiants tournée résolument vers l'accueil des étrangers et l'engagement de ses ingénieurs dans le cadre des processus d'industrialisation de différents pays en cours de reconstruction ou de développement. Dans un premier temps, l'Institut accueille des étudiants d'Europe centrale et orientale. Puis le phénomène de mobilité étudiante concerne progressivement les étudiants « coloniaux » avant de s'élargir plus tardivement, aux étudiants du Maghreb. Dans cette contribution, nous nous proposons de présenter et d'analyser ces évolutions à travers l'accueil des élèves nord-africains à Nancy en lien avec le développement du processus d'électrification opéré à des degrés divers dans les trois pays d'Afrique du Nord, sous influence française, durant les années 1900 à 1960.

Mots clés

Formation des élites scientifiques et techniques, rayonnement, colonisation, électrification de l'Afrique du Nord, institutions académiques, engagement des cadres techniques français

En France, la question des étudiants étrangers a été l'objet d'importants travaux depuis quelques décennies[1]. Il convient juste de rappeler ici que le début du XXe siècle avait marqué le départ d'une expansion particulière du nombre d'étudiants étrangers au sein des établissements d'enseignement supérieur des pays d'Europe occidentale (Allemagne, Suisse, Belgique, France, etc.) qui sont les principaux pays d'accueil pour les étudiants venus majoritairement des parties orientales et balkaniques du continent (Russes, Polonais, Bulgares, Roumains, Serbes et dans des proportions plus négligeables, Yougoslaves ou Grecs)[2].

Évolution des effectifs des étudiants étrangers en France[3]

Année	Étudiants étrangers (Étranger + Outre-Mer)	Effectif total	%
1925	8 789	53 051	16,5
1930	16 254	73 600	22,0

---

[1] Barrera, C., *Étudiants d'ailleurs. Histoire des étudiants étrangers, coloniaux et français de l'étranger de la Faculté de droit de Toulouse (XIXe siècle-1944)*, Albi, Presses du Centre universitaire, Champollion, 2007 ; Ennafaa, R., Paivandi, S., *Les Étudiants étrangers en France. Enquête sur les parcours et les conditions de vie*, Paris, La Documentation française, 2008 ; Bettahar, Y., Birck, F., *Étudiants étrangers en France. L'émergence de nouveaux pôles d'attraction au début du XXe siècle*, Nancy, Presses universitaires de Nancy, 2009.

[2] Weill, C., *Étudiants russes en Allemagne (1900-1914). Quand la Russie frappait aux portes de l'Europe*, Paris, L'Harmattan, 1996 ; Manitakis, N., « Les Migrations estudiantines en Europe, 1890-1930 », in Leboutte, R. (dir.), *Migrations et migrants dans une perspective historique, permanences et innovations*, Bruxelles, P.I.E. Peter Lang, 2000 ; Karady, V., « La Migration internationale d'étudiants en Europe, 1890-1940 », in *Actes de la Recherche en sciences sociales*, 2002, vol. 5, n° 145 ; Tikhonov, N., Hartmut Rüdiger, P. (dir.), *Universitäten als Brücken in Europa. Studien zur Geschichte der studentische Migration*, Frankfurt am Main, Peter Lang, 2003.

[3] Sources : Tableau élaboré à partir de statistiques recueillies auprès des Archives nationales (contemporaines) de Fontainebleau. Voir Bureau universitaire de statistiques et de documentations scolaires et professionnelles, « Les Étudiants étrangers en France. Étude statistique. », Boîte F/17 bis, Versement 14674, Article 001, et 77/1349. L'analyse de l'évolution des effectifs d'étudiants étrangers en France qui est proposée par le Bureau universitaire de statistiques (B.U.S.), montre une progression en deux grandes périodes : la première concerne les années entre 1925 et 1935 et révèle un accroissement rapide des effectifs, toutes régions de provenance confondues, avec une poussée notable en 1930 (ils représentent alors 22 % de l'effectif total). La deuxième période correspond aux années qui vont de 1950 à 1961 et montre d'abord une diminution due à la guerre et à ses effets politiques, puis à nouveau, on observe une augmentation des effectifs de 77 % sur toute la dernière période. Pour le cas de l'Afrique du Nord, les statistiques officielles du Bureau universitaire de statistiques et de documentation scientifique et professionnelle n'ont pas permis de renseigner les effectifs avec précision. Cependant, on souligne tout de même leur faiblesse relative, comparée à l'augmentation des étudiants français (ces effectifs nord-africains ne représenteraient pas plus de 10 % de l'effectif total).

1935	12 168	82 132	14,6
1950	11 329	131 569	8,6
1955	16 666	150 631	10,6
1960	20 055	194 763	10,3
1961	19 605	203 741	9,6

Paris constituait traditionnellement le principal centre d'attraction d'étudiants étrangers, mais des études ont permis de mettre en évidence la relation entre la création des instituts techniques supérieurs délivrant des diplômes d'ingénieurs et le mouvement de redistribution des flux d'étudiants étrangers vers des centres de moindre renommée[4].

---

[4] Sur ce point, se reporter à l'étude détaillée de Birck, F., « De l'Institut électrotechnique de Nancy à l'École nationale supérieure d'électricité et de mécanique (1900-1960) », in Birck, F., Grelon, A. (dir.), *Un Siècle de formation des ingénieurs électriciens. Ancrage local et dynamique européenne, l'exemple de Nancy*, Paris, Éditions de la Maison des sciences de l'homme, Paris, 2006, p. 23-88. Voir aussi Angio, d'A., *Schneider & Cie et la naissance de l'ingénierie. Des pratiques internes à l'aventure internationale 1836-1949*, Paris, Centre National de la Recherche Scientifique (C.N.R.S.) Éditions, 2000 ; Bettahar, Y., « La formation des élites techniques du Maghreb dans les écoles d'ingénieurs françaises depuis les années 1960 », in Bettahar, Y., Birck, F. (dir.), *Étudiants étrangers en France. L'émergence de nouveaux pôles d'attraction au début du XXe siècle*, Nancy, Presses universitaires de Nancy, 2009, p. 117-130 ; Birck, F., « La question des étudiants étrangers et le développement de l'Institut électrotechnique de Nancy, 1900-1940 », in Bettahar, Y., Birck, F. (dir.), *Étudiants étrangers en France. L'émergence de nouveaux pôles d'attraction au début du XXe siècle*, Nancy, Presses universitaires de Nancy, 2009, p. 33-55 ; Coquery-Vidrovitch, C., « La continuité technocratique : milieux économiques et politique coloniale », in Thobie, J. et al. (dir.), *Histoire de la France coloniale, 1914-1990*, Paris, Armand Colin, 1990 ; Efmertová, M., « Les Relations scientifiques et techniques entre la Tchécoslovaquie et l'Université de Nancy (1918-1938) », in Birck, F., Grelon, A. (dir.), *Un siècle de formation des ingénieurs électriciens. Ancrage local et dynamique européenne, l'exemple de Nancy*, Paris, Éditions de la Maison des sciences de l'homme, 2006, p. 337-355 ; Ennafaa, R., Paivandi, S., *Les Étudiants étrangers en France. Enquête sur les parcours et les conditions de vie*, Paris, La Documentation française, 2008 ; Ferté, P., Barrera, C. (dir.), *Étudiants de l'exil. Migrations internationales et universités refuges (XVIe-XXe siècles)*, Toulouse, 2009 ; Gouzévitch, I., Gouzévitch, D., « Les Étudiants d'Europe de l'Est à l'Institut électrotechnique de Nancy (1900-1939) », in Birck, F., Grelon, A. (dir.), *Un siècle de formation des ingénieurs électriciens. Ancrage local et dynamique européenne, l'exemple de Nancy*, Paris, Éditions de la Maison des sciences de l'homme, 2006, p. 271-319 ; Guillen, P., « La fondation de la Compagnie marocaine », in *Revue historique*, 1974, n° 512, p. 397-422 ; Kostov, A., « Les Étudiants originaires des États balkaniques à l'Institut électrotechnique de Nancy (1900-1940) », in Birck, F., Grelon, A. (dir.), *Un siècle de formation des ingénieurs électriciens. Ancrage local et dynamique européenne, l'exemple de Nancy*, Paris, Éditions de la Maison des sciences de l'homme, 2006, p. 321-336.

À Nancy, à la fin du XIXe siècle, les étudiants sont encore peu nombreux[5]. Au moment où la question du nombre d'universités à créer est vivement discutée, et alors qu'on ne prévoit que cinq ou six grands centres universitaires, Nancy arrive seulement au septième rang pour le nombre d'étudiants, issus, dans leur grande majorité, de la bourgeoisie locale[6]. Pour pallier l'insuffisance numérique de ses effectifs étudiants et les modalités discriminantes liées à leur recrutement, l'université de Nancy ouvre l'accès aux élèves étrangers.

Dans ce mouvement d'ouverture de l'accès des études supérieures aux étudiants étrangers, et pour compenser l'insuffisance numérique de leurs effectifs étudiants, les instituts techniques créés dans le sillage de la faculté des sciences, décident d'ouvrir l'accès aux élèves issus des écoles primaires supérieures et professionnelles. Puis le recrutement massif d'élèves étrangers apparaît très vite comme une nécessité afin de combler également les déficits budgétaires liés au paiement des droits de scolarité.

La création, par la faculté des sciences de Nancy, des instituts techniques supérieurs (ancêtres des écoles d'ingénieurs actuelles), autorisés à délivrer des diplômes d'ingénieurs, a contribué à élargir le recrutement en diversifiant l'offre de formation. En même temps, cette politique innovante a rendu le centre nancéien plus attractif et en mesure de bénéficier d'un flux d'étudiants étrangers qui choisissent de se former en France. La plupart viennent des parties orientales et balkaniques du continent, qu'il s'agisse de Russes, Polonais, Bulgares, Roumains, Serbes, et dans une moindre mesure Yougoslaves ou Grecs. La création de l'Institut électrotechnique de Nancy en 1900 correspond à un temps fort de la politique de développement de l'enseignement des sciences appliquées, engagée, depuis les années 1880, par la faculté des sciences de Nancy[7] mais également à celui de l'accueil progressif d'étudiants étrangers. De façon

---

[5] Birck, F., « De l'Institut électrotechnique de Nancy à l'École nationale supérieure d'électricité et de mécanique (1900-1960) », in Birck, F., Grelon, A. (dir.), *Un Siècle de formation des ingénieurs électriciens. Ancrage local et dynamique européenne, l'exemple de Nancy*, Paris, Éditions de la Maison des sciences de l'homme, Paris, 2006, p. 23-88, a montré qu'en 1890, les effectifs des quatre facultés comptaient à peine 650 étudiants (droit, médecine, sciences, lettres et École de pharmacie) : deux facultés rassemblaient le plus grand nombre d'étudiants : le droit (202) et la médecine (170). La faculté des sciences dépassait de peu la centaine d'étudiants tandis que la faculté des lettres ne parvenait même pas à franchir ce niveau.

[6] L'enseignement secondaire qui ouvrait la voie aux études supérieures n'était pas gratuit. Du coup, les possibilités de recrutement d'étudiants pour l'enseignement supérieur nancéien étaient très limitées.

[7] Birck, F., « De l'Institut électrotechnique de Nancy à l'École nationale supérieure d'électricité et de mécanique (1900-1960) », in Birck, F., Grelon, A. (dir.), *Un Siècle de formation des ingénieurs électriciens. Ancrage local et dynamique européenne, l'exemple de Nancy*, Paris, Éditions de la Maison des sciences de l'homme, Paris, 2006.

plus générale, des monographies d'instituts décrivent les initiatives et les réalisations originales dans certaines villes de province au début du XXe siècle que ce soit à Nancy[8], Strasbourg[9], Nantes[10] ou Rouen[11]. Elles illustrent la diversité des politiques locales d'accueil des étudiants étrangers et leurs conséquences sur le développement de ces instituts, comme le montre tout particulièrement, l'exemple nancéien, à travers l'Institut d'électrotechnique[12].

Jusqu'à la Seconde Guerre mondiale, absence des étudiants en provenance d'Afrique du Nord

Il faut souligner l'absence totale d'étudiants originaires de ce qui constitue, à l'époque, l'Empire colonial français. Ces derniers ne seront accueillis qu'au lendemain de la Seconde Guerre mondiale, au moment où s'ébauche un mouvement en faveur de la formation d'élites autochtones. Par la suite, le phénomène de décolonisation, entraînera le développement d'une nouvelle politique sous la forme d'accords inter-étatiques si bien qu'aujourd'hui, ces étudiants sont devenus majoritaires et forment actuellement le noyau le plus important des étudiants étrangers à Nancy, comme on le verra plus loin.

Si l'on considère les contextes socio-politiques et culturels et les formes dans lesquelles s'est opérée la colonisation française entre les années 1830 et 1960, on peut rappeler qu'ils varient, en Afrique du Nord, d'un pays à l'autre. La gestion de la politique éducative coloniale et plus

---

[8] Grelon, A., Birck, F. (dir.), *Des Ingénieurs pour la Lorraine XIXe-XXe siècles*, 1998, Metz, Éditions Serpenoise ; réédition aux Presses universitaires de Nancy, 2007.

[9] Pour le cas de l'Université de Strasbourg, se reporter aux travaux d'Olivier-Utard, F., « L'Université de Strasbourg : un double défi, face à l'Allemagne et face à la France », in Crawford, E., Olff-Nathan, J. (dir.), *La science sous influence, l'université de Strasbourg enjeu des conflits franco-allemands 1872-1945*, La Nuée Bleue, 2005, p. 137-177 ; « L'université de Strasbourg dans l'entre-deux-guerres : un cosmopolitisme nécessaire », in Bettahar, Y., Birck, F. (dir.), *Étudiants étrangers en France. L'émergence de nouveaux pôles d'attraction au début du XXe siècle*, Nancy, Presses universitaires de Nancy, 2009, p. 57-72.

[10] Voir la monographie de Fonteneau, V., « Les étudiants étrangers, un enjeu pour le développement de l'Institut polytechnique de l'Ouest ? », in Bettahar, Y., Birck, F., *Étudiants étrangers en France. L'émergence de nouveaux pôles d'attraction au début du XXe siècle*, Presses universitaires de Nancy, 2009, p. 73-89.

[11] Voir Bidois-Delalande, A., « Des étrangers pour un institut privé », in Bettahar, Y. Birck, F., *Étudiants étrangers en France. L'émergence de nouveaux pôles d'attraction au début du XXe siècle*, Presses universitaires de Nancy, 2009, p. 91-116.

[12] Birck, F., Grelon, A. (dir.), *Un Siècle de formation des ingénieurs électriciens. Ancrage local et dynamique européenne, l'exemple de Nancy*, Paris, Éditions de la Maison des sciences de l'homme, 2006.

particulièrement celle de la formation des élites nord-africaines, s'est posée de manière inégale dans les trois pays en raison des statuts différents qui y furent imposés. En Algérie, la colonie de peuplement est déclarée, dès 1848, territoire français. La mise en œuvre de la politique française se matérialise par la création de trois départements français d'Algérie. Dès lors, le pouvoir colonial devait fournir à la population européenne installée en Algérie, la possibilité de donner à ses enfants une instruction complète à l'instar de celle dispensée en métropole. Les futurs cadres européens destinés à gérer les affaires du pays devaient donc trouver sur place les institutions de formation adéquates. C'est dans ce cadre qu'un système d'enseignement supérieur français est mis en place en Algérie dès la fin du XIXe siècle, pour jeter les bases de la future université d'Alger, officiellement créée le 30 décembre 1909. Des enseignements sont dispensés dans le cadre des quatre écoles supérieures mises en place en Algérie dès le milieu du XIXe siècle pour l'une d'entre elles. En effet, une école de médecine et pharmacie est implantée à Alger dès 1857. Tandis que les écoles de droit, lettres et sciences sont créées en 1879[13]. En 1909, le système des quatre facultés qui compose la jeune université naissante, prolonge les écoles supérieures. L'Université d'Alger devient alors une composante du paysage académique et républicain français. Un flux d'universitaires dans les deux sens de la Méditerranée concerne quasi-exclusivement les personnels coloniaux et les enseignants basés à Alger et en métropole. Les étudiants qui fréquentent l'université sont essentiellement des enfants européens. Un dispositif scientifique est mis en place et accueille des universitaires métropolitains qui considèrent de plus en plus Alger comme un tremplin pour la progression de leurs carrières. Des sociétés savantes voient le jour. Au moment où se développent de nouveaux lieux de savoir, Alger accueille, dès les années 1900, des congrès scientifiques internationaux, des missions scientifiques. C'est ainsi que les différents acteurs et les institutions mises en place contribueront à façonner durablement les méthodes de travail, les valeurs et les normes régissant l'université coloniale.

En ce qui concerne le cas du Maroc et celui de la Tunisie, leur statut durant la période coloniale est différent de celui qui prévalait en Algérie. Les deux pays n'avaient pas vocation à devenir des colonies de peuplement, malgré les pressions exercées par certains lobbies métropolitains. Un protectorat fut instauré dans chacun des deux pays et placé sous la tutelle de la France : en 1881 en Tunisie et en 1912 au Maroc. À ce titre, ces deux

---

[13] Voir Bettahar, Y., « l'Université d'Alger : une transposition singulière de l'universitaire républicain en terre algérienne », in Bettahar, Y., Choffel-Mailfert, M.-J. (dir.), *Les Universités au risque de l'histoire. Principes, configurations, modèles*, Nancy, Éditions universitaires de Lorraine, 2014.

La contribution de l'E.N.S.E.M. à la formation des ingénieurs électriciens

pays conservaient théoriquement leur souveraineté. Mais, dans les faits, les autorités françaises finirent par gouverner le pays « de bas en haut »[14] en Tunisie. Au Maroc, avec l'instauration du protectorat, la gestion du pays par la France est restée largement influencée par son premier Résident général, Hubert Lyautey[15]. Entre 1912 et 1914, le Royaume chérifien subit alors quelques transformations politiques avec la mise en place des institutions du Protectorat et la pacification du pays. Puis Lyautey entreprend la mise en œuvre des grands projets d'équipement et une politique éducative en faveur des grandes familles influentes du Makhzen[16]. Il crée notamment les « écoles de fils de notables », les collèges musulmans[17] dont bénéficieront une poignée de jeunes enfants de notables marocains. La formation des élites civiles et militaires est poursuivie dans le cadre d'institutions tels le Collège franco-berbère d'Azrou[18] ou l'École des élèves-officiers marocains du Dar el Beïda à Meknès[19]. Par ailleurs, des tentatives en vue de créer un enseignement supérieur de type moderne, se heurtent très vite au conservatisme de la puissante université-mosquée La Quarawiyyine et

---

[14] Selon l'expression de Paul Cambon, premier Résident général de France en Tunisie.
[15] Une abondante littérature a été consacrée au Maréchal Lyautey. Voir tout particulièrement Rivet, D., *Lyautey et l'institution du protectorat français au Maroc, 1912-1925*, 3 volumes, Paris, L'Harmattan, 1988 ; Rivet, D., *Le Maroc de Lyautey à l'époque de Mohammed V*, Paris, Denoël, 1998.
[16] Familles fortunées qui gravitent autour du pouvoir central chérifien.
[17] En 1914, deux collèges musulmans sont créés à Fès (Collège Moulay Idriss) et à Rabat (Collège Moulay Youssef). En 1939, on en dénombre quatre, dont le Collège berbère d'Azrou. La formation dispensée au sein de ces établissements était restrictive. Elle préparait les élèves à l'obtention du certificat d'études musulmanes (pour le premier cycle) et au diplôme d'études musulmanes (pour le second cycle). Elle excluait la délivrance du baccalauréat qui aurait pu conduire les élèves à poursuivre des études supérieures en métropole et se trouver ainsi dans une situation concurrentielle vis-à-vis des cadres de direction européens du protectorat. Cependant, quelques familles de notables décidèrent de contourner la politique lyautéenne, et choisirent d'envoyer leurs progénitures dans les écoles et lycées français où ils purent achever leurs études secondaires et obtenir le baccalauréat français, voie royale pour l'accès aux études supérieures. Pour une étude détaillée, voir Vermeren, P., *École, élite et pouvoir au Maroc et en Tunisie au XXe siècle*, Rabat-Agdal, Alizés, 2002.
[18] Pour le Maroc, voir la monographie de Benhlal, M., *Le Collège d'Azrou. La formation d'une élite berbère civile et militaire au Maroc*, Éditions Karthala – Institut de recherches et d'études sur le monde arabe et musulman (I.R.E.M.A.M.), 2005.
[19] Cette école militaire, créée en 1919 par le Maréchal Lyautey, est issue de la réorganisation de l'ancienne armée chérifienne (dévouée au Gouvernement du *Makhzen*) et de sa transformation en troupes auxiliaires marocaines. Les élèves retenus sont sélectionnés au préalable au sein des familles de notables. Ils suivent ensuite une formation pour devenir officiers indigènes. Puis, grâce à un système d'allocation de bourses, certains élèves-officiers sont à nouveau sélectionnés pour être envoyés à l'École Saint-Cyr y poursuivre leurs études ou pour y effectuer un séjour de courte ou moyenne durée.

des 'Ulamas. Peu à peu, les premières réformes aboutissent à la création, en 1920, de l'Institut des hautes études marocaines. Mais l'idée de fonder une université marocaine ne commence à germer qu'au lendemain de l'indépendance du pays, en 1956.

En Tunisie, le paysage de l'enseignement considéré comme « supérieur » ressemble à une mosaïque éclatée[20] qui fonctionne selon des logiques de formation hétérogènes. Dans les années 1950, deux pôles se partagent la socialisation des élites : celui de l'université de la Zaytouna[21], l'université-mosquée, lieu de formation des élites traditionnelles, autour de laquelle gravite la « Khaldounia », une association privée, fondée en 1896 sous les auspices de René Millet, Résident général en Tunisie en 1894, et présentée par le protectorat comme une institution embryonnaire de la future université moderne chargée de régénérer la « Zaytouna » et y introduire le progrès moderne. Elle sera suivie d'une constellation d'institutions créées successivement par le Protectorat pour développer un enseignement de type moderne, au sein du Collège Sadiki et du Lycée Carnot de Tunis[22].

Cependant, l'absence d'enseignement supérieur technique de type moderne, tout au long de la période de protectorat conduit quelques familles européennes et tunisiennes aisées, à envoyer leurs rejetons poursuivre leurs études dans les lycées et universités[23] de la métropole ou dans la seule université voisine située à Alger[24]. D'autres familles musulmanes choisissent d'envoyer leurs enfants dans les institutions universitaires traditionnelles ou modernes du Caire, de Damas ou de Bagdad.

---

[20] Voir Bendana, K., « Diplôme et Université en Tunisie, dans les années cinquante », in Geisser, V. (dir.), *Diplômés maghrébins d'ici et d'ailleurs*, Paris, C.N.R.S. Éditions, 2000, p. 66-75 ; Siino, F., « La construction du système universitaire tunisien : flux croisés et importation des pratiques scientifiques », in Geisser, V. (dir.), *Diplômés maghrébins d'ici et d'ailleurs*, Paris, C.N.R.S. Éditions, 2000, p. 76-91.

[21] Cette université est la plus ancienne institution de type « supérieur », fondée dans le monde arabo-musulman. Créée en 732, des enseignements y sont dispensés à partir du 12e siècle. Des réformes successives furent notamment à l'origine de la réorganisation de son enseignement en trois cycles (primaire, moyen et supérieur) et la définition de nouvelles modalités d'examens.

[22] Voir les travaux de Sraïeb, N., pour le cas de la Tunisie et tout particulièrement son étude sur la formation de l'élite nationaliste tunisienne. Sraïeb, N., « Enseignement, élites et système de valeur : le Collège Sadiki de Tunis », in Santucci, J.-C., Flory, M. (dir.), *Annuaire de l'Afrique du Nord*, Aix-en-Provence, C.N.R.S., Paris, Éditions du C.N.R.S., 1972, p. 103-135.

[23] En 1956, à la veille de l'indépendance du pays, les tableaux du Bureau universitaire de Statistiques (B.U.S.) indiquent que les effectifs de Tunisiens poursuivant leurs études en métropole (avec l'obtention du baccalauréat français) s'élèvent à 829 garçons et 118 filles.

[24] À l'Université d'Alger, ils fréquentent le droit et la médecine.

Dans ce mouvement de socialisation différenciée des futures élites tunisiennes, le lycée Carnot de Tunis joue un rôle majeur dans la sélection sociale. Dès sa première institutionnalisation, il est l'objet d'enjeux et de luttes d'influence entre les écoles italiennes et les écoles françaises, religieuses ou républicaines. Créé en 1845 par l'abbé Bourgade, le premier collège français est transformé au lendemain de l'instauration du protectorat français de 1881 selon le modèle des lycées de métropole. Dès lors, il devient une institution très prisée par les grandes familles influentes. C'est en 1894 qu'il prend l'appellation de lycée Sadi Carnot. Il accueille les enfants des notables européens et musulmans, et leur permet, une fois le baccalauréat en poche, de rejoindre la France pour y poursuivre leurs études supérieures[25].

Dans cette constellation institutionnelle, d'autres élèves sont orientés vers les filières de l'École polytechnique de Tunis et de l'Institut préparatoire aux études scientifiques et techniques. Ces filières semblent être en réalité, « délocalisées » à l'étranger au sein des classes préparatoires aux grandes écoles françaises notamment, celles qui ont formé une part non négligeable des élites technocratiques tunisiennes[26].

Peut-on dater avec précision l'apparition des premiers étudiants musulmans de formation française ?[27] En Algérie, il faut rappeler que le pouvoir colonial provoqua, au début des années 1850, le déclin des institutions culturelles traditionnelles de l'Algérie pré-coloniale[28]. À partir de 1850, le besoin d'une élite intermédiaire, conduit alors les autorités coloniales à adopter des mesures en faveur de certaines couches de la population musulmane. Cependant, malgré ces mesures, il convient de souligner qu'en 1914, le taux de scolarisation des Algériens musulmans est de l'ordre de 5 % malgré une accélération de la croissance démographique. La prise en charge des rares élus qui franchissent le cap de l'école primaire apparaît très tardivement[29]. L'élargissement de leur accès à l'enseignement

---

[25] Un baccalauréat français, destiné spécialement aux colonies, est instauré en France par décret du 13 août 1948. L'arrêté de 1950 achèvera la mise en place d'un baccalauréat franco-tunisien permettant aux Tunisiens d'effectuer des études en France. Le baccalauréat sera unifié en Tunisie dès l'indépendance, en 1956.

[26] Voir Geisser, V. (dir.), *Diplômés maghrébins d'ici et d'ailleurs*, Paris, C.N.R.S. Éditions, 2000.

[27] Voir notamment les travaux de Perville, G., *Les Étudiants algériens de l'Université française, 1880-1962*, Paris, Éditions du C.N.R.S., 1984 ; Perville, G., *De l'Empire français à la décolonisation*, Paris, Hachette, 1991.

[28] Voir Turin, Y., *Affrontements culturels dans l'Algérie coloniale. Écoles, médecines, religion. 1830-1880*, Paris, Maspero, 1971.

[29] Par exemple, le lycée Bugeaud d'Alger n'est autre que l'ancien Collège d'Alger, créé en 1835. Jusqu'à sa transformation en lycée, en 1848, il se destine en priorité à

secondaire se développe tardivement. Jusqu'au premier conflit mondial, leur nombre est insignifiant. Face à l'échec du développement des écoles arabes françaises en Algérie, la séparation scolaire qui prévaut en Algérie au début du XXe siècle, conduit un grand nombre de familles musulmanes à inscrire leurs enfants dans le réseau d'enseignement traditionnel (coranique) et privé qui se développe, à l'époque, dans les principales villes du pays. Puis, des collèges franco-musulmans voient le jour et participent à cet effort de scolarisation et d'éducation.

Ces mesures ont sans doute permis à certains élèves algériens musulmans issus de familles influentes, de poursuivre leurs études dans les lycées de la métropole et de bénéficier d'une formation dans les écoles militaires telles que Saint-Cyr et Saumur, ou à l'école vétérinaire de Maisons-Alfort. Mais en l'absence d'une politique scolaire pensée et organisée en faveur de ces étudiants, ces derniers sont peu nombreux à bénéficier de ce dispositif et continuent d'être recrutés socialement au sein des familles musulmanes aisées. La mise en place d'un enseignement supérieur dans la colonie et la fondation de l'Université d'Alger auraient dû favoriser le recrutement des étudiants algériens musulmans qui auraient pu trouver localement un lieu de socialisation universitaire mais à cette époque, leurs effectifs restent dérisoires jusqu'au deuxième conflit mondial.

C'est seulement au lendemain de la Seconde Guerre mondiale, qu'une amorce d'accroissement des effectifs d'élèves musulmans se dessine dans l'enseignement supérieur français. En 1948, ils sont entre 500 et 800 étudiants algériens-musulmans (métropole incluse). En 1954, sur un total de 1100 étudiants, ils sont 503 inscrits à l'Université d'Alger et en 1958, sur les 2790 étudiants (dont un millier en métropole), 814 sont Algériens-musulmans.

Dans le même temps, l'enseignement traditionnel réformé sous la houlette de l'Association des 'Ulamas (fondée dans les années 1931), accueille les étudiants qui ont suivi leur cursus primaire et secondaire au sein des

---

l'accueil des enfants de familles européennes, implantées à Alger et dans ses environs, grâce à son internat. Puis, le lycée Bugeaud intègre en son sein, toutes les grandes classes préparatoires aux grandes écoles françaises telles que l'École polytechnique de Paris, Saint Cyr et les écoles supérieures d'ingénieurs. Durant une longue période, son accès est resté fermé à la population musulmane. La décision d'ouvrir l'accès du lycée aux populations musulmanes sera bien tardive. De futurs ingénieurs I.E.N. y ont suivi leurs études secondaires ou leur préparation aux grandes écoles. Ce fut notamment le cas de Claude Domenech, Paul Vicenti ou Claude Moinaud que l'on retrouvera quelques années plus tard à l'E.N.S.E.M. de Nancy. Nous avons également pu relever que des personnalités du monde universitaire français comme Fernand Braudel ou Yves Lacoste, y ont enseigné. Tandis que d'autres y ont étudié. C'est le cas de Jacques Derrida, Mouloud Mammeri, Albert Camus, Jacques Cohen-Tannoudji.

institutions d'enseignement traditionnel en langue arabe[30]. Mais que ce soit en Tunisie ou au Maroc, le début d'un enseignement supérieur de type moderne ne verra le jour qu'à partir des années 1920 et n'aura pas le même statut qu'en Algérie.

Après 1945, malgré l'augmentation des effectifs et l'ouverture à un plus grand nombre de disciplines universitaires, dans les trois pays sous influence française et durant une longue période, la formation débouchait essentiellement sur l'exercice du droit, de la médecine ou celui des métiers liés à la traduction, l'interprétariat, en lien avec les populations musulmanes. En ce qui concerne l'ingénierie, cette catégorie socioprofessionnelle apparaît assez tardivement. Parmi les étudiants ayant fréquenté les universités métropolitaines, peu ont été formés dans le corps des ingénieurs durant la période coloniale. Dans les faits, c'est avec l'ère des décolonisations et l'instauration des nouveaux États indépendants que seront formés en grand nombre, les ingénieurs modernes au Maghreb, portés par les projets développementalistes mis en œuvre dans les trois pays[31].

Le rôle de l'électricité dans le développement économique de l'Afrique du Nord

Si, à cette époque, la question des étudiants en provenance d'Afrique du Nord n'était pas encore à l'ordre du jour des politiques d'accueil de la faculté des sciences de Nancy et des instituts qui lui étaient rattachés, les ingénieurs électriciens métropolitains devaient s'engager très tôt dans la contribution au développement économique des régions placées sous influence française.

C'est au Maroc, durant la période lyautéenne, que le processus de développement économique, lié à la satisfaction des besoins des Européens établis dans ce pays, est le plus significatif. Très tôt, l'électricité devient un enjeu crucial du développement de ce pays. Source d'énergie essentielle pour la production industrielle, elle participe de l'imaginaire de la modernité politique et économique. Des grands groupes industriels avaient précédé l'installation officielle du Protectorat, intéressés de façon précoce à la mise en ordre de l'espace économique et à l'électrification du

---

[30] En 1947, l'association ouvre à Constantine l'Institut « *Abdelhamid Benbadis* » du nom du principal leader du mouvement réformiste algérien. Cet institut dont l'accès est payant, accueille des élèves pour les préparer à l'enseignement supérieur et s'appuie sur une collaboration étroite avec la Zaytouna de Tunis qui a contribué à la formation de A. Benbadis.

[31] Voir Longuenesse, E., *Bâtisseurs et bureaucrates : ingénieurs et société au Maghreb et au Moyen-Orient*, Lyon, 1990 ; Gobe, E. (dir.), *L'Ingénieur moderne au Maghreb (XIXe-XXe siècles)*, Tunis-Paris, 2004.

pays, avant d'être relayés par les entreprises publiques. Tandis que l'État français hésitait encore à investir dans les trois territoires nord-africains, les milieux d'affaires, qui s'étaient appuyés sur des groupes de pression tels que le « Parti colonial » ou l'Union coloniale française[32], avaient très rapidement saisi l'intérêt d'investir dans cette région et ainsi devancé, jusqu'au second conflit mondial, la politique coloniale et l'implantation du secteur public. C'est seulement après une période d'atermoiements, que la « mise en valeur » des ressources naturelles devient alors à la fois l'objectif et la justification de la colonisation française dans ce territoire. La France voyait dans cette entreprise une œuvre de progrès au profit de l'intérêt général et des populations indigènes qui devaient, en théorie, en bénéficier[33]. Puis, les pouvoirs publics prennent en main la réalisation des grands projets relevant du domaine public (réseau routier, barrages, etc.) et favorisent l'installation de sociétés de grande envergure dotées de capitaux importants. Certains travaux furent partagés entre l'État et des sociétés privées (ex. le réseau ferré)[34].

En 1923, la Société l'Énergie électrique du Maroc est créée. Elle est chargée de réaliser l'équipement électrique du pays. Elle intervient dans la construction et de l'exploitation d'usines et de lignes pour la production, le transport et la distribution de l'énergie électrique. La Compagnie des Chemins de fer du Maroc, l'Office chérifien des phosphates, les services publics et le secteur industriel, sont les principaux bénéficiaires de ses prestations. Des centrales thermiques secondaires ou locales, à charbon ou à moteur diesel, sont créées dans les grands centres urbains et dans de petites localités sur la côte ou à l'intérieur du pays. Des usines hydro-électriques sont également construites au pied des barrages de retenue édifiés sur les grands oueds du versant atlantique[35].

---

[32] Bettahar, Y., « L'E.N.S.E.M. et le processus d'industrialisation du Maroc (1900-1960) », in Birck, F., Grelon, A. (dir.), *Un siècle de formation des ingénieurs électriciens. Ancrage local et dynamique européenne, l'exemple de Nancy*, Paris, Éditions de la Maison des sciences de l'homme, 2006, p. 360.

[33] Voir Perville, G., *Les Étudiants algériens de l'Université française, 1880-1962*, Paris, Éditions du C.N.R.S., 1984 ; Perville, G., *De l'empire français à la décolonisation*, Paris, Hachette, 1991.

[34] *Ibid.*

[35] C'est le cas notamment de la centrale thermique des Roches noires à Casablanca, de l'usine hydro-électrique de Sidi Saïd-Machou qui constitue l'une des premières réalisations d'installations productrices d'énergie situées au cœur des régions cibles du développement industriel ou agricole.

La contribution de l'E.N.S.E.M. à la formation des ingénieurs électriciens

Le dispositif mis en œuvre accompagne ainsi le développement économique du pays. Les travaux d'historiens[36] ont montré que seul le Maroc a pu développer une électrification d'envergure en raison de la présence d'un potentiel hydraulique important, de l'installation précoce de groupes industriels métropolitains et de leur investissement dans le cadre des grands chantiers. C'est ainsi que dès 1938, le premier programme d'équipement électrique du Maroc est complètement achevé et confère au pays un statut de « modèle colonial » à l'échelle internationale[37].

Ce n'est pas tout à fait le cas de l'Algérie et de la Tunisie. Si l'on considère l'évolution de l'électrification dans ces deux pays entre 1900 et 1945, on peut constater que l'investissement matériel et financier y est plus modeste[38]. Pour ce qui est de l'Algérie, à la fin du XIXe siècle, le pays se présente comme un pays essentiellement agricole. L'énergie électrique est utilisée principalement pour répondre aux besoins des industries alimentaires et à l'usage domestique destiné essentiellement aux populations européennes. Le reste de la force motrice est utilisé par les industries diverses liées aux chemins de fer et tramways électrifiés. Cependant la part des usines hydroélectriques, installées sur place durant cette période, est réduite. Pourtant, dans les années 1920, tout comme au Maroc, la demande y est forte, bien qu'elle émane essentiellement de la population européenne. Dans les faits, une multitude de sociétés commerciales voient le jour avant le premier conflit mondial et aux lendemains de la Grande Guerre. Au début, elles attirent des capitaux étrangers, puis s'y adjoignent des capitaux métropolitains et locaux. Parmi les secteurs qui captent le plus de capitaux français[39], celui de l'énergie électrique occupe une place de choix[40]. Cependant, pendant la Première Guerre mondiale, aucun investissement n'a lieu. C'est seulement en 1920 qu'est créée la puissante Société algérienne d'Éclairage et de Force (S.E.F.A.) qui réunit

---

[36] Voir Barjot, D., Lefeuvre, D. et al. (dir.), *L'Électrification outre-mer de la fin du XIXe siècle aux premières décolonisations*, Paris, Fondation E.D.F. et Publications de la Société française d'histoire d'outre-mer, 2002.

[37] Voir Bouneau, Ch., « Électrification des chemins de fer et empires coloniaux : l'expérience de l'Afrique du Nord française jusqu'au second conflit mondial », in Barjot, D., Lefeuvre, D. et al., *L'Électrification Outre-mer de la fin du XIXe siècle aux premières décolonisations*, Paris, Fondation E.D.F. et Société française d'histoire d'outre-mer, 2002, p. 135-146.

[38] *Ibid.*, p. 136.

[39] Le secteur de l'immobilier attire également de nombreux capitaux français.

[40] En Algérie, jusqu'en 1946, on dénombre quatorze sociétés anonymes, filiales d'entreprises basées en métropole, qui gèrent l'électricité dans ce pays tandis qu'une dizaine d'usines étaient la propriété de cinq sociétés, elles aussi, filiales d'entreprises métropolitaines.

des capitaux belges, français et ceux mobilisés par des acteurs installés en Algérie. Cette société se développe très rapidement. En 1928, un deuxième groupe constitue l'Union électrique et gazière de l'Afrique du Nord, tandis qu'une partie des petites sociétés locales d'électricité sont aux mains de petits industriels locaux[41]. Puis, la S.E.F.A. est reprise par la Compagnie générale française de Tramways (C.G.F.T.).

Dans les faits, les concessions d'électricité réparties sur le territoire algérien se chevauchent et le matériel est vétuste. De façon générale, malgré quelques tentatives éprouvées ici et là, il faut considérer que jusqu'à la veille de la Seconde Guerre mondiale, l'industrie électrique algérienne demeure relativement faible. Au moment du déclenchement du conflit, seulement deux centrales sont en activité. Pour ce qui est de l'électrification des chemins de fer, il faut rappeler qu'elle n'était réalisée que pour satisfaire les besoins de l'industrie minière, en particulier celle des minerais de fer de l'Ouenza et celle des gisements de phosphates et de leur transport du Kouif, régions situées à l'est du pays. Au début des années 1940, les pouvoirs publics commencent sérieusement à s'intéresser aux questions liées à la production et à la distribution de l'énergie électrique dans ce pays. En 1941, une conférence est organisée à Alger, autour de la question de l'électrification en Afrique du Nord. Au lendemain de la guerre, et face au retard considérable accumulé par la colonie, l'impulsion étatique marque un tournant décisif mais tardif et qui conduit à un aménagement assez contrasté. Un « Plan d'équipement électrique » est défini par le Gouvernement général, en 1944, pour une période de vingt années (1945-1965). Il se matérialise notamment par l'achèvement des usines hydroélectriques dites du « Programme de 1940 ». De grands complexes hydroélectriques voient ainsi le jour. Pour accompagner ce nouveau programme, la loi du 8 avril 1946 permet la nationalisation de l'électricité et du gaz en Algérie À cette date, l'oligopole d'entreprises qui se partageait le marché algérien est nationalisé au profit de l'entreprise Électricité et Gaz d'Algérie (E.G.A.)[42]. Entre 1947 et 1962, E.G.A. contribue au développement économique de l'Algérie et est chargée des activités liées à la production, au transport, à la distribution, à l'importation et à l'exportation de l'électricité et du gaz. Bien que concernées tardivement, les campagnes algériennes bénéficièrent également de ces projets d'électrification. La

---

[41] Meynier, G., *L'Algérie révélée : la guerre de 1914-1918 et le premier quart du XIXe siècle*, Genève, Paris, Librairie Droz, 1981.

[42] Voir Berthonnet, A., « L'industrie électrique en Algérie : le rôle des sociétés électriques et plus particulièrement d'E.G.A. à partir de 1947 », in Barjot, D., Lefeuvre, D. et al., *L'Électrification Outre-mer de la fin du XIXe siècle aux premières décolonisations*, Paris, Fondation E.D.F. et Société française d'histoire d'outre-mer, 2002, p. 331 et suiv.

La contribution de l'E.N.S.E.M. à la formation des ingénieurs électriciens

mise en place des grands programmes[43] devait rattraper le retard sur la métropole et nécessita la contribution des ingénieurs métropolitains, tandis que de jeunes Européens étaient envoyés se former en métropole.

Au milieu des années 1950, le déclenchement de la guerre d'Algérie et, dans le même temps, les découvertes d'hydrocarbures (pétrolières et gazières) au Sahara vont remettre en cause la politique de nationalisation entreprise par l'État français et marquer une rupture brutale dans le processus de déploiement de l'électrification. D'autres enjeux géostratégiques préfigurent la longue marche vers l'indépendance de l'Algérie et la nationalisation, par le nouveau régime algérien, dans les années 1960-1970 des structures mises en place durant la période coloniale. Ce sera le cas de la Société nationale d'Électricité et du Gaz (S.O.N.E.L.G.A.Z.) qui prendra le relais de la puissante E.G.A. Une nouvelle politique de renouvellement des élites techniques se met alors en place pour relayer le départ des ingénieurs qui ont œuvré, à leur façon, au développement économique de l'Algérie.

En Tunisie, la situation de l'électrification est sensiblement identique à celle de l'Algérie. Des installations sont réalisées au début du XXe siècle mais les grands programmes d'équipements électriques sont nettement plus tardifs qu'au Maroc puisqu'ils sont mis en œuvre seulement après la Seconde Guerre mondiale[44]. En effet, les premières compagnies chargées de la production et de la distribution de l'énergie électrique apparaissent très tôt dans le paysage économique tunisien : en 1903, la Compagnie de tramways de Tunis (C.T.T.), filiale de la C.G.F.T. voit le jour. À la fin des années 1940, sept sociétés privées sont créées en Tunisie pour prendre en charge l'équipement électrique (réseaux de production et de distribution du pays). Parmi les plus importantes, la C.T.T., se transforme en 1957 en Compagnie tunisienne d'électricité et de transport (C.T.E.T.). Il y a également l'Omnium tunisien d'électricité (O.T.E.) dont le capital est détenu à près de 85 % par E.G.A. et qui bénéficie d'une concession d'État. Ces sociétés disposent de moyens de production thermique et hydraulique et bénéficient pour la plupart d'entre elles, d'une autonomie en matière de production électrique. Outre la présence de ces sept principales sociétés, cette période est marquée par tout un faisceau de compagnies privées qui se partagent la production et la distribution de l'énergie électrique dans les différentes régions de ce pays. En 1952, la mise en place d'une société

---

[43] Après 1945, E.G.A. lance un vaste programme d'aménagement hydroélectrique en Kabylie. Par exemple, les aménagements de l'Oued Agrioum et du Djen-Djen furent un grand chantier de génie civil.

[44] Berthier, G., « De l'électricité coloniale à l'électricité nationale : le cas tunisien 1952-1962 », in Barjot, D., Lefeuvre, D., *et al.* (dir.), *L'Électrification outre-mer de la fin du XIXe siècle aux premières décolonisations*, Paris, Publications de la Société française d'histoire d'outre-mer, 2002, p. 513-525.

franco-tunisienne de production hydroélectrique, la Société des forces hydroélectriques de Tunisie va jouer un rôle majeur en matière d'électricité. Le capital de cette société d'économie mixte est divisé entre l'État français, l'État tunisien et les sociétés concessionnaires. À la veille de l'indépendance de la Tunisie, le bilan des installations est mitigé. Certes, les sociétés concessionnaires se sont multipliées durant la période du protectorat et leurs réalisations ont contribué à l'électrification du pays. Pour autant, l'infrastructure mise en place ne semble pas avoir été pensée dans le cadre d'une politique rationnelle et globale, prompte à répondre aux besoins du développement économique et ceux des populations concernées et à l'équilibre entre les régions du nord (mieux équipées) et celles du sud tunisien (dont les réseaux électriques, souvent vétustes, étaient peu adaptés au contexte local).

La contribution des ingénieurs électriciens nancéiens au processus d'électrification du Maroc

L'année 1930 marque un tournant dans la colonisation française en Afrique du Nord. C'est particulièrement celle du centenaire de la colonisation en Algérie et en 1931, et celle de l'Exposition coloniale à Paris[45]. L'électricité y occupe une place importante. Sa signification symbolique est de taille. Il s'agit de faire de cette exposition coloniale, une vitrine du rayonnement et des investissements de la « mère patrie » dans son empire. Pour Lyautey, la colonisation « ce n'est pas uniquement construire des quais, des usines ou des voies ferrées […]. Développer, conserver même l'Empire colonial français, ne se fera qu'au prix d'une politique indigène de tous les instants »[46]. Lyautey souligne ici le rôle prééminent de l'éducation, comme fer de lance de cette politique indigène. C'est, semble t-il, dans cet état d'esprit que les cadres techniques métropolitains entreprennent leur contribution au processus d'industrialisation des colonies.

C'est ainsi que la puissance coloniale française accompagne cette mise en valeur d'un programme de formation dans les différentes régions d'Afrique du Nord. Ce programme fut perceptible dans l'agronomie, avec le lancement des stations expérimentales, des écoles d'agriculture, mais aussi la géologie avec l'envoi de géologues prospecteurs[47], et dans le processus d'électrification. Dans les années 1930, parmi les cadres techniques envoyés de métropole pour participer sur place à la réalisation des

---

[45] Voir Hodeir, C., « Une journée à l'Exposition coloniale », in *Collections de l'histoire*, 2001, n° 11, p. 60-63.
[46] *Ibid.*, p. 62.
[47] Cette période correspondait en France à la crise des années 1930 et au chômage des ingénieurs.

programmes d'investissements et d'équipements, on voit apparaître des ingénieurs diplômés de l'Institut d'électrotechnique de Nancy. Chargés d'apporter une assistance administrative, technique ou commerciale, ils conservent toutefois des liens réguliers avec leur ancien institut.

Le 26 juillet 1902, les anciens élèves diplômés de l'Institut d'électrotechnique et de mécanique de Nancy (I.E.N.) fondent l'Association Amicale des Anciens Ingénieurs de l'Institut électrotechnique de Nancy. Elle se dote d'un bulletin, le *Bulletin de l'Association amicale des anciens ingénieurs I.E.N.* Parmi ses membres, ceux qui sont embauchés en Afrique du Nord constituent un groupe dénommé « Groupe de l'Afrique du Nord ». Le groupe « Afrique du Nord » était composé d'ingénieurs I.E.N. établis au Maroc, en Algérie ou en Tunisie[48]. Le principal chef de file du groupe n'est autre que Louis Vérain, un ancien ingénieur électricien de l'institut (promotion 1902), ayant choisi de s'engager dans une carrière universitaire[49] et qui est nommé en 1911, professeur de physique industrielle et directeur du laboratoire qu'il a fondé, au sein de la faculté des sciences d'Alger. En avril 1935, Alexandre Mauduit, directeur de l'Institut d'électrotechnique et de mécanique appliquée de Nancy, effectue une visite au Maroc et en Algérie[50]. Cette visite prolonge une série de missions d'ingénieurs qu'il avait organisées dès 1918, en Suisse, en Italie, puis en 1919, aux États-Unis d'Amérique. À cette époque, il venait de quitter l'armée et il se trouvait affecté à la direction des Chemins de fer au ministère des Travaux publics. Le but de ces missions consistait à étudier les chemins de fer électriques mis en place dans différents pays, en vue de l'électrification partielle du réseau français. Sur la base de cette expérience, et des échanges épistolaires réguliers qu'il entretient avec les anciens I.E.N., Alexandre Mauduit profite de ce voyage pour consolider les liens maintenus avec ses anciens élèves. On les retrouve dans différentes villes en pleine expansion comme Casablanca, Rabat, Khouribga, Alger, Tunis, ou dans des régions plus reculées. Leur action porte sur l'assistance administrative, technique et commerciale. Dès son arrivée, une reunion est organisée avec chacun

---

[48] *Bulletin de l'Association amicale des anciens ingénieurs de l'I.E.N.*, 1935, n° 83.

[49] Parallèlement à sa formation d'ingénieur électricien, Louis Vérain entreprit des études à la faculté des sciences de Nancy. Après la thèse de doctorat, il put accéder au grade de maître de conférences et par la suite à la chaire de physique industrielle au sein de la faculté des sciences d'Alger. Il prit la direction du nouveau laboratoire de physique industrielle jusqu'à son départ en retraite. Voir la notice sur Louis Vérain – Bettahar, Y., « L'E.N.S.E.M. et le processus d'industrialisation du Maroc (1900-1960) », in Birck, F., Grelon, A. (dir.), *Un siècle de formation des ingénieurs électriciens. Ancrage local et dynamique européenne, l'exemple de Nancy*, Paris, Éditions de la Maison des sciences de l'homme, 2006, p. 357-384 et aussi p. 95 et 243.

[50] La Tunisie ne sera pas visitée sans doute en raison du faible nombre d'ingénieurs qui y sont installés à cette époque.

des deux groupes d'ingénieurs du Maroc et de l'Algérie spécialisés dans le domaine des chemins de fer. Au Maroc, le 14 avril 1935, la rencontre, organisée par Henri Simeray, directeur des chemins de fer du Maroc, est précédée d'un dîner à Rabat, à l'hôtel Balima. Le groupe y est représenté par Émile Hinglais, (ingénieur électricien, promotion 1911), nommé en 1925 ingénieur en chef du matériel et de la traction aux chemins de fer du Maroc, de Paul Vallet, (ingénieur électricien, promotion 1910), nommé directeur de la Compagnie africaine des explosifs à Casablanca après un passage par l'Algérie, de Louis Chenet, (ingénieur électricien, promotion 1922), chef de bureau principal à la Compagnie des chemins de fer du Maroc, de Paul Henry, (ingénieur électricien, promotion 1922), inspecteur à la Compagnie des chemins de fer du Maroc à Rabat ou d'Emile de Fauchécour de Salivet (ingénieur mécanicien, promotion 1923), chef de dépôt à la Compagnie des chemins de fer du Maroc à Rabat, représenté à la soirée par son épouse. Puis, A. Mauduit se rend en Algérie pour y rencontrer le deuxième groupe. Cette fois, la rencontre se déroule au domicile de Louis Vérain. Parmi les ingénieurs I.E.N. présents, sont conviés Gilbert Garros, ingénieur mécanicien et électricien, promotion 1927-1928), représentant la société Garros Frères & Cie. et Léon Dolgouchine, (ingénieur électricien, promotion 1925), ingénieur conseil.

Outre les discussions qu'il entreprend avec ses anciens élèves engagés dans le processus d'électrification des deux pays qu'il visite, A. Mauduit profite de cette opportunité pour entrer en relation avec les entreprises établies dans ces pays et renforcer les relations académiques avec le laboratoire que dirige L. Vérain. Il convient de rappeler ici qu'Alexandre Mauduit est à l'origine un ingénieur formé à l'École supérieure d'électricité et qu'il s'est plié aux normes académiques en présentant une thèse de doctorat. Son expérience industrielle lui fait partager avec L. Vérain, un certain nombre d'idées autour de la mise en œuvre d'une pédagogie innovante, ouverte sur le monde de l'entreprise sous forme de visites et de stages pour les élèves et le partage d'activités académiques qui associeraient le monde industriel. Ses échanges réguliers avec les ingénieurs I.E.N. confirment le soutien et les conseils qu'il leur prodigue dans le cadre de la pratique de leur métier au sein des entreprises qui les ont embauchés. D'ailleurs, certains n'hésitent pas à consulter leur ancien professeur comme le montre l'exemple de Palon Marius, ingénieur électricien en poste à l'Office chérifien des phosphates de Khouribga. Dans une correspondance datée du 6 mars 1930, il sollicite les conseils d'A. Maudit au sujet de difficultés techniques rencontrées au sein de l'office chérifen et dont il souhaiterait faire un sujet de thèse de doctorat. C'est également le cas de Léon Dolgouchine qui s'adresse également à son ancien professeur dans une correspondance datée du 24 mai 1938 pour relayer une offre d'emploi en Afrique du Nord. Les anciens ingénieurs I.E.N. créent ainsi

La contribution de l'E.N.S.E.M. à la formation des ingénieurs électriciens

des réseaux de solidarité avec les membres de l'institution et profitent de leur position pour favoriser les stages d'élèves et le recrutement d'ingénieurs I.E.N. diplômés, au sein des entreprises où ils sont affectés. C'est ainsi que des offres affluent à l'école et à l'association[51]. Ces offres se poursuivront lorsque Jean Capelle succèdera à Alexandre Mauduit à la direction de l'institut, en 1944.

Ainsi, on a pu voir que par ses diplômés, l'institut a irrigué le secteur économique et les entreprises en France et à l'étranger et certains de ses ingénieurs ont quelque peu contribué au développement de l'enseignement technique comme ce fut le cas au Maroc. Grâce aux liens étroits que les enseignants maintiennent avec leurs anciens élèves, ils contribuent également au rayonnement de l'institut[52].

Dans les trois pays, on aurait pu penser que le développement de l'électrification grâce à l'apport des capitaux et au savoir-faire des ingénieurs métropolitains (quoique relativement tardif si l'on excepte le cas marocain), aurait pu contribuer à la promotion de l'enseignement technique supérieur et professionnel local. Or, cet enseignement n'a pas donné les résultats escomptés. On peut noter qu'il a longtemps été considéré comme le « parent pauvre » de l'enseignement classique en Afrique du Nord. Par exemple en Algérie, deux écoles sont créées pour dispenser une formation destinée aux cadres supérieurs de l'industrie et de l'administration : l'École supérieure de Commerce d'Alger et l'École nationale d'Ingénieurs de Maison-Carrée. En ce qui concerne cette dernière école, issue de la promotion de l'ancien Institut industriel d'Algérie fondé en 1927, elle fut longtemps considérée comme la seule école d'ingénieurs (agriculture mise à part) d'Afrique du nord et de l'Union française hors de la métropole. Les dispositions du concours de recrutement y sont analogues à celles du concours des écoles d'ingénieurs des arts et métiers métropolitaines. Spécialisée dans un premier temps dans les travaux publics et le bâtiment, elle développe à la fin des années 1950, une section de génie chimique et des spécialités telles que l'électrotechnique et l'électronique. Durant cette période, elle compte 116 élèves-ingénieurs issus de la population européenne et collabore, pour ses enseignements, avec les professeurs de la faculté des sciences d'Alger. De même qu'elle entretient des relations avec les entreprises industrielles.

---

[51] Lorsqu'en 1944, Jean Capelle succède à Alexandre Mauduit en tant que directeur de l'Institut, il sera également destinataire d'une série d'offres d'emploi relayées par les anciens de l'I.E.N.

[52] C'est le cas de l'école industrielle et commerciale de Casablanca, animée par un ancien élève de l'I.E.N., du nom de R. Métier, professeur d'électricité. C'est également le cas de l'ingénieur électricien Palon Marius, affecté à l'Office chérifien des phosphates à Khouribga, important centre minier situé au sud-est de Casablanca.

Les ressources du système scientifique et technique métropolitain furent mises à profit également pour l'accueil, en métropole, de jeunes Européens dont les familles étaient établies en Afrique du Nord, pour l'acquisition de compétences et sans doute avec l'ambition, pour quelques-uns d'entre eux, de retourner au Maroc, en Algérie, ou en Tunisie, pour y occuper un emploi dans les différents secteurs économiques modernisés.

Les étudiants en provenance d'Afrique du Nord à l'E.N.S.E.M.[53] de Nancy après la Seconde Guerre mondiale

Avant 1945, si l'on compare Nancy à d'autres villes de province comme ce fut le cas de Toulouse[54], il faut souligner l'absence totale d'étudiants originaires de ce qui constituait, à l'époque, l'Empire colonial français. Ces derniers, issus de la population européenne, ne seront accueillis à Nancy qu'au lendemain de la Seconde Guerre mondiale, au moment où s'ébauche un mouvement en faveur du renouvellement de la formation d'élites techniques européennes qui devaient accompagner la Reconstruction.

Le plus souvent, ces étudiants dits « coloniaux » s'inscrivent dans un établissement supérieur métropolitain[55], pour la première fois. Certains, peu nombreux, ont préparé leur baccalauréat en France. Cette première arrivée en métropole revêt pour eux une signification particulière, dans une région qu'ils ne connaissent pas forcément, pour ne pas dire *terra quasi incognita*[56].

---

[53] C'est en 1947 que l'école nancéienne (anciennement I.E.N. puis l'École supérieure d'électrotechnique et de mécanique de Nancy – E.S.E.M.) accède au titre d'École nationale supérieure d'électricité et de mécanique (E.N.S.E.M.) au moment où le statut des écoles nationales supérieures d'ingénieurs (E.N.S.I.) est généralisé en France.

[54] Les travaux de Caroline Barrera sur la Faculté de Droit de Toulouse ont montré que le groupe le plus important constitué par les Français de l'Empire provenait d'Algérie avec une arrivée régulière dès la fin des années 1850. Entre 1860 et 1870, cette faculté reçoit six étudiants « coloniaux » d'Algérie. Mais ce chiffre progresse davantage dans les années 1930 ; soit environ une quinzaine, voire plus, à chaque rentrée universitaire. Elle signale également que leur provenance, quoique variée, est surtout composée d'étudiants originaires de la ville d'Oran (19 %), mais aussi de Constantine, d'Alger (10 %) et dans une moindre mesure de villes comme Tlemcen et Mascara. Voir Barrera, C., *Étudiants d'ailleurs. Histoire des étudiants étrangers, coloniaux et français de l'étranger de la Faculté de droit de Toulouse* (XIXe siècle-1944), Albi, Presses du Centre universitaire, Champollion, 2007, p. 105 et suiv.

[55] L'École d'électricité de Marseille fondée en 1908, a pu accueillir une partie de ces étudiants coloniaux mais les renseignements dont nous disposons, ne nous ont pas permis, pour l'heure, de préciser leurs effectifs.

[56] On peut faire des rapprochements avec le travail de Barrera, C., *Étudiants d'ailleurs. Histoire des étudiants étrangers, coloniaux et français de l'étranger de la Faculté de droit de Toulouse* (XIXe siècle-1944), Albi, Presses du Centre universitaire, Champollion, 2007.

La contribution de l'E.N.S.E.M. à la formation des ingénieurs électriciens

À l'Institut d'électrotechnique de Nancy, une première vague d'étudiants « coloniaux » arrive d'Afrique du Nord au démarrage de l'année universitaire 1948-1949[57], suivie d'une seconde vague à la rentrée universitaire 1950-1960. Au total, entre 1948 et 1960, ces étudiants sont au nombre de 23 (soit 16 Algériens, 4 Marocains et 3 Tunisiens, tous issus de la population européenne). Il s'agit pour l'essentiel de nouveaux bacheliers qui sont exclusivement européens, nés en Algérie, au Maroc et dans une moindre mesure en Tunisie.

En ce qui concerne l'Algérie, les 16 étudiants ont été repérés[58]. Ils viennent principalement d'Alger ou d'Oran et accessoirement des régions Est comme Bougie ou Bône (rebaptisée Annaba après 1962).

Pour ce qui est du groupe des Européens en provenance du Maroc, il se compose de Daniel Tur (ingénieur électronicien, promotion 1960), Robert Servoles (ingénieur électricien, promotion 1953), Louis d'Inguimbert (ingénieur électricien, promotion 1956), François Goubeaux (ingénieur mécanicien, promotion 1957). Après des études secondaires à Rabat, Casablanca ou Meknès, et un passage par les classes préparatoires en France, ils se soumettent au rituel des concours d'entrée aux écoles d'ingénieurs.

Les étudiants tunisiens sont plus faiblement représentés : Élie Loskoutoff (ingénieur électricien, promotion 1954), Edmond Caruana-Dingli

---

[57] Les premiers élèves viennent d'Algérie. C'est ainsi que nous avons pu repérer leurs noms, leurs origines géographiques et leurs parcours scolaires et universitaires dans les versements de l'E.N.S.E.M. aux Archives départementales de Meurthe-et-Moselle. En réalité, le premier élève, Hugon Tulcran, arrive d'Alger en 1919 mais après une année passée à l'I.E.N., il quitte Nancy.

[58] Citons Michel Butel, domicilié au Maroc (son père dirige une entreprise basée à Casablanca). Muni du grade de bachelier (série mathématiques), délivré par la faculté des sciences d'Alger, il suit une préparation à Paris ; puis, en 1948, il demande à subir les épreuves du concours d'admission à l'E.N.S.E.M. En 1951, doté de son diplôme d'ingénieur électricien, il quitte l'école pour se familiariser avec le monde du travail. Il y a également Ange Flores-Garcia (ingénieur électricien, promotion 1951), Pierre Zermati (ingénieur électricien, promotion 1951), Jacques Furet (ingénieur électricien, promotion 1951), André Vila (ingénieur électricien, promotion 1951), Pascal Esposito (ingénieur mécanicien, promotion 1951), Christian Bondu (ingénieur mécanicien, promotion 1951), Bernard Girou (ingénieur mécanicien, promotion 1952), Jean Lafon (ingénieur électricien, promotion 1952), Claude Domenech (ingénieur électricien, promotion 1953) et Paul Vincenti (ingénieur électricien, promotion 1953), Claude Moinaud (ingénieur mécanicien, promotion 1954), Louis Miquel (ingénieur électricien, promotion 1954), Edgard Amsellem (ingénieur électricien, promotion 1955), Roger Bertin (ingénieur mécanicien, promotion 1956), Guy Sigonney (ingénieur électricien, promotion 1958), Roger Miché (ingénieur électronicien et physicien nucléaire, promotion 1960), Claude Berland (ingénieur mécanicien, promotion 1962), et David Belin (ingénieur mécanicien, promotion 1962).

(ingénieur électricien, promotion 1954), Roger Pagazani (ingénieur électricien, promotion 1955). Ces étudiants arrivent essentiellement de Tunis, certains de Gabès ou de Sfax mais la plupart ont fait leur préparation aux écoles d'ingénieurs en métropole.

À l'École nationale supérieure d'électricité et de mécanique de Nancy (E.N.S.E.M.), la représentation numérique de ces étudiants « coloniaux » reste relativement faible à ses débuts[59]. Durant la période 1948-1960, les étudiants français nés en Algérie, sont, toutes proportions gardées, plus représentés que les étudiants qui proviennent du Maroc ou de Tunisie. Les raisons incombent probablement d'une part au fait que le peuplement européen fut moins important sous les protectorats marocain et tunisien qu'en Algérie (colonie de peuplement, département français) ; d'autre part, certains élèves marocains et tunisiens se dirigeaient probablement vers les établissements du sud de la France (Marseille, Aix, Montpellier ou Bordeaux) où ils disposaient de réseaux familiaux et amicaux ou par choix d'études. Mais cette hypothèse vaut également pour les jeunes Français d'Algérie : les quelques étudiants musulmans inscrits à l'Université coloniale[60] cessèrent de la fréquenter dans les années 1950. La plupart étaient écartés du concours d'entrée aux grandes écoles. Ceux qui réussissaient à franchir le cap de l'enseignement secondaire, étaient principalement orientés vers le droit, les lettres ou la médecine. En 1956, suite à l'appel du Front de libération nationale (F.L.N.) et des organisations politiques estudiantines implantées en métropole[61], certains gagnèrent les villes universitaires métropolitaines de province comme Toulouse, Montpellier et Paris pour y poursuivre leurs études interrompues en Algérie. C'était aussi l'occasion, pour certains d'entre eux de participer à la mobilisation collective et politique des étudiants implantés dans les différentes villes de la métropole. La plupart de ces élèves « coloniaux » venant d'Afrique du Nord, ont subi avec succès les épreuves d'entrée de l'E.N.S.E.M. Jusqu'au début des années 1960, le recrutement des élèves en provenance d'Afrique du Nord, continue de se faire exclusivement parmi les enfants d'Européens qui y sont établis. En ce qui concerne les étudiants musulmans, leur présence est décelée beaucoup plus tardivement, après la fin des protectorats au Maroc et en Tunisie, en 1956, et l'indépendance de

---

[59] Cependant, les statistiques concernant les étudiants coloniaux ne sont pas représentatives car certains d'entre eux sont envoyés par leurs familles en France métropolitaine pour y suivre des études dès le secondaire ou pour y suivre des préparations aux concours des grandes écoles. L'adresse indiquée est souvent dans ce cas, en France. Elle ne permet donc pas de comptabiliser ces étudiants parmi les « coloniaux ».

[60] Voir Pervillé, G., *Les Étudiants algériens de l'Université française, 1880-1962*, Paris, Éditions du C.N.R.S., 1984.

[61] C'est notamment l'appel de la Fédération de France du F.L.N. et de l'Union générale des étudiants musulmans (U.G.E.M.A.), créée en 1955.

l'Algérie, en 1962. Sans doute, le niveau du système de formation générale et technique mis en place par la France dans ces territoires placés sous son influence et le statut politique et juridique de ceux qui y avaient accès, a empêché l'émergence d'une mobilité étudiante semblable à celle des pays d'Europe centrale et orientale.

Mais très vite, et bien que leur représentation numérique dans l'entre-deux-guerres, fut très faible, les étudiants musulmans nord-africains en France[62] suscitèrent l'inquiétude des autorités coloniales qui craignaient la radicalisation politique de leurs activités. C'est seulement à partir de 1958, que les étudiants originaires des États associés et Protectorats sont comptés parmi les étrangers et peuvent figurer dans les statistiques officielles. En ce qui concerne les étudiants marocains et tunisiens, c'est seulement après l'indépendance que leur venue est progressivement organisée dans le cadre d'accords inter-étatiques entre l'ancienne puissance coloniale et les nouveaux régimes en place. À partir de cette date, un mouvement plus organisé d'étudiants autochtones se développe vers les universités et écoles d'ingénieurs françaises, que ce soit dans le cadre de mobilités individuelles[63] ou de politiques inter-étatiques organisées. Pour les nouveaux régimes, la nécessité de mettre en œuvre des politiques de formation d'élites scientifiques et techniques chargées d'assurer la relève des cadres « coloniaux », devient un enjeu primordial. Grâce à une politique de bourses octroyées par les gouvernements dans les trois pays indépendants ou la France dans le cadre de sa politique de coopération bilatérale, les étudiants en provenance du Maghreb prennent un rang significatif parmi les effectifs d'étudiants étrangers accueillis en France et en province.

À partir des années 1960, l'arrivée de ces étudiants à Nancy s'inscrit dans ce mouvement général. Parmi les trois pays représentés, ce sont à présent les étudiants marocains qui occupent durablement la première place, suivis de l'Algérie et de la Tunisie. Bien que faiblement représentés au début des années 1960, la présence à Nancy des étudiants marocains, témoigne de la rémanence des liens qui se sont établis entre la France et ce pays, depuis la période du protectorat[64]. Cependant, leur nombre reste malgré tout peu significatif si on le compare aux autres établissements provinciaux qui accueillent ces étudiants. En effet, si la présence des étudiants algériens et tunisiens est dérisoire à Nancy, durant une longue période, leur

---

[62] À la rentrée universitaire 1931-1932, les étudiants nord-africains se répartissaient comme suit : 15 Marocains, 35 Algériens, et 180 Tunisiens.

[63] En 1962, les étudiants en provenance du Viet Nam du Sud sont définitivement supplantés par les étudiants issus de la Tunisie (1970) et du Maroc (1557).

[64] Jusqu'au milieu des années 1960, les étudiants marocains sont faiblement représentés, soit 3 étudiants sur une promotion totale de 70. Tandis que les étudiants algériens et tunisiens n'apparaissent pas sur les registres statistiques de l'E.N.S.E.M.

représentation numérique est relativement plus significative dans d'autres villes telles que Paris et Montpellier. En réalité, les statistiques officielles[65], montrent qu'à partir des années 1950, Paris se taille la part du lion puisque la proportion d'étudiants des territoires sous influence française accueillis dans ses universités. Ces statistiques connaissent une hausse sensible entre 1950 et 1955 (soit 50 %). Pour le pourcentage restant, il apparaît que les étudiants sont en priorité dans le sud de la France (Aix, Bordeaux), puis à Grenoble, Lyon, Montpellier, Strasbourg et Toulouse. C'est donc dans ces sept universités que la majorité des étudiants étrangers viennent poursuivre leurs études, lorsqu'ils ne sont pas à Paris.

Conclusion

Tout au long de cette étude, on a pu observer, au niveau d'une école particulière, l'I.E.N. – E.N.S.E.M. de Nancy, le rôle significatif des ingénieurs électriciens dans le processus de modernisation des trois pays d'Afrique du Nord, entre 1900 et 1960, la question de l'accueil des étudiants nord-africains. La problématique des étudiants étrangers se résume essentiellement dans un premier temps, à celle de la formation de cadres techniques européens pour l'Empire colonial. Les politiques d'électrification et plus généralement d'industrialisation des territoires sous influence française encouragent la mobilité des ingénieurs électriciens en Afrique du Nord. Ces ingénieurs venus de métropole participèrent à la réalisation de grands équipements hydroélectriques mis en place dans les trois pays d'Afrique du Nord. Formés dans les instituts techniques français, ils jouèrent un rôle décisif dans ces pays, en réponse à la demande économique et technique de l'État français et des entreprises installées dans ces pays. Par la suite, la question des étudiants étrangers, initialement au cœur de la problématique nancéienne, devient également celle des étudiants venus des anciennes colonies. Ils sont d'abord d'origine européenne et viennent poursuivre leurs études supérieures en métropole. Avec les indépendances nationales, l'accueil et la formation des futurs cadres supérieurs du Maghreb s'inscrivent dans le cadre des projets modernistes mis en place par les nouveaux régimes installés dans les trois pays et la signature d'accords inter-étatiques de coopération universitaire et scientifique avec la France. Progressivement, le renouvellement des anciennes élites européennes de la période coloniale se traduit par une représentation numérique plus significative au sein des écoles d'ingénieurs en France. Ces recompositions ont permis à certaines personnalités de bénéficier du système scientifique nancéien pour acquérir des compétences qu'elles ont mises par la suite au service de leurs pays.

---

[65] Les statistiques sont conservés dans les Archives nationales de Fontainebleau « Bureau universitaire de statistique et de documentation scolaires et professionnelles ».

Formation, carrière et montée en puissance des ingénieurs électriciens au Portugal (de la fin du XIXe siècle aux années 1930)[1]

Ana CARDOSO DE MATOS

Professeur d'histoire contemporaine
Université d'Evora, Portugal
anacmatos@mail.telepac.pt

Résumé

À la fin du XIXe siècle, les technologies modernes liées à l'électricité et à ses applications ont été introduites au Portugal sans réel décalage par rapport aux autres pays. Toutefois, jusqu'aux années 1910, malgré plusieurs réformes des instituts industriels et des écoles polytechniques, la formation en électrotechnique était restée insuffisante pour que les ingénieurs portugais puissent acquérir les compétences indispensables à l'installation et l'exploitation des technologies électriques.

Même si, depuis la fin du siècle précédent, eu égard à l'importance croissante de l'électricité et de ses applications, on tentait de mettre en place des cours spécifiques. Aussi, pour pallier leurs manques, quelques ingénieurs portugais partaient-ils compléter leur formation dans les principales institutions européennes comme l'Institut Montefiore, annexé à l'Université de Liège, l'Université de Grenoble ou l'Université de Nancy.

C'est seulement en 1911 avec la création de l'Institut Supérieur Technique de Lisbonne et, l'année suivante, de la Faculté technique de Porto, que les cours de génie électrotechnique ont été introduits au Portugal. L'organisation de l'Institut Supérieur Technique fut confiée à Alfredo Bensaúde qui avait fait ses études supérieures en Allemagne. L'enseignement de l'ingénierie dans ce

---

[1] Je remercie André Grelon pour les commentaires et suggestions qù'il a faits sur ce texte.

pays fut alors marqué par le principe : « less theory and more pratice ». On cherchait à former des élèves pour les orienter vers l'industrie.

Après la Première Guerre mondiale, on a pu prendre la mesure de la place des ingénieurs électriciens dans l'économie et la société portugaise avec l'organisation de quatre congrès d'électricité entre 1923 et 1931. Au premier congrès portugais d'ingénierie en 1931, les ingénieurs électriciens ont joué un rôle déterminant, manifestant ainsi l'importance de cette branche du génie dans la société au XXe siècle.

Mots clés

Les ingénieurs électriciens au Portugal, l'Institut Supérieur Technique de Lisbonne, la Faculté technique de Porto, Alfredo Bensaúde, le XIXe siècle aux années 1930, 1er congrès portugais d'ingénierie en 1931

À la fin du XIXe siècle, les technologies modernes liées à l'électricité et à ses applications ont été introduites au Portugal sans réel décalage par rapport aux autres pays. Toutefois, jusqu'aux années 1910, malgré plusieurs réformes des instituts industriels et des écoles polytechniques, la formation en électrotechnique était restée trop insuffisante pour que les ingénieurs portugais puissent acquérir les compétences indispensables à l'installation et l'exploitation des technologies électriques. Même si, depuis la fin du siècle précédent, eu égard à l'importance croissante de l'électricité et de ses applications, on tentait de mettre en place des cours spécifiques. Aussi, pour pallier leurs manques, quelques ingénieurs portugais partaient-ils compléter leur formation dans les principales institutions européennes comme l'Institut Montefiore, annexé à l'Université de Liège, l'Université de Grenoble ou l'Université de Nancy.

C'est seulement en 1911 avec la création de l'Institut Supérieur Technique de Lisbonne et, l'année suivante, de la Faculté technique de Porto, que les cours de génie électrotechnique ont été introduits au Portugal. L'organisation de l'Institut Supérieur Technique fut confiée à Alfredo Bensaúde qui avait fait ses études supérieures en Allemagne. L'enseignement de l'ingénierie dans ce pays fut alors marqué par le principe : « less theory and more pratice ». On cherchait à former des élèves pour les orienter vers l'industrie.

Après la Première Guerre mondiale, on a pu prendre la mesure de la place des ingénieurs électriciens dans l'économie et la société portugaise avec l'organisation de quatre congrès d'électricité entre 1923 et 1931. Au premier congrès portugais des ingénieurs en 1931, les électriciens ont joué un rôle déterminant, manifestant ainsi l'importance de cette branche du génie dans la société au XXe siècle.

La diffusion des progrès de l'Électricité : expositions et congrès

Expositions universelles et expositions d'électricité

À partir de la deuxième moitié du XIXe siècle, les expositions universelles jouèrent un rôle important dans la divulgation des connaissances techniques, scientifiques et des progrès industriels. Elles furent aussi des lieux privilégiés pour observer les plus récentes innovations techniques, notamment les nouvelles applications de l'électricité. Et surtout, elles ont permis de contempler un nouveau paysage urbain : celui de la ville éclairée par l'électricité[2].

En 1867, à l'Exposition de Paris, plusieurs machines électriques furent présentées, en particulier celles du physicien anglais William Ladd et celles de la maison Siemens & Halske. La machine de Ladd qui fournissait l'énergie à une installation de lampes, suscita la curiosité des visiteurs « chaque fois qu'elle projetait ses rayons lumineux à travers la section anglaise de la grande galerie des machines »[3].

Plusieurs techniciens et hommes de sciences portugais visitèrent les expositions universelles et écrivirent des rapports sur le développement de l'industrie électrique qui y était présenté. En 1867, après avoir visité l'Exposition de Paris, le physicien Francisco da Fonseca Benevides[4] présenta un rapport où il décrivit les machines électriques qu'il avait pu observer. Les connaissances qu'il avait acquises pendant ce voyage d'études permirent la publication, l'année suivante, du *Traité élémentaire sur l'électricité et le magnétisme*.

L'Exposition internationale d'électricité organisée à Paris, en 1881, représente le tournant dans la propagation du progrès dans la connaissance et les applications que cette source d'énergie avait connues pendant les

---

[2] « This landscape [electrified urban landscape] was first visible at the international expositions ». Nye, D., *American Technological Sublime, American Technology Sublime*, Cambridge, Massachusetts, M.I.T. Press, 1994, p. 143.

[3] Benevides, F. da F., *Relatório sobre a Exposição Universal de Paris de 1867*, Lisboa, Imprensa Nacional, 1867.

[4] Francisco da Fonseca Benevides était membre de l'Académie des Sciences et professeur à l'Institut Industriel de Lisbonne. Son intérêt pour les progrès de l'électricité était antérieur : en 1865, il avait déjà fait une conférence sur ce thème au Grémio Literário (Cercle Littéraire).

années précédentes⁵. Toutefois, comme le souligne un an plus tard la revue *La Lumière Électrique*, avant l'ouverture de cette exposition, il y avait eu une certaine hésitation sur le succès de l'initiative, mais

> « Il n'y en eut plus lorsque l'exposition eut pris sa forme et fut définitivement ouverte ; parmi l'admiration universelle, les électriciens furent sans doute les plus charmés de l'éclatant succès de leur science, mais quelques uns ne furent peut-être pas les moins surpris. Le rôle un peu effacé que l'électricité avait joué à l'Exposition Universelle de 1878 ne faisait pas trop espérer en effet un si brillant résultat. »

Et la revue soulignait encore :

> « Cette exposition était en effet bien mieux qu'un spectacle brillant, elle était le champ d'instruction le plus complet ; l'enseignement le plus clair qu'on peut imaginer. »⁶

À la suite du succès de l'Exposition de Paris, au cours de la même année, une autre exposition d'électricité ouvrit à Londres au Palais de Cristal de Sydenham. Cependant, le nombre d'exposants fut inférieur – alors qu'à Paris 1 700 avaient pris place, à Londres à peine 300 se firent représenter, et, dans leur grande majorité, anglais⁷.

L'année suivante, ce fut au tour de l'Allemagne, pays où l'industrie électrique avait connu un certain développement, d'organiser une

---

[5] Selon Alain Beltran et Patrice A. Carré, cette exposition a été une « séquence majeure dans l'histoire des techniques, la séquence inaugurale de l'histoire des applications de l'électricité ». Beltran, A., Carré, P.A., *La fée et la servante. La société française face à l'électricité XIXe-XXe siècle*, Paris, Belin, 1991, p. 64. Et, comme l'affirment André Grelon et Girolamo Ramunni, « cette année 1881 marque la frontière entre deux étapes du développement industriel de l'électricité » voir Grelon, A. et Ramunni, G., « L'ingénieur, vecteur de la science électrique », in Badel, L. (dir.), *La naissance de l'ingénieur-électricien : Origines et développement des formations nationales électrotechniques : Actes du 3e colloque international d'histoire de l'électricité*, Paris, Association pour l'histoire de l'électricité en France (A.H.E.F.), Presses Universitaires de France, 1997, p. 8.

[6] *La Lumière Électrique*, 1882 (19 octobre), Année 4°, vol. 7, n° 41, p. 368.

[7] Selon Kenneth George Beauchamp, les exposants étrangers « were simply transferred from Paris to provide Londoners with an opportunity of viewing them. Whist it was a smaller scale than Paris Exhibition, contemporary commentators seemed to agree that it was better arranged and enable the different manufactures' electric lights to be compared easily » voir Beauchamp, K.G., *Exhibiting Electricity*, London, The Institution of Electrical Engineers, 1997, p. 165.

Formation, carrière et montée en puissance des ingénieurs

exposition d'électricité[8]. Réalisée à Munich, l'Exposition chercha à souligner les applications de l'électricité[9]. Pour cette raison les organisateurs créèrent :

« une sorte de concours international, auquel ils n'ont pas donné le titre d'Exposition bien qu'il soit une réalité. Ils l'ont appelé : *Essais électro-techniques au Palais de Cristal de Munich*, et cette dénomination a été choisie pour bien mettre en relief le caractère pratique et expérimental de l'organisation projetée »[10].

Ce caractère pratique de l'exposition fut bien observé par le physicien Francisco Fonseca Benevides qui se rendit à l'Exposition de Turin de 1884, laquelle représentait, selon lui, « l'état actuel des progrès de la science dans ses multiples applications ». Il considérait que « la collection d'appareils et de machines d'Edison était la plus remarquable »[11].

Après s'être rendu, lui aussi, à cette Exposition, Bento Carqueja présenta, devant la Sociedade de Instrução do Porto, une conférence au cours de laquelle il déclara que la « machine dynamo-électrique de Gramme v[enait] d'ouvrir de nouveaux et vastes horizons aux applications de l'électricité, en particulier à la production facile et économique de la lumière électrique et aux machines industrielles »[12].

Au cours des années suivantes, d'autres expositions d'électricité[13] eurent lieu et, pendant les années 1880, l'idée que les expositions pouvaient être un moyen d'acquérir de nouvelles connaissances sur les progrès

---

[8] L'exposition de Munich, bien « que faisant appel aux électriciens de tous les pays, a été conçue en partie dans un but local ». *La Lumière Électrique*, 1882 (19 octobre), Année 4°, vol. 7, n° 41, p. 246.

[9] L'exposition de Munich « was even smaller than the Crystal Palace Electrical Exhibition, containing only 170 exhibitors, and most of these from Germanic countries, although France and Britain made useful contributions. The item where however selected with care by the exhibitors to provide a useful view of electrical engineering accomplishments and practice at that time in Europe » voir Beauchamp, K.G., *Exhibiting Electricity*, London, The Institution of Electrical Engineers, 1997, p. 167.

[10] *La Lumière Électrique*, 1882 (9 septembre), Année 4°, vol. 7, n° 36, p. 247.

[11] Benevides, F. da F., *Relatório sobre alguns estabelecimentos de instrução e escolas de desenho industrial em Itália, Allemanha e França e na Exposição de Turim de 1884*, Lisboa, Imprensa Nacional, 1884.

[12] Carqueja, Bento, « Os progressos da electricidade », in *Revista da Sociedade de Instrução do Porto*, 1882 (Abril), Année 2°, n° 5, p. 254.

[13] Par exemple, en 1883, les Expositions de Manchester et Vienne et, en 1884, celle de Philadelphie.

de l'électricité se répandit parmi les professionnels qui travaillaient sur cette source d'énergie.

Ainsi, en 1889, alors que la ville de Lisbonne avait financé le voyage de plusieurs ouvriers à l'Exposition Universelle de Paris, le technicien Carlos Constantino da Rocha Carvalho protesta contre le fait de ne pas avoir été sélectionné. Dans la requête qu'il présenta aux autorités municipales, il réaffirmait l'importance de réaliser une visite d'étude à l'Exposition de Paris « pour consolider ses connaissances dans le domaine électrique », ajoutant que son activité était « une de celles qui demandaient le plus d'études, puisque l'électricité était la science du futur comme le prouvaient la lumière électrique, la télégraphie, la téléphonie, etc. »[14].

En effet, selon le rapport d'Alfred Potier, ingénieur en chef des mines et professeur à l'École polytechnique et à l'École des mines[15], « le caractère le plus saillant de l'Exposition de 1889, comparé à ses devancières, est le rôle prédominant qu'a joué l'électricité dans l'éclairage des palais et jardins »[16].

À l'Exposition universelle de 1900, « en voyant le nombre et la variété des machines exposées, il était difficile d'admettre que c'était la première fois que l'électricité se voyait attribuer aux Expositions universelles de Paris un palais spécial »[17]. Le développement que l'électricité avait atteint au moment de cette Exposition fut démontré par l'expression « la fée électricité », utilisée fréquemment pendant l'Exposition et répandue partout dans les années suivantes.

---

[14] A.H.C.M.L.

[15] Alfred Potier (1840-1905). Ancien élève de l'École polytechnique (promotion 1857) et de l'École des mines de Paris. En 1867, il lui fut attribué un poste de répétiteur à l'École polytechnique et, en 1868, la chaire de physique aux cours préparatoires de l'École des Mines. À partir de 1880, il se dédia surtout à l'étude des questions théoriques ou pratiques concernant l'électricité. En 1884, il fut élu président de le Société française de Physique et en 1895 président de la Société internationale des électriciens. Dès 1891 il appartient aussi à l'Académie des sciences.

[16] « L'Électricité industrielle à l'Exposition Universelle de 1889 », in *Revue Technique de L'Exposition Universelle de 1889, par un comité d'ingénieurs, de professeurs, d'architectes et de constructeurs. Organe officiel du Congrès International de Mécanique appliquée. Tenu à Paris du 16 au 21 septembre 1889*, 1893, vol. 11, Partie 8, Électricité et applications, Paris, E. Bernard et Cie, Imprimeurs-Éditeurs, p. 117.

[17] Ferrand, A., « Les dynamos et les transformateurs à l'Exposition universelle de 1900 », in *Revue technique de l'Exposition universelle de 1900*, 1901, vol. 5, Partie 3, Électricité, Paris, E. Bernard et Cie, p. 5.

Les congrès internationaux de l'électricité

L'organisation d'une exposition universelle a été le prétexte pour la programmation de plusieurs congrès[18]. Ils furent des lieux de rencontre pour les ingénieurs du monde entier, ils permirent la circulation des progrès technico-scientifiques et contribuèrent à l'élaboration des normes et procédures internationales dans certains domaines comme les communications[19].

Au moment de l'organisation de la première Exposition internationale de l'électricité qui se tint à Paris en 1881, eut lieu un « congrès international d'électriciens » grâce à l'initiative du ministre des Postes, Adolphe Cochery. Regroupant 256 congressistes de 28 pays, le congrès « a été un des traits les plus caractéristiques de l'Exposition »[20]. Cherchant à répondre aux grandes questions posées par les applications de l'électricité, la réunion fut organisée en trois sections consacrées aux unités électriques, à la télégraphie internationale et aux applications diversifiées de l'électricité. L'ingénieur João d'Andrade Corvo, ministre d'État honoraire, pair du royaume du Portugal, le conseiller Guilherme Augusto de Barros, directeur général des postes, télégraphes et phares, António dos Santos Viegas, professeur à l'Université de Coimbra et envoyé extraordinaire et ministre plénipotentiaire du Portugal à Paris[21], représentèrent le Portugal à ce congrès. La participation portugaise souligna nettement le développement des applications de l'électricité dans le pays. En effet, l'électricité était essentielle pour permettre les communications télégraphiques.

---

[18] Sur ce sujet, voir Rasmussen, A., « Les Congrès Internationaux liés aux Expositions Universelles de Paris (1867-1900) », in *Cahiers Georges Sorel*, 1989, n° 7, p. 23-44 (d'après cet auteur, l'organisation de congrès liés aux Expositions Universelles suit une « courbe à croissante exponentielle, pour atteindre le maximum de 242 en 1900 » ; p. 23).

[19] Selon Claudine Fontanon, au moment de l'Exposition Universelle de 1900, l'aérostation constitue pour la première fois une classe spéciale, bien que les exposants français y soient peu nombreux et comme l'affirme dans son rapport l'ingénieur militaire Paul Renard, le congrès international d'aéronautique a été « un événement de la plus haute importance du point de vue du nombre, de la compétence de ses membres et de l'intérêt offert par la discussion et les résolutions ». Fontanon, C., « Expositions Universelles, congrès internationaux d'aéronautique et science aérodynamique (1900-1914) », in Matos, A.C. de, Gouzévitch, I., Lourenço, M.C. (eds.), *Expositions universelles, musées techniques et société industrielle/World Exhibitions, Technical Museums and Industrial Society*, Lisboa, Colibri/C.I.D.E.H.U.S. / Centre Maurice Halbwachs/C.I.U.H.C.T., 2010, p. 143-144.

[20] Le congrès ouvrit le 15 septembre et dura jusqu'au 5 octobre. À la suite de ce congrès, ont été établies des mesures électriques, acceptées internationalement, l'ohm, l'ampère, le volt, le coulomb et le farad. *La Lumière Électrique*, 1882 (19 octobre), Année 4°, vol. 7, n° 41, p. 380.

[21] *Ibid.*, p. 377.

Après le congrès de 1881, d'autres congrès suivirent car les progrès de l'électricité et de ses applications, notamment les applications industrielles, soulevaient de nouveaux problèmes et posaient de façon de plus en plus cruciale la question de l'adoption de normes internationales. Comme le souligne la circulaire annonçant une nouvelle rencontre : « l'Exposition Universelle de 1900, qui réunira à Paris un grand nombre de savants et d'ingénieurs du monde entier, offrira une occasion exceptionnellement favorable pour l'étude des questions d'intérêt général qui dépassent aujourd'hui les limites d'une seule nation pour s'étendre à tous les peuples civilisés. »[22]

En 1900 en effet eut lieu un nouveau congrès d'électricité. Ce congrès prenait place parmi les nombreux congrès réalisés au cours de l'année dans le cadre de l'Exposition, congrès qui furent, d'après Alfred Picard, « une exposition universelle de la pensée mise en face de l'exposition universelle des produits »[23]. Parmi les participants, on comptait les Portugais suivants : le représentant de l'Associação dos engenheiros civis portugueses (Association des ingénieurs civils portugais), créée en 1869, Alfredo de Brito, ingénieur-électricien et industriel, membre du Conseil Supérieur du Commerce et de l'Industrie du Portugal, secrétaire de l'Association Industrielle Portugaise, secrétaire de la Commission portugaise à l'Exposition de Paris de 1900 et propriétaire d'une entreprise de fabrication des instruments électriques ; l'ingénieur Castanheira das Neves, attaché à la Légation portugaise ; et l'ingénieur João Veríssimo Mendes Guerreiro, Ingénieur en chef des Travaux publics du ministère des Travaux Publics, Commerce et Industrie.

Les associations scientifiques et professionnelles portugaises

Au Portugal, aucune société comparable à la Société Internationale des Électriciens, fondée à Paris en 1883, ne fut créée. Cette dernière réunissait des membres français et étrangers dont trois Portugais[24]. Néanmoins, au sein des nombreuses sociétés et associations scientifiques et professionnelles portugaises, l'intérêt pour l'électricité était constant. On peut même dire que ces associations, tout en étant des forums de discussion technique

---

[22] *Congrès International d'Électricité (Paris, 18-25 Aout 1900). Rapports et Procès-verbaux publiés par les soins de M. E. Hospitalier, rapporteur général*, Paris, Gauthier-Villars, Imprimeur-Libraire, 1901, p. 4.

[23] Cité par Rasmussen, A., « Les Congrès Internationaux liés aux Expositions Universelles de Paris (1867-1900) », in *Cahiers Georges Sorel*, 1989, n° 7, p. 23-44, p. 26.

[24] Cardot, F., *Cent ans d'histoire de la Société des électriciens, des électroniciens et des radioélectriciens*, Paris, 1983, p. 39.

et scientifique, permettaient la diffusion du progrès technologique et industriel associé à l'énergie électrique[25].

De fait, à la fin du XIXe siècle, l'intérêt pour l'électricité entre les membres de l'Associação dos Engenheiros Civis Portugueses, ne cessait d'augmenter et la revue de l'Association, la *Revista de Obras Públicas e Minas* (Revue des Travaux Publics et Mines), publiait des articles concernant le progrès de l'électricité et diffusa les principaux livres et revues publiés autour de ce thème[26]. Cette revue visait surtout un public spécialisé d'ingénieurs et les articles publiés fournissaient beaucoup de détails et des explications techniques sur les machines ou les appareils analysés. Il en était de même pour la description des réseaux de production et distribution d'électricité, notamment pour les réseaux liés à l'éclairage des villes. L'article de l'ingénieur Carlos Moraes « Luz eléctrica em Vila Real » (Éclairage électrique à Vila Real), publié en 1897, en est un exemple parfait[27].

En 1898, considérant l'importance que revêtaient l'électricité et ses applications industrielles, l'Associação créa une section intitulée « Ingénierie industrielle, machines et électricité ». À peine créée, cette section défendit l'idée que la direction technique des usines et des mines, ainsi que les travaux municipaux d'éclairage au gaz ou à l'électricité, d'approvisionnement en eau ou de traction électrique, devraient être assurés par des ingénieurs.

À la fin du XIXe siècle, les rapports annuels de la direction de cette association démontraient nettement l'intérêt que les progrès des applications électriques avaient pour ses membres. Le rapport de 1900 considère que les différentes applications de l'électricité ont été – avec les chemins de fer – un des principaux facteurs du développement technique de ce siècle-là. Il fait aussi référence au fait que « pour la télégraphie et l'éclairage, le succès a été complet », notamment par les avantages économiques qui résultaient d'une communication plus facile et rapide entre les entrepreneurs et par la sécurité qui a été assurée dans les villes, due à l'introduction de la

---

[25] Matos, A.C. de, « Les ingénieurs et la création de réseaux de gaz et d'électricité au Portugal : Transferts et adoption de technologies (1850-1920) », in Merger, M. (dir.), *Transferts de Technologies en Méditerranée*, Paris, 2006, p. 185-205.

[26] Une rubrique fut réservée aux résumés des articles publiés dans les principales revues scientifiques étrangères, permettant ainsi d'informer les membres de l'Association et de les amener à la lecture des études se rapportant à leurs travaux. L'Association se dota d'une bibliothèque réservée aux livres achetés par la Revue ou gracieusement offerts par les associations étrangères.

[27] En effet cet article donne plusieurs détails techniques sur tout le système d'éclairage de la ville et publie des dessins.

lumière électrique[28]. Le rapport de 1902 considérait que « [...] de toutes les branches de l'ingénierie, celle qui a progressé plus, avec des victoires et des surprises, est l'électricité » et rappelait l'affirmation d'Ernest Carnot à l'occasion de l'Exposition Universelle de Paris de 1900 : « L'ingénieur moderne sera électricien ou il ne sera pas »[29].

La diffusion des progrès de l'électricité dans les revues et les monographies

À l'exemple d'autres pays européens tels que la France, l'apparition de magazines et de journaux consacrés à l'électricité et à ses applications a été directement associée aux expositions d'électricité organisées dans les années 1880. Créée en 1883, la *Revista d'Electricidade e Telegrafia* (Revue d'électricité et télégraphie) publia des articles sur les Expositions d'électricité de Paris et de Vienne et signala l'apparition de nouvelles machines[30], comme la grande machine dynamo électrique de James Edward Henry Gordon[31]. Presque au même moment est fondée la *Revista de Electricidade, Telegrafos, Farois e Correios* (Revue d'électricité, télégraphes, phares et postes).

En 1908, la *Revue Gazeta dos Caminhos de Ferro* (Revue des Chemins de fer) introduisit une section sur l'électricité et l'automobilisme et changea son nom, devenant *Gazeta dos Caminhos de Ferro Electricidade e Automobilismo* (Revue des Chemins de fer, électricité et automobilisme). La section sur l'électricité avait pour but de publier des articles et des informations pour permettre aux lecteurs de connaître « le grand progrès de plusieurs applications de l'électricité, même quand ils n'avaient pas fait des études techniques de cette science »[32]. La direction de cette section

---

[28] *Revista de Obras Públicas e Minas*, 1900, vol. XXXI, n° 361-363, p. 4-8.
[29] *Revista de Obras Públicas e Minas*, 1902, vol. XXXIII, n° 385-387, p. 10.
[30] La revue comprend aussi les traductions d'articles publiés dans des périodiques tels que le *Journal Parisien d'Électricité*, *La Lumière Électrique*, *Le Journal Télégraphique*, *La Nature*, *La Electricidad de Barcelona*.
[31] Un article sur cette machine a été publié en 1882 dans la revue *Nature*. Dans cet article, l'auteur considérait que « La machine de Monsieur James Edward Henry Gordon que nous signalons aujourd'hui à nos lecteurs est un pas de plus, mais un pas énorme, fait dans la voie des générateurs électriques de grande puissance, puisqu'elle est établie pour faire fonctionner, en plein travail, de *cinq mille* à *sept mille* lampes à incandescence et transformer en énergie électrique un travail d'environ *cinq cents* chevaux », Nouvelle machine Dynamo-électrique à courants alternatifs de J.E.H. Gordon, voir *La nature*, 1882 (11 novembre), n° 493, p. 24. J.E.H. Gordon a été secrétaire de l'Association Britannique pour l'avancement des sciences et a écrit un *Traité expérimental d'électricité et de magnétisme* (1881).
[32] *Gazeta dos Caminhos de Ferro, Electricidade e Automobilismo*, 1908 (1ᵉʳ février), Année 21, n° 483, p. 40.

Formation, carrière et montée en puissance des ingénieurs

fut attribuée à l'ingénieur Alfredo Kendall qui avait terminé ses études en 1905 à l'Institut Montefiore, et elle comptait avec la collaboration d'ingénieurs comme Paulo Benjamin Cabral qui était directeur général des télégraphes et qui, dès 1881, était professeur d'électricité à l'Instituto Industrial de Lisboa (Institut industriel de Lisbonne). Benjamin Cabral était aussi membre de l'Institute of Electrical Engineers of London et de l'Elektrotechnische Verein de Vienne et auteur du livre *O ensino da Electrotécnica em Portugal* (L'enseignement de l'électrotechnique au Portugal), publié en 1892.

En 1909, la revue *Gazeta dos Caminhos de Ferro* prit la décision de ne plus publier la section sur l'électricité car cette année-là, apparut la *Revista Electricidade e Mechanica. Revista Practica de Engenharia e de Ensino Technico* (Revue d'électricité et Mécanique. Revue pratique d'ingénierie et d'enseignement technique), dirigée par Luiz de Sequeira Oliva, ingénieur issu des écoles londoniennes de mécanique et d'électricité et membre de l'Association des Ingénieurs Portugais. Cette revue décrivait, avec précision, les installations électriques réalisées au Portugal et à l'étranger et comprenait une section de « cours » pratiques d'électricité.

La fin du XIXe siècle fut marquée par la publication de plusieurs ouvrages techniques qui se donnaient comme but de diffuser les progrès de l'électricité auprès des techniciens et des ouvriers. La Biblioteca do Povo e das Escolas [Bibliothèque du peuple et des écoles][33] édita, en 1881, le traité de Ricardo O'Konnor *Telegrafia Eléctrica*, puis en 1883, l'ouvrage de Guilherme Luis Santos Ferreira, *Electricidade* et enfin, en 1886, le livre de Thomaz Salter de Sousa, *A luz eléctrica*. Et pour combler le manque d'un traité sur les applications industrielles de l'électricité écrit en portugais, l'ingénieur Duarte Sampayo publia en 1904 le livre *Elementos de Electricidade applicada à Industria* (Éléments d'électricité appliquée à l'industrie)[34].

---

[33] L'édition de cette collection est considérée par plusieurs historiens portugais comme « le premier épisode du livre populaire ».

[34] Sampayo, D., *Elementos de Electricidade applicada á industria*, Lisboa, Aillaud & Cie, 1904, p. I. L'Associação dos engenheiros civis portugueses a fait l'éloge de ce livre car il contribuait de façon importante à résoudre l'absence d'un ouvrage de référence sur les développements de l'électricité écrit en portugais. *Revista de Obras Públicas e Minas*, 1904, vol. XXXV, n° 412-414, p. 301.

Entreprises et applications de l'électricité au Portugal
Les premières applications de l'électricité

Grâce aux échanges sur les progrès des applications de l'électricité, présentés lors des Expositions Universelles, il s'était développé entre les chimistes, les physiciens et les ingénieurs portugais un milieu favorable à la réception des innovations électriques, ce qui s'est traduit par l'introduction au Portugal, de nouvelles machines électriques, sans grand décalage par rapport aux autres pays européens[35]. Ainsi, en 1872 fut installé dans le pays le premier appareil Gramme pour l'éclairage de la section de photographie de la Direction Générale des Travaux Géodésiques, Topographiques et Géologiques[36]. Sept ans après, le Chiado à Lisbonne était éclairé par des lampes Yablochkov[37]. Au cours des années suivantes, certaines manifestations, telles que les spectacles de théâtre, les expositions et les conférences, furent éclairées à l'électricité. Les premières expériences avec des lampes Swan et une machine Siemens furent réalisées, en 1883-1884, à l'Institut Industriel de Lisbonne.

À la fin des années 1880, l'électricité connut une importance croissante pour l'éclairage des villes. En 1888, des essais furent entrepris pour l'éclairage électrique de Porto, mais le monopole de l'entreprise gazière empêcha, jusqu'en 1899, la signature d'un contrat. Les années suivantes, plusieurs villes portugaises lancèrent des appels d'offres pour l'adjudication de la concession de l'éclairage public à l'électricité[38].

Dans l'industrie, l'électricité fut utilisée au début, pour l'éclairage, mais à partir des dernières années du XIXe siècle, l'industrie eut tendance à remplacer les moteurs à gaz par des moteurs électriques, surtout lorsqu'il s'agissait de gaz acheté aux entreprises qui exploitaient le réseau urbain. En 1907-1908, la Compagnie Réunie du Gaz et de l'Électricité de Lisbonne (C.R.G.E.), enregistrait une baisse importante de la vente de gaz, surtout en raison du remplacement des moteurs à gaz par des moteurs électriques et entre 1906/1907 et 1907/1908, la vente d'énergie électrique pour moteurs

---

[35] En Catalogne, l'existence d'un milieu social, économique et technique favorable facilita l'introduction de nouvelles technologies liées à l'électricité, telles que les machines Gramme. Voir Capel, H., « La electricidade en Catalunha, una historia por hacer. Conclusiones », in *Las tres Chimenes, Implantación industrial, cambio tecnológico y transformación de um espacio urbano barcelonés*, Barcelone, FECSAm, 1994, vol. III, p. 165-216.

[36] Rodrigues, J.J., *A Secção Photographica ou Artistica da Direcção-Geral dos Trabalhos Geodesicos no dia 1 de Dezembro de 1876. Notícia*, Lisboa, 1976, p. 18.

[37] Ces lampes étaient importées de Paris.

[38] À ce propos voir Matos, A.C. de et al., *A electricidade em Portugal. Dos primórdios à Primeira Guerra Mundial*, Lisboa, 2004.

enregistra une hausse de 220 %[39]. À Porto, après la construction, en 1908, de la centrale électrique du « Ouro », l'utilisation des moteurs électriques se généralisa, bien que les usines installées dans cette ville utilisassent des moteurs électriques de puissance très variée[40]. En 1922, le nombre de moteurs électriques de moins de 10 kV s'élevait à plus de 1 000 et seules cinq usines disposaient de moteurs de 1 000 kV ou plus[41].

Pour rentabiliser leurs installations de centrales électriques, de nombreuses usines signèrent des contrats pour l'éclairage public avec des municipalités. Cette modalité se développa surtout dans les centres urbains de moindres dimensions où la consommation des ménages et l'éclairage public n'atteignaient pas des sommes pouvant justifier les importants investissements appliqués à la construction d'une centrale électrique.

L'introduction de l'énergie électrique a également été associée à l'apparition d'un nouveau moyen de transport urbain pour lequel plusieurs centrales avaient été édifiées afin de produire l'électricité nécessaire. Les premières expériences de véhicules à traction électrique eurent lieu à Lisbonne en 1887. En 1895 fut inaugurée à Porto la première ligne de traction électrique. En 1901, les tramways commencèrent à circuler régulièrement à Lisbonne et, en 1904, la ligne de traction électrique de Sintra fut inaugurée, suivie, l'année d'après, par celle de Coimbra.

Les entreprises « pionnières » de l'électricité au Portugal

Pendant les années 1880 apparurent au Portugal plusieurs entreprises qui fabriquaient et fournissaient des machines électriques et montaient des installations de production et distribution d'électricité. Certaines représentaient des sociétés étrangères et d'autres, des sociétés portugaises.

La Companhia Portuguesa de Electricidade [Compagnie Portugaise d'électricité] s'établit à Lisbonne et implanta plusieurs installations électriques, telles que l'éclairage du Chiado et celui de la Compagnie des Chemins de Fer du Nord et de l'Est. Au début du XXe siècle, cette Compagnie avait des bureaux à Lisbonne et à Porto et elle s'occupa des installations électriques en tout genre et du transport de l'énergie sur toute distance. Il y avait aussi quelques entreprises qui fabriquaient des appareils électriques et qui, lors de l'Exposition Industrielle à Lisbonne, en 1888, exposèrent leurs produits. Ce fut le cas de l'entreprise d'Alfredo de Brito,

---

[39] C.R.G.E., *Relatório do Conselho de Administração, 1907-1908*, p. 6.
[40] Sur l'utilisation de l'électricité à Porto, se reporter à Matos, A.C. de, Mendes, F., Faria, F., *O Porto e a Electricidade*, Lisboa, 2003.
[41] Campos, E. de, *Electricidade para o Porto*, Porto, 1922, p. 5.

fondée en 1886[42], de celle de Herrmann et de l'entreprise Motta & Cie, créée par Miguel Motta en 1881[43].

À Porto s'établirent la Companhia de Luz Eléctrica [Compagnie de la lumière électrique] (1887) et la Société Emílio Biel. Malgré ses efforts, la Companhia de Luz Eléctrica ne réussit pas à obtenir un contrat avec la mairie pour l'éclairage électrique de la ville. Et, en 1898, à la suite de l'incendie qui détruisit sa centrale électrique, elle fut dissoute[44]. De son côté, vers 1895, l'entreprise Emílio Biel, qui était la représentante au Portugal de la Société d'Electricité Schuckert & Cie de Nuremberg, avait déjà placé 24 dynamos et plus de 1826 lampes (incandescentes et à arc voltaïque). Cette société réalisa aussi le projet et fournit les machines pour l'éclairage électrique de Vila Real, la première ville portugaise à être éclairée par cette énergie et qui comptait, en 1895, 800 lampes incandescentes et 16 lampes à arc voltaïque.

L'enseignement de l'électricité au Portugal[45]

L'enseignement de l'électricité avant la création de l'Institut Supérieur Technique

Si les visites d'étude, la participation aux congrès, la lecture des publications et le contact avec les collègues d'autres pays ont permis aux ingénieurs portugais de connaître les principaux progrès de l'électricité, il leur manquait de pouvoir appuyer leurs pratiques sur des fondements théoriques et les établissements d'enseignement existants au Portugal étaient loin d'assurer la formation en cette branche du génie[46].

---

[42] Cette entreprise fut créée avec un capital de 12 000 000 réis. *Catálogo da Exposição Nacional das Indústrias Fabris. Realisada na Avenida da Liberdade em 1888*, 1888, vol. 2, Lisboa, Imprensa Nacional, p. 213-214.

[43] *Ibid.*, p. 213-214.

[44] Sa centrale électrique fut transférée à la Companhia do gás do Porto (Compagnie du Gaz de Porto).

[45] Maria de Lurdes Rodrigues considère « quatre temps », dans l'évolution de la formation de l'enseignement du génie électrotechnique au Portugal : les origines (de la deuxième moitié du XIXe siècle à 1910) ; la consolidation (de 1910 à 1926) ; l'offensive (de 1926 à la Seconde Guerre mondiale) ; les réalisations (de la fin du conflit à 1974). Rodrigues, Maria de Lurdes, « Le génie électrotechnique au Portugal », in Badel, L. (dir.), *La naissance de l'ingénieur-électricien : Origines et développement des formations nationales électrotechniques : Actes du 3e colloque international d'histoire de l'électricité*, Paris, Association pour l'histoire de l'électricité en France (A.H.E.F.), Presses Universitaires de France, 1997, p. 285.

[46] Sur la formation des ingénieurs électriciens en France, voir Grelon, A., « La formation des ingénieurs électriciens », in Caron, F., Cardot, F. (dir.), *Histoire de l'électricité en France (1881-1918)*, Paris, Édition Fayard, 1991.

En même temps, l'importance croissante des applications de l'électricité exigeait une spécialisation dans ce secteur de la technique et rendait nécessaire de créer une formation en génie électrotechnique pour le pays.

Dans un premier moment, l'enseignement de l'électricité avait été lié à la télégraphie. À l'Institut industriel de Lisbonne, le professeur chargé de cette discipline était l'ingénieur Paulo Benjamin Cabral qui dès 1881 avait été nommé professeur du cours pratique des Postes et Télégraphes[47].

En 1885, à la suite des propositions présentées par le conseil de l'Académie polytechnique de Porto, cette école a connu une réforme par laquelle était introduite en 2e année la discipline de Thermodynamique, moteurs électriques et construction de machines[48]. Toutefois, étant donné la quantité de sujets qui devaient être traités dans le cours, il n'était pas possible de donner une attention particulière aux moteurs électriques. Malgré tout, cet enseignement a été important pour sensibiliser les étudiants à l'importance de l'électricité comme énergie.

La réforme de 1886 a introduit à l'Institut industriel de Lisbonne et à l'Institut industriel de Porto, les disciplines d'électrotechnique, de télégraphie et d'autres applications de l'électricité[49]. À ce moment a aussi été installé dans ces instituts un laboratoire électrotechnique pour réaliser « les expériences nécessaires pour les cours de la 8e discipline [Électrotechnique], ainsi que la démonstration des différentes applications de l'électricité »[50].

Mais c'est surtout à l'Institut industriel de Lisbonne que, sous l'influence du physicien Fonseca Benevides et de l'ingénieur Paulo Benjamin Cabral, fut développé l'enseignement de l'électrotechnique. Ainsi, comme l'indiquait, en 1892, l'ingénieur Paulo Benjamin Cabral, professeur d'électrotechnique, « en dehors des matières suivies à l'Institut industriel et commercial de Lisbonne[51], il n'existe dans notre pays aucun enseignement

---

[47] Entre 1888 et 1910, Paulo Benjamin Cabral était Inspecteur général des Télégraphes.

[48] Réforme du 15 septembre 1885. Cette réforme qui s'inscrit dans la réforme générale de l'enseignement industriel mise en place pendant la décennie 1880 par le ministre António Augusto de Aguiar, introduit de nouvelles disciplines et la formation des ingénieurs s'allonge en passant à six années.

[49] Ont aussi été créés des cours de base en physique, chimie et électrotechnique, dans le cadre des cours industriels spécialisés dans la construction civile et la chimie, de niveau moyen et d'une durée de quatre ans. Il a aussi été créé un cours pratique des postes et télégraphes. Décret du 30 décembre 1886.

[50] *Ibid.*

[51] À cette date, les instituts industriels de Lisbonne et Porto avaient déjà changé leur nom pour celui d'Institut Industriel et Commercial.

spécial des applications de l'électricité »[52]. À l'Université de Coimbra et à l'École polytechnique de Lisbonne, les cursus ne comprenaient pas les applications de l'électricité. L'Académie polytechnique de Porto ne proposait qu'une seule discipline de télégraphie et une autre de machines où figurait l'étude des dynamos, mais cette dernière ne formait pas de véritables spécialistes en ces branches d'ingénierie, se destinant uniquement, « à compléter les connaissances des ingénieurs par les connaissances les plus élémentaires d'électricité »[53].

En 1897, une nouvelle réforme de l'Académie polytechnique de Porto introduisit une discipline de technologie industrielle[54]. L'enseignement de cette discipline démarra dès 1897-1898, à la charge du professeur José Pedro Teixeira qui possédait un doctorat en sciences mathématiques obtenu à l'Université de Coimbra[55]. Le programme de ce cours qui était exclusivement consacré à l'électrotechnique reposait sur l'ouvrage écrit par Éric Gérard, *Leçons sur l'électricité*, qui reproduisait les leçons que Gérard donnait à l'Institut Montefiore, annexé à l'Université de Liège[56].

L'année suivante fut établi à l'Institut industriel de Lisbonne une formation industrielle de niveau moyen où furent introduites des disciplines qui visaient à donner une formation sur les applications de l'électricité, notamment industrielles. Cette formation avait une durée de quatre ans et l'enseignement de l'électrotechnique y était inscrit dans les disciplines suivantes : mesures électriques, qui comprenait l'étude des générateurs et transformateurs ; télégraphie et téléphonie ; autres applications. En 1905, l'Institut industriel de Porto introduisit les mêmes disciplines[57].

---

[52] Cabral, P.B., *O Ensino da Electrotechnia em Portugal*, Lisboa, Imprensa Nacional, 1892, p. 10. Toutefois la réforme du 8 octobre 1891 supprima la discipline d'électrotechnique à l'Institut industriel de Porto et transforma cette discipline à l'Institut industriel de Lisbonne en industries physiques et construction d'instruments de précision.

[53] *Ibid.*, p. 11.

[54] Décret du 8 octobre 1897.

[55] Guedes, M.V., « Nos primórdios da Electrotecnia », in *Revista Robótica e Automatização*, 1997, n° 29, p. 26.

[56] Voir Tomsin, P., « L'institut électrotechnique Montefiore à l'Université de Liège, des origines à la Seconde Guerre mondiale », in Badel, L. (dir.), *La naissance de l'ingénieur-électricien : Origines et développement des formations nationales électrotechniques : Actes du 3e colloque international d'histoire de l'électricité*, Paris, Association pour l'histoire de l'électricité en France (A.H.E.F.), Presses Universitaires de France, 1997, p. 221-232.

[57] Selon Maria de Lurdes Rodrigues cette réforme des instituts industriels « est á la origine d'un conflit qui oppose jusqu'à nos jours les ingénieurs aux ingénieurs techniques (désignation actuelle des anciens conducteurs) ». Rodrigues, M. de L., « Le génie électrotechnique au Portugal », in Badel, L. (dir.), *La naissance de l'ingénieur-électricien : Origines et développement des formations nationales*

La formation des ingénieurs portugais à l'étranger

Jusqu'à la création de l'Instituto Superior Técnico [Institut Supérieur Technique (I.S.T.)], la formation dans le domaine électrotechnique était encore insuffisante pour donner aux ingénieurs portugais les compétences indispensables à l'installation et l'exploitation de centrales électriques. Pour ce motif, la plupart des installations électriques effectuées au Portugal entre la fin du XIXe siècle et le début du XXe siècle ont été mises en œuvre ou dirigées sur le plan technique par des ingénieurs étrangers ou des ingénieurs portugais qui avaient reçu une formation à l'étranger.

L'importance que les ingénieurs portugais diplômés à l'étranger ont eu au Portugal jusqu'à laPremière Guerre mondiale, soit comme propagateurs des applications de l'électricité, notamment comme directeurs de revues sur ce thème là, soit pour la mise en œuvre des réseaux d'électricité est illustrée par les cas suivants.

Ayant fait ses études à Gand, puis à l'École nationale des ponts et chaussées de Paris avant d'achever en 1898 sa formation d'ingénieur chimiste à l'École centrale des arts et manufactures, José Cordeiro fonda l'Empresa de Electricidade e Gás da Ilha de São Miguel (l'une des îles des Açores) et obtint un prêt auprès de la Société des applications industrielles, pour construire une centrale électrique et fournir ainsi l'énergie à la ville de Vila Franca do Campo[58]. Après sa mort en 1908, la direction de l'entreprise fut assurée par l'ingénieur José de Amaral, qui, en 1905, avait obtenu un diplôme en électrotechnique à l'étranger[59].

L'ingénieur Maximiano Gabriel Apolinário, né à Lisbonne, avait terminé sa formation d'ingénieur électrotechnicien à l'Institut Montefiore de Liège. Entre 1906 et 1908, il fut le responsable de la construction de la Centrale thermoélectrique d'Evora. D'autres ingénieurs ont été aussi diplômés de l'Institut Montefiore. Carlos Herrmann, né en 1874 à Lisbonne et diplômé en 1900 était peut-être le fils de Maximiliano Augusto Herrmann (1832-1913), inspecteur des lignes télégraphiques de chemins de fer du nord et de l'est du Portugal et propriétaire d'une compagnie d'installations électriques fondé dans les années 1880. En 1905, ce même diplôme fut délivré à l'ingénieur Alfredo Kendall, né en 1874, qui, après son retour au Portugal, créa l'entreprise Alfredo Kendall & Cie, qui fournissait des machines et installations électriques. Cette entreprise a notamment livré,

---

électrotechniques : Actes du 3e colloque international d'histoire de l'électricité, Paris, Association pour l'histoire de l'électricité en France (A.H.E.F.), Presses Universitaires de France, p. 288, note 16.

[58] Simões, I.M., *Pioneiros da electricidade em Portugal e outros estudos*, Lisboa, Gabinete de Comunicacão, 1997, p. 75.

[59] Peut-être au Tufts Collège-Mass.

en 1907, les machines électriques pour la station électrique d'Evora, laquelle fut conçue et dirigée par l'ingénieur Apolinário, un autre ingénieur diplômé de Montefiore[60]. Kendall a aussi été responsable de la section d'électricité de la revue *Gazeta dos Caminhos de Ferro Electricidade e Automobilismo*, que nous avons déjà signalée.

En 1905, quatre ingénieurs portugais ont obtenu un diplôme à l'Institut Montefiore : Henrique de Mendonça, né en 1879 à Lisbonne ; Amédée Combemale, né en 1880 à Lisbonne ; Guilherme de Lima Henriques, né à Coimbra en 1880 ; Fernandes Pedroso, né en 1878 à Lisbonne[61]. On ne dispose malheureusement que de quelques informations sur le seul parcours professionnel de l'ingénieur Guilherme de Lima Henriques qui fut ingénieur des Chemins de fer de l'État (Chemins de fer du sud et sud-est) et qui, au moment de sa mort en 1950, était membre sociétaire et directeur de la Sociedade Herrmann, Ld^{a}[62].

L'ingénieur Carlos Joaquim Michaelis de Vasconcellos[63] qui a obtenu un diplôme à la Königliche Technische Hochschule de Berlin au commencement du XXe siècle, a fondé en 1905 à Porto l'entreprise Michaelis Máquinas e Equipamentos [Michaelis Machines et équipements][64]. Cette même année, en tant que directeur de A.E.G., il fut l'un des techniciens qui dirigèrent les travaux d'installation de la traction électrique de la ville de Coimbra[65]. En 1910, il dirigea la construction de la centrale hydraulique de la Serra de Estrela, qui fut une des premières utilisations hydroélectriques du pays[66].

---

[60] Matos, A.C. de, « A electricidade na cidade de Evora : da Companhia Eborense de Electricidade à União Eléctrica Portuguesa », in *Revista da Faculdade de Letras, História*, Porto, 2007, III Série, vol. 8, p. 203-204.

[61] Après cette date, on trouve seulement des références d'ingénieurs diplômés en 1920.

[62] *Gazeta dos Caminhos de Ferro*, 1950, n° 1492, p. 846.

[63] Sa mère, Carolina Michaëlis de Vasconcellos, une écrivaine très connue au Portugal, était allemande et mariée à Joaquim de Vasconcellos (Porto, 1849-1936) un important historien de l'art.

[64] Cette entreprise qui existe encore aujourd'hui, était aux premières décennies du XXe siècle représentante de plusieurs firmes comme Mercedés, Metz, König & Bauer, entre autres.

[65] Les autres ingénieurs qui ont aussi dirigé les travaux ont été José L. Garcia Roldana, ingénieur de A.E.G. à Madrid, et Gustavo d'Avilla Perez, ce dernier également ingénieur de A.E.G. à la ville de Porto. Les travaux sur le terrain ont été dirigés par Luis Masker. *Ilustração Portuguesa*, 1911, n° 258, p. 139.

[66] Cette centrale électrique fut construite par l'Entreprise Hydro-Electrica da Serra da Estrela, propriété de la firme Frade, Pessoa & Cie, constituée en 1909, et qui avait pour objet l'exploitation et la fourniture d'électricité pour l'éclairage public et privé et pour la force motrice.

La création des diplômes de génie électrotechnique

En 1911, avec la création de l'Institut Supérieur Technique à Lisbonne et de la Faculté technique de Porto, les cours de génie électrotechnique ont commencé à être enseignés au Portugal. Pour la formation en génie électrotechnique, il y avait un enseignement général de deux années à Lisbonne et de trois à Porto, suivi de trois années de spécialité : électrotechnique générale ; théorie de l'électricité – courant continu et courant alternatif ; mesures électriques ; transmission, transformation et distribution de l'énergie électrique ; projets de construction de machines électriques ; électrochimie – électrométallurgie ; applications de l'électricité.

L'organisation de l'Institut Supérieur Technique fut confiée à Alfredo Bensaúde qui avait fait ses études en Allemagne où l'enseignement de l'ingénierie était marqué par l'esprit de "less theory and more pratice", en cherchant à former des élèves orientés vers l'industrie[67].

Au moment de sélectionner les enseignants, Alfredo Bensaúde choisit des hommes qui possédaient non seulement une formation scientifique mais également une expérience industrielle[68]. Ainsi, il choisit pour enseigner les disciplines liées à l'électricité, des ingénieurs qui avait suivi une formation dans les plus importantes écoles d'électrotechnique de l'époque et qui avaient aussi une expérience professionnelle déjà avérée : Léon Fesch, pour la théorie de l'électricité – courant continu et courant alternatif – et applications d'électricité, était diplômé en génie électrotechnique de l'Université de Liège, à l'Institut Montefiore où il avait été l'assistant d'Éric Gérard, puis avait travaillé dans l'entreprise Siemens-Schuckert. En 1924, alors professeur à l'I.S.T., il entra à la C.R.G.E. qui était la plus importante entreprise d'électricité du Portugal. De même, Bensaúde choisit pour enseigner les disciplines d'électrotechnique générale et de constructions et installations industrielles, Maximiano Gabriel Apolinário, qui avait un diplôme d'ingénieur électrotechnicien de l'Institut Montefiore. Avant d'être nommé professeur à l'I.S.T., il avait élaboré des projets et travaillé dans plusieurs entreprises privées : en 1905, il avait réalisé le projet et pris la direction des travaux de la Centrale électrique d'Evora, propriété de la Cie Eborense de Electricidade et en 1907, il était le co-auteur d'un projet non concrétisé d'utilisation énergétique du Tage ; il avait également travaillé à l'usine de métallurgie Promitente. Maximiano Apolinário était membre de l'Association des ingénieurs civils portugais, puis de l'Ordre

---

[67] König, W., « Science-Based Industry or Industry-Based Science ? Electrical Engineering in Germany before World War I », in *Technology and Culture*, 1996, vol. 37, p. 87.

[68] Bensaúde, A., *Notas Histórico-pedagógicas sobre o Instituto Superior Técnico*, Lisboa, Imprensa Nacional, 1922, p. 12.

des ingénieurs et il publia plusieurs articles sur l'électricité dans la *Revista de Obras Públicas e Minas* et dans la *Revista da Ordem dos Engenheiros*.

Parmi les élèves issus des premiers cours de génie électrotechnique, beaucoup ont trouvé une place dans des entreprises électriques, telles que la C.R.G.E. de Lisbonne, la Sociedade Energia Hidroeléctrica et la Casa Henry Burnay & Cie de Lisbonne, dans des entreprises ou des institutions utilisant l'électricité pour l'éclairage ou comme force motrice, et à la Compagnie des téléphones. Il est possible que, au moins dans certains cas, les professeurs aient servi de bureau de placement, comme le préconisait Alfredo Bensaúde.

La création d'une formation spécifique en génie électrotechnique a été un moment important pour l'affirmation des ingénieurs électriciens au Portugal. L'autre moment important seront les congrès d'électricité qui se sont tenus dans la décennie 1920.

Les congrès d'électricité et l'affirmation du génie électrotechnique

Les congrès d'électricité

La croissance que la production/consommation d'électricité a connue après la Première Guerre mondiale a mis en évidence le fait que la production d'électricité assumait un rôle de plus en plus important dans le développement économique du pays et qu'ainsi les ingénieurs électrotechniciens devenaient des acteurs fondamentaux de ce processus.

Ainsi, la décennie 1920 est un moment important pour la montée en puissance de l'industrie électrique au Portugal. En même temps, l'idée que l'ingénieur doit être reconnu comme un acteur fondamental du progrès industriel s'exprime de plus en plus dans la Associação dos Engenheiros Civis Portugueses [association des ingénieurs civils portugais][69]. Néanmoins, durant cette période, l'électricité n'a pas encore une grande importance pour cette association. Cette situation explique que l'initiative d'organiser le 1er Congrès d'électricité soit partie de la section d'électricité de la Associação Comercial de Lisboa [Association Commerciale de Lisbonne] et non de l'association des ingénieurs. Ce congrès, monté en 1923 à Lisbonne, se donnait pour objectif d'analyser les principaux problèmes qui touchaient le secteur électrique et de discuter des différentes

---

[69] L'idée de l'ingénieur comme promoteur de l'industrie est manifeste dans des articles comme celui de l'ingénieur Duro de Sequeira, J.V., « As funções do engenheiro na indústria moderna » [le rôle de l'ingénieur dans l'industrie moderne], in *Revista de Obras Públicas e Minas*, 1924, n° 361, p. 152-158.

solutions possibles. Il fut suivi de trois autres : en 1924 à Porto, en 1926 à Coimbra et en 1930 à Braga.

Durant ce premier congrès furent présentées des communications sur les principaux thèmes qui étaient à cette époque à l'ordre du jour : l'importance de l'hydroélectricité ; la thermoélectricité et le charbon ; la T.S.F ; les électriciens et la réglementation de leur activité ; la nomenclature électrique ; les mesures électriques, etc. Au fil des interventions, les divergences au sein des participants émergèrent : hydroélectricité versus thermoélectricité ; sociétés concessionnaires versus techniciens du secteur ; concurrence entre les différentes sociétés productrices d'électricité, etc.

Pour faire connaître les plus importantes centrales électriques qui existaient à Lisbonne, les organisateurs du congrès proposèrent aux congressistes des visites à la Centrale Tejo qui appartenait à l'entreprise C.R.G.E. et fournissait toute l'électricité pour la consommation publique et privée de la ville de Lisbonne, et à la Centrale de Santos, qui appartenait à l'Entreprise C.A.R.R.I.S. et fournissait l'énergie nécessaire aux tramways. Pour sensibiliser les ingénieurs aux applications de l'électricité aux télécommunications, ceux-ci purent visiter la nouvelle station centrale de téléphonie et la station de transmission de Monsanto. Pour montrer les applications de l'électricité aux activités de l'armée, une visite fut organisée à la Escola Prática de Torpedos e Electricidade [École Pratique de Torpilles et d'Electricité] située à Vale do Zebro.

Les sujets abordés durant le 2ᵉ Congrès d'électricité organisé à Porto en 1924 ont été les suivants : la production de l'énergie hydro-électrique ; le transport de l'électricité ; la réglementation des tarifs de la vente d'électricité. Dans un entretien avec le président de la commission organisatrice du Congrès, l'ingénieur Ezequiel de Campos, celui-ci a indiqué encore d'autres sujets qu'il considérait important de discuter : l'intervention de l'État dans la réglementation du secteur électrique ; la participation financière de l'État, des municipalités, de l'industrie et des banques ; les avantages que l'économie portugaise obtiendrait avec l'hydroélectricité, dont le recours à cette forme de production d'électricité permettrait de diminuer l'importation de combustibles[70]. Durant le congrès a été organisée une exposition qui avait pour but de faire connaître le développement que connaissait l'industrie électrique au Portugal : des installations et des machines électriques et une collection de photographies de la centrale hydroélectrique du Lindoso, située au nord du pays dans la région de Porto, ont ainsi été présentées.

---

[70] *O Século*, 14 de Agosto 1924, p. 8.

Au moment du congrès de Coimbra, le gouvernement avait approuvé la Lei dos Aproveitamentos Hidráulicos [Loi des exploitations hydrauliques], raison pour laquelle la discussion autour de cette question a marqué le congrès. Néanmoins d'autres sujets comme les taxes, la réglementation des industries électriques, l'enseignement technique, la télégraphie et la téléphonie ont été aussi abordés.

Un des principaux sujets du 4ᵉ congrès a été « l'étude et la solution des problèmes concernant l'enseignement électrotechnique ». La production, le transport et la distribution d'énergie électrique étaient toujours des thèmes d'actualité, mais aussi la T.S.F. et la téléphonie qui apparaissaient de plus en plus majeures dans la société.

La réalisation de ces congrès fut importante pour l'affirmation du génie électrotechnique qui a commencé à être perçu comme un domaine technologique essentiel au développement économique du Portugal.

La tentative d'organisation d'une Association professionnelle d'électricité

Afin de consolider les positions prises par les ingénieurs électrotechniciens en plusieurs domaines, depuis l'enseignement de cette spécialité de l'ingénierie jusqu'à l'organisation institutionnelle du secteur, l'ingénieur Albano Sarmento proposa, au cours du 2ᵉ Congrès d'électricité, la création d'une Association professionnelle d'électricité. L'ingénieur Ferreira do Amaral appuya la création de cette association, estimant qu'il était indispensable d'avoir un organisme qui puisse concrétiser les aspirations des ingénieurs électrotechniciens. En effet, déclara-t-il, « les congrès ne servent qu'à émettre des vœux puisque seuls les organismes à caractère permanent ont la possibilité d'obtenir des résultats pratiques »[71].

Cette association se donnait pour but de contribuer au développement de la science électrique et de ses applications dans tous ses aspects industriels et commerciaux ; de collaborer avec les organes de l'État et les pouvoirs publics à la préparation et éventuellement à l'exécution des lois, des règlements et des dispositions concernant l'exercice de l'industrie électrique et de tout ce qui lui était associé ; d'organiser et resserrer les liens entre les entités et les personnes engagées dans l'une ou l'autre des branches, scientifique, commerciale, industrielle et professionnelle de l'électricité.

La commission qui devait promouvoir et organiser l'Association électrotechnique portugaise était composée d'ingénieurs représentant les divers intérêts du secteur : Miguel Machado, représentant de

---

[71] *O Século*, 5 septembre 1924, p. 2.

la Faculté technique ; Luíz Eduardo de Almeida représentant de l'Institut industriel ; Ferreira do Amaral, représentant de l'Association des ingénieurs ; Costa Pereira, représentant de l'Association des ingénieurs industriels ; Armando Cardoso, représentant des industries électrotechniques ; Avides Barbosa, représentant des commerçants ; Xavier Esteves, représentant des entreprises de production d'électricité ; Ezequiel de Campos, représentant des consommateurs ; João Augusto Kasprzykowski, représentant des électriciens professionnels.

Les statuts de l'association, préparés par les ingénieurs Ezequiel de Campos, Michaelis de Vasconcellos et Ferreira do Amaral, furent approuvés pendant le 4ᵉ Congrès d'électricité, le 11 avril 1930. Toutefois cette association n'a jamais vu le jour. On n'en connaît pas les raisons mais le fait que l'année 1930 ait été marquée par une série d'initiatives liées à la réorganisation de l'enseignement et à la définition du statut de l'ingénieur peut être une explication. Pour réglementer la pratique professionnelle des ingénieurs étrangers et des ingénieurs portugais formés à l'étranger, entre 1927 et 1929 plusieurs diplômes furent publiés. À la fin des années 1920, l'idée de la création d'un Ordre des ingénieurs avait pris de plus en plus d'ampleur et cet Ordre verra le jour en 1936. Finalement la réalisation du 1ᵉʳ Congrès des Ingénieurs portugais a ouvert aux ingénieurs électrotechniciens une tribune pour exprimer leurs idées tant sur l'organisation de la profession, que sur le développement économique qu'ils préconisaient pour le pays.

Le 1ᵉʳ Congrès des ingénieurs portugais et l'affirmation des ingénieurs électrotechniciens

En 1931, la Associação dos Engenheiros Civis Portuguese [Association des ingénieurs civils portugais] a organisé un congrès. Cette idée remontait à 1927. Elle était liée aux nouvelles conceptions du rôle que l'ingénieur devait avoir dans la société[72]. Tout au long de l'année 1927 avaient été publiés dans la revue de l'Association des articles qui montraient tout le crédit que les ingénieurs attachaient à ce congrès. L'un d'eux considérait que la réalisation d'un tel congrès pourrait « faire ressortir l'importance de l'ingénieur » et il ajoutait que « les grands problèmes de "fomento" [politique d'encouragement économique] sont des problèmes d'ingénieurs »[73].

---

[72] Diogo, M.P., *A construção de uma identidade profissional. A Associação dos engenheiros Civis Portugueses, 1889-1937*, [policopiado] Lisboa, 1994, p. 287-288. Voir aussi Matos, A.C. de et al., *A electricidade em Portugal. Dos primórdios à Primeira Guerra Mundial*, Lisboa, E.D.P., 2004, p. 297-302.

[73] « Congresso Nacional de Engenharia », in *Revista da Associação dos Engenheiros Civis Portugueses*, 1927, n° 643, p. 201-202.

Ce congrès a été un moment marquant dans la définition de la « conscience politique des ingénieurs comme avant-garde de la modernisation industrielle et économique » et, en conséquence, dans leur revendication d'être au centre de la vie économique du pays[74].

Pendant le congrès, pour montrer à la population « la vitalité et le travail de l'Ingénierie portugaise et développer le culte de la profession d'ingénieur »[75] une exposition des travaux d'ingénieurs a été réalisée et des visites d'étude y ont été organisées[76].

Les électrotechniciens ont joué un rôle manifeste dans ce Premier Congrès, ce qui a mis en évidence le poids que les ingénieurs de cette branche avaient dans l'économie portugaise et au sein de la société. Ils sont apparus comme les « grands protagonistes » de ce rassemblement[77].

Conclusion

Le développement de la technologie tout au long du XXe siècle a changé complètement le monde et notre vie quotidienne. Par la technologie, l'homme a acquis la capacité de franchir en un seul jour des distances considérables, ce qui jusqu'alors était impensable. Les machines de différentes industries ont pris une dimension et une force que personne n'aurait pu imaginer. De son côté, l'électricité est devenue une énergie indispensable pour l'économie mais c'est par l'éclairage qu'elle a transformé d'une façon radicale et définitive notre façon de percevoir le monde et « the electrified urban landscape emerged as another avatar of the sublime »[78].

Par la dimension que la technologie avait acquise dans la société et l'économie du XIXe siècle, elle n'était plus l'affaire de quelques savants ou de quelques pays et la diffusion des progrès des sciences et les transferts de technologies sont devenus de plus en plus importants. Les ingénieurs et les scientifiques tels que les chimistes et les physiciens jouèrent un rôle essentiel dans la diffusion des nouvelles technologies grâce à plusieurs facteurs : la publication de livres, de rapports techniques et de périodiques ; les voyages d'études à l'étranger, en particulier les visites aux

---

[74] Rosas, F., *Salazarismo e fomento económico (1928-1948). O primado do político na História Económica do Estado Novo*, Lisboa, Editorial Notícias, 2000, p. 43.

[75] *1º Congresso Nacional de Engenharia, Relatório*, Lisboa, 1931, p. 6.

[76] Ce congrès a été l'occasion de montrer les travaux des ingénieurs et leur impact sur le pays. Sur ce sujet, voir Diogo, M.P., Matos, A.C. de, « Going Public : The 1st Portuguese National Engineering Meeting and the Popularization of Technical Knowledge (Portugal, 1931) », in *Engineering Studies*, vol. 4, 2012, p. 1-20.

[77] Rodrigues, M. de L., *Os engenheiros em Portugal : profissionalização e protagonismo*, Oeiras, Celta, 1999, p. 115.

[78] Nye, D., *American Technological Sublime*, Cambridge, Massachusetts, M.I.T. Press, 1994, p. 143.

Expositions Universelles ; l'appartenance à des académies scientifiques et à des associations professionnelles ; et finalement, les liens établis avec les communautés scientifiques des autres pays.

Dans le cas de l'électricité, les expositions et les congrès eurent un rôle primordial et favorisèrent la création d'une communauté scientifique supranationale de chercheurs et de techniciens. Le Portugal comme l'Espagne[79] ont fait partie intégrante de cette communauté scientifique. Cette situation est contraire à l'idée, tant de fois généralisée, selon laquelle les pays périphériques sont restés étrangers ou à tout le moins retardataires par rapport à la production scientifique et technologique des principaux pays occidentaux. À la fin du XIXe siècle, le progrès technologique associé à ses différentes applications fut introduit au Portugal sans grand décalage par rapport aux autres pays. Toutefois, le retard de la croissance économique du Portugal, les difficultés financières et l'inadaptation des structures de l'enseignement technique furent un obstacle à la concrétisation et à la généralisation des applications industrielles et urbaines de l'électricité et à la création d'une formation en ingénieurs électriciens[80].

Cependant, dès la fin du XIXe siècle, quelques ingénieurs portugais ont complété leur formation dans les principales institutions européennes comme l'Institut Montefiore, annexé à l'Université de Liège. À cette époque, l'utilisation de l'électricité était déjà significative dans le pays, surtout dans l'éclairage public et privé, et l'on notait quelques initiatives entrepreneuriales dans cette branche de l'industrie.

La création de l'Instituto Superior Técnico [Institut technique supérieur] de Lisbonne en 1911 et la création de la Faculté technique de Porto l'année suivante, ont permis au pays de former des ingénieurs électrotechniciens pour répondre la demande, chaque jour plus pressante, de cette branche de l'industrie en techniciens spécialisés.

En accompagnant l'expansion de l'électricité dans l'industrie, dans la vie urbaine ou dans les télécommunications, les ingénieurs électrotechniciens se sont affirmés comme un groupe indispensable au développement

---

[79] Capel, H., « La electricidade en Catalunha, una historia por hacer. Conclusiones », in *Las tres Chimeneas, Implantación industrial, cambio tecnológico y transformación de um espacio urbano barcelonés*, Barcelone, 1994, vol. III, p. 165-216.

[80] Selon Sigfiedo Leschiutta et Anna-Marie Rietto, la création d'une formation en ingénieurs électriciens exigeait quatre conditions : un expert scientifique bien implanté ; des besoins réels ; l'existence d'une structure d'accueil favorable ; des fonds disponibles. Voir Grelon, A. et Ramunni, G., « Ingénieur, vecteur de la science électrique », in Badel, L. (dir.), *La naissance de l'ingénieur-électricien : Origines et développement des formations nationales électrotechniques : Actes du 3e colloque international d'histoire de l'électricité*, Paris, Association pour l'histoire de l'électricité en France (A.H.E.F.), Presses Universitaires de France, 1997, p. 13.

économique et social du pays. L'importance de ce groupe d'ingénieurs fut traduite par les congrès d'électricité réunis durant la décennie 1920 et par la tentative de créer une association professionnelle d'électricité. Et, bien que cette association n'ait pas vu le jour, les électrotechniciens ont joué un rôle essentiel dans le 1er Congrès des ingénieurs en 1931, mettant en évidence la place éminente qu'ils tenaient dans la société et l'économie portugaises.

La formation des ingénieurs électrotechniciens bulgares et roumains de la fin du XIXe siècle à la Seconde Guerre mondiale

Alexandre KOSTOV

Professeur d'histoire
Institut d'Études balkaniques –
Académie bulgare des sciences, Bulgarie
kostov.alexandre@gmail.com

Résumé

Cet article est consacré à l'histoire des premières générations d'électrotechniciens dans le Sud-est de l'Europe. Il traite deux sujets principaux qui sont liés à la formation des ingénieurs électrotechniciens bulgares et roumains : les études à l'étranger et le développement de l'enseignement supérieur technique dans les deux pays.

Mots clés

Ingénieurs, électrotechniciens, écoles, Bulgarie, Roumanie, formation des ingénieurs, XIXe et XXe siècles

Il s'agit de deux pays considérés comme étant « en retard » sur le plan économique par rapport aux pays développés de l'Europe occidentale. Bien que la Roumanie et la Bulgarie soient toujours « classées » dans un même groupe, ou bien traitées ensemble, il convient de tenir compte des différences qui ont marqué leur développement historique avant et pendant la période étudiée. Une comparaison au niveau de l'évolution de la vie économique, politique et culturelle montre que vers la fin du XIXe siècle, la Roumanie était relativement plus avancée que la Bulgarie.

Il importe de se rappeler que, du point de vue du territoire et de la population, la Roumanie était plus grande que la Bulgarie et qu'avant la création de la Roumanie unifiée en 1859, il existait deux principautés autonomes – la Valachie et la Moldavie – avec leurs cultures et traditions, tandis que la Bulgarie ne fut libérée de la domination ottomane qu'en 1878. À la veille de la Première Guerre mondiale, l'industrie lourde roumaine dépassait de trois fois celle de la Bulgarie, pour ce qui est du nombre des entreprises, du capital investi et des machines. En Bulgarie, la première école supérieure (devenue plus tard l'Université de Sofia) fut créée en 1888 – plus de 20 ans après la fondation des deux universités roumaines à Yassy et à Bucarest.

L'Europe des électrotechniciens

La « Seconde Révolution industrielle », amorcée en Europe occidentale pendant les années 1880, a déterminé la nécessité accrue de formations d'ingénieurs pour l'industrie électrique alors en plein développement, et par conséquent, amenant la transformation de l'enseignement technique. En Allemagne, on a procédé, à partir de 1882, à la création de chaires de génie électrique dans les fameuses technische Hochschulen. En 1883, la première école d'électriciens a vu le jour en Belgique : l'Institut électrotechnique Montefiore de l'Université de Liège. L'évolution de la formation des électriciens en France est passée par la création de l'École Supérieure de Télégraphie en 1878, de l'École supérieure d'électricité (Supélec) fondée en 1894, et des instituts électrotechniques auprès des universités de Nancy, Grenoble, Lille et Toulouse au début du XXe siècle. L'exemple des pays développés fut suivi par d'autres pays sur le continent européen, y compris dans les Balkans.

La Roumanie

C'est pendant la seconde moitié des années 1880, que l'électricité a commencé à être utilisée pour l'éclairage à Bucarest. Durant la décennie suivante, des usines électriques ont été construites dans les plus grandes villes de Roumanie. Ici, il faut souligner le rôle du capital étranger pour le développement de l'industrie électrique dans le pays et en particulier pour la mise en place et l'exploitation des entreprises de tramways et d'éclairage dans les années précédant la Première Guerre mondiale[1]. En raison

---

[1] Au seuil du XXe siècle, il y avait dans le pays des sociétés pour l'éclairage électrique et/ou pour les tramways dans les villes suivantes : Bucarest, Yassy, Craiova, Braïla, Galatz, Constantza, Ploesti et Sinaia. La majorité des ces entreprises étaient créées avec des capitaux belges et allemands. Voir Kostov, A., *Le capital belge et les entreprises de tramways et d'éclairage dans les Balkans* (fin du XIXe et début du XXe siècle), Sofia, Études balkaniques, 1989, p. 23-33.

du manque de spécialistes locaux, les groupes occidentaux, qui étaient les concessionnaires des entreprises avaient commencé par engager *des ingénieurs étrangers expérimentés*.

La formation à l'étranger

La formation de la première génération d'ingénieurs électrotechniciens roumains s'est faite presque exclusivement dans les écoles étrangères. On ne peut pas donner le nombre exact des ingénieurs électriciens roumains formés à l'étranger à cause de l'absence de données dans les sources officielles disponibles. Malgré cela, il est possible d'établir, au moyen de différentes publications (surtout des encyclopédies, des dictionnaires biographiques et de la presse spécialisée), les pays et les écoles les plus importants pour leur formation. Les données prosopographiques permettent de nous faire une idée quant à l'influence des différentes écoles et quant au transfert des connaissances technologiques. Voilà pourquoi nous allons passer en revue dans le texte ci-dessous les principales étapes des carrières professionnelles des professeurs dans les chaires d'électrotechnique en Roumanie avant et après la Première Guerre mondiale.[2]

Des dizaines de Roumains ont obtenu leurs diplômes dans des écoles techniques supérieures en Belgique, Suisse, Allemagne et Autriche-Hongrie. Ici, nous devrions ajouter aussi la France – pays qui a joué un rôle très important pour la formation des techniciens roumains au XIXe et début du XXe siècle. Le nombre de Roumains diplômés des instituts universitaires français était assez élevé. C'est ainsi que six ingénieurs électriciens sont sortis de l'Institut électrotechnique de Nancy au cours de la période 1903-1917[3], et dix autres étudiants roumains ont terminé Supélec[4].

---

[2] Les données biographiques concernant les enseignants roumains cités dans le texte sont tirées de Dinculescu, C., *Personalități românești ale științelor naturii și tehnicii*, București, Editura Științifică și Enciclopedică, 1982 ; Bălan, Ș., Mihăilescu, N.S., *Istoria științei și tehnicii în România*, București, Date cronologice, 1985 ; Rusu, D.N., *Membrii Academiei Române 1866-1999*, București, Dicționar, 1999 ; Colan, H., « Dezvoltarea științelor tehnice după marea unire (1918-1940) », in *Noema*, 2003, vol. II, n° 1, p. 101-116 ; Rucăreanu, C. (dir.), *Personalități din energetica românească*, București, Asociația I.R.E., 2003 ; Voinea, R., Voiculescu, D., *Pagini din trecutul învățământului tehnic superior din București 1818-1981*, București, 2004 ; Ignat, M., « Ingineria electrică romaneasca în perioda 1940-1947, Începutul distrugerii instituțiilor și a elitelor », in *Noema*, 2004, vol. III, n° 1, p. 149 suiv.

[3] Kostov, A., « Les étudiants originaires des États balkaniques à l'Institut électrotechnique de Nancy (1900-1940) », in Birck, F., Grelon, A. (eds.), *Un siècle de formation des ingénieurs électriciens*, Paris, Éditions de la Maison des sciences de l'homme, 2006, p. 319-334.

[4] Les informations sont tirées de Ramunni, G., Savio, M., *1894-1994, Cent ans d'histoire de l'École supérieure d'électricité*, Paris, Supélec, 1995, p. 225-295.

Il s'agissait, dans ce dernier cas, de la spécialisation en électrotechnique d'ingénieurs des ponts et chaussées.

L'enseignement technique

Les débuts de l'enseignement technique en Valachie et en Moldavie remontent aux années 1817-1818. Plus tard, pendant la Guerre de Crimée, furent construites dans les deux principautés roumaines les premières lignes télégraphiques ; deux écoles de télégraphie furent ouvertes à Bucarest et à Yassy en 1855, avec le concours de spécialistes français et autrichiens[5].

C'est pendant la première décennie après la réunification en 1859 des deux principautés roumaines que les universités de Yassy et de Bucarest ont été fondées ; c'est en cette même période que furent jetées les bases de l'enseignement technique supérieur dans le pays avec la création de l'École des ponts et chaussées, des mines et d'architecture, qui, plus tard, fut réorganisée suivant le modèle des Grandes Écoles françaises, par des professeurs roumains diplômés de l'École nationale des ponts et chaussées française et de l'École centrale des arts et manufactures de Paris[6]. Ainsi, en 1881, une nouvelle étape commença dans l'histoire de l'École nationale des ponts et chaussées de Bucarest.

Au début du XXe siècle, des efforts ont été déployés en Roumanie pour mettre en place un enseignement en électrotechnique. L'initiative de la création d'écoles spécialisées dans ce domaine appartient surtout aux professeurs roumains. C'est ainsi qu'en 1901, un groupe de professeurs de l'École nationale des ponts et chaussées a lancé un projet visant à la réorganisation de l'enseignement, en répartissant, après la deuxième année, les étudiants en trois sections, destinées à assurer la formation de futurs ingénieurs mécaniciens et électrotechniciens. Ce projet ne fut pas adopté à cause de la résistance des ingénieurs « généralistes ». Les débats soulevés par l'idée de l'introduction de l'électrotechnique dans l'enseignement se sont prolongés les années suivantes. La création, en 1905, d'un cours d'électrotechnique à l'intention des futurs ingénieurs des ponts et chaussées à Bucarest fut un succès relatif. Il serait intéressant de suivre la biographie professionnelle du premier chargé de cours d'électrotechnique, Nicolae Vasilescu-Karpen (1870-1964). Diplômé de l'École nationale des ponts et chaussées de Bucarest (1891), il poursuivit plus tard sa formation en France à Supélec (1900) et à la Sorbonne au sein de laquelle il obtint sa licence et son doctorat es sciences physiques (1904). Entretemps, pendant l'année universitaire 1900-1901, il donna des cours

---

[5] Scafeş, C.I., Zodian, *Barbu Ştirbei (1849-1856)*, Bucureşti, 1981, p. 100-101.
[6] Cojocaru I., *Şcolile tehnice-profesionale şi de specialitate din statul roman (1864-1918)*, Bucureşti, Editură didactică şi pedagogică, 1971, p. 199.

à la chaire d'électrotechnique de l'Université de Lille. Après son retour en Roumanie, il devint professeur à l'École nationale des ponts et chaussées de Bucarest (1905).

En fait, malgré les efforts de N. Vasilescu-Karpen et de ses collègues, la formation des ingénieurs électrotechniciens en Roumanie a commencé dans les universités de Yassy et de Bucarest et le mérite doit en être attribué aux activités des professeurs de physique.

Au début du XXe siècle, à la Faculté des sciences de l'Université de Yassy, fut introduit l'enseignement dans le domaine des sciences appliquées. Les cercles universitaires avaient lancé l'idée de la création d'une faculté technique, parallèlement à la Faculté des sciences, en suivant l'exemple des universités françaises, belges et suisses, ce qui aurait contribué au développement de l'industrie nationale. Ils ont insisté pour la mise en place de chaires de chimie agricole et de chimie technologique et c'est grâce à leur initiative que fut prise la décision d'ouvrir une École pratique d'électricité.

À cet égard, il convient de souligner le rôle de Dragomir Hurmuzescu (1865-1954), physicien et inventeur. Il avait soutenu sa thèse de doctorat es sciences à Paris en 1896 et après son retour à Yassy, il a créé le premier laboratoire de physique. En 1903, Dragomir Hurmuzescu a été chargé du cours « Application industrielle de l'électricité » et les années suivantes, il fut à la tête d'un groupe qui proposa la création d'une école spéciale. Dragomir Hurmuzescu expliqua ainsi les motifs des initiateurs :

« Il est certain que la Faculté des sciences, organisée en vue de la formation de professeurs pour les écoles secondaires, ne pouvait plus attirer beaucoup d'étudiants, étant donné que peu à peu les chaires se complétaient et que chaque année le nombre des places disponibles dans cet établissement diminuait. Afin d'ouvrir de nouvelles perspectives, les professeurs de la faculté ont cherché à étendre cet enseignement et à le rendre plus pratique ; ils voulaient, après avoir reçu une formation en science pure, lui donner une direction pratique grâce à l'étude de certains aspects de la science appliquée. »[7]

C'est sous la direction de Dragomir Hurmuzescu qu'a été créée, en 1910, l'École d'électricité qui devait assurer à ses élèves une formation en électrotechnique. Initialement, le ministre de l'Instruction publique avait refusé son autorisation à l'octroi d'un statut autonome à cette école qui,

---

[7] Hurmuzescu, D., « Istoricul Facultăței de Stiințe din Iași », in *Anuarul general al Universității din Iași tipărit cu prilejul jubileului de cincizeci de ani (1860-1910)*, Iași, Tipografia națională I. S. Ionescu, 1911, p. 60.

officiellement, fut nommée « section d'électricité industrielle » dans le cadre de la Faculté des sciences[8].

Deux ans plus tard, en 1912, aux termes des amendements apportés à la loi de l'Enseignement supérieur et secondaire, les universités furent autorisées à étendre la formation de spécialistes dans le domaine des sciences appliquées. Suite à ces changements, à l'automne 1912, l'École d'électricité fut transformée en Institut d'électrotechnique, sous la direction de Dragomir Hurmuzescu, mais cet établissement n'en demeura pas moins dans le cadre de la Faculté des sciences de l'Université de Yassy.

L'Institut en question était autorisé à délivrer à ses étudiants un titre d'ingénieur électricien au terme d'une formation de trois ans[9], à condition qu'ils aient des notes supérieures à 14 sur 20. Les étudiants dont les notes variaient de 12 à 14 sur 20 recevaient un certificat.

Pendant l'année universitaire 1913-1914, le nombre des étudiants réguliers inscrits à l'Institut était de 29 personnes. Les six premiers sont sortis de l'Institut à la fin de l'année, deux d'entre eux ayant obtenu un diplôme d'ingénieur électricien et les autres, un certificat[10].

Dragomir Hurmuzescu poursuivit sa mission et en octobre 1913, il partit pour Bucarest, où il créa l'année suivante un nouvel institut d'électrotechnique, cette fois-ci auprès de la Faculté des sciences de l'Université de la capitale roumaine[11]. Il fut remplacé comme directeur de l'école de

---

[8] *Contribuţii la istoria dezvoltării Universităţii din Iaşi. 1860-1960*, Iaşi, Universitatea Al. I. Cuza, 1960, vol. I, p. 172-173.

[9] Il est intéressant de voir les cours enseignés à cette école. C'est ainsi que pendant la première année étaient étudiées des disciplines qui devaient donner une préparation scientifique générale : mathématique générale, analyse, mécanique, physique expérimentale, électricité, géométrie descriptive et dessin, éléments de la technologie. Suivaient en deuxième année les disciplines d'un caractère technique général : technologie, machines et organes de machines, résistance des matériaux, métallurgie, statique graphique et constructions, machines thermiques et hydrauliques, topographie, physique industrielle. La troisième année était orientée vers une spécialisation dans le domaine de l'électrotechnique : électrotechnique générale, mesure électrique et essais de machines, construction des machines électriques, appareillage et stations centrales, traction, éclairage et distribution électrochimie et électrométallurgie, accumulateurs, téléphonie et télégraphie. Voir *Contribuţii la istoria dezvoltării Universităţii din Iaşi. 1860-1960*, Iaşi, Universitatea Al. I. Cuza, 1960, vol. II, p. 361.

[10] *À la fin de* l'année académique 1914-1915 huit personnes avaient terminé leurs études, dont trois avec un diplôme d'ingénieur électricien et cinq avec un certificat. Voir *Institutul politehnic Gh. Asachi – Iaşi (1912-1962)*, Iaşi, 1962, p. 19-21 ; *Contribuţii la istoria dezvoltării Universităţii din Iaşi. 1860-1960*, Iaşi, Universitatea Al. I. Cuza, 1960, vol. I, p. 360-361.

[11] *Universitatea din Bucureşti (1864-1964)*, Bucureşti, Editura didactică şi pedagogică, 1964, p. 36 ; *Istoria Universităţii din Bucureşti*, Bucureşti, *1977*, vol. I, p. 185-186.

Yassy toujours par un physicien : le professeur Eugen Niculce qui occupa le poste jusqu'en 1919.

La Bulgarie

En Bulgarie, on connaissait déjà à la fin des années 1880 l'électricité comme moyen d'éclairage, mais ce n'est qu'en 1900, que la première « grande » usine électrique commença à fonctionner à Sofia, la capitale du pays. Un an plus tard était créée la Société des tramways. L'utilisation de l'électricité pour l'éclairage public et l'industrie connut un progrès considérable jusqu'à la Première Guerre mondiale[12].

L'enseignement technique

Le développement de l'enseignement technique en Bulgarie ne démarra qu'après la libération du pays de la domination ottomane en 1878. Au cours de la période suivante, quelques projets furent lancés dans cette direction, dont une partie fut réalisée. C'est ainsi que pendant les années 1880, l'École maritime de Russe (1881) et l'École des géomètres (1881), l'École des arts et métiers (1883) et l'École ferroviaire (1888) à Sofia ouvrirent leurs portes. En 1882, on envisagea un projet relatif à la création d'une École de télégraphie dans la capitale bulgare, qui resta sans suite[13].

L'application de l'électricité à l'industrie et à l'économie bulgare en général, nécessitait une formation spécialisée d'électrotechniciens. À cette fin, pendant la première décennie du XXe siècle, furent créées deux écoles : l'École d'électrotechnique privée Moumdjiev et l'École de mécanique et d'électrotechnique à Sofia. Le succès relatif du développement de l'enseignement technique en Bulgarie pendant la période examinée ne s'étendait cependant qu'au niveau secondaire.

Pendant les années 1890, une chaire de physique expérimentale fut ouverte à la Faculté des sciences de l'École supérieure de Sofia, fondée en 1888 et devenue plus tard, en 1904, l'Université de Sofia. Son fondateur et directeur, Porfirii Bahmetjev[14], donnait, au début du XXe siècle un cours consacré à « L'Application de l'électricité dans la pratique » ; plus tard, il proposa la création de chaires et de facultés de sciences appliquées[15].

---

[12] Voir Kostov, A., *Le capital belge et les entreprises de tramways et d'éclairage dans les Balkans (fin du XIXe et début du XXe siècle)*, Sofia, Études balkaniques, 1989, p. 35 suiv.

[13] Voir Kostov, A., « Tehničesko i tărgovsko obrazovanie v Bălgarija do Părvata svetovna vojna – diskusii, idei, realizacii », in Kostov, A. *et al.*, *I nastăpi vreme za promjana. Obrazovanie i văzpitanie v Bălgarija 19-20 vek*, Sofija, 2008, p. 38-64.

[14] Professeur d'origine russe, diplômé de Zürich.

[15] Sretenova, N., *Universitetăt i fizicite*, Sofia, Heron press, 2000, p. 84-86.

La loi sur l'Université de Sofia, adoptée en 1904, prévoyait la création d'une chaire de « physique industrielle » mais ce projet ne fut pas réalisé. L'idée de la mise en œuvre d'un projet concernant la création, en 1907, d'une section technique auprès de la Faculté des sciences de l'Université de Sofia fut abandonnée. Le projet, lancé par la Société des ingénieurs et des architectes bulgares relatif à la création d'une École polytechnique à Sofia avec une section d'électrotechnique, connut le même sort.

L'échec des initiatives visant la création de hautes écoles techniques en Bulgarie détermina les jeunes Bulgares qui voulaient devenir ingénieurs électrotechniciens à partir étudier à l'étranger.

La formation à l'étranger

L'impossibilité d'ouvrir de hautes écoles techniques dans le pays, en raison de différents obstacles, amena les gouvernements bulgares à aider les étudiants en leur octroyant des bourses d'études.

Selon l'historiographie bulgare, le premier ingénieur électrotechnicien fut Nikola N. Batzarov (1858-1890). S'étant vu accorder une bourse par l'État bulgare, il finit par obtenir un diplôme de l'École Supérieure de Télégraphie à Paris en 1887. Après son retour en Bulgarie, N. Batzarov fut nommé directeur des Postes et Télégraphes bulgares, occupant le poste jusqu'à sa mort prématurée. Il réussit pourtant pendant sa courte vie à publier son *Manuel de Télégraphie électrique* inspiré des œuvres de ses professeurs parisiens[16]. Au cours des années suivantes, les jeunes Bulgares suivirent des études d'électrotechnique dans différentes écoles européennes. La France était une des destinations préférées grâce à la présence d'instituts d'électrotechnique à Nancy, Lille, Grenoble et Toulouse. Il est à noter que ces chiffres se rapportent uniquement aux ingénieurs bulgares dont les diplômes étaient reconnus par les autorités bulgares. Ce n'était d'ailleurs pas le cas de Supélec. Le seul Bulgare qui ait fréquenté cette école était l'officier de marine Nedeltcho Nedev (1875-1948). Au début du XXe siècle, il étudia à la Sorbonne où il obtint le titre de licencié ès sciences physiques et il poursuivit sa formation à Supélec (1904). À son retour en Bulgarie, il devint l'un des pionniers de la télégraphie sans fil dans le pays[17].

Les informations fournies par les autorités bulgares, responsables de la reconnaissance des diplômes étrangers, nous permettent de reconstituer les principaux éléments de la formation des premiers ingénieurs du pays

---

[16] *60 godini pošta, telegraf, telefon (1879-1939)*, Sofia, 1939, p. 444.

[17] Nedeltcho Nedev était professeur à l'École technique de la marine bulgare à Varna et après la Première Guerre mondiale, il devint directeur de la Société Commerciale Bulgare de Navigation à Vapeur.

dans le domaine de l'électrotechnique. Pendant la période précédant la Première Guerre mondiale, il y avait dans le pays vingt-deux ingénieurs électrotechniciens bulgares, diplômés de onze écoles de cinq pays, dont la majorité en France (voir tableau).

La formation des ingénieurs électrotechniciens bulgares (1914)[18]

Pays de formation	Nombre d'ingénieurs	Nombre d'écoles techniques	Ville
France	9	4	Toulouse, Grenoble. Nancy, Lille
Belgique	6	1	Liège
Allemagne	5	4	Berlin, Darmstadt, Munich, Karlsruhe
Russie	1	1	St. Petersbourg
États-Unis	1	1	Lafayette, Akron, Urbana
total	22	11	

L'entre-deux-guerres

La Roumanie

Après la Première Guerre mondiale, la Roumanie a presque doublé son territoire et sa population. La présence de ressources naturelles et l'extension du marché intérieur ont créé des conditions favorables au développement de l'économie nationale, notamment à la production et à l'utilisation de l'énergie électrique, dont le progrès est devenu plus visible pendant la seconde moitié des années 1920.

La formation à l'étranger

Après la Première Guerre mondiale, le rôle des écoles étrangères pour la formation d'ingénieurs électriciens marqua une tendance à la baisse. Ce qui n'empêche pas de connaître les noms de dizaines d'ingénieurs roumains ayant obtenu leurs diplômes supérieurs en Europe Occidentale.

De toute évidence, la France était toujours demeurée la destination préférée, mais il y avait quelques obstacles pour les jeunes Roumains désireux d'étudier dans les instituts universitaires d'électrotechnique. On peut donner l'exemple de l'Institut d'électrotechnique de Nancy (I.E.N.) ; les ingénieurs roumains qui en sortaient étaient confrontés à un grand problème : la

---

[18] Les informations citées dans les tableaux sont tirées de publications officielles concernant les ingénieurs dont les diplômes étaient reconnus en Bulgarie.

question de l'équivalence du diplôme d'ingénieur obtenu à l'I.E.N. Cette question était valable également pour les autres instituts universitaires en France. Le problème avait trait surtout à l'admission des ingénieurs titulaires de diplômes étrangers dans le Corps technique de l'État.

Pendant la période qui suivit la Première Guerre mondiale, la commission officielle refusa l'admission d'ingénieurs diplômés de l'I.E.N. au Corps technique roumain[19]. L'explication fournie par cette commission était que les diplômes délivrés par l'Institut de Nancy n'avaient pas la même valeur en France que les diplômes délivrés par les Grandes écoles et que le programme d'enseignement de cet Institut « ne correspondait, ni comme durée, ni comme matières, à celui d'une école technique à cycle complet ».

Ce problème fut à l'origine de la mauvaise réputation de l'I.E.N. en Roumanie et contribua à la réduction sensible du nombre des ressortissants roumains dans les années 1920 et 1930. Il n'a trouvé une solution favorable qu'à la veille de la Seconde Guerre mondiale[20].

Pour ce qui est de la formation des étudiants roumains en France, il importe de mentionner aussi le rôle de Supélec. Au cours de l'entre-deux-guerres, cette haute école parisienne a été fréquentée par trente-trois étudiants roumains, dont deux femmes.

L'enseignement technique

L'élite roumaine se retrouva face à l'obligation de répondre aux exigences de la nouvelle situation, créée après la Première Guerre mondiale. Les intellectuels et les ingénieurs avaient axé leurs efforts sur la mise en place d'un système d'enseignement technique, appelé à satisfaire les besoins toujours plus grands de l'économie nationale. Les débats animés dans les milieux professionnels et le travail d'une commission ministérielle aboutirent finalement à la prise d'une décision, en 1920, relative à la création de hautes écoles techniques dans différentes régions de la Roumanie, aussi bien dans le « Vieux royaume » que dans les territoires nouvellement annexés dont la population était attirée par les écoles de génie dans les anciens empires austro-hongrois et russe. Un rôle très important à cet égard est celui de Nicolae Vasilescu-Karpen, qui fut nommé en 1918 directeur de l'École nationale des ponts et chaussées de Bucarest. Les experts roumains se servaient surtout de l'expérience des écoles françaises

---

[19] Kostov, A., « Les étudiants originaires des États balkaniques à l'Institut électrotechnique de Nancy (1900-1940) », in Birck, F., Grelon, A. (dir.), *Un siècle de formation des ingénieurs électriciens*, Paris, Éditions de la Maison des sciences de l'homme, 2006, p. 319-334. L'admission se faisait par une commission nommée par le ministère des Travaux publics et composée de professeurs de l'École polytechnique de Bucarest.

[20] Ce n'est qu'en août 1938 que le diplôme de l'I.E.N. fut reconnu en Roumanie.

et allemandes dans la mise en place de nouvelles structures. Malgré les débats et les controverses, les deux institutions universitaires – les Instituts d'électrotechnique de Bucarest et de Yassy – n'ont pas cessé d'exister après la guerre.

Au cours de la réforme, survenue en 1920-1921, l'École nationale des ponts et chaussées de Bucarest fut transformée en École polytechnique. Le nouvel établissement était divisé en quatre sections, dont une section d'électromécanique.

Après la réorganisation, Nicolae Vasilescu-Karpen fut nommé recteur de la nouvelle École polytechnique et occupa ce poste jusqu'en 1940. Le corps enseignant de la section d'électromécanique était composé de personnes qui avaient fait leurs études d'électrotechnique à l'étranger : Constantin Budeanu, Ion S. Gheorghiu, Dionisie Ghermani, Ion Constantinescu, Radu Ion Ştefănescu.

C. Budeanu (1886-1959) fut formé à l'École nationale des ponts et chaussées de Bucarest (1908) et à Supélec (1909).

Après avoir obtenu ses diplômes de l'École nationale des ponts et chaussées de Bucarest (1909) et de Supélec (1910), Ion S. Gheorghiu (1885-1968) travailla aux Chemins de fer roumains et à la Société de gaz et électricité de Bucarest. En 1921, il commença à enseigner à l'École polytechnique de Bucarest où, plus tard, il fut nommé titulaire de la chaire « Machines et appareils électriques ». Il demeura à ce poste de 1926 à 1948.

Diplômé de Supélec en 1919, Dionisie Ghermani (1877-1948) est devenu, en 1920, professeur, chargé du « Cours d'hydraulique et d'installations hydroélectriques ».

Ion (Iancu) Constantinescu (1884-1963) décrocha également son diplôme d'ingénieur à Supélec (1918). En 1920, il fut nommé assistant et en 1926 maître de conférences de téléphonie et de télégraphie.

De son côté, Ion Ştefănescu-Radu (1875-1959) fit ses études à Liège (1899). En 1925, il fut nommé chargé de cours en matière de centrales électriques.

Après la guerre, la deuxième école polytechnique roumaine vit le jour à Timişoara, la ville principale du Banat, une province où il y avait déjà des traditions bien établies dans le domaine de l'industrie électrique. Cette ville était une des premières en Europe où l'éclairage à l'électricité était en usage dès 1884 et le tramway électrique en fonctionnement depuis 1899. Dans la même province, une des premières lignes électrifiées d'Europe sur le tronçon Arad-Podgoria entra en fonction en 1913.

Après la guerre, grâce aux efforts conjugués des élites locales, l'École polytechnique de Timişoara fut créée avec une section d'électromécanique. On doit souligner le mérite important de quelques éminents ingénieurs roumains pour la mise en place de cette école en 1920 et pour son fonctionnement ultérieur. En premier lieu, il vaut de relever le nom du premier recteur de l'École, Traian Lalescu (1882-1929) – ancien élève de l'École nationale des ponts et chaussées de Bucarest, qui obtint ensuite des diplômes en France : licence et doctorat en mathématiques à Paris, et diplôme d'ingénieur de Supélec (1918).

Outre Traian Lalescu, l'« équipe des électrotechniciens » était composée des enseignants suivants :

Dimitrie Leonida (1883-1965), ingénieur électricien formé à la Technische Hochschule de Berlin, qui, en 1925, fut nommé professeur à l'École polytechnique de Timişoara, à la chaire « d'Électricité et d'électrotechnique » où il enseigna jusqu'en 1941.

Plautius Andronescu (1893-1976), diplômé de École polytechnique fédérale de Zurich (1918) où il travailla après la fin de ses études comme assistant du professeur Karl Kuhlmann ; en 1922, il y soutint sa thèse de doctorat en génie civil. Après le retour dans son pays d'origine, il fut nommé professeur à l'École polytechnique de Timişoara (1925) et plus tard recteur de la même École (1941-1944).

Remus Răduleț (1904-1984), après l'obtention du diplôme de l'École polytechnique de Timişoara (1928), soutint sa thèse de doctorat en génie civil à l'École polytechnique fédérale de Zurich, sous la direction du professeur Karl Kuhlmann et, à partir de 1931, enseigna à l'École de Timişoara. Ses cours portaient sur les centrales électriques, les techniques des courants faibles, les bases théoriques de l'électrotechnique, les machines électriques, etc.

En dehors de ces deux projets réalisés à Bucarest et à Timişoara, un troisième avait été prévu qui n'a cependant pas abouti. Il s'agissait d'une initiative visant à l'ouverture d'une école technique à Cluj (Transylvanie). C'était une ville qui avait déjà des traditions dans ce domaine : une école technique industrielle à trois sections y avait été fondée en 1884.

Immédiatement après la Première Guerre mondiale, des initiatives relatives à la création d'écoles techniques supérieures à Cluj furent envisagées : une École technique et une École des mines et de métallurgie (d'après le modèle de l'École de Saint-Étienne en France).

À la différence de Timişoara, ces projets ne furent pas achevés. L'École industrielle fut réorganisée en École supérieure industrielle en 1920 et en École de conducteurs techniques et plus tard, en 1927, la durée d'études augmenta de 3 à 4 ans ; à compter de 1933, il fut reconnu à l'établissement le droit de délivrer des diplômes de sous-ingénieurs[21].

---

[21] Finalement, en 1937, elle est devenue école de sous-ingénieurs électromécaniciens.

Pendant la période qui suivit 1919, les deux instituts électrotechniques universitaires poursuivirent leurs activités parallèlement aux Écoles polytechniques. L'intérêt accru de la société roumaine à l'égard de cette profession était mesuré par l'augmentation sensible du nombre des étudiants dans les deux écoles. C'est ainsi que pendant l'année universitaire 1918-1919, 62 étudiants furent inscrits en première année à l'Institut de Yassy. Deux ans plus tard, leur nombre était passé à 138 étudiants sur 243 au total[22], et ce chiffre fut maintenu à l'Institut pendant les années suivantes.

Le nombre d'étudiants inscrits à l'Institut supérieur d'électrotechnique de Bucarest pendant les années 1919-1920 et 1920-1921 était respectivement de 180 et de 169[23]. Il s'est accru considérablement pendant les années suivantes, pour atteindre 349 étudiants en 1924-1925, dont 155 en première année[24].

Après la guerre, le corps enseignant à l'Institut de Yassy était dominé, comme auparavant, par des physiciens. C'est ainsi que Petru Bogdan succéda à Eugen Niculce au poste de directeur pendant la période 1919-1925. À son tour, Ştefan Procopiu (1890-1972) fut nommé à la tête de l'Institut : il avait terminé ses études à la Faculté des sciences de Yassy en 1912, pour devenir par la suite l'assistant de Dragomir Hurmuzescu. Après 1919, il partit pour Paris où il étudia la physique ; en 1924, il y soutint sa thèse de doctorat. Après son retour à Yassy, Şt. Procopiu fut nommé, en 1925, professeur et directeur de l'Institut, un poste qu'il occupa jusqu'en 1962.

Pendant les années 1920, l'enseignement à l'Institut fut assuré par des professeurs-ingénieurs. L'un des plus connus était Cezar Antonie-Partenie (né en 1900) qui avait terminé son cursus à l'Institut d'électrotechnique de l'Université de Yassy, en 1922, en obtenant un diplôme d'ingénieur électricien. Grâce à une bourse, il se rendit en 1924 à Nancy où, sous la direction d'Alexandre Mauduit, il soutint sa thèse de doctorat « Construction des machines électriques à courant continu » (1925). À partir de 1925, il enseigna à l'Institut de Yassy[25].

Au début des années 1920, les Universités de Bucarest et de Yassy entreprirent des démarches pour régler le problème des diplômes. Leurs

---

[22] Les statistiques officielles montrent que pendant les années 1919-1920 et 1920-1921 le nombre des étudiants inscrits à l'Institut de Yassy était 214 et 202. Voir *Statistica învăţământului public şi particular din România pe anii şcolari 1919-1920 şi 1920-1921*, Bucureşti, 1924, p. 88-89 ; p. 218-219.

[23] *Ibid.*, p. 86-87 ; p. 210-211.

[24] Archives nationales de la Roumanie. Ministère de l'Instruction publique. Enseignement secondaire et superieur, dossier 496/1925, f.18.

[25] Ţicovschi, V.A., « Cezar Antonie-Partenie - profesorul ieşean la Bucureşti », in *Studii şi comunicări*, 2010, vol. III, p. 257-260.

directions lancèrent un projet selon lequel ces deux établissements avaient le droit de délivrer le titre d'ingénieur. À la suite de ces démarches, en 1923 fut votée une loi favorisant leurs desseins. Pour répondre aux nouvelles exigences, les deux instituts modifièrent leurs programmes et le cycle d'études passa à quatre ans. Par ailleurs, la concurrence entre les universités et les écoles polytechniques, loin de décroître, demeura toujours très acharnée. Ce fut à cause de la résistance des polytechniciens que le projet concernant la création de facultés techniques appelées à réunir les sections de sciences appliquées auprès des Facultés des sciences ne fut pas réalisé.

Les deux instituts électrotechniques sont parvenus provisoirement à consolider leurs positions au début des années 1930. Une loi, votée en 1932, ratifia de nouveau leur droit de décerner le titre d'ingénieur à leurs étudiants[26]. La nouvelle mesure législative ouvrait les portes du Corps technique roumain aux étudiants diplômés des deux instituts électrotechniques.

En 1936-1937, une « bataille » acharnée éclata entre les écoles polytechniques et les universités, qui prit la forme de manifestations et de grèves des étudiants et des professeurs polytechniciens. Aux termes de la nouvelle loi de mars 1937, les universités furent privées de leurs droits de décerner le titre d'ingénieur. Pendant les mois suivants une réforme de base de l'enseignement technique en Roumanie fut réalisée.

Suite à la « Loi sur la concentration de l'enseignement d'ingénieurs dans les écoles polytechniques » de 1937, les anciens instituts d'électrotechnique et de chimie auprès de l'Université de Yassy furent transformés, pour donner naissance à l'École polytechnique Gh. Asachi. Dans le nouvel établissement fut constituée une faculté d'électrotechnique[27]. C'est ainsi que prit fin l'existence de l'Institut d'électrotechnique de la capitale de la Moldavie où 176 étudiants avaient obtenu des diplômes d'ingénieurs électrotechniciens de 1919 à 1937.

Il résulta de l'ouverture de l'École polytechnique Gh. Asachi une augmentation du nombre d'étudiants en 1938-1939 – 83 au total dont 21 en première année et, l'année suivante, respectivement 154 et 105[28].

---

[26] Cette fois il s'agissait du titre d'ingénieur universitaire d'électrotechnique.
[27] *Institutul politehnic Gh. Asachi – Iași (1912-1962)*, Iași, 1962, p. 24-30 ; *Contribuții la istoria dezvoltării Universității din Iași. 1860-1960*, Iași, Universitatea Al. I. Cuza, 1960, vol. II, p. 361-373.
[28] Pendant la Seconde Guerre mondiale, l'École polytechnique G. Asachi de Yassy fut transférée à Cernăuți (actuellement en Ukraine) et réorganisée en trois facultés dont une d'électrotechnique. Et après la fin de la guerre, elle fut déplacée de nouveau à Yassy.

Entretemps, en 1938 fut effectuée la réorganisation de l'École polytechnique de Bucarest dont la section d'électromécanique absorba l'Institut d'électrotechnique de l'Université de Bucarest.

La Bulgarie

Pendant la période entre les deux guerres, l'industrie bulgare a réalisé des progrès relatifs en ce qui concerne la production et l'utilisation de l'énergie électrique. Toutefois, la politique de l'État dans le domaine de l'enseignement technique n'a pas changé.

L'enseignement technique

Pendant la période examinée, parallèlement aux deux écoles d'électromécanique à Sofia et à Gabrovo, une troisième fut créée à Radomir en 1935. Tous les efforts visant la création d'une haute école technique n'ont pas abouti. À partir de 1921, différents projets furent lancés dans cette direction, mais ils demeurèrent sur le papier. L'enseignement universitaire en électricité marqua cependant un certain progrès. C'est ainsi que pendant l'année universitaire 1935-1936, le physicien Georges Nadjakoff a commencé à enseigner les « Bases physiques de l'électrotechnique » à l'Université de Sofia, et plus tard, son successeur donna des cours sur la « physique technique »[29].

Une école supérieure technique ne fut fondée à Sofia que pendant la Seconde Guerre mondiale. C'est la raison pour laquelle, pendant la période 1919-1939, la formation à l'étranger restait la seule solution pour les ingénieurs électrotechniciens bulgares.

La formation à l'étranger

Le nombre des diplômés bulgares à l'étranger augmenta plus de 20 fois. Nous pouvons constater aussi une extension du nombre de pays et des écoles techniques où étaient formés les spécialistes. Les données présentées sur le tableau suivant sont basées sur les informations officielles concernant les diplômes reconnus. L'Allemagne, la France et la Tchécoslovaquie étaient les pays préférés dans ce domaine. Il faut souligner qu'à la différence du cas roumain, les ingénieurs bulgares n'avaient pas de problèmes d'équivalence avec le diplôme d'ingénieur de l'I.E.N. Outre les écoles citées, sur le tableau 2 on peut mentionner Supélec, fréquentée pendant la période de l'entre-deux guerres par six étudiants bulgares.

La situation en Bulgarie a changé après la fondation de l'École supérieure technique de Sofia en 1942 et surtout, après la Seconde Guerre

---

[29] Kamisheva, G., Vavrek, A., « Contents of the Courses in Physics in the Sofia University (1889-1945) », in *Bulgarian Journal of Physics*, 2000, vol. 27, n° 4, p. 59-62.

mondiale, à la suite de l'établissement d'un nouveau système politique et économique et de l'industrialisation accélérée du pays d'après le modèle soviétique. Et c'est notamment à cette période que se trouve lié le véritable développement de l'enseignement technique supérieur en Bulgarie, y compris dans le domaine de l'électrotechnique[30].

La formation des ingénieurs électrotechniciens bulgares (fin 1936)[31]

Pays de formation	Nombre d'ingénieurs	Nombre d'écoles techniques	Ville
Allemagne	159	11	Berlin, Darmstadt, Munich, Dresde, Braunschweig, Karlsruhe, Aix-la-Chapelle, Hanovre, Breslau, Stuttgart, Danzig
France	109	5	Toulouse, Grenoble, Nancy, Caen, Lille
Tchécoslovaquie	70	2	Prague, Brno
Belgique	20	4	Liège, Gand, Louvain, Bruxelles
Autriche	20	1	Vienne
Pologne	8	1	Lvov
Italie	8	2	Turin, Padoue
Yougoslavie	7	2	Belgrade, Ljubljana
Russie	3	1	St. Petersbourg
États-Unis	3	3	Lafayette, Akron, Urbana
Angleterre	2	2	Manchester, Birmingham
Turquie	1	1	Istanbul
total	410	35	

Conclusion

L'influence des différents facteurs économiques et politiques a déterminé les traits communs et spécifiques dans l'évolution du processus de formation des ingénieurs électrotechniciens en Bulgarie et en Roumanie,

---

[30] Sur le développement de l'enseignement technique supérieur en Bulgarie après la Seconde Guerre mondiale, voir Kostov, A., « Die neue technische Intelligenz : Zur Ausbildung bulgarischer Ingenieurfachleute zwischen 1945 und 1989 », in Brunnbauer, U., Höpken, W. (dir.), *Transformationsprobleme Bulgariens im 19. und 20. Jahrhundert. Historische und ethnologische Perspektiven*, München, Verlag Otto Sagner, 2007, p. 191-204.

[31] Les informations citées dans deux tableaux sont tirées de publications officielles concernant les ingénieurs dont les diplômes étaient reconnus en Bulgarie.

La formation des ingénieurs électrotechniciens bulgares et roumains

de la fin du XIXe siècle à la Seconde Guerre mondiale. Pendant la période antérieure à la Première Guerre mondiale, les électrotechniciens bulgares et roumains étaient formés à l'étranger. Le progrès effectué dans le développement de l'enseignement technique supérieur après 1912-1914 a permis à la Roumanie de donner la possibilités à des centaines de jeunes gens d'obtenir des diplômes dans leur patrie et ainsi de diminuer le rôle des écoles étrangères durant la période suivante. La connexion avec l'électrotechnique européenne entre 1919 et 1939 se faisait principalement à travers l'activité des professeurs roumains, qui, dans leur majorité, avaient fait leurs études à l'Ouest (voir tableau).

Diplômes de l'Institut électrotechnique de Nancy obtenus par des étudiants balkaniques (1903-1939) – par discipline et par promotions[32]

Nationalité	1903-1917	1919-1939	1903-1939
Roumaine	6	30	36
Bulgare	6	16	22
Ottoman/Turque	7	4	11
Grecque	1	4	5
Serbe/Yougoslave	-	1	1
Total	20	55	75

En même temps, pendant cette même période de l'entre-deux-guerres, la Bulgarie n'a pas réussi plus qu'auparavant à créer un enseignement technique supérieur et elle est restée à 100 % dépendante des écoles étrangères en ce qui concerne la formation de ses ingénieurs électrotechniciens.

---

[32] Source : Kostov, A., « Les étudiants originaires des États balkaniques à l'Institut électrotechnique de Nancy (1900-1940) », in Birck, F., Grelon, A. (eds.), *Un siècle de formation des ingénieurs électriciens*, Paris, Éditions de la Maison des sciences de l'homme, 2006, p. 319-334.

L'électrification de la Grèce (1882-1950)
La constitution de réseaux, les ingénieurs, le capital et l'État

Michalis ASSIMAKOPOULOS

Maître de conférences
Université Polytechnique Nationale d'Athènes,
massim@central.ntua.gr

Apostolos BOUTOS

Ingénieur
Université Polytechnique Nationale d'Athènes
& Université d'Athènes,
boutos@gmail.com

Résumé

L'électrification grecque date des années 1880 aux années 1970 et cette période peut être divisée en trois parties distinctes avec différents types de rapports entre les principaux acteurs de la réalisation. L'État puisait dans les travaux techniques pour la conception de la technologie de l'électrification.

Mots clés

Grèce, ingénieurs, électrification, 1880-1950, Université polytechnique nationale d'Athènes, modernisme, guerre civile en Grèce, Société publique grecque de distribution d'électricité, formation d'ingénieurs

Le 1er Août 1953, le Roi Paul de Grèce, accompagné de fonctionnaires grecs et américains, assista à la cérémonie[1] d'inauguration de la centrale

---

[1] *The New York Times*, 2. 8. 1953.

électrique thermale d'Aliveri. Ce fut le premier projet achevé d'un système d'alimentation électrique planifié après la guerre et sensé conduire la Grèce à l'ère de l'industrialisation. L'histoire de l'électrification grecque a commencé au XIXe siècle et elle a connu un tournant dans la période du 15 au 27 octobre 1889, moment où eut lieu le premier éclairage du palais à l'occasion d'une fête de la famille royale. Dans ce texte, nous sommes influencés par les études du courant Sciences-Technologies-Sociétés, qui mettent l'accent sur l'idée que la technologie est inextricablement liée au social. Plus particulièrement, nous exploitons le travail de T.P. Hughes[2] sur l'électrification de l'Occident et la théorie de l'acteur réseau appliquée à la recherche des principaux acteurs de l'électricité grecque – ce que le titre de notre travail met également en évidence – et nous empruntons en même temps quelques idées à la sociologie historique de la modernité.

La période de l'électrification grecque des années 1880 à 1950 peut être divisée en trois parties distinctes, dont chacune est marquée par les rôles différents des acteurs principaux, qui élaborèrent le réseau. Nous fixons le début de la première période à 1881 lorsqu'un professeur de physique fut nommé représentant de l'État à la conférence mondiale sur l'électricité à Paris. Son terme coïncide avec l'établissement du département de génie électrique de l'Université polytechnique nationale d'Athènes en 1917. Globalement, il s'agit d'une période d'idées politiques libérales, pendant laquelle des ingénieurs grecs ayant suivi une formation à l'étranger et représentant le capital étranger ainsi que d'autres entrepreneurs, installèrent la première entreprise d'électricité à Athènes.

Durant la deuxième période, de 1917 à 1941, l'électricité devient une question importante pour l'État qui soutient son enseignement supérieur, finance, à travers la banque nationale, la recherche sur les sources énergétiques locales, attire de nouveaux investissements étrangers pour la production d'électricité et intervient fortement pour contrôler le prix de l'électricité. À la fin de cette période, marquée par la Seconde Guerre mondiale, l'électrification urbaine fut achevée par des sociétés autonomes

---

[2] Hughes, T.P., *Networks of Power*, The Johns Hopkins University Press, 1983, et pour une perspective similaire vois aussi Mayntz, R., Hughes, T.P. (eds.), *The development of large technological systems*, Westview Colorado, 1988. Les histoires nationales sur l'électrification sont : Coopersmith, J., *The Electrification of Russia, 1880-1926*, Cornell University Press, 1992 ; Nye, D.E., *Electrifying America : Social Meanings of a New Technology, 1880-1940*, M.I.T. Press, 1992 ; Nye, D.E., *Consuming Power : A Social History of American Energies*, M.I.T. Press, 1999 ; Kline, R.R., *Consumers in the Country : Technology, and Social Change in Rural America*, Johns Hopkins University Press, 2000.

et le débat sur le besoin d'un système d'électricité raccordé nationalement atteignit son point culminant. Les ingénieurs grecs occupaient alors des positions importantes sur la scène de l'électricité en tant que chercheurs, directeurs, fonctionnaires de l'État ou décideurs politiques. Leurs études sur les ressources naturelles en particulier, révèlent qu'ils étaient des bâtisseurs conscients de la modernité grecque, tels les poètes illustres, qui ont essayé de donner une nouvelle identité à leur nation après l'effondrement en 1922 de l'irrédentisme en Asie Mineure.

La troisième période enfin se déroule dans une atmosphère politique dure : l'occupation allemande pendant la Seconde Guerre mondiale et la guerre civile qui s'ensuivit. En 1941, la Banque Nationale de Grèce (B.N.G.) planifie des investissements dans des projets d'électricité pour l'après-guerre. Dès le retrait des Allemands, un débat public sur le réseau national d'électricité s'engage et on voit émerger des tendances variées, dans le but commun de « reconstruire le pays ». La guerre civile qui éclate rapidement après, repousse tous ces plans. Cette période se termine au début des années 1950, lorsqu'une société américaine met en œuvre un projet pragmatique pour développer un système d'électricité raccordé, qui sera présenté en 1956 à la Société Publique d'Energie (S.P.E.) récemment créée.

Période I : 1882-1917

En retraçant la préhistoire de l'électrification grecque, on note qu'une école de télégraphistes était établie dans l'École des Arts en 1864, l'ancêtre de l'Université polytechnique nationale d'Athènes. Des opérateurs ayant suivi une formation en Grèce avaient l'intention de collaborer au câble télégraphique international qui devait établir la liaison entre l'île de Syros et le Moyen Orient. Le premier cours d'électricité fut donné à la faculté de philosophie de l'Université d'Athènes en 1880[3] – qui incluait la physique. Bien que l'électricité en Grèce se trouvât à un stade primitif, le gouvernement grec répondit à l'appel de Paris (1881) et envoya des représentants d'État à la Société Internationale des Électriciens, en nommant Timoleon Argyropoulos, un professeur de physique de l'Université d'Athènes.

Créée en 1888, la Société Générale des Entrepreneurs (Geniki Etairia Ergolipsion) fut la première entreprise d'électricité en Grèce[4]. Elle était

---

[3] Karkanis, I., thèse de doctorat, Université polytechnique Nationale d'Athènes, 2010.
[4] La première partie de ce travail est fortement influencé par la monographie de l'historien de l'économie Pantelakis, N.S., *O Exilectrismos tis Elladas* [L'électrification de la Grèce], Athènes, 1991.

financée par la diaspora grecque et avait pour objectif de soutenir le vaste programme du gouvernement grec d'alors, relatif aux constructions de routes, de chemins de fer, de ports[5], etc. Une licence de production et de distribution d'électricité pour la région d'Athènes, essentiellement consacrée à l'éclairage et la traction, fut accordée à l'entreprise. Le premier service commença à fonctionner à la fin de l'année 1889 ; il était alimenté par une centrale électrique, rue Aristeidou[6] dans le centre d'Athènes. Le bâtiment du Parlement, qui à l'époque fonctionnait comme palais royal, fut le premier bâtiment de la capitale à recevoir la lumière électrique, juste quelques années après l'éclairage d'autres monuments importants du monde moderne. Les actionnaires principaux et premiers directeurs de l'entreprise étaient l'ingénieur N. Vlagalis et l'employé de banque A. Matsas. Il s'agit de pionniers de l'électrification grecque, qui réussirent à rester sur la scène électrique pendant plus de 40 ans. Durant les années qui suivirent, aidés par l'environnement économique libéral de la fin du XIXe siècle, plusieurs sociétés d'électricité furent créées dans les zones urbaines à travers le pays. En 1895, la Compagnie française des mines du Laurion éclaira Laurion, le centre minier près d'Athènes, un symbole de l'industrialisation grecque du XIXe siècle. En 1899, Salonique, alors ottomane, était électrifiée par une entreprise belge, alors que la ville était éclairée au gaz depuis 1887. En 1907, son tram fut aussi électrifié[7]. Nous pensons que ces données représentent la base d'un sujet de recherche sur la comparaison entre le développement d'un État national et celui d'un Empire.

Pendant les premières années de l'électrification en Grèce, comme d'ailleurs dans d'autres pays, on constate une rivalité entre, d'un côté, l'électricité et les services du gaz pour l'éclairage public, et de l'autre, les chemins de fer pour le transport en milieu urbain. Durant les huit premières années, il y eut toutefois une augmentation constante des clients utilisant l'éclairage électrique à Athènes. À la fin de 1897, l'entreprise comptait 390 clients, parmi lesquels deux résidences royales, 19 bâtiments

---

[5] Vaxevanoglou, A., *I Koinoki ypodoxi tis kainotomias* [L'acceptation sociale de l'innovation], Athènes, 1996, p. 93.

[6] Kasapoglou, K., Stelakatos, K., *Symvoli ton Ellinon michanikon ston exilektrismo tis Ellados*, document présenté à la conférence du 170e anniversaire de l'Université Nationale d'Athènes [Sur la contribution des ingénieurs grecs à l'électrification de la Grèce...], Athènes, 2009, en cours de publication, mentionne que la toute première centrale électrique a été logée dans une rotonde, rue de Valaoritou, près du palais.

[7] *Encyclopedia Pyrsos*, 1930, p. 606 ; Anastasiadou, M., *Thessaloniki 1830-1912*, Athènes, 2008, p. 609.

publics, ainsi que 165 maisons privées[8]. Dix générateurs de 50 kW étaient installés dans la rue Aristeidou et deux générateurs de 17 kW se trouvaient à la centrale électrique secondaire de la rue Rigilis. Les câbles de transmission de 40 km étaient principalement souterrains et utilisaient le réseau des eaux usées. En même temps, les premiers clients du monde industriel faisaient leur apparition en utilisant 16 moteurs électriques au total.

En 1898 K. Nikolaidis, un diplômé de l'École polytechnique, entra très énergiquement sur la scène de l'électrification en tant que représentant local de la filiale de Thomson-Houston pour le bassin méditerranéen. Il réussit à acheter l'entreprise d'électricité d'Athènes, créa tout de suite la suivante et joua un rôle important dans le domaine électrique durant les années 1930 qui suivirent. La Société Grecque d'Electricité (G.E.Co.) fut créée en 1899, en ayant pour objectif de fournir de l'électricité aux chemins de fer urbains[9]. En plus de Thomson-Houston, La Banque Nationale de Grèce (B.N.G.) et l'ancienne société électrique en étaient actionnaires et A.E.G. et Deutsche Bank étaient en négociations pour entrer dans ce projet. G.E.Co. investit dans une nouvelle centrale électrique à Phaliro, juste en dehors d'Athènes, et chercha à attirer de nouveaux clients dans la grande région d'Athènes-Le Pirée en se fondant sur de nouvelles applications de l'électricité. La centrale de Phaliro avait une capacité de 472 kW en 1906, qui s'élargit à 5 000 kW en 1910[10] en utilisant principalement du charbon importé. La nouvelle entreprise réussit à introduire l'électricité dans le processus industriel en installant des pompes à eau pour l'irrigation. En 1904, elle parvint à un accord majeur avec les chemins de fer urbains pour leur fournir l'électricité pour la traction. Selon les données statistiques du ministère de l'Intérieur du 31 décembre 1911, treize villes de Grèce étaient électrifiées qui disposaient de services indépendants. Le nombre de clients possibles ayant accès à ces services publics était de 383 425 et la puissance correspondante par habitant était de 0,014 kW[11]. Malgré l'expansion régionale de l'électricité, la grande région d'Athènes représentait à elle seule 82 % de la clientèle potentielle totale.

Les problèmes des Guerres Balkaniques (1912-1913) et la crise du carburant, provoquée par la Grande Guerre, obligèrent G.E.Co. à consommer du lignite grec. Ce changement donna une impulsion à la production

---

[8] *Archimedes*, 1899, vol. 1, p. 15. Dans ce travail, on a étudié les journaux techniques de cette période-là : *Archimedes*, *Erga* [Travaux], *Technika Chronika*, [Revue technique], et partiellement *Viomichaniki Epitheorisi* [Revue Industrielle] et aussi N.T.U.A. Archive, 1939-1950.

[9] Pantelakis, N.S., *O Exilectrismos tis Elladas* [L'électrification de la Grèce], Athènes, 1991, p. 71-72.

[10] *Ibid.*, p. 107 ; Gounarakis, K., *Technika Chronika*, 1932, vol. 16, p. 853-954.

[11] *Archimedes*, 1912, vol. 12, p. 139-140.

de ce minerai. De 20 000 tonnes avec seulement 4 sites miniers en 1914, la production locale s'éleva à 213 000 tonnes en 1918 (50 unités), pour retomber à seulement 130 000 tonnes en 1930[12]. À la fin de la guerre, le gouvernement prit conscience de l'importance des sources locales d'énergie et forma un large comité pour rechercher du lignite en Grèce. Ce comité était le signe d'un changement : celui de l'abandon des politiques libérales du XIXe siècle au profit de l'État puissant de l'après-guerre. On voit apparaître des actions similaires dans d'autres domaines techniques durant cette période, tel le système d'approvisionnement en eau[13]. Du mouvement anti royal des officiers grecs à l'apparition de Venizelos sur la scène politique qu'il domina pendant un quart de siècle, un nouveau climat politique émergea. L'heureuse issue des Guerres Balkaniques et la rupture des alliances de la Première Guerre mondiale, créèrent une nouvelle élite politique, qui ne pouvait pas tolérer les anciens sympathisants de G.E.Co.

Le premier professeur d'électricité au niveau universitaire fut l'ingénieur G. Sarropoulos, qui avait suivi une formation en Grèce et en Allemagne. Sarropoulos avait eu une expérience professionnelle chez Siemens à Berlin avant 1910, date à laquelle il obtint la chaire d'électricité à l'Université polytechnique nationale d'Athènes. Dans sa leçon inaugurale, il expliqua aux étudiants l'avènement de l'électricité dans le monde entier et il les invita à dépasser l'Ouest dans le progrès technologique[14]. En 1911, il publia le premier manuel universitaire sur l'électricité et plusieurs autres les années suivantes. Alors que les premières générations d'ingénieurs électriciens grecs avaient suivi une formation à l'étranger, un département de génie électrique fut établi en Grèce en 1917. Jusqu'en 1910, portés par des liens étroits avec les régions de la diaspora grecque et touchés par l'absence d'emplois de cadres dans l'électricité grecque, 50 % des ingénieurs choisirent de travailler à l'étranger. Pendant les années 1920, un changement progressif eut lieu. Au début de la période, 115 ingénieurs électriciens travaillaient principalement en Grèce[15] et seulement 25 % habitaient à l'étranger.

Le département des ingénieurs à l'Université polytechnique nationale d'Athènes était le résultat d'une réforme historique en Grèce. Eleftherios Venizelos, en tant que Premier Ministre, et le sociologue A. Papanastasiou,

---

[12] Des données de Pantelakis, N.S., *O Exilectrismos tis Elladas* [L'électrification de la Grèce], Athens, 1991, p. 146 ; Solomos, I., *Erga*, 1931, vol. 158, p. 378.

[13] Mavrogonatou, G. – Thèse de doctorat 2008. La tendance générale a été nommée par le sociologue P. Wagner comme « la modernité organisée ». Cette notion s'est révélée fertile pour notre étude dans un domaine correspondant à cette période.

[14] *Archimedes*, 1910, vol. 1, p. 8-9.

[15] Vaxevanoglou, A., *I Koinoniki ypodochi tis kainotomias* [L'acceptation sociale de l'innovation], Athens, 1996, p. 110.

en tant que Ministre des Transports, soutinrent une vaste reconstruction de l'Université polytechnique nationale, dans le cadre de leurs idéaux[16] modernisateurs. En 1914, la déclaration de l'ingénieur minéralogiste S.A. Papavasileiou au parlement clarifia les attentes de l'État à propos de la loi sur la réforme de l'éducation : « [...] notre industrie est sous-développée à cause d'un manque d'éducation technique. »[17] Il poursuivit en abordant le besoin d'utiliser des sources locales d'énergie (lignite, hydroélectricité) pour la production d'électricité[18]. Il termina avec un dogme répandu à cette époque : « L'électrification elle-même peut conduire le pays à l'industrialisation comme ce fut le cas pour la Norvège et la Suisse. » Ceci nous amène à la seconde phase de notre propos qui pourrait être appelé « l'électrification par l'ingénierie grecque et le capital britannique ».

Période II : 1917-1941

Les ingénieurs grecs devinrent les protagonistes du réseau d'électrification. Ceux qui avaient suivi une formation à l'étranger y occupaient des postes cruciaux. Le dépouillement des journaux techniques de cette période nous permet de conclure que ces ingénieurs travaillèrent dur pour créer un pays techniquement moderne et pour développer ses ressources. Ceci est conforme à la thèse générale en historiographie, qui veut que la période de l'entre-deux-guerres en Grèce, tout comme en Europe et aux États-Unis, ait été une période de planification – réaliste ou imaginaire[19]. On pourrait dire que ce fut également une période de tentative de domination des valeurs bourgeoises en Grèce. La première génération de professeurs de génie électrique de l'Université polytechnique nationale d'Athènes était composée de Sarropoulos et Gounarakis, deux ingénieurs grecs qui avaient suivi une formation en Allemagne, Stamou, un ingénieur du génie civil, qui avait terminé ses études en 1898, et Pezopoulos, un ingénieur électricien[20], qui ayant obtenu sa licence en 1926, devint le premier directeur de la Société Publique d'Electricité, après la Seconde Guerre mondiale.

---

[16] Sur l'histoire moderne de l'Université polytechnique Nationale d'Athènes voir Antoniou, Y., *Oi Ellines michanikoi* [Les ingénieurs grecs], Athènes, 2006 et sur la faculté d'électricité Theodoridis, F., *Erga*, 1929, p 50.
[17] *Viomichaniki Epitheorisi*, 1914, vol. 1, p. 199.
[18] *Ibid.*, p. 202-206.
[19] Sur le cas grec, voir Bogiatzis, V., thèse de doctorat, Université polytechnique nationale d'Athènes, 2008.
[20] Les données biographiques sur les ingénieurs grecs de la période entre les deux guerres mondiales proviennent des archives publiées par la Chambre technique de Grèce, *Techniki epetiris Ellados*, 1934.

En même temps, l'État commença à intervenir plus systématiquement dans les affaires d'électricité. En 1917-1918, le ministre des Transports A. Papanastasiou, un sociologue formé en Allemagne, créa le Comité pour les Travaux Hydrauliques en utilisant deux spécialistes de haut niveau, Genidounias, pour identifier les rivières du Péloponnèse, et Bucher pour le potentiel hydraulique de la Grèce du Nord. Mais les propriétés privées sur l'eau en Grèce du Nord constituèrent un obstacle conduisant finalement à l'échec de l'appel d'offre d'un concours international pour une centrale hydroélectrique de 20 000 kWh à Thessalonique[21]. En parallèle avec ce Comité, la B.N.G. établit le Syndicat des Travaux Hydroélectriques en collaboration avec d'autres banques commerciales et des intérêts français, pour étudier et exploiter l'énergie hydraulique en Grèce du nord-ouest et du centre[22]. Le banquier principal de la B.N.G., A. Diomidis, fut nommé président du Comité et continua à participer aux investissements électriques des banques grecques pendant les 30 années suivantes.

Dans la région élargie de la capitale, le gouvernement imposa un prix plafond de l'électricité à G.E.Co. en guise d'échange pour le financement de l'entreprise pendant la crise du carburant de la Première Guerre mondiale. Celle-ci qui connaissait des difficultés financières se vit imposer un bouleversement de la structure de son capital avec son rachat par des capitaux anglais, autrichiens et allemands. Par la suite, Dimaras, Axelos, Kalvokoresis et Katakouzinos, tous membres du conseil, ainsi que des familles grecques d'élites bien établies, démissionnèrent en 1924[23]. Pendant cette période, le gouvernement était en faveur d'un changement du service d'électricité de la capitale et il accorda au conglomérat anglais *Power and Traction* le monopole de l'électricité et des transports urbains dans une région de 20 km autour d'Athènes. Dans le cadre du même accord, l'ancienne société G.E.Co. fut limitée à la Grèce régionale et forcée à l'expropriation de ses installations de la capitale. Parallèlement, le gouvernement anglais, garant du prêt de la centrale, utilisa son influence politique sur le gouvernement grec et ainsi l'accord privilégié fut ratifié avec le soutien des politiciens grecs pro-anglais tels que Pangalos et Venizelos. La centrale investit tout de suite dans une nouvelle usine thermique au Pirée, dont la construction fut achevée en 1929. Elle avait une capacité opérationnelle de 45 000 kW[24] et importait du charbon anglais comme carburant. En une année, l'entreprise fut rebaptisée « Entreprise

---

[21] Galatis, K., *Technika Chronika*, 1932, vol. 23-24, p. 1163.
[22] Pantelakis, N.S., *O Exilektrismos tis Elladas* [L'électrification de la Grèce], Athènes, 1991, p. 203-207.
[23] *Ibid.*, p. 163.
[24] *Erga*, 1929, vol. 109, p. 335.

Électrique d'Athènes-Pirée (A.P.E.Co.) ». P. Papadimitriou[25], un ingénieur en génie civil de l'Université polytechnique nationale d'Athènes, était le cadre technique principal de l'entreprise, tandis que Pezopoulos que nous retrouverons plus tard, commençait tout juste sa carrière. Lors du dixième anniversaire de l'accord de monopole, A.P.E.Co. publia un rapport statistique, qui montrait une amélioration de l'exploitation d'électricité dans la région de la capitale. De 1925 à 1935, le réseau s'élargit de six fois et la consommation par habitant augmenta de 36 à 135 kWh/an. La production totale passa de 27 GWh à 109 GWh. Le nombre de clients particuliers augmenta de presque huit fois (de 16 clients à 121 clients) tandis que le prix tomba de 27 cents d'or à 10 cents d'or. En 1925, A.P.E.Co. livrait seulement 7 clients industriels. Cependant la chute du prix industriel de 10 à 7 cents d'or lui permit d'attirer 118 industriels en 1935.

Dans les années 1930, la Grèce signa un accord de compensation sur le commerce international avec l'Allemagne. L'augmentation des exportations grecques de tabac avait pour résultat une accumulation de crédit sur le compte de compensation de la Grèce, ce qui suscitait des pressions pour qu'elle achète de l'équipement électrique allemand. La politique d'autarcie de l'époque encouragea l'utilisation du lignite grec contre le charbon britannique importé pour la production[26] d'électricité. Pourtant Power Co. et la B.N.G. en avaient clairement abandonné l'idée depuis une première proposition en 1925[27]. Les Britanniques, qui cherchaient à protéger la position d'A.P.E.Co. et leurs exportations du charbon réagirent[28] contre les projets du gouvernement pour le développement des mines de lignite et des centrales hydroélectriques.

La première centrale hydroélectrique moderne en Grèce fut construite dans la ville de Patras en 1927. Le site de Glafkos fut équipé avec du matériel électrique d'A.E.G. et financé par la B.N.G. et l'autorité locale. L'ingénieur Vlachopoulos était en charge du projet, fondé sur la proposition ministérielle de Genidounias en 1922. La centrale électrique utilisait une chute de 151 m avec 800 litres/sec et avait une capacité[29] de 1950 kW, suffisante pour alimenter Patras. Les années suivantes, elle fut désignée comme le projet paradigmatique dans le débat pour un réseau national hydroélectrique.

---

[25] Papadimitriou, P., *Erga*, 1929, vol. 109, p. 329.
[26] Filaretos, *Erga*, 1925, vol. 4, p. 103-104 et Solomos, I., *Erga*, 1931, vol. 158.
[27] *Erga*, 1925, vol. 8, p. 185.
[28] Pantelakis, N.S., *O Exilectrismos tis Elladas* [L'électrification de la Grèce], Athènes, 1991, p. 315-318.
[29] Vlachopoulos, N., *Erga*, 1927, vol. 48, p. 576.

Ayant le soutien du gouvernement de Venizelos, grâce à l'Université polytechnique nationale d'Athènes et avec la création de la Chambre technique, une élite d'ingénieurs grecs fut formée qui allait mener les débats à l'intérieur de l'État grec. Durant l'année 1931, la Chambre technique, nouvellement créée, et N. Kitsikis, figure dominante de cette période, ingénieur, professeur et sénateur, organisèrent une conférence pendant quinze jours où tous les problèmes majeurs technologiques du pays furent posés de manière unique par les meilleurs spécialistes de Grèce.

L'analyse des journaux de l'époque dans le domaine de l'électricité met en évidence le rôle des ingénieurs électriciens grecs comme Vlachopoulos (formé à l'Université de Munich), David (diplômé de l'Université de Toulouse), Galatis (sorti de l'E.P.F.Z. de Zurich), qui travaillaient au ministère des Transports, et de l'ingénieur minéralogiste Solomos (formé à l'Université de Liège), en tant qu'auteurs d'études fondamentales sur des questions d'électricité. Parmi les premières de ces études, il faut mentionner le travail du professeur de l'Université polytechnique nationale d'Athènes Gounarakis, qui envisageait un réseau électrique national en liaison avec un réseau européen. Il constatait que les petites sociétés manquaient de fonds suffisants pour se développer – pour lui, le problème principal de ce qu'il appelait « l'économie électrique grecque ». La proposition de son étude était de les fusionner en une grande entreprise au niveau national, avec un statut de propriété privée et en collaboration avec l'État[30]. Par la suite, Gounarakis devint recteur de l'Université polytechnique nationale d'Athènes et vice-président du comité de reconstruction après la Seconde Guerre mondiale.

Les données des enquêtes disponibles sur la consommation de 1929 varient. David la calcula à 15 kWh/habitant avec une production totale de 90 M kWh ; il estima une consommation de 75 kWh/habitant pour 1936[31] alors que Vlachopoulos l'avait estimée à seulement 10 kWh/habitant[32]. Ce dernier, en essayant de mettre en évidence le potentiel de l'électricité en Grèce, se référa à des données analogues d'autres pays tels la Suisse (900 kWh/habitant), le Danemark (100 kWh/habitant) et la Russie (20 kWh). Dans cette étude, Gounarakis fournit des données statistiques élaborées sur la région d'Athènes en 1931. La production totale était de 97 GWh dont 28 GWh pour la grande industrie, 20 GWh pour le transport urbain et 16 GWh pour l'éclairage[33]. La consommation industrielle fut multipliée par 30 de 1927 à 1931. En 1930, la consommation

---

[30] Gounarakis, K., *Technika Chronika*, 1932, vol. 17, p. 870.
[31] David, Ch., *Erga*, 1931, vol. 145, p. 6.
[32] Vlachopoulos, N., *Erga*, 1929, vol. 99, p. 75.
[33] Gounarakis, K., *Technika Chronika*, 1932, vol. 17, p. 859.

annuelle était de 70 kWh/habitant à Athènes, un chiffre considérable par rapport aux 7 kWh dans la ville régionale de Kozani. Le carburant importé (70 % charbon, 30 % essence) était la source principale d'énergie pour la production de 140 GWh en 1932 alors que l'énergie hydraulique utilisée ne représentait qu'un insignifiant 4 %[34]. Des sociétés existaient dans presque toutes les villes ayant une population de plus de 5 000 habitants et l'électrification urbaine fut considérée comme achevée. La Grèce avait alors une population totale de 5 167 000 habitants dont 2 392 000 vivaient dans des régions où des services disponibles existaient déjà, même si il n'y avait que 45 % d'entre eux qui en étaient clients. Le cas de l'île de Lesvos, où fonctionnaient 15 petites usines différentes, parmi lesquelles 12 avec une capacité de moins de 50 HP, montre le morcellement des services locaux d'électricité.

Selon l'élite des ingénieurs grecs, l'utilisation des sources locales d'énergie, l'hydraulique et le lignite étaient une étape essentielle pour le développement financier[35]. En 1929, le Comité du ministère des Transports pour les Travaux Hydrauliques estimait que la production potentielle annuelle était de 1 441 GWh[36] sans tenir compte de plusieurs grandes rivières pour lesquelles il manquait des données de recherche fiables. En même temps, dès le premier comité d'énergie en 1918, le lignite était désigné le minéral « national » – bien qu'il ait été connu depuis 1860. Dans son travail de 1931[37], Solomos avait prévu que si la politique de l'État vers le lignite local changeait, le secteur public pourrait consommer immédiatement 350 kilotonnes/an pour aider les mines privées à investir et se développer afin de concurrencer le charbon importé. Quelques années plus tard, Kegel réalisa une étude des mines grecques pour conclure à des stocks de 7 200 mégatonnes dont 6 000 dans la Grèce du nord-ouest[38].

Encouragé par le professeur Gounarakis, K. Galatis, qui travaillait également pour A.E.G., fit une première tentative pour rassembler toutes les données de recherche sur l'énergie hydraulique et analysa plusieurs projets en vue de leur exécution. Dans son travail substantiel[39], publié en 1931, il commence à partir de zéro avec des données météorologiques et hydrologiques pour réaliser des tableaux d'utilisation et des projets de

---

[34] *Ibid.*, p. 863.
[35] Très illustrant dans les conclusions de Laganas sur son étude pour les sources locales d'énergie dans *Technika Chronika*, 1938, vol. 153-154, p. 442-444.
[36] *Erga*, 1929, vol. 88, p. 458.
[37] Solomos, I., *Erga*, 1931, vol. 158, p. 377-382.
[38] Kouvelis, P., *Viomichanikai dynatotites kai energeiaki politiki en Elladi* [Sur les possibilités industrielles de la Grèce et l'économie d'énergie], Athènes, 1945, p. 7.
[39] *Technika Chronika*, 1932, vol. 23-24, p. 1141-1202.

construction pour des travaux hydroélectriques dans des rivières et de nombreux lacs. Un autre travail novateur de cette période est celui de l'ingénieur électricien David sur les capacités d'expansion de l'industrie électrique en Grèce[40]. David formulait une proposition générale pour la production de 1 000 GWh/an d'électricité en 1936. Elle visait à l'utilisation de 135 GWh/an pour l'irrigation électrique de 10 000 millions de m^2 d'une nouvelle terre agricole, à l'utilisation estimée de 200 GWh/an pour les industries électrochimiques et de 960 GWh pour les industries métallurgiques. Elle était basée sur un projet ambitieux pour la transformation locale de l'ensemble de la production des minéraux – à ce moment-là exportés bruts – et le développement d'un secteur électrochimique, qui pourrait satisfaire aux besoins du pays pour ces produits.

Dans les travaux des ingénieurs mentionnés ci-dessus, on voit émerger les idées principales initiales des projets de reconstruction des années 1940 qui devaient être mis en place par les mêmes dans un cadre totalement différent.

Période III : 1941-1950

Dans la troisième période, l'électrification du pays se développe pendant la décennie la plus tourmentée de l'histoire politique grecque moderne. En 1941, pendant l'occupation de la Grèce par les troupes de l'Axe, la Banque Nationale, en collaboration avec la Deutsche Bank[41], lança la planification de projets de développement pour l'après-guerre dans des domaines comme l'extraction du lignite, l'hydroélectricité, l'agriculture et l'industrialisation. En même temps, elles formèrent un large comité « national » de l'étude des sources d'énergie, auquel participaient tous les experts scientifiques et techniques les plus distingués. Le fait que A. Diomidis, chef de la direction de la banque ait été nommé président du comité, tandis que T. Raftopoulos, chef ingénieur de la banque, qui avait suivi sa formation à Karlsruhe, fut chargé de l'étude d'électrification, montre la façon dont la B.N.G. s'attaqua à la question. Malgré les grands projets d'électrification de l'après-guerre, en 1941, A.P.E.Co. rencontra un grave problème de carburant et fut obligé d'imposer des règlements sur la consommation dans la région capitale et de multiplier le prix de l'électricité par 12 par rapport à la période qui avait suivi la Première Guerre mondiale[42].

---

[40] *Erga*, 1931, vol. 145, p. 1-15.
[41] Pagoulatos, G., *I Ethniki Trapeza tis Ellados, 1940-2000* [La banque Nationale de la Grèce], Athènes, 2006, p. 69.
[42] Pantelakis, N.S., *O Exilectrismos tis Elladas* [L'électrification de la Grèce], Athènes, 1991, p. 410.

En 1943, N. Kitsikis recteur de l'Université Polytechnique, désormais lié à la résistance grecque, proposa un projet d'industrialisation lourde du pays, qui reçut l'approbation de sa communauté universitaire[43]. Ce projet fut ensuite élaboré et posa les fondations du livre emblématique de l'économiste Batsis sur l'industrialisation du pays, basée sur un développement de type soviétique, dont l'électrification était l'épicentre. Deux événements eurent aussi un intérêt particulier par rapport à l'aventure électrique grecque. En 1944, les forces de résistance luttèrent sous la direction des communistes, pour protéger la centrale électrique du Pirée de la destruction totale lors de la retraite allemande. Quelques mois plus tard, en décembre 1944, au cours des hostilités de la guerre civile, ces mêmes forces prirent en otage le professeur d'électricité Sarropoulos, qui mourut peu après à la suite des vicissitudes de la captivité.

Dans le tourbillon de la guerre civile, plusieurs propositions différentes sur le projet de l'électrification du pays furent déposées, certainement touchées par la lutte politique impitoyable de cette période. En vue de comprendre les origines du projet finalement exécuté par la société américaine E.B.A.S.Co. dans les années 1950, nous avons examiné les monographies techniques de l'ingénieur de la B.N.G. Th. Raftopoulos, et de Pezopoulos, de l'Université polytechnique nationale d'Athènes, publiées en 1946, ainsi que les monographies générales du développement de l'économiste socialdémocrate Kouvelis (1945) et du communiste Batsis (1947).

L'étude de Raftopoulos sur le réseau national électrique, impressionnante comme travail technique en soi, fut le résultat des travaux du comité de la B.N.G. sur l'étude de l'énergie. Raftopoulos fixa comme objectif principal du réseau la rupture du « Steinmetz Circle » de la faible consommation d'électricité et des prix élevés[44]. Il pensait que seul un grand investissement porterait l'économie grecque un pas en avant afin d'obtenir une énergie à faible coût pour les clients. Il visait à accroître la consommation dans les domiciles et cherchait à obtenir plus d'applications électriques dans des secteurs aussi diversifiés que les pâtisseries, le chauffage, les véhicules électriques, l'approvisionnement en eau et la bonification des terres, mais pas l'industrie lourde puisqu'il qualifiait le développement de celle-ci comme incertain en Grèce[45]. Se fondant sur le bilan des entreprises privées fragmentées dans la Grèce régionale, il estimait que seul l'État pouvait développer et contrôler les grands travaux hydroélectriques

---

[43] Assimakopoulos, M., *The general assemblies of N.T.U.A. professors 1939-1955*, document présenté à une conference, 170 années de l'U.P.N.A., en cours de publication.

[44] Raftopoulos, Th., *To ethniko diktyon ilektrismou tis Ellados* [Le réseau national d'électricité de la Grèce], Athènes 1946 préface p. 1.

[45] *Ibid.*, p. 176-177.

et le système de transmission afin de former un réseau robuste et attirer des investisseurs privés. Il favorisait un système de développement central contre les distributeurs régionaux indépendants, qui ne pouvaient pas garantir une solution fiable pour l'ensemble du pays[46]. La prédiction de consommation était divisée en quatre intervalles de 5 années, et il était prévu que de 241 GWh vendus en 1939, la consommation puisse atteindre 2 815 GWh en 1965.

G.N. Pezopoulos, membre d'un groupe de scientifiques en recherche et développement, établit en 1946 une étude plus courte sur le réseau national électrique en précisant qu'il n'était pas poussé par des aspirations politiques. Il se concentra sur la création d'un système hydroélectrique pur, où les travaux hydrauliques pourraient être développés progressivement en fonction de la consommation[47]. Il posa un plan de mise en œuvre sur 5 années divisées en quatre périodes où les projets d'électricité serraient co-développés avec d'autres secteurs de l'économie[48]. La conception centrale du réseau de Pezopoulos était la formation de clusters électriques régionaux, qui pourraient satisfaire la plus grande partie de la demande locale. Ces structures régionales pourraient équilibrer la charge par un réseau de transmission de haute tension mais l'échange serait minimal[49]. L'industrialisation lourde fut certainement incluse dans les prévisions de consommation (1 257 GWh en 1965[50]) tandis que le lignite local était directement utilisé pour les applications thermiques industrielles. Pezopoulos estimait que l'avantage principal de son plan était sa flexibilité et sa capacité à s'adapter aux besoins futurs. Du fait que près d'une décennie plus tard, le système électrique construit prenait en compte quelques-unes des caractéristiques principales de l'étude de Pezopoulos, celui-ci mérita sa nomination comme premier directeur grec de la Société Publique d'Energie en 1955.

En parallèle avec ces études techniques, l'économiste Kouvelis conçut un plan du développement général, qui se focalisait essentiellement sur les capacités industrielles de la Grèce et sur l'utilisation des sources d'énergie locale. Il s'appuya sur les études anciennes d'ingénieurs, comme Galatis et David, pour estimer une consommation totale de 1 400 GWh/an à la fin de la décennie 1947-1957, où la consommation urbaine avait atteint 720 GWh. Étant donné que la consommation de la région d'Athènes avait

---

[46] Ibid., p. 5.
[47] Pezopoulos, G.N., *Energeiakai anagkai tis Ellados kai i kalypsis afton* [Sur les besoins de l'énergie de la Grèce et leur satisfaction], Athènes, 1946, p. 56.
[48] Ibid., p. 35.
[49] Ibid., p. 51.
[50] Ibid., p. 34.

atteint 100 kWh/an par habitant, la Grèce régionale utiliserait seulement 120 GWh. Le secteur industriel consommerait 600 GWh, l'industrie lourde n'aurait pas de rôle central et l'agriculture consommerait juste 80 GWh.

Finalement, le communiste consacré Batsis, exécuté après la fin de la guerre civile, publia un plan de reconstruction en 1947, basé sur l'industrialisation lourde et l'exploitation des minéraux grecs. En ce qui concerne le réseau électrique national, Batsis émit une forte critique de la proposition de Raftopoulos, se basant sur le fait qu'elle était orientée vers l'augmentation de la consommation dans les zones urbaines, et il déclara que sa préoccupation principale était le taux de remboursement du grand investissement par la B.N.G.[51]. Pour Batsis, l'électrification était le véhicule de la redistribution des revenus, du développement rural, de la reconstruction de l'économie et de l'échange de la puissance politique. Bien qu'il considérât le réseau de Raftopoulos techniquement optimal[52], il le condamna comme étant incapable de distinguer les priorités pour la consommation de l'industrie lourde, en mettant l'accent par exemple sur les besoins urbains d'Athènes[53]. Batsis était davantage prêt à accepter la solution de Raftopoulos dont les propositions de groupes d'énergie régionale et le développement progressif appuyaient son idée d'un développement de l'économie équilibré dans toutes les régions grecques[54]. Le projet de Batsis prévoyait de produire au maximum 2 500 GWh d'hydroélectricité dans une décennie pour fournir en priorité l'industrie lourde (1 100 GWh) et la distribuer de façon équilibrée entre l'agriculture (200 GWh), l'utilisation urbaine (500 GWh) et le reste de l'industrie (300 GWh)[55].

Le comité de reconstruction représentait la structure officielle de l'État grec pour le développement de l'après-guerre. En 1947, sous la présidence de l'ingénieur distingué Dimitrakopoulos, le comité publia un projet sur vingt ans qui prévoyait, dans les cinq premières années, la construction de six nouvelles centrales thermiques et de six centrales hydrauliques de grande puissance[56] pour alimenter des lignes à haute tension. Le comité de reconstruction abandonna bientôt ce projet ambitieux et, en 1948, signa un contrat avec l'entreprise américaine E.B.A.S.Co. en vue de mettre en œuvre un plan plus pragmatique de quatre centrales hydroélectriques et une centrale thermique utilisant le lignite local avec une capacité totale

---

[51] Batsis, D., *I vareia viomichania tis Elladas* [L'industrie lourde de la Grèce], Athènes, 1947, p. 248.
[52] *Ibid.*, p. 249.
[53] *Ibid.*, p. 248.
[54] *Ibid.*, p. 250-251.
[55] *Ibid.*, p. 213.
[56] *Technika Chronika*, 1947, vol. 277-278, p. 146.

installée de 343 GW[57]. L'objectif principal était de développer au niveau national un système extensible interconnecté d'électricité et d'utiliser les ressources de l'énergie locale[58]. Le plan fut révisé à plusieurs reprises et finalement, cinq centrales hydroélectriques et deux centrales thermiques, financées surtout par le plan Marshall et les indemnités de guerre italiennes, furent implantées, totalisant 520 GW[59]. E.B.A.S.Co. proposa à A.P.E.Co. de rester autonome dans la région de la capitale et de créer une ou deux autorités régionales en plus pour diriger les centrales de production et le réseau de transmission dans chaque région[60]. Une autorité nationale centrale régulerait la production annuelle et protégerait la stabilité du système grâce à l'échange des charges locales.

Avant qu'E.B.A.S.Co. ait complété tout projet, une discussion de haut niveau eut lieu sur la forme juridique de l'entreprise grecque d'électricité – la première entreprise publique d'électricité du pays – et les capacités de financement des nouveaux travaux d'hydro-électricité. Participèrent au débat A. Diomidis, en tant que premier ministre depuis 1949, l'urbaniste de réputation internationale K. Doxiadis, ministre et président du comité de reconstruction, et le professeur Gounarakis. À la fin de la guerre civile, de jeunes ingénieurs grecs, comme par exemple K. Kasapoglou, furent envoyés dans de prestigieuses universités américaines pour se spécialiser en électricité : ils devinrent plus tard les piliers de la Société Publique d'Electricité. Deux Grecs qui faisaient leurs études aux États-Unis, Perpinias et Syriotis, travaillèrent sur une enquête critique du nouveau programme électrique de l'énergie d'E.B.A.S.Co. dans le cadre de leur travail de « master ». En fonction de leur étude, les projets hydroélectriques d'Agra (40 MW) et de Louros (5 MW) et le projet thermique d'Aliveri (80 MW) furent réalisés dès la fin de 1954. Le projet thermique de Ptolemaida dans la Grèce du nord-ouest, qui avait une capacité de 80 MW et prévoyait de consommer annuellement 1,3 millions de tonnes du lignite local, se trouvait encore au stade de la planification. Aujourd'hui, cette même région constitue le centre national de la production d'électricité avec six centrales thermiques qui s'élèvent à 4,5 GW et consomment 60 million de tonnes de lignite annuellement, alors que la production de l'électricité hydraulique est périphérique.

---

[57] *Programma Ilektrikis Energeias* [Programme de l'Énergie Électrique], Athens, Electric Bond and Share Company (E.B.A.S.Co.), 1950, p. 1-4.

[58] *Ibid.*, p. 2-1.

[59] Perpinias, A., Syriotis, A., *A Critical Survey of the Electric Power Supply in Greece*, thèse du Master, Oregon State College, 1955.

[60] *Programma Ilektrikis Energeias* [Programme de l'Énergie Électrique], Athens, Electric Bond and Share Company (E.B.A.S.Co.), 1950, p. 2-5.

En 1956[61], la Société Publique de l'Energie se vit accorder le droit exclusif de produire, distribuer et vendre de l'électricité en Grèce. En 1973, elle atteignit l'objectif de consommation de l'après-guerre de 1,4 TWh/an et elle réussit à électrifier le dernier village grec en 1975. L'électrification de la Grèce est une longue histoire de réussite, mais l'industrialisation grecque de l'après-guerre, l'accomplissement des rêves, des souhaits et des utopies ont encore beaucoup à révéler à ses chercheurs.

Conclusion

La première période (1881-1910) concerne le Congrès électrotechnique de Paris de 1881, à laquelle un professeur de physique de l'Université d'Athènes fut envoyé par l'État. Les ingénieurs grecs étaient formés à l'étranger et c'est la raison pour laquelle ils développaient également les connaissances et intérêts étrangers. Ils fondèrent la première entreprise d'électricité dans un environnement politique libéral. Ils créèrent la première usine en 1904 et assurèrent l'électricité à une partie importante de la population urbaine. Le Parlement grec fut illuminé en 1889, quelques années après plusieurs autres symboles de la ville.

La seconde période commence dans la décennie 1910, lorsque la Grèce moderne connut ladite forme organisée de P. Wagner. C'est la période de la constitution de l'enseignement supérieur technique grec à l'Université polytechnique nationale d'Athènes. Cette école fut organisée par la première génération de professeurs formés en Allemagne et commença à travailler en 1910. L'État intervint sensiblement dans cette évolution, notamment en fixant le prix final de l'électricité. Le système bancaire grec participa activement à la création d'un propre cadre d'étude pour les sources d'électrification, il soutenait la mise en service des sources hydrauliques et négocia avec les représentants des sociétés étrangères qui investissaient dans le pays. À cette époque, l'électricité trouva son application dans le système de transport par tramways et ferroviaire et l'industrie commença à l'utiliser. L'énergie électrique était au cœur de discussions publiques dans les années 1930-1940, notamment parmi les ingénieurs et les économistes. Différentes tendances furent formulées au service de la reconstruction du pays. Les banques grecques étaient en contact avec les banques allemandes au moment de l'occupation en 1940. L'influence des parties présentes apporta au pays la lumière mais également la guerre civile.

La troisième période correspond à la création de la société d'électricité publique grecque en 1950 et au plan pragmatique des sociétés américaines

---

[61] Voir Tsotsoros, S., *Energeia kai anaptyxi sti metapolemiki periodo* [L'énergie et le développement dans l'après-guerre], Athènes, 1995.

qui travaillaient dans le pays au moment de la guerre civile. La société fut dirigée par les Grecs à partir de 1956 et elle réussit l'électrification de toutes les zones rurales en 1975.

Dans l'intervention, nous nous sommes appuyés sur la littérature moderne et la recherche actuelle dans ce domaine, pour présenter successivement la première génération de professeurs d'électrotechnique grecs, des débats entre les deux guerres et les raisons de la dépendance des plans américains de création d'une nouvelle société de production et de distribution d'électricité. L'historiographie grecque nous a permis de conclure que la forme des réseaux électriques en Grèce variait en fonction des différentes périodes.

Identités problématiques :
la formation de l'ingénieur américain, des origines à la Guerre froide

Sonja D. SCHMID

Professeur Associée
Department of Science and Technology in Society,
Virginia Tech, U.S.A.
sschmid@vt.edu

Résumé

Cet article expose l'évolution de la professionnalisation des ingénieurs aux États-Unis, en s'appuyant notamment sur le cas des ingénieurs en électrotechnique et électronique. Je décris la formation et l'émergence des sociétés techniques et je montre que la professionnalisation des ingénieurs américains a échoué. Au début, la formation des ingénieurs américains consistait en un apprentissage très informel « sur le tas », puis elle s'est organisée dans des cursus formalisés. À partir de la Loi Morrill en 1862, il devint possible de fonder des universités là où l'on mettait en place des programmes de formation d'ingénieurs. Les sciences de l'ingénieur se développèrent en grande partie sans la participation de l'État, en général en fonction des besoins de l'industrie. Les électrotechniciens qui créèrent au début du XXe siècle l'American Institute of Electrical Engineers (A.I.E.E.) soulignèrent le rôle du management. Par contre, chez les ingénieurs électroniciens (et leur organisation professionnelle – Institute of Radio Engineers, I.R.E.), l'ingénieur était plutôt considéré comme un spécialiste technique. Pendant la Seconde Guerre mondiale et au moment de l'instauration de la Guerre froide, la formation des ingénieurs américains connut d'importants changements. L'expansion du ministère de la Défense entraîna une croissance exceptionnelle des programmes d'ingénierie. Le succès gouvernemental dans la conduite de la guerre, le système de planification mis en œuvre alors ont amené à une implication plus importante de l'État dans le développement de la science dans l'après-guerre. La fin de la Guerre froide a soulevé de nouvelles questions sur l'identité des ingénieurs américains.

Mots clés

Professionnalisation, identité, ingénieurs des États-Unis, institutionnalisation, éducation et formation technique, Guerre froide

Ce texte a pour objet le développement des identités professionnelles des ingénieurs, en particulier des ingénieurs électriciens et électrotechniciens. Il fait valoir que les identités des ingénieurs ne sont pas simplement définies par ce que les ingénieurs font (bien que ce soit une composante importante), mais que ces identités doivent leur émergence à leur construction consciente et délibérée. Dans ce processus, un élément déterminant est la formation des ingénieurs et les programmes d'études qu'ils suivent ; les débats sur la profession d'ingénieur se sont donc focalisés sur la question de ce que les étudiants devraient apprendre. La formation des ingénieurs a connu des transformations massives dans les XIXe et XXe siècles et en particulier pendant et après la Seconde Guerre mondiale. Le problème de l'identité soulève aussi la question de savoir comment les ingénieurs sont en relation les uns avec les autres, et plus généralement, avec la société et le monde. Des concepts comme le devoir et la responsabilité sont nettement mis en avant, conjointement au patriotisme et aux préoccupations quant au statut et à l'expertise.

Ce texte a deux parties. La première ébauche une analyse du développement de l'identité professionnelle des ingénieurs aux États-Unis et comment se situent les ingénieurs électriciens et électrotechniciens dans ce cadre. Je décris comment la formation des ingénieurs et l'émergence des sociétés techniques visaient à professionnaliser les ingénieurs américains et je montre que ce processus a échoué, notamment parce que l'ingénierie s'est développée de façon massive au début du XXe siècle, ce qui a entraîné une extrême variété de spécialisations, de types d'emplois et de statuts. J'examine les changements survenus dans la mise en place de la formation des ingénieurs américains : à partir de l'apprentissage « sur le tas » des origines, graduellement un enseignement de plus en plus formalisé a été mis en place. Il faut noter qu'à la différence de ce qui s'est passé dans de nombreux pays d'Europe, la profession d'ingénieur dans l'Union européenne (U.E.) s'est développée à ses débuts en grande partie sans la participation de l'État. C'était alors plutôt l'industrie qui élaborait les plans d'études, ce qui affectait la façon dont les ingénieurs se percevaient dans leurs rapports avec les directions des entreprises. Pour conclure cette partie, l'article décrit la constitution des organisations professionnelles, des organismes de certification, et des syndicats d'ingénieurs, ainsi que l'influence croissante de l'État.

Dans la seconde partie du texte, je me suis centrée sur la croissance rapide de la profession, les changements massifs dans la formation des ingénieurs, et les transformations dans la politique de la science et de la technologie en général, pendant la Seconde Guerre mondiale et dans l'après-guerre. Au moment de l'émergence de la Guerre froide, la pratique professionnelle des ingénieurs américains a connu d'importantes transformations, alors que le rôle des agences gouvernementales augmentait puissamment au cours de la période de la *big science*. L'État, les universités et l'industrie ont coopéré de plus en plus, l'ampleur des projets d'ingénierie a crû, et leur nature a changé. On se serait attendu à ce que ces développements aient eu un impact profond sur les ingénieurs et leur perception de soi (*self-perception*), sans même parler de leur formation et des fonctions qu'ils occupaient. En fait, la nouvelle hiérarchie des ingénieurs de la Guerre froide a remplacé ou complété les anciennes divisions et segmentations dans l'identité professionnelle. À ce jour, il n'y a toujours pas d'identité d'ingénieur homogène au sein des ingénieurs américains[1].

Professionnalisation

Comme Peter Meiksins l'a suggéré, le monde des ingénieurs américains doit être mis en relation avec la tradition anglo-américaine des professions indépendantes et d'une méfiance profonde vis à vis du syndicalisme[2]. Leur histoire peut être lue comme une série de tentatives pour développer une identité professionnelle unifiée et des formes appropriées d'organisation. Ces tentatives ont échoué finalement, notamment parce que l'ingénierie a été un succès et que les ingénieurs se sont multipliés de façon massive. Mais en même temps, la variété croissante des spécialités, des emplois et des statuts des ingénieurs ont empêché l'émergence d'une identité commune et par voie de conséquence, leurs efforts visant à les définir comme les membres d'une profession d'élite ont été infructueux.

Edwin Layton a décrit le mouvement vers la professionnalisation, surtout dans le premier quart du XXe siècle, comme « la révolte des ingénieurs » et a exposé que les tentatives de ces ingénieurs d'unir leur profession avaient l'objectif explicite de réformer la société[3]. Les « progressistes », comme ils s'appelaient eux-mêmes, avaient mis l'accent sur

---

[1] Un aperçu est, par exemple Reynolds, T.S. (ed.), *The Engineer in America : A Historical Anthology from « Technology and Culture »*, Chicago & London, University of Chicago Press, 1991.

[2] Meiksins, P., « Engineers in the United States : A House Divided », in Meiksins, P. et Smith, Ch., *Engineering and Labour : Technical Workers in Comparative Perspective*, London & New York, Verso, 1996, p. 61-97.

[3] Layton, E.T., *The Revolt of the Engineers : Social Responsibility and the American Engineering Profession*, Cleveland, 1971.

la planification scientifique, utilisé une rhétorique démocratique, et ils exigeaient des réformes radicales du système d'entreprise. Mais contrairement à d'autres mouvements progressistes de l'époque, les ingénieurs ne percevaient pas la démocratie comme un remède social. En fait, « ils pensaient que la société du futur serait sauvée par une élite technique »[4].

Comment cette élite technique devait-elle se considérer a été le sujet de débats intenses. Les ingénieurs en tant qu'ingénieurs n'avaient pas d'autonomie quand ils travaillaient pour des grandes entreprises. Ils ne pouvaient atteindre cette autonomie qu'en quittant la profession et en se lançant dans une carrière d'entrepreneur ou d'administrateur. Charles Rosenberg a souligné comment « l'idéologie de l'efficacité » que les premiers ingénieurs du XXe siècle ont créée pour glorifier « l'ingénieur et ses compétences présumées de résolution des problèmes » ne reflétait pas tant en fait leur influence sociale véritable que le sentiment de leur marginalité[5].

Éducation

La formation a été comprise avec raison comme la voie royale pour la constitution d'une identité professionnelle. À partir de l'apprentissage très informel « sur le tas » (*on-the-job*), la formation des ingénieurs s'est développée aux États-Unis dans des programmes formalisés au cours de la deuxième moitié du XIXe siècle. Dès l'origine, des « instituts ouvriers » avaient formé les ingénieurs qui, par exemple, participaient à la création du système de canaux. Des programmes d'enseignement plus élaborés ont été institués tel celui de l'Académie Militaire américaine de West Point, New York, qui a ouvert en 1802, et qui était liée au Corps des Ingénieurs (lui-même résultat de la Guerre d'Indépendance). Des écoles civiles ont été ouvertes avant le demi-siècle (et la Guerre Civile) telles le Rensselaer Polytechnic Institute (R.P.I.), établi en 1824, qui a été fondé par une initiative privée, alors que le financement par l'État aurait été envisageable. Au Rensselaer, un programme démocratique à destination des gens du peuple, hommes et femmes, s'est transformé progressivement en un curriculum plus formel de quatre ans de formation d'ingénieur inspiré de celui de l'École centrale de Paris. Mais jusqu'aux années 1860, la formation

---

[4] Layton, E.T., *The Revolt of the Engineers : Social Responsibility and the American Engineering Profession*, Cleveland, 1971. Toutes les traductions sont de l'auteur. Akin, W.E., *Technocracy and the American Dream : The Technocrat Movement, 1900-1941*, Berkeley, Los Angeles, London, University of California Press, 1977.

[5] Rosenberg, Ch., « Toward an Ecology of Knowledge : On Discipline, Context, and History », in Oleson, A., Voss, J., *The Organization of Knowledge in Modern America, 1860-1920*, Baltimore & London, The Johns Hopkins University Press, 1979, p. 440-455 ; Haber, S., *Efficiency and Uplift : Scientific Management in the Progressive Era, 1890-1920*, Chicago & London, University of Chicago Press, 1964.

Identités problématiques

informelle demeurait le mode prédominant d'enseignement des ingénieurs, et même plus tard, l'apprentissage pratique est souvent resté le fondement éducatif des programmes supérieurs de génie.

Les ingénieurs ont bénéficié d'un statut social élevé jusqu'à la fin du XIXe siècle, grâce à leurs attaches avec les milieux industriels. Beaucoup d'entre eux étaient issus des classes supérieures. En électrotechnique, les rôles de propriétaire et de directeur exécutif leur étaient habituels, par exemple en tant qu'inventeurs-entrepreneurs. Cette situation a changé radicalement au cours de la période d'industrialisation rapide postérieure à la Guerre de Sécession (en particulier dans le nord des États-Unis).

1862 a marqué un tournant dans cette histoire. Trois événements importants se sont produits cette année-là : d'abord, le Congrès américain a voté le *Homestead Act* (Loi de Propriété), qui a distribué gratuitement des terres aux agriculteurs et a déclenché une grande migration vers l'ouest. Deuxièmement, l'Union Pacific a commencé à construire des chemins de fer transcontinentaux, ce qui a amené la croissance rapide des industries du fer, de l'acier et du charbon ; le télégraphe a suivi. Ces deux seuls événements ont augmenté la demande de main-d'œuvre disposant de compétences techniques sophistiquées, et justifié immédiatement le bien-fondé de la formation des ingénieurs. Mais c'est un troisième événement qui est le plus intéressant pour cette histoire. En 1862, le *Morrill Land Grant Act* a été adopté, et ce texte a provoqué une augmentation de la population des ingénieurs américains[6]. La loi a permis la création d'universités *land grant* consacrées à l'instruction des étudiants dans « l'agriculture et les arts mécaniques ». L'industrie a appuyé l'établissement de ce nouveau système d'études supérieures en n'interférant pas : contrairement à des pays européens, l'industrie américaine n'a pas fait concurrence à l'État pour influer sur la façon dont ces programmes devaient être conçus.

À la suite de la loi Morrill, le nombre de programmes de formations d'ingénieurs a augmenté considérablement, passant de 7 en 1862 à 85 en 1888. Le nombre d'ingénieurs a crû aussi de façon spectaculaire, passant de 40 000 en 1900 à 134 000 en 1920, et transformant le groupe des ingénieurs en une profession de masse au début du XXe siècle. Les ingénieurs sont apparus comme une profession particulière avec un statut de classe moyenne et des qualifications formelles de formation. Un modèle scolaire d'éducation a vaincu le modèle traditionnel de culture d'atelier. Dans ce processus, les enseignants ont gagné en influence, et de plus en plus, ils ont réclamé le contrôle des programmes d'enseignement des

---

[6] Marcus, A.I. (ed.), *Engineering in a Land-Grant Context : The Past, Present and Future of an Idea*, West Lafayette, Indiana, 2005.

ingénieurs. Ils se sont évertués à lier délibérément l'ingénierie avec la science et son prestige.

Parmi les spécialisations émergentes, le génie civil a dominé jusque dans les années 1920 ; ensuite, mécanique et électricité sont devenues prépondérantes. Mais tandis que les ingénieurs civils étaient souvent indépendants ou au service de l'État, les ingénieurs mécaniciens et électriciens ont travaillé principalement dans des entreprises.

L'État contre l'industrie

Au début, l'ingénierie américaine s'est développée en grande partie sans intervention de l'État, en contraste marqué avec beaucoup de pays européens. En général, c'était l'industrie qui concevait le curriculum des programmes d'études des ingénieurs américains. Cette situation a changé avec le passage de la loi Morrill en 1862. En plus de redéfinir leur position vis-à-vis de l'État, les ingénieurs ont débattu aussi de la nature du professionnalisme qu'ils recherchaient. Certains ont mis l'accent sur l'autonomie et l'indépendance des ingénieurs, tandis que d'autres voyaient l'ingénieur lié au monde des affaires. Les différentes disciplines de génie ont adopté des positions distinctes vis-à-vis du management, avec des conséquences très dissemblables pour les relations de travail et le statut professionnel. Ainsi, les ingénieurs chimistes ont intégré le management dans leur profession pour garantir leur statut de classe moyenne, tandis que les ingénieurs mécaniciens, électriciens et électroniciens s'opposaient entre eux.

Les ingénieurs mécaniciens étaient profondément divisés sur le rôle de l'entreprise ; certains faisaient la promotion d'un type d'ingénieur fondamentalement différent d'un manager. Un exemple de cette position était le mouvement d'organisation scientifique du travail de Frederick Taylor[7]. Taylor était issu de la tradition mécanicienne de l'atelier, où les ingénieurs, souvent propriétaires, avaient l'autorité et l'autonomie. Il plaidait pour un rôle spécifique des ingénieurs, indépendant de celui des managers. Taylor voyait les managers focalisés sur les questions financières, alors que les ingénieurs étaient pour lui le « département de la planification », les véritables dirigeants de l'atelier. Le mouvement de Taylor a exercé une influence sur une communauté limitée d'ingénieurs (*American Society for Mechanical Engineers* – A.S.M.E.), mais sa vision a finalement échoué.

La Première Guerre mondiale et la période de l'entre-deux guerres ont vu l'essor de l'automobile, de l'avion, et de la radio, mais la guerre a eu aussi des conséquences profondes sur les carrières d'ingénieurs et sur

---

[7] Taylor, F.W., *The Principles of Scientific Management*, New York & London, Harper & Brothers, 1911.

leur formation. Pendant la guerre, la plupart des ingénieurs diplômés ont été mobilisés. Les universités ont mis en place des formations à durée réduite afin de fournir des ingénieurs pour les branches essentielles de l'industrie, telles que la construction navale. Après la guerre, le ministère de la Guerre a ouvert le *Students' Army Training Corps* (S.A.T.C.), et la formation au management a été ajoutée pour les élèves ingénieurs. De plus en plus, la formation générale a été renforcée, remplaçant les programmes extrêmement spécialisés de quatre ans. Avec l'élection d'Herbert Hoover à la présidence des États-Unis en 1929, les ingénieurs sont devenus prépondérants et le successeur d'Hoover, Franklin D. Roosevelt, a fondé la *Tennessee Valley Authority* (T.V.A.) en 1933, soit le plus grand effort fédéral jamais réalisé en Amérique pour appliquer les arts de l'ingénieur aux besoins de la société[8].

Ce processus d'engagement de l'État dans l'ingénierie et l'intégration de celle-ci dans les programmes universitaires venaient à l'encontre du sentiment encore très répandu chez les scientifiques académiques selon lequel « le financement par le gouvernement signifierait le contrôle par le gouvernement »[9]. Au contraire, durant les années 1920 et 1930, les chercheurs universitaires ont développé des alliances avec les fondations privées.

Organisations professionnelles

Au début du XXe siècle, de nombreuses organisations professionnelles d'ingénieurs ont été créées. Chacune de ces organisations reflétait une vision spécifique de l'identité de l'ingénieur. L'*American Association of Engineers* (A.A.E.) s'est fait connaître après la Première Guerre mondiale en visant à améliorer les conditions matérielles de ses membres, ingénieurs du milieu de l'échelle. Lorsque l'A.A.E. a obtenu des salaires plus élevés pour les ingénieurs employés par les chemins de fer en 1919, ses membres ont triplé en conséquence. Mais ce succès a suscité aussi des protestations : on accusait l'A.A.E. d'agir comme un syndicat. Peu disposée à laisser perdurer ce type de dénonciations, la direction de l'A.A.E. a renoncé par la suite à mener des négociations salariales, ce qui a incité ses membres à la quitter.

---

[8] Grayson, L.P., *The Making of an Engineer : An Illustrated History of Engineering Education in the United States and Canada*, New York et al., John Wiley & Sons, Inc., 1993.

[9] Leslie, S.W., « Science and politics in Cold War America », in Jacob, M.C., *The Politics of Western Science, 1640-1990*, Atlantic Highlands, N.J., Humanities Press, 1994, p. 200.

Une autre tentative de professionnaliser les ingénieurs américains était l'idée de distribuer des certificats, des « licences » d'ingénieurs, similaires aux habilitations déjà instituées pour les professions de la médecine et du droit. La *National Society for Professional Engineers* (N.S.P.E.) a été fondée en 1934 à cette fin, mais cette tentative n'a finalement pas été couronnée de succès, en partie parce que la N.S.P.E. n'a pas réussi à conserver une identité distincte des syndicats d'ingénieurs.

Le sort des unions syndicales d'ingénieurs a été incertain. Créés pour éviter d'être absorbés par les syndicats de cols bleus, et alimentés par une forte baisse des revenus durant la Grande Dépression, les syndicats d'ingénieurs ont connu un succès limité pendant les années 1930 et 1940 ; en 1946, 10 % des ingénieurs américains étaient syndiqués. Mais les unions d'ingénieurs ne pouvaient s'inscrire dans l'image dégradée du mouvement ouvrier américain en général, et quand les salaires des ingénieurs ont ré-augmenté, l'importance des unions a décru de nouveau dans les années 1950 et 1960[10].

Parmi les organisations professionnelles plus spécialisées, on trouvait l'American Institute of Electrical Engineers (A.I.E.E.), fondé par des ingénieurs électriciens en 1884[11]. L'A.I.E.E., en partie à cause de son implantation dans les grandes compagnies d'électricité, soulignait les heureuses perspectives d'un choix de carrière dans le management. En revanche, chez les ingénieurs électroniciens (et leur organisation professionnelle, Institute of Radio Engineers – I.R.E.), l'idéal de l'ingénieur était plutôt celui d'un spécialiste technique. Ces différences ont persisté même quand l'I.R.E. et l'A.I.E.E. ont fusionné en 1963 pour former l'Institute of Electrical and Electronics Engineers (I.E.E.E.).

L'expansion du secteur de la Défense

Au cours de la Seconde Guerre mondiale puis avec l'émergence de la Guerre froide, le système de formation des ingénieurs en Amérique a subi des changements importants, tout comme la perception de soi des ingénieurs. L'expansion du ministère de la Défense a entraîné une croissance exceptionnelle de ce groupe dont le nombre a doublé dans la décennie 1940 à 1950, et doublé de nouveau au cours des deux décennies suivantes, pour atteindre plus de 1 750 000 individus en 1992. Le succès

---

[10] Merritt, R.H., *Engineering in American Society, 1850-1875*, Lexington, 1969 ; Noble, D., *America by Design : Science, Technology, and the Rise of Corporate Capitalism*, New York, Knopf, 1977.

[11] McMahon, A.M., *The Making of a Profession : A Century of Electrical Engineering in America*, New York, I.E.E.E. Press, 1984.

Identités problématiques

de la planification gouvernementale pendant la guerre a conduit à un engagement supérieur de l'État après-guerre dans les sciences et l'ingénierie :

« L'expérience de la Seconde Guerre mondiale, quand les travaux des scientifiques et des ingénieurs ont été directement liés aux besoins militaires sous l'égide des planificateurs du gouvernement, a convaincu les dirigeants d'après-guerre que le gouvernement avait un rôle à jouer pour soutenir et coordonner la recherche. Il y avait cependant un désaccord sur la façon dont cela devrait être organisé. »[12]

De plus, la comparaison avec l'Union Soviétique et la compétition qui s'en est suivie ont alimenté les travaux des chercheurs et des ingénieurs quand la Guerre froide s'est intensifiée dans les décennies d'après-guerre.

La politique scientifique américaine a profondément changé après la Seconde Guerre mondiale, avec la fondation de la *National Science Foundation* (N.S.F.) en 1950 et la création de programmes de recherche directement sous l'égide du Ministère de la Défense (Defense Advanced Research Projects Agency – D.A.R.P.A.). L'accent renouvelé sur « la science fondamentale » a orienté aussi les réformes ultérieures du cursus de formation des ingénieurs, alors que celui-ci avait été adapté pendant la guerre pour servir les fins immédiates de défense.

En 1950, un comité sur l'enseignement de l'énergie atomique a été institué. Le premier réacteur de recherche a été installé en 1958 au campus de Penn State University et, en 1991, 33 institutions d'enseignement supérieur américaines avaient obtenu des réacteurs.

Le triangle État-Universités-Industrie

Les centres de production de haute technologie ont été de plus en plus liés aux universités (notamment California Institute of Technology /Caltech/, Massachusetts Institute of Technology /M.I.T./ et Stanford University) et aux grandes entreprises, spécialement dans le secteur de la Défense. Ces projets croisés qui étaient souvent d'une ampleur considérable, ont été dénommés *big science*, même si leurs composantes scientifiques et techniques étaient d'importance égale. Les sciences constituaient non seulement une part croissante de la formation d'un ingénieur, mais elles étaient de plus en plus incluses dans les procédés d'ingénierie, surtout dans les projets subventionnés par l'État, à grande échelle et liés à la défense (ou à usage à la fois civil et militaire).

---

[12] Meiksins, P., « Engineers in the United States : A House Divided », in Meiksins, P. et Smith, Ch., *Engineering and Labour : Technical Workers in Comparative Perspective*, London & New York, Verso, 1996, p. 82.

Les technologies à des fins militaires ont redéfini peu à peu ce qu'il est convenu d'appeler les programmes de recherche pertinents[13]. Comme Stuart W. Leslie l'a expliqué, en plus de ces technologies, les disciplines académiques (comprises comme le « software » scientifique) « se sont inscrites dans les grands programmes politiques du moment et les ont renforcés »[14]. La politique de la Guerre froide « n'a pas seulement transformé les structures traditionnelles et les relations de pouvoir des disciplines académiques américaines, mais le caractère même du savoir créé et répliqué »[15]. L'ingénieur électricien n'était pas l'exception. Au service de la Défense nationale, l'électronique est devenue le secteur de recherche principal des laboratoires qui ont reçu des fonds militaires[16]. L'accent sur les micro-ondes, l'électronique à semi-conducteurs, et la théorie de la communication, pour ne citer que quelques axes, a remplacé les domaines de recherche traditionnels, comme la radio ou la production d'électricité. Ce développement « a brouillé les distinctions conventionnelles entre la science et l'ingénierie, la recherche fondamentale et appliquée, les produits classés secrets ou non, la recherche commanditée et l'enseignement »[17].

Ces changements ont affecté non seulement la recherche mais ont eu aussi un impact sur l'enseignement supérieur. Carl Barus, un ingénieur électricien qui a fait ses études au M.I.T. pendant les années d'après-guerre, l'expose ainsi : « Les professeurs enseignent ce qu'ils savent, ils écrivent des manuels sur ce qu'ils enseignent. Ce qu'ils savent de nouveau vient principalement de leur recherche propre. Alors, il n'est pas surprenant que la recherche militaire à l'université conduise à des programmes militarisés pour étudiants. »[18] Simultanément, les professeurs des filières de formation ont fait pression pour établir un statut plus « scientifique » de l'ingénierie. Ils ont produit de nombreux rapports sur l'éducation des ingénieurs, mettant en avant les sciences, et non les arts de l'ingénieur, dans la formation de ceux-ci. Ces réformes, à leur tour, ont idéalement

---

[13] Leslie, S.W., « Science and politics in Cold War America », in Jacob, M.C., *The Politics of Western Science, 1640-1990*, Atlantic Highlands, N.J., Humanities Press, 1994, p. 209.

[14] *Ibid.*, p. 214.

[15] *Ibid.*, p. 216.

[16] Wildes, K.L., Lindgren, N., *A Century of Electrical Engineering and Computer Science at M.I.T., 1882-1982*, Cambridge, Massachusetts & London, M.I.T. Press, 1985.

[17] Leslie, S.W., « Science and politics in Cold War America », in Jacob, M.C., *The Politics of Western Science, 1640-1990*, Atlantic Highlands, N.J., Humanities Press, 1994, p. 216.

[18] Barus, C., « Military Influence on the Electrical Engineering Curriculum since World War II », in *I.E.E.E. Technology and Society Magazine*, 1987, n° 6, p. 5.

Identités problématiques

augmenté la surface sociale des enseignants : ils avaient plus à gagner de ces réformes que les ingénieurs eux-mêmes.

Après la Seconde Guerre mondiale, le rôle de l'université dans la recherche a également changé. L'*Office of Naval Research* (O.N.R.), l'Atomic Energy Commission (A.E.C.), et la *National Science Foundation* (N.S.F.) étaient tous des produits de la législation d'après-guerre. Les centres de Research & Development (R&D) financés par le gouvernement fédéral contractaient avec les universités. Le secteur de la Défense a employé le quart de tous les ingénieurs électriciens, et le tiers des physiciens et des mathématiciens[19].

Hiérarchies

Les projets de défense ont signifié plus d'emplois pour les ingénieurs. Mais en même temps, l'échelle hiérarchique a changé : les « meilleurs et les plus brillants » étaient recrutés dans la recherche et le développement liés à la Défense. Les ingénieurs qui y étaient embauchés, impliqués dans les technologies de pointe et avec des salaires hautement compétitifs, étaient néanmoins contraints à de strictes obligations de secret dans des structures compartimentées et soumis à une énorme pression pour produire de l'innovation technologique en permanence. Évidemment, ces tâches compartimentés et secrètes n'étaient absolument pas favorables à la formation d'une communauté d'ingénieurs significative.

Après la Seconde Guerre mondiale, de nouvelles divisions se sont fait jour parmi les ingénieurs : ainsi, entre les chercheurs et les ingénieurs plus « appliqués », entre les ingénieurs dans l'enseignement et la recherche et les ingénieurs dans l'industrie, et entre les ingénieurs ayant travaillé ou non dans le secteur de la Défense. Enfin, les ingénieures sont apparues et la diversité ethnique parmi les ingénieurs américains a augmenté après la Seconde Guerre mondiale[20].

Conclusion

L'essor des ingénieurs en tant que profession de masse fut une conséquence de l'évolution technologique. La technologie n'était plus considérée comme étant fondée sur des traditions manuelles (un « art ») mais de

---

[19] Leslie, S.W., « Science and politics in Cold War America », in Jacob, M.C., *The Politics of Western Science, 1640-1990*, Atlantic Highlands, N.J., Humanities Press, 1994, p. 226-227.

[20] Le pourcentage de femmes parmi les ingénieurs américains est passé de 5,8 % en 1983 à 5 % en 1992 ; celui des Africains Américains et Hispano-Américains pris ensemble a augmenté de 5 % en 1983 à 7 % en 1992.

plus en plus comme une « science » spécifique[21]. Les triomphes précoces des ingénieurs ont été liés à l'industrie électrique, et ils sont devenus de plus en plus envahissants. En même temps, il n'existait pas de profession unifiée d'ingénieurs. Les ingénieurs qui s'inquiétaient de cet état de fait identifièrent deux façons de redresser la situation : l'une serait de réformer le système d'éducation des ingénieurs, et l'autre, de standardiser « les meilleures pratiques d'ingénierie ». Dans ces développements, les sociétés professionnelles comme, par exemple, l'A.I.E.E. ont joué un rôle décisif.

Le « projet Manhattan », le début de la Guerre froide, et la course à la suprématie scientifique et technologique déclenchée par le lancement de Spoutnik ont conduit à un boom sans précédent de la science et de la technologie[22]. Cette expansion, en lien étroit avec les institutions militaires, a fortifié aussi la bureaucratie technocratique et suscité un sentiment de guerre permanente et latente – « qu'une génération ultérieure appellera la "Guerre froide" »[23]. La science et la technologie américaines portent toujours la marque de leur histoire, mais c'était peut-être plus apparent au cours de ces années[24].

La Guerre froide a structuré de nouvelles hiérarchies parmi les ingénieurs, et compte tenu de la persistance de segmentations plus anciennes, ces phénomènes ont joué contre la formation d'une réelle communauté professionnelle. Même les débats sur l'éthique et la responsabilité des ingénieurs dans les années 1960-1970, quand un groupe d'ingénieurs critiques a cherché à redéfinir le rôle des ingénieurs dans la société, n'ont trouvé qu'un faible écho parmi les ingénieurs américains. Les plus âgés d'entre eux, surtout, étaient beaucoup plus préoccupés par des considérations matérielles comme les retraites. Les perspectives menaçantes du proche changement climatique et des crises énergétiques (pour ne pas mentionner les conflits pétroliers, les éruptions volcaniques et les catastrophes nucléaires) appellent à des efforts renouvelés de la communauté américaine mais aussi internationale des ingénieurs, même si une certaine segmentation interne persistera vraisemblablement.

La fin de la Guerre froide a provoqué de nouvelles questions sur l'identité des ingénieurs américains. Les centres de haute technologie

---

[21] Layton, E.T., *The Revolt of the Engineers : Social Responsibility and the American Engineering Profession*, Cleveland, 1971.

[22] McDougall, W.A., *...the Heavens and the Earth : A Political History of the Space Age*, New York, Basic Books, 1985.

[23] Leslie, S.W., « Science and politics in Cold War America », in Jacob, M.C., *The Politics of Western Science, 1640-1990*, Atlantic Highlands, N.J., Humanities Press, 1994, p. 200, 205.

[24] *Ibid.*, p. 233.

demeureront sans doute importants, et il reste à voir si l'accent mis sur le secteur de la Défense sera maintenu ou s'il y aura une orientation vers d'autres secteurs. Stuart W. Leslie a indiqué que pendant la Guerre froide, « le militarisme et l'État moderne se sont définis mutuellement, [...] chacun a semblé exiger l'autre pour sa force et sa légitimité, et [...] les deux ensemble ont paru menacer les valeurs démocratiques du pays que la nation proclamait vouloir défendre à l'étranger »[25]. Reste à voir si la science et la technologie américaines pourront s'affranchir de cet héritage et instituer des identités professionnelles d'ingénieurs exprimant un ordre géopolitique changé dans un sens qu'on peut espérer plus pacifique.

---

[25] Leslie, S.W., « Science and politics in Cold War America », in Jacob, M.C., *The Politics of Western Science, 1640-1990*, Atlantic Highlands, N.J., Humanities Press, 1994, p. 200.

Des savoir-faire industriels aux sciences de l'ingénieur : l'électrotechnique au Massachusetts Institute of Technology

Christophe LÉCUYER

Professeur d'histoire des sciences et des techniques
Université Pierre-et-Marie-Curie (U.P.M.C.), Paris 6
(Massachusetts Institute of Technology, U.S.A.)
chrlecuyer@yahoo.com

Résumé

Premier établissement des États-Unis a avoir créé un diplôme en électrotechnique, et pendant longtemps le plus grand centre d'enseignement et de recherche dans cette discipline, le Massachusetts Institute of Technology (M.I.T.) a servi de modèle aux autres institutions similaires, y compris dans son évolution historique. Trois phases peuvent être repérées dans son histoire. Dans un premier temps, il s'agissait de former des praticiens pour l'industrie électrique naissante. Au début du XXe siècle, le M.I.T. s'est orienté vers la formation d'ingénieurs managers, destinés à devenir des dirigeants d'entreprise. Enfin, à partir des années 1930, le M.I.T. s'est tourné de plus en plus vers les sciences de l'ingénieur et la recherche en électronique, devenant une université de recherche au très important rayonnement.

Mots clés

Massachusetts Institute of Technology (M.I.T.), l'enseignement d'électrotechnique, la formation d'ingénieurs, XIXe-XXe siècles, les États-Unis

L'électrotechnique a connu des mutations considérables aux États-Unis depuis la fin du XIXe siècle. Cette discipline, qui était naissante durant les années 1880 et 1890, est devenue une des disciplines importantes dans les universités américaines. Les contenus, méthodes, et objectifs des enseignements en électrotechnique se sont également modifiés. Pendant les années 1880 et 1890, les universités et écoles d'ingénieurs américaines dispensaient des enseignements extrêmement pratiques. Leur but était de former des ingénieurs qui pourraient facilement trouver un poste dans l'industrie. En revanche, pendant les années 1960 et 1970, ces mêmes universités offraient des formations dans les sciences de l'ingénieur et leur objectif était de produire les futurs chercheurs et les futurs innovateurs de l'industrie américaine. Comment ces mutations se sont-elles opérées ? Comment peut-on les expliquer ?

Pour étudier ces questions, je m'intéresserai au cas du Massachusetts Institute of Technology (M.I.T.), cette université technologique installée dans la région de Boston. Le cas du M.I.T. est intéressant pour plusieurs raisons. Tout d'abord, ce fut le M.I.T. qui créa le premier diplôme en électrotechnique aux États-Unis. Le M.I.T. a aussi été pendant longtemps le plus grand centre d'enseignement et de recherche en électrotechnique. Depuis que le National Research Council, une organisation associée à l'Académie des Sciences, juge de la qualité des programmes de recherche et d'enseignement, le département de génie électrique du M.I.T. est considéré comme le meilleur département dans cette discipline aux États-Unis (suivi de près par ceux de Stanford et de l'University of California, Berkeley (U.C.), Berkeley). Cette position-phare a fait de ce département un modèle pour beaucoup d'autres départements de génie électrique aux États-Unis. En d'autres termes, le département de génie électrique du M.I.T. a souvent initié des évolutions dans les contenus, objectifs, et méthodes d'enseignement en électrotechnique que d'autres départements ont ensuite suivies quelques années, voire quelques décennies plus tard[1].

---

[1] Pour l'histoire du M.I.T., voir Lécuyer, Ch., « The Making of a Science-Based Technological University : Karl Compton, James Killian, and the Reform of M.I.T., 1930-1957 », in *Historical Studies in the Physical and Biological Sciences*, 1992, vol. 23, p. 153-180 ; Lécuyer, Ch., « M.I.T., Progressive Reform, and "Industrial Service", 1890-1920 », in *Historical Studies in the Physical and Biological Sciences*, 1995, vol. 26, p. 1-54 ; Lécuyer, Ch., « Academic Science and Technology in the Service of Industry : M.I.T. Creates a "Permeable" Engineering School », in *American Economic Review*, 1998, vol. 88, p. 28-33 ; Lécuyer, Ch., « Patrons and a Plan », in Kaiser, D. (ed.), *Becoming M.I.T. : Moments of Decision*, Cambridge, The M.I.T. Press, 2010, p. 59-80 ; Noble, D., *America by Design*, New York, Knopf, 1977 ; Servos, J.W., « The Industrial Relations of Science : Chemical Engineering at M.I.T., 1900-1939 », in *Isis*, 1980, vol. 81, p. 531-549 ; Wildes, K., Lindgren, N., *A Century of Electrical Engineering and Computer Science at M.I.T., 1882-1982*, Cambridge, M.I.T. Press, 1985 ; Owens, L., « Vannevar Bush and the Differential Analyzer : The Text and Context of an Early Computer », in *Technology and Culture*, 1986, vol. 27, p. 63-95 ; Carlson, W.B., « Academic Entrepreneurship and Engineering Education : Dugald C. Jackson and the Cooperative Engineering Course, 1907-1932 », in *Technology and Culture*, 1988, vol. 29, p. 536-569 ; Owens, L., « M.I.T. and the Federal

Je voudrais montrer dans ce chapitre que le développement de l'électrotechnique au M.I.T. a connu trois phases des années 1880 aux années 1960. Dans une première phase, le programme d'électrotechnique au M.I.T. avait une orientation très pratique. Il transmettait des savoir-faire et des pratiques développées dans l'industrie électrique. L'objectif de ces enseignements, offerts souvent par des ingénieurs travaillant dans l'industrie, était de former des praticiens (*practical engineers*) qui pourraient facilement trouver des postes dans l'industrie et être immédiatement utiles à leurs employeurs. À cette première phase s'est succédé une deuxième, à partir du début du XXe siècle. À cette époque, le département de génie électrique s'est réorienté vers la formation de cadres pour l'industrie électrique. Cette réorientation a donné lieu à des changements dans le contenu des enseignements, avec l'introduction de cours en économie, sociologie, et psychologie par exemple. C'est aussi à cette époque que le département s'est lancé dans la recherche et qu'il a créé des programmes de mastère et de doctorat en génie électrique.

À la fin des années 1920 et au début des années 1930, le département a connu de nouvelles orientations, cette fois vers les sciences de l'ingénieur, définies ici comme les savoirs scientifiques que les ingénieurs doivent maîtriser pour gérer les systèmes techniques et développer de nouvelles technologies. Progressivement, pendant les années 1930 et plus encore dans l'après-guerre, le département a offert de plus en plus de cours en sciences de l'ingénieur – au point qu'à la fin des années 1950 et pendant les années 1960 les enseignements dispensés par le département étaient surtout en physique et en mathématique. C'est aussi à cette époque que le M.I.T. est devenu un centre important de recherche en électronique. Les objectifs du département étaient alors de former les futurs chercheurs en électronique et en électrotechnique aux États-Unis.

La transmission des savoir-faire industriels

Ce fut en 1882 que Charles Cross, le chef du département de physique du M.I.T., créa un nouveau programme d'enseignement en génie électrique. Ce programme offrait des enseignements en électrotechnique et sur les technologies de la communication telles que le téléphone et le télégraphe. Il donnait lieu à l'obtention d'une licence. Charles Cross,

---

"Angel" : Academic R&D and Federal-Private Cooperation before World War II », in *Isis*, 1990, vol. 81, p. 189-213 ; Pang, A., « Edward Bowles and Radio Engineering at M.I.T., 1920-1940 », in *Historical Studies in the Physical and Biological Sciences*, 1990, vol. 20, p. 313-337 ; Leslie, S.W., *The Cold War and American Science : The Military-Industrial-Academic Complex at M.I.T. and Stanford*, New York, Columbia University Press, 1993 ; Kaiser, D. (ed.), *Becoming M.I.T. : Moments of Decision*, Cambridge, The M.I.T. Press, 2010.

comme beaucoup de ses collègues dans le département de physique à cette époque était un « physicien industriel » (*industrial physicist*). Il s'intéressait de très près au développement des techniques du téléphone. Il avait ouvert son laboratoire à Graham Bell, l'inventeur du téléphone, et l'avait aidé dans ses recherches de 1874 à 1876. Il avait aussi travaillé pendant de nombreuses années en tant que consultant auprès d'American Bell Telephone (devenu plus tard American Telephone and Telegraph /A.T.&T./). Beaucoup d'autres professeurs du département de physique étaient aussi des « physiciens industriels ». Charles Norton, par exemple, qui succéda plus tard à Charles Cross à la direction du département de physique, fut le premier à utiliser les plaques d'amiante pour lutter contre le feu. Ses recherches étaient financées par les entreprises d'assurance de la région de Boston[2].

Les physiciens du M.I.T. créèrent un programme d'enseignement en génie électrique pendant les années 1880. Ce programme était très pratique. À une époque où la culture des « ingénieurs-maison » (les *shop engineers*, ou les ingénieurs formés sur le tas) était très puissante, il leur fallait produire des étudiants qui seraient directement utiles à leurs employeurs. En d'autres termes, à la sortie du M.I.T., les étudiants devaient être aussi au courant des pratiques industrielles que les ingénieurs-maison qui les connaissaient parfaitement pour avoir travaillé avec elles pendant de nombreuses années. Ces contraintes sociales et l'intérêt qu'ils portaient au développement de produits pour l'industrie poussa les physiciens du M.I.T. à former des praticiens de l'électrotechnique et du génie électrique[3].

Le cursus des étudiants de licence en génie électrique (et de beaucoup de *specials*, ces étudiants qui suivaient des cours au M.I.T. pendant seulement quelques semestres sans avoir l'intention d'obtenir un diplôme) comprenait quelques cours de physique et de mathématique. Mais il était surtout fait de cours enseignés par des ingénieurs électriciens travaillant dans la région de Boston. Par exemple, au milieu des années 1880, les étudiants suivaient des cours offerts par des ingénieurs de la New England Weston Electric Light Company et de la Thomson-Houston Electric Company (une entreprise qui fusionna ensuite avec General Electric) sur la production et la distribution d'électricité. Des ingénieurs de l'American Bell Telephone Company offraient des cours sur le téléphone. D'autres ingénieurs travaillant dans les entreprises de chemin de fer offraient des enseignements

---

[2] Lécuyer, Ch., « M.I.T., Progressive Reform, and Industrial Service, 1890-1920 », in *Historical Studies in the Physical and Biological Sciences*, 1995, vol. 26, n° 1, p. 1-54.

[3] *Ibid.*, p. 1-54. ; Lécuyer, Ch., « Patrons and a Plan », in Kaiser, D. (ed.), *Becoming M.I.T. : Moments of Decision*, Cambridge, The M.I.T. Press, 2010, p. 59-80 ; Wildes, K., Lindgren, N., *A Century of Electrical Engineering and Computer Science at M.I.T., 1882-1982*, Cambridge, M.I.T. Press, 1985.

sur la signalisation électrique. Ce que ces cours avaient en commun était qu'ils étaient très descriptifs. Ils présentaient souvent de vastes typologies sur les techniques et équipements utilisés dans l'industrie[4].

Une grande partie du cursus en électrotechnique et en génie électrique se faisait dans le laboratoire des machines électriques. Ce laboratoire était un *teaching laboratory*, un laboratoire d'enseignement où les étudiants apprenaient à faire fonctionner les machines électriques utilisées dans l'industrie (beaucoup de ces machines avaient été offertes par les entreprises de la région de Boston). Les étudiants apprenaient aussi à analyser leur fonctionnement et à opérer des tests sur ces machines. C'était en relation directe avec les dynamos, les alternateurs, et les moteurs électriques que les étudiants apprenaient leur futur métier d'ingénieur électricien[5].

Cette approche très pratique était typique du M.I.T. de la fin du XIXe siècle. Le M.I.T., appelé alors *Boston Tech*, était un polytechnic, c'est-à-dire une école qui formait des praticiens de l'ingénierie. Les autres départements et programmes du M.I.T., tels que le département de génie civil, le département de génie mécanique, le département de métallurgie, et le programme de chimie industrielle, offraient des enseignements très proches de celui du programme d'électrotechnique. Par exemple, dans le département de métallurgie, les étudiants apprenaient à transformer les minerais en métaux et à produire des alliages. Les professeurs du département de métallurgie estimaient que c'était en pratiquant ces techniques que les étudiants apprendraient à penser en tant que métallurgistes[6].

---

[4] Lécuyer, Ch., « Patrons and a Plan », in Kaiser, D. (ed.), *Becoming M.I.T. : Moments of Decision*, Cambridge, The M.I.T. Press, 2010, p. 59-80 ; Lécuyer, Ch., « M.I.T. Progressive Reform, and "Industrial Service", 1890-1920 », in *Historical Studies in the Physical and Biological Sciences*, 1995, vol. 26, p. 1-54 ; Wildes, K., Lindgren, N., *A Century of Electrical Engineering and Computer Science at M.I.T., 1882-1982*, Cambridge, M.I.T. Press, 1985.

[5] Lécuyer, Ch., « M.I.T., Progressive Reform, and "Industrial Service", 1890-1920 », in *Historical Studies in the Physical and Biological Sciences*, 1995, vol. 26, p. 1-54 ; Lécuyer, Ch., « Patrons and a Plan », in Kaiser, D. (ed.), *Becoming M.I.T. : Moments of Decision*, Cambridge, The M.I.T. Press, 2010, p. 59-80 ; Wildes, K., Lindgren, N., *A Century of Electrical Engineering and Computer Science at M.I.T., 1882-1982*, Cambridge, M.I.T. Press, 1985.

[6] Lécuyer, Ch., « M.I.T., Progressive Reform, and "Industrial Service", 1890-1920 », in *Historical Studies in the Physical and Biological Sciences*, 1995, vol. 26, p. 1-54 ; Lécuyer, Ch., « Patrons and a Plan », in Kaiser, D. (ed.), *Becoming M.I.T. : Moments of Decision*, Cambridge, The M.I.T. Press, 2010, p. 59-80 ; Lécuyer, Ch., « Academic Science and Technology in the Service of Industry : M.I.T. Creates a "Permeable" Engineering School », in *American Economic Review*, 1998, vol. 88, p. 28-33.

Électrotechnique et gestion

Ces enseignements très pratiques furent de plus en plus contestés au M.I.T. et au sein des associations professionnelles d'ingénieurs au début du XXe siècle. À cette époque, de nouvelles conceptions du génie apparurent aux États-Unis – une conception du génie comme forme de « management », et une autre conception du génie comme science appliquée. Certaines organisations professionnelles considéraient que les ingénieurs devraient être préparés à des postes d'encadrement dans l'industrie. D'autres ingénieurs influents pensaient que le génie était une forme de science appliquée et que les futurs ingénieurs devraient recevoir des formations très poussées en physique, chimie, et mathématique[7].

Au M.I.T., de nouveaux groupes de professeurs souscrivaient à ces nouvelles conceptions et essayèrent de transformer les enseignements, les uns vers la gestion, les autres vers les sciences appliquées. Par exemple, Arthur Noyes, professeur de chimie et président par intérim du M.I.T. de 1907 à 1909, désirait réorienter les cursus d'ingénieurs vers les sciences physiques. Il voulait aussi développer les recherches fondamentales et transformer le M.I.T., qui était alors une école d'ingénieurs, en une université de recherche (*research university*). Au contraire, William Walker, un professeur de génie chimique, et un groupe d'enseignants dans les départements de génie pensaient l'ingénierie comme une forme de « management ». Ils voulaient produire les futurs dirigeants de l'industrie américaine et faire de la recherche appliquée pour les entreprises de la Côte Est. Ces nouveaux groupes et les tenants de l'ingénierie pratique se livrèrent des luttes féroces pendant la première décennie du XXe siècle[8].

Ce fut le groupe qui concevait l'ingénierie comme management qui l'emporta, et ce, pour plusieurs raisons. Tout d'abord, ils obtinrent le soutien de la direction du M.I.T. Rupert Maclaurin, le nouveau président du M.I.T. de 1909 à 1920, encouragea leurs efforts. Ils gagnèrent aussi l'appui financier de mécènes industriels, telles que la famille Du Pont de Nemours et George Eastman, le fondateur d'Eastman Kodak. Eastman

---

[7] Lécuyer, Ch., « M.I.T., Progressive Reform, and "Industrial Service", 1890-1920 », in *Historical Studies in the Physical and Biological Sciences*, 1995, vol. 26, p. 1-54 ; Lécuyer, Ch., « Patrons and a Plan », in Kaiser, D. (ed.), *Becoming M.I.T. : Moments of Decision*, Cambridge, The M.I.T. Press, 2010, p. 59-80 ; Lécuyer, Ch., « Academic Science and Technology in the Service of Industry : M.I.T. Creates a "Permeable" Engineering School », in *American Economic Review*, 1998, vol. 88, p. 28-33.

[8] Lécuyer, Ch., « M.I.T., Progressive Reform, and "Industrial Service", 1890-1920 », in *Historical Studies in the Physical and Biological Sciences*, 1995, vol. 26, p. 1-54 ; Servos, J.W., « The Industrial Relations of Science : Chemical Engineering at M.I.T., 1900-1939 », in *Isis*, 1980, vol. 81, p. 531-549.

avait employé de nombreux anciens élèves du M.I.T. dans ses usines et considérait que le M.I.T. était la meilleure école d'ingénieurs aux États-Unis. Pendant la seconde décennie du XXᵉ siècle, Eastman fit d'importants dons au M.I.T. qui permirent à Maclaurin de construire un nouveau campus dans la ville de Cambridge (le M.I.T. était installé jusqu'alors à Boston). Les dons de George Eastman financèrent aussi le développement de nouveaux cursus d'enseignement dont le but était de former les futurs cadres de l'industrie américaine. Par exemple, il finança un nouveau programme d'enseignement en génie chimique, qui sélectionna et éduqua les futurs leaders de l'industrie chimique[9].

Le département de génie électrique, créé en 1902 à la suite d'une scission avec le département de physique, fut l'un des premiers à adopter cette nouvelle approche à l'ingénierie. Il le fit sous la direction de Dugald Jackson, le directeur du département de génie électrique de 1907 à 1935. Avant son arrivée au M.I.T., Jackson avait fait une partie de sa carrière dans l'industrie. Il avait été le vice-président d'une entreprise du Nebraska qui construisait des centrales électriques et des réseaux de distribution d'électricité. Il avait aussi travaillé à des postes importants à Edison General Electric Company et à Sprague Electric Railway and Electric Company. Jackson avait ensuite dirigé le département de génie électrique à l'Université du Wisconsin. Il concevait l'ingénieur comme un « leader » : son objectif était de former les futurs dirigeants de l'industrie électrique. Cet objectif l'amena à faire d'importants changements au cursus de licence en génie électrique au M.I.T. Il introduisit davantage de cours de physique et de mathématique. Il innova aussi en demandant que les étudiants suivent des cours en sciences sociales – économie, sociologie, et psychologie. Jackson lui-même donnait des cours sur l'économie des réseaux électriques. Son but était de familiariser les étudiants au monde social dans lequel ils travailleraient et de leur donner les outils intellectuels et les savoirs nécessaires pour y réussir[10].

---

[9] Lécuyer, Ch., « M.I.T., Progressive Reform, and "Industrial Service", 1890-1920 », in *Historical Studies in the Physical and Biological Sciences*, 1995, vol. 26, p. 1-54 ; Lécuyer, Ch., « Patrons and a Plan », in Kaiser, D. (ed.), *Becoming M.I.T. : Moments of Decision*, Cambridge, The M.I.T. Press, 2010, p. 59-80 ; Servos, J.W., « The Industrial Relations of Science : Chemical Engineering at M.I.T., 1900-1939 », in *Isis*, 1980, vol. 81, p. 531-549.

[10] Lécuyer, Ch., « M.I.T., Progressive Reform, and "Industrial Service", 1890-1920 », in *Historical Studies in the Physical and Biological Sciences*, 1995, vol. 26, p. 1-54 ; Lécuyer, Ch., « Patrons and a Plan », in Kaiser, D. (ed.), *Becoming M.I.T. : Moments of Decision*, Cambridge, The M.I.T. Press, 2010, p. 59-80 ; Carlson, W.B., « Academic Entrepreneurship and Engineering Education : Dugald C. Jackson and the Cooperative Engineering Course, 1907-1932 », in *Technology and Culture*, 1988, vol. 29, p. 536-569 ; Wildes, K., Lindgren, N., *A Century of Electrical*

Les cours de physique, mathématique, et sciences sociales remplacèrent beaucoup des cours offerts par les ingénieurs praticiens de la région de Boston qui jusqu'alors représentaient une part essentielle du cursus en ingénierie électrique. Mais Jackson ne toucha pas aux cours du laboratoire des machines électriques qui continuaient à être dirigés par les tenants de l'ingénierie pratique. Quand le département de génie électrique déménagea de l'ancien campus du M.I.T. à Boston au nouveau campus de Cambridge, le laboratoire des appareils électriques s'est accru en taille. Il était maintenant installé sur plusieurs étages dans les nouveaux locaux du M.I.T. Le laboratoire s'enrichit aussi de nombreux appareils qui pour beaucoup avaient été donnés par des entreprises de l'industrie électrique. Pendant les années 1920 et 1930, les étudiants continuèrent à apprendre à faire marcher ces machines et à les analyser[11].

Jackson innova aussi en établissant un laboratoire de recherches en électrotechnique et en créant des programmes de mastère et de doctorat en génie électrique. Pour former les futurs leaders de l'industrie électrique, Jackson désirait sélectionner les meilleurs étudiants de licence du M.I.T. et leur faire faire des études plus poussées. Jackson voulait aussi familiariser ces étudiants à la recherche et aux problèmes complexes qu'ils rencontreraient dans l'industrie. Pour ce faire, il créa le laboratoire de recherche en électrotechnique en 1913. Ce laboratoire était financé par de grandes entreprises telles qu'A.T.&T. et General Electric. Les étudiants y travaillaient sur des problèmes sélectionnés par l'industrie. Ils s'intéressèrent en particulier aux problèmes de stabilité des réseaux électriques. Par exemple, pendant les années 1920 et 1930 un groupe d'étudiants autour de Vannevar Bush créèrent le *network analyzer* et le *differential analyzer* (un ordinateur analogique) pour s'attaquer aux problèmes complexes liés à l'opération de grands réseaux électriques[12].

Engineering and Computer Science at M.I.T., 1882-1982, Cambridge, M.I.T. Press, 1985.

[11] Lécuyer, Ch., « M.I.T., Progressive Reform, and "Industrial Service", 1890-1920 », in *Historical Studies in the Physical and Biological Sciences*, 1995, vol. 26, p. 1-54 ; Lécuyer, Ch., « Patrons and a Plan », in Kaiser, D. (ed.), *Becoming M.I.T. : Moments of Decision*, Cambridge, The M.I.T. Press, 2010, p. 59-80 ; Carlson, W.B., « Academic Entrepreneurship and Engineering Education : Dugald C. Jackson and the Cooperative Engineering Course, 1907-1932 », in *Technology and Culture*, 1988, vol. 29, p. 536-569 ; Wildes, K., Lindgren, N., *A Century of Electrical Engineering and Computer Science at M.I.T., 1882-1982*, Cambridge, M.I.T. Press, 1985.

[12] Lécuyer, Ch., « M.I.T., Progressive Reform, and "Industrial Service", 1890-1920 », in *Historical Studies in the Physical and Biological Sciences*, 1995, vol. 26, p. 1-54 ; Carlson, W.B., « Academic Entrepreneurship and Engineering Education : Dugald C. Jackson and the Cooperative Engineering Course, 1907-1932 »,

Après la Première Guerre mondiale, Jackson créa le *cooperative program in electrical engineering* en collaboration avec General Electric. Ce cursus d'études durait cinq ans (un an de plus que le cursus classique) et donnait lieu à l'obtention d'une licence et d'un mastère. Pendant les trois premières années, les étudiants suivaient les cours du département de génie électrique sur le campus du M.I.T. Pendant les deux dernières années, ils alternaient des périodes d'études au M.I.T. à des périodes de travail dans les usines et les bureaux de General Electric – ce qui leur permettait de mieux se préparer à leurs carrières d'ingénieur. Ce programme eut beaucoup de succès auprès des étudiants. À la fin des années 1920, plus d'un cinquième des étudiants du département de génie électrique suivait ce cursus au M.I.T. et à General Electric[13].

Les sciences de l'ingénieur

Après la Seconde Guerre mondiale, une nouvelle approche de l'enseignement et des recherches en électrotechnique apparut au M.I.T. Cette approche ressemblait à celle proposée par Arthur Noyes, le chimiste et ancien président du M.I.T., au début du XXe siècle. Noyes pensait que l'ingénierie était une forme de science appliquée et il désirait former les ingénieurs aux sciences fondamentales. Ces conceptions, après avoir été mises de côté pendant les années 1910 et la première moitié des années 1920, réapparurent au sein du département de génie électrique au M.I.T. Ces mutations devaient beaucoup à l'essor de l'électronique et à l'appui de grandes entreprises telles qu'A.T.&T. et General Electric. Ces entreprises investissaient de plus en plus dans les techniques de la radio et de l'électronique et désiraient employer des ingénieurs avec de solides connaissances en physique. La participation du M.I.T. aux grands programmes de recherche sur les systèmes radar pendant la Seconde Guerre mondiale renforcèrent ces tendances et amenèrent à une réforme profonde du cursus

---

in *Technology and Culture*, 1988, vol. 29, p. 536-569 ; Wildes, K., Lindgren, N., *A Century of Electrical Engineering and Computer Science at M.I.T., 1882-1982*, Cambridge, M.I.T. Press, 1985 ; Owens, L., « Vannevar Bush and the Differential Analyzer : The Text and Context of an Early Computer », in *Technology and Culture*, 1986, vol. 27, p. 63-95.

[13] Lécuyer, Ch., « M.I.T., Progressive Reform, and "Industrial Service", 1890-1920 », in *Historical Studies in the Physical and Biological Sciences*, 1995, vol. 26, p. 1-54 ; Carlson, W.B., « Academic Entrepreneurship and Engineering Education : Dugald C. Jackson and the Cooperative Engineering Course, 1907-1932 », in *Technology and Culture*, 1988, vol. 29, p. 536-569 ; Wildes, K., Lindgren, N., *A Century of Electrical Engineering and Computer Science at M.I.T., 1882-1982*, Cambridge, M.I.T. Press, 1985.

en génie électrique et à une refonte des enseignements en électrotechnique après la guerre[14].

Au début des années 1920, Dugald Jackson et certains professeurs du département de génie électrique tels que Vannevar Bush devinrent de plus en plus conscients du fait que le département se concentrait exclusivement sur l'électrotechnique et qu'il n'offrait pas d'enseignements sur les réseaux téléphoniques (une technologie que les physiciens du M.I.T. avaient contribué à développer pendant les années 1870 et 1880) et sur l'électronique, un nouveau domaine de l'ingénierie électrique qui se développait rapidement dans l'industrie américaine. L'industrie de la radio et de l'électronique crut rapidement pendant les années 1920, autour d'entreprises telles que Radio Corporation of America (R.C.A.), General Electric, Westinghouse, et A.T.&T.[15].

Répondant à la croissance rapide de l'électronique dans l'industrie, Jackson et le département de génie électrique ouvrirent une nouvelle option en communication au début des années 1920 (l'autre option était en électrotechnique). L'option en communication offrait un nouveau cursus d'enseignements sur la radio et l'électronique ainsi que sur les réseaux téléphoniques. Le département créa un nouveau laboratoire d'enseignement (*teaching laboratory*) sur les techniques de la communication sous la direction d'Edward Bowles, un jeune spécialiste de la radio. En conjonction avec les cours offerts dans le laboratoire d'électronique, les étudiants suivaient des cours de mathématiques avancés. Ils suivaient aussi des cours de physique sur les ondes et la théorie électromagnétique afin d'obtenir les bases scientifiques nécessaires au développement de nouveaux composants électroniques et de nouveaux équipements radio. Ces enseignements étaient offerts par des chercheurs des Bell Telephone Laboratories, le grand laboratoire de recherche d'A.T.&T., et par de jeunes physiciens tels que Julius Stratton et Manuel Vallarta que le M.I.T. recruta pendant les années 1920. Les efforts de recrutement de jeunes physiciens, souvent

---

[14] Lécuyer, Ch., « The Making of a Science-Based Technological University : Karl Compton, James Killian, and the Reform of M.I.T., 1930-1957 », in *Historical Studies in the Physical and Biological Sciences*, 1992, vol. 23, p. 153-180 ; Lécuyer, Ch., « Academic Science and Technology in the Service of Industry : M.I.T. Creates a "Permeable" Engineering School », in *American Economic Review*, 1998, vol. 88, p. 28-33 ; Lécuyer, Ch., « Patrons and a Plan », in Kaiser, D. (ed.), *Becoming M.I.T. : Moments of Decision*, Cambridge, The M.I.T. Press, 2010, p. 59-80.

[15] Pang, A., « Edward Bowles and Radio Engineering at M.I.T., 1920-1940 », in *Historical Studies in the Physical and Biological Sciences*, 1990, vol. 20, p. 313-337 ; Wildes, K., Lindgren, N., *A Century of Electrical Engineering and Computer Science at M.I.T., 1882-1982*, Cambridge, M.I.T. Press, 1985 ; Lécuyer, Ch., *Making Silicon Valley : Innovation and the Growth of High Tech, 1930-1970*, Cambridge, M.I.T. Press, 2006.

formés dans les universités suisses et allemandes, par le département de génie électrique furent tels qu'à la fin des années 1920, il y avait plus de physiciens de qualité dans le département de génie électrique que dans le département de physique[16].

Le M.I.T. se lança aussi dans les recherches en électronique. Avec les financements d'Edward Green, un ancien industriel féru de nouvelles technologies, Bowles créa un laboratoire de recherches en électronique en 1926. Ce laboratoire dirigé par Bowles et Stratton se spécialisa dans l'étude des ondes très courtes, avant de s'intéresser aux micro-ondes. Ces efforts de recherche, ainsi que les programmes d'enseignement en électronique, étaient très appuyés par Gerard Swope, le président directeur général de General Electric et par Frank Jewett, le directeur des Bell Telephone Laboratories. Ils siégeaient tous deux au comité de conseillers industriels (*industrial advisory committee*) du département de génie électrique[17].

Au cours des années 1930, cette nouvelle approche « scientifique » de l'ingénierie se développa rapidement au M.I.T. sous l'impulsion de Gerard Swope. En 1930, Swope, qui était aussi directeur du conseil d'administration du M.I.T., nomma un nouveau président, Karl Compton, à la direction de l'institut. Compton était un physicien de renom, membre de l'Académie des Sciences, et ancien chef du département de physique à l'Université de Princeton. Au cours des années 1930, Karl Compton transforma le M.I.T., qui était jusqu'alors une école d'ingénieurs, en une université de recherche (*research university*), c'est-à-dire une université dont le but était non seulement de former des scientifiques et des ingénieurs, mais aussi de développer de nouveaux savoirs en science et en ingénierie. Il était assisté dans ces efforts par Vannevar Bush, le professeur de génie électrique spécialiste des réseaux électriques, qui devint vice-président du M.I.T. en 1932.

---

[16] Lécuyer, Ch., « The Making of a Science-Based Technological University : Karl Compton, James Killian, and the Reform of M.I.T., 1930-1957 », in *Historical Studies in the Physical and Biological Sciences*, 1992, vol. 23, p. 153-180 ; Lécuyer, Ch., « Patrons and a Plan », in Kaiser, D. (ed.), *Becoming M.I.T. : Moments of Decision*, Cambridge, The M.I.T. Press, 2010, p. 59-80 ; Wildes, K., Lindgren, N., *A Century of Electrical Engineering and Computer Science at M.I.T., 1882-1982*, Cambridge, M.I.T. Press, 1985.

[17] Lécuyer, Ch., « The Making of a Science-Based Technological University : Karl Compton, James Killian, and the Reform of M.I.T., 1930-1957 », in *Historical Studies in the Physical and Biological Sciences*, 1992, vol. 23, p. 153-180 ; Lécuyer, Ch., « Patrons and a Plan », in Kaiser, D. (ed.), *Becoming M.I.T. : Moments of Decision*, Cambridge, The M.I.T. Press, 2010, p. 59-80 ; Pang, A., « Edward Bowles and Radio Engineering at M.I.T., 1920-1940 », in *Historical Studies in the Physical and Biological Sciences*, 1990, vol. 20, p. 313-337 ; Wildes, K., Lindgren, N., *A Century of Electrical Engineering and Computer Science at M.I.T., 1882-1982*, Cambridge, M.I.T. Press, 1985.

Pour créer une université de recherche, Compton et Bush renouvelèrent profondément le corps professoral dans les départements de physique, chimie, et biologie. Ils créèrent aussi des laboratoires de grande qualité en spectroscopie, en physique atomique, et en chimie. Compton et Bush appliquèrent ces mêmes méthodes à de nombreux départements de génie, tels que la métallurgie, le génie mécanique et le génie aéronautique. Afin de diriger ces départements, ils recrutèrent de nouveaux ingénieurs tenants de l'ingénierie comme forme de science appliquée. Les départements de génie devinrent aussi beaucoup plus actifs dans le monde de la recherche qu'ils ne l'avaient été pendant les décennies précédentes[18].

La transformation du M.I.T. en université de recherche et ses activités en électronique lui permirent de jouer un rôle de grande importance pendant la Seconde Guerre mondiale. Le M.I.T. devint le plus grand centre de recherche aux États-Unis sur les systèmes radar. En 1940, Bush, qui avait quitté le M.I.T. quelques années plus tôt pour diriger une fondation à Washington, créa le *National Defense Research Committee* (N.D.R.C.), une nouvelle organisation de l'État Fédéral dont le but était de financer le développement de nouveaux systèmes d'armement. Ce fut le N.D.R.C. qui finança par exemple les premiers travaux sur la bombe atomique. Un autre grand projet financé par le N.D.R.C. fut le développement de systèmes radar. En 1940, le N.D.R.C. signa un contrat avec le M.I.T. pour créer un laboratoire (le *Radiation Laboratory* ou *Rad Lab*) dont le but était de développer les systèmes radar micro-ondes. Le contrat alla au M.I.T. plutôt qu'aux Bell Telephone Laboratories, qui étaient aussi intéressés, à cause des programmes de recherche sur les micro-ondes menés au M.I.T., du nouveau prestige de l'université, et des relations étroites que Bush entretenait avec le M.I.T. Pendant les cinq années suivantes, le Rad Lab s'accrut considérablement en taille, recrutant de nombreux physiciens qui venaient des meilleures universités américaines. Le Rad Lab employait plus de 4 000 chercheurs en 1944. Ce furent ces physiciens, plutôt que des ingénieurs électriciens, qui développèrent les systèmes radar micro-ondes que les armées américaine et britannique déployèrent pendant la Seconde Guerre mondiale[19].

Le Rad Lab fit du M.I.T. un grand centre de recherche en électronique dans l'après-guerre. Beaucoup de ses meilleurs chercheurs, ainsi que son matériel, se retrouvèrent dans un nouveau laboratoire, le *Research Laboratory of Electronics*, que l'administration du M.I.T. créa en 1945.

---

[18] Lécuyer, Ch., « The Making of a Science-Based Technological University : Karl Compton, James Killian, and the Reform of M.I.T., 1930-1957 », in *Historical Studies in the Physical and Biological Sciences*, 1992, vol. 23, p. 153-180.

[19] *Ibid.*, p. 153-180.

Des savoir-faire industriels aux sciences de l'ingénieur

Certains de ces chercheurs joignirent le département de génie électrique. Le Rad Lab et les autres grands projets de recherche et développement de la Seconde Guerre mondiale tels que le Manhattan Project eurent un impact considérable sur les enseignements en génie électrique au M.I.T. Ils montrèrent les carences des cursus d'ingénieurs d'avant-guerre. Très peu d'ingénieurs, et encore moins d'ingénieurs issus du M.I.T., travaillèrent au Rad Lab et sur le Manhattan Project. Gordon Brown, un spécialiste des servomécanismes qui dirigea le département de génie électrique à partir de 1952, et d'autres professeurs influents du département étaient convaincus que les enseignements offerts par les écoles d'ingénieurs avant la guerre avaient mal préparé leurs étudiants à participer au développement de nouvelles technologies telles que le radar et la bombe atomique. Pour concurrencer les physiciens et participer aux nouveaux développements techniques de l'après-guerre, les ingénieurs électriciens devraient avoir de bien meilleures bases en physique et en mathématique[20].

Ce constat amena Brown à refondre les cursus du département de génie électrique au début des années 1950 (cette refonte des cursus reçut la bénédiction des grandes entreprises de l'industrie électrique et électronique). Le but était d'offrir une formation scientifique aux futurs ingénieurs. Cette réforme affecta particulièrement les enseignements en électrotechnique. En 1952, Brown ferma le laboratoire des machines électriques où les étudiants du M.I.T. avaient appris l'électrotechnique depuis les années 1880. Les cours d'analyse de machines électriques furent supprimés. Beaucoup de professeurs en électrotechnique prirent leur retraite. Pour Brown, les enseignements en électrotechnique dispensés au M.I.T. étaient beaucoup trop pratiques. À leur place, il créa de nouveaux cours sur la thermodynamique ; les champs, l'énergie, et les forces ; la conversion énergétique ; et la transmission d'énergie. Ces enseignements étaient prononcés par des physiciens de formation qui avaient rejoint le département dans l'immédiat après-guerre. Brown supprima aussi les différentes options en génie électrique (électrotechnique, communications, et applications électroniques) et créa un cursus unique, très orienté vers la physique, pour tous les ingénieurs électriciens. À ce cursus unique, il en ajouta un autre pour les étudiants les plus doués qui donnait lieu à l'obtention d'une licence et d'un mastère. Les contenus de ce second programme étaient encore plus

---

[20] Lécuyer, Ch., « The Making of a Science-Based Technological University : Karl Compton, James Killian, and the Reform of M.I.T., 1930-1957 », in *Historical Studies in the Physical and Biological Sciences*, 1992, vol. 23, p. 153-180 ; Wildes, K., Lindgren, N., *A Century of Electrical Engineering and Computer Science at M.I.T., 1882-1982*, Cambridge, M.I.T. Press, 1985.

orientés vers la physique et les mathématiques. Son but était de préparer les meilleurs étudiants à entrer dans l'école doctorale[21].

À cette refonte des enseignements s'associa une réorientation de la recherche en électrotechnique. Les nouveaux professeurs que Brown avaient recrutés pour créer de nouveaux cours sur la conversion et la transmission d'énergie établirent de nouveaux laboratoires sur les systèmes énergétiques, parfois en collaboration avec des professeurs du département de génie mécanique. Certains laboratoires s'intéressèrent à la conversion thermoélectrique. D'autres travaillèrent sur les fluides conducteurs d'électricité. Des groupes firent aussi des recherches sur les turbines électriques et d'autres groupes travaillèrent sur l'effet des orages sur les réseaux de distribution électrique. Des équipes de recherche s'intéressèrent aussi à la production de cristaux, tels que les cristaux utilisés dans la production de semi-conducteurs. De nombreuses recherches étaient financées par l'armée américaine et l'industrie de l'énergie aux États-Unis. À la fin des années 1960, l'école d'ingénieurs du M.I.T. créa un nouveau laboratoire sur les réseaux électriques (l'*Electric Power Systems Laboratory*). Ce laboratoire développa de nouveaux types d'alternateurs et des générateurs électriques utilisant des supers conducteurs avec l'appui financier de l'*Electric Power Research Institute*, l'institut de recherche de l'industrie de production et distribution d'électricité aux États-Unis[22].

La réforme des enseignements en électrotechnique et génie électrique constitua un modèle pour d'autres départements du M.I.T. et pour d'autres universités pendant les années 1950 et les années 1960. Brown fit connaître très largement ses réformes du cursus en génie électrique au sein de la communauté des ingénieurs électriciens. En 1957, avec General Electric, Westinghouse, et la *National Science Foundation*, il organisa un atelier sur le nouveau cursus qui attira des enseignants venus de plus de cent universités aux États-Unis. Beaucoup de ces universités adoptèrent le cursus en génie électrique du M.I.T., avec les manuels produits par ses professeurs, au cours des années 1960. Brown étendit aussi ses efforts à l'ensemble de l'école d'ingénieurs. Devenu doyen en 1959, il obtint une très grosse subvention de la Fondation Ford pour repenser l'ensemble des cours de génie au M.I.T. Cette subvention accéléra la transition aux sciences de l'ingénieur dans beaucoup de départements. Par exemple, c'est à cette époque que le département de génie mécanique ferma son propre laboratoire des

---

[21] Lécuyer, Ch., « The Making of a Science-Based Technological University : Karl Compton, James Killian, and the Reform of M.I.T., 1930-1957 », in *Historical Studies in the Physical and Biological Sciences*, 1992, vol. 23, p. 153-180 ; Wildes, K., Lindgren, N., *A Century of Electrical Engineering and Computer Science at M.I.T., 1882-1982*, Cambridge, M.I.T. Press, 1985.

[22] *Ibid.*

machines. Les départements de métallurgie, génie aéronautique, et génie mécanique réorganisèrent également leurs cursus. Ils abandonnèrent les cours pratiques d'ingénierie et passèrent aux sciences de l'ingénieur. Ainsi en une vingtaine d'années, le mouvement vers les sciences de l'ingénieur qui avait commencé en électronique et électrotechnique transforma l'ensemble des enseignements pour ingénieurs au M.I.T.[23].

Conclusion

L'évolution de l'électrotechnique au M.I.T. est typique des mutations des enseignements en électrotechnique et plus généralement en ingénierie aux États-Unis depuis la fin du XIXe siècle. En moins d'un siècle, l'électrotechnique au M.I.T. passa de l'ingénierie pratique au génie comme forme de gestion et, finalement, aux sciences de l'ingénieur. Beaucoup d'écoles d'ingénieurs et d'universités aux États-Unis connurent ces mêmes évolutions quelques années ou quelques décennies plus tard. Par exemple, l'école d'ingénieurs de l'Université de California, Berkeley offrait des enseignements pratiques dans l'entre-deux-guerres. Elle se convertit aux sciences de l'ingénieur dans les départements de génie électrique et génie civil pendant les années 1950, avant de le faire pour les autres disciplines d'ingénierie au cours de la décennie suivante. Beaucoup d'institutions placées plus bas dans la hiérarchie des écoles d'ingénieurs aux États-Unis opérèrent ces transitions à partir du milieu des années 1960 et pendant les années 1970[24].

Dans ces universités, aussi bien qu'au M.I.T., les évolutions de l'électrotechnique et du génie électrique furent façonnées par plusieurs facteurs. Les conceptions de l'ingénierie jouèrent un rôle important dans ces mutations. L'essor de nouvelles conceptions du génie comme « management » et comme science appliquée au sein des associations professionnelles transforma profondément les cursus d'enseignement dans les universités américaines à partir du début du XXe siècle. L'apparition de nouveaux champs d'études et de recherches comme l'électronique, qui étaient très dépendants des sciences physiques et des mathématiques, eut également des effets d'entraînements importants et transforma l'électrotechnique et

---

[23] Lécuyer, Ch., « The Making of a Science-Based Technological University : Karl Compton, James Killian, and the Reform of M.I.T., 1930-1957 », in *Historical Studies in the Physical and Biological Sciences*, 1992, vol. 23, p. 153-180 ; Wildes, K., Lindgren, N., *A Century of Electrical Engineering and Computer Science at M.I.T., 1882-1982*, Cambridge, M.I.T. Press, 1985.

[24] Lécuyer, Ch., « Patrons and a Plan », in Kaiser, D. (ed.), *Becoming M.I.T. : Moments of Decision*, Cambridge, The M.I.T. Press, 2010, p. 59-80 ; Lécuyer, Ch., « What Do Universities Really Owe Industry ? The Case of Solid State Electronics at Stanford », in *Minerva*, 2005, vol. 43, p. 51-71.

plus tard l'ensemble des disciplines de génie aux États-Unis en sciences de l'ingénieur.

Il est aussi important de noter l'importance de l'industrie dans ces évolutions. Ce fut en réponse aux demandes des entreprises que les physiciens du M.I.T. créèrent un programme d'enseignement en électrotechnique très pratique pendant les deux dernières décennies du siècle. Avec l'appui de ces mêmes entreprises qui devaient gérer des systèmes techniques de taille croissante au début du XXe siècle, le M.I.T. et d'autres écoles d'ingénieurs se réorientèrent vers la formation de cadres techniques pour l'industrie. Enfin pendant les années 1930 et plus encore après la guerre, le département de génie électrique du M.I.T. répondit à la demande de l'industrie et de l'État Fédéral et forma ses étudiants aux sciences de l'ingénieur.

Un autre facteur important dans l'évolution de l'électrotechnique au XXe siècle fut la rivalité professionnelle entre physiciens et ingénieurs électriciens. Le génie électrique au M.I.T. et dans beaucoup d'autres écoles d'ingénieurs aux États-Unis était né de la physique et la relation à la physique resta centrale dans l'évolution de cette discipline. Le rôle essentiel des physiciens dans le développement des systèmes radar et de la bombe atomique pendant la Seconde Guerre mondiale convainquit les ingénieurs du M.I.T. qu'il était vital pour leur profession de se convertir aux sciences de l'ingénieur de façon à répondre à la concurrence des physiciens sur leur propre terrain – le développement de nouvelles technologies et la gestion des systèmes techniques.

En bref, de nouvelles idéologies de l'ingénierie, l'essor de l'électronique, les demandes de l'industrie, et des dynamiques plus proprement professionnelles poussèrent l'électrotechnique et, plus généralement, l'ingénierie aux États-Unis de la transmission des pratiques industrielles aux sciences de l'ingénieur. En d'autres termes, l'électrotechnique et le génie américain passèrent d'une des grandes polarités de l'ingénierie dans le monde occidental, la tradition britannique, à l'autre grande polarité, le modèle français. Comme les ingénieurs britanniques, les électrotechniciens du M.I.T. de la fin du XIXe siècle étaient des praticiens qui avaient des connaissances assez limitées en physique et mathématique. En revanche, soixante ans plus tard, les électrotechniciens formés au M.I.T. avaient des bases très solides en mathématiques et en sciences physiques et travaillaient avec des outils intellectuels et des conceptions de leur métier très proches de ceux des ingénieurs français.

Quatrième partie

Pédagogies

Quelques inventions entre science et technique : le télégraphe, le galvanomètre, l'électroaimant et le moteur électrique

Christine BLONDEL

*Chargée de recherche, Centre national de la recherche scientifique,
Paris, France
christine.blondel2@cnrs.fr ; blondelc@laposte.net*

Résumé

Cet article fournit quelques matériaux historiques pour contester l'attribution, fréquente dans la vulgarisation et l'enseignement, de plusieurs inventions techniques au physicien André-Marie Ampère. On souligne la multiplicité des contributions à ces inventions et la diversité de leurs auteurs ainsi que la durée des processus de mise au point.

Mots clés

Ampère, invention, électromagnétisme, télégraphe, galvanomètre, électroaimant, moteur électrique

De nombreux articles d'encyclopédies ou de dictionnaires, sur papier ou en ligne, et textes de vulgarisation, affirment qu'Ampère a inventé le télégraphe électrique et le galvanomètre, l'électroaimant en collaboration avec Arago, voire même le moteur électrique[1]. Nous fournissons ici quelques matériaux pour contester à des fins essentiellement pédagogiques une tendance fréquente à confondre loi physique et invention

---

[1] Cet article développe des éléments présentés dans le dossier « Ampère a-t-il inventé le télégraphe, le galvanomètre, l'électroaimant et le moteur électrique? », in site *Ampère et l'histoire de l'électricité* http://www.ampere.cnrs.fr/histoire/parcours-historique/lois-cuorants/ampere-inventeur [en ligne 15.12.2015].

technique, comme si l'invention était une simple application d'une théorie scientifique. On sait qu'il ne manque pas d'inventions, comme celle de la machine à vapeur, ayant précédé les théories scientifiques qui en expliquent le fonctionnement. Par ailleurs, dans quelle mesure peut-on attribuer ces inventions électriques à un seul individu ?

Ampère et le télégraphe

La contribution d'Ampère à l'histoire de la télégraphie électrique se résume à une phrase dans son premier mémoire sur l'électrodynamique, publié peu après la découverte d'Ørsted en 1820 Ørsted avait suscité l'étonnement général en montrant qu'un fil conducteur fait dévier une aiguille de boussole lorsque le fil est parcouru par un courant. « On pourrait, écrit Ampère, au moyen d'autant de fils conducteurs et d'aiguilles aimantées qu'il y a de lettres, et en plaçant chaque lettre sur une aiguille différente, établir, à l'aide d'une pile placée loin de ces aiguilles, et qu'on ferait communiquer alternativement par ses deux extrémités à celles de chaque conducteur, former une sorte de télégraphe propre à écrire tous les détails qu'on voudrait transmettre à travers quelque obstacle que ce fût. En établissant sur la pile un clavier dont les touches porteraient les mêmes lettres et établiraient la communication par leur abaissement, ce moyen de correspondance pourrait avoir lieu avec assez de facilité et n'exigerait que le temps nécessaire pour toucher d'un côté et lire de l'autre chaque lettre. »[2] L'usage du conditionnel est pleinement justifié dans ce texte par le caractère spéculatif de la proposition d'Ampère.

Le mot et l'objet télégraphe étaient alors bien connus. La première ligne opérationnelle du télégraphe optique des frères Chappe, ouverte entre Paris et Lille en 1794, permit de transmettre des dépêches de guerre en quelques heures, et par la suite en quelques minutes. Une série de sémaphores, portés par des tours espacées d'une quinzaine de kilomètres et manipulés par des employés entraînés, munis de longues-vues, réémettaient les signaux reçus, du moins par temps clair.

Dans son mémoire, Ampère précise en note avoir appris d'Arago que le principe de son télégraphe « avait déjà été proposé par T. Sömmering, à cela près qu'au lieu d'observer le changement de direction des aiguilles aimantées, qui n'était point connu alors, l'auteur proposait d'observer la décomposition de l'eau dans autant de vases qu'il y a de lettres ». Ce télégraphe électrochimique de Sömmering avait été décrit en 1812 dans une revue francophone suisse[3]. Des démonstrations en avaient été faites sur

---

[2] Ampère, A.-M., « Mémoire [...] sur les effets des courants électriques », in *Annales de chimie et de physique*, 1820, vol. 15, p. 59-75 ; p. 170-218.

[3] Sömmering, S.T. *Bibliothèque britannique*, 1812, vol. 49, p. 19-37.

trois kilomètres, mais ce télégraphe, comme celui proposé par Ampère, n'aurait pu rivaliser sur le terrain avec celui de Chappe car il aurait nécessité des courants intenses pendant de longues durées.

La suggestion d'Ampère vient en fait dans le prolongement d'une de ses expériences montrant que le sens de déviation d'une aiguille, ainsi que la valeur de l'angle de déviation, sont identiques tout au long du circuit, même à grande distance de la pile. Cette identité de la déviation de l'aiguille en tout point du circuit fonde pour lui la notion de courant électrique. Le physicien s'intéresse alors à cerner les grandeurs tension et intensité, et non à la transmission d'information à distance, question sur laquelle il ne revient pas dans ses écrits ultérieurs. Il ne demandera pas à son constructeur habituel, Hippolyte Pixii, de réaliser un prototype de ce télégraphe électrique, à 24 circuits et sans codage, qui reste donc à l'état d'objet technique en pensée.

La première liaison opérationnelle de télégraphie électrique, réalisée en 1833 par les savants allemands Gauß et Weber, modifie la proposition d'Ampère sur plusieurs points. La pile est remplacée par une source de courant utilisant le phénomène d'induction découvert en 1831 par Faraday. Un enroulement de fil autour de l'aiguille augmente la force qu'elle subit, ce qui permet d'utiliser des courants plus modestes. En outre, un codage de chaque caractère par une succession de cinq signaux permet de n'utiliser qu'une seule ligne. Mais ce télégraphe de Gauß et Weber, mis en œuvre sur une courte distance, est resté au stade expérimental.

Finalement c'est le besoin de communiquer entre gares, lié au développement des chemins de fer, qui est à l'origine des premières lignes commerciales de télégraphie électrique en Angleterre à la fin des années 1830. Le système, breveté conjointement en 1837 par un fabriquant de modèles anatomiques, William Cooke, et le physicien Charles Wheatstone, utilise un codage réalisé avec cinq fils : pour chaque lettre, des impulsions sont envoyées sur deux des cinq fils, et les deux aiguilles déviées convergent vers la lettre transmise.

Les innovations majeures sont dues ensuite à un peintre américain intéressé par les sciences, Samuel Morse, qui s'associe avec un inventeur et mécanicien, Alfred Vail, pour mettre au point, en 1837, un système intégrant deux innovations. Une première innovation réside dans la séparation entre un circuit émetteur et un circuit récepteur, chacun alimenté par un générateur différent. Dans le circuit émetteur, un courant de faible intensité suffit à véhiculer l'information à très grande distance. Un électroaimant, constituant un relais, commande la fermeture ou l'ouverture du circuit récepteur dans lequel peuvent circuler sans inconvénient des courants plus intenses. La transmission de l'information se trouve ainsi indépendante de l'apport d'énergie nécessaire au fonctionnement du système récepteur. Une autre innovation essentielle concerne le codage temporel des caractères réalisé par une combinaison d'impulsions de courant brèves et longues, définie par l'alphabet Morse. À l'émission, l'opérateur établit ou rompt le courant avec un levier à ressort, tandis qu'à la réception un second électro-aimant permet d'inscrire sur un ruban enregistreur les traits et points correspondant aux impulsions reçues.

Il fallut encore convaincre des investisseurs et résoudre toute une série de problèmes techniques avant que la première ligne interurbaine soit mise en service entre Washington et Baltimore en 1844. Mais en 1850, des dizaines de milliers de kilomètres ont été installés et le télégraphe ne tarde pas à transformer le commerce, la bourse, la météorologie, les communications militaires, la presse, etc. Ce développement technique s'est ainsi appuyé à la fois sur un objet technique mettant en œuvre un codage simple et des procédés séparant la transmission de l'information de celle de l'énergie, sur une série de connaissances relatives aux piles et aux circuits électriques et sur les besoins du chemin de fer. Il aboutit un quart de siècle après le mémoire d'Ampère. Difficile de réduire le dispositif technique final, auquel ont contribué une dizaine de personnages aux profils très variés et qui s'intègre dans un système technique nouveau, à la proposition théorique d'Ampère !

Le galvanomètre

Nous allons voir, dans le cas de l'invention du galvanomètre, appareil destiné à mesurer l'intensité d'un courant, intervenir une série de physiciens et constructeurs européens. C'est toujours dans son premier mémoire sur l'électrodynamique qu'Ampère écrit en 1820 :

> « Il manquait un instrument qui fit connaître la présence du courant dans une pile ou un conducteur, qui en indiquât l'énergie et la direction. Cet instrument existe aujourd'hui ; […] un appareil semblable à une boussole, et qui n'en diffère que par l'usage qu'on en fait […]. Je pense [qu'] on doit lui donner le nom de galvanomètre. »[4]

Dans une première version de son mémoire, le physicien n'utilise pas le terme « galvanomètre » mais celui de galvanoscope qui – à la différence du galvanomètre – indique simplement la possibilité d'observations, non de mesures[5]. Il s'en faut en effet de beaucoup pour que le dispositif proposé par Ampère, une simple boussole placée sous le fil conducteur, permette

---

[4] Ampère, A.-M., « Mémoire […] sur les effets des courants électriques », in *Annales de chimie et de physique*, 1820, vol. 15, p. 67.

[5] Ampère, A.-M., « Mémoire de Monsieur Ampère sur les effets produits sur l'aiguille aimantée par la pile galvanique », in *Annales générales des sciences physiques*, 1820, vol. 6, p. 241.

effectivement des mesures de l'intensité d'un courant. Par ailleurs les physiciens ont rapidement constaté que le courant doit être élevé pour faire dévier une aiguille de boussole d'un angle appréciable.

Pour apprécier des courants électriques d'intensité modeste, le physicien allemand Johann Schweigger imagine le multiplicateur qui augmente l'action du courant sur l'aiguille grâce à plusieurs tours du fil autour de l'aiguille.

En 1825 le physicien italien Leopoldo Nobili fait agir le multiplicateur de Schweigger non plus sur une simple aiguille mais sur le système « astatique » d'Ampère – en fait quasi-astatique – formé de deux aiguilles parallèles et rigidement liées, orientées en sens inverse et suspendues à un fil sans torsion. Le magnétisme terrestre agit très faiblement sur l'ensemble car il agit seulement sur la faible différence de magnétisme entre les deux aiguilles. C'est grâce à l'extrême sensibilité du galvanomètre de Nobili que Carlo Matteucci peut déceler, au début des années 1840, le courant électrique engendré par les muscles.

Dans le galvanomètre de Nobili la déviation de l'aiguille augmente avec l'intensité du courant mais il n'y a pas de relation mathématique simple entre cette intensité et l'angle de déviation. Aussi, en dépit de son nom, cet instrument ne permet pas encore de mesurer l'intensité du courant.

Une dizaine d'années plus tard, le physicien français Pouillet mit au point un galvanomètre permettant la mesure de l'intensité d'un courant, qui fut donc qualifié d'absolu. Pouillet revient à l'action sur une simple aiguille mais celle-ci est disposée au centre d'un grand cadre circulaire autour duquel est entouré le fil conducteur. Si le rayon du cercle est assez grand devant la dimension de l'aiguille, alors la tangente de l'angle entre l'aiguille et le Nord magnétique est proportionnelle à l'intensité du courant. Mais le galvanomètre de Nobili auquel les physiciens étaient habitués et qui suffisait pour de nombreuses expériences continue d'être utilisé dans les laboratoires. Que ce soit le galvanomètre de Nobili ou celui de Pouillet, ici encore le dispositif final met en œuvre une série de propriétés des courants et du magnétisme allant bien au-delà de la proposition d'Ampère.

De l'aimantation de l'acier à l'électroaimant

L'électroaimant a joué un rôle essentiel dans l'invention du télégraphe électrique, comme on l'a vu plus haut, ainsi que dans le développement de l'électricité industrielle. Son fonctionnement repose sur l'aimantation temporaire d'un barreau de fer doux (du fer pur) par un courant électrique. À l'automne 1820, peu de temps après avoir assisté à l'expérience d'Ørsted, Arago remarque qu'un fil métallique attire la limaille de fer lorsqu'il est parcouru par un courant et la laisse retomber lorsque le courant est interrompu. Cette expérience d'aimantation temporaire se limite à la limaille de fer. De fait ce qui intéresse Arago et ses contemporains, c'est l'aimantation permanente de l'acier pour la fabrication des boussoles marines. Cette première observation présente donc peu d'intérêt : « Le fil conjonctif ne communique au fer doux qu'une aimantation momentanée », note Arago[6].

Lorsqu'il parvient à aimanter, cette fois de manière permanente, une aiguille d'acier placée au voisinage du fil conducteur, l'expérience présente suffisamment d'intérêt pour qu'Arago la montre à Ampère. Ce dernier, s'appuyant sur sa théorie des aimants, lui suggère de placer l'aiguille d'acier à l'intérieur d'une hélice, à la fois pour assurer la définition des pôles magnétiques et pour renforcer l'action magnétique du courant. Les expériences décrites dans la suite du mémoire d'Arago concernent toutes l'aimantation permanente de fils d'acier par des hélices. Pour Ampère, l'apport de ces expériences est avant tout théorique. Elles soutiennent son explication de l'aimantation par la création de courants électriques à l'intérieur de l'acier : « le courant dans chaque spire en entraîne un semblable et dirigé dans le même sens sur la surface de l'acier, et par suite dans son intérieur. » Il n'est pas question d'aimantation temporaire de fils de fer doux et donc du principe de l'électroaimant.

C'est le démonstrateur public William Sturgeon qui, en 1824, réalise le premier électroaimant. Celui-ci, en forme de fer à cheval, permet de soulever une masse de 4 kg, soit 20 fois son propre poids. Mais c'est encore un objet de curiosité.

Il faut les travaux du physicien américain Joseph Henry autour de 1830, à la fois techniques sur l'isolation de centaines de spires superposées, et scientifiques sur les différentes manières d'alimenter ces spires, pour que soit envisagée la perspective d'utiliser l'électroaimant, identifié comme un nouvel objet technique, pour soulever des masses de plusieurs centaines de kilos ou comme source de mouvement dans un moteur.

Davy, Faraday, Ampère, Barlow et le moteur électrique

Si l'on pouvait réduire une invention à la découverte de son principe physique, les prétendants à l'invention du moteur électrique seraient encore plus nombreux que pour le télégraphe ou l'électroaimant. Mais le moteur électrique, au sens d'un dispositif produisant, grâce à l'électricité, une énergie mécanique utilisable, a été mis au point dans la deuxième moitié

---

[6] Arago, D.F.J., « Expériences relatives à l'aimantation du fer et de l'acier par l'action du courant voltaïque », in *Annales de chimie et de physique*, 1820, vol. 15, p. 95.

du XIXe siècle. Aucun des scientifiques que nous allons évoquer – Davy, Faraday, Ampère ou Barlow – n'a d'ailleurs émis une telle revendication.

En novembre 1820 le chimiste anglais Humphry Davy interprète, comme la plupart de ses contemporains à l'exception d'Ampère, l'expérience d'Ørsted par une magnétisation temporaire du fil conducteur lorsque ce fil est parcouru par le courant. « Il était naturel d'en conclure, ajoute-t-il, qu'un aimant agirait sur un corps rendu magnétique par l'électricité. […] C'est ce qui a lieu. J'ai placé successivement des fils métalliques sur les tranchants de deux couteaux de platine, placés parallèlement et reliés aux pôles d'une forte pile, et leur ai présenté un aimant : ces fils roulaient sur les deux lames. »[7]

Cette classique expérience de cours est appelée en France « rails de Laplace », la force agissant sur la tige qui roule sur les rails s'étant vue, dans ce pays, attribuée à Laplace. Créer du mouvement grâce à un courant électrique, n'est-ce pas le principe du moteur électrique ? Mais Davy n'envisage aucune application pratique à ce dispositif de laboratoire, dans lequel certains ont pu voir le prototype du moteur électrique linéaire.

Un an plus tard Faraday annonce avoir obtenu la rotation, et non plus le déplacement linéaire, d'un conducteur parcouru par un courant, sous l'action d'un aimant. Peu après, Ampère ajoute la rotation d'un circuit mobile sous l'action d'un autre circuit. Ces dispositifs de rotations continues suggèrent encore plus fortement a posteriori le rapprochement avec un moteur électrique. Mais dans la correspondance entre Ampère et Faraday, le débat sur l'interprétation de ces expériences ne porte pas sur l'utilisation des forces électromagnétiques pour produire du travail mécanique. Ces mouvements de rotation étaient d'ailleurs compromis par de faibles frottements et, nécessitant des courants intenses, ils étaient loin de pouvoir fournir le moindre travail utile. Pour Faraday comme pour Ampère, l'intérêt de ces expériences réside dans leurs implications théoriques. Tout au long du XIXe siècle et au-delà, les catalogues des constructeurs d'instruments proposent de très nombreuses variantes de ces « rotations continues » dans la catégorie Électromagnétisme. Lorsqu'au début du XXe siècle une nouvelle catégorie Moteur électrique apparaît dans ces catalogues, aucun lien n'est fait avec les rotations continues qui demeurent attachées à la théorie de l'électromagnétisme.

Les rotations continues de Faraday et Ampère suscitent de nombreuses interrogations : ne remettent-elles pas en vigueur le mouvement perpétuel ? En 1822, le mathématicien et physicien anglais Peter Barlow présente une

---

[7] Davy, H., « Phénomènes magnétiques produits par l'électricité, (trad.) », in Société française de physique (ed.), *Collection de mémoires relatifs à la physique*, t. 2, *Mémoires sur l'électrodynamique*, 1re partie, Paris, Gauthier-Villars, 1885, p. 72.

« expérience électromagnétique curieuse » dans le prolongement de ces expériences : une roue dentée métallique traversée par un courant est mise en rotation « avec une vitesse telle qu'on peut à peine la suivre à l'œil »[8]. Depuis, l'expérience de la « roue de Barlow » est devenue, comme les rails de Laplace, un grand classique de l'enseignement.

Davantage que les dispositifs d'Ampère ou Faraday, la roue de Barlow est souvent présentée dans les manuels ou textes de vulgarisation comme « le premier moteur électrique », parfois même désignée sous le nom de « moteur de Barlow ». Mais comme Faraday ou Ampère, Barlow avait pour objectif d'illustrer les propriétés de la force électromagnétique et non de proposer une application technique. Les premiers moteurs électriques des années 1840, alimentés par des piles, utilisent d'ailleurs l'attraction entre un aimant (ou un électroaimant) et une bobine, et non les rotations continues d'Ampère et Faraday ou la force électromagnétique exhibée dans la roue de Barlow. En outre ces premiers moteurs, construits pendant la période 1840-1870, n'ont pas eu d'avenir.

Conclusion – de l'expérience de physique à l'objet technique

Les cas sommairement évoqués ici de l'électro-aimant, du galvanomètre ou du moteur électrique témoignent, comme celui du télégraphe, que les objets techniques résultent d'une constellation d'idées, d'expériences et d'essais variés mis en œuvre par une série de personnages aux profils divers. Pour qu'un principe physique s'incarne non dans une expérience de laboratoire mais dans un objet technique effectivement utilisable et utilisé, l'histoire conjuguée des sciences et des techniques montre que toute une série de conditions sont susceptibles d'intervenir telles que les moyens techniques disponibles, la demande de la société, les contextes institutionnel et économique, ou encore la politique de l'invention. Dans les cas considérés le processus s'étend en outre sur une période de plusieurs années, voire plusieurs dizaines d'années. Les chronologies sont sans doute une nécessité pédagogique mais affecter à ces inventions un nom et une date se révèle impossible !

---

[8] Barlow, P., « Sur une expérience électromagnétique curieuse, (trad.) », in Société française de physique (ed.), *Collection de mémoires relatifs à la physique*, t. 2, *Mémoires sur l'électrodynamique*, 1re partie, Paris, Gauthier-Villars, 1885, p. 206.

Le Musée E.D.F. Électropolis et le patrimoine électrique du groupe E.D.F.

Claude WELTY

Directeur du Musée E.D.F. Électropolis, Mulhouse, France
Directeur de l'Espace Fondation E.D.F., Paris, France
claude.welty@edf.fr
http://www.electropolis.tm.fr

Résumé

Musée E.D.F. Évocation de la création du musée de Mulhouse autour de la grande machine Sulzer en 1987. Le parcours muséographique et les collections évoluent, permettant une réouverture en 2003 de nouveaux espaces. Le groupe E.D.F. soutient le musée et enrichit ses collections. Le musée va permettre la création d'une mission du patrimoine du groupe E.D.F. afin de repérer, conserver et valoriser son patrimoine mobilier, immobilier et immatériel.

Mots clés

Musée E.D.F. Électropolis, Groupe E.D.F., Mulhouse, France, patrimoine mobilier, immobilier et immatériel

Le musée est né de la volonté de sauver de la destruction un groupe électrogène monumental : la machine Sulzer-Brown-Boveri & Cie (B.B.C.) qui avait incarné pendant un demi-siècle la puissance industrielle d'une entreprise et celle de la ville de Mulhouse.

De 1901 à 1953, cette machine Sulzer-B.B.C. de 170 tonnes a fourni en électricité la filature Dollfus, Mieg & Cie (D.M.C.) de Mulhouse dans un bâtiment situé dans l'enceinte de l'usine. L'alternateur produisait un courant d'une puissance de 900 kW.

Sauvée de la destruction au tournant des années 1980 grâce à la volonté de quelques industriels passionnés d'histoire, elle a été restaurée et transférée dans le bâtiment principal du musée.

Après 20 000 heures de travail, le premier tour de roue a eu lieu le 18 novembre 1985, soit plus de deux ans après le début de l'opération. Cette remise en marche s'est effectuée en utilisant toujours la vapeur produite au moyen d'une chaudière électrique et non plus au charbon. À l'origine, les chaudières produisaient de la vapeur d'eau à une pression de 12 bars afin d'actionner les quatre pistons de la machine à vapeur contenus dans les quatre cylindres haute, moyenne et basse pression pour deux d'entre eux.

Depuis les années 1990, ce sont deux moteurs électriques qui entraînent le rotor. Son bon fonctionnement requiert toujours toutes les heures l'entretien des 315 points de graissage et des 48 huileurs. La vitesse de rotation de la roue est de 21 tours par minute soit quatre fois plus lentement qu'en 1901.

Elle est aujourd'hui au cœur d'un spectacle théâtral multimédia qui plonge le visiteur dans l'histoire d'une famille ouvrière mulhousienne et illustre le contexte technique, social et économique de ce chef d'œuvre de la technologie 1900.

L'Association pour le musée de l'énergie électrique a été créée en 1981, réunissant industriels et collectivités publiques et préfigurant une alliance dont l'originalité est restée sans équivalent parmi les musées français. En effet, cette alliance se traduit aujourd'hui encore par un équilibre unique entre les partenaires publics qui poursuivent les investissements nécessaires au développement de l'établissement et le mécénat d'entreprise, celui de la Fondation E.D.F. Diversiterre qui soutient le fonctionnement et le développement du musée. Ouvrant ses portes en 1987 et considérablement agrandi en 1992, le musée a connu en 2003 un renouvellement de sa muséographie

Parcours muséographique

Sur plus de 2 500 m^2, la visite suit un parcours chronologique qui va de l'Antiquité jusqu'à nos jours, en présentant les découvertes et les applications de l'électricité, tout en plongeant le visiteur dans des ambiances évoquant les modes de diffusion des connaissances à différentes époques : les cabinets scientifiques, héritiers des cabinets de curiosité ou les expositions universelles, etc. D'autres espaces présentent les objets dans leur contexte d'utilisation ou de commercialisation : c'est le cas du salon bourgeois de l'entre-deux-guerres ou de la grande surface commerciale des années 1960.

Les collections

Elles comptent près de 12 000 objets dont un millier est présenté dans l'exposition permanente. Deux vastes domaines y sont représentés : celui des objets liés à la découverte et à l'industrie électrique – des machines

Le Musée E.D.F. Électropolis et le patrimoine électrique du groupe E.D.F.

électrostatiques aux groupes générateurs – et celui des objets domestiques qui illustre les transformations radicales opérées depuis un siècle dans le domaine du confort, de la préparation des aliments, de la communication et de l'audiovisuel, etc.

Le musée a volontairement choisi de faire appel à de multiples modes de médiation. Les spectacles et dispositifs interactifs complètent les démonstrations réalisées plusieurs fois par jour par les animateurs. Ainsi, comme au siècle des Lumières, les phénomènes électrostatiques font se dresser les cheveux sur la tête des visiteurs.

Sur 20 000 m^2, un jardin technologique complète la visite. Les objets industriels de la production et du transport d'électricité, de taille souvent considérable, se découvrent dans plusieurs pavillons et dans un environnement paysagé.

Un groupe Pelton est ainsi présenté dans un pavillon du jardin. Il provient de l'usine de la Perrière Vignotan en Savoie où il avait été installé dans les années 1920.

L'alternateur est présenté en éclaté tout comme la turbine. Le musée a retenu le principe de ne jamais pratiquer de découpe dans les pièces uniques des collections. L'ensemble fonctionne au ralenti devant les visiteurs.

Les lieux d'exposition de la Fondation E.D.F.

La Fondation soutient trois autres lieux d'exposition en France :
- l'espace E.D.F. Bazacle, centrale hydroélectrique de la fin du XIXe siècle, plongeant ses racines dans un passé de moulin médiéval et toujours en activité sur la Garonne à Toulouse. Une partie est utilisée en salle d'exposition culturelle ;
- l'espace Fondation E.D.F., sous-station (poste de transformation) de 1910 de la Compagnie Parisienne de Distribution d'Electricité (C.P.D.E.). Utilisée comme espace culturel depuis 1990. Ces deux lieux n'ont pas d'expositions permanentes et accueillent des expositions temporaires en rapport avec les activités de la Fondation et de ses partenaires ;
- enfin, un second musée, situé dans les Alpes, le musée E.D.F. Hydrélec en Isère à Vaujany et à proximité de la centrale de Grand'Maison. Issu d'une collecte, débutée dans les années 1970, d'éléments du patrimoine hydroélectrique principalement alpin, il a été inauguré en 1989. D'une surface de 1 000 m^2, il domine la vallée de la Romanche qui concentre des éléments particulièrement significatifs du patrimoine électrique français dont la centrale des Vernes. Cette centrale hydroélectrique, construite en 1918, a

été classée monument historique en 1996. C'est le seul équipement d'E.D.F. qui a été ainsi classé. La centrale conserve toujours en fonctionnement l'essentiel de ses équipements d'origine.

Conclusion : la mission du patrimoine historique du groupe E.D.F.

Un patrimoine considérable, tant mobilier, immobilier, qu'immatériel, est placé sous la responsabilité de l'entreprise E.D.F. Mentionnons par exemple dans le domaine de l'immobilier, la centrale de Cusset de 1899 dont l'architecture serait inspirée du château de Schönbrunn et qui est construite sur une dérivation du Rhône à côté de Lyon.

En 2008, il a été décidé de créer une mission pour la valorisation du patrimoine historique de l'entreprise abordant ces trois thématiques. L'appui du service des archives historiques d'E.D.F. et du Comité d'Histoire complète cette mission qui s'appuie sur les équipes des deux musées : Musée E.D.F. Électropolis et Musée E.D.F. Hydrélec.

La mission vise à la fois la conservation et la valorisation du patrimoine mobilier mais également immatériel en collectant et sauvegardant la mémoire et les témoignages des acteurs du monde de l'électricité et enfin à recenser et mettre en valeur le patrimoine immobilier.

La mission collabore avec la Musée des arts et métiers à Paris et en particulier avec son réseau national de sauvegarde et de valorisation du patrimoine scientifique et technique contemporain.

De nombreux projets d'expositions, de valorisation numérique, de publications, de parcours de visites, etc. sont envisagés. Ils permettront, tant pour le public interne du groupe É.D.F. que pour le plus large public, de mieux faire connaître la qualité et l'importance de ce patrimoine.

Index des noms de personnes

Aguiar, António Augusto de 395
Agustí i Culell, Jaume 325
Ahvenainen, Jorma 296
Akin, William E. 446
Alayo i Manubens, Joan Carles 30, 62, 63, 321, 325, 326
Alber, Karl 296, 297
Albrecht, Egon 140
Alexandre II 227, 231, 235
Alioth, Ludwig Rudolf 270
Almeida, Luíz Eduardo de 403
Alves, Leonice Aparecida de Fátima 311
Amaral, Ferreira do 402, 403
Amaral, José de 397
Ambróz, Karol 177
Ampère, André-Marie 38, 70, 259, 289, 475, 476, 477, 478, 479, 480, 481, 482
Amsellem, Edgard 377
Anastasiadou, Meropi 428
Andronescu, Plautius 418
Andrusov, Dimitrij 183
Angio d', Agnès 359
Antonie-Partenie, Cezar 419
Antoniou, Yannis 431
Apolinário, Maximiano Gabriel 397, 398, 399
Appleyard, Rollo 253
Arago, François Jean Dominique 475, 476, 479, 480
Arendáš, M. 185
Argand, Ami 260

Argyropoulos, Timoleon 427
Artem'ev, Nikolaj 242
Asachi, Gheorghe 412, 420
Assimakopoulos, Michalis 35, 36, 68, 425, 437
Avenarius, Mihail 238, 243
Avila, Julio Moreira d' 313
Axelos 432
Baborovský, Jiří 97
Bacon, Francis 87
Badel, Laurence 114, 223, 259, 286, 291, 384, 394, 396, 405
Bahmetjev, Porfirii 413
Bakker, Martijn 248, 297, 305
Bălan, Ștefan 409
Banfield, Georgina 247
Barbosa, Avides 403
Barbosa, Carlos 311
Barjot, Dominique 261, 369, 370, 371
Barlow, Peter 480, 481, 482
Barrera, Caroline 358, 359, 376
Barros, Guilherme Augusto de 387
Bárta, Vladimír 112
Barus, Carl 452
Bašta, Jan 122
Baťa, Tomáš 83, 178
Batsis, Dimitris 437, 439
Batzarov, Nikola N. 414
Bauer, Andreas Friedrich 398
Bayly, Christopher 265
Bazaine, Pierre-Dominique 226
Beauchamp, Kenneth George 384, 385

Becquerel, Antoine Henri 229
Becquerel, Edmond 343
Bečvářová-Němcová, Martina 119
Belin, David 377
Bell, Alexander Graham 288, 328, 460, 466, 467, 468
Bella, Štefan 183
Beltran, Alain 11, 43, 384
Benbadis, Abdelhamid 367
Benda, Břetislav 214
Benda, Oldřich 187
Bendana, Kmar 364
Beneš, Antonín 109, 122, 124, 217
Beneš, Edvard 82, 83, 162, 199
Beneš, Pavel 167
Beneš, Zdeněk 19, 20, 51, 52, 77
Benevides, Francisco da Fonseca 383, 385, 395
Benhlal, Mohamed 363
Benoît, Serge 261
Bensaúde, Alfredo 34, 66, 382, 399, 400
Bentham, Jeremy 260
Bergier, Jean-François 266, 267
Berland, Claude 377
Berthier, Grégory 371
Berthonnet, Arnaud 370
Bertin, Roger 377
Bettahar, Yamina 32, 33, 65, 357, 358, 359, 361, 362, 368, 373
Bidois-Delalande, Anne 361
Biel, Emílio 394
Bílek, Jan 191
Bílek, Karol 97
Birck, Françoise 358, 359, 360, 361, 368, 373, 409, 416, 423
Biscan, Wilhelm 133, 134, 135, 140, 141

Bláha, Aleš 113, 187
Blasberg, Eugen 178
Bloch, Marc 13, 45
Blondel, Christine 38, 70, 475
Boeira, Nelson 309
Bogdan, Petru 419
Bogiatzis, Vasilis 431
Boháč, Jan Křtitel 129, 130
Boleman, Gejza 176, 192
Bollati, Giulio 277
Bolley, Pompejus Alexander 262
Bondu, Christian 377
Bondy, Carl 119
Bonitz, Hermann 21, 53, 130
Borecký, Václav 214
Borel, Ernest 239
Borgeaud, Charles 259
Borgman, Ivan 237
Boringhieri, Paolo 277
Borovský, Karel Havlíček 80
Borový, František 78, 80
Boucher, Anthelme 270
Bouneau, Christophe 369
Bourgade, François 365
Bourguiba, Habib 364, 365
Boutos, Apostolos 35, 36, 68, 425
Bouvier, Yves 6, 545
Boveri, Walter 263, 266, 483
Bowles, Edward 459, 466, 467
Braudel, Fernand 366
Braun, Hans Joachim 261
Breguet, Abraham Louis 255, 346, 354
Breitfeld, Carl 111, 118
Bret, Patrice 226
Brito, Alfredo de 388
Brittain, James E. 296

Index des noms de personnes

Brown, Gordon 469, 470
Brown, Charles Eugene Lancelot 263, 266, 267, 328
Brunhofer, Karel 111
Brunnbauer, Ulf 422
Brush, Charles Francis 328
Bubeník, Václav 113
Budeanu, Constantin 417
Budil, Ivo 164
Budlovský, Karel 113
Bugan, Anton 183, 185
Bugeaud, Thomas Robert 370
Buchanan, Robert Angus 253
Bucher, Johann 432
Bulla, Heinz 132
Bürgin, Emil 263
Bürki-Ziegler, Arnold 265
Burnay, Henry 400
Bush, Vannevar 458, 464, 465, 466, 467, 468
Butel, Michel 377
Cabral, Paulo Benjamin 391, 395, 396
Calcagno, Gian Carlo 283
Cambon, Paul 363
Campos, Ezequiel de 393, 401, 403
Camus, Albert 366
Candaux, Jean-Daniel 260
Candolle, Augustin Pyrame de 260
Capel, Horacio 392, 405
Capelle, Jean 375
Cardoso, Armando 403
Cardot, Fabienne 278, 280, 388, 394
Carlson, W. Bernard 458, 463, 464, 465
Carnot, Ernest 390
Carnot, Nicolas Léonard Sadi 369
Caron, François 12, 44, 259, 260, 268, 394

Carpentier, Jules 291
Carqueja, Bento 385
Carré, Patrice A. 384
Caruana-Dingli, Edmond 377
Carvalho, Carlos Constantino da Rocha 386
Casati, Gabrio 275
Castilhos, Júlio de 309, 310
Castronovo, Valerio 278
Cigánek, Ladislav 113, 186
Cirák, Ján 187
Clarendon, Edward Hyde 249
Clausius, Rudolf Julius Emanuel 266
Clerici, Carlo 279
Cohen, Yves 259
Cohen-Tannoudji, Jacques 366
Cochery, Adolphe 387
Cojocaru, Ion 410
Colan, Horia 409
Colladon, Daniel 259, 260, 262, 263, 264, 265, 269
Colombo, Giuseppe 26, 58, 274, 277, 278, 281
Combemale, Amédée 398
Compton, Karl 458, 466, 467, 468, 469, 470, 471
Comte, Auguste 28, 60, 308, 309, 310
Constantinescu, Ion 417
Cooke, William Fothergill 233, 234, 477
Coopersmith, Jonathan 232, 426
Coquery-Vidrovitch, Catherine 359
Cordeiro, José 397
Cornu, Alfred 239
Cortat, Alain 269
Corvo, João d'Andrade 387
Crawford, Élisabeth 361
Crompton, Rookes Evelyn Bell 328

Cross, Charles 459, 460
Curie, Pierre 345
Cuza, Alexandru Ioan 412, 420
Czepek, Rudolf 117, 118
Čadil, František 214
Čakrtová, Eva 208
Čapek, Karel 86
Čermák, Pavol 185
Čeřovský, František 214
Daněk, Čeněk 111
Davey, William G. 203
David, Ch. 434, 436, 438
Davy, Humphry 480, 481
De Bast, Omer 289, 290, 292
Dejmek, Jindřich 162
Delessert, Benjamin 260
Démidov, Pavel 227
Denzler, Albert 267
Deprez, Marcel 239, 343
Derrida, Jacques 366
Deym, François comte 149
Diderot, Denis 86
Dimaras 432
Dimitrakopoulos, Anargiros 439
Dinculescu, Constantin 409
Diogo, Maria Paula 403, 404
Diomidis, Alexandros N. 432, 436, 440
Diviš, Václav Prokop 129, 130
Dolejšek, Václav 119
Dolgouchine, Léon 374
Dolivo-Dobrowolsky, Michael von 304
Dollfus, Jean-Henri 483
Domalíp, Karel 89, 97, 99, 100, 101, 106, 107, 108, 109, 129, 212

Domenech, Claude 366, 377
Donocík, Rudolf 216
Doubrava, Štěpán 106
Doxiadis, K. 440
Drouin, Jean-Marc 260
Droz, Eugénie 370
Du Pont de Nemours, la famille 462
Duboscq, Louis Jules 328
Dubravius, Jan 79
Ducommun, Élie 261
Duffy, Gloria 203, 205
Dumas, Jean-Baptiste 259, 260
Durége, Heinrich Jacob Karl 89, 93, 99
Dzimko, Marián 192
Eastman, George 462, 463
Edison, Thomas Alva 273, 277, 279, 282, 288, 296, 297, 328, 385, 463
Efmertová, Marcela 11, 21, 42, 53, 74, 81, 103, 106, 111, 113, 114, 119, 123, 131, 146, 149, 156, 157, 359
Egger, Béla Bernhard 172
Egorov, Nikolaj 237
Einaudi, Giulio 276, 283
Einstein, Albert 120, 267
Eisenhower, Dwight D. 202
Elicer, Karel 213, 214
Engliš, Karel 81, 148
Ennafaa, Ridha 358, 359
Erba, Carlo 26, 58, 274, 277, 279
Ershov, Alexandre 228
Escher, Hans Caspar 265
Esposito, Pascal 377
Esteves, Xavier 403
Etemad, Bouda 261
Exner, Franz Serafin 21, 53, 130

Index des noms de personnes

Eyrolles, Léon 352
Falkenhaussen, baron von 290
Faraday, Michael 128, 253, 477, 480, 481, 482
Farbaky, Štefan 175
Faria, Fernando 393
Farny, Jean Lucien 267
Fayard, Joseph-Arthème 198
Fedorovna, Maria alias Dagmar 235
Fedorovskij, Ivan 230
Ferranti, Sebastian de 247, 250, 251
Ferraris, Galileo 26, 58, 274, 278, 279, 281
Ferreira, Guilherme Luis Santos 391
Ferreira, Maria Letícia Mazzucchi 310, 311
Ferretti, Roberto 283
Ferrié, Gustave 351
Ferté, Patrick 359
Fesch, Léon 399
Fetter, František 213, 214, 217
Fettermann, Waldomiro 313
Filaretos, Klisthenis 433
Fleischner, Jindřich 78, 80, 86
Flores-Garcia, Ange 377
Flory, Maurice 364
Folta, Jaroslav 79
Fontanon, Claudine 387
Fonteneau, Virginie 361
Ford, Henry Martin 86
Forman, Miloš (Jan Tomáš) 86
Formánek, Bedrich 181, 186, 187, 188
Foronda y Gómez, Manuel de 328
Fox, Robert 24, 25, 27, 39, 40, 41, 56, 57, 59, 72, 73, 247, 248, 252, 259, 276, 280, 281
Frade, António Rodrigues 398

France, Anatole 78
Franco, Maria Estela Dal Pai 311
Franco, Sérgio da Costa 309
Franěk, Otakar 79, 118
Franěk, Rudolf 216
František Josef Ier 79, 112, 113
Freke, John 129
Friedel, Charles 96
Fuger, Antonín 79
Fuchs, Klaus 201
Furet, Jacques 377
Füßl, Wilhelm 297
Gabelle, Henri 352
Gadda, Giuseppe 279
Gaillard, Félix 200
Galatis, Konstantinos 432, 434, 435, 438
Ganz, Ábrahám 171
Garcia de la Infanta, José M^a 326
Garros, Gilbert 374
Gaulle, Charles André Joseph Marie de 197
Gauß, Johann Carl Friedrich 477
Gauthier-Villars, Henry 289, 481, 482
Geisser, Vincent 364, 365
Genidounias 432, 433
Georgius, Agricola 19, 51, 77, 78
Gérard, Éric Mary 26, 27, 34, 58, 59, 66, 279, 288, 289, 342, 345, 396, 399
Gerstner, František Josef 20, 52, 90, 165
Gertz, René 310
Gheorghiu, Ion S. 417
Ghermani, Dionisie 417
Giavazzi, Giuseppe 279
Gide, André 78

Ginsburgs, George 203
Girou, Bernard 377
Gloesener, Michel 287
Gluhov, Vladimir 236
Gobarev, Viktor M. 205
Gobe, Éric 367
Goddard, Robert Hutchings 164, 168
Goethe, Johann Wolfgang von 78
Goetzeler, Herbert 297
Goldschmidt, Bertrand 197, 198
Gómez, José Mestres 328, 330
Gooday, Graeme J.N. 249
Gordon, James Edward Henry 390
Gottemann, Ferdinand 191
Goubeaux, François 377
Gounarakis, Konstantinos N. 429, 431, 434, 435, 440
Gouzévitch, Dmitri 223, 226, 359
Gouzévitch, Irina 23, 24, 55, 56, 221, 223, 226, 235, 268, 359, 387
Gramme, Zénobe 17, 30, 49, 62, 222, 223, 287, 288, 296, 328, 385, 392
Grayson, Lawrence P. 449
Green, Edward 467
Grelon, André 11, 17, 43, 49, 253, 259, 268, 285, 288, 341, 359, 360, 361, 368, 373, 381, 384, 394, 405, 409, 416, 423
Grjaznov, Fedor 232
Grünwald, Éric 118
Guagnini, Anna 41, 73, 248, 252, 259, 276, 277, 278, 280, 281
Guedes, Manuel Vaz 396
Guerreiro, João Veríssimo Mendes 388
Gugerli, David 266, 267
Guillen, Pierre 359
Guillet, Léon 352
Guman, Eugène 176

Guman, Jenö 176
Gutwirth, Václav 118, 164
Haber, Samuel 446
Haberer, Karl 140, 141
Haderka, Stanislav 214
Hachette, Louis 365, 368
Halbwachs, Maurice 387
Haller, Albin 341, 348, 349
Hallon, Ľudovít 22, 33, 54, 66, 169, 171, 178
Halske, Johann Georg 27, 59, 234, 296, 297, 298, 303, 383
Hamel, Josef 230, 233, 234
Hampl, Antonín 151
Haňka, Ladislav 122
Hanke, Augustin 140
Hapl, Josef 216
Harper, James 448
Harper, John 448
Hartleben, Conrad Adolf 141
Hartmut Rüdiger, Peter 358
Hassen, Maria de Nazareth 310, 311
Haubelt, Josef 119
Hauer, Josef 204
Havel, Václav 86
Havránek, Jan 91, 92, 93, 94, 95, 96, 97, 120, 124, 126
Hecht, Gabrielle 201
Heinz, Flavio 28, 29, 42, 60, 61, 74, 307
Henniger, Jan 165
Henrijean 289
Henriques, Guilherme de Lima 398
Henry, Joseph 480
Henry, Paul 374
Herget, František Antonín Linhart 90
Herman, Peter 191

Index des noms de personnes

Hermite, Charles 113
Herrlein, Jr Ronaldo de 309
Herrmann, Carlos 397, 398
Herrmann, Maximiliano Augusto 394, 397, 398
Hertl 140
Hertner, Peter 27, 59, 60, 274, 295, 297
Hervert, Josef 164
Heyrovský, Jaroslav 95, 187
Hiller, Ivan 175
Hinglais, Émile 374
Hirsch, Adolf 239
Hitler, Adolf 81
Hodeir, Catherine 372
Hodža, Milan 182
Hoffmann, Vilém 214
Holmes, John Henry 328
Holub, Zdeněk 214, 216
Hoover, Herbert Clark 449
Höpken, Wolfgang 422
Hopkins, Johns 328, 426, 446
Horák, Zdeněk 118
Horký, Jan 121, 132
Hornstein, Karl 94
Horská-Vrbová, Pavla 120, 208
Hospitalier, Edouard 388
Houdek, František 164
Houston, Edwin James 328, 429, 460
Hozák, Jan 98
Hrdina, Josef 147, 148
Hroch, Miroslav 81
Hron, Michal 162
Hronec, Juraj 182, 183
Huber, Peter-Emil 267
Hughes, Thomas Parke 296, 426

Humboldt, Friedrich Karl Wilhelm Heinrich Alexander baron von 20, 52
Hurmuzescu, Dragomir 35, 67, 411, 412, 419
Hvolson, Orest 237
Champollion, Jean-François 358, 376
Chappe, Claude 476, 477
Chappe, Ignace 482
Charles IV 89, 90, 91, 92, 93, 94, 95, 96, 97, 99, 108, 161, 162, 209, 213
Charliat, Alexandre 346, 354
Chatzis, Kostas 226
Chaumat, Henri 343
Chenet, Louis 374
Chikolev, Vladimir 239
Chlup, Josef 216
Chmúrny, Ján 187, 190
Choffel-Mailfert, Marie-Jeanne 362
Christian IX 235
Ignat, Mircea 409
Ignat'ev, Grigorij 238
Ilkovič, Dionýz 187
Illy, József 120
Inguimbert, Louis d' 377
Ionescu, Ioan S. 411
Jackson, Dugald Caleb 458, 463, 464, 465, 466
Jacob, Margaret C. 449, 452, 453, 454, 455
Jacobi, Boris 24, 56, 228, 229, 230, 231, 234
Jacobi, Vladimir 238
Jakubec, Ivan 20, 52, 89
Jančák, Štefan 177
Janet, Paul 342, 344, 347, 348, 353
Janíček, František 180

Jankovský, Vladimír 191
Jansa, František 191
Janšák, Štefan 172
Jaroch, Otakar 216
Jaspar, Joseph 287
Jaumann, August 118
Jewett, Frank 467
Jílek, František 79, 94, 95, 96, 97, 208
Jirák, Jaromír 110
Joachim, Miroslav 214
Joliot, Frédéric 197, 198
Joly, Hervé 288
Joseph II 20, 52, 90
Juglà i Font, Antoni 325
Kafka, Heinrich 118
Kafka, Miroslav 192
Kachkine, Konstantin 240
Kaiser, David 458, 459, 460, 461, 462, 463, 464, 466, 467, 471
Kalvokoresis 432
Kámen, František 189
Kamisheva, Ganka 421
Karady, Victor 358
Karkanis, Ilias 427
Karvar, Anousheh 268
Kasapoglou, K. 428, 440
Kasprzykowski, João Augusto 403
Katakouzinos 432
Kegel, Karl 435
Kekulé, August 96
Kendall, Alfredo 391, 397, 398
Khaldoun, Ibn 364
Khrouchtchev, Nikita Sergueïevitch 204
Killian, James 458, 466, 467, 468, 469, 470, 471
Kingsley, Jessica 253

Kitsikis, Nikolaos D. 434, 437
Kittler, Erasmus 251, 300
Klaus, Werner 301
Klika, Jaroslav 108
Klika, Otakar 214, 216
Kline, Ronald R. 426
Klinkoš, Josef Tadeáš 129
Kluwer, Wolters 248
Kneidl, František 156
Kneppo, Ľudovít 185, 186
Kober, Ignác Leopold 80
Kocka, Jürgen 303
Koenigs, Gabriel 352
Kohlrausch, Friedrich 94
Kõiv, Erna 224
Koláček, František 89, 94, 95, 99, 112, 119, 129
Kolli, Robert 243
Komenský, Jan Ámos 182
König, Friedrich 398
König, Wolfgang 27, 60, 251, 298, 299, 300, 301, 302, 303, 304, 399
Kořalka, Jiří 81
Kostlán, Antonín 82
Kostov, Alexandre 34, 35, 36, 41, 66, 67, 68, 74, 359, 407, 408, 409, 413, 416, 422, 423
Kotal, Miroslav 216
Kouba, Antonín 122, 214
Kouvelis, Petros T. 435, 437, 438
Kowarski, Lew 197
Králík, Jan 162
Králíková, Marie 81
Krasny, Arnold 147
Kratochvíl, Petr 83
Krčméry, Ladislav 185, 193

Kremenetzky (Kremenezky), Johann Ignaz 172
Krempaský, Július 187
Kroes, Peter 248, 297, 305
Krondl, Milan 113
Kroupa, Otokar 140
Krouza, Václav 110, 214
Křivanec, Karel 183
Křižík, František 81, 113, 149, 212
Kučera, Bohumil 95, 107, 119
Kučera, František 119
Kučera, Jaroslav 111, 122, 214
Kuhlmann, Karl 418
Kupper, Patrick 266
Kuruc, Jozef 205
Kuzmin, Michail Nikolajevič 81
Kužma, Bohumil 97
Kvasil, Bohumil 213, 214
Kvítek, Martin 161
Lacaita, Carlo G. 274, 275, 279, 280, 281, 282
Lacoste, Yves 366
Lačinov, Dmitri 237, 243
Ladd, William 383
Lafon, Jean 377
Lalescu, Traian 418
Laloux, Ludovic 26, 27, 59, 285
Lampa, Anton 120
Landry, Jean 270
Langen, Carl Eugen 240
Langworthy, Edward Ryley 249
Laplace, Pierre Simon de 260, 481, 482
Lavoisier, Antoine-Laurent de 260
Layton, Edwin T. 445, 446, 454
Leboutte, René 358

Lécuyer, Christophe 37, 69, 457, 458, 460, 461, 462, 463, 464, 465, 466, 467, 468, 469, 470, 471
Lefeuvre, Daniel 369, 370, 371
Leiner, Oskar von 141
Leitenberger, Karl 118
Lemos, Miguel 309
Lenin (Uljanov), Vladimir Iljič 206
Lenz, Heinrich Friedrich Emil 224, 227
Leonida, Dimitrie 418
Lerch, Matyáš 100, 113
Lermontov, Michail Jurjevič 86
Leschiutta, Sigfiedo 405
Leslie, Stuart W. 449, 452, 453, 454, 455, 459
Levický, Dušan 190
Levora, Josef 106
Lévy-Leboyer, Maurice 297
Leykam, Andreas 141
Lichtenberg, Georg Christoph 229
Lilien, Jean-Louis 285
Lima, Raquel Rodrigues de 311
Lindgren, Nilo 452, 458, 460, 461, 463, 464, 465, 466, 467, 469, 470, 471
Lippich, Ferdinand 120
Lippman, Gabriel 239
List, Vladimír 21, 22, 53, 54, 81, 99, 100, 101, 106, 108, 112, 113, 114, 115, 116, 117, 126, 145, 147, 148, 149, 150, 151, 153, 154, 155, 156, 160
Liška, Václav 81
Lobkovic (Lobkowicz), Jiří Kristián comte 149
Lomič, Václav 79, 94, 95, 96, 97, 106, 107, 109, 120, 208
Lomičová-Jirásková, Marie 106
Longuenesse, Élisabeth 367

Loskoutoff, Élie 377
Lourenço, Marta C. 387
Love, Joseph 309
Ludwig, Gottfried Johan 172
Lusa Monforte, Guillermo 323
Lyautey, Hubert 363, 372
Macků, Bedřich 112
Maclaurin, Rupert 462, 463
Madariaga y Casado, José Maria de 329
Mader, J. 140
Maeterlinck, Maurice 78
Magalhães, Benjamin Constant Botelho de 309, 310
Magnien, Maurice 12, 44
Mahel, Vladimír 216
Mach, Ernst 23, 55, 89, 93, 94, 99, 101, 106, 119, 120
Macháček, Vilém 121, 132
Machado, Miguel 402
Maiocchi, Roberto 278
Makovíny, Ivan 177, 178
Malatesta, Maria 279, 285
Malthus, Robert 260
Malý, Karel 111
Mammeri, Mouloud 366
Manfrass, Klaus 259
Manitakis, Nicolas 358
Mansfeld, Bedřich 81, 82, 83, 107, 124, 125, 126
Marci z Kronlandu, Jan Marek 79
Marcus, Alan I. 447
Marie Terezie 174
Marius, Palon 374, 375
Marsh, Joseph 253
Marshall, George Catlett 440
Martin, Benjamin 129

Marx, Karl Heinrich 262
Masaryk, Tomáš Garrigue 82, 126, 150, 162, 163, 166
Maspero, François 365
Matěna, Štěpán 213, 214
Mathesius, Johannes 77
Mathieson, R.S. 203
Mathis, Charles-François 261
Matos, Ana Cardoso de 33, 34, 41, 65, 66, 74, 381, 387, 389, 392, 393, 398, 403, 404
Matsas, Antonios Z. 428
Matteucci, Carlo 479
Matzka, Wilhelm 89, 93, 99
Mauduit, Alexandre 373, 374, 375, 419
Maurice, Jean-Frédéric 260
Mavrogonatou, Georgia D. 430
Mayer, Václav 165, 166
Mayntz, Renate 426
McDougall, Walter A. 454
McMahon, A. Michael 450
McMahon, Thomas A. 197
Medeiros, Borges de 311
Meiksins, Peter 445, 451
Melichar, František 157
Mendes, Fátima 393
Mendès, Pierre 309
Mendes, Teixera 309
Mendonça, Henrique de 398
Menshikov, Alexandr 231
Mercedés, Adrienne Manuela Ramona Jellinek 404
Merger, Michèle 389
Merritt, Raymond H. 450
Métier, R. 375
Metz, Paul 404
Meynier, Gilbert 370

Mieg, Anne-Marie 489
Mihăilescu, Nicolae Şt. 409
Mihály, Molnár 176
Michajev, Nikolaj 184
Miché, Roger 377
Micheli, Gianni 276
Mikeš, Jan 21, 53, 81, 127
Miller, Oskar von 250, 297
Millet, René 364
Minesso, Michela 277
Miquel, Louis 377
Miškay, Vladimír 173
Mohammed V 363
Moinaud, Claude 366, 377
Mokyr, Joel 260
Möller, Horst 259
Mondadori, Arnoldo 278
Monés i Pujol-Busquets, Jordi 322
Monnet, Jean 257
Monnet, Jean Omer Marie Gabriel 197
Monnier, Démétrius 347, 348
Montefiore-Levi, Georges 27, 59, 285, 286, 287, 288, 289, 291, 292, 329, 339, 342, 381, 382, 391, 396, 397, 398
Moraes, Carlos 389
Mori, Giorgio 274, 279, 281, 282, 296
Morosini, Marília Costa 311
Morrill, Justin 443, 447, 448
Morse, Samuel Finley Breese 477, 478
Motta, Giacinto 279, 282
Motta, Miguel 394
Moulay, Idriss 363
Moulay, Youssef 363

Muncke, Georg Wielhelm 233
Nadjakoff, Georges 421
Nachtmann, Lukáš 22, 54, 161, 162, 164
Napoléon, Bonaparte 124, 344
Navarro y Abel de Beas, Benito 324
Naville, Gustave 263, 265
Navrátil, Emil 110
Necker, Jacques 260
Necker, Louis 260
Nečesaný, Josef 81
Nedev, Nedeltcho 414
Neidhöfer, Gerhard 304
Nejepsa, Robert 111
Nelson, Richard R. 275
Nernst, Walther Hermann 304
Neruda, Jan 97
Neuschl, Štefan 184, 185
Neves, Castanheira das 388
Nevole, Milan 97
Nicolas Ier 231, 234
Niculce, Eugen 413, 419
Niethammer, Friedrich 106, 117, 118
Nikolaidis, Konstantinos D. 429
Nobel, Alfred 187, 261, 267
Nobili, Leopoldo 479
Noble, David 450, 458
Nollet, Jean Antoine 129
North, Michael 296
Norton, Charles 460
Novák, Bohumil 89, 99
Novák, František 119
Novák, Karel 107, 109, 110, 129, 212
Novák, Ladislav 107
Novák, Vladimír 95, 112, 129
Nový, Luboš 119

Noyes, Arthur 462, 465
Nussbaum, Helga 297
Nye, David 383, 404, 426
O'Konnor, Ricardo 391
Oberth, Hermann 168
Očenášek, Ludvík 22, 54, 161, 162, 163, 164, 165, 166, 167, 168
Očenášek, Miloslav 165, 168
Očenášková, Milada 165
Oechsli, Wilhelm 258, 261, 266, 267, 268
Ohm, Georg Simon 134, 137
Okurka, Tomáš 134
Oleson, Alexandra 446
Olff-Nathan, Josiane 361
Oliva, Luiz de Sequeira 391
Olivetti, Camillo 26, 58, 279
Olivier-Utard, Françoise 361
Opsomer, Carmélia 285
Ørsted, Hans Christian 476, 479, 481
Osterhammel, Jürgen 265
Owens, John 249
Owens, Larry 458, 465
Pagazani, Roger 378
Page, Charles H. 234
Pagoulatos, George 436
Paivandi, Saeed 358, 359
Palaz, Adrien 270
Pang, Alex 459, 466, 467
Pangalos, Theodoros D. 432
Pantelakis, Nikos S. 427, 429, 430, 432, 433, 436
Papadimitriou, Panagiotis 433
Papanastasiou, Alexandros 430, 432
Papavasileiou, S.A. 431
Paquier, Serge 25, 57, 58, 257, 259, 267, 268
Paris, Marie-Louise 352, 353

Parobé, Pereira 311
Parrot, Friedrich Wilhelm 224
Parrot, Georg Friedrich 224
Parsons, Robert Hodson 250
Pasteur, Louis 344
Patzier, Michael 175
Paul, Roi 425
Paula Rojas, Francisco de 328
Paulová, Milada 162
Pavese, Claudio 296
Pavlenkov, Florentij 237
Pecka, Dominik 85
Péclet, Eugène 328
Pedroso, Fernandes 398
Pecho-Pečner, Viktor 185
Pelet, Paul-Louis 264
Pelton, Lester Allan 485
Pereira, Costa 403
Pérez del Pulgar, Augustín 337
Perez, Gustavo d'Avilla 398
Pérez, Liliane 226
Perpinias, Anthony Emmanuel 440
Pervillé, Guy 365, 368, 378
Pessoa, Guilherme Cardoso 398
Péterffy, Zoltán 172
Péters, Arnaud 285
Petiet, Jules 259
Petr, Karel 96
Petráň, Josef 93, 94, 95
Petřík, Josef 79, 208, 209
Petřina, František Adam 106, 107, 118, 119, 129
Pezat, Paulo 309
Pezopoulos, Georgios N. 431, 433, 437, 438
Picard, Alfred 388
Piccard, Paul 268, 269, 270

Index des noms de personnes

Pionchon, Joseph 348
Pírek, Zdeněk 214, 216, 217
Pirelli, Giovanni Battista 283
Pirockij, Fedor 240
Pixii, Antoine-Hippolyte 477
Planell, Francisco 338
Pluhař, Ladislav 149
Podaný, Václav 98
Podobedov, Mihail 240
Pohl, Josef 129, 130
Poincaré, Henri 239
Polák, Milan 81
Poliak, František 189
Polónyi, Gejza 184
Popov, Alexandr 237, 242, 243
Posejpal, Václav 119
Pöss, Ondrej 181
Pošík, Václav 108
Potier, Alfred 239, 386
Potiorek, Oskar 134
Pouillet, Claude Servais Mathias 479
Poupě, Oldřich 191
Prasil, Franz 267
Prášek, Justin Václav 157
Prikril, Hugo 140
Procopiu, Ștefan 419
Procházka, Janko 185
Pryen, Denis 226, 358, 363
Přikryl, H. 140
Puluj, Ivan 106, 118, 120
Purgina, Ján 174
Puškár, Anton 191, 192
Raab, Rudolf 118
Rădulețz, Remus 418
Raftopoulos, Theodoros I. 436, 437, 438, 439
Rákoš, Matej 190

Ramunni, Girolamo 384, 405, 409
Rangel, Dominiano 313
Ras i Oliva, Enric 325
Rasmussen, Anne 387, 388
Rathenau, Emil 267, 296, 297, 304
Raýman, Bohuslav 89, 96, 97, 98, 99
Renard, Paul 387
Renardy, Christine 293
Rensselaer, Stephen van 446
Repman, Albert 237
Reuleaux, Franz 266
Reynolds, Terry S. 445
Ricciardi, Ferruccio 26, 58, 273
Rieger, František 122, 213, 214, 217
Rieger, František Ladislav 77, 79, 80
Rietto, Anna-Marie 405
Richta, Radovan 84
Rijsselberge, François van 238
Rip, Arie 305
Ritter, Guillaume 264
Rivet, Daniel 363
Roca y Sanchez, Antoni Ron José Manuel 333
Rocard, Yves 198
Rodrigues, José Júlio 392
Rodrigues, Maria de Lurdes 394, 396, 404
Rodríguez, Eduardo 30, 62, 328
Roldana, José L. Garcia 398
Romani, Roberto 277
Romanov, Hyppolite 240
Roosevelt, Franklin Delano 449
Rosas, Fernando 404
Rosenberg, Charles 446
Rosenberg, Nathan 275
Rossi, De 238
Rossi, Paolo 78

Rotnág, Josef 151
Roux Le, Muriel 247
Rozkošný, Jan 148
Rozsypal, Anton 187
Rucăreanu, Costin 409
Ruhmkorff, Heinrich Daniel 291
Ruprecht, Anton 175
Rusu, Dorina N. 409
Rypl, Václav 164
Ryšánek, Vladimír 214
Řezníček, Josef 111, 122, 213, 214
Sabol, Miroslav 22, 33, 54, 66, 169, 174, 177, 179, 180
Sadik Bey, Mohammed el- 369
Sagner, Otto 422
Saint-Simon, Claude-Henri de 262
Salivet, Émile de Fauchécour de 374
Salvà e Campillo, Francesc 29, 62, 324, 325
Sampayo, Duarte 391
Santucci, Jean-Claude 364
Sarmento, Albano 402
Sarropoulos, Georgios K. 430, 431, 437
Savel'ev, Alexandr 227, 243
Savický, Nikolaj 81
Savio, Michel 409
Scafeş, Cornel I. 410
Scrinci, Jan Antonín 129
Segreto, Luciano 282
Seidlerová, Irena 119
Sequeira, J.V. Duro de 391, 400
Serrin, Victor 328
Servoles, Robert 377
Servos, John W. 458, 462, 463
Seydler, August 93
Shatelen, Mihail 239, 241, 243, 244
Shvejkin, Ilja 231

Schaffer, Simon 249
Scheda, František 166
Scheiner 163
Schenk, Štefan 166
Schilder, Karl 24, 56, 228
Schilling, Pavel 24, 56, 228, 229, 230, 231, 233, 234
Schmid, Sonja 36, 37, 40, 68, 69, 70, 72, 443
Schmidt, Dorothea 303
Schneider, Adolphe 359
Schneider, Eugène 359
Scholtze, Karl 141
Scholz, Karol August 178
Schors, Johann 133
Schuckert, Johann Sigmund 297, 303, 394, 399
Schumpeter, Joseph Alois 274
Schuster, Arthur 249
Schwartz, Otto 176, 192
Schwarz, Štefan 187
Schweigger, Johann Salomo Christoph 479
Siegel, Ernst 117, 118
Siemens, Ernst Werner von 27, 59, 234, 235, 240, 269, 295, 296, 297, 298, 30 1, 303, 304, 328, 383, 392, 399, 430
Siemens, Georg von 296, 297
Sigonney, Guy 377
Sigrist, René 259
Siino, François 364
Síkorová, Elena 174
Sikorová, Tatiana 182
Simeray, Henri 374
Simões, Ilidio Mariz 397
Sinay, Juraj 189, 190
Skomorohov, Alexandr 242

Index des noms de personnes

Skutil, Jan 79
Sládek, Vojtech 173, 178
Slavík, Josef Bartoloměj 122
Slawik, Theodor 140
Sluginov, Nikolaj 243
Smazal, Jan 214
Smetaczek, Leo 140
Smith, Adam 260
Smith, Chris 445, 451
Smrček, Otto 126
Soares, Mozart Pereira 310
Sobotka, F. 185
Sobotka, Jan 96
Sobotka, Zdeněk 214
Solomos, Ioannis 430, 433, 434, 435
Sommer, Stefan 140
Sömmering, Samuel Thomas von 230, 233, 476
Sorbon, Robert de 6, 35, 67, 195, 239, 260, 410, 414
Sorel, Georges 387, 388
Sousa, Thomaz Salter de 391
Spála, Karel 111
Speich, Daniel 266
Spěváček, Václav 81
Sprague, Robert C. 463
Sraïeb, Noureddine 364
Sretenova, Nikolina 413
Srnka, Oskar 106, 118
Stabenow, Rudolf 158
Stamou, Konstantinos E. 431
Staněk, František 150
Stanford, Leland 451, 458
Stano, Julius 179
Staudenmaier, John M. 297
Ştefănescu, Radu Ion 417
Steiner, Julius 140

Steinmetz, Charles Proteus 268, 437
Stelakatos, Konstantinos K. 428
Stephanou, Maria 311
Stepling, Josef 128, 129
Ştirbei, Barbu Dimitrie 410
Stockmans, François 288
Stodola, Aurel 267
Stoletov, Alexandr 237, 243
Stránský, Josef 109, 111, 122, 213, 214
Stratton, Julius 466, 467
Straub, Alfred 172
Strouhal, Čeněk 94, 95, 98, 100, 119, 129
Stříteský, Hynek 81
Stucky, Alfred 270
Studnička, František Josef 89, 98, 99, 119
Sturgeon, William 480
Sturm, Charles 260
Suhanov, Nikolaj 232
Sucharda, Antonín 96
Suláček, Jozef 182, 183, 184
Sulzer-Bernet, Salomon 483
Sumec, Josef 89, 99, 106, 112, 113, 115, 214
Svěcený, Antonín 78
Svoboda, Antonín 213, 214
Svobodný, Petr 79
Swan, Joseph Wilson Sir 392
Swope, Gerard 467
Syriotis, Anthony George 440
Szomolányi, Jan 184, 185
Šafařík, Josef 85
Šalamon, Miroslav 187
Šebor, Jan 113
Šimek, Ludvík 108, 109, 110, 129, 214

Škoda, Emil 204
Šlechtová, Alena 106
Šorel, Antonín 158
Špaček, Stanislav 125, 126
Špány, Viktor 189, 190
Šrámek, Leopold 110
Štefánik, Milan Rastislav 120, 184
Štemberk, Jan 22, 42, 54, 74, 145, 155
Štoll, Ivan 119
Šubrt, Adolf 111, 214
Šujanský, Ferdinand 184, 189
Šuran, Ladislav 184
Taraba, Oldřich 213, 214
Targa, Luiz Roberto Pecoits 309
Tašnerová, Pavlína 164
Tayerlová, Magdalena 23, 55, 79, 118, 207
Taylor, Frederick W. 448
Teichová, Alice 297
Teixeira, José Pedro 396
Tekeľ, Ladislav 173
Terradas, Esteban (Esteve) 333, 338, 339
Tesánek, Jan 129
Tesla, Nikola 89, 99, 214
Těšínská, Émilie 98
Theodoridis, Frixos I. 431
Thobie, Jacques 359
Thomson, Elihu 328, 429, 460
Thun-Hohenstein, Leopold Lev 20, 52, 91
Thury, René 328
Tibenský, Ján 181
Țicovschi, Vladimir-Alexandru 419
Tikhonov, Natalia 35
Tiso, Jozef 179
Tobler, Alfred 268
Tobler, Hans Werner 266, 267

Tomsin, Philippe 285, 286, 291, 396
Tondl, Ladislav 85
Topol, Josef 86
Trnka, Otakar 148
Trnka, Zdeněk 122, 213, 214
Tsotsoros, Stathis 441
Tulcran, Hugon 377
Tur, Daniel 377
Turin, Yvonne 365
Turnage, Andy 164
Turrettini, Théodore 263, 264, 265, 269, 270
Ullmann, Ignác 108
Umrath, Theodor 157
Urban, Otto 81
Ursíny, Miloš 173, 182
Vail, Alfred Lewis 477
Vajner, Jacov 232
Valier, Max 168
Vallarta, Manuel 466
Vallet, Paul 374
Vancl, Karel 151, 154
Vaňouček, Karel 149
Vasconcellos, Carlos Joaquim Michaelis de 398, 403
Vasconcellos, Carolina Michaëlis de 398
Vasconcellos, Joaquim de 398
Vasilescu-Karpen, Nicolae 410, 411, 416, 417
Vávra, Jan 186
Vavrek, Alexander 421
Vaxevanoglou, Aliki 428, 430
Vejdělek, Zdeněk 109, 110, 214
Venizelos, Eleftherios 430, 432, 434
Vérain, Louis 373, 374
Vermeren, Pierre 363

Verne, Jules 86
Verunáč, Václav 82
Veverka, Antonín 213, 214, 217
Vicenti, Paul 366
Viefhaus, Erwin 300
Viegas, António dos Santos 387
Vieta, Pere de 322
Vila, André 377
Vilanova, Grégoire 23, 55, 195
Vincenti, Paul 377
Vitovtov, Pavel 230
Vivaldi-Coaracy, Vivaldo de 313
Vlagalis, Nikolaos Th. 428
Vlachopoulos, Nikolaos 433, 434
Vlnka, Ján 180
Voiculescu, Dumitru 409
Voinea, Radu P. 409
Volta, Alessandro 20, 52, 127
Voss, John 446
Vozár, Jozef 182
Wagner, Johann 140, 141
Wagner, Peter 430, 441
Wahl, K. 140
Walker, William 462
Waltenhofen, Adalbert Carl Ritter von 106, 107, 117
Walter, François 261, 264, 265
Washington, George 468, 478
Watson, William 129
Weber, Heinrich-Friderich 266, 267, 268, 477
Wehler, Hans-Ulrich 299
Weibel, Jules 269
Weibel, Luc 269
Weigend, Clemens 133, 134, 135, 136, 137, 139, 141
Weiher, Sigfrid von 297
Weill, Claudie 358

Wein, Karol 178
Welty, Claude 39, 71, 483
Wersin, Karel 118
Westinghouse, George 468, 478
Weston, Edward 460
Weyr, Eduard 95, 96, 98, 100
Weyr, František 82, 95, 96, 148
Wheatstone, Charles 233, 234, 477
Wilczynski, Jozef 203
Wildes, Karl 452, 458, 460, 461, 463, 464, 465, 466, 467, 469, 470, 471
Wiley, John 449
Willenberg, Christian Joseph 19, 20, 51, 52, 79
Williot, Jean-Pierre 259
Wise, George 303
Wise, Norton M. 249
Witte, Sergej 243
Woditska, István 175, 176
Würtz, Adolphe 96
Wyss, Salomon von 266
Wyssling, Walter 263, 267
Yablochkov, Pavel Nikolayevich 328, 392
Zakharova, Larissa 235
Závada, Bohuslav 110
Záviška, František 89, 94, 95, 99, 112, 119
Zelenka 140
Zeman-Všetatský, Václav 159
Zenger, Karel Václav 81, 100, 101, 106, 108, 129, 212
Zermati, Pierre 377
Zeuner, Gustave 266
Zheljabov, Andrej 232
Zickler, Karl 106, 118
Zodian, Vladimir 410

Zsámboki, László 175
Zunini, Luigi 279
Žáček, August 119
Žaloudek, František 164
Авенариус, Михаил 238, 243
Александр I 238
Артемьев, Николай 242
Бабиков, Максим 239
Базен, Петр Петрович 226
Бауман, Н. И. 225
Боргман, Иван 237
Бочарова, Майя 230, 231
Бренёв, Игорь 239
Вайнер, Яков 232, 233
Верхунов, Виталий 227
Витовтов, Павел 230
Витте, Сергей 243
Волкова, И. 239
Гамель, Иосиф 230
Глухов, Владимир 236
Головин, Григорий 239
Голостенов, Марк 233
Городничин, Н. 232
Гродский, Георгий 225
Грязнов, Федор 234
Гузевич, Дмитрий 226
Гузевич, Ирина 224
Давыдова, Л. 226
Демидов, Павел 227
Егоров, Николай 237
Ершов, Александр 238
Желябов, Андрей 232
Житков, Сергей 238
Иванов, Анатолий 241
Игнатьев, Григорий 238
Кашкин, Константин 240
Квист, Александр 236

Колли, Роберт 243
Куйбышев, В.В. 226
Лазаревич, Элеонора 237
Ларионов, Алексей 242
Лачинов, Дмитрий 237
Лебедев, В. 234
Ленц, Эмиль 224, 227
Меншиков, Александр С. 231
Навагин, Юрий 232
Павленков, Флорентий 237
Павлова, Ольга 230
Пальм, Ю. 224
Паррот, Г. Ф. 224
Паррот, Мориц 224
Пашенцев, Дмитрий 239
Пироцкий, Федор 239
Подобедов, Михаил 240
Попов, Александр 237, 242, 243
Радовский, Моисей 231, 235
Разумовский, Николай 239
Райхцаум, Александр 233
Репман, Альберт 237
Ржонсницкий, Борис 239
Романов, Ипполит 240
Савельев, Александр 227
Скоморохов, Александр 242
Слугинов, Николай 243
Столетов, Александр 237, 243
Суханов, Николай 232
Тручнин, Н. 243
Ульянов, Владимир Ильич (Ленин) 239
едоровский, Иван 230
Филиппов, Николай 237
Хартанович, Маргарита 229
Хвольсон, Орест 237
Чеканов, Андрей 239

Index des noms de personnes

Черкасский, А. 243
Чиколев, Владимир 237
Шателен, Михаил 231, 235, 239
Швейкин, Илья 231
Шиллинг, Павел 228, 231, 233, 234
Шильдер, Карл 228, 233
Шляпоберский, В. 234
Шор, Давид 237
Эпштейн, Соломон 241
Якоби, Борис 228, 229, 230, 231, 233
Якоби, Владимир 238
Яроцкий, Анатолий 231
Ярошевский, К. 237

Index des noms de sociétés, organismes, institutions et entreprises

1ᵉʳ Congrès d'électricité
(1.º Congresso Nacionais de Electricidade), Lisbonne, Portugal, 1923 400, 401, 402

1ᵉʳ Congrès portugais d'ingénierie, 1931 382

2ᵉ Congrès d'électricité (2.º Congresso Nacionais de Electricidade), Porto, Portugal, 1924 401, 402

3ᵉ Congrès d'électricité (3.º Congresso Nacionais de Electricidade), Coimbra, Portugal, 1926 401, 402

4ᵉ Congrès d'électricité (4.º Congresso Nacionais de Electricidade), Braga, Portugal, 1930 401, 402, 403

A.A.E. (American Association of Engineers), États-Unis, 1922 449

A.E.C. (United States Atomic Energy Commission), États-Unis, 1950 451, 453

A.E.G. (Allgemeine Elektricitäts-Gesellschaft), Allemagne, 1887 27, 59, 134, 267, 269, 295, 297, 298, 303, 304, 398, 429, 433, 435

A.H.C.M.L. (Arquivo Histórico da Casa da Moeda de Lisboa), Lisboa, Portugal 386

A.H.E.F. – Association pour l'histoire de l'électricité en France 11, 12, 13, 14, 4 3, 44, 45, 46, 114, 223, 259, 286, 291, 384, 394, 396, 397, 405

A.I.E.E. (American Institute of Electrical Engineers), États-Unis, 1884-1962 443, 450, 454

A.I.M. – Association des ingénieurs électriciens sortis de l'Institut Montefiore, 1906 288, 292

A.M.T.N. – Archives du Musée technique national de Prague (Archiv Národního technického muzea v Praze – A.N.T.M. v Praze), 1931 98, 112, 114, 116, 117, 161, 164, 165, 208

A.N. – Archives nationales Prague (Národní archiv v Praze – N.A.), République tchèque, 1919/1954/2005 117, 208

A.P.E.Co. – Entreprise électrique d'Athènes-Pirée, Grèce 433, 436, 440

A.S.E. (Association of Space Explorers), États-Unis, 1985 164

A.S.M.E. (American Society for Mechanical Engineers), États-Unis, 1880 448

A.T.&T. (American Telephone and Telegraph Company), États-Unis, 1925 460, 464, 465, 466, 467, 468

A.U.P.T.P. – Archives de l'Université polytechnique de Prague (Archiv Českého vysokého učení technického v Praze – A.Č.V.U.T. v Praze), Tchécoslovaquie, 1962 à nos jours 23, 55, 107, 108, 110, 111, 112, 117, 122, 207, 208, 209, 210, 211, 216, 217

Acadèmia Provincial de Belles Arts de Barcelona, Espagne, 1848 322

Académie Bulgare des Sciences (Българска академия на науките – Б.А.Н., Balgarska akademiya na naukite), 1869 407

Académie de l'artillerie Mihajlovskaâ (Михайловская Артиллерийская академия), Russie 225, 238

Académie des sciences (National Academy of Sciences – N.A.S.), États-Unis, 1863 458, 467

Académie des sciences de la République tchèque (Akademie věd České republiky), 1992 à nos jours 97

Académie des sciences de Lisbonne (Academia das Ciências de Lisboa), Portugal 1779 383

Académie des sciences de Saint-Pétersbourg, Russie 227

Académie des sciences slovaque de Bratislava (Slovenská akadémia vied – S.A.V.), Bratislava, Tchécoslovaquie, 1953 169, 187

Académie des sciences tchécoslovaques (Československá akademie věd – Č.S.A.V.), Tchécoslovaquie, 1953-1992 79, 119

Académie des sciences, Paris, 1666 17, 49, 228, 233, 234, 235, 260, 386

Académie du génie, Russie 225, 237

Académie du travail de Masaryk (Masarykova akademie práce – M.A.P.), Prague, 1920-1939 82, 126

Académie Militaire américaine de West Point, New York, États-Unis, 1802 446

Académie minière de Banská Štiavnica, Empire Autriche, 1762 169, 174, 175, 176, 182, 192

Académie polytechnique de Porto (Academia Politécnica do Porto), Portugal, 1836-1911 34, 66, 395, 396

Académie tchèque pour la science et l'art (Česká akademie císaře Františka Josefa pro vědy, slovesnost a umění – Č.A.V.U.), Pays tchèques, Tchécoslovaquie, 1890-1950 97, 107

Administration des archives du ministère de l'Intérieur de la République tchèque (Archivní správa Ministerstva vnitra České republiky) 208

Alfredo de Brito, Portugal,1886 393

Alfredo Kendall & Cie, Portugal 397

American Bell Telephone (Bell Telephone Company), États-Unis, 1874 460

Archives Auto Škoda Mladá Boleslav (Archiv Auto Škoda), Mladá Boleslav, République tchèque 161

Archives cinématographiques nationales (Národní filmový archiv), Praha, République tchèque 164

Archives d'Académie des sciences de la République tchèque (Archiv Akademie věd České republiky) 82

Archives d'Électricité de France (E.D.F.) de Blois 164

Archives de l'Université Charles de Prague (Archiv Univerzity Karlovy v Praze – A.U.K. v Praze), 1360/1920 à nos jours 209

Archives départementales de Meurthe-et-Moselle, Nancy, 1923 377

Archives diplomatiques, La Courneuve 164

Archives et Patrimoine Historique de France Télécom 164

Archives nationales (contemporaines) de Fontainebleau (Cité interministérielle des Archives – C.I.A.), France, 1969 358

Archives nationales de Fontainebleau, 1969 380

Archives nationales de la Roumanie 419

Archives régionales d'État de Pelhřimov (Státní oblastní archiv Pelhřimov), République tchèque 164

Archives régionales d'État de Prague (Státní oblastní archiv Praha), République tchèque 164

Index des noms de sociétés, organismes, institutions et entreprises

Assemblée générale des Nations Unies (United Nations General Assembly), New York 202

Assemblée nationale française 197

Assemblée nationale tchécoslovaque (Národní shromáždění československé) 104, 150, 151

Assemblée territoriale en Bohême (Český zemský sněm), Empire Austro-Hongrois 149

Assemblée territoriale morave (Moravský zemský sněm), Empire Austro-Hongrois 148, 149

Association Amicale des Anciens Ingénieurs de l'Institut électrotechnique de Nancy 373, 374, 375

Association Britannique pour (le progrès de) la science (British Association /for the Advancement/ of Science – B.A. – B.S.A.), 1831/1874/2009 390

Association Commerciale de Lisbonne (Association Commerciale de Lisbonne), Portugal, 1855 400

Association d'électrotechnique italienne (Associazione Italiana di Elettrotecnica), 1896 281, 283

Association des 'Ulamas musulmans algériens, Algérie, 1931 366, 367

Association des anciens élèves de l'E.N.S.E.M. (École nationale supérieure d'électricité et de mécanique de Nancy) 33, 65

Association des anciens élèves des écoles d'arts et métiers – Société des ingénieurs Arts et Métiers, Paris, 1846 345

Association des ingénieurs civils portugais (Associação dos Engenheiros Civis Portuguese), Lisbonne, 1869 388, 389, 391, 400, 403

Association des ingénieurs civils portugais, 1869 33, 66, 399

Association des ingénieurs et des architectes dans les pays tchèques (Spolek inženýrů a architektů v království Českém – S.I.A.), 1865 182, 185

Association des ingénieurs industriels (Associação Industrial Portuguesa), Lisbonne, 1837/1929 403

Association des ingénieurs slovaques, Tchécoslovaquie, 1942 185

Association électrotechnique portugaise, Portugal, 1924 402, 403, 406

Association Industrielle Portugaise 388

Association parlementaire pour la protection des intérêts des techniciens (Parlamentní komise pro ochranu zájmů technika v Rakousko-Uherské monarchii), Empire Austro-Hongrois, 1894 126

Association philotechnique, Paris, 1848 344

Association polytechnique, Paris, 1830/1869 344

Association pour le musée de l'énergie électrique, Mulhouse, 1981 484

Association professionnelle d'électriciens, Lisbonne, Portugal, 1920 34, 66

Association technique tchèque, (Spolek českých techniků), Pays tchèques/Tchécoslovaquie, 1895-1953 211

Atelier de machines et de modèles (Real Conservatorio de Artes), Madrid, Espagne 323

B.B.C. (Brown, Boveri & Cie), Suisse, 1891 263, 266, 483

B.N.G. – Banque Nationale de Grèce (Εθνική Τράπεζα της Ελλάδος – E.T.E.), Grèce, 1841 426, 427, 429, 432, 433, 436, 437, 439

B.U.S. – Bureau universitaire de statistiques et de documentation scolaires et professionnelles, France, 1933 358, 364

Banque nationale tchécoslovaque (Bankovní úřad ministerstva financí), 1919-1926 – (Národní banka československá – N.B.Č.S.), 1926-1939 81

Baťa, Tchécoslovaquie 20, 52, 178

Bibliothèque de l'U.P.T.P. – Université polytechnique de Prague (Knihovna Českého vysokého učení technického v Praze – Č.V.U.T. v Praze), Pays tchèques/Tchécoslovaquie, 1718, 1920-1939/1945 à nos jours 208, 217

Bibliothèque générale de l'Université de Liège, Belgique, 1817 290, 292

Bibliothèque technique nationale, Prague, Tchécoslovaquie, 1932 à nos jours 208

Blasberg, Tchécoslovaquie 178

Breitfeld & Daněk, Pays tchèques 111

Bureau central des sociétés d'électricité d'utilité générale (Ústredná kancelária všeužitočných elektrárenských spoločností so sídlom v Bratislave – Ú.K.V.E.S.), Tchécoslovaquie/État slovaque, 1939 178

Bureau d'État des statistiques de Prague (Státní statistický úřad v Praze), Tchécoslovaquie 95

C.A.D.E.X. – Compagnie africaine des explosifs à Casablanca, Maroc, 1933 374

C.A.R.A.N. – Centre d'accueil et de recherche des Archives nationales, Paris 164

C.A.R.R.I.S. (Companhia Carris de Ferro de Lisboa), Portugal, 1872 401

C.E.A. – Commissariat à l'énergie atomique et aux énergies alternatives, France, 1945 197, 198, 200, 201, 202

C.G.F.T. – Compagnie générale française de Tramways, Paris, 1875 370, 371

C.I.D.E.H.U.S. (Centro Interdisciplinar de História, Culturas e Sociedades), Evora, Portugal, 1994 387

C.I.G.R.E. – Conseil internationale des grands réseaux électriques, Paris, 1921 117

C.I.S. – Club des ingénieurs slovaques (Klub inžinierov Slovákov – K.I.S.), Bratislava, Empire Austro-Hongrois 185

C.I.U.H.C.T. (Centro Interuniversitário de História das Ciências e da Tecnologia), Lisboa, Portugal, 2007 387

C.N.A.M. – Conservatoire National des Arts et Métiers/Musée des Arts et Métiers, Paris, 1794/2004 341, 343, 350, 352, 486

C.N.R.S. – Centre national de la recherche scientifique, France, 1939 247, 359, 364, 365, 368, 378, 475

C.P.D.E. – Compagnie Parisienne de Distribution d'Électricité, 1907 485

C.R.G.E. – Compagnies Réunies du Gaz et de l'Électricité de Lisbonne (Companhias Reunidas de Gás e Electricidade), Portugal, 1907-1908 392, 393, 399, 400, 401

C.T.I. – Commission des titres d'ingénieurs, Paris, 1934 355

C.T.T. – Compagnie de tramways de Tunis, Tunisie, 1903 – C.T.E.T. – Compagnie tunisienne d'électricité et de transport, Tunisie, 1957 371

Index des noms de sociétés, organismes, institutions et entreprises

Cambra Oficial de Comerç, Indústria i Navegació de Barcelona – Cámara de Comercio de Barcelona, Espagne, 1886 322

Cambridge University, Cambridge, Grande-Bretagne, 1209 248, 249, 250, 25 2, 259, 277, 281

Carpathia de Prievidza, Tchécoslovaquie/Slovaquie 178

Central Catalana de Electricidad, Barcelone, Espagne, 1896 326

Centrale de Cusset, France, 1899/1902 486

Centrale de Grand'Maison, Vaujany, France, 1970/1987 485

Centrale des Vernes, France, 1916-1918/1996 485, 486

Centre de Recherche pour l'Histoire de la Technique de l'U.P.C. – Université Polytechnique de Catalogne (Universitat Politècnica de Catalunya – Escola d'Enginyers Industrials de Barcelona), Espagne 321

Centre Maurice Halbwachs, Paris, 2004 17, 49, 221, 387

Circonscription militaire de Caucase, Russie 232

Clarendon Laboratory, Oxford, Grande-Bretagne, 1872 249

Classes d'officiers mineurs (Морской офицерский класс – М.О.К.), Russie, 1880 232, 239, 242, 243

Club de Rome (Římský klub – Praha), Tchécoslovaquie, 1968 84

Club des ingénieurs slovaques et des architectes (Klub inžinierov štátnej technickej služby na Slovensku), Tchécoslovaquie, 1920 182

Collège d'Alger – Lycée Bugeaud d'Alger, Algérie, 1835/1848/1862 365, 366

Collège de France 259

Collège de Genève 260

Collège de Jesuites (Jezuitská kolej – Klementinum), Prague, Pays tchèques 128

Collège franco-berbère d'Azrou, Maroc, 1934 363

Collège Moulay Idriss, Fès, Maroc, 1914 363

Collège Moulay Youssef, Rabat, Maroc, 1914 363

Collège Sadiki, Tunis, Tunisie, 1875 364

Collegium Carolinum, 1745, Technische Universität Braunschweig, 1968, Allemagne 299

Colloque international de Prague (Le monde progressivement connecté – Les électrotechniciens au sein de la société européenne au cours des XIXe et XXe siècles), République tchèque, 2010 17, 19, 49, 51

Comité d'action pour la création d'écoles supérieures techniques en Slovaquie (Akčný výbor pre vybudovanie vysokej technickej školy na Slovensku), Tchécoslovaquie, 1936 183

Comité d'énergie, Grèce, 1918 435

Comité d'histoire de l'électricité et de l'énergie de la Fondation E.D.F., Paris 11, 12, 14, 15, 43, 44, 46, 47, 486

Comité d'histoire de la Fondation E.D.F. (Comité d'histoire de l'électricité et de l'énergie de la Fondation E.D.F.), Paris 11, 14, 43, 46

Comité de l'étude des sources d'énergie, Grèce 436

Comité du ministère des Transports pour les Travaux Hydrauliques, Grèce, 1929 435

Comité national tchécoslovaque (Československý národní výbor), Tchécoslovaquie 162

Comité pour les Travaux Hydrauliques, Grèce, 1917-1918 432

Comité pour rechercher du lignite en Grèce, 1919 430

Comité technique de l'assemblée nationale tchécoslovaque (Technický výbor Národního shromáždění československého), Tchécoslovaquie 150, 151

Commissariat du peuple aux Affaires intérieures (N.K.V.D.), Union soviétique 201

Commission portugaise à l'Exposition de Paris de 1900 388

Compagnie d'installations électriques, Portugal, 1880 397

Compagnie de la lumière électrique (Companhia de Luz Eléctrica), Portugal, 1887 394

Compagnie des chemins de fer à traction animale, Saint-Pétersbourg, Russie 240

Compagnie des Chemins de fer du Maroc, 1920 368, 374

Compagnie des Chemins de Fer du Nord et de l'Est (Companhia dos Caminhos de Ferro do Norte e Leste), Lisbonne, Porto, Portugal, 1863/1875/1877 393

Compagnie des téléphones, Lisbonne, Portugal, 1877 400

Compagnie du Gaz de Porto (Companhia do gás do Porto), Portugal 394

Compagnie française des mines du Laurion, Grèce, 1860 428

Compagnie Portugaise d'électricité (Companhia Portuguesa de Electricidade), Portugal 393

Companhia Eborense de Electricidade, Portugal, 1905 399

Compañía Barcelonesa de Electricidad, Barcelone, Espagne, 1896 326

Compañía General Madrileña de Electricidad, Madrid, Espagne, 1889 326

Conferencia Físico-matemática experimental – Real Academia de Ciencias y Artes de Barcelone, Espagne, 1764 325

Congrès des électriciens des chemins de fer russe (le premier), Russie, 1894 241

Congrès des électrotechniciens russes (le premier) de Saint-Pétersbourg, Russie, 1899/1900 243, 244

Congrès des ingénieurs civils portugais (le premier), 1931 34, 66, 403, 404, 406

Congrès des naturalistes et des médecins allemands, Bonn, 1835 233

Congrès électrotechnique de Russie (le premier) 241

Congrès international d'aéronautique, Paris, 1900 387

Congrès international d'électricité, Paris, 18.8.-25.8.1900 33, 65, 244, 388

Congrès International de Mécanique appliquée, Paris, 1889 386

Congrès international des électriciens, Paris (le premier), 1881 26, 27, 33, 58, 59, 65, 131, 222, 288, 289, 387, 388, 441

Conseil d'électricité d'État auprès du ministère des Travaux publics tchécoslovaque (Státní elektrárenská rada při ministerstvu veřejných prací Republiky československé), Tchécoslovaquie 155

Index des noms de sociétés, organismes, institutions et entreprises

Conseil de perfectionnement – Supélec (École supérieure d'électricité), Paris 347

Conseil de perfectionnement de l'École centrale des arts et manufactures, Paris 348, 351

Conseil municipal de Brandýs nad Labem (Městská rada v Brandýse nad Labem), Pays tchèques, 1895 157

Conseil municipal de Čelákovice (Městská rada v Čelákovicích), Tchécoslovaquie, 1918 158

Conseil national tchécoslovaque de la recherche (Československá národní rada badatelská – Č.S.N.R.B.), Tchécoslovaquie, 1924 126

Conseil Supérieur du Commerce et de l'Industrie du Portugal 388

Construction navale (Escola de Nàutica), Espagne, 1769 322

Cornell University, Ithaca, New York, États-Unis, 1865 232, 426

Corps de fonctionnaires des Télégraphes de l'État, Espagne, 1855 331, 340

Corps des cadets, Russie 225

Cours d'électricité de l'École centrale des arts et métiers, Paris 348

Cours d'électricité générale de l'École centrale de Lyon 348

Cours d'électrotechnique de la Faculté des sciences de Paris 347

Cours de radio-électricité de Supélec (École supérieure d'électricité), Paris, Malakoff, Gif-sur-Yvette 352

Cours en éclairage de Supélec (École supérieure d'électricité), Paris, Malakoff, Gif-sur-Yvette 352

Cours en télégraphie sans fil (T.S.F.) de Supélec (École supérieure d'électricité), Paris, Malakoff, Gif-sur-Yvette 352

Cours pratique des Postes et Télégraphe auprès de l'Institut industriel de Lisbonne (Instituto Industrial de Lisboa, rebaptisé Instituto Industrial e Comercial de Lisboa), Portugal, 1881 395

Cours supérieurs d'électricité industrielle de la Faculté des sciences de l'Université de Grenoble, 1892 347

D.M.C. – Dollfus, Mieg & Cie, Mulhouse, 1746 483

Defense Advanced Research Projects Agency – D.A.R.P.A., États-Unis, 1958/1972 451

Département électrotechnique à l'École technique de Manchester, Grande-Bretagne, 1892 247

Department of Science and Technology in Society, Virginia Polytechnic Institute and State University (Virginia Tech), États-Unis, 1872 443

Détachement des mines équipé de navires, Russie 232

Deutsche Bank, Francfort-sur-le-Main, Allemagne, 1870 429, 436

Deutsche Edison-Gesellschaft für angewandte Elektrizität, Berlin, Allemagne, 1883 296, 297

E.A.G. (Elektrizitäts-Aktiengesellschaft, Schuckert & Co.), Allemagne 394

E.B.A.S.Co. (Electric Bond and Share Company), États-Unis, 1905 437, 439, 440, 441

E.Č.A. (Elektrotechnischer Cechoslowakischer Almanach), Tchécoslovaquie 121

E.D.F. – Électricité de France 11, 12, 13, 14, 43, 44, 45, 46, 201, 202, 369, 370, 483, 485, 486

E.G.A. – Électricité et Gaz d'Algérie, 1947 370, 371

E.H.E.S.S. – École des hautes études en sciences sociales, Paris, 1947 253, 259

E.N.P.C. – École nationale des ponts et chaussées, Paris, 1747 24, 56, 258, 343, 397, 410

E.N.S.C.P. – École nationale supérieure de chimie de Paris – Chimie ParisTech, Paris, 1896 343

E.N.S.E.M. – École nationale supérieure d'électricité et de mécanique de Nancy, 1948 32, 65, 357, 359, 360, 366, 368, 373, 376, 377, 378, 379

E.N.T.S. – École nationale technique de Strasbourg, 1919 – Section d'électricité, 1920 361

E.N.V.A. – École nationale vétérinaire d'Alfort, Maisons-Alfort, 1765 366

E.P. – École centrale des travaux publics/École polytechnique, Paris, 1794/1795 36, 68, 258, 260, 310, 342, 353, 366, 386, 429

E.P.C.I. – École de Physique et de Chimie Industrielles de la Ville de Paris, 1882 31, 341, 345, 349

E.P.F. – Institut électro-mécanique féminin, Paris, 1925/École polytechnique féminine, Sceaux, 1933 341, 342, 352, 353

E.P.F.L. – École polytechnique fédérale de Lausanne, Suisse 25, 57, 261

E.P.F.Z. – École polytechnique fédérale de Zurich (Eidgenössische Technische Hochschule Zürich – E.T.H.Z.), Suisse, 1855 25, 36, 57, 68, 108, 176, 2 51, 253, 257, 258, 262, 263, 265, 266, 267, 268, 270, 282, 336, 418, 434

E.P.T. – École polytechnique de Tunis, Tunisie, 1991 365

E.S.M. – École spéciale militaire de Saint-Cyr, Saint-Cyr-l'École/ Coëtquidan-Guer, France, 1802/1944 363, 366

E.S.P.C.I. – École Supérieure de Physique et de Chimie Industrielles de la Ville de Paris, 1882 63

E.S.T.P. – École spéciale des travaux publics, du bâtiment et de l'industrie, Paris, 1891 352

Eastman Kodak Company, États-Unis, 1888 462

École Benjamin Constant, Brésil 310

École Breguet, Paris, 1904 253

École centrale de Lyon, 1857 348

École centrale des arts et manufactures, Paris, 1829 30, 36, 62, 68, 257, 258, 259, 260, 264, 328, 341, 343, 347, 348, 350, 351, 352, 397, 410, 446

École d'agricole à Děčín – Libverda (Vysoká škola zemědělská v Děčíně-Libverdě) de l'Université polytechnique allemande de Prague (Deutsche Technische Hochschule in Prag), Tchécoslovaquie 211

École d'application aux Ingénieurs pour l'électricité dans l'industrie auprès du laboratoire d'électricité, Paris – Supélec (École supérieure d'électricité), Paris, Malakoff, Gif-sur-Yvette 346

École d'électricité – Violet, Paris, 1902 342, 350

École d'électricité, Marseille, 1908 350, 376

École d'électrotechnique privée Moumdjiev, Bulgarie 413

École d'experts industriels de Barcelone, Espagne, 1924 339

École d'ingénieurs de Lausanne, Suisse 257, 263, 268, 270

École d'ingénieurs de Madrid – École technique supérieure d'ingénierie industrielle de Madrid de

Index des noms de sociétés, organismes, institutions et entreprises

l'Université Polytechnique de Madrid (Escuela Técnica Superior de Ingenieros Industriales de Madrid – Universidad Politécnica de Madrid), Espagne, 1845 328

École d'ingénieurs de Madrid (Real Instituto Industrial de Madrid), Espagne, 1850 62

École d'ingénieurs de mécanique et d'électrotechnique de l'U.P.T.P. – Université polytechnique de Prague (Vysoká škola strojního a elektrotechnického inženýrství Českého vysokého učení technického v Praze – Č.V.U.T. v Praze), Tchécoslovaquie, 1920-1939/1945-1951 213, 215, 217

École d'ingénieurs de Milan – École polytechnique de Milan (Politecnico di Milano), 1863 26, 58, 273, 276, 277, 278, 279, 280, 281, 282, 283

École d'ingénieurs de Porto Alegre (Escola de Engenharia – U.F.R.G.S.), Brésil, 1896 307, 309, 310, 311, 312, 313, 315, 316, 317

École d'ingénieurs de Turin – École technique pour ingénieurs de Turin (Politecnico di Torino), 1859/1906 273, 276, 277, 278, 279, 280, 281, 283

École d'ingénieurs des Chemins, Canaux et Ports (Caminos y Canales, après Caminos, Canales y Puertos), Madrid, Espagne, 1802 329, 334

École d'ingénieurs du génie mécanique et électrotechnique de l'U.P.T.B. – Université polytechnique de Brünne (Vysoká škola strojního a elektrotechnického inženýrství Vysokého učení technického v Brně – V.U.T.), Tchécoslovaquie, 1920-1939/1945-1951 214

École d'ingénieurs hydrauliciens, Grenoble 352

École d'ingénieurs industriels de Barcelone (Escuela Industrial Barcelonesa – Escola Tècnica Superior d'Enginyeria Industrial de Barcelona), Espagne, 1851 30, 62, 323, 324, 325, 328, 329, 330, 331, 332, 337, 340

École d'ingénieurs industriels de Madrid, Espagne, 1901 323, 331

École d'ingénieurs industriels de Séville, Espagne 323

École d'ingénieurs industriels de Vergara, Espagne 323

École de cavalerie de Saumur, 1763 366

École de conducteurs techniques de Cluj, Roumanie, 1927 418

École de directeurs d'industries électriques de Barcelone, Espagne, 1917-1924 30, 62, 337, 338, 339, 340

École de droit d'Alger, Algérie, 1879 362

École de mécanique et d'électrotechnique, Sofia, Bulgarie 413

École de médecine et pharmacie d'Alger, Algérie, 1857 362

École de radioélectricité, Bordeaux, 1920 352

École de sous-ingénieurs électromécaniciens, Roumanie, 1937 418

École de surintendantes d'usine, Paris, 1917 352

École de télégraphie, Bucarest, Roumanie, 1855 410

École de télégraphie, Sofia, Bulgarie 1882 413

École de télégraphie, Yassy, Roumanie, 1855 410

École de télégraphistes – École des Arts, Grèce, 1864 427

515

École des arts et manufactures de l'Université de Liège, Belgique, 1836 27, 59, 286, 287, 291

École des arts et métiers de Moscou, Russie 228

École des arts et métiers, Bulgarie, 1883 413

École des contremaîtres, Russie 232

École des élèves-officiers marocains du Dar el Beïda à Meknès, Maroc, 1919 363

École des géomètres, Bulgarie, 1881 413

École des mines (Escuela Técnica Superior de Ingenieros de Minas/ Universidad Politécnica de Madrid), Espagne, 1835 329

École des mines de l'Université de Liège, Belgique, 1838 27, 59, 286, 291, 342

École des mines de Mons, dans le Hainaut belge, Belgique, 1836 287

École des mines et de métallurgie de Cluj, Roumanie 418

École des mines, Paris, 1783 347, 386

École des mineurs, Russie, 1885 238

École des sciences d'Alger, Algérie, 1879 362

École des signaleurs de Varsovie, Pologne 236

École des voies de communication, Russie 24, 56

École électrotechnique de contremaîtres de Brünne (Všeobecná škola pokračovací – mistrovská průmyslová škola elektrotechnická v Brně), Pays tchèques, Tchécoslovaquie, 1906 132

École élémentaire de travail – École d'arts et métiers, Barcelone, Espagne, 1913 337

École élémentaire de travail, Barcelone, Espagne, 1913 337

École es lettres d'Alger, Algérie, 1879 362

École ferroviaire, Bulgarie, 1888 413

École générale de télégraphie – École supérieure de télégraphie de Madrid, Espagne, 1913/1920 335

École impériale du génie de Moscou (Императорское инженерное училище), Russie, 1898 242

École impériale technique de Moscou (Императорское техническое училище), Russie, 1900 225, 245

École industrielle d'État tchèque de Pilsen (Státní průmyslová škola česká v Plzni), Pays tchèques, 1885 129, 130

École industrielle d'experts d'Alcoy, Espagne 332

École industrielle d'experts de Béjar, Espagne 332

École industrielle d'experts de Cartagena, Espagne 332

École industrielle d'experts de Gijón, Espagne 332

École industrielle d'experts de Las Palmas de Gran, Espagne 332

École industrielle d'experts de Madrid, Espagne 332

École industrielle d'experts de Terrassa, Espagne 332

École industrielle d'experts de Vigo, Espagne 332

École industrielle d'experts de Vilanova y la Geltrú, Espagne 332

École industrielle des machines de Chomutov (K. k. Maschinen Gewerbliche Fachschule in Chomutov – Komotau), Pays tchèques, 1873 133

École industrielle des machines de Vienne (K. k. Maschinen Gewerbliche Fachschule in Wien), Empire Austro-Hongrois 133

Index des noms de sociétés, organismes, institutions et entreprises

École industrielle élémentaire, Brésil 312

École industrielle et commerciale de Casablanca, Maroc, 1951 375

École industrielle pragoise (Střední průmyslová škola v Praze), Pays tchèques, 1835/1857 131

École industriels de Séville, Espagne 323

École industriels de Vergara, Espagne 323

École maritime de Russe, Bulgarie, 1881 413

École militaire (Colégio Militar do Rio de Janeiro), Brésil, 1889 309, 310, 313

École nationale des arts et métiers, Angers 258

École nationale des arts et métiers, Châlons 258

École nationale des ponts et chaussées, des mines et d'architecture (Școală națională de Ponți și Șosele), Bucarest, Roumanie, 1864/1881 410, 411, 416, 417, 418

École Nationale Supérieure des Mines de Saint-Etienne, 1816 418

École officielle de télécommunication de Madrid, Espagne, 1930-1957 335

École polytechnique allemande de Prague (K. und k. Deutsche Technische Hochschule in Prag), Pays tchèques, 1869/1875-1920 81, 92, 98, 99, 1 06, 107, 117, 119, 120, 129

École polytechnique de Bucarest, Roumanie, 1921 35, 67, 416, 417, 418, 421

École polytechnique de l'Université fédérale de Rio de Janeiro, Brésil, 1792 309, 310

École polytechnique de Lisbonne, Portugal, 1837 396

École polytechnique de Prague (Polytechnický ústav Království českého v Praze), Pays tchèques, 1806-1869 20, 52, 79, 81, 90, 91, 92, 93, 94, 107 , 108, 165, 208, 210, 211, 259, 261

École polytechnique de Timişoara (Universitatea Politehnica Timişoara), Roumanie, 1920 35, 67, 417, 418

École polytechnique de Turin (Politecnico di Torino) 26, 58

École polytechnique de Yassy, Roumanie 35, 67

École polytechnique Gh. Asachi, Yassy, Roumanie, 1937 420

École polytechnique tchèque de Prague (C. a k. Česká vysoká škola technická v Praze), Pays tchèques, 1869/1875-1920 81, 89, 92, 95, 96, 97, 98, 99, 1 00, 101, 105, 106, 107, 129, 210, 211

École polytechnique, Sofia, Bulgarie 414

École pour les ouvriers-électrotechniciens, Russie, 1895/1896 241

École pratique d'électricité de l'Université de Yassy (Practica putere școală, Universitatea Alexandru Ioan Cuza), Roumanie, 1910 411, 412, 413

École pratique d'électricité et mécanique, Brésil, 1912 316

École Pratique de Torpilles et d'Électricité (Escola e Serviço de Torpedos/Escola Prática de Torpedos e Electricidade), Vale do Zebro, Portugal, 1878/1901 401

École Breguet, Paris, 1904 341, 350

École Charliat, Paris, 1901 – École d'électricité industrielle de Paris Charliat (école privée), 1929 diplôme ingénieur, 1968 transfert à Beauvais, 1977 à Rouen,

1978 prend le nom d'École supérieure d'ingénieurs en génie électrique 341, 350

École professionnelle de mécanique et d'électrotechnique de Banská Bystrica (Štátna kovorobná škola/Stredná priemyselná škola strojnícka a elektrotechnická), Banská Bystrica, Tchécoslovaquie, 1919/1935 181

École professionnelle secondaire de mécanique de Košice (Vyššie strojnícke učilište v Košiciach), Empire Austro-Hongrois, 1872 181

École professionnelle secondaire de mécanique et du bâtiment de Bratislava (Odborná škola kovorobná/Stredná priemyselná škola strojnícka), Bratislava, Empire Austro-Hongrois, 1903 176, 181

École provinciale d'arts et métiers de Barcelone, Espagne, 1868 329

École secondaire industrielle allemande (Deutsche Fachschule für Weberei in Landskron), Lanškroun – Landskron, Pays tchèques, Tchécoslovaquie, 1872-1934 121, 132

École secondaire industrielle allemande (Deutsche höhere Staatsgewerbeschule), Brno – Brünne, Pays tchèques, Tchécoslovaquie, 1873-1945 121, 132

École secondaire industrielle allemande (Staats-Gewerbeschule in Aussig), Ústí nad Labem – Aussig, Pays tchèques, Tchécoslovaquie, 1907-1945 121, 131, 132

École secondaire industrielle allemande (Staats-Gewerbeschule in Komotau), Chomutov – Komotau, Pays tchèques, Tchécoslovaquie, 1874-1945 121, 132

École secondaire industrielle allemande (Staats-gewerbeschule in Reichenberg), Liberec – Reichenberg, Pays tchèques, Tchécoslovaquie, 1875-1945 121, 131, 132

École secondaire industrielle allemande (Staats-Gewerbeschule in Tetschen-Bodenbach), Děčín-Podmokly – Tetschen-Bodenbach, Pays tchèques, Tchécoslovaquie, 1893/1914-1945 121, 132

École secondaire industrielle allemande (Staatsgewerkenschulle in Budweis), České Budějovice – Budweis, Pays tchèques, Tchécoslovaquie, 1912-1945 121, 132

École secondaire industrielle allemande (Zweite Staats-Gewerbeschule in Pilsen), Plzeň – Pilsen, Pays tchèques, Tchécoslovaquie, 1876-1945 121, 131, 132

École secondaire industrielle tchèque (Česká státní průmyslová škola v Brně), Brünne, Pays tchèques, Tchécoslovaquie, 1886/1906 121, 131, 132

École secondaire industrielle tchèque (Průmyslová škola pokračovací v Kutné Hoře), Kutná Hora, Pays tchèques, Tchécoslovaquie, 1870 121, 132

École secondaire industrielle tchèque (Soukromá vyšší elektrotechnická škola v Praze), Praha, Pays tchèques, Tchécoslovaquie, 1908 121, 132

École secondaire industrielle tchèque (Státní česká průmyslová škola v Moravské Ostravě-Vítkovicích), Vítkovice, Tchécoslovaquie, 1919 121, 131, 132

École secondaire industrielle tchèque (Státní průmyslová škola na Smíchově), Praha-Smíchov,

Pays tchèques, Tchécoslovaquie, 1897/1901 121, 131

École secondaire industrielle tchèque (Všeobecná škola pokračovací – Státní průmyslová škola), Kladno, Pays tchèques, Tchécoslovaquie, 1881/1914 121, 131, 132

École spéciale de mécanique et d'électricité – Sudria, Paris, 1905 342, 350, 352

École Sudria 352

École supérieure d'ingénieurs de génie mécanique et électrotechnique de l'U.P.T.P. – Université polytechnique de Prague (Vysoká škola strojního a elektrotechnického inženýrství Českého vysokého učení technického v Praze – Č.V.U.T. v Praze), Tchécoslovaquie, 1920-1939/1945-1951 105, 109, 124

École supérieure d'ingénieurs en électrotechnique de Turin (Scuola superiore di elettrotecnica di Torino), 1860 26, 58, 278

École supérieure de Commerce d'Alger, Algérie, 1900 375

École supérieure de commerce de l'U.P.T.P. – Université polytechnique de Prague (Vysoká škola obchodní Českého vysokého učení technického v Praze – Č.V.U.T. v Praze), Tchécoslovaquie, 1919/1921-1939 208

École supérieure de l'agriculture à Nitra (Vysoká škola poľnohospodárska v Nitre), Tchécoslovaquie, 1952 186

École supérieure de l'économie du bois à Zvolen (Vysoká škola lesnícka a drevárska vo Zvolene), Tchécoslovaquie, 1952 186

École supérieure de mécanique et d'électrotechnique (Vsoká škola strojní a elektrotechnická v Plzni), Pilsen, Tchécoslovaquie, 1951 122

École supérieure de Sofia, Bulgarie, 1888 408

École supérieure de télégraphie de Paris, 1878-1888 27, 31, 59, 63, 289, 342 , 408, 414

École supérieure de télégraphie, Russie 238, 239

École supérieure de transport de Žilina (Vysoká škola dopravná v Žiline), Tchécoslovaquie, 1960 – Université de Žilina (Žilinská univerzita v Žiline), Tchécoslovaquie, 1990 190, 191

École supérieure de transport et des transmissions de Žilina (Vysoká škola dopravy a spojov v Žiline), Tchécoslovaquie, 1967 191, 192, 193

École supérieure des chemins de fer de Prague (Vysoká škola železniční v Praze), Tchécoslovaquie, 1953 190

École supérieure des mines (Vysoká škola báňská v Ostravě), Ostrava, Tchécoslovaquie, 1951 122

École supérieure des technologies industrielles avancées de Bilbao, Espagne, 1899 329, 331, 332

École supérieure des transports de Prague (Vysoká škola dopravní v Praze), Tchécoslovaquie, 1959 190, 193

École supérieure des transports et des communications (Vysoká škola dopravní a komunikační v Žiline), Tchécoslovaquie, 1952 122

École supérieure forestière et agricole (Vysoká škola poľnohospodárskeho a lesníckeho inžinierstva v Košiciach), Tchécoslovaquie, 1946 186

École supérieure industrielle de Cluj, Roumanie, 1920 418

École supérieure minière de Příbram (Vysoká škola báňská v Příbrami), Pays tchèques, Tchécoslovaquie, 1849/1904-1945 181

École supérieure minière et de l'économie du bois, Empire Austro-Hongrois, 1904-1905 – École supérieure minière et forestière de Banská Štiavnica, Tchécoslovaquie, 1919 169, 176, 180, 192

École supérieure minière et forestière, Hongrie, 1919 180, 192

École supérieure technique de Sofia, Bulgarie, 1942 421

École supérieure technique de Zagreb (Tehnička visoka škola u Zagrebu), Croatia, 1919 183

École supérieure technique en Bulgarie 35, 67

École supérieure technique Milan Rastislav Štefánik de Košice (Štátna vysoká škola technická Dr. Milana Rastislava Štefánika v Košiciach), 1937, annexée par la Hongrie, 1938 – École supérieure technique de Košice (Vysoká škola technická v Košiciach), Tchécoslovaquie, 1952 – Université technique de Košice (Technická univerzita v Košiciach), Tchécoslovaquie, 1991 122, 169, 183, 184, 186, 189, 190, 193

École supérieure technique slovaque de Bratislava (Slovenská vysoká škola technická v Bratislave – S.V.Š.T.), Tchécoslovaquie, 1937-1991, État slovaque, 1939-1945 Université technique slovaque de Bratislava (Slovenská technická univerzita v Bratislave), Tchécoslovaquie, 1991 23, 55, 120, 169, 181, 182, 184, 185, 186, 188, 193

École technique de la marine bulgare, Varna, Bulgarie 414

École technique de Prague (Střední průmyslová škola strojnická, Praha 1), Pays tchèques, 1837 165, 166

École technique industrielle de Cluj, 1884 – École technique de Cluj, Roumanie 418

École technique supérieure d'ingénieurs de télécommunication de Madrid, Espagne, 1957 335

École technique, Russie, 1886 239

École supérieure technique de Moscou (Московское Высшее Техническое Училище – М.В.Т.У.), Russie 225

Edison de Milan, 1884 274, 277, 282

Edison, États-Unis 239, 296

Egger et Kremenetzky (Erste österreichisch-ungarische Fabrik für elektrische Beleuchtung und Kraftübertragung, Egger, Kremenezky & Co.), Empire Austro-Hongrois, 1881 172

Electric Power Systems Laboratory, Massachusetts Institute of Technology, États-Unis 470

Électrotechnique municipal à Teplice (Městské Elektrotechnikum), Teplice-Šanov (Schönau), Pays tchèques, 1895 21, 53, 132, 133, 134, 135, 136, 137, 138, 139, 140, 141, 142

Elektrotechnická fakulta Slovenskej vysokej školy technickej v Bratislave, Tchécoslovaquie, 1951/1952 186, 187

Emílio Biel, Portugal 394

Empresa de Electricidade e Gás da Ilha de São Miguel, Portugal, 1898-1899 397

Energoprojekt de Prague, Tchécoslovaquie 204

Index des noms de sociétés, organismes, institutions et entreprises

Entreprise électrique de la ville de Prague (Elektrické podniky Královského hlavního města Prahy), Pays tchèques, 1897 107

Entreprises électriques municipales de Teplice (Elektrické dráhy města Teplice), Pays tchèques 134

Équipe galvanique de Saint-Pétersbourg (Гальваническая команда), Russie 229, 230, 231, 232, 236

Escola de Arte e Ofícios do Rio Grande do Sul, Brésil 311

Espace E.D.F. Bazacle – centrale hydroélectrique, France, 1888-1889 485

Établissement galvanique technique, Russie, 1856 232, 236

Expédition des assignats, Russie 229

Exposition à Vienne (Ausstellung in Wien), Empire Austro-Hongrois, 1912 134

Exposition coloniale à Paris, 1931 372

Exposition d'électricité à Londres au Palais de Cristal de Sydenham (The Crystal Palace Electrical Exhibition), London, Grande-Bretagne, 1882 384, 385

Exposition d'électricité à Munich (Electricitäts-Ausstellung in München), Allemagne, 1882 385

Exposition d'Ústí nad Labem (Výstava v Ústí nad Labem), Pays tchèques, 1903 134

Exposition de Manchester (Manchester Electric and Gas Lighting Exhibition), Manchester, Grande-Bretagne, 1883 385

Exposition de Philadelphie (International Electrical Exhibition), Philadelphie, États-Unis, 1884 385

Exposition de Turin, 1884 385

Exposition de Vienne (Internationale elektrische Ausstellung), Vienne, Empire Austro-Hongrois, 1883 385, 390

Exposition électrotechnique, Brayton, Grande-Bretagne 240

Exposition électrotechnique, Vienne, Empire Austro-Hongrois, 1884 240

Exposition Industrielle à Lisbonne, Portugal, 1888 393

Exposition internationale d'électricité de Francfort-sur-le-Main, Allemagne, 1891 250, 252

Exposition internationale d'électricité, Paris (la première), 17, 18, 27, 30, 31, 33, 41, 49, 50, 59, 63, 65, 73, 222, 240, 250, 266, 273, 288, 296, 328, 339, 341, 342, 343, 345, 383, 384, 387, 390

Exposition internationale de l'utilisation de l'électricité à Marseille, 1909 233

Exposition universelle de 1867 – Exposition universelle d'art et d'industrie, Paris, 1867 383

Exposition universelle de Paris, 1878 239, 343, 384

Exposition universelle de Paris, 1889 386

Exposition universelle de Paris, 1900 244, 386, 387, 388, 390

Exposition universelle de Saint-Louis, États-Unis, 1904 281

Exposition Universelle et Internationale de Liège, Belgique, 1905 293

Faculté d'électricité de l'U.P.T.B. – Université polytechnique de Brünne (Fakulta elektrotechnická Vysokého učení technického v Brně – V.U.T.), Tchécoslovaquie, 1951 214

Faculté d'électricité de l'U.P.T.P. – Université polytechnique de Prague

(Fakulta elektrotechnická Českého vysokého učení technického v Praze – F.E.L. Č.V.U.T. v Praze), Tchécoslovaquie, 1951 17, 49, 103, 105, 106, 122, 1 64, 215, 216, 217

Faculté d'électronique de communication (technique radio) de l'U.P.T.P. – Université polytechnique de Prague (Fakulta radiotechnická Českého vysokého učení technického v Praze – Č.V.U.T. v Praze), Tchécoslovaquie, 1953 216

Faculté d'électrotechnique de l'École supérieure de transport et des transmissions de Žilina (Fakulta elektrotechnická Vysokej školy dopravy a spojov v Žiline), Tchécoslovaquie, 1967 192

Faculté d'électrotechnique de l'École supérieure technique de Košice (Fakulta elektrotechnická Vysokej školy technickej v Košiciach), Tchécoslovaquie, 1969 169, 170, 186, 187, 189, 190, 193

Faculté d'électrotechnique de l'École supérieure technique slovaque de Bratislava (Fakulta elektrotechnická Slovenskej vysokej školy technickej v Bratislave), Tchécoslovaquie, 1951/1952 169, 170, 193

Faculté d'électrotechnique de l'Université de Žilina (Fakulta elektrotechnická Žilinskej univerzity v Žiline, Tchécoslovaquie, 1990 190, 192

Faculté d'électrotechnique de l'Université technique de Košice (Fakulta elektrotechnická Technickej univerzity v Košiciach), Slovaquie, 1994 190

Faculté d'électrotechnique de l'Université technique slovaque de Bratislava (Fakulta elektrotechnická Slovenskej technickej univerzity v Bratislave), Tchécoslovaquie, 1991 188

Faculté d'électrotechnique et d'informatique de l'Université technique de Košice (Fakulta elektrotechniky a informatiky Technickej univerzity v Košiciach), Slovaquie, 1994 190, 193

Faculté d'électrotechnique et d'informatique de l'Université technique slovaque de Bratislava (Fakulta elektrotechniky a informatiky Slovenskej technickej univerzity v Bratislave), Slovaquie, 1994 189, 193

Faculté de droit de Douai, 1808 344

Faculté de droit de Toulouse – Université Toulouse 1 Capitole, 1229/1968 358, 376

Faculté de génie économique de l'U.P.T.P. – Université polytechnique de Prague (Fakulta ekonomická Českého vysokého učení technického v Praze – Č.V.U.T. v Praze), Tchécoslovaquie, 1958 208

Faculté de Grenoble, 1339, Université Grenoble II, 1970, Université Pierre-Mendès-France, Grenoble 309

Faculté de la mécanique de l'École supérieure technique de Košice (Strojnícka fakulta Vysokej školy technickej v Košiciach), Tchécoslovaquie, 1952 189, 193

Faculté de mécanique de l'U.P.T.P. – Université polytechnique de Prague (Fakulta strojní Českého vysokého učení technického v Praze – Č.V.U.T. v Praze), Tchécoslovaquie, 1951 214

Faculté de mécanique et d'électrotechnique de l'École supérieure des transports de Prague

Index des noms de sociétés, organismes, institutions et entreprises

(Fakulta strojní a elektrotechnická Vysoké školy dopravní v Praze), Tchécoslovaquie, 1959 190

Faculté de mécanique et d'électrotechnique de l'École supérieure des transports de Žilina (Fakulta strojní a elektrotechnická Vysokej školy dopravnej v Žiline), Tchécoslovaquie, 1960 169, 170, 191, 193

Faculté de philosophie de l'Université d'Athènes – Faculté de philosophie de l'Université nationale et capodistrienne d'Athènes, Grèce 35, 68, 427

Faculté des lettres de Douai, 1808 344

Faculté des Lettres de l'Université de Masaryk de Brünne (Masarykova univerzita v Brně), Tchécoslovaquie, 1919-1939/1945 94

Faculté des Lettres de l'Université de Prague (Filozofická fakulta Univerzity v Praze/C. a k. české university Karlo-Ferdinandovy v Praze – F.F. U.K. v Praze), Pays tchèques, Tchécoslovaquie, 1348-1882/1920 20, 52, 90, 9 1, 92, 93, 94, 95, 97, 99, 101, 161, 162

Faculté des Lettres de l'Université tchèque de Prague (Filozofická fakulta České university Karlo-Ferdinandovy v Praze), Tchécoslovaquie, 1920-1932/1934 93

Faculté des sciences de l'École supérieure de Sofia, Bulgarie 413

Faculté des sciences de l'Université d'Alger, Algérie, 1909 373, 375, 377

Faculté des sciences de l'Université de Barcelone, Espagne 333

Faculté des sciences de l'Université de Bucarest, Roumanie 412

Faculté des sciences de l'Université de Grenoble, 1808/1811 348

Faculté des sciences de l'Université de Lille, 1896 344

Faculté des sciences de l'Université de Pont-à-Mousson – Université de Nancy 360, 367, 373

Faculté des sciences de l'Université de Sofia, Bulgarie 414

Faculté des sciences de l'Université de Yassy (Universitatea Alexandru Ioan Cuza), Roumanie 411, 412, 419

Faculté des sciences naturelles tchèque l'Université tchèque de Prague (Přírodovědecká fakulta České university Karlo-Ferdinandovy v Praze), Tchécoslovaquie, 1920-1932/1934 93

Faculté des sciences, Lille, 1854 348

Faculté des sciences, Marseille, 1854 348

Faculté des sciences, Nancy, 1854 348

Faculté technique de Porto, Portugal, 1912 34, 66, 381, 382, 399, 403, 405

Faraday House, Grande-Bretagne 253

Fédération mondiale d'ingénieurs, États-Unis, Grande-Bretagne, France, 1921 125

Firme électrique russe de Mihail Podobedov, Russie 240

Fondation E.D.F. 11, 14, 17, 39, 43, 46, 49, 71, 369, 370, 484, 485

Fondation Ford (Ford Foundation), États-Unis, 1936 470

Fonderies de Montefiore S.A., Huizingen, Belgique, 1897 287

Ford, États-Unis 86

Frade, Pessoa & Cie, Portugal, 1909 398

France Télécom 164
G.D.F. – Gaz de France 13, 45
G.E.Co. – Société Grecque d'Électricité, 1899 429, 430, 432
Ganz et Cie de Budapest, Hongrois 171
Garros Frères & Cie, Alger, Algérie 374
General Electric Company, États-Unis, 1892 202, 268, 297, 303, 304, 460, 46 3, 464, 465, 466, 467, 470
Gesellschaft zur Förderung deutscher Wissenschaft Kunst und Literatur in Böhmen (Société pour la promotion de l'art, de la science et de la littérature allemande en Bohême), Pays tchèques, Tchécoslovaquie, 1890-1945 120
Gewerbeschule, 1836, Polytechnikum, 1869, Technische Hochschule in Darmstadt, 1877, Technische Universität Darmstadt, Allemagne, 1997 108, 299, 300
Gewerbeschule, Chemnitz, 1836, Technische Universität Karl-Marx-Stadt – Chemnitz, Allemagne/ R.D.A., 1986 258
Groupe de l'Afrique du Nord, Afrique 373
Haute école commerciale (Vysoká škola obchodní – V.Š.O.), Prague, République tchèque, 2000 145
Hautes études commerciales pour jeunes filles, Paris, 1916 352
Henry Burnay & Cie, Lisbonne, Portugal 400
Hermann, Portugal 397, 402
Höhere Gewerbeschule in Hannover, 1831, Universität Hannover, Allemagne 258, 299, 300
Houdek et Hervert (Dr. Houdek & Hervert), Praha, Pays tchèques, 1874 164

Chaire d'Électricité industrielle du C.N.A.M. – Conservatoire National des Arts et Métiers, Paris, 1890 343
Chaire d'électricité industrielle de l'École des mines, Paris 348
Chaire d'électrotechnique à Darmstadt (Lehrstuhl für Elektrotechnik der Technischen Hochschule in Darmstadt), Allemagne, 1882 27, 59, 251, 300
Chaire de physique à Manchester (Manchester Technical School), Grande-Bretagne, 1890 24, 56
Chaire de physique de l'École centrale des arts et manufactures, Paris, 1885 347
Chaire de physique expérimentale appliquée auprès de l'Acadèmia Provincial de Belles Arts de Barcelona, Espagne, 1848 322
Chaire de physique Langworthy à Owens College, Manchester, Grande-Bretagne, 1887 249
Chaire spécifique d'électricité industrielle de l'École provinciale d'arts et métiers, Espagne, 1899 329
Chambre de commerce de Turin (Camera di commercio di Torino), 1670 276
Chambre de commerce et de l'artisanat de Prague (Živnostenská a obchodní komora v Praze), Pays tchèques, 1850 165, 166
Chambre des ingénieurs (Inženýrská komora), République tchécoslovaque, 1926 126
Chambre technique de Grèce (Τεχνική επετηρίς Ελλαδος – Techniki epetiris Ellados), 1923 40, 72, 431, 434
Chemins de fer algériens, Algérie, 1857 373
Chemins de fer de l'État (Chemins de fer du sud et sud-est – Companhia

dos Caminhos de Ferro do Sul e Sueste), Portugal, 1860-1869 398

Chemins de fer roumains (Căile ferate din România), Roumanie, 1880 417

I.C.A.I. – Institut catholique d'arts et industries, Madrid, Espagne, 1908 30, 63, 336, 337

I.C.I.V.C. – Institut du Corps des ingénieurs des voies de communication (Институт Корпуса инженеров путей сообщения), Russie 226

I.C.I.V.C. – Institut du Corps des ingénieurs des voies de communication (Институт Корпуса путей сообщения), Russie 228, 236, 238, 239, 242, 243

I.E.C. (International Electrotechnical Commission – Commission électrotechnique internationale), 1907 281

I.E.E. (Institution of Electrical Engineers), Grande-Bretagne, 1871 25, 57, 253, 254, 384, 385, 391

I.E.E.E. (Institute of Electrical and Electronics Engineers), États-Unis, 1884/1963 164, 450, 452

I.E.N. – Institut électrotechnique de Nancy, 1900 32, 65, 357, 359, 360, 361, 3 66, 373, 374, 375, 376, 377, 380, 408, 409, 414, 415, 416, 421, 423

I.H.M.C. – Institut d'histoire moderne et contemporaine, Centre national de la recherche scientifique – C.N.R.S., Paris 247

I.P.E.S.T. – Institut préparatoire aux études scientifiques et techniques, Tunisie, 1991 365

I.R.E. (Institute of Radio Engineers), États-Unis, 1912-1962 409, 443, 450

I.R.E.M.A.M. – Institut de recherches et d'études sur le monde arabe et musulman – Université d'Aix-Marseille et Centre national de la recherche scientifique, France, 1958/1962/1964/1970 363

I.S.A. – Fédération internationale des sociétés nationales de normalisation (International Federation of the National Standardizing Associations – I.S.A.), Suisse, 1920 117

I.S.T. – Institut supérieur technique de Lisbonne (Instituto Superior Técnico de Lisboa), Portugal, 1911 34, 66, 381, 382, 394, 397, 399, 405

Installations de galvanoplastie, de fonderie et de mécanique (Санкт-Петербургское гальванопластическое, литейное и механическое заведение), Russie 229

Institut Abdelhamid Benbadis, Constantine, Algérie, 1947 367

Institut Agricole d'Algérie à Maison-Carrée – École Nationale Supérieure Agronomique d'Alger, Algérie, 1905 375

Institut astronomique et météorologique, Brésil, 1908 311

Institut astronomique l'Université tchèque de Prague (Astronomický ústav C. a k. české university Karlo-Ferdinandovy v Praze), Pays tchèques 93, 94

Institut catholique de Paris, 1875 344

Institut catholique de Toulouse, 1876 344

Institut d'électricité de Barcelone, Espagne, 1917 337

Institut d'électrochimie de l'Université polytechnique de Brünne (Ústav elektrochemie Vysokého učení technického v Brně – V.U.T.), Tchécoslovaquie 113

Des ingénieurs pour un monde nouveau

Institut d'électrochimie et d'électrométallurgie de l'Université de Grenoble 352

Institut d'électrotechnique constructive de l'Université polytechnique de Brünne (Ústav konstruktivní elektrotechniky Vysokého učení technického v Brně – V.U.T.), Tchécoslovaquie 113, 114

Institut d'électrotechnique de Bucarest, Roumanie, 1914 412, 417, 419, 420, 421

Institut d'électrotechnique de Darmstadt (Das Elektrotechnische Institut der Technischen Hochschule in Darmstadt), Allemagne, 1883 27, 60, 282, 300

Institut d'électrotechnique de haute fréquence de l'École supérieure technique slovaque (Ústav vysokofrekvenčnej elektrotechniky Štátnej vysokej školy technickej), Bratislava, État slovaque, 1942/1943 185

Institut d'électrotechnique de Porto Alegre de l'École d'ingénieurs de Porto Alegre (Instituto de Eletrotécnica, Escola de Engenharia – U.F.R.G.S.), Brésil, 1908 28, 29, 60, 61, 307, 312, 313, 314, 315, 316, 317

Institut d'électrotechnique de Yassy, Roumanie, 1912 412, 417, 419, 420

Institut d'électrotechnique des courants faibles de l'Université polytechnique de Prague (Ústav elektrotechniky slabých proudů Českého vysokého učení technického v Praze – Č.V.U.T. v Praze), Tchécoslovaquie 111

Institut d'électrotechnique faible courant de l'Université polytechnique de Brünne (Ústav slaboproudé elektrotechniky Vysokého učení technického v Brně – V.U.T.), Tchécoslovaquie 113

Institut d'électrotechnique générale de l'Université polytechnique de Prague (Ústav obecné elektrotechniky Českého vysokého učení technického v Praze – Č.V.U.T. v Praze), Tchécoslovaquie 110

Institut d'électrotechnique générale et spéciale de l'Université polytechnique de Brünne (Ústav obecné a speciální elektrotechniky Vysokého učení technického v Brně – V.U.T.), Tchécoslovaquie 113

Institut d'électrotechnique haute fréquence de l'Université polytechnique de Prague (Ústav vysokofrekvenční elektrotechniky Českého vysokého učení technického v Praze – Č.V.U.T. v Praze), Tchécoslovaquie 111

Institut d'électrotechnique théorique et expérimental de l'École supérieure technique slovaque (Ústav teoretickej a experimentálnej elektrotechniky Štátnej vysokej školy technickej), Bratislava, État slovaque, 1942/1943 185

Institut d'électrotechnique théorique et expérimentale de l'École polytechnique tchèque de Prague (Ústav teoretické a experimentální elektrotechniky C. a k. České vysoké školy technické v Praze), Pays tchèques, 1906 105, 108

Institut d'électrotechnique théorique et expérimentale de l'Université polytechnique de Prague (Ústav teoretické a experimentální elektrotechniky Českého vysokého učení technického v Praze – Č.V.U.T. v Praze), Pays tchèques, Tchécoslovaquie, 1906/1920 110

Institut d'électrotechnique, Moldavie 420

Index des noms de sociétés, organismes, institutions et entreprises

Institut d'Estudis Catalans, Barcelone, Espagne, 1907 325

Institut d'Etudes balkaniques auprès de l'Académie Bulgare des Sciences, Bulgarie, 1964 407

Institut d'histoire, Académie des sciences slovaque de Bratislava, Slovaquie 169

Institut de Conception de Leningrad, Union soviétique 204

Institut de construction des machines électriques de l'École supérieure technique slovaque (Ústav konstrukčnej elektrotechniky Státnej vysokej školy technickej), Bratislava, État slovaque 185

Institut de France 229, 233

Institut de chimie de l'Université tchèque de Prague (Chemický ústav C. a k. české university Karlo-Ferdinandovy v Praze), Pays tchèques 97

Institut de chimie industrielle, Brésil 312

Institut de physique l'Université tchèque de Prague (Fysikální ústav C. a k. České university Karlo-Ferdinandovy v Praze), Pays tchèques 93, 94

Institut de physique théorique de la Faculté des Lettres de l'Université tchèque de Prague (Ústav teoretické fyziky Filozofické fakulty C. a k. České university Karlo-Ferdinandovy v Praze), Pays tchèques 95

Institut de production et de distribution de l'énergie électrique de l'Université polytechnique de Prague (Ústav výroby a rozvodu elektrické energie Českého vysokého učení technického v Praze – Č.V.U.T. v Praze), Tchécoslovaquie 111

Institut de recherche de l'électrotechnique courant fort de Běchovice (Výzkumný ústav silnoproudé elektrotechniky), Tchécoslovaquie, 1953 122

Institut des forêts, Russie 243

Institut des hautes études marocaines, Rabat, Maroc, 1920 364

Institut des ingénieurs civils (Институт гражданских инженеров), Saint-Pétersbourg, Russie 239, 241

Institut des machines électriques de l'Université polytechnique de Prague (Ústav elektrických strojů Českého vysokého učení technického v Praze – Č.V.U.T. v Praze), Tchécoslovaquie 110

Institut des machines pour le département d'électrotechnique de l'Université polytechnique de Prague (Ústav strojů pro elektrotechniku Českého vysokého učení technického v Praze – Č.V.U.T. v Praze), Tchécoslovaquie 110

Institut des mines (Горный институт), Saint-Pétersbourg, Russie 240, 243

Institut des réseaux électriques et des centrales électriques de l'École supérieure technique slovaque (Ústav elektrických sietí a elektrární Státnej vysokej školy technickej), Bratislava, État slovaque, 1943/1944 185

Institut des réseaux électriques et des centrales électriques de l'Université polytechnique de Prague (Ústav elektrických sítí a elektráren Českého vysokého učení technického v Praze – Č.V.U.T. v Praze), Tchécoslovaquie 110

Institut des tractions électriques et des chemins de fer électriques de l'École supérieure technique slovaque (Ústav elektrickej trakcie a elektrických dráh Státnej vysokej školy technickej), Bratislava, État slovaque 185

Institut des tractions et voies électriques de l'Université polytechnique de Prague (Ústav elektrických pohonů a drah Českého vysokého učení technického v Praze – Č.V.U.T. v Praze), Tchécoslovaquie 110

Institut électrotechnique d'Etat, Moscou, Russie 241, 242

Institut électrotechnique de Grenoble, 1900 333, 341, 349, 352, 408, 414

Institut électrotechnique de Milan (Istituzione Elettrotecnica Carlo Erba), 1886 26, 58

Institut électrotechnique des courants faibles de l'École supérieure technique slovaque (Ústav slaboprúdovej elektrotechniky Státnej vysokej školy technickej), Bratislava, État slovaque, 1942 185

Institut électrotechnique I de l'Université polytechnique impériale de Brünne (Elektrotechnisches Institut I, Deutsche technische Hochschule Brünn), Pays tchèques 118

Institut électrotechnique II de l'Université polytechnique impériale de Brünne (Elektrotechnisches Institut II, Deutsche technische Hochschule Brünn), Pays tchèques 118

Institut électrotechnique III de l'Université polytechnique impériale de Brünne (Elektrotechnisches Institut III, Deutsche technische Hochschule Brünn), Pays tchèques 118

Institut électrotechnique, Lille, 1900 341, 349, 352, 408, 414

Institut électrotechnique, Nancy, 1900 341, 349

Institut électrotechnique, Russie 243

Institut électrotechnique, Toulouse, 1907 36, 68, 341, 349, 408, 414

Institut für Geschichte – Martin-Luther-Universität Halle-Wittenberg (M.L.U.), Halle/Saale, Wittenberg, Allemagne/R.D.A. 295

Institut historique militaire de Prague (Vojenský historický ústav Praha), Tchécoslovaquie 164

Institut chimique de Rouen – École privée d'ingénieurs, Rouen, 1917 361

Institut industriel d'Algérie – École nationale d'Ingénieurs de Maison-Carrée, Algérie, 1927 375

Institut industriel de Lisbonne (Instituto Industrial de Lisboa, rebaptisé Instituto Industrial e Comercial de Lisboa), Portugal, 1852, 1869 34, 66, 383, 391, 392, 395, 396

Institut industriel de Porto (Instituto Industrial do Porto), Portugal, 1864 34, 66, 395, 396, 403

Institut industriel du Nord, Lille, 1872-1991 342, 348

Institut industriel et commercial de Lisbonne – Institut industriel de Lisbonne (Instituto Industrial de Lisboa, rebaptisé Instituto Industrial e Comercial de Lisboa), Portugal, 1852, 1869 395

Institut Júlio de Castilhos, Brésil 310, 311

Institut Montefiore (de l'Université de Liège), Belgique, 1883 26, 27, 30, 34, 3 6, 58, 59, 63, 66, 68, 115, 251, 279, 282, 285, 286, 287, 288, 289, 290, 2 91, 292, 293, 330, 336, 339, 345, 396, 398, 399, 405, 408

Institut Parobé, Brésil 311

Institut polytechnique de l'Ouest, Nantes, 1919 361

Index des noms de sociétés, organismes, institutions et entreprises

Institut polytechnique de Riga, Lettonie 238

Institut polytechnique de Saint-Pétersbourg, Russie 243

Institut pour l'eugénique nationale (Ústav pro národní eugeniku), Prague, Pays tchèques, Tchécoslovaquie, 1904-1952 82

Institut psychotechnique (Psychotechnický ústav), Prague, Tchécoslovaquie, 1921-1947 82

Institut radioélectrique, Lille, 1931 352

Institut technico-professionnel, 1906 – École Benjamin Constant, Brésil 310, 311

Institut technique à la chimie industrielle de la Faculté des sciences, Nancy, 1887 349

Institut technologique (Технологический институт) de Saint-Pétersbourg, Russie 241

Institut technologique (Михайловские Артиллерийские Училище и Академия), Russie 225

Institut technologique de Kharkov (Харьковский технологический институт), Ukraine, 1898 242

Institut technologique de Kiev (Киевский технологический институт), Ukraine 242

Institute of Science and Technology, Manchester Technical School, Grande-Bretagne, 1892 252

Institution of Civil Engineers, Grande-Bretagne, 1897 253

Institution of Mechanical Engineers, Grande-Bretagne 253

Instituts d'électrotechnique et de chimie auprès de l'Université de Yassy (Universitatea Alexandru Ioan Cuza), Roumanie 420

Istituto tecnico superiore de Milan (Regio Istituto Tecnico superiore), Milan, 1863 274, 276, 277, 279

Istituzione elettrotecnica Carlo Erba de Milan, 1886 274, 279

J.H.U. (Johns Hopkins University), Baltimore, Maryland, États-Unis, 1876 426, 446

Jardin botanique de Smíchov (Botanická zahrada na Smíchově), Prague, Pays tchèques, 1775-1890 91

Junta de Comercio de Barcelone, Espagne, 1758 322

K. und k. Polytechnische Institut in Wien, Empire Autriche, 1815 176, 259, 261, 299

Khaldounia – École de Tunisie (Association privée), Tunis, Tunisie, 1896 364

King's College à Londres, Grande-Bretagne, 1840 249, 252

König, Friedrich & Bauer, Allemagne 398

Königlich Rheinisch-Westphälische Polytechnische Schule zu Aachen, 1870, (Rheinisch-Westfälische Technische Hochschule – R.W.T.H.), Aachen, Allemagne, 2007 299, 300

Königlich-Bayerische Polytechnische Schule zu München – Technische Hochschule München, Allemagne, 1868/1877 36, 68, 258, 261

Königliche Technische Hochschule in Berlin-Charlottenburg, 1879, Technische Universität Berlin, Allemagne, 1946 36, 68, 108, 251, 253, 258, 299, 300, 398, 418

Königliche-Technische Bildungsanstalt Sachsen in Dresden, 1826/1828, Königliche-Sächsische Polytechnische Schule,

1851, Königliche-Sächsische Polytechnikum, 1871, Technische Hochschule, 1890, Technische Universität Dresden, Allemagne/ R.D.A., 1961 258, 299, 301

Kriváň – l'Association culturelle slovaque, Brünne, Tchécoslovaquie, 1918 182

L.H.S.P. – A.H.P. – Laboratoire d'Histoire des Sciences et de Philosophie – Archives Henri Poincaré, Nancy, 1992 357

L.I.S.E. – Laboratoire interdisciplinaire pour la sociologie économique du Conservatoire National des Arts et Métiers – Paris, 2004 273

L.M.U. – Université Louis-et-Maximilien de Munich (Ludwig-Maximilians-Universität München), Allemagne, 1472 434

Laboratoire d'électricité, Paris 239

Laboratoire d'essais électriques – Laboratoire central d'électricité, Paris, 1882 346, 347

Laboratoire d'histoire de l'électricité de l'Université polytechnique de Prague (Historická laboratoř elektrotechniky Českého vysokého učení technického v Praze – H.L.E. Č.V.U.T. v Praze), République tchèque, 2011 à nos jours 103

Laboratoire de Charles Cross, M.I.T., États-Unis 460

Laboratoire de physique à Cambridge, Grande-Bretagne 248

Laboratoire de physique à Glasgow, Grande-Bretagne 248

Laboratoire de physique à Londres, Grande-Bretagne 248

Laboratoire de physique à Manchester, Grande-Bretagne 248

Laboratoire de physique à Oxford, Grande-Bretagne 248

Laboratoire de physique de la chaire de physique expérimentale appliquée auprès de l'Acadèmia Provincial de Belles Arts de Barcelona, Espagne, 1848 322

Laboratoire de physique moderne du Klementinum (Fysikální laboratoř v Klementinu), Prague, Pays tchèques 94

Laboratoire de recherche en électrotechnique, États-Unis, 1913 37, 38, 70

Laboratoire électrotechnique au King's College de Londres, Grande-Bretagne, 1890 247, 252

Laboratoire électrotechnique auprès de l'Institut industriel de Lisbonne (Instituto Industrial de Lisboa, rebaptisé Instituto Industrial e Comercial de Lisboa), Portugal 395

Laboratoire électrotechnique auprès de l'Institut industriel de Porto (Instituto Industrial do Porto), Portugal 395

Laboratoire Triangle 257

Le Comité central du Parti communiste de Tchécoslovaquie (Ústřední výbor Komunistické strany Československa – Ú.V. K.S.Č.), Tchécoslovaquie, 1921 84

Leland Stanford Junior University, Stanford, California, États-Unis, 1891 309, 451

Lotos – Deutscher Naturwissenschaftlicher-Medizinischer Verein für Böhmen, Prague, Pays tchèques, 1848 120

Ludwig, Gottfried Johan, Presbourg, Empire Austro-Hongrois 172

Lycée académique de Prague (Akademické gymnázium v Praze), Pays tchèques/ Tchécoslovaquie 100

Index des noms de sociétés, organismes, institutions et entreprises

Lycée Carnot de Tunis – Lycée pilote Bourguiba de Tunis, Tunisie, 1845/1889 364, 365

Lycée de jeunes filles de Graz (Gymnasium für Mädchen und Oberstufenrealgymnasium für Mädchen), Graz, Autriche 133

Lycée de Linz (K. k. academische Gymnasium und K. k. Lyceum), Linz, Autriche, 1669/1777 118

M.I.T. (Massachusetts Institute of Technology), États-Unis, 1861 37, 38, 69, 70, 383, 404, 426, 451, 452, 457, 458, 459, 460, 461, 462, 463, 464, 465, 466, 467, 468, 469, 470, 471, 472

M.S.H. – Maison des sciences de l'homme, Paris, 1963 252, 259, 277, 281, 359, 360, 361, 368, 373, 409, 416, 423

M.T.B. – Musée technique de Brünne (Technické muzeum v Brně – T.M.B.), Pays tchèques, Tchécoslovaquie, 1873/1961 112

M.T.N. – Musée technique national de Prague (National Technical Museum in Prague – Národní technické muzeum v Praze – N.T.M. v Praze), Pays tchèques, Tchécoslovaquie, 1908 79, 81, 116, 165

Maffia – l'organisation de la résistance tchèque (Maffia), Pays tchèques, Tchécoslovaquie 162, 164, 167

Maison des sciences de l'homme Lorraine, Nancy, 2007 361

Manchester Technical School, Grande-Bretagne, 252

Máquinas e Equipamentos – Michaelis Machines et équipements (Michaelis Máquinas e Equipamentos), Porto, Portugal, 1905 398

Martin-Luther-Universität Halle-Wittenberg (M.L.U.), Halle/Saale, Wittenberg, Allemagne/R.D.A., 1817 295

Maschinenfabrik Johann Bucher Guyer Griessen, 1807/1923 436

Melichar-Umrath, Pays tchèques Tchécoslovaquie 159

Mercedés, Allemagne 398

Metz-Werke, Allemagne, 1938 398

Mine de Handlová – Doly Handlová, Empire Austro-Hongrois, 1857/1906 179

Mines de la région de Spiš (Doly spišské oblasti), Spišská Nová Ves, Empire Austro-Hongrois 179

Motta & Cie, Portugal, 1881 394

Musée d'histoire naturelle (Museo Civico di Storia Naturale di Milano), Milan, 1838 276

Musée d'objets industriels (Real Conservatorio de Artes), Madrid, Espagne 323

Musée E.D.F. Electropolis, Mulhouse, 1992 483, 485, 486

Musée E.D.F. Hydrélec, Vaujany, 1988 485, 486

Museo industriale de Turin (Regio Museo industriale italiano di Torino), Turin, 1862 274, 276

N.A.S.A. (National Aeronautics Space Administration), États-Unis 164

N.D.R.C. (National Defense Research Committee), États-Unis, 1940 468

N.R.C. (National Research Council), États-Unis, 1916 458

N.S.F. (National Science Foundation), États-Unis, 1950 451, 453, 470

N.S.P.E. (National Society for Professional Engineers), États-Unis, 1934 450

Nations Unies (United Nations), New York, États-Unis, 1945 202

New England Weston Electric Light Company, États-Unis, 1882 460

O.C.P. – Office chérifien des phosphates, Maroc, 1920 368, 374, 375

O.N.R. (Office of Naval Research), États-Unis, 1946 453

O.T.E. – Omnium tunisien d'électricité, Tunisie 371

O.V.E. (Österreichischer Verband für Elektrotechnik), Wien, Empire Austro-Hongrois, 1883 391

Oak Ridge National Laboratory, États-Unis 198

Observatoire astronomique du Klementinum (Astronomická observatoř v Klementinu), Prague, Pays tchèques 91

Observatoire astronomique Milan – Observatoire astronomique de Brera à Milan, 1764 276

Očenášek (Ing. Miloslav Očenášek, elektrotechnická továrna), Praha, Pays tchèques, Tchécoslovaquie 165

Očenášek (Ludvík Očenášek elektrotechnická továrna a strojírna), Pays tchèques, Tchécoslovaquie, 1898 22, 54, 161, 165, 168

Office for History of Science and Technology, University of California, Berkeley, États-Unis 248

Ordre des ingénieurs du Portugal 40, 72, 400, 403

Ordre des ingénieurs du Québec, Canada 40, 72

Owens College, Manchester, Grande-Bretagne, 1851 249

P.S.U. (Pennsylvania State University) – Penn State University, États-Unis, 1855 451

P.T.F.C. (Power and Traction Finance Co. Ltd. – British Society), Athènes, Grèce, 1922 432, 433

Pechiney – groupe industriel français (1950-2003) 201

Physikalisch-technische Reichsanstalt, Berlin, Allemagne, 1887 303

Politechnika Warszawska, Pologne, 1825 259, 261

Polygone de Krasnoselskij (Красносельский полигон), Russie 233

Polytechnische Schule in Karlsruhe, 1825, Technische Hochschule Karlsruhe, 1865, Universität Karlsruhe, 1967, Karlsruher Institut für Technologie, Allemagne, 2009 108, 258, 261, 299, 301, 436

Polytechnische Schule München, 1827, Königliche Bayerische Polytechnische Schule, 1868, Technische Hochschule, 1877, Technische Universität München, Allemagne, 1970 299, 301

R.C.A. (Radio Corporation of America), États-Unis, 1919-1986 466

R.L.E. (Research Laboratory of Electronics), Massachusetts Institute of Technology, États-Unis, 1946 468

R.P.I. (Rensselaer Polytechnic Institute), New York, États-Unis, 1824 36, 68, 446

Radiation Laboratory (Rad Lab), Massachusetts Institute of Technology, 1940-1945, Lawrence Berkeley National Laboratory, États-Unis 468, 469

Rafinéria Apollo Bratislava, Empire Austro-Hongrois, 1896 179

Real Academia de Ciencias y Artes de Barcelone, Espagne, 1764 322, 325

Real Conservatorio de Artes, Madrid, Espagne, 1824 322, 323

Real Gabinete de Máquinas – Real Instituto Industrial de Madrid, Espagne, 1788/1850 322, 323

S.A.T.C. (Students' Army Training Corps), États-Unis, 1918 449

S.E. – Société d'électricité de la Slovaquie (Slovenské elektrárne), État slovaque, 1942 179, 185

S.E.F.A. – Société algérienne d'Eclairage et de Force, Paris, France, 1920 369, 370

S.F.H.O.M. – Société française d'histoire d'outre-mer, Saint-Denis, France, 1912 369, 370, 371

S.F.P. – Société française de Physique, Paris, 1873 386, 481, 482

S.I.E. – Société internationale des électriciens, Paris, 1883/S.F.E. – Société française des électriciens, Paris, 1886/1901/S.E.E. – Société des électriciens et des électroniciens, Paris, 1985/S.E.E.T.I.C. – Société de l'électricité, de l'électronique, et des technologies de l'information et de la communication, Paris, 2000 31, 63, 117, 339, 342, 346, 347, 386, 388, 427

S.O.N.E.L.G.A.Z. – Société nationale d'Électricité et du Gaz, Algérie, 1969 371

S.P.E. – Société Publique d'Énergie (Δημόσια Επιχείρηση Ηλεκτρισμού – Δ.Ε.Η.), Grèce, 1950 425, 427, 438, 441

Salle d'honneur spatiale internationale du Musée de l'histoire de l'espace au Nouveau Mexique (International Space Hall of Fame at the New Mexico Museum of Space History), États-Unis 167

Scuola d'Applicazione per gli Ingegneri – Istituto di Elettrotecnica, Bologne, 1877/1887 280

Scuola superiore di elettrotecnica de Turin, 1889 274

Section d'électricité – Real Academia de Ciencias y Artes de Barcelone, Espagne, 1773 325

Section d'Ingénierie industrielle, machines et électricité auprès l'Association des ingénieurs civils portugais (Associação dos Engenheiros Civis Portuguese), Lisbonne, Portugal, 1869 389

Section de radioélectricité de l'Institut électrotechnique, Toulouse, 1934 352

Section forestière et agricole (Odbor lesníckeho a poľnohospodárskeho inžinierstva Slovenskej vysokej školy technickej) de l'École supérieure technique slovaque (Státná vysoká škola technická Bratislava), Tchécoslovaquie 186

Service des Archives militaires du Château de Vincennes 164

Service technique tchécoslovaque (Československá technická služba), Tchécoslovaquie 125

Scholz, Matejovce, Poprad, Empire Austro-Hongrois 178

Schuckert, Allemagne 295

Siemens & Halske, Allemagne 234, 296

Siemens, Allemagne 18, 50, 296, 297, 298, 301, 303, 304

Siemens-Schuckert-Werke GmbH, Allemagne, 1903 303

S.I.R.I.C.E. – Identités, Relations internationales et Civilisations de l'Europe, Paris 5, 39

Sociedade de Instrução do Porto, Portugal, 1880 385

Società adriatica di elettricità, Venezia, 1905 282

Società elettricità alta Italia de Turin, 1871/1893 282

Società friulana d'elettricità, Udine, 1887 282

Societat Catalana d'Història de la Ciència i de la Tècnica auprès de l' Institut d'éstudis Catalans, Barcelone, Espagne, 1991 325

Société Commerciale Bulgare de Navigation à Vapeur, Bulgarie 414

Société d'électricité en Espagne (Sociedad Española de Electricidad), Barcelone, Espagne, 1881 326

Société d'électricité slovaque (Slovenský elektrotechnický zväz – Komora elektrotechnikov Slovenska), Slovaquie 179

Société d'encouragement des arts et métiers, Milan 276

Société d'encouragement pour l'industrie dans le Royaume tchèque (Jednota pro povzbuzení průmyslu v Království českém), Pays tchèques, 1833 131, 165

Société d'encouragement pour l'industrie nationale française, Paris, 1801 165, 260

Société de gaz et électricité de Bucarest, Roumanie 417

Société de production d'instruments électriques, Piémont, 1895 279

Société de production de générateurs électriques, Italie 280

Société des applications industrielles, Portugal 397

Société des arts, Genève, Suisse, 1776 260

Société des électrotechniciens (Общество электриков – Электротехническое общество), Moscou, Russie, 1892/1899/1909 237, 241

Société des forces hydroélectriques de Tunisie, 1952 372

Société des ingénieurs électriciens de Saint-Pétersbourg, Russie, 1900 244

Société des ingénieurs et des architectes bulgares (Българското инженерно-архитектурно дружество), Bulgarie, 1893 414

Société des ingénieurs et des architectes, Turin (Società degli Ingegneri e degli Architetti di Torino), 1866 276

Société des standardes tchécoslovaque (Československá normalizační společnost – Č.N.S.), Tchécoslovaquie 150, 151, 155

Société des tramways, Sofia, Bulgarie, 1901 413

Société Générale des Entrepreneurs (Γενική Εταιρεία Εργοληψιών – Γ.Ε.Ε. – Geniki Etairia Ergolipsion), Grèce, 1888 427

Société l'Energie électrique du Maroc, 1923 368

Société Publique d'Électricité (Dimósia Epichírisi Ilektrismoú – D.E.I., Δημόσια Επιχείρηση Ηλεκτρισμού – Δ.Ε.Η.), Grèce, 1950 431, 440, 441

Société savante de Lille 259

Société technique russe (Русское техническое общество – R.T.O.), Russie 237, 241

Sprague Electric Railway and Electric Company, États-Unis, 1926 463

Stabenow (Rudolf), Tchécoslovaquie 158

Státní okresní archiv Praha – S.O.k.A., République tchèque 165

Státní okresní archiv Praha východ – S.O.k.A. Prague-Est, République tchèque 157, 158, 159

Stavovská inženýrská škola v Praze, Pays tchèques, 1707-1806 20, 52, 90

Sucrerie de Trebišov (Trebišovský cukrovar), Tchécoslovaquie 178

Sulzer Ltd., Suisse, 1775 483

Supélec – École supérieure d'électricité, Paris, Malakoff, Gif-sur-Yvette, 1894 31, 32, 35, 64, 67, 239, 251, 330, 339, 341, 342, 344, 345, 346, 347, 348, 350, 352, 353, 354, 374, 408, 409, 410, 414, 416, 417, 418, 421

Syndicat des Travaux Hydroélectriques, Grèce 432

Škoda, Tchécoslovaquie, 1866/1869 204

Šorel, Tchécoslovaquie 158

Štátny oblastný archív Košice, Slovaquie 184

T.V.A. (Tennessee Valley Authority), États-Unis, 1933 449

Technická univerzita vo Zvolene, Tchécoslovaquie, 1952 175, 176

Technische Hochschule Breslau (Politechnika Wrocławska), Pologne, 1910 299, 301

Technische Hochschule Danzig (Politechnika Gdańska), 1904, Technische Universität Danzig, Pologne 299, 301

The Electricity Supply Company for Spain, Ltd., Espagne, 1889 326

Thomson-Houston Electric Company, États-Unis, 1883 460

U.C. (University of California), Berkeley, États-Unis, 1868 446, 458, 471

U.F.P.R. – Université Fédérale de Paraná (Universidade Federal do Paraná), Curitiba, Brésil, 1912 307

U.G.E.M.A. – Union générale des étudiants musulmans, Paris 1955 378

U.P.C. – Université Polytechnique de Catalogne (Universitat Politècnica de Catalunya – Escola d'Enginyers Industrials de Barcelona), Espagne, 1851/1968 321

U.P.M.C. – Université Pierre-et-Marie-Curie, Paris 6, 1971 457

U.P.T.B. – Université polytechnique de Brünne (Vysoké učení technické v Brně – V.U.T.), Tchécoslovaquie/ République tchèque, 1920-1939/1945 à nos jours 79, 83, 89, 109, 113, 114, 116, 118, 122, 181, 1 82, 214

U.P.T.P. – Université polytechnique de Prague (České vysoké učení technické v Praze – Č.V.U.T. v Praze), Tchécoslovaquie/République tchèque, 1920-1939/1945 à nos jours 17, 49, 77, 79, 81, 89, 90, 94, 95, 96, 103, 105, 106, 107, 108, 109, 110, 111, 112, 113, 118, 120, 122, 124, 127, 18 1, 189, 207, 208, 209, 210, 211, 212, 213, 215, 217, 222

Union coloniale française, Maroc, 1893 368

Union d'électricité des districts du bassin moyen de l'Elbe de Kolín (Elektrárenský svaz středolabských okresů v Kolíně – E.S.S.O.), Tchécoslovaquie 149, 159

Union des ingénieur tchécoslovaques (Spolek československých inženýrů), Prague 153

Union électrique et gazière de l'Afrique du Nord, Afrique, 1928 370

Union électrotechnique slovaque – Slovenský elektrotechnický zväz (S.E.Z.), Bratislava, Slovaquie, 1939 185

Union électrotechnique tchécoslovaque (Elektrotechnický

svaz československý – E.S.Č.), 1919 114, 116, 117, 150, 151, 155, 182, 185

Union française hors de la métropole, Paris, 1946 375

Union internationale des centrales électriques, Tchécoslovaquie, 1925 117

Universidade do Vale do Rio dos Sinos, Brésil, 1969 311

Universidade Federal do Rio Grande do Sul, Porto Alegre, Brésil, 1895/1934/1950 311

Università degli studi di Bologna, 1088 283

Université à Londres (University of London), Grande-Bretagne, 1836 253

Université allemande de Prague (Deutsche Universität in Prague), Tchécoslovaquie, 1920-1945 121

Université allemande de Prague (K. und k. deutsche Karl-Ferdinands-Universität in Prague), Pays tchèques, Tchécoslovaquie, 1882-1932/1934 90, 92, 97, 98, 101, 106, 107, 118, 119, 120, 129

Université catholique – Université catholique de l'Ouest, Angers, 1875 344

Université catholique de Lille, 1875 344

Université catholique de Louvain (Leuven), Belgique, 1425/1968 287

Université catholique de Lyon, 1875 344

Université Comenius de Bratislava (Univerzita Komenského v Bratislave), Tchécoslovaquie, 1919 180

Université d'Alger, Algérie, 1909 362, 364, 366, 378

Université d'Athènes – Université nationale et capodistrienne d'Athènes (Εθνικόν και Καποδιστριακόν Πανεπιστήμιον Αθηνών), Grèce, 1837 425, 427, 428, 441

Université d'Evora (Instituto Universitário de Évora, Universidade de Évora), Portugal, 1559/1759/1973/1979 381

Université d'Exeter (Royal Albert Memorial College, 1900, University College of the South West of England, 1922, University of Exeter, 1955), Devon, Grande-Bretagne 247

Université d'Yale (Yale University), New Haven, Connecticut, États-Unis, 1701 260, 309

Université de Bagdad, Irak, 1958 364

Université de Barcelone (Universitat de Barcelona – U.B.), Espagne, 1450/1851 30, 62, 325, 340

Université de Bologne (Università degli Studi di Bologna), 1088 281

Université de Bordeaux (Université Bordeaux-Montaigne), 1441/1896/1990/2014 3, 285, 383

Université de Bucarest (Universitatea din București), Roumanie, 1864 35, 67, 408, 410, 411, 412, 419

Université de Coimbra (Universidade de Coimbra), Portugal, 1290 387, 396

Université de Damas, Syrie, 1923 364

Université de Derpt, Tartu, Estonie, 1672-1710/1802 224

Université de Gand (Universiteit Gent), Pays Bas/Belgique, 1817 286, 287

Université de Genève, Suisse, 1559 259

Université de Graz (Karl-Franzens-Universität Graz), Autriche, 1585 133

Université de Grenoble, 1896 333, 336, 380, 381, 382

Université de Kazan (Казанский университет), Russie 227, 243

Université de Kiev, Ukraine 238, 243

Université de Liège, Belgique, 1817 286, 287, 288, 289, 291, 345, 381, 382, 39 6, 399, 405, 408, 434

Université de Lorraine, Nancy, 2012 359, 360, 381, 382

Université de Lyon, 1896 380

Université de Montpellier, 1289/1896/1970 260, 380

Université de Moscou, Russie 243

Université de Naples (Università degli Studi di Napoli), 1224 281

Université de Novorossijsk (Новороссийский университет), Russie 232

Université de Padoue (Università degli Studi di Padova), 1222 281

Université de Pont-à-Mousson – Université de Nancy, 1572-1793 et 1854-1970, P.R.E.S. (Pôle de recherche et d'enseignement supérieur) de Nancy-Université, l'Université Paul-Verlaine, Metz, des universités Henri Poincaré - Nancy I, Nancy II et I.N.P.L. (Institut national polytechnique de Lorraine), Université de Lorraine, Nancy, 2012 359, 360, 381, 382

Université de Prague (Univerzita v Praze), Pays tchèques, Tchécoslovaquie, 1348-1882 90, 91, 92, 118, 129

Université de Princeton (Princeton University), Princeton, New Jersey, États-Unis, 1746/1896 249, 467

Université de Provence - Aix-Marseille, 1409/1896/1970 380

Université de Rome (Università degli Studi di Roma La Sapienza), 1303 281

Université de Saint-Jacques-de-Compostelle (Universidade de Santiago de Compostela – U.S.C.), Espagne, 1495/1851 30, 62, 325

Université de Saint-Pétersbourg (Санкт-Петербургский университет), Russie 227, 239, 243

Université de Sofia, Bulgarie, 1904 408, 413, 414, 421

Université de Sorbonne, Paris, 1150-1793, 1896-1970 35, 67, 239, 260, 378, 410, 414

Université de Strasbourg, 1538, Kaiser-Wilhelm-Universität, Strasbourg, 1872, Université de Strasbourg, 1918/1970/2008 361, 380

Université de Toulouse, 1229/1896/1969 378, 380, 434

Université de Tunis, Tunisie, 1945/1960 364

Université de Würzburg (Julius-Maximilians-Universität Würzburg), Allemagne, 1402/1582 94

Université de Yassy (Universitatea Alexandru Ioan Cuza), Roumanie, 1860 35, 67, 408, 410, 411, 412, 419, 420

Université de Žilina (Žilinská uni-verzita v Žiline), Tchécoslovaquie, 1990 192

Université du Caire, Egypte, 1908 364

Université du Wisconsin à Madison (University of Wisconsin-Madison), États-Unis, 1885 463

Université Charles de Prague (Univerzita Karlova v Praze – U.K. v Praze), Tchécoslovaquie, 1920/1934 20, 52, 77, 89, 90, 93, 94, 95, 99, 112

Université Jean Monnet de Saint-Etienne, 1969/1989/2008 257

Université libre de Bruxelles, Belgique, 1834 286, 287

Université Paris 1 Panthéon-Sorbonne (Université de Paris au XIIe siècle), 1971 195

Université Paris IV (Université de Paris, Université Paris-Sorbonne), 1971 3

Université polytechnique allemande de Prague (Deutsche Technische Hochschule in Prag), Tchécoslovaquie, 1920-1945 122, 211

Université polytechnique de Brünne (Deutsche technische Hochschule Brünn), Pays tchèques, Tchécoslovaquie, 1849/1920-1945 79, 94, 106, 117, 118

Université polytechnique de František Josef Ier de Brünne (Česká vysoká škola technická Františka Josefa I. v Brně), Pays tchèques, Tchécoslovaquie, 1899-1920 81, 89, 94, 95, 96, 97, 99, 106, 112, 113, 129, 148

Université polytechnique nationale d'Athènes (Εθνικό Μετσόβιο Πολυτεχνείο – National Metsovio Polytechnique), Grèce, 1836 35, 68, 425, 426, 427, 430, 431, 433, 434, 437, 441

Université tchèque de Prague (C. a k. česká universita Karlo-Ferdinandova v Praze), 1882-1932/1934 90, 92, 93, 94, 95, 96, 98, 100, 106, 118, 129

Université-mosquée des 'Ulamas, Montfleury, Tunisie, 737/1875 364

Université-mosquée La Quarawiyyine (al-Karaouine), Fès, Maroc, 877/1963 363

Université-mosquée Zaytouna (Zitouna), Tunis, Tunisie, 698/732 364, 367

University College à Londres (University of London), Grande-Bretagne, 1826/1836 249

University of Chicago, États-Unis, 1890 445, 446

University of Manchester, Grande-Bretagne, 1824/1851/1880/1904/1956/2004 249, 252

University of Oxford, Grande-Bretagne, 1096 247, 249, 275

University of Veterinary Medicine (Univerzita veterinárského lekárstva a farmácie v Košiciach), État slovaque, 1939 205

Univerzita Mateja Bela, Banská Bystrica, Slovaquie, 1992 174, 175, 176, 180

Usine norvégienne Norsk Hydro (Norsk hydro-elektrisk Kvælstofaktieselskab), Norvège, 1905 198

Ústav vedy a výskumu Univerzity Mateja Bela, Banská Bystrica, Slovaquie 174, 175, 176, 180

Vereinigte Real- und Gewerbe-Schule in Stuttgart, 1839, Technische Hochschule, 1876, Universität Stuttgart, Allemagne 258, 299, 300, 301

Virginia Polytechnic Institute and State University (Virginia Tech), États-Unis, 1872 443

Volonté du peuple (Народная воля), Russie, 1879 232

Východoslovenské elektrárně, Košice, Tchécoslovaquie/Slovaquie 172, 173, 174, 184, 185

Index des noms de sociétés, organismes, institutions et entreprises

Wein de Huncovce, Tchécoslovaquie/Slovaquie 178

Westinghouse Electric Corporation, États-Unis, 1886 202, 297, 466, 470

Západoslovenské elektrárně, Tchécoslovaquie/Slovaquie 178

Академия наук, Russie 235

Военная академия связи, Russie 236

Военно-инженерная академия, Russie, 1819-1939 237

Военно-инженерная академия имени В.В. Куйбышева, Russie 226

Всероссийский электротехнический съезд в Санкт-Петербурге, Russie 244

Высшая школа России, Russie 241

Высшая школа советской энергетики, Russie 239

Императорское Московское техническое училище, Russie 225

Институт Инженеров путей сообщения Императора Александра I – Институт Корпуса Путей Сообщения, Russie 236, 238, 242

Казанской университет, Russie 227

Ленинградский Университет, Russie 239

Ленинградский Электротехнический институт имени В. И. Ульянова (Ленина), Russie, 1886-1961 239

Минный офицерский класс и школа, Russie 232, 239

Музей ведомства путей сообщения, Russie 228

Первая русская школа электросвязи, Russie 239

Техническое гальваническое заведение, Russie 230

Технологический институт им. Ленинградского совета рабочих, крестьянских и красноармейских депутатов, Russie 225

Index des noms de revues périodiques

Acta Polytechnica 107, 111, 124, 134
Actes d'Història de la Ciència i de la Tècnica 325
Akademický bulletin 97
American Economic Review 458, 461, 462, 466
Anales de Mecánica y Electricidad 330
Annales de chimie et de physique 476, 478, 480
Annales générales des sciences physiques 478
Annales historiques de l'électricité 14, 46, 262
Annals of the Association of American Geographers 203
Anos 90, 309
Archimedes 429, 430
Aussiger Tagblatt 134
Berichte zur Wissenschaftsgeschichte 298, 303
Bohemia 134
Bulgarian Journal of Physics 421
Bulletin d'histoire de l'électricité 13, 45
Bulletin de l'Association amicale des Anciens ingénieurs de l'I.E.N. 373
Bulletin de l'Institut national genevois 262
Bulletin International 97
Cahiers Georges Sorel 387, 388
Collections de l'histoire 372
Éclairage électrique à Vila Real 389
Electricidad 330

Engineering Studies 404
Erga 429, 430, 431, 432, 433, 434, 435, 436
Feuilles nationales (Národní listy) 86, 107, 163
Gaceta Industrial y Ciencia Eléctrica 330
Gazeta dos Caminhos de Ferro Electricidade e Automobilismo (Revue des Chemins de fer, électricité et automobilisme) 390, 391, 398
Graisseur tchèque (Český strojník) 163
Histoire des sciences et des techniques (Dějiny věd a techniky) 98, 119, 120, 151, 164
Historical Studies in the Physical and Biological Sciences 458, 461, 462, 463, 464, 465, 467
Horizon électrotechnique (Elektrotechnický obzor) 109, 111, 112, 114, 115, 148, 163
Horizon technique (Technický obzor) 79
Horizon technique slovaque 185
Hospodářské dějiny 126
Ilustração Portuguesa 398
Isis 458, 459, 462, 463
J.V.C. – Journal des voies de communication (Журнал путей сообщения), Russie 226
Journal de Prague (Pražské noviny) 80
Journal Parisien d'Électricité 390
Journal populaire (Lidové noviny) 81, 163

L'Elettrotecnica 281, 282
La Electricidad 330
La Electricidad de Barcelona 390
La Energía Eléctrica 330
La Lumière Électrique 384, 385, 387, 390
La Nature 390
Le Journal Télégraphique 390
Letectví a kosmonautika 164
Metalurgia y Electricidad 330
Minerva 277, 471
Monde des techniques (Svět techniky) 118
Naše Polabí 159
Nation (Národ) 163
Noema 409
O Século 401, 402
Pages physiques 97
Politique nationale (Národní politika) 107
Pressburger Zeitung 172
Revista d'Electricidade e Telegrafia (Revue d'électricité et télégraphie) 390
Revista da Associação dos Engenheiros Civis Portugueses 403
Revista da Faculdade de Letras, História 398
Revista da Ordem dos Engenheiros 400
Revista da Sociedade de Instrução do Porto 385
Revista de Electricidade, Telegrafos, Farois e Correios (Revue d'électricité, télégraphes, phares et postes Revista d'Electricidade e Telegrafia) 390
Revista de Obras Públicas (Revue des Travaux Publics) 335
Revista de Obras Públicas e Minas (Revue des Travaux Publics et Mines) 389, 390, 391, 400
Revista de Telégrafos 327
Revista Electricidade e Mechanica. Revista Practica de Engenharia e de Ensino Technico (Revue d'électricité et Mécanique. Revue pratique d'ingénierie et d'enseignement technique) 391
Revista Robótica e Automatização 396
Revue de l'Association des chimistes tchèques 97
Revue Gazeta dos Caminhos de Ferro (Revue des Chemins de fer) 390
Revue historique 235, 359
Revue historique vaudoise 270
Revue pour la mathématique et la physique (Časopis pro pěstování matematiky a fysiky), 1872-1921 119
Revue Technique de L'Exposition Universelle de 1889 386
Revue Technique de L'Exposition Universelle de 1900 386
Revue tchèque 97
Slovenský denník 172
Sociologie du travail 283
Soviet Studies 203
Stredné Slovensko 173
Studii şi comunicări 419
Sudetendeutsche Zeitung 132
Svět techniky 164
Technický obzor slovenský 184, 185
Technika Chronika 429, 432, 434, 435, 439
Technikgeschichte 261
Technology and Culture 303, 399, 445, 458, 463, 464, 465

Index des noms de revues périodiques

Technology and Society Magazine 452
The Journal of Economic History 296
Vesmír 120
Viomichaniki Epitheorisi 429, 431
Vlastivědný časopis 171, 178
Vodní hospodářství 173
Z dejín vied a techniky na Slovensku 173
Zeitschrift Elektrotechnik 172
Zentralblatt für Elektrotechnik 268
Вестник Российской Академии наук 229

Вопросы Истории Естествознания и Техники 230
Записки (Cahiers) 244
Известия (Bulletin d'information) 244
Почтово-телеграфный журнал 239
Санкт-Петербургские ведомости 235
Электричество (Électricité) 241
Электротехнический вестник (Messager électrotechnique) 241

Collection « Histoire de l'énergie »

La collection « Histoire de l'énergie » est née du constat de l'éparpillement des publications sur le thème de l'énergie, au moment même où le champ est en profond renouvellement. Le projet scientifique de la collection consiste à rendre compte, par la publication de thèses, d'actes de colloques ou de travaux de recherche, de la diversité des approches scientifiques. Proposer une vaste réflexion sur les différentes énergies, tant pour ce qui est de leur production que de leur consommation, étudier au plus près les acteurs (entreprises, États, consommateurs), les marchés, les modes de vie : l'ambition est de privilégier une mise en perspective historique globale dans laquelle les différentes énergies sont tout à la fois concurrentes et complémentaires. En ouvrant cette voie volontairement large, la collection « Histoire de l'énergie » entend faire circuler et se rencontrer des travaux académiques venus d'horizons variés.

*

Le Comité d'histoire de l'électricité et de l'énergie est l'héritier de l'Association pour l'histoire de l'électricité en France, créée en 1982 par Marcel Boiteux, alors PDG d'EDF, Maurice Magnien et François Caron, professeur à l'Université Paris-Sorbonne. Grâce au concours de la Fondation EDF, la mission qu'il se donne est double : soutenir la recherche sur l'histoire et le patrimoine de l'électricité et de l'énergie et en diffuser les résultats.

Président
Alain Beltran, directeur de recherche, CNRS, UMR Sirice.

Membres
Kenneth Bertrams (Université libre de Bruxelles, Belgique)
Christophe Bouneau (Université Bordeaux Montaigne, France)
Yves Bouvier (Université Paris-Sorbonne, France)
Paolo Brenni (CNR Fondazione Scienza e Tecnica Firenze, Italie)
Ana Cardoso de Matos (Université d'Evora, Portugal)
Sophie Coeuré (Université Denis Diderot Paris 7)

Anne Dalmasso (Université Grenoble Alpes)
Marcela Efmertová (Université polytechnique de Prague, République tchèque)
Régis Ibanez (EDF Archives)
Pierre Lanthier (Université du Québec à Trois Rivières, Canada)
Giovanni Paoloni (Université de Rome Sapienza, Italie)
Serge Paquier (Université de Saint-Étienne)
Sara Pritchard (Université de Cornell, Ithaca, N.Y., États-Unis)
Joseph Szarka (Université de Bath, Angleterre)
Catherine Vuillermot (Université de Franche-Comté)
Claude Welty (Directeur du musée EDF Electropolis).

Secrétariat scientifique
Léonard Laborie (CNRS, UMR Sirice)
Renan Viguié (CEMMC, Université Bordeaux Montaigne)

Espace Fondation E.D.F., Histoire, 6, rue Récamier, F-75007 Paris
tél. : 01-53-63-23-46 ; e-mail : comite.histoire.electricite@gmail.com

Titres parus

Vol. 9 – Caroline Suzor, *Le Groupe Empain en France. Une saga industrielle et familiale*, 2016.

Vol. 8 – Alain Beltran, Léonard Laborie, Pierre Lanthier, Stéphanie Le Gallic (eds.), *Electric Worlds / Mondes électriques. Creations, Circulations, Tensions, Transitions (19th-21th C.)*, 2016.

Vol. 7 – Marcela Efmertová et André Grelon (dir.), avec la collaboration de Jan Mikeš, *Des ingénieurs pour un monde nouveau. Histoire des enseignements électrotechniques (Europe, Amériques), XIXe-XXe siècle*, 2016.

Vol. 6 – Yves Bouvier, *Connexions électriques. Technologies, hommes et marchés dans les relations entre la Compagnie générale d'électricité et l'État, 1898-1992*, 2011.

Vol. 5 – Renan Viguié, *La traversée électrique des Pyrénées. Histoire de l'interconnexion entre la France et l'Espagne*, 2012.

Vol. 4 – Christophe Bouneau, Yves Bouvier, Léonard Laborie, Denis Varaschin, Renan Viguié (dir.), *Les paysages de l'électricité. Perspectives historiques et enjeux contemporains (XIXe-XXIe siècles)*, 2012.

Vol. 3 – Cyrille Foasso, *Atomes sous surveillance. Une histoire de la sûreté nucléaire en France*, 2012.

Vol. 2 – Yves Bouvier (dir.), *Les défis énergétiques du XXIe siècle. Transition, concurrence et efficacité au prisme des sciences humaines*, 2012.

Vol. 1 – Yves Bouvier, Robert Fox, Pascal Griset, Anna Guagnini (eds.), *De l'atelier au laboratoire. Recherche et innovation dans l'industrie électrique XIXe-XXe siècles / From Workshop to Laboratory. Research and Innovation in Electric Industry 19-20th Centuries*, 2011.

www.peterlang.com